"十二五"职业教育国家规划教材
经全国职业教育教材审定委员会审定
21世纪高职高专电子信息类规划教材

移动基站设备与维护（第3版）

魏红 编著

Electronic Information

人民邮电出版社
北京

图书在版编目（CIP）数据

移动基站设备与维护 / 魏红编著. -- 3版. -- 北京：人民邮电出版社，2018.8（2020.3重印）
21世纪高职高专电子信息类规划教材
ISBN 978-7-115-48817-6

Ⅰ. ①移… Ⅱ. ①魏… Ⅲ. ①移动通信－通信设备－维修－高等职业教育－教材 Ⅳ. ①TN929.5

中国版本图书馆CIP数据核字(2018)第148558号

内容提要

本书全面、系统地阐述了现代移动基站的基本原理、基本技术和当今广泛使用的各类设备及维护技术规范，充分地介绍了当代移动通信的新技术及应用维护知识。全书共 8 章，包括移动通信系统概述、天馈系统、基站主设备、分布系统、传输设备、通信电源设备、空调和动力环境监控系统及基站建设维护规范。

本书内容结合当前基站综合维护的需求，紧扣行业标准及规范，具有较强的实用性及系统性。本书可作为高等职业技术学院通信专业的教材，也可作为相关培训课程的教材，还可作为从事通信行业的工程人员及维护人员的参考书。

◆ 编　　著　魏　红
　责任编辑　左仲海
　责任印制　马振武

◆ 人民邮电出版社出版发行　　北京市丰台区成寿寺路 11 号
　邮编 100164　　电子邮件 315@ptpress.com.cn
　网址 http://www.ptpress.com.cn
　山东百润本色印刷有限公司印刷

◆ 开本：787×1092　1/16
　印张：20.5　　　　2018 年 8 月第 3 版
　字数：654 千字　　2020 年 3 月山东第 4 次印刷

定价：59.80 元

读者服务热线：(010) 81055256　印装质量热线：(010) 81055316
反盗版热线：(010) 81055315
广告经营许可证：京东工商广登字 20170147 号

第 3 版前言

自 2013 年工业和信息化部颁发 4G 牌照后，各运营商都开始了 4G 网络的建设和运营。目前，各运营商需要较多的综合维护人员，特别是基站的建设和维护，这涉及天馈系统、主设备、分布系统、电源、传输、监控、空调和动力等多方面的内容。不同的运营商或不同的地区采用的设备不同，在维护中的要求和规范也会有所区别，但基本的目的、要求和方法是相同的。基于上述情况，本书在第 2 版的基础上减少了直放站设备部分内容，适当增加与 4G 相关的设备、技术与应用等知识，更贴合学生的实际需求。

本书内容涉及基站机房应用的所有系统和设备，包括天馈系统、基站主设备、分布系统、传输设备、通信电源设备、空调、监控设备等。本书在第 2 版的基础上，结合目前各运营商的全业务运营和 4G 建设等方面的需要调整了内容，主要介绍系统的基本原理和使用的技术，并以 1～2 种设备为例，介绍设备的维护常识和规范。本书在每章开篇给出学习任务，使学生能有目的地学习，进一步提高学生的学习动力；并提出实训项目开设建议。通过对本书的学习，学生可以掌握基站机房配置设备所应用的相关原理、设备结构及维护知识，为将来在网络运营及其他相关部门工作打下基础。

本书需要读者有一定的电工电子基础知识、通信网基础知识、移动通信基本原理与技术知识，了解基本的网络构成和一些常用的技术。书中各章节都具有一定的独立性，不同院校可视具体情况节选参考，不会影响教学的完整性。

本书在编写过程中力求简单、全面地阐述各类基站机房设备的基本概念、基本原理、主要技术、设备结构和基本维护、建设规范，以方便学生掌握。各院校还可根据设备情况开设相应的实训项目，使学生对所学理论知识有一定的感性认识，并可增强技能，提高学生的岗位适应能力。

在本书编写过程中，很多老师和企业专家提出了许多宝贵意见，给予了编者很大帮助，在此一并表示感谢。

编　者

2018 年 3 月

目录

第 1 章 移动通信系统概述

【主要内容】 本章主要介绍与基站维护相关的商用移动通信系统的基本知识和主要技术，以及基站机房的设备配置。

【重点难点】 移动基站机房的设备配置。

【学习任务】 掌握移动通信系统的主要技术；理解各商用移动通信系统的网络结构及主要技术；掌握基站机房设备配置及各信号传输过程。

1.1 移动通信技术

移动通信系统由于采用无线接入技术，有许多与有线通信不一样的特点，需采用一系列的技术以解决存在的问题。本节简单介绍移动通信的主要技术。

移动通信是指通信双方中至少有一方在移动中进行信息交换的通信方式，可以是双向的，也可以是单向的。

移动通信的工作方式分为单工、半双工、（全）双工。在双工方式中，通信双方可以同时收发信号，即收发信机同时工作，这对使用电池供电的移动台非常不利。基于这一情况，在移动电话通信中采用准双工方式，即仅在有信号需发射时打开发射机，而接收机常开，这样既可以为移动台省电，又可以减小空中干扰电平。

移动通信是一种有线和无线相结合的通信方式。其电波传播条件恶劣，存在着严重的多径衰落，需要系统设备具有良好的抗多径衰落能力和储备。移动通信系统在强干扰条件下工作，主要噪声为人为噪声，需要系统具有抗人为噪声的能力和储备。移动通信系统工作时，主要干扰有 3 种：存在互调干扰，要求设备具有良好的选择性；存在邻道干扰，要求移动台采用自动功率控制（APC）技术；存在同频干扰，要求技术人员在组网和频率配置时予以充分的重视。移动通信系统中由于收发设备间存在着相对速度，具有多普勒效应，会产生频率偏移，因此需要采用锁相技术。移动通信中可能存在覆盖盲区，需要在组网时、基站设置时予以重视。移动通信中用户经常移动，与基站间没有固定联系，需要采用切换、位置登记、漫游、小区选择/重选等跟踪交换技术。

移动通信采用的主要技术有同频复用、多信道共用、多址技术、切换、位置登记、漫游、分集、跳频、扩频、语音间断传输等。

大型移动公网采用蜂窝小区制结构，同一无线区群中使用不同的频率；间隔一定的距离，在不同的无线区群中可重复使用相同的频率。另外，同一小区中的多个无线信道可以由多个用户共同享用，实现多信道共用，有效提高频率利用率。

为进一步提高系统容量，移动通信采用了频分多址（FDMA）、时分多址（TDMA）、码分多址（CDMA）等多址技术。CDMA 容量最大，其次为 TDMA，FDMA 容量最小，不同的系统可根据需要组合应用不同的多址技术。在 4G 中采用资源分配粒度更小的多址方式，即子载波间隔为 15kHz 的 OFDMA。当然，在有效提高频率利用率、扩大系统容量的同时，必须采取相应的抗干扰、抗衰落措施（如分集、跳频、扩频等）。

分集技术是在发送端把具有独立衰落特性的信号分散传送，接收端对多个接收信号进行集中合并处理，即在发射侧分散传输，在接收侧根据信号的某一特征量所对应的衰落特性的独立性进行集中合并处理。常用的分集技术有极化分集、空间分集、时间分集、频率分集等。基站天线采用空间分集或极化分集，接收系统均能获得约 5dB 的增益。

跳频是指同一移动台在不同时隙工作在不同的载频上，结合交织、信道编码等技术提高系统的抗衰落能力。

为了提高无线信道的利用率，减少空中干扰，为移动台节能，系统采用间断传输技术，仅在有信息需要发送时打开发射机。

在 CDMA 系统中，为了解决自干扰，需与扩频技术相结合。扩频是一种信号传输技术。CDMA 系统中通常采用直接序列扩频（DS）方式，在发送端把信号与扩频码相乘以对信号进行频谱扩展，在接收端用和发送端完全相同的扩频码与信号相乘以进行解扩，从而增大有用信号和干扰信号的功率差，提高系统的抗干扰能力。

移动通信中，为解决邻道干扰问题，会采用功率控制技术。功率控制按方向分为反向功控和前向功控，按移动台和基站是否同时参与又分为开环功控和闭环功控。功率控制根据实现过程分为内环功控和外环功控：内环功控是指基站接收到移动台的信号后，将其强度与一个门限值（闭环门限）相比，向移动台发送功率调整指令；而外环功控是调整基站的接收信号的目标门限设定值，以满足 FER（误帧率）要求。当实际接收的 FER 高于（或低于）目标值时，基站就需要提高（或降低）内环门限，以增加（或降低）移动台的反向功率。

为了保证通信不中断，当移动台从一个小区进入另一个小区时需进行频道转换，实现切换。移动台在待机时，由一个小区进入另一个小区需进行小区重选。为了能顺利找到移动中的用户，系统要求用户终端在开机或进入新的位置区域时进行位置登记。用户还具有漫游功能，离开注册入网的 MSC（移动业务交换中心）服务区，在另外的 MSC 区仍能入网使用。

1.2 移动通信系统

移动通信系统发展到现在已经历了四代，第一代（1G）为模拟移动通信系统，第二代（2G）为数字移动通信系统，目前处于 2G、3G 和 4G 共存阶段。本节简单介绍目前商用的各移动通信系统。

1.2.1 GSM 系统

GSM 是第二代数字移动通信系统，是泛欧标准，采用开放式结构，各功能实体间采用标准化的接口规范。我国于 1994 年进行 GSM 系统的商用，采用 900MHz 和 1800MHz 频段。GSM900 采用了 890～915MHz（上行）、935～960MHz（下行）频段，DCS1800 采用了 1710～1785MHz（上行）、1805～1880MHz（下行）频段。在模拟网关闭后，部分原模拟网使用频段由 GSM 系统使用，形成了 EGSM 工作频段。

GSM 系统采用的主要技术和指标如下。

频道间隔：200kHz；双工间隔：45MHz（900MHz 系统）/95MHz（1800MHz 系统）；调制方式：GMSK；语音编码方式：RPE-LTP（13kbit/s）；多址技术：FDMA/TDMA（每载频 8 时隙）；双工方式：FDD。

另外，GSM 系统中还采用了跳频、功率控制、语音间断传输、信道编码等技术以提高系统的性能。

1. GSM 系统的组成

GSM 系统包括网络子系统（NSS，或交换子系统 SS）、基站子系统（BSS）、操作维护子系统（OSS）和移动台子系统（MS）4 个组成部分，其基本结构如图 1-1 所示。

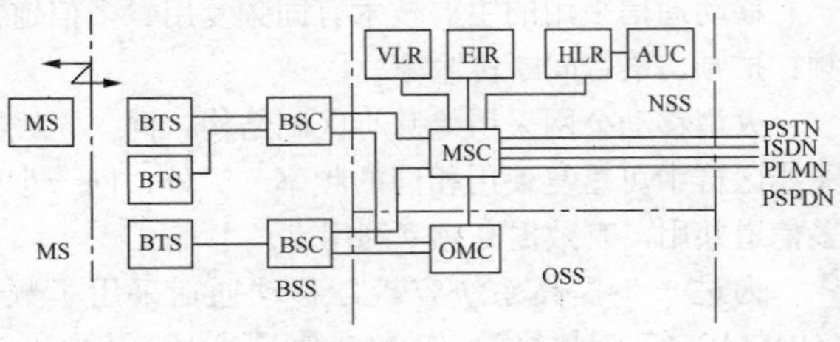

图 1-1　GSM 系统基本结构

图 1-1 中，MS 为移动台，BTS 为基站收发信机，BSC 为基站控制器，MSC 为移动业务交换中心，EIR 为移动设备识别寄存器，VLR 为访问用户位置寄存器，HLR 为归属用户位置寄存器，AUC 为鉴权中心，OMC 为操作维护中心，ISDN 为综合业务数字网，PLMN 为公用陆地移动网，PSTN 为公共电话交换

网，PSPDN 为公用分组交换数据网。一般情况下，VLR 与 MSC 常集成在一起，表示为 MSC/VLR；HLR 与 AUC 集成在一起，表示为 HLR/AUC。

（1）网络子系统

网络子系统（NSS）主要有 GSM 系统的交换功能和用于用户数据管理、移动性管理、安全性管理、移动设备管理等所需的数据库功能，对 GSM 移动用户间和 GSM 移动用户与其他通信网用户间的通信起着管理作用。NSS 由一系列功能实体构成。在整个 GSM 系统内部，NSS 的各功能实体间以及 NSS 与 BSS 间都通过符合 No.7 信令系统的协议与 GSM 规范的 No.7 信令网络相互通信。

① 移动业务交换中心（MSC）。MSC 是网路的核心，完成系统的电话交换功能。MSC 可从 3 种数据库（即 HLR、VLR 和 AUC）获取处理用户位置登记和呼叫请求所需的全部数据，同时根据其最新获取的信息请求更新数据库的部分数据。MSC 可为移动用户提供一系列业务，包括电信业务、承载业务和补充业务等。MSC 还支持位置登记、越区切换和自动漫游等移动性能和其他网络功能。

对于容量比较大的移动通信网，一个 NSS 可包括若干个 MSC、VLR 和 HLR。

MSC 有 3 类，分别为普通 MSC、GMSC、TMSC。GMSC 为入口移动业务交换中心（或网关 MSC），其主要用于和其他电信运营商设备的互联互通。TMSC 为汇接 MSC，专门用于移动业务的长途转接。在网络中，GMSC 与 TMSC 也可兼有普通 MSC 的交换与控制功能。

② 归属用户位置寄存器（HLR）。HLR 是 GSM 系统的中央数据库，是存储着该 HLR 管理的所有移动用户的相关数据的静态数据库。存储的数据有用户信息（包括用户的入网信息、注册的有关业务方面的数据）、位置信息等，还存有号码 IMSI、MSISDN。

③ 访问用户位置寄存器（VLR）。VLR 服务于其控制区域内的移动用户，是存储着进入其控制区域内且已登记的移动用户的相关信息的动态用户数据库。一旦移动用户离开该 VLR 的控制区域，则重新在另一个 VLR 登记，原来访问的 VLR 将取消临时记录的该移动用户数据。

④ 鉴权中心（AUC）。AUC 存储着鉴权信息和加密密钥，用来防止无权用户接入系统，并保证通过无线接口的移动用户信息的安全。AUC 属于 HLR 的一个功能单元，专用于 GSM 系统的安全性管理。

⑤ 移动设备识别寄存器（EIR）。EIR 存储着移动设备的国际移动设备识别码（IMEI），通过检查白名单、灰名单和黑名单判别准许使用的、出现故障须监视的、失窃不准使用的移动设备的 IMEI，以防止非法使用偷窃的、有故障的或未经许可的移动设备。目前，因 GSM 系统未安装 EIR 设备，因此网络中仍有大量非法手机在使用。

（2）基站子系统

基站子系统（BSS）是 GSM 系统中与无线蜂窝方面关系最直接的基本组成部分，它通过无线接口直接与移动台相接，负责无线信号的收发和无线资源管理。另一方面，BSS 与 NSS 中的 MSC 相连，实现移动用户间或移动用户与固定网用户间的通信连接，传送系统信号和用户信息等。

① 基站控制器（BSC）是 BSS 的控制部分，具有 BSS 的交换设备的作用，进行各种接口的管理、无线资源和无线参数的管理，例如切换控制、功率控制、时间提前量控制等。

② 基站收发信机（BTS）属于 BSS 的无线部分，是由 BSC 控制并服务于某个小区的无线收发信设备，实现 BTS 与移动台间的无线传输及相关的控制功能。

通常，NSS 中的一个 MSC 监控一个或多个 BSC，每个 BSC 控制多个 BTS。

（3）操作维护子系统

操作维护子系统（OSS）需完成许多任务，包括移动用户管理、移动设备管理及网络操作和维护等。

此处所介绍的 OSS 功能主要指完成对 BSS 和 NSS 进行操作及维护的管理功能。完成网络操作与维护管理的设施称为操作与维护中心（OMC），具体功能包括网络的监视和操作（告警、处理等）、无线规划（增加载频、小区等）、交换系统的管理（软件、数据的修改等）、性能管理（产生统计报告等）。GSM 网络中的每个部件都有机内状态监视和报告功能，OMC 对其反馈结果进行分析、诊断，并自动解决问题，如将业务切换至备份设备、针对故障情况采取适当的维护措施等。

移动用户管理包括用户数据管理和呼叫计费。用户数据管理一般由 HLR 来完成，用户识别模块

（SIM）的管理通过专门的 SIM 个人化设备完成。呼叫计费可由移动用户所访问的各个 MSC 和 GMSC 分别处理，也可通过 HLR 或独立的计费设备来集中处理计费数据。

移动设备管理是由 EIR 完成的。

（4）移动台子系统

移动台子系统（MS）是公用 GSM 移动通信网中用户使用的设备。移动台可以是单独的移动终端 MT、手机、车载台，或者由 MT 直接与终端设备 TE（如传真机等）相连接而构成，或者由 MT 通过相关终端适配器 TA 与 TE 相连接而构成。移动台必须插入 SIM 卡才能进行正常呼叫，SIM 存储所有与用户有关的信息和某些无线接口的信息，其中也包括鉴权和加密信息，用户可以根据自己的需要更换手机，而不用重新注册入网。

2. GSM 网络结构

我国的 GSM 网络采用二、三级混合结构，在无线区域覆盖时采用无线小区、基站小区、位置区、MSC 区、PLMN 服务区、GSM 服务区的层次结构，如图 1-2 所示。

3. GSM 系统中的接口

GSM 系统对各功能实体间的接口进行了具体的定义，如图 1-3 所示。与 BSS 密切相关的接口主要有 A 接口（MSC 与 BSC 间的接口）、Abis 接口（BSC 与 BTS 间的接口，是非标准接口，由厂家自定义）、Um 接口（BTS 与 MS 间的接口）。

图 1-2 无线覆盖区域结构

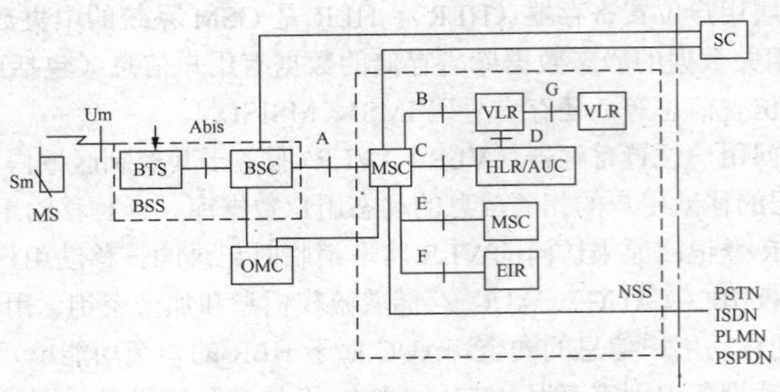

图 1-3 GSM 系统中的接口

GSM 系统终端设备信号的处理过程与移动台类似，只是移动台中的发送信号来自话筒，而系统终端的发送信号（64kbit/s 的信号）来自交换机数据经对数线性变换器转换成的 8kHz（13bit）的信号。移动台原理框图如图 1-4 所示。

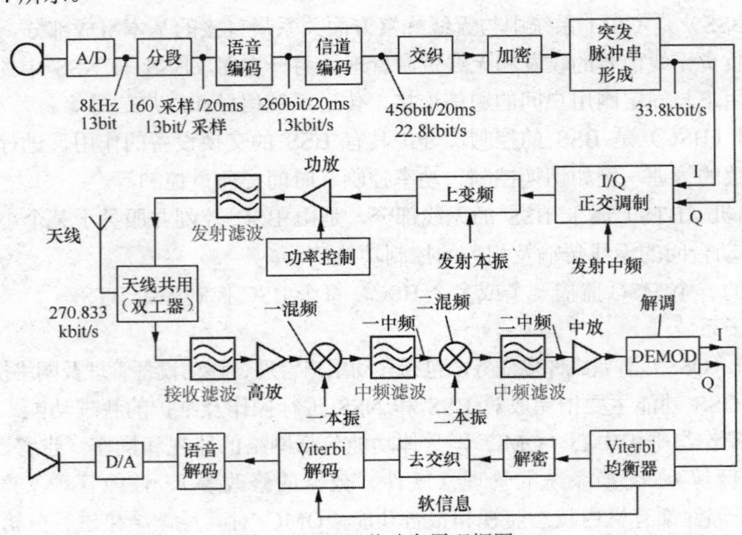

图 1-4 GSM 移动台原理框图

发送部分：模/数变换后的 8kHz（13bit）的均匀量化数字信号按 20ms 分段，每 20ms 段 160 个采

样；分段后按有声段和无声段对信号进行分开处理，有声段进行后续的语音编码处理，无声段按语音间断传输 DTX 的要求处理；数字信号经过信道编码、交织、加密、突发脉冲串形成、调制及上变频、功率放大后，由天线将信号发射出去。

GSM 系统采用 DTX 方式，在语音信号分段后，按有声段和无声段分开进行信号处理。无声段并不是简单地关闭发射机，而是要求在发射机关闭之前，必须把发端背景噪声参数形成静寂描述帧（SID）传送给接收端，接收端利用这些参数合成与发送端相类似的噪声（通常称为“舒适噪声”）。为了完成语音信号间断传输，在发送端应有语音活动检测器，有背景噪声的评价，而接收端有噪声发生器。

接收部分：从天线接收的射频信号经双工器进入接收通路，高频放大后经一混频、二混频得到中频信号，数字解调后进行 Viterbi 均衡、解密、去交织、信道解码，恢复出数字化语音信号。

BSS 中，语音编码过程在 BSC 侧完成，其余数字信号处理和射频部分信号处理则在 BTS 中进行。另外，由于基站需要多发射机共用天线、收发共用天线，因此天线共用部分包括合路器和双工器。

（1）信道

GSM 系统中，一个载频上的 TDMA 帧的一个时隙（TS）为一个物理信道。GSM 中的每个载频分为 8 个时隙，有 8 个物理信道，每个用户占用一个时隙，用于传递信息，在一个 TS 中发送的信息称为一个突发脉冲序列。

大量的信息传递于 BTS 与移动台间，GSM 系统根据传递信息的种类定义了不同的逻辑信道。逻辑信道是一种人为的定义，在传输过程中要被映射到某个物理信道上才能实现信息的传输。逻辑信道可分为两类，即业务信道（TCH）和控制信道（CCH）。业务信道用于传送编码后的语音或用户数据；为了建立呼叫，GSM 设置了多种控制信道，用于传递信令或同步数据，可分为广播信道（BCH）、公共控制信道（CCCH）及专用控制信道（DCCH）3 类。

广播信道可分为频率校正信道（FCCH）、同步信道（SCH）和广播控制信道（BCCH）；公共控制信道是基站与移动台间的点到多点的双向信道，可分为寻呼信道（PCH）、随机接入信道（RACH）和允许接入信道（AGCH）；专用控制信道可分为独立专用控制信道（SDCCH）、慢速随路控制信道（SACCH）和快速随路控制信道（FACCH）。

在传输过程中，传递各种信息的逻辑信道要放在不同载频的某个时隙上才能实现信息的传送。用于映射控制信道的一般是 C_0 载波，在 TS_0 下行信道上映射的主要是 FCCH、SCH、BCCH、PCH、AGCH，在上行信道上映射 RACH；在 TS_1 上映射 SDCCH、SACCH，上下行信道偏移 3 个时隙；其余的 TS_2～TS_7 则用作 TCH，上下行信道也偏移 3 个时隙。

基站中的其余载频均可用作 TCH。也就是说，同一小区的其他载频，C_1～C_n 频点只用于业务信道，即 TS_0～TS_7 全部是业务信道。因每个小区有一个 C_0 载频，提供两个时隙的控制信道，也就是说，C_0 载频的 6 个时隙 TS_2～TS_7 都是业务信道，每增加一个载频就增加 8 个业务信道。

（2）分级帧结构

TDMA 信道上一个时隙中的信息格式称为突发脉冲序列。突发脉冲序列共有 5 种类型：普通突发脉冲序列（NB，用于除 FCCH、SCH、RACH 外的信道）、频率校正突发脉冲序列（FB，用于 FCCH）、同步突发脉冲序列（SB，用于 SCH）、接入突发脉冲序列（AB，用于 RACH）和空闲突发脉冲序列（DB，用于在没有信息发送时代替 NB 在信道中传输，不发给任何 MS，不携带信息）。

映射到 TDMA 帧中的信号按分级帧结构逐级形成超高帧，如图 1-5 所示。基站以时隙为单位将信息插入信道，每一时隙 0.577ms，8 个时隙组成一个 4.616ms 的 TDMA 帧，同时 26 个语音 TDMA 帧组成一个持续时间为 120ms 的复帧（在控制信道中，51 个帧组成一个复帧）；51 个 26 帧的复帧（或 26 个 51 帧的复帧）构成一个超帧；每 2048 个超帧组成一个超高帧，总计 2715648 个 TDMA 帧，占时 3 小时 28 分 53.7 秒。

4．频率复用

（1）同频复用

同频复用技术是指同一载波的无线信道用于覆盖相隔一定距离的不同区域，相当于频率资源获得再生。移动通信系统的典型配置采用 4×3 频率复用方式，即每 4 个基站为一群，每个基站小区分成 3 个三叶草形 60° 扇区或 3 个 120° 扇区。移动通信系统采用等间隔频道配置的方法。

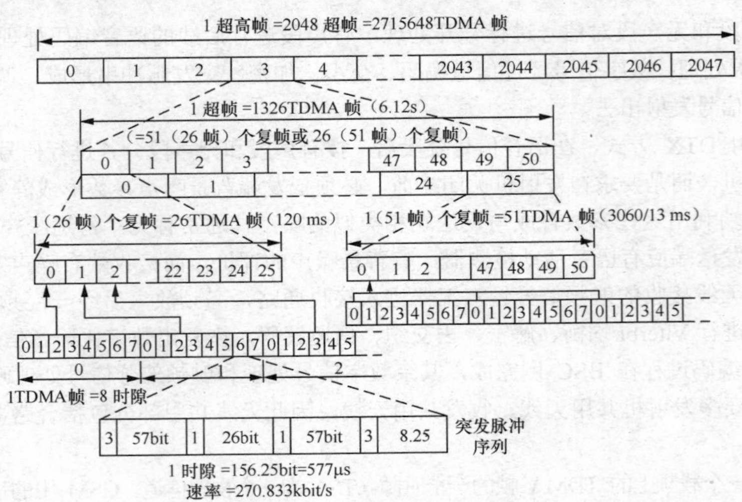

图 1-5　GSM 系统中的分级帧结构

GSM900 总共 25MHz 带宽，载频间隔 200kHz，频道序号为 1～124。频道序号和频道标称中心的频率关系为

$$\begin{cases} f_1(n)=890.2+(n-1)\times 0.2\text{MHz} \\ f_h(n)=935.2+(n-1)\times 0.2\text{MHz} \end{cases}$$

因双工间隔为 45MHz，所以其下行频率可用上行频率加双工间隔，为

$$f_h(n)=f_1(n)+45\text{MHz}$$

重点提示

在 GSM 系统中，一个载频频道包含 8 个信道（时隙），信道和频道是不同的概念。但在实际工作中，常把频道（频点）称为信道，在应用时需要加以区分。

GSM1800 总共 75MHz 带宽，载频间隔 200kHz，频道序号为 512～885。频道序号和频道标称中心的频率关系为

$$\begin{cases} f_1(n)=1710.2+(n-512)\times 0.2\text{MHz} \\ f_h(n)=1805.2+(n-512)\times 0.2\text{MHz} \end{cases}$$

与 GSM900 一样，根据上下行双工间隔，下行频率计算为

$$f_h(n)=f_1(n)+95\text{MHz}$$

（2）跳频

移动通信中，电波传播的多径效应引起的瑞利衰落与发射频率有关，衰落谷点因频率的不同而发生在不同的地点，如果通话期间载频在几个频点上变化，则可认为在一个频率上只有一个衰落谷点，仅会损失信息的一小部分。

采用跳频技术可以改善由多径衰落造成的误码特性。跳频有慢跳频和快跳频两种。慢跳频速率低于信息比特率，即连续几个信息比特跳频一次。GSM 系统中的跳频属于慢跳频，每帧改变一次频率，跳频的速率大约为每秒 217 次。一般跳频速率越高，跳频系统的抗衰落性能就越好，但相应的设备复杂性和成本也越高。

实现跳频的方法有两种，即基带跳频和频率合成器跳频（又称为射频跳频）。基带信号按照规定路由传送到相应的发射机上即形成基带跳频，基带信号由一台发射机转到另一台发射机来实现跳频。这种模式下，每个收发信机停留在一个频率上，基带数据通过交换矩阵切换到相应的收发信机上，从而实现跳频。基带跳频的天线合路器可采用谐振腔和单向器星形网络组合成的合路器。频率合成器跳频方式通过不断改变收发信机的频率合成器合成的频率使无线收发信机的工作频率由一个频率跳到另一个频率，这种方法不必增加收发信机数量，但需要采用空腔谐振器的组合，以实现跳频在天线合路器的滤波组合。频率合成器跳频模式需要无线电控制单元（RCU）的数目等于需要改变频率的时隙数，适合只有少量收发信机的基站，跳频实现原理如图 1-6 所示。

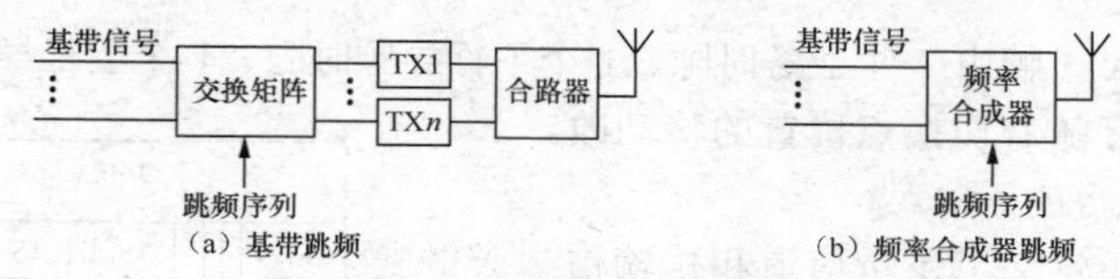

图 1-6　跳频实现原理图

在基站中，某些设备只支持一种跳频实现方式，有些设备对两种跳频方式都支持，但一个基站只能选择一种实现方式。移动台只能采用频率合成器跳频方式。

1.2.2　TD-SCDMA 系统

TD-SCDMA 由我国提出，是 3G 三大主流标准之一，可基于 GSM 系统演进。TD-SCDMA 是一个 TDD 的同步 CDMA 系统，软件和帧结构的设计实现了严格的上行同步，与其他 3G 标准相比，其具有频谱分配灵活、高频谱利用率、更适合非对称业务的特点。

1. TD-SCDMA 系统采用的主要技术与指标

TD-SCDMA 系统采用的主要技术与指标如下。

码片速率：1.28Mchip/s；带宽：1.6MHz；双工方式：TDD；多址技术：TDMA、CDMA、FDMA、SDMA；调制方式：QPSK、8PSK、QAM 等；扩频方式：直接序列扩频；基站间同步工作。

另外，TD-SCDMA 还采用了智能天线、软件无线电、接力切换、联合检测及动态信道分配等技术来提高系统的性能。

智能天线利用 SDMA 技术，根据用户信号的到达方向角 DOA 估算进行波束赋形，向用户方向性地发送信号。

软件无线电在 TD-SCDMA 系统中应用，可只改变软件进行系统功能和标准的变换，从而使得天线体制具有更好的通用性、灵活性，并使系统互联和升级变得方便。

接力切换是 TD-SCDMA 系统针对硬切换和软切换的缺点提出的。在切换过程中，首先将上行链路转移到目标小区，下行链路仍与原小区保持通信，经过短暂时间的分别收发过程后，再将下行链路转移到目标小区。接力切换的实现需要测量、判决和执行 3 个过程。

联合检测利用所有与 ISI（符号间干扰）和 MAI（多址干扰）相关的先验信息，在一步之内将所有用户的信号分离出来。联合检测通常与智能天线结合应用，以进一步提高系统的抗干扰能力。

动态信道分配技术可动态地将信道分配给接入的业务。在 TD-SCDMA 系统中，慢速动态信道分配方式将资源分配到小区，快速动态信道分配方式将资源分配给承载业务。

2. TD-SCDMA 系统的组成

TD-SCDMA 系统由 CN、UTRAN 和 UE 组成，如图 1-7 所示。

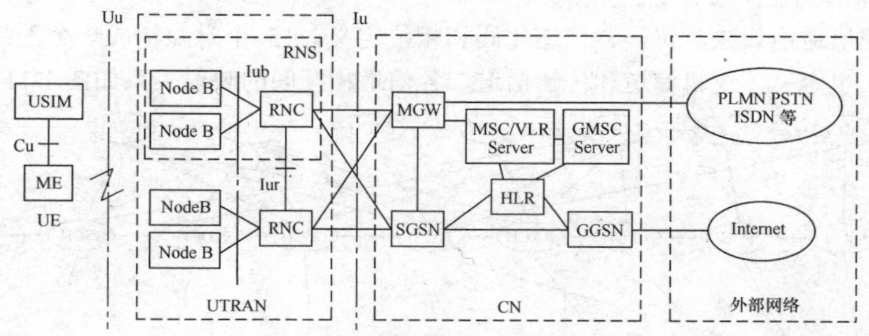

图 1-7　TD-SCDMA 系统组成

3. TD-SCDMA 系统的空中接口

TD-SCDMA 系统的空中接口采用 TDD 双工方式和 TDMA、CDMA 等多址技术。TD-SCDMA 物理信道由码、频率和时隙共同决定。为及时定位移动台，接口把一个 10ms 的帧分成两个 5ms 的子帧。如

图 1-8 所示，TD-SCDMA 子帧由 7 个业务时隙、1 个下行导频时隙、1 个上行导频时隙和 1 个保护间隔组成，业务时隙的上下行随着切换点位置的移动改变比例，以适应不对称业务的需求。

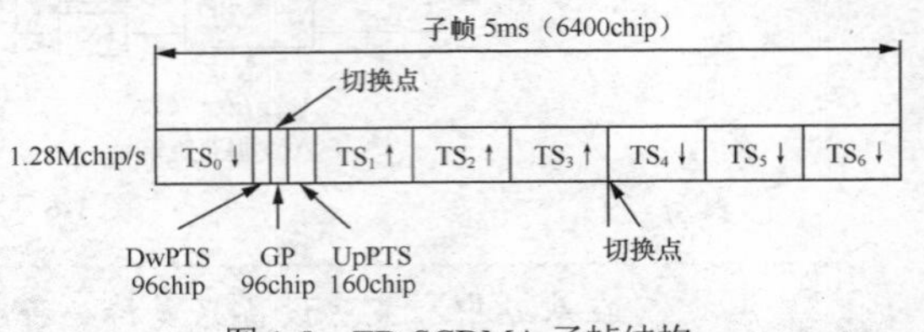

图 1-8 TD-SCDMA 子帧结构

在 TD-SCDMA 中还定义了逻辑信道和传输信道。逻辑信道描述传送什么类型的信息，传输信道描述信息如何传输；逻辑信道会映射到传输信道，而传输信道会映射到物理信道以传送信息。TD-SCDMA 的各类信道及映射关系如图 1-9 所示。

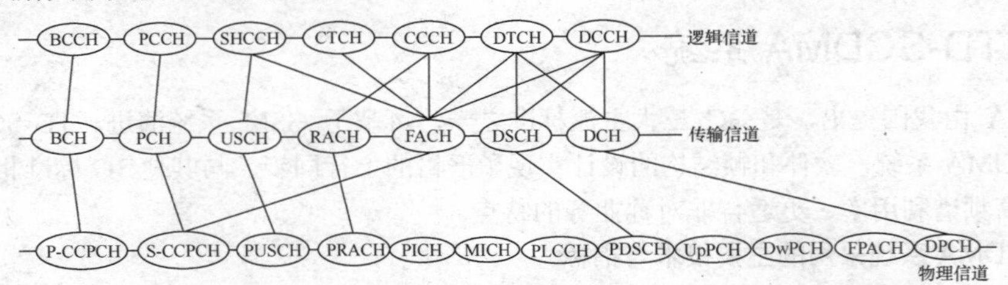

图 1-9 TD-SCDMA 中的逻辑信道、传输信道、物理信道及其映射关系

1.2.3 WCDMA 系统

WCDMA 是基于 GSM 演进的 3G 标准，可采用 FDD 或 TDD 双工方式（此处主要介绍 FDD 方式）。其系统组成与 TD-SCDMA 相同，如图 1-7 所示。

1. WCDMA 系统的主要技术和指标

WCDMA 采用的主要技术与指标如下。

码片速率：3.84Mchip/s；载频带宽：5MHz；调制方式：BPSK、QPSK；双工方式：FDD；多址方式：TDMA、CDMA；扩频方式：直接序列扩频；语音编码：AMR；支持异步和同步的基站运行；支持下行发射分集，以提高系统下行链路容量。

WCDMA 的信道编码可根据需要确定是否采用压缩模式。压缩模式又称时隙化模式，一帧中的一个或连续几个无线帧中的某些时隙不被用于数据的传输，为保证质量，压缩帧中的其他时隙功率增加，如图 1-10 所示。

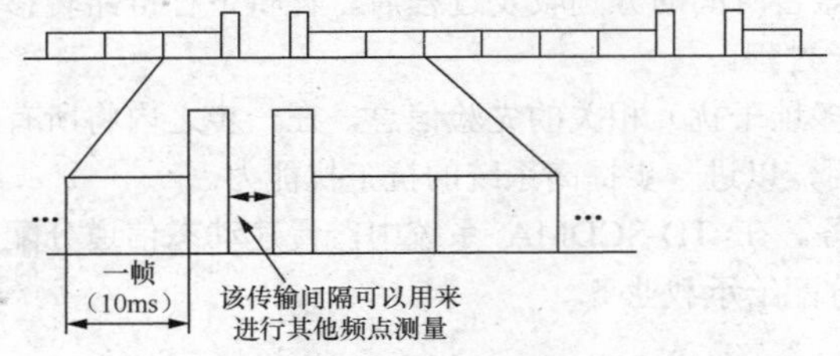

图 1-10 WCDMA 信道编码压缩模式

WCDMA 系统可采用空时编码 STC 技术，即在时间和空间域都引入编码。空时码集发射分集和编码于一体，具有较好的频率有效性和功率有效性。

2. WCDMA 系统的空中接口

WCDMA 物理信道由载频、扰码、信道化码和相位定义，15 个时隙构成一个无线帧。WCDMA 与 TD-SCDMA 一样，也定义了逻辑信道和传输信道，各信道相互间的映射关系如图 1-11 所示。

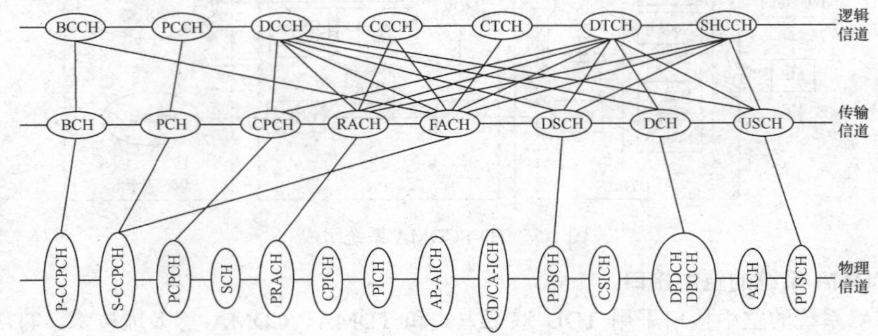

图 1-11 WCDMA 中的逻辑信道、传输信道、物理信道及其映射关系

1.2.4 CDMA2000 系统

CDMA2000 是基于 IS-95CDMA 演进的 3G 标准，采用 FDD 方式，主要技术特点有上行链路相干接收、下行链路发射分集、基站 GPS 同步、前向/后向兼容性好等。为了进一步满足用户的高速数据和语音业务需求，CDMA2000.1x 的发展演进经历了 CDMA2000.1x EV-DO（仅提供数据，不兼容 CDMA2000.1x）及 CDMA2000.1x EV-DV（提供语音和数据，兼容 CDMA2000.1x）。中国电信使用了 CDMA2000.1xEX-DO。

1. CDMA2000.1x 系统的主要技术和指标

CDMA2000 采用的主要技术与指标如下。

码片速率：1.2288Mchip/s；载频带宽：1.25MHz；调制方式：BPSK（上行）、QPSK（下行）；双工方式：FDD；多址方式：FDMA、CDMA；支持同步基站运行；支持下行发射分集，以提高系统下行链路容量。

目前使用的 CDMA2000.1x EV-DO 的功率控制方式与 CDMA2000.1x 不同，基站在所有时间内发送固定数量的功率。当移动台远离基站时，移动台接收的功率降低，基站不增加发送功率，而是降低发送给这些移动台的数据率，如图 1-12 所示。

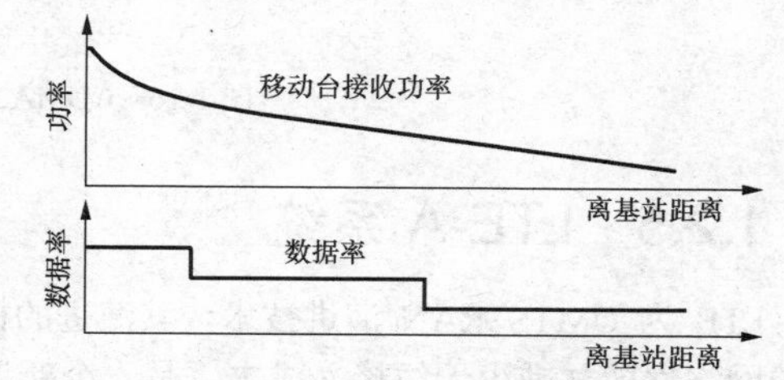

图 1-12 CDMA2000.1x EV-DO 中基站控制数据率的方法

2. CDMA2000.1x 系统的网络结构

CDMA2000.1x 系统的网络结构如图 1-13 所示。为提供高速分组数据传送能力，核心网侧增加了 PCF（分组控制功能模块）、PDSN（分组数据服务节点）和相关接口。

CDMA2000.1x EV-DO 提供移动 IP 接入方式时，由 HA 和 FA 协调工作，实现不改变 IP 地址的移动用户漫游接入，如图 1-14 所示。

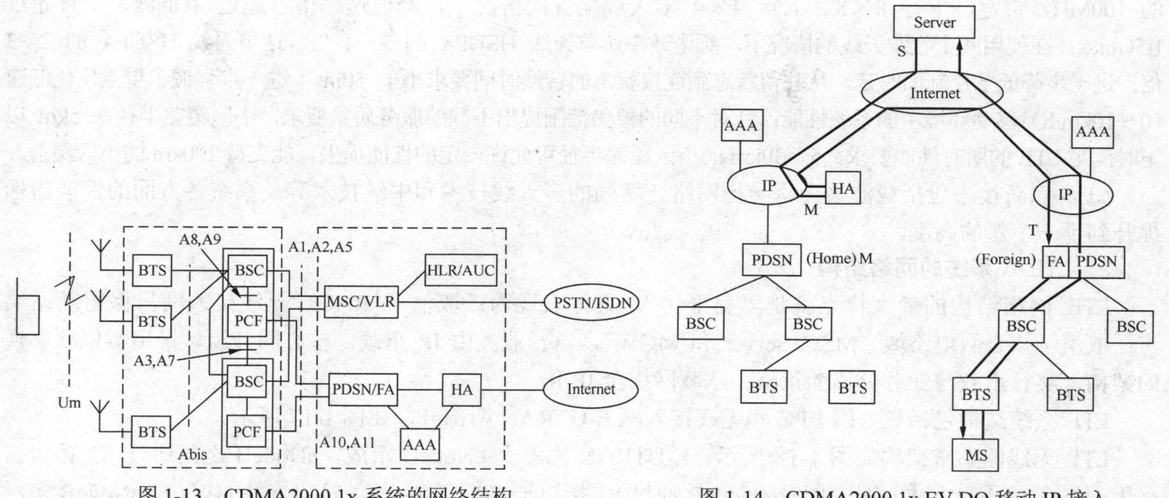

图 1-13 CDMA2000.1x 系统的网络结构

图 1-14 CDMA2000.1x EV-DO 移动 IP 接入

3. CDMA2000.1x 系统的空中接口

CDMA2000.1x 定义了物理信道和逻辑信道，前向信道和反向信道有不同的无线配置，但相互关联。逻辑信道到物理信道的映射如图 1-15 所示。

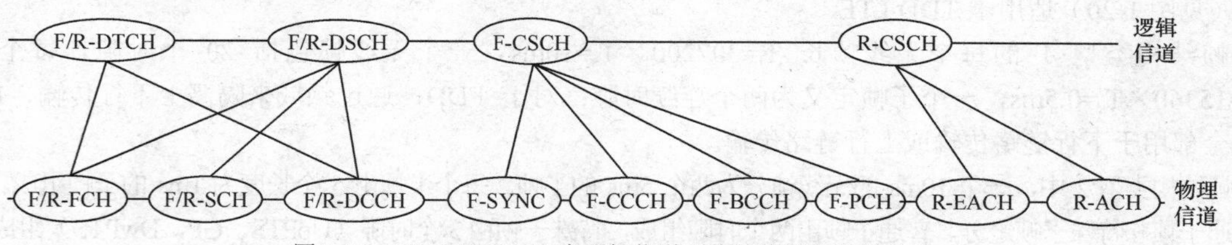

图 1-15 CDMA2000.1x 中逻辑信道到物理信道的映射关系

在 CDMA2000.1x EV-DO 中，信道的配置与 CDMA2000.1x 有着明显的区别，所配置的信道如图 1-16 所示。

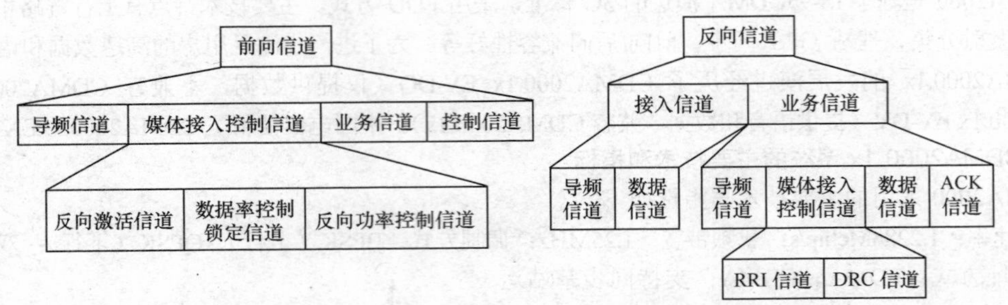

图 1-16　CDMA2000.1x EV-DO 中的信道配置

1.2.5　LTE-A 系统

LTE 为 UMTS RAN 演进技术，其演进的核心网称为演进的分组核心网 EPC。LTE 的目标是提供更高的网络性能并减少无线接入成本，是一个新设计的无线接口。较之前的移动系统而言，LTE 可以显著地提升频谱效率并降低延时。LTE-Advanced（LTE-A）是 LTE 的演进，是真正的 4G。

1. LTE-A 的主要技术和指标

LTE-A 系统通过频谱聚合技术，最大支持 100MHz 的系统带宽。进行载波聚合的各单元载波可有不同的带宽，在频率上可以是连续的，也可以是非连续的，以支持灵活的频率使用方法；峰值数据传输速率进一步增强，系统设计的峰值速率下行超过 1Gbit/s，上行超过 500Mbit/s，实际达到的性能远超过指标要求。在使用最大的 100MHz 带宽，下行 8×8、上行 4×4 多天线配置的情况下，峰值速率下行超过 3Gbit/s，上行超过 1.5Gbit/s；在使用两个收发天线的情况下，频谱效率达单天线 HSDPA 的 3～4 倍，达单天线 HSUPA 的 2～3 倍；进一步降低了控制面时延，从驻留状态到连接状态的转换时间要求小于 50ms；进一步强调了重点优化低速（0～10km/h）移动环境中的系统性能；针对不同的覆盖范围提出不同的服务质量要求，小区覆盖半径在 5km 以下时满足 LTE 的所有性能要求，5～30km 的小区覆盖半径可允许一定的性能损失，能支持 100km 的小区覆盖。

LTE-A 新技术包括载波聚合、异构网络、增强的多天线技术和中继技术等，系统各方面的性能指标提升到了一个新的高度。

2. LTE-A 系统的网络结构

LTE 网络结构的最大特点就是“扁平化”，具体表现为：取消了 RNC，无线接入网只保留基站结点；取消了核心网电路域（MSC Server 和 MGW），语音业务由 IP 承载；核心网分组域采用类似软交换的架构，实行承载与业务分离的策略；承载网络全 IP 化。

LTE 系统结构包括核心网 EPC 和无线接入网 E-UTRAN 两部分，如图 1-17 所示。

LTE 无线侧系统架构如图 1-18 所示。E-UTRAN 由多个 eNodeB 组成，eNodeB 之间通过 X2 接口，采用网格（mesh）方式互联。同时 eNodeB 通过 S1 接口与 EPC 连接，S1 接口支持 GWs 和 eNodeB 多对多的连接关系。

3. LTE-A 系统的空中接口

LTE 定义了两种帧结构，帧结构类型 1（见图 1-19）适用于全双工或半双工的 LTE FDD，帧结构类型 2（见图 1-20）适用于 TDD LTE。

帧结构类型 1 的每个无线帧长 $T_f=307200\times T_s=10ms$，一个无线帧包括 20 个时隙，每个时隙 $T_{slot}=15360\times T_s=0.5ms$，一个子帧定义为两个连续时隙；对于 FDD，通过频域来隔离上下行传输，10 个子帧全部用于下行链路传输或上行链路传输。

帧结构类型 2 中，一个 10ms 的无线帧分为两个 5ms 的半帧。每个半帧由 5 个长度为 1ms 的子帧组成。子帧有普通子帧和特殊子帧之分，普通子帧由两个时隙组成，特殊子帧由 3 个时隙（UpPTS、GP、DwPTS）组成。

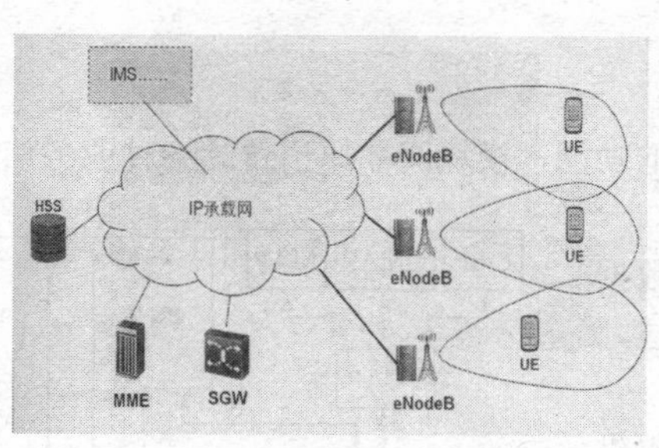

图 1-17　LTE 系统的扁平化结构

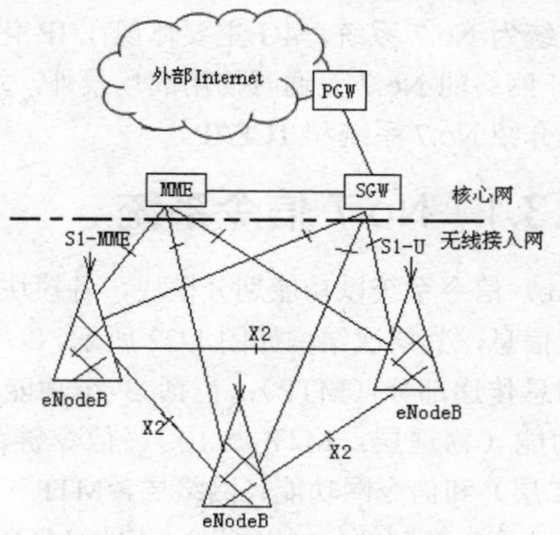

图 1-18　LTE 系统基本架构

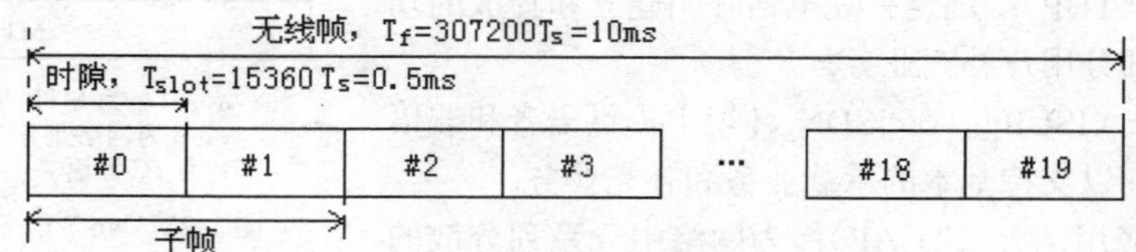

图 1-19　LTE 帧结构类型 1

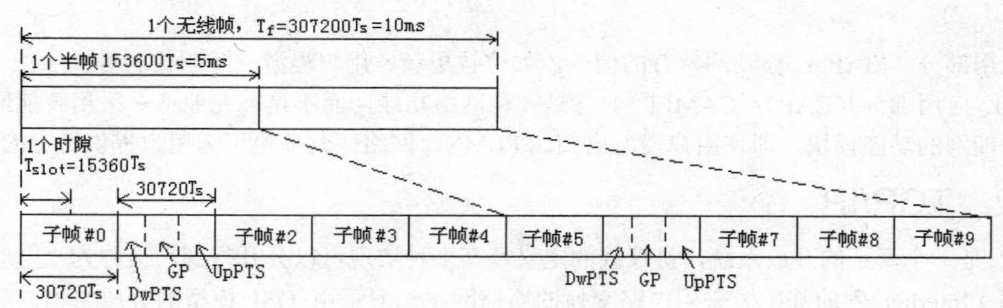

图 1-20　LTE 帧结构类型 2

LTE 系统中，逻辑信道、传输信道和物理信道间的映射关系如图 1-21 所示。

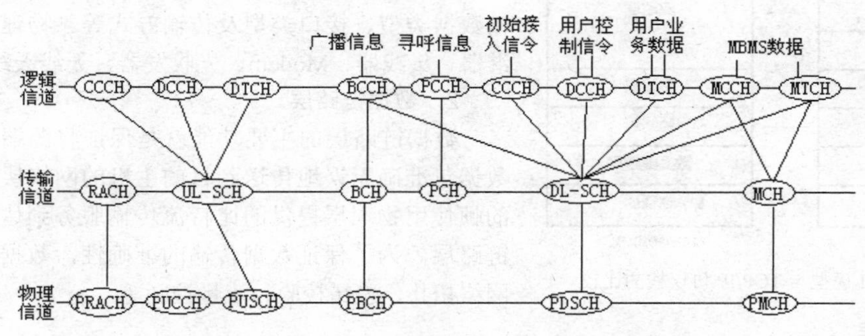

图 1-21　LTE 中逻辑信道、传输信道和物理信道间的映射关系

1.3　移动通信系统中的信令

移动通信系统中的各功能实体间需要采用信令进行相互通信。2G 和 3G 语音通信时代，主要使用的

信令系统为 No.7 系统。4G 主要体现在 IP 化、融合化和扁平化方面，No.7 信令在除 HSS/HLR 与 3G 网络、2G 网络的 No.7 互通时使用的场景外，均使用 IP，因此与 No.7 有关的 GT、信令点逐渐消失。本节将简单介绍 No.7 系统和 TCP/IP。

1.3.1 No.7 信令系统

No.7 信令系统以功能划分模块，各模块完成相对独立的功能，模块间靠原语传递各种业务信息和网络管理信息，其层次结构如图 1-22 所示。

消息传递部分（MTP）：包括 3 个功能级，分为信令数据链路功能（物理层，MTP 一层）、信令链路功能（链路层，MTP 二层）和信令网功能（网络层，MTP 三层）。

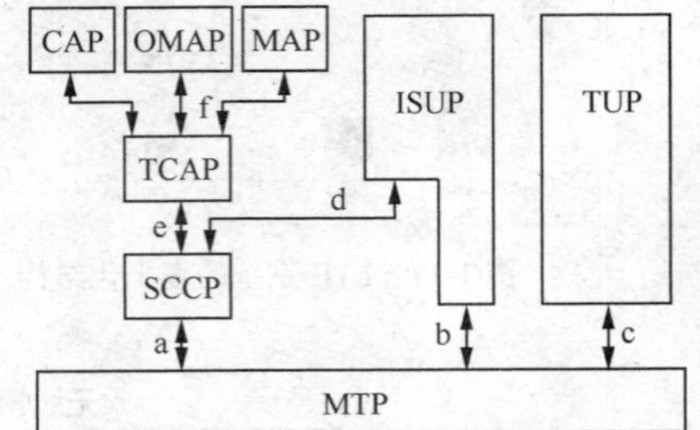

注：a、b、c 为 MTP 业务原语；
e、d 为网络业务原语；
f 为 TC 原语

图 1-22　No.7 信令系统的层次结构

信令连接控制部分（SCCP）：加强 MTP 部分的功能，提供相当于 OSI 网络层的功能。

电话用户部分（TUP）：规定有关电话呼叫建立和释放的功能及程序，还支持部分用户补充业务。

ISDN 用户部分（ISUP）：在 ISDN 环境中提供语音和非语音交换所需的功能，以支持基本的承载业务和补充业务。

事务处理能力应用部分（TCAP）：为网络中一系列分散的应用业务相互通信提供一组规约和功能。

操作维护管理部分（OMAP）：具有 No.7 信令系统的监视、测量及管理功能，还有协议测试及在线监视等功能。

移动应用部分（MAP）：移动网特有的信令，如位置更新、用户漫游、呼叫控制等。

CAMEL 应用部分（CAP）：CAMEL 业务是一种网络功能，而不是补充业务，采用智能网的原理。通过增加智能网的功能模块，即使用户漫游出归属 PLMN，网络运营商也可为用户提供特定的业务。

1.3.2 TCP/IP

TCP/IP 是一个真正的开放系统，协议族的定义及其多种实现可以公开得到，被称为“全球互联网”或“因特网（Internet）”的基础。采用电路交换的通信网络一般采用 OSI 模型的分层结构，而分组交换的 IP 网络则采用 TCP/IP，其分层结构不一样。OSI 模型与 TCP/IP 协议栈的比较如图 1-23 所示。

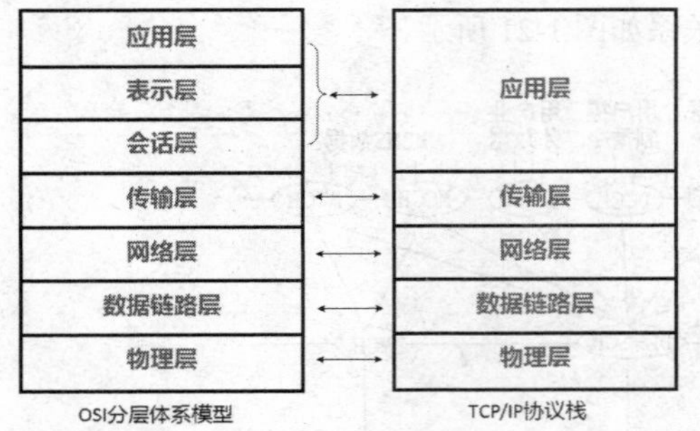

图 1-23　OSI 模型与 TCP/IP 协议栈的比较

1. 物理层

TCP/IP 的物理层确定传输媒介类型、连接器类型、传输数据类型、接口类型及传输方式等。物理层设备包括中继器、集线器、Modem、光收发器、无线天线等。

2. 数据链路层

数据链路层的主要功能就是保证将源端主机网络层的数据包准确无误地传送到目的主机的网络层。数据链路层的帧使用物理层提供的比特流传输服务到达目的主机数据链路层。为了保证数据传输的准确性，数据链路层还负责网络拓扑、差错校验、流量控制等。

3. 网络层

网络层利用下两层提供的服务来实现传输层的通信，将数据包从源端网络发送到目的网络。常见的网络层设备有路由器和三层交换机。网络层设备通过运行路由协议（Routing Protocol）来计算到目的地的最佳路由，找到数据包应该转发的下一个网络设备，然后利用网络层协议封装数据包，利用下层提供的服务把数据发送到下一个网络设备。一般说来，网络层设备的每一个接口都有一个唯一的网络层地址，又称逻辑地址。在 Internet 中，网络设备的网络层地址必须是全球唯一的。

网络层协议（IP）是 TCP/IP 体系中最重要的协议之一，也是最重要的 Internet 标准协议（RFC791）之一。与 IP 配套的还有 4 个协议，即地址解析协议（ARP）、逆向地址解析协议（RARP）、Internet 控制报文协议（ICMP）、Internet 组管理协议（IGMP）。

4. 传输层

传输层位于应用层和网络层之间，为目的主机提供端到端的连接以及流量控制（由窗口机制实现）、可靠性（由序列号和确认技术实现）、全双工传输支持等。传输层协议有 TCP 和 UDP 两种。虽然 TCP 和 UDP 都使用相同的网络层协议 IP，但是 TCP 和 UDP 却为应用层提供完全不同的服务。目前传输层增加了第三种协议，即 SCTP（流控制传输协议 RFC2960），其具有 TCP 和 UDP 的共同优点，用于一些新的多媒体应用。

传输控制协议（TCP）为应用程序提供可靠的面向连接的通信服务，适用于要求得到响应的应用程序。目前，许多流行的应用程序都使用 TCP。用户数据报协议（UDP）提供了无连接通信，且不对传送数据包进行可靠性保证，适于一次传输小量数据，可靠性则由应用层来负责。

TCP 通过以下过程来保证端到端数据通信的可靠性：TCP 实体把应用程序划分为合适的数据块，加上 TCP 报文头，生成数据段；当 TCP 实体发出数据段后，立即启动计时器，如果源设备在计时器清零后仍然没有收到目的设备的确认报文，重发数据段；当对端 TCP 实体收到数据后，发回一个确认。TCP 包含一个端到端的校验和字段，检测数据传输过程中的任何变化。如果目的设备收到的数据校验和计算结果有误，TCP 将丢弃数据段，源设备在前面所述的计时器清零后重发数据段。由于 TCP 数据承载在 IP 数据包内，而 IP 提供了无连接的、不可靠的服务，所以数据包有可能会失序。TCP 提供了重新排序机制，目的设备会将收到的数据重新排序后交给应用程序。TCP 连接的每一端都有缓冲窗口，目的设备只允许源设备发送自己可以接收的数据，防止缓冲区溢出。

UDP 是一个简单的面向数据报的运输层协议：进程的每个输出操作都正好产生一个 UDP 数据报，并组装成一份待发送的 IP 数据包。UDP 不提供可靠性：它把应用程序传给 IP 层的数据发送出去，但是并不保证它们能到达目的地。

5. 应用层

应用层为用户的各种网络应用开发了许多网络应用程序，例如文件传输、网络管理等，甚至包括路由选择。应用层协议主要有如下几种。

（1）文件传输协议

① 文件传输协议（File Transfer Protocol，FTP）是用于文件传输的 Internet 标准。FTP 支持一些文本文件（例如 ASCII、二进制等）和面向字节流的文件。FTP 使用传输控制协议（TCP）在支持 FTP 的终端系统间执行文件传输，它采用两个 TCP 连接来传输一个文件。

控制连接以通常的客户/服务器方式建立，服务器以被动方式打开众所周知的用于 FTP 的端口（21），等待客户的连接；客户则以主动方式打开 TCP 端口 21，来建立连接。控制连接始终等待客户与服务器之间的通信，该连接将命令从客户传给服务器，并传回服务器的应答。由于命令通常是由用户输入的，所以 IP 对控制连接的服务特点就是“最大限度地减小迟延”。

每当一个文件在客户与服务器之间传输时，就创建一个数据连接（其他时间也可以创建）。由于该连接用于传输的目的，所以 IP 对数据连接的服务特点就是“最大限度提高吞吐量”。因此，FTP 被认为提供了可靠的面向连接的服务，适于距离较远、可靠性较差的线路上的文件传输。

② 简单文件传输协议（Trivial File Transfer Protocol，TFTP）也用于文件传输，但 TFTP 使用 UDP 提供服务，被认为是不可靠、无连接的。TFTP 通常用于可靠的局域网内部的文件传输。TFTP 最初打算用于引导无盘系统（通常是工作站或 X 终端），其代码和所需要的 UDP、IP、设备驱动程序都能适合只读存储器。它只使用几种报文格式，是一种停止等待协议。为了允许多个客户同时进行系统引导，TFTP 服务器必须提供一定形式的并发。因为 UDP 在一个客户与一个服务器之间并不提供唯一连接（TCP 也一样），所以 TFTP 服务器通过为每个客户提供一个新的 UDP 端口来提供并发。TFTP 没有提供安全特性，主要由 TFTP 服务器的系统管理员来限制客户的访问，只允许它们访问引导所必需的文件。TFTP 也是升级设备的一种方式。

（2）邮件服务协议

简单邮件传输协议（Simple Mail Transfer Protocol，SMTP）支持文本邮件的 Internet 传输。邮件服务中涉及的 POP3（Post Office Protocol）是一个流行的 Internet 邮件标准。

（3）网络管理协议

① 简单网络管理协议（Simple Network Management Protocol，SNMP）负责网络设备的监控和维护，支持安全管理、性能管理等。

② Telnet 是客户机使用的与远端服务器建立连接的标准终端仿真协议。

③ Ping 命令是一个诊断网络设备是否正确连接的有效工具。

④ Tracert 命令可以显示数据包经过的每一台网络设备的信息，和 Ping 命令类似，是一个很好的诊断命令。

（4）网络服务协议

① HTTP 支持万维网（World Wide Web，WWW）和内部网信息交互，支持包括视频在内的多种文件类型。HTTP 是当今最流行的 Internet 标准。

② 域名系统（Domain Name System，DNS）把网络结点的易于记忆的名字转换为网络地址。

③ Windows Internet 命名服务器（Windows Internet Name Server，WINS）可以将 NetBIOS 名称注册并解析为网络上使用的 IP 地址。

④ 引导协议（Bootstrap Protocol，BootP）是使用传输层 UDP 动态获得 IP 地址的协议，是 DHCP 的前身。

1.4 基站简介

基站作为移动通信系统为用户提供接入服务的系统终端设备，在不同的系统中称为 BTS、NodeB 或 eNode。本节简单介绍基站机房中的基本设备配置及机房故障的处理流程。

1. 基站机房的基本配置

BSS 包括基站控制器（BSC）和基站收发信设备（BTS）两部分，在基站中安装的主要是 BTS 部分，即基站主要提供系统与用户终端间的无线接口。作为一个基站，要提供可靠的通信服务，必须具有 BTS 主设备、天馈系统、传输设备、电源、空调及监控等部分，配置如图 1-24 所示。用户信息和信令通过传输线由 BSC 经过传输设备和主设备相连，无线信号经主设备中的收发信部分通过天馈系统收发。

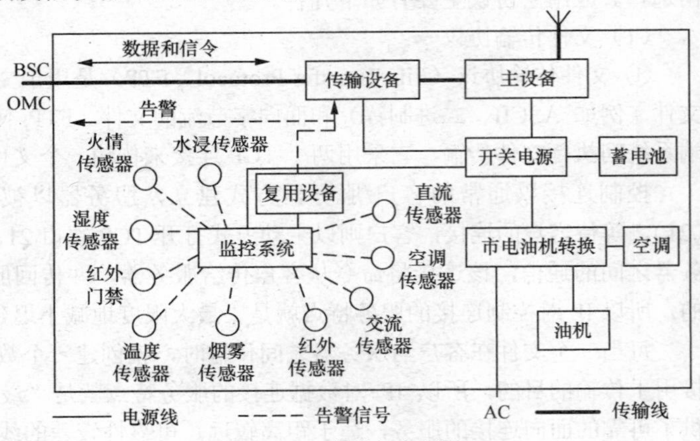

图 1-24 基站机房配置

电源可由交流市电或油机提供，两者间用转换设备转换，交流电在开关电源中转换成稳定的直流电后提供给各直流用电设备，同时给蓄电池充电。在短暂停电时，蓄电池放电，通过开关电源提供电源给主设备、传输设备等。当油机开始发电后，即恢复至开关电源的交流供电模式。

监控系统主要完成对动力和环境的监控。早期，基站机房仅采用开关量监控，监控告警信号传至基站主设备，与主设备告警信号、传输设备告警信号一起经由传输设备送至 OMC，即占用 BTS 的 2Mbit/s 业务时隙传送。目前，基站采用模拟量监控，虽然仍有部分开关量监控信号，但监控信号均由监控主机通过复用设备送到传输设备，采用基于 2Mbit/s 传输的独立组网，如图 1-24 所示。动力部分的监控主要包括交流、直流、空调等传感器，环境部分的监控包括水浸、火情、温度、湿度、烟雾、门禁、防盗等

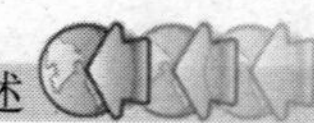

传感器。

基站采用的监控有开关量监控方式和模拟量监控方式。开关量监控方式的信息量相对较少，占用业务的 2Mbit/s 通道传送；模拟量监控方式能反映监控指标的变化过程，信息量较大，主要采用 2Mbit/s 独立组网传输。

2．基站故障时的故障处理流程

当基站故障时，处理顺序为先电源，后传输，最后主设备。

对于电源部分，检查开关电源输出、设备电源输入（指示灯）；对于传输部分，在网管的配合下检查 SDH（PTN）告警灯，进行远环/近环测试；对于主设备部分，检查连线、模块的工作状态，在网管配合下进行相应维护操作。

小结

移动通信系统由于采用无线接入技术，与有线通信相比有很多特点，需要采取相应的技术解决存在的问题。为了提高系统的抗干扰和抗衰落能力，移动通信系统需采用如分集、扩频、跳频、功率控制等技术。

不同的移动通信系统由于采用的空中接口不同，采用了不同的技术以提高系统性能，满足用户的业务需求。4G 移动通信系统主要采用 TCP/IP，只在与 2G 和 3G 互通时才使用 No.7 信令系统。不同实体所传送的信息不同，某些协议可用在不同的接口上，同一接口也可能用到多种协议。

基站要提供可靠的通信服务，必须具有 BTS 主设备、天馈系统、传输设备、电源、空调及监控等部分。

习题

一、填空题

1．移动通信中为提高系统抗衰落能力而使用分集技术，分集技术是指信号在发送端________传输，在接收端________处理。基站天馈系统中常用的分集主要是________分集和________分集。

2．我国采用的 GSM 系统有两个工作频段，分别为________ MHz 频段和________MHz 频段。

3．CDMA 系统通常采用________扩频技术提高系统的抗干扰能力。

4．GSM 系统基站 BTS 设备发射通道进行的数字信号处理过程包括________、________、加密、突发串形成，随后经________把数字信号搬移到射频模拟信号上，以适应空中模拟信道的传输。

5．智能天线利用________多址技术，根据用户信号到达角 DOA 估算进行________，向用户发送方向性波束。

6．TD-SCDMA 采用________双工方式和________、________、FDMA、SDMA 等多种多址技术。

7．WCDMA 信道编码可采用压缩模式，一帧中的一个或几个无线帧中的某些时隙________传输，而压缩帧中的其他时隙________增加。

8．CDMA2000.1x EV-DO 基站在所有时间内发送________的功率。当移动台远离基站时，接收功率降低，基站降低发送给移动台的________。

9．LTE 无线侧系统由多个________组成，eNodeB 之间通过________接口，采用网格（mesh）方式互联。同时 eNodeB 通过________接口与 EPC 连接，S1 接口支持 GWs 和 eNodeB 多对多的连接关系。

10．LTE 定义了两种帧结构，帧结构类型 1 适用于全双工或半双工的________系统，帧结构类型 2 适用于________系统。

二、判断题

1．移动通信系统都是双向工作的。　（　）

2．900MHz 频段规定，MS 发射频率低，接收频率高。　（　）

3．准双工方式可以减小空中干扰电平。　（　）

4．位置登记需在 HLR 中进行更新，在 VLR 中进行位置信息的存储。（　）
5．漫游就是指移动台从一个小区进入另一个小区仍能继续使用。（　）
6．TMSC 既可实现长途话务的转接，又可实现网关功能。（　）
7．为进一步掌握用户的位置信息，TD-SCDMA 采用了 5ms 的子帧结构。（　）
8．WCDMA 采用了动态信道分配技术。（　）
9．CDMA2000.1x EV-DO 可提供不更换 IP 地址的移动 IP 接入方式。（　）
10．模拟量监控信息占用主设备的 2Mbit/s 业务时隙传送。（　）
11．LTE 无线侧由 RNC 和 eNodeB 组成。（　）
12．LTE-A 采用了载波聚合、异构网络等新技术。（　）

三、选择题

1．（　）的变化不会影响小区的大小。
A．无线发射功率　B．同频复用距离　C．天线的有效高度
2．与提高频率利用率无关的技术为（　）。
A．多信道共用　B．一齐呼叫　C．同频复用
3．跳频的作用可表示为（　）。
A．提高频率利用率　B．MS 省电　C．提高抗衰落能力
4．GSM 系统中第 11 号载频的上行工作频率是（　）。
A．892.2MHz　B．937.2MHz　C．890.4MHz
5．实现对移动台功率控制的为（　）。
A．BTS　B．BSC　C．MSC
6．基站停电时由（　）提供直流电不间断供电。
A．开关电源　B．油机　C．蓄电池
7．CDMA2000.1x EV-DO 提供（　）业务。
A．数据和语音　B．数据　C．语音
8．采用接力切换的是（　）系统。
A．TD-SCDMA　B．WCDMA　C．CDMA2000
9．智能天线更容易在（　）中实现。
A．TD-SCDMA　B．WCDMA　C．CDMA2000
10．基站间可以异步工作的系统是（　）。
A．TD-SCDMA　B．WCDMA　C．CDMA2000
11．LTE 中的语音业务由（　）承载。
A．电路域　B．电路域和 IP　C．IP

四、简答题

1．什么是无线信道？简述各移动通信系统中无线信道的含义。
2．什么是多信道共用？什么是同频复用？为什么要采用这些技术？
3．移动通信系统中常用的抗干扰、抗衰落技术有哪些？
4．简述各移动通信系统中采用的主要技术。
5．简述 LTE 的“扁平化”网络结构的具体表现。
6．简述基站机房的配置及各类信号的传输方式。

第2章

天馈系统

【主要内容】 天馈系统是基站机房中的信号收发器件，是基站维护的重点。本章主要介绍无线电波的基础知识，天线的概念和基本特性、类型和指标，传输线的基本概念，天线的选择、安装，天馈、塔桅的维护、测试基础知识，以及主要测试仪表的使用。

【重点难点】 天线的基本特性、天馈线的安装、天馈系统的维护和测试方法。

【学习任务】 了解无线电波的基本知识；掌握天馈线的基本特性指标；掌握天馈系统的安装维护方法；掌握塔桅的维护方法；掌握天馈、塔桅的测试仪表的使用。

2.1 无线电波的基础知识

对于利用无线电波实现终端在移动情况下进行信息交换的移动通信系统，了解无线电波的传播特性是非常有必要的。本节主要介绍无线电波的概念及其基本特性。

1. 无线电波

无线电波是一种能量的传输形式，电场和磁场在空间交替变换，向前行进。在传播过程中，电场和磁场在空间是相互垂直的，同时这两者又都垂直于传播方向，如图2-1所示。

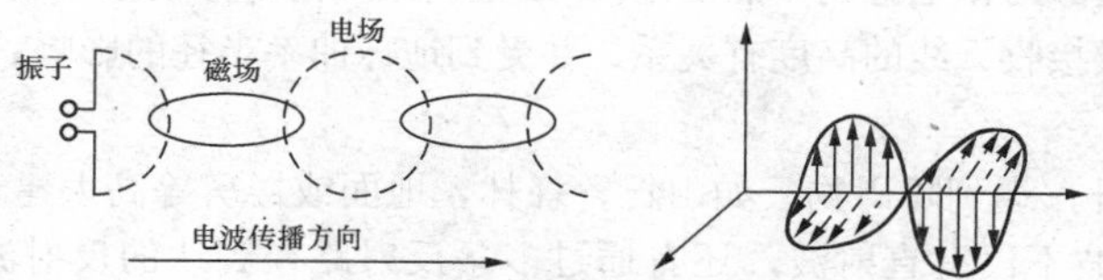

图2-1 无线电池传播示意图

无线电波和光波一样，它的传播速度和传播媒质有关。无线电波在真空中的传播速度等于光速，即3×10^8m/s，在媒质中的传播速度为$V_\varepsilon = C/\sqrt{\varepsilon}$，式中，ε 为传播媒质的相对介电常数。空气的相对介电常数与真空的相对介电常数很接近，略大于1。因此，无线电波在空气中的传播速度略小于光速，通常认为它等于光速。无线电波在传播时会逐渐减弱。

无线电波的波长、频率和传播速度的关系可表示为$\lambda=V/f$。式中，V为速度（m/s），f为频率（Hz），λ为波长（m）。由上述关系式可知，同一频率的无线电波在不同的媒质中传播时速度是不同的，因此波长也不一样。

2. 无线电波的极化

无线电波在空间传播时，其电场方向是按一定的规律变化的，这种现象称为无线电波的极化。无线电波的电场方向称为电波的极化方向。

电波在传播过程中，如果电场的方向是旋转的，其电场强度顶点的轨迹为一椭圆，就叫作椭圆极化波。旋转过程中，如果电场的幅度（即大小）保持不变，顶点轨迹为圆，就称为圆极化波；向传播方向看去，顺时针方向旋转的叫右旋圆极化波，逆时针方向旋转的叫作左旋圆极化波。若电波的电场强度顶点轨迹为一直线，就叫线极化波。线极化波中，如果电波的电场方向垂直于地面，就称为垂直极化波；如果电波的电场方向与地面平行，则为水平极化波，如图2-2、图2-3所示。极化电波由相应极化方式的天线产生，而在双极化天线中，两个天线为一个整体，对应两个独立的波，这两个波的极化方向相互垂直，如图2-4所示。

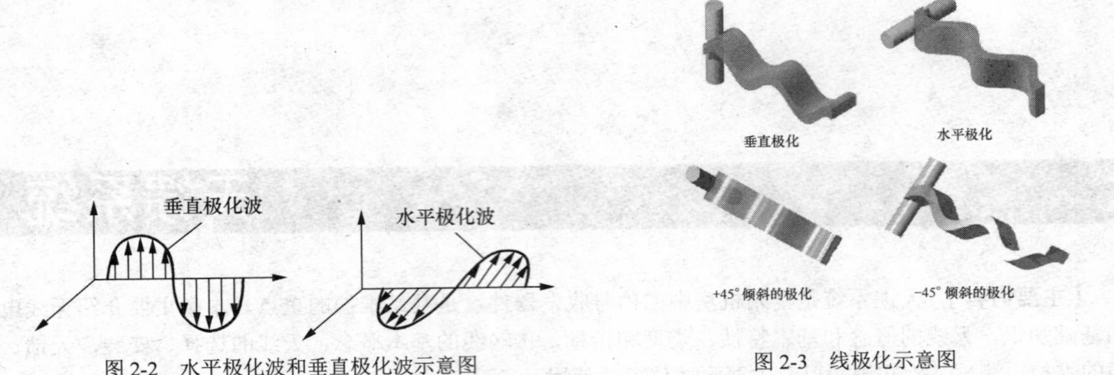

图2-2　水平极化波和垂直极化波示意图

图2-3　线极化示意图

极化波必须用对应极化特性的天线来接收，否则在接收过程中会产生极化损失。

3. 无线电波的传播特性

无线电波的波长不同，传播特性也不完全相同。目前，2G、3G、4G移动通信系统使用的频段都采用微波频段。由于波长短，无线电波的传播方式主要是直射和反射传播。

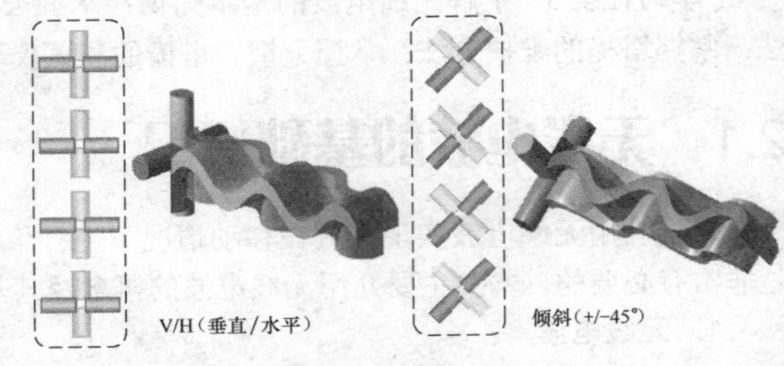

图2-4　双极化示意图

（1）视距直线传播

无线电波的频率很高，波长较短，它的地面波衰减很快，主要是由空间波来传播的。空间波一般只能沿直线方向传播到直接可见的地方。在直视距离内，无线电波的传播区域习惯上称为“照明区”。在直视距离内，微波接收装置才能稳定地接收信号。直视距离与发射天线以及接收天线的高度有关系，并受到地球曲率半径的影响。

（2）多径传播

电波除了直线传播外，遇到障碍物，如山丘、森林、地面或楼房等高大建筑物，还会产生反射。因此，到达接收天线的微波不仅有直射波，还有通过多条反射路径到达的反射波，这种现象就叫多径传播。多径信号的幅度、相位不同，在接收端叠加会引起严重的多径衰落。

由于多径传播会使得信号场强分布相当复杂，波动很大也会使电波的极化方向发生变化，因此，有的地方信号场强增强，有的地方信号场强减弱。另外，不同的障碍物对电波的反射能力也不同。例如，钢筋水泥建筑物对微波的反射能力比砖墙强，因此需尽量避免多径效应的影响，同时可采取空间分集、极化分集等措施。

（3）绕射传播能力弱

电波在传播途径上遇到障碍物时，总是绕过障碍物，再向前传播，这种现象叫作电波的绕射。微波的绕射能力较弱，在高大建筑物后面会形成所谓的“阴影区”。信号质量受到影响的程度不仅和接收天线与建筑物间的距离及建筑物的高度有关，还和频率有关。频率越高，建筑物越高、离得越近，影响越大；相反，频率越低，建筑物越矮、离得越远，影响越小。

因此，架设天线选择基站站址时，必须考虑上述传输特性，尽量避免各种不利因素的影响。

2.2 天线的基本概念

在对移动通信网进行规划和优化时，必须了解移动通信系统所用天线的性能，特别是基站天线的性能和各种移动环境下无线电波的传播特性。利用天线特性，可以改善移动通信网络的性能，例如，利用天线分集可以有效克服多径效应，而天线下倾可减小网络中的同频干扰等。另外，不同的网络结构和不

同的应用环境有不同的无线电波传播特性。利用这些传播特性，可以预测传播路径损耗，提高覆盖质量。本节主要介绍天线的基本特性、类型及天线下倾技术。

2.2.1　基站天馈系统的组成

基站天馈系统结构示意如图 2-5 所示，包括天线、馈线以及天馈系统的支撑、固定、连接、保护等部分。天馈系统中各部分的主要功能如下所述。

1. 天线

天线用于接收和发射无线电信号。图 2-5 所示为定向板状天线，背面安装支架固定到抱杆上。室外宏站还有一种是柱状全向天线，须在天线下端固定安装。

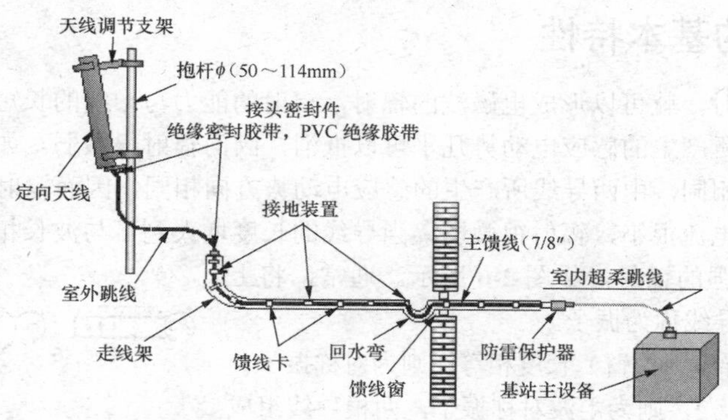

图 2-5　基站天馈系统结构示意图

2. 馈线

室外用的主馈线大多采用 7/8″馈线，但其不能直接与天线和主设备相连，必须通过跳线转接。

室外连接天线和主馈线的是室外跳线，常用的跳线采用 1/2″馈线，长度一般为 3m。

室内采用超柔跳线连接主馈线（经避雷器）与基站主设备，常用的跳线采用 1/2″超柔馈线，长度一般为 2～3m。由于各基站主设备的接口及接口位置有所不同，因此室内超柔跳线与主设备连接的接头规格有所不同，常用的接头有 7/16″ DIN 型、N 型，有直头，亦有弯头。

为了改善无源交调及射频连接的可靠性，天线的输入接口采用 7/16 DIN-Female。在使用前，接头端口上应有保护盖，避免生成氧化物或进入杂质。

常用接头类型有 N、SMA、DIN、BNC、TNC。接头都有公母（Female/Male，F/M）之分，选用时要注意接头的匹配。有的接头公母之分用 J/K 表示，J 代表接头螺纹在内圈，内芯是“针”；K 代表接头螺纹在外圈，内芯是“孔”。转接头都涉及两种不同的接口类型，/代表转接头，前后连接的是不同的接头类型，常用的转接头有 BNC/N-50JK、SMA-J/BNC-K。

3. 天馈系统支撑、固定、连接、保护装置

天线调节支架：安装并固定天线到抱杆上，并用于调整天线的俯仰角度，范围一般为 0°～15°。

走线架：用于布放主馈线、传输线、电源线和安装馈线卡子。

馈线窗：主要用来穿过各类线缆，并防止雨水、小动物及灰尘的进入。不用的孔及穿线后的缝隙须用防火胶泥封堵。

馈线卡：用于固定主馈线。一般在垂直方向每间隔 1.2m 装一个，水平方向每间隔 0.8m 装一个。常用的 7/8″卡有两种：双联和三联。双联卡可固定两根馈线，三联卡可固定 3 根馈线。

尼龙扎带：在室外不宜用馈线卡或临时固定馈线时可使用尼龙黑扎带，室内的各类线缆一般用尼龙白扎带捆扎固定。

接头密封件：用于室外跳线两端接头（分别与天线和主馈线相接）的密封。常用材料有绝缘防水胶带（3M2228）和 PVC 绝缘胶带（3M33+）。

接地装置：主要是用来防雷和泄流，安装时与主馈线的外导体直接连接在一起。一般 20～60m 的每根馈线装 3 套，分别装在馈线的上、中、下部位，接地点方向顺着电流方向。接地夹安装后必须进行防水密封（与接头密封相同）。

防雷保护器：主要用来防雷和泄流，装在主馈线与室内超柔跳线之间，其接地线穿过馈线窗引出室外，与塔体相连或直接接地。铁塔上安装的避雷针也是用来防雷和泄流的。天馈系统必须安装在避雷针的 45° 角保护范围内。

回水弯：馈线在进入馈线窗前须设回水弯，以免雨水顺馈线进入机房。

2.2.2 天线的基本特性

导线载有交变电流时，就可以形成电磁波的辐射，辐射的能力与导线的长短和形状有关。如果两导线的距离很近，两导线所产生的感应电动势几乎可以抵消，因而辐射很微弱。如果将两导线张开，这时由于两导线的电流方向相同，由两导线所产生的感应电动势方向相同，因而辐射较强。当导线的长度 L 远小于波长时，导线的电流很小，辐射很微弱；当导线的长度增大到可与波长相比拟时，导线上的电流大大增加，就能形成较强的辐射，如图 2-6 所示。通常，将上述能产生显著辐射的直导线称为振子。

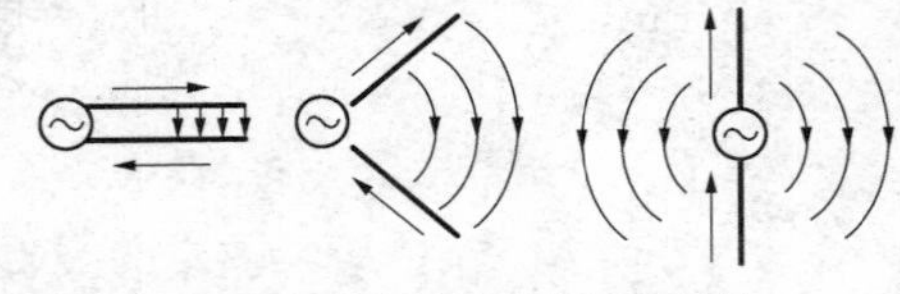
图 2-6　导线上电流的辐射特性

若振子单元的两根导线（振臂）长度相等，则为对称振子。若两等长振子的总长为 $\lambda/2$，则为半波对称振子，两根导线组成振子单元；若两等长振子总长为 λ，则形成全波对称振子。

天线就是由这些基本振子单元组阵构成的，功能就是控制辐射能量的去向。

在移动通信系统中，基站天线的辐射特性直接影响无线链路的性能。基站天线的辐射特性主要有天线的方向性、增益、输入阻抗、极化方式等。

1. 天线的方向性

天线的方向性是指天线向一定方向辐射电磁波的能力。对于接收天线而言，方向性表示天线对不同方向传来的电波所具有的接收能力。

（1）方向图

天线的方向图是量度天线各个方向收发信号能力的一个指标，反映天线方向的选择性，通常以图形的形式表示功率强度与夹角的关系。辐射方向图就是在以天线为球心的等半径球面上，相对场强随坐标变量 θ 和 φ（球面坐标系）变化的图形，如图 2-7 所示。具体工程设计中一般使用二维方向图，如图 2-8 所示。但在无线网络优化中，为评价基站天线下倾减小干扰的作用，仍需使用三维方向图。

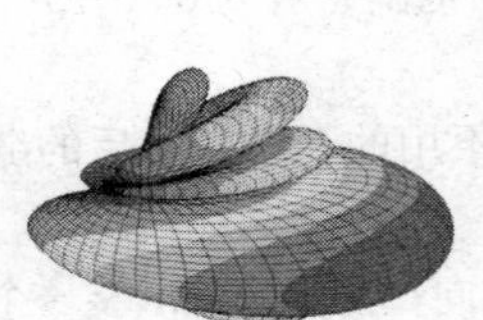
图 2-7　天线的三维方向图

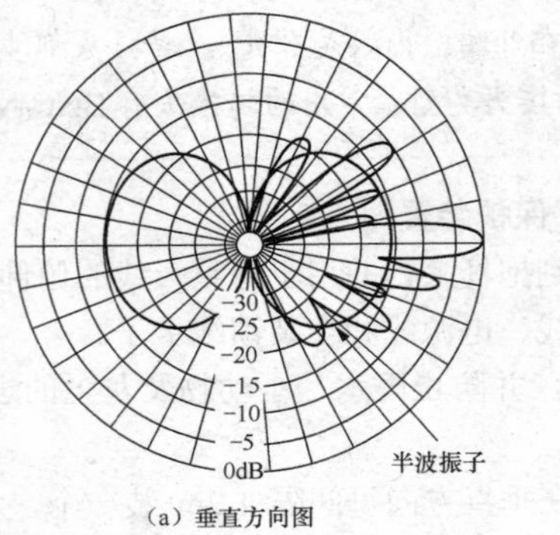

（a）垂直方向图

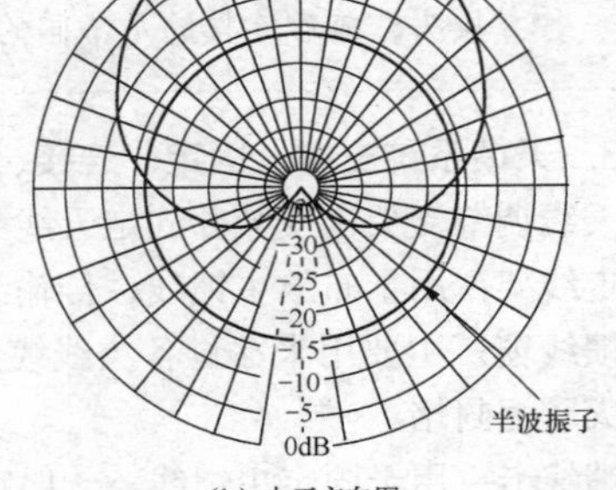

（b）水平方向图

图 2-8　天线的二维方向图

（2）波瓣宽度

波瓣宽度是定向天线常用的一个很重要的参数，在方向图中通常都有多个瓣，其中最大的瓣称为主

瓣，其余瓣称为副瓣（或旁瓣）。主瓣的两个半功率点与振子连线间的夹角称为天线方向图的波瓣宽度，也称为半功率（角）波瓣宽度（3dB 波瓣宽度）。主瓣波瓣宽度越窄，天线的方向性越好，抗干扰能力越强。3dB 波瓣宽度示例如图 2-9 所示。对应二维方向图，波瓣宽度有水平波瓣宽度和垂直波瓣宽度两个。波瓣宽度也有 3dB 波瓣宽度和 10dB 波瓣宽度两种，但由于常用的是 3dB 波瓣宽度，所以下文中的波瓣宽度都是指 3dB 波瓣宽度。

在网络优化中，常通过调整水平波瓣宽度和垂直波瓣宽度来实现覆盖性能的改善。

水平波瓣宽主要影响的是扇区交叠处的覆盖。在一定范围内，水平波瓣宽越大，在扇区交界处的覆盖性能越好，但过大时容易发生波束畸变，形成越区覆盖而产生干扰；而波瓣宽度过小时，扇区交界处覆盖变差，可能产生局部信号弱区，甚至盲区，此时增大天线水平波瓣宽度可在一定程度上改善扇区交界处的覆盖，而且相对不易产生对其他小区的越区覆盖。市中心的基站由于站距小，天线倾角大，应当采用水平半功率角小些的天线，如 60°、65°等；而郊区则选用水平半功率角大些的天线，如 90°、100°等。

天线的垂直波瓣宽度与该天线所对应方向上的覆盖半径有关。在一定范围内，通过对天线垂直度（俯仰角）的调节，可以达到改善小区覆盖质量的目的。垂直波瓣宽度越小，信号偏离主波束方向时衰减越快，越容易通过调整天线俯仰角准确控制覆盖范围。但如果垂直波瓣宽度过小，可能会产生越区干扰；而角度过大则可能在小区边缘出现信号弱区，甚至盲区。有关天线的俯仰角的内容将在天线下倾部分详细介绍。

（3）前后比

图 2-10 所示为天线方向图，前后瓣最大功率之比称为前后比，表示天线对后瓣抑制的好坏。值越大，天线定向接收性能越好。基本半波振子天线的前后比为 1，对来自振子前后的相同信号具有相同的接收能力。以 dB 表示的前后比为 10lg（前向功率/反向功率）。

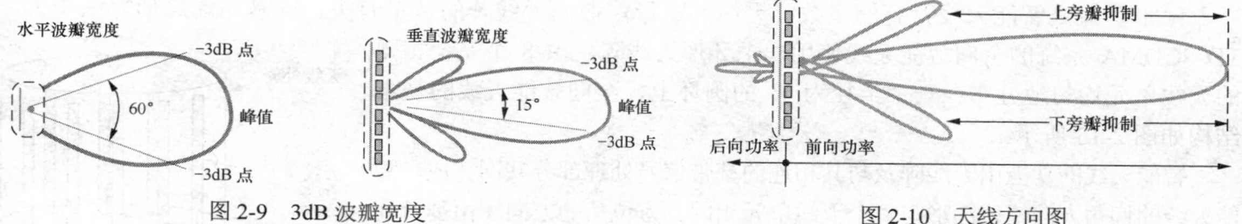

图 2-9　3dB 波瓣宽度

图 2-10　天线方向图

选用前后比低的天线，后瓣可能产生越区覆盖，导致切换关系混乱，易掉话。一般前后比在 25～30dB 间，使用时应优先选用前后比较大的天线（即有尽可能小的反向功率）。

2. 增益

天线增益用来衡量天线朝一个特定方向收发信号的能力，它是选择基站天线最重要的参考依据之一。天线增益对于移动通信系统的运行质量极为重要，因为它决定了蜂窝边缘的信号电平。增加增益就可以在一确定方向上增大网络的覆盖范围，或在确定范围内增大增益余量。任何蜂窝系统都是一个双向系统，增加天线的增益能同时减少双向系统增益预算余量。

（1）天线基本增益

天线的增益代表在某一特定方向上能量被集中的能力，而非天线具有的放大作用。天线增益指在相同输入功率下，在最大辐射方向上的某点产生的辐射功率密度和将其用参考天线替代后同一点的辐射功率密度之比。参考天线不同，表征天线增益参数的值也不同，有 dBd 和 dBi 两种。

若参考天线为全方向性天线（又称各向同性天线或理想点源），即一个天线与全方向性天线相比，增益用 dBi 表示。若参考天线为基本振子天线，即一个天线与基本振子相比，增益用 dBd 表示。dBd 和 dBi 的转换关系为 0dBd=2.14dBi。天线增益示意图如图 2-11 所示。相同条件下，增益越高，无线电波传播的距离越远。一般在农村、开阔区域宜选用高增益天线；在市区和业务量较大的郊区则宜选用中等增益天线；在室内或局部热点地区覆盖需选用低增益天线。

一般说来，主要依靠减小垂直面方向辐射的波瓣宽度提高增益，而在水平面上保持全向的辐射性能。天线的主瓣波瓣宽度越窄，天线增益越高。利用反射板改变天线水平波瓣宽度，也可提高增益，板

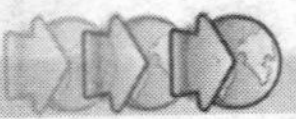

状天线水平波瓣宽度改变对应的增益变化如图 2-12 所示。

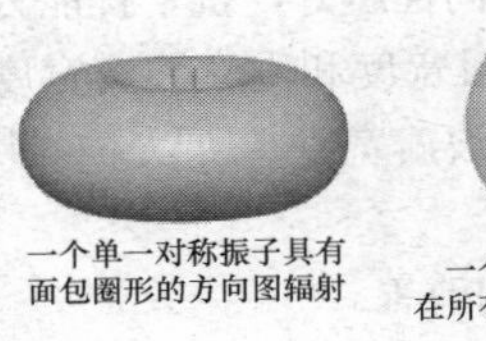

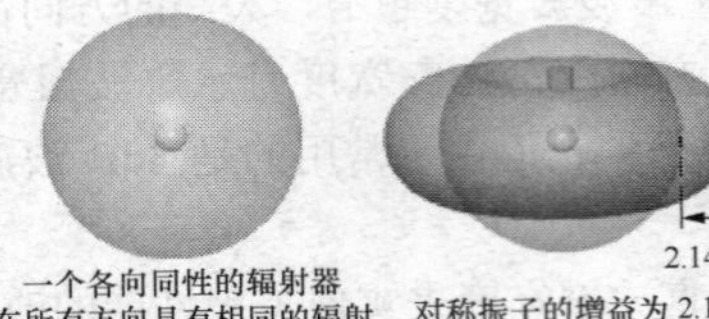

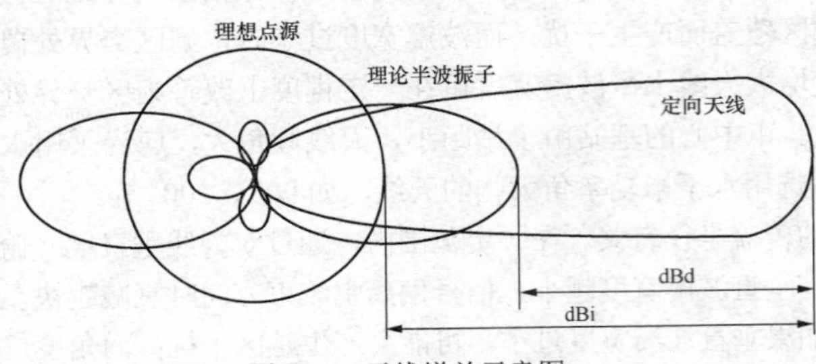

图 2-11　天线增益示意图

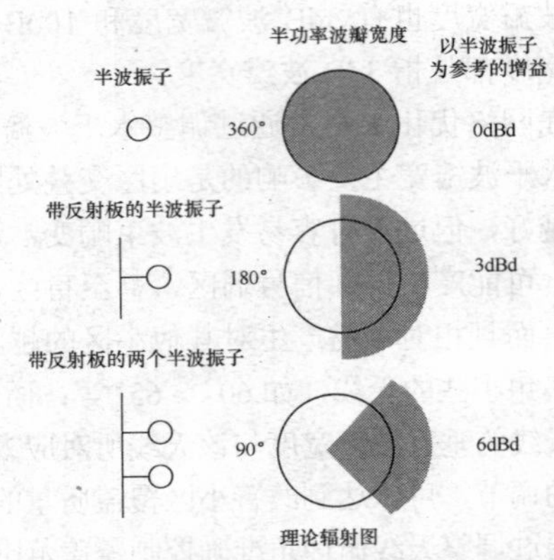

图 2-12　板状天线水平波瓣宽度改变对应的增益变化

全方向性天线：在所有方向上辐射功率密度都均匀相同，即理想点源。

（2）赋形增益

赋形增益是智能天线特有的参数，天线的赋形增益同天线阵的数量有关，同基站的赋形算法相关。TD-SCDMA 系统的全向智能天线使用一个环形天线阵，由 8 个完全相同的天线单元均匀地分布在一个半径为 R 的圆环上，全向智能天线的基本结构如图 2-13 所示。

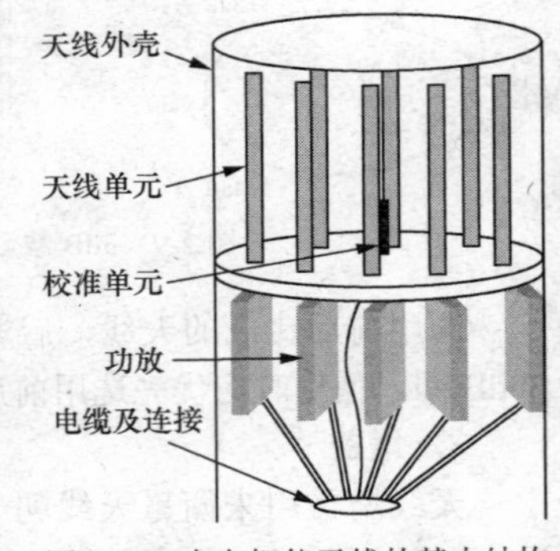

图 2-13　全向智能天线的基本结构

智能天线的功能由天线阵及与其相连的基带信号处理部分共同完成。智能天线的仰角方向辐射图形与每个天线单元相同。方位角的方向图由基带处理器控制，可同时产生多个波束，按照通信用户的分布，在 360° 的范围内任意赋形。TD-SCDMA 系统使用的智能天线单元数为 8 时，上行方向的赋形增益最大可达到 9dBi（=10lg8），一般可达到 5～8dBi。下行方向的赋形增益同上行接近，理论最大值为 9dBi，实际可达到 5～8dBi。此外，在下行方向，天线还有阵列增益 9dB（由 8 个单天线发射单元组成）。因此，两个增益叠加，理论最大值可达到 18dBi，一般可达到 14～17dBi。

TD-SCDMA 系统的赋形增益、阵列增益再加上天线单阵子的增益使得实际天线的增益非常可观。表 2-1 所示是典型 8 阵子全向和定向天线的实际增益，可知，智能天线下行增益比上行增益大，因此它适用于非对称的下行数据业务传输。

表 2-1　智能天线的增益

类型	天线参数	上行增益（dBi）		下行增益（dBi）		
		赋形	合计	阵列增益	赋形	合计
全向	8 阵，单阵子 8dBi	5 ~ 8	13 ~ 16	9	5 ~ 8	22 ~ 26
全向	8 阵，单阵子 10dBi	5 ~ 8	15 ~ 18	9	5 ~ 8	24 ~ 28
定向	8 阵，单阵子 15dBi	5 ~ 8	20 ~ 23	9	5 ~ 8	29 ~ 32

3. 极化

产生极化波的天线即为极化天线。由于电波的特性，水平极化传播的信号在贴近地面时会在大地表面产生极化电流，极化电流因受大地阻抗的影响产生热能而使电场信号迅速衰减。而垂直极化方式则不

易产生极化电流，从而避免了能量的大幅衰减，保证了信号的有效传播。因此，基站使用单极化天线时采用垂直极化方式，结合空间分集提高系统的抗衰落能力。

一个扇区若收发天线分用，采用空间分集，至少需 3 根天线（1 发 2 收）；若采用双极化天线，采用极化分集，天线收发共用，则只需一根天线，大大减少了天线数量。为了改善接收性能和减少基站天线数量，基站天线大多采用双极化天线（见图 2-14 左图）。性能方面一般是±45°极化方式优于垂直与水平极化方式，因此目前大多采用±45°双极化方式，同时实现极化分集，以提高系统的抗衰落能力。

当来波的极化方向与接收天线的极化方向不一致时，接收过程中通常要产生极化损失。例如，当用圆极化天线接收任一线极化波，或用线极化天线接收任一圆极化波时，都要产生 3dB 的极化损失，即只能接收到来波的一半能量。当接收天线的极化方向（如水平极化）与来波的极化方向（相应为垂直极化）完全正交时，接收天线就完全收不到来波的能量，即来波与接收天线极化是隔离的。

极化损失用隔离度表示，即隔离度代表馈送的一种极化信号在另外一种极化接收信号中出现的比例。如图 2-15 所示，用水平极化天线接收 1000mW 的垂直极化波，若收到的信号幅度为 1mW，则隔离度为 10lg(1000mW/1mW)=30dB。

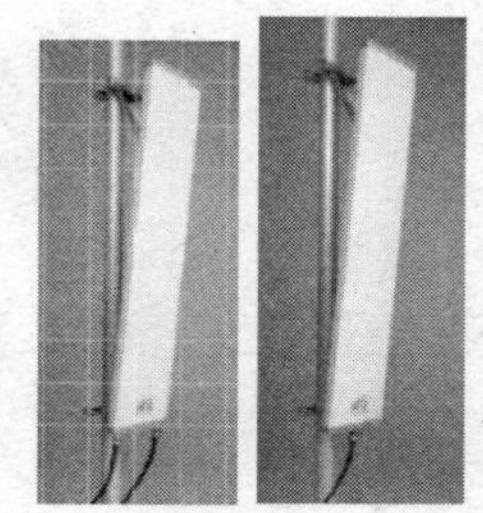

图 2-14　双极化天线与单极化天线

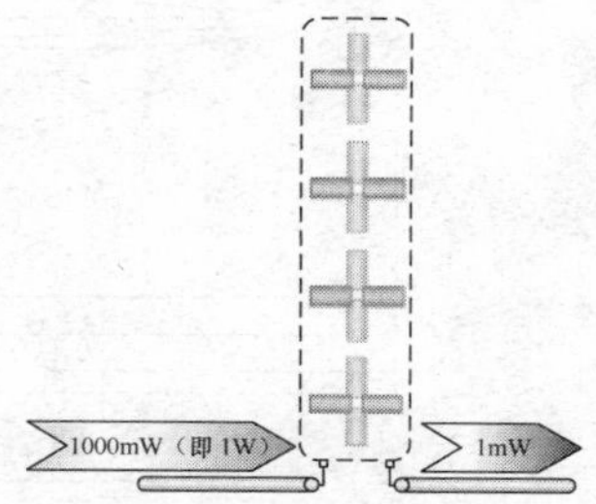

图 2-15　极化隔离示例

4. 带宽

天线具有频率选择性，它只能有效地工作在预先设定的工作频率范围内。在这个范围内，天线的方向图、增益、极化等各个指标仍会有微小变化，但都会在允许范围内。而在工作频率范围外，天线的这些性能都将变坏。

带宽用来描述天线处于良好工作状态下的频率范围，随着天线类型、用途的不同，对性能的要求也不同。工作带宽通常可根据天线的方向图特性、输入阻抗或电压驻波比的要求来确定，通常定义带宽为天线增益下降 3dB 时的频带宽度，或在规定驻波比时天线的工作频带宽度。在移动通信系统中是按后一种方式定义的：天线带宽为输入驻波比小于等于 1.5 时天线的有效工作频率范围。

5. 天线的输入阻抗

天线和馈线的连接端，即馈电点两端感应的信号电压与信号电流之比，称为天线的输入阻抗。输入阻抗包括电阻分量和电抗分量。输入阻抗的电抗分量会减小从天线进入馈线的有效信号功率，因此天线与馈线连接的最佳情形是，天线的输入阻抗是纯电阻且等于馈线的特性阻抗，即电抗分量尽可能为零。这时天线和馈线匹配连接，馈线终端没有功率反射，馈线上传输的是行波，天线的输入阻抗随频率的变化比较平缓。一般移动通信天线的输入阻抗为 50Ω。

相关知识

天线的输入阻抗与馈线特性阻抗相等时称为匹配，信号由馈线上传到天线时没有能量反射，此时馈线上所传的是行波；当天线与馈线不匹配时，信号由馈线进入天线时会产生反射，馈线上所传的有入射波，也有反射波，叠加形成驻波。

6. 天线的其他指标

（1）端口隔离度：对于多端口天线，如双极化天线、双频段双极化天线，收发共用时端口之间的隔离度应大于 30dB。

（2）功率容量：指平均功率容量。天线包括匹配、平衡、移相等其他耦合装置，其所承受的功率是有限的。考虑到基站天线的实际最大输入功率，设单载波功率为 20W，若天线的一个端口最多输入 6 个载波，则天线的输入功率为 120W，因此天线的单端口功率容量应大于 200W（环境温度为 65℃时）。

（3）零点填充：基站天线垂直面内采用赋形波束设计时，为了使业务区内的辐射电平更均匀，下旁瓣第一零点需要填充，不能有明显的零深。通常零深相对于主波束大于−20dB 时即表示天线有零点填充。

相关知识

某天线下倾角为 0° 时，垂直半功率角为 18°，其覆盖示意图如图 2-16 所示。当 $S = S'$ 时，天线与主波束的夹角 θ'正处于天线波束零点，此时天线处照射功率为 0。同样，当 $S = S''$时，也收不到信号。即在基站铁塔下方，根据天线的辐射特性，零点对应的覆盖区域信号很弱，即形成“塔下黑”。

进行零点填充可解决这一问题。高增益天线尤其需要采取零点填充技术来有效改善近处覆盖，对于大区制基站天线无这一要求。

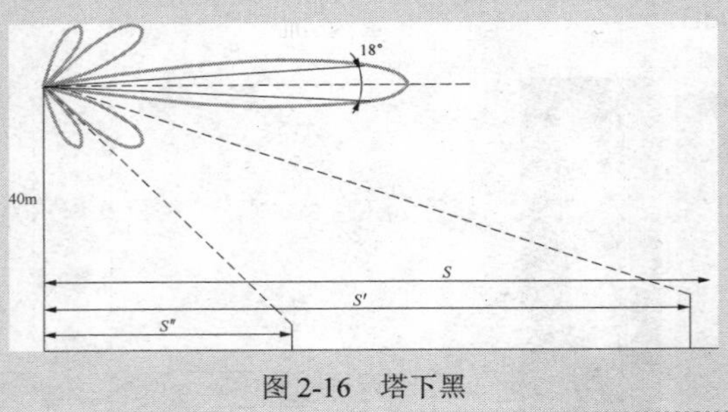

图 2-16　塔下黑

（4）上旁瓣抑制：对于小区制蜂窝系统，为了提高频率的复用能力，减少对邻区的同频干扰，基站天线波束赋形时应尽可能降低那些瞄准干扰区的旁瓣，提高有用信号和无用信号的比值（*D*/*U* 值），第一上旁瓣电平应小于−18dB（见图 2-17）。对于大区制基站天线没有这一要求。

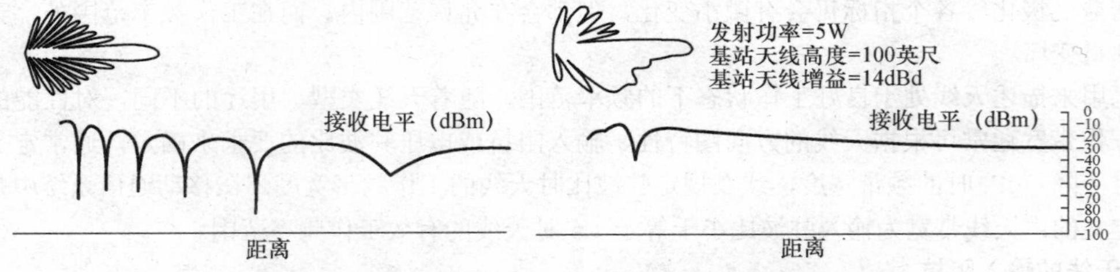

图 2-17　零点填充和上旁瓣抑制对天线辐射方向图的影响

（5）无源互调（PIM）：无源互调的特性是指接头、馈线、天线、滤波器等无源部件工作在多个载频的大功率信号下，由于部件本身存在非线性而引起的互调效应。通常，无源部件是线性的，但在大功率条件下都会不同程度地存在一定的非线性，主要因为不同材料金属的接触表面和相同材料的接触表面不光滑、连接处不紧密或存在磁性物质等。

互调效应的存在会对通信系统产生干扰，特别是落在接收通带内的互调效应，会对系统的接收性能产生严重影响，因此，移动通信系统中对接头、电缆、天线等无源部件的互调特性都有严格的要求。一般选用接头的无源互调指标可达到−150dBc，电缆的无源互调指标可达到−170dBc，天线的无源互调指标可达到−150dBc。

重点提示

零点填充可消除水平面以下波瓣间的空隙，扩大覆盖范围。

抑制第一上旁瓣，对于减小从邻小区来的同频道干扰很重要。

各个天线厂家的产品，其零点填充和对上旁瓣的抑制能力各不相同，目前没有绝对的行业标准，一般典型的零点填充应不小于 15 dB，典型的上旁瓣抑制应不小于 15 dB。

dBc 也表示功率相对值，与 dB 的计算方法完全一样。一般来说，dBc 是相对于载波功率而言的，在许多情况下，用来度量与载波功率的相对值，如用来度量干扰（同频干扰、互调干扰、带外干扰等）以及耦合、杂散等相对量值。

7. 天线的机械性能

天线尺寸和重量：为了便于天线储存、运输、安装及安全，在满足各项电气指标的情况下，天线的外形尺寸应尽可能小，重量尽可能轻。

风载荷：基站天线通常安装在高楼及铁塔上，尤其在沿海地区，常年风速较大，所以一般要求天线在 36m/s 时正常工作，在 55m/s 时不会被破坏。

工作温度和湿度：基站天线应在−40℃～65℃的环境温度范围内正常工作，应在环境相对湿度为 0%～100%的范围内正常工作。

雷电防护：基站天线的所有射频输入端口均要求直流直接接地。

三防能力：基站天线必须具备三防能力，即防潮、防盐雾、防霉菌。基站全向天线必须允许天线倒置安装，同时满足三防要求。

8. 天线的工程参数

天线的电性能与机械性能在天线出厂时都已确定，工程设计时只能根据覆盖环境需要进行选择。而工程参数是需要施工维护人员在现场工作时根据实际情况调整的。

（1）方位角

方位角即天线的朝向，指天线主瓣的指向，一般在网络规划时确定。方位角是以正北为 0°，天线主瓣指向顺时针旋转的角度。图 2-18 所示为三扇区定向天线，角度最小的为第一扇区，方位角为 60°，第二扇区为 180°，第三扇区为 300°。方位角可用罗盘测试，一般使用地质罗盘，允许误差为±5°。

（2）俯仰角

俯仰角即天线下倾角，指天线主瓣向下倾斜的角度。为了改善覆盖区域的信号质量，减少对其他小区的干扰，安装天线时须使垂直方向图主瓣向下倾斜，形成天线下倾，图 2-19 所示即为机械下倾角。天线的下倾角可用公式进行估算，其值为机械下倾角与电下倾角之和。用坡度仪（倾角测试仪）测得的下倾角为机械下倾角，下倾角的允许误差为±1°。

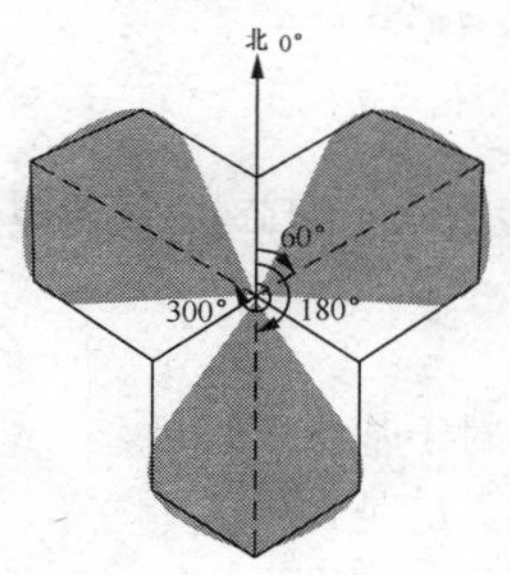

图 2-18　方位角示例

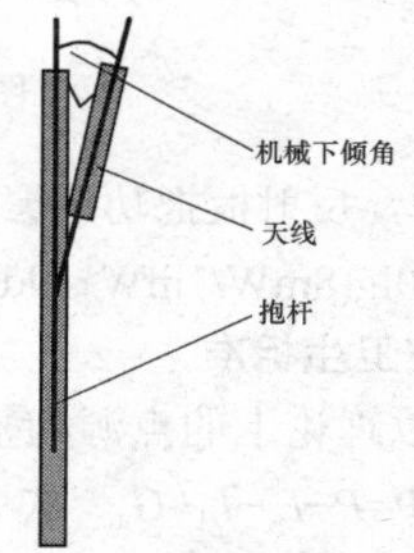

图 2-19　俯仰角示例

（3）挂高

天线中心点到地面的垂直高度即天线的挂高。

在网络规划时考虑的天线高度，一般指基站天线的有效高度，即天线海拔高度与周边 3～5km 范围内地面的平均海拔高度之差。

在维护中，挂高一般指天线中心点到地面的垂直高度。

天线的俯仰角、方位角、挂高是在网络优化中可以进行调整的指标。要改变其他天线指标，只能更换天线。

9. 天线辐射特性的改变

一个单一的对称振子具有“面包圈”形状的方向图，如图 2-20 所示。

（1）天线组阵

为了把信号集中到所需要的地方，要求把“面包圈”压成扁平的，对称振子组阵能够控制辐射能量，构成“扁平的面包圈”。假设一个对称振子天线在接收机中有 1mW 的功率，由 4 个对称振子构成的天线阵的接收机就有 4mW 的功率，如图 2-21 所示，天线增益为 10lg(4mW/1mW)=6dBd。

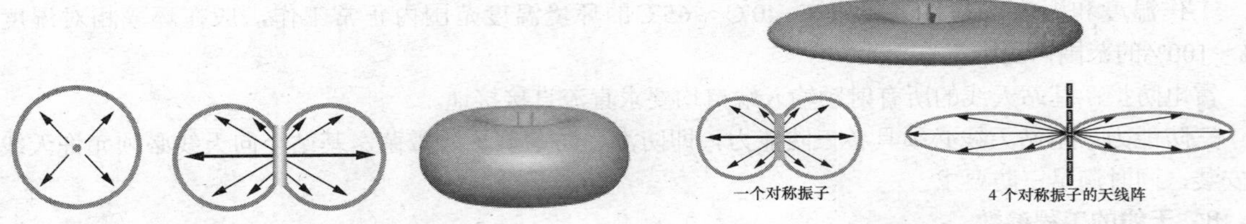

图 2-20　对称振子天线的方向图　　图 2-21　“压扁”后的天线方向图

（2）加反射板

利用反射板可把辐射能量控制聚焦到一个方向，反射板放在阵列的一边构成扇形覆盖天线。如“全向阵”天线接收机中为 4mW 功率，则“扇形覆盖天线”接收机中将有 8mW 功率，如图 2-22 所示。

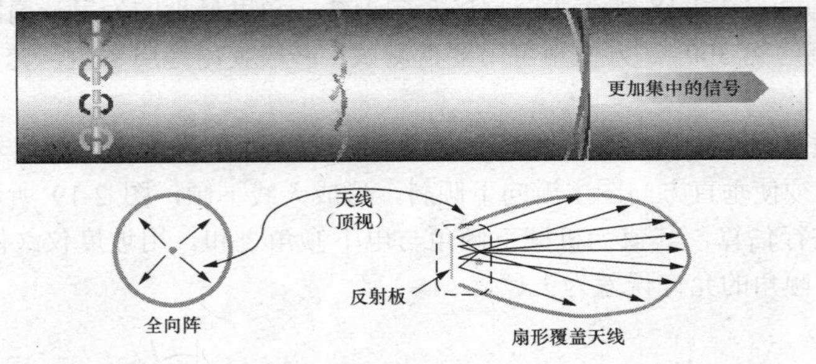

图 2-22　利用反射板集中辐射信号

扇形覆盖天线中，反射板把功率聚焦到一个方向，进一步提高了增益。“扇形覆盖天线”与单个对称振子相比的增益为 10lg(8mW/1mW)=9dBd。

10. 环境电磁波卫生标准

ERP 被定义为以理论上的点源为基准的天线辐射功率，对于基站天线，可表示为 $ERP=P-L_c-L_f+G_a$。式中，P 是基站输出功率，L_c 是合路器损耗，L_f 是馈线损耗，G_a 是基站天线增益，如图 2-23 所示。如果基站天线增益用 dBi 表示，则可得到等效各向同性辐射功率 EIRP。当 EIRP 确定后，即可根据电波传播模型计算小区覆盖。

ERP　G_a
L_c
BTS　P　合路器　L_f

图 2-23　有效辐射功率示意图

我国国家标准 GB9175—88《环境电磁波卫生标准》将环境电磁波容许辐射强度标准分为两级：一级标准为安全区，在该电磁波强度下长期居住、工作、生活的一切人群均不会受到任何有害影响；二级标准为中间区，在该电磁波强度下长期居住、工作、生活的一切人群可能出现潜在性不良反应。对于 300MHz～300GHz 的微波，一级标准为 10μW/cm^2（即 0.1W/m^2），二级标准为 40μW/cm^2（即 0.4W/m^2）。

因此，酒店及写字楼应按一级标准设计，商场、商贸中心可按二级标准设计。

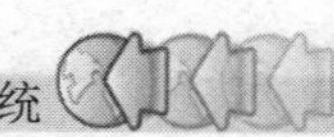

假设天线的 EIRP 是 10dBm=10mW=10000μW，按一级标准计算，允许的功率密度为 10μW/cm^2，那么安装全向天线时，要求的最小距离满足 10000μW/(4πd^2)=795.77/d^2=10μW/cm^2，计算得 d^2=79.577cm^2，则有 d≈8.92cm。即在天线下方 9cm 的地方可满足一级标准。假设要求距离天线 20cm 处为安全区，则 4πd^2×10μW/cm^2=50240μW，即有最大 EIRP≈17dBm。这就是要求室内分布系统 EIRP 为 10～15dBm 的原因。而对于商场、机场等非长期居住区域，可按二级标准衡量，其 EIRP 也不能超过 23dBm。

在实际设计中，要将天线增益及载波总数统筹考虑。

对于室外宏站，通过监测发现：天线正下方为非主辐射方向，监测结果较低，即存在“塔下黑”现象；10 m 以内的值较高，是由于此距离内监测点位处于电磁波主辐射波束范围内，且距离天线较近；随距离增加，监测结果呈下降趋势。在日常工作状态下，一般在距天线约 20 m 处基本满足安全要求。在室内，由于室外信号受到隔墙、楼层、室内装饰物等的影响，安全距离会更小。

11. 天线下倾

天线下倾可以改善区域内的覆盖，同时可改善系统的抗干扰性能，一直被认为是降低系统内干扰的最有效方法之一。天线下倾主要是改变天线的垂直方向图主瓣的指向，使垂直方向图的主瓣信号指向覆盖小区，而垂直方向图的零点或旁瓣对准受其干扰的同频小区。这样，既改善了服务小区覆盖范围内的信号强度，提高了服务小区内的 C/I 值，同时又减少了对远处同频小区的干扰，提高了系统的频率复用能力，增加了系统容量。

天线下倾技术可通过两种方式实现：一种是机械下倾，另一种是电下倾。机械下倾是通过调节机械装置使天线向下倾斜所需的角度。电下倾是通过调节天线各振子单元的相位（波束赋形技术）使天线的垂直方向图主瓣向下倾斜一定的角度，而天线本身仍保持在原来的位置，如图 2-24 所示。

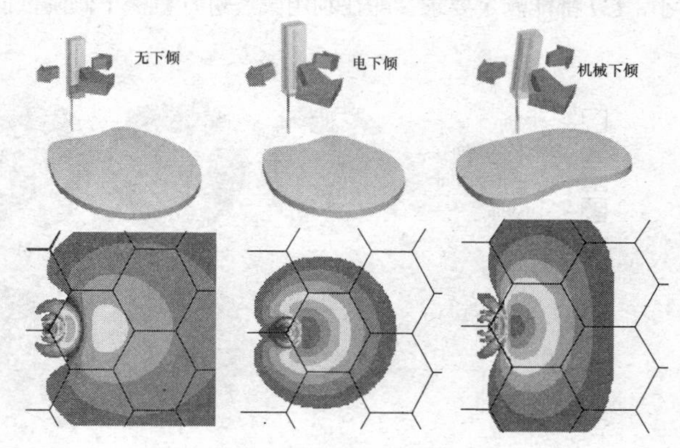

图 2-24　天线波瓣下倾及方向图

电下倾可在厂家生产时预置（固定电下倾天线），也可由维护人员现场调整（可调电下倾）。基站实际应用时也常会采用机械、电调组合的下倾调整方式。天线下倾调整如图 2-25 所示，左图为机械下倾调整，中、右图为电下倾调整，圈中标示的是调整部件。

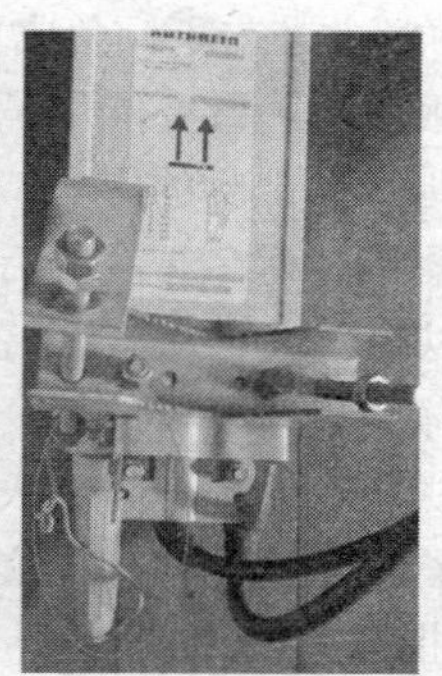
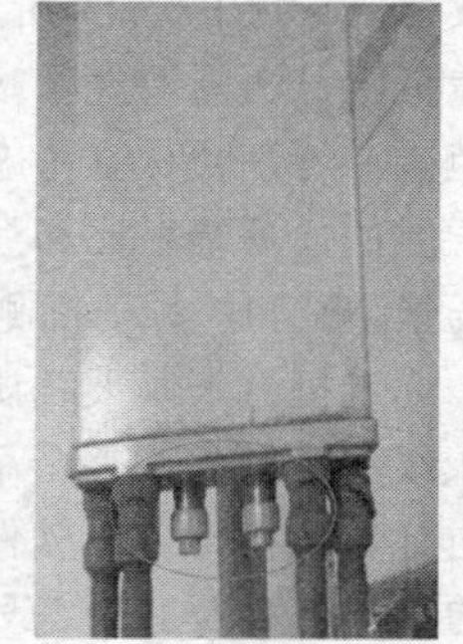

图 2-25　天线下倾调整

（1）机械下倾天线

当天线垂直安装时，天线辐射方向图的主瓣将从天线中心点开始沿水平线向前。但在无线网络优化时，基于不同原因，如同频干扰和时间扩散问题，需调整天线背面支架的位置，改变天线的倾角，使天线的主波束指向向下倾斜几度，从而改善干扰性能或时间扩散带来的影响。在调整过程中，虽然天线主瓣方

向的覆盖距离有明显变化，但天线垂直分量和水平分量的幅值不变，所以天线方向图容易变形。

① 天线向下倾斜对覆盖范围的影响。根据天线下倾时的几何关系，结合某一给定的天线方向图可计算出天线向下倾斜对辐射方向图的影响，再利用传播模型即可计算出天线向下倾斜时的场强覆盖情况及 C/I 分布情况。一般天线机械下倾 10°以内，方向图缩小程度和形状变化不大；机械下倾大于 10°时，方向图在主辐射方向上会出现明显的凹陷变形。

例如，假设基站天线高 30m，利用 OM 模型可以计算出以基站天线为中心的 5km 范围内的场强覆盖图，天线倾角为 0°、5°、10°、14°、16°、18°时的计算结果如图 2-26 所示。随着天线倾角增大，天线主波束对应的区域（正前方）场强迅速减小，而偏离主波束较大的区域场强变化较小。当倾角大于 12°后，主波束对应的覆盖区域逐渐凹陷。因此，为保障区域的覆盖性能，机械下倾天线的最佳下倾角度为 1°～5°，不宜大于 10°。

② 利用机械下倾时出现的凹坑减少同频干扰。适当改变干扰小区的天线方位角，使方向图中的凹坑对准被干扰小区，可减少同频干扰。对于水平波瓣宽度为 60°的天线，向下倾斜角应在 14°～16°，此时凹坑最大。不同类型的天线，天线垂直方向图不同，其凹坑所对应的下倾角也不同。

当服务小区天线固定下倾 5°，与其同频的小区天线下倾角 θ 分别为 0°、5°、8°、10°、12°及 13°时，计算得到的载干比 *C/I* 分布图如图 2-27 所示。随着同频小区天线下倾角 θ 的增大，整个小区的 *C/I*=9dB 线向外迅速扩展。θ=13°时，*R*=5km 的小区几乎全部在 *C/I*>9dB 的范围内，说明此时整个服务小区中的同频干扰都很小，*C/I* 都能满足要求。即在利用天线进行机械下倾降低同频干扰时，下倾角宜选择在 10°以上。

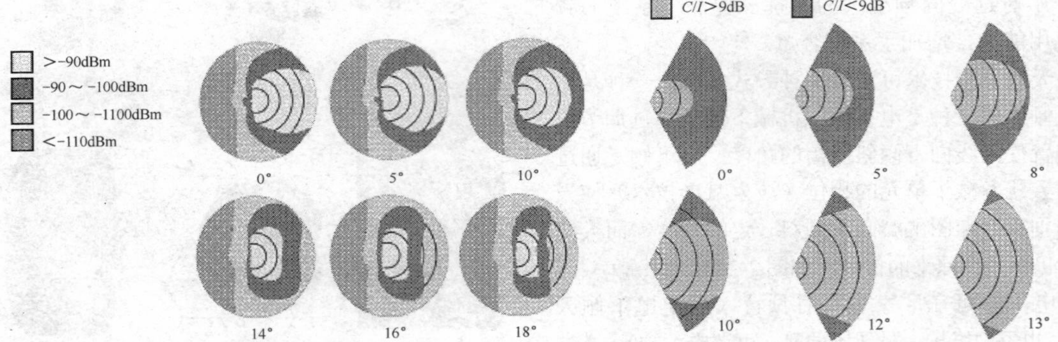

图 2-26　天线倾角变化时的 *C/I* 分布

图 2-27　天线固定下倾不同角度时的 *C/I* 分布

但是通过向下倾斜天线来降低同频干扰时，天线的下倾角必须根据天线的三维方向图具体计算后认真选择。而且，改善抗同频干扰能力的效果好坏并非与下倾角成正比。

为了保证覆盖范围，还需调整基站的发射功率，既要能尽量减小对同频小区的干扰，又要能保证满足服务区的覆盖范围，特别要认真考虑实际地形、地物的影响，以免出现不必要的盲区。当下倾角较大时，还必须考虑天线的前后辐射比和旁瓣的影响，避免天线的后瓣对背后小区或天线旁瓣对相邻扇区的干扰。还要进行场强测试和同频干扰测试，以确认对 *C/I* 值的改善程度。

日常维护中，通过机械下倾天线调整下倾角度时非常麻烦，需维护人员到天线安装处进行调整；若要调整机械下倾天线的下倾角，整个系统要关机，不能在调整天线倾角时进行实时监测。机械下倾天线的下倾角度是通过计算机模拟分析软件计算得出的理论值，同实际最佳下倾角度有一定的偏差。机械下倾天线调整倾角的步进度数为 1°，三阶互调指标为−120dBc。

（2）电下倾天线

① 电下倾对覆盖的影响。电下倾的原理是通过改变天线振子单元的相位来改变垂直分量和水平分量的幅值大小，进而改变合成分量场强强度，使天线的垂直方向图下倾，如图 2-28 所示。

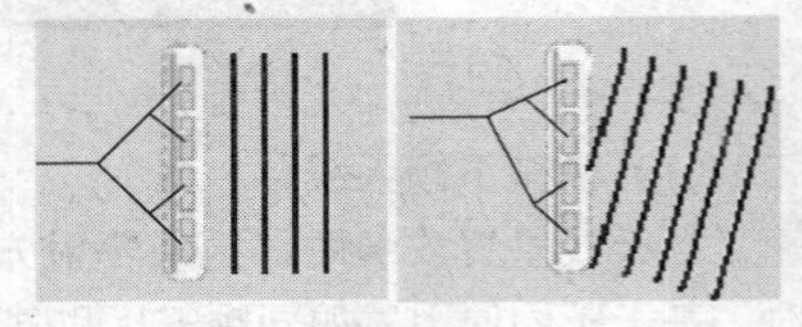

图 2-28　电下倾的实现

由于天线各方向的场强同时增大和减小，保证了改变倾角后

天线方向图变化不大，主瓣方向覆盖距离缩短，同时整个方向图在服务扇区内减小覆盖面积但又不产生干扰。实践证明，电调天线下倾角度在 1°～5°间变化时，其天线方向图与机械天线大致相同；当下倾角度在 5°～10°间变化时，其天线方向图较机械天线稍有改善；当下倾角度在 10°～15°间变化时，其天线方向图较机械天线变化较大；当电调天线下倾 15°后，其天线方向图与机械天线明显不同，这时天线方向图形状改变不大，主瓣方向覆盖距离明显缩短，整个天线方向图都在本基站扇区内。增加下倾角度，可以使扇区覆盖面积缩小，但不产生干扰，因此采用电调天线能够降低呼损，减小干扰。

另外，电调天线允许系统在不停机的情况下对垂直方向图下倾角进行调整，可实时监测调整的效果，调整倾角的步进精度较高，为 0.1°，因此可以对网络实现精细调整。电调天线的三阶互调指标为−150dBc，与机械天线相差 30dBc，有利于消除邻频干扰和杂散干扰。电下倾天线的最大优点是把天线的辐射能量集中在服务区内，对其他小区的干扰很小。

② 电调天线的控制。电调天线的控制方式有手动控制、近端遥控和远端遥控。

手动控制：通过旋转天线底部的旋转手轮来改变天线下倾角，多适用于天线安装位置较低的基站。如图 2-25 中的电调天线所示。

近端遥控（见图 2-29）：通过室内控制单元遥控控制天线的电下倾角。室内控制单元通过电缆连接安装在天线底部的室外控制单元，提供电源及控制信号。控制软件可安装在 PC 上。

电下倾天线除了能有效减小同频干扰外，还能有效地减小远距离干扰。远距离干扰是指对距离达 320 km 远的其他系统由于大气波导原因产生的干扰。

在盲区或弱信号点较多的丘陵地区，采用一般的定向天线，通过增加其高度以覆盖这些盲点时，会引起同频干扰的增加。但若通过增加电下倾天线的高度来覆盖这些盲点，仍能减小同频干扰。

远端遥控（见图 2-30）：远端遥控电调天线控制网络由网管服务器、中心控制器（CCU）、室外控制器（RCU）及控制器之间的连接线等组成。连接线可选用多芯电缆，或采用射频馈电方式连接，其中射频馈电方式需安装配套的信号转换器。此方式的安装更简单，大大减轻了施工难度，在塔顶距离地面很大的情况下，可以节省专用的多芯电缆，降低成本。

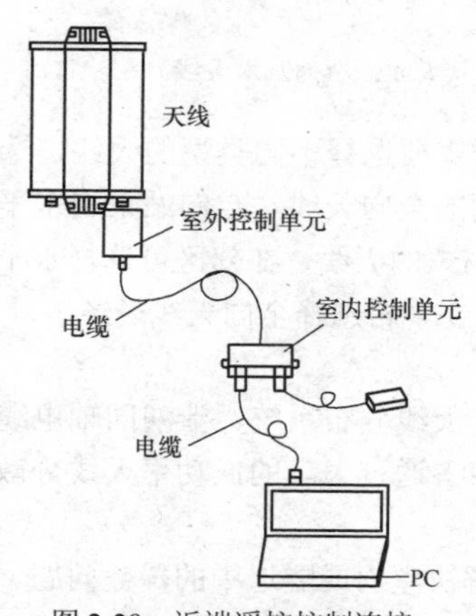

图 2-29　近端遥控控制连接

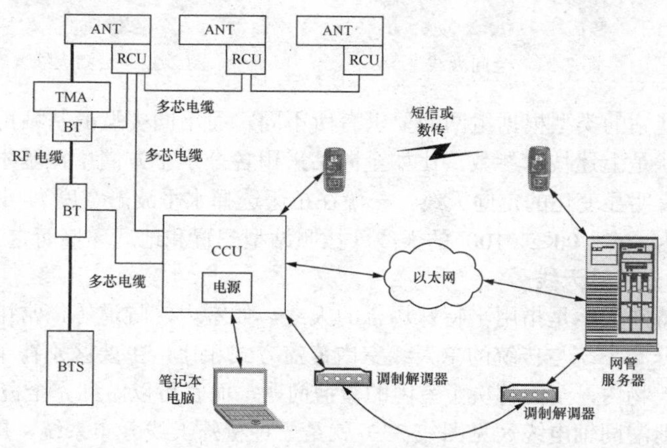

图 2-30　电调天线远端遥控网络

电调天线控制器与网管中心之间有 3 种通信方式：无线模块的短信或数传、有线 Modem 和以太网。网管服务器具有以下功能：远程查询任一个天线的状态，控制任一个天线的下倾角度，接收天线控制器的告警信息；管理天线数据库，能记录任一个天线的状态和历史控制动作；电子地图，让操作人员方便查询。

（3）天线的选择

对于天线，应根据移动网的覆盖、话务量、干扰和网络服务质量等实际情况，选择适合本地区移动

网络需要的。在基站密集的高话务地区，应该尽量采用双极化天线和电调天线；在边、郊等话务量不高，基站不密集的地区和只要求覆盖的地区，可以使用传统的机械天线。

2.2.3 基站天线的类型

根据所要求的辐射方向图可以选择不同类型的天线，移动通信基站常用的天线有全向天线、定向天线、特殊天线、多天线系统、智能天线及美化天线等。

1. 全向天线

全向天线在水平方向图上表现为 360°均匀辐射，也就是平常所说的无方向性，因此其水平方向图的形状基本为圆形。在垂直方向图上表现为有一定宽度的波束，可以看到辐射能量是集中的，因而可以获得天线增益。在移动通信系统中，室外全向天线（见图 2-31 左图）一般应用于郊县大区制的站型，覆盖范围大；全向吸顶天线（见图 2-31 右图）常用于室内分布系统。

全向天线一般由半波振子排列成的直线阵构成，并把按要求设计的功率和相位馈送到各个半波振子，以提高辐射方向上的功率。振子单元数每增加一倍（相应于长度增加一倍），增益增加 3dB，典型的增益值是 6～9dBd。受限制的因素主要是物理尺寸，例如 9dBd 增益的全向天线，其高度为 3m。

2. 定向天线

定向天线的水平和垂直辐射方向图是非均匀的，通常用在扇形小区，又称扇形天线，辐射功率或多或少集中在一个方向，在水平和垂直方向图上都表现为有一定宽度的波束。在蜂窝系统中使用定向天线有两个原因：覆盖扩展及频率复用。使用定向天线可以改善蜂窝移动网中的干扰。定向天线在移动通信系统中一般应用于城区小区制的站型，覆盖范围小，用户密度大，频率利用率高。

定向天线一般由直线阵加上反射板构成，如图 2-32 所示的左图；或直接采用方向天线，如八木天线，如图 2-32 所示的右图。定向天线的典型增益值范围是 9～16dBd，结构上一般为 8～16 个单元的天线阵。

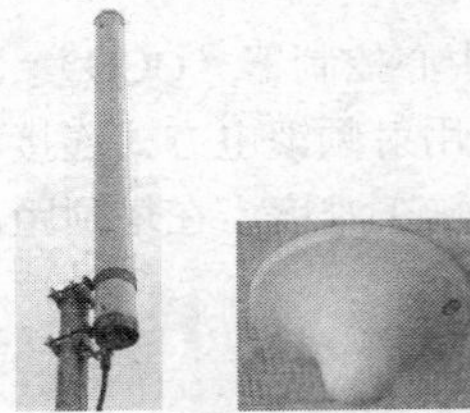

图 2-31　全向天线

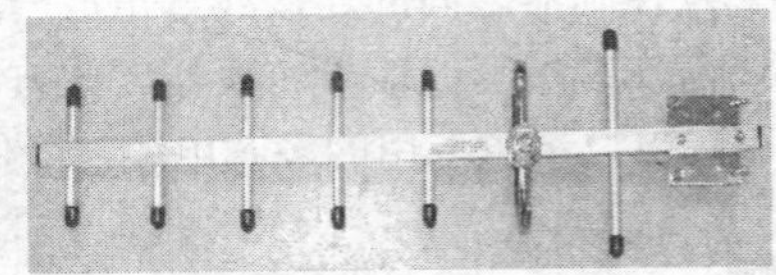

图 2-32　定向天线（左为板状天线；右为八木天线）

基站的类型根据组网的要求有所不同，而不同类型的基站可根据需要选择不同类型的天线，选择的依据就是上述技术参数。比如全向站采用各个水平方向增益基本相同的全向天线，定向站采用水平方向增益有明显变化的定向天线。一般在市区选择水平波瓣宽度为 60°、65°的天线，在郊区可选择水平波瓣宽度为 65°、90°或 100°的天线（按照站型配置和地理环境而定），而在乡村选择全向天线最经济。

3. 特殊天线

特殊天线是指用于特殊场合的天线，如室内、隧道等，常用的有天线分布系统、泄漏同轴电缆等。天线分布系统与传统的单天线室内覆盖方式相比，主要区别在于，前者通过大量的低功率天线分散安装在建筑物内，全面解决了室内的覆盖问题，而且可以做到完全覆盖。

泄漏同轴电缆（见图 2-33）就是一种特殊天线分布系统，用于解决室内或隧道中的覆盖问题。泄漏同轴电缆外层铜网的窄缝允许所传送的信号能量沿整个电缆长度不断泄漏辐射，接收信号能从窄缝进入电缆传送到基站。泄漏同轴电缆适用于任何开放的或封闭形式的、需要局部覆盖的区域。

使用泄漏同轴电缆时没有增益，为了延伸覆盖范围，可使用双向放大器。通常，能满足大多数应用的典型传输功率值范围是 20～30W。

4. 多天线系统

多天线系统由许多单独天线组成，最简单的类型是在塔上的相反方向安装两个方向性天线做带状覆

盖，通过功率分配器馈电，目的是用一个小区来覆盖大的范围，比用两个小区的情况所使用的信道数要少，如图 2-34 所示。

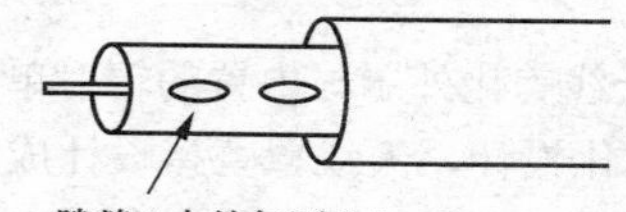

图 2-33　泄漏同轴电缆结构示意图

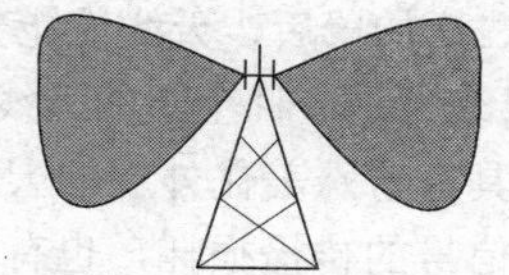

图 2-34　反方向安装方向性天线

当不能使用全向天线，或所需的增益（或较大的覆盖面积）比一个全向天线系统所能提供的还要大时，也可用多天线系统来形成全向方向图，如建筑物四周。

当使用多天线系统时，空间分集非常复杂，典型的增益值是所用的单独天线增益减去由于功率分配器带来的 3dB 损耗。

5. 智能天线

智能天线利用数字信号处理技术对用户信号到达的方向角 DOA 进行估算，并进行波束赋形，进而产生空间定向波束，使天线主波束对准用户信号的到达方向，旁瓣或零点对准干扰信号的到达方向，达到充分高效利用移动用户信号，并删除或抑制干扰信号的目的，如图 2-35 所示。智能天线可有效降低蜂窝网络中的同频干扰、多址干扰，在保证服务质量的前提下增加移动通信系统的容量，但其不具有抗多径衰落的能力。

智能天线技术是 TD-SCDMA 宏基站的必选技术，也是其具有优势的核心技术之一。TD-SCDMA 系统的很多物理层方面（如帧结构）都是围绕智能天线来设计的。图 2-36 所示为 TD-SCDMA 系统中采用的定向智能天线（右）和全向智能天线（左）。

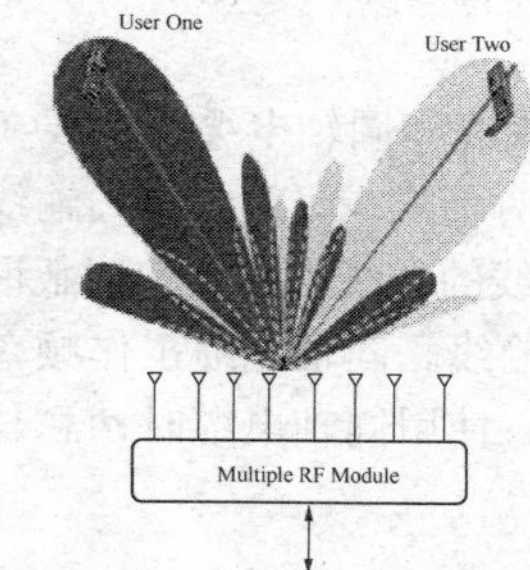

图 2-35　智能天线工作示意图

图 2-36　智能天线（左：全向；右：定向）

TD-SCDMA 系统中使用智能天线时，每个扇区需 8 根馈线、1 根电源控制线。

6. 美化天线

为了配合环境或景观建设，在不增大传播损耗的情况下，通常会根据场景的需求改变天线的外观，进行伪装、修饰（见图 2-37），既美化了城市的视觉环境，也减少了居民对无线电波的恐惧和抵触，同时也可以延长天线的使用寿命，保证通信质量。从外型来分，美化天线有方柱形、圆柱形、空调形、广告牌形等在建筑外墙或街道边常见的形状。

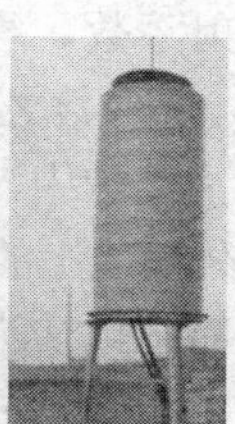

图 2-37　美化天线

“天线加外罩”时采用的美化外罩材料普遍存在一些问题：一是介电常数越大，则外罩对天线性能的影响越大；二是机械参数是衡量结构可靠性的指标，包括拉伸强度、弯曲强度等，目前的外罩性能较差。也就是说，在二次加罩后，天线性能会受到一定影响。

“一体化美化天线”是一种全新的天线设计理念，将天线美化外罩与内置的辐射单元和馈电网络一体化设计，实质上是具有特殊美化外观的天线。由于是一体化设计，天线罩直接设计成隐蔽造型，省去二次加罩，既减少了信号的传播损耗，也有效缩减了美化天线尺寸，安装维护还非常方便。天线罩不但具有美化的外观，同时起到了保护天线主体的作用。同时，“一体化美化天线”都采用电调倾角设计，可实现远距离调控，天线倾角调节非常方便。

2.3 传输线的基本概念

传输线是连接天线和收发信机的导线，又称为馈线。要使传输线有效地传输信号能量，必须根据指标进行合理的选择。本节将主要介绍传输线的基本概念和主要指标。

2.3.1 传输线的概念

连接天线和发射（或接收）机输出（或输入）端的导线称为传输线或馈线。传输线的主要任务是有效地传输信号能量。因此它应能将天线接收的信号以最小的损耗传送到接收机输入端，或将发射机发出的信号以最小的损耗传送到发射天线的输入端，同时它本身不应拾取或产生杂散干扰信号。这样，就要求传输线必须屏蔽或平衡。信号在传输线里传输，除有导体的电阻损耗外，还有绝缘材料的介质损耗，这两种损耗随馈线长度的增加和工作频率的提高而增加。因此，要合理布局，尽量缩短传输线的长度。损耗大小用衰减常数表示，单位用分贝（dB）/米或分贝/百米表示。

目前，使用最多的微波频段的传输线一般有两种：平行线传输线和同轴电缆传输线（微波传输线有波导和微带等）。平行线传输线通常由两根平行的导线组成，它是对称式或平衡式的传输线，这种传输线损耗大，不能用于 UHF 频段。移动通信系统主用的同轴电缆传输线的导线由芯线和屏蔽铜网组成，因铜网接地，两根导体对地不对称，因此叫作不对称式或不平衡式传输线。同轴电缆工作频率范围宽，损耗小，对静电耦合有一定的屏蔽作用，但对磁场的干扰却无能为力。使用同轴电缆时切忌与有强电流的线路并行走向，也不能靠近低频信号线路。

2.3.2 传输线的基本特性

1. 传输线的特性阻抗

无限长的传输线上各点电压与电流的比值等于特性阻抗，用符号 Z_0 表示。同轴电缆的特性阻抗 $Z_0 = (138/\sqrt{\varepsilon_r}) \times \lg(D/d)\,\Omega$。通常 Z_0=50Ω或 75Ω。式中，D 为同轴电缆外导体铜网内径；d 为其芯线外径；ε_r 为导体间绝缘介质的相对介电常数。由上式所见，传输线特性阻抗与导体直径、导体间距和导体间介质的介电常数有关，与传输线长短、工作频率及传输线终端所接负载阻抗大小无关。

2. 匹配

天线的匹配工作就是消除天线输入阻抗中的电抗分量，使电阻分量尽可能接近传输线的特性阻抗。匹配的优劣一般用 4 个参数来衡量，即反射系数、行波系数、驻波比（驻波系数）和反射损耗（回波损耗）。4 个参数之间有固定的数值关系，使用哪一个参数纯基于习惯。在日常维护中，用得较多的是驻波比和反射损耗。天线传输线不匹配时，传输线上的信号如图 2-38 所示。

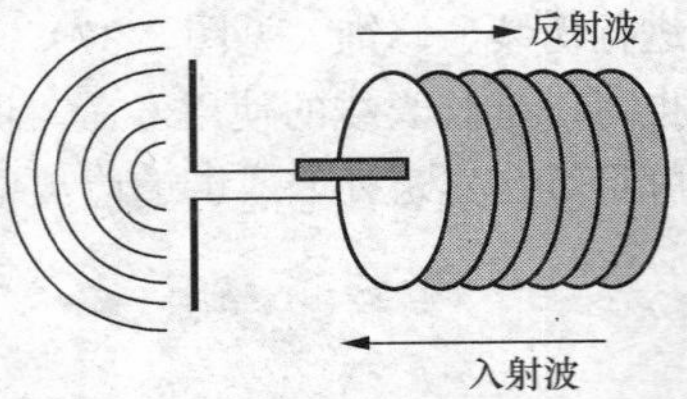

反射波

入射波

图 2-38　不匹配天馈系统中传输线上的入射波和反射波

可以简单地认为，传输线终端所接负载（天线）阻抗等于传输线特性阻抗时，称传输线终端是匹配连接的。使用的终端负载天线振子较粗，输入阻抗随频率的变化变小，容易和传输线保持匹配，这时振子的工作频率范围就较宽；反之，则较窄。

（1）反射损耗

当传输线和天线匹配时，高频能量全部被负载吸收，传输线上只有入射波，没有反射波。此时，传输线上传输的是行波，传输线上各处的电压幅度相等，传输线上任意一点的阻抗都等于它的特性阻抗。

而当天线和传输线不匹配时，也就是天线阻抗不等于传输线的特性阻抗时，负载就不能将传输线上传输的高频能量全部吸收，而只能吸收部分能量。入射波的一部分能量反射回来形成反射波，传输线上同时存在入射波和反射波，如图 2-38 所示。两者叠加，在入射波和反射波相位相同的地方，振幅相加最大，形成波腹；而在入射波和反射波相位相反的地方，振幅相减最小，形成波节；其他各点的振幅则介于波腹与波节之间。这种合成波称为驻波，反射波和入射波幅度之比叫作反射系数。

反射损耗是反射系数绝对值的倒数，以分贝值表示就是 10lg（前向功率/反射功率）。反射损耗越大，表示匹配越好；反射损耗越小，表示匹配越差；为 0 表示全反射，为无穷大表示完全匹配。在移动通信系统中，一般要求反射损耗大于 14dB。如图 2-39 所示，传输线的特性阻抗为 50Ω，天线的输入阻抗为 80Ω，当馈线上传 10W 的信号时，有 0.5W 被反射，9.5W 由天线向外以电磁波的形式辐射，即反射损耗为 10lg (10/0.5)=13dB。

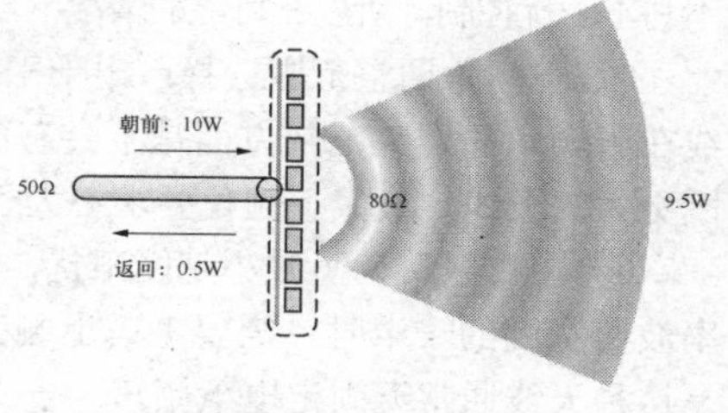

图 2-39　天线与馈线不匹配时的反射损耗

（2）传输线和天线的电压驻波比（VSWR）

驻波波腹电压与波节电压幅度之比称为驻波系数，即电压驻波比。终端负载阻抗和特性阻抗越接近，驻波比越接近于 1，匹配度也就越好。驻波比为 1，表示完全匹配；驻波比为无穷大，表示全反射，完全失配。在移动通信系统中，一般要求驻波比小于 1.5，但实际应用中，各运营商会要求更小些。过大的驻波比会减小基站的覆盖范围，并使系统内干扰加大，影响基站的服务性能。

特别是在室内分布的天馈系统中，一般驻波比都需要分段测试，每一段的驻波比值可能都小于 1.5。但反射信号功率是累加的，因此对驻波比的要求会更严格。

电压驻波比和回波损耗都是相同参数的不同测量方法，也就是连接器反射的信号数量，是影响连接器总信号效率的一个重要因素。

回波损耗是由线缆上间断性功率反射造成的信号损失。回波损耗类似于电压驻波比，在无线电行业中一般比较倾向于用电压驻波比，因为电压驻波比是一种对数测量方式，在表示很小的反射时是非常有用的。

2.4　天馈、塔桅系统的安装和维护

移动通信系统中，信号的覆盖质量与天线的安装有密切联系。本节主要介绍天馈系统的安装及维护的基本方法和原则、塔桅维护的基本方法，以及天馈、塔桅系统的基本测试方法。

2.4.1　移动通信系统天线的选型

在选择基站天线时，需要考虑其电气性能和机械性能。电气性能主要包括工作频段、增益、极化方式、波瓣宽度、预置倾角、下倾方式、下倾角调整范围、前后比、上侧旁瓣抑制、零点填充、驻波比、功率容量、阻抗及三阶互调等。机械性能主要包括尺寸、重量、天线输入接口、风载荷等。不同的应用环境有不同的环境特点和覆盖要求，下面以市区基站的天线选型为例做简单说明。

市区基站应用环境的特点：基站分布较密，要求单基站覆盖范围小，希望尽量减少越区覆盖的现象，减少基站之间的干扰，提高频率复用率。

天线选用原则如下。

① 极化方式选择：由于市区站址选择困难，天线安装空间受限，建议选用双极化天线。

② 方向图的选择：在市区主要考虑减小对邻小区的干扰，因此一般选用定向天线。

③ 半功率波瓣宽度选择：为更好地控制小区的覆盖范围，抑制干扰，市区天线水平半功率波瓣宽度选 60°～65°。在天线增益及水平半功率角度选定后，垂直半功率角也就确定了。

④ 天线增益的选择：由于市区基站一般不要求大范围的覆盖，因此建议选用中等增益的天线。同时天线的体积和重量较小，有利于安装和降低成本。根据目前已有的天线型号，建议视基站疏密程度及城区建筑物结构等选用 15dBi 左右增益的天线。

⑤ 预置下倾角及零点填充的选择：一般来说，市区天线都要设置一定的下倾角，可以选择具有固定电下倾角的天线（建议选 3°～6°）。由于市区基站覆盖距离较小，零点填充特性可以不做要求。

⑥ 下倾方式选择：由于市区的天线倾角调整相对频繁，且有的天线需要设置较大的倾角，而机械下倾天线不利于干扰控制，所以在可能的情况下，建议选用预置下倾天线，电调天线，或机械下倾加电调下倾天线。

⑦ 下倾角调整范围选择：出于干扰控制的原因，需要将天线的下倾角调得较大，一般来说，电调天线在下倾角的调整范围方面是不会有问题的。但是如果选择机械下倾的天线，则建议选择下倾角调控范围更大的天线，最大下倾角要求不大于 14°。

⑧ 在市区，为了减小越区干扰，有时需要设置很大的下倾角，而当下倾角的设置超过了垂直面半功率波瓣宽度的一半时，需要考虑上侧旁瓣的影响。所以建议在市区选择第一上旁瓣抑制的赋形天线，但是这种天线通常无固定电下倾角。

推荐：半功率波瓣宽度 65°、中等增益、带固定电下倾角或可调电下倾加机械下倾的双极化天线。

2.4.2 移动通信系统中天馈设备的安装

天馈设备的安装是基站安装中工程量最大的部分，涉及天线的安装、跳线的连接、主馈线的布放、避雷系统的安装等。

为充分利用资源，实现资源共享，一般采用天线共塔的形式，这就涉及天线的正确安装问题，即如何安装才能尽可能减少天线之间的相互影响。工程中一般用隔离度指标来衡量影响程度，通常要求各天线端口间隔离度至少大于 30dB。为满足该要求，常使天线垂直隔离或水平隔离。实践证明，在天线间距相同时，垂直安装比水平安装能获得更大的隔离度。

1. 抱杆的安装

不同类型的天线、不同的安装环境对天线支架的设计要求不同，安装方法也不同。实际上，只有铁塔平台的天线安装涉及抱杆的安装和调整，屋顶天线的安装则不涉及抱杆调整。

（1）抱杆安装注意事项

天线支架安装平面和天线抱杆应与水平面严格垂直；天线支架与铁塔平台之间的固定应牢固、安全，但不固定死，有利于网络优化时调节天线；天线支架伸出平台时，应考虑支架的承重和抗风性能；如有必要，对天线支架做一些吊装措施，避免天线支架日久变形；天线支架伸出铁塔平台时，应确保天线在避雷针保护区域内，同时要注意与铁塔的隔离，避雷针保护区域为避雷针顶点下倾 45°角范围内（见图 2-40）；天线支架的安装方向应确保不影响定向天线的收发性能和方向调整。

（2）抱杆安装的检查

在天馈系统安装前，应检查天线抱杆的安装是否符合要求。检查抱杆安装要参考的参数由网络规划确定，包括天线挂高、方位角和俯仰角。

天线挂高：城区天线挂高应比周围建筑物的平均高度高 10～15m。郊区及农村应超出 15m 以上。

天线方位角：同一扇区的主分集两副天线指向要相同。

天线分集距离：同一扇区两天线互为分集接收天线，两天线的垂直高度相同，水平方向距离 d 应尽量大。一般情况下，天线到地面的高度与分集天线间的水平距离比为 11 即可满足工程要求。

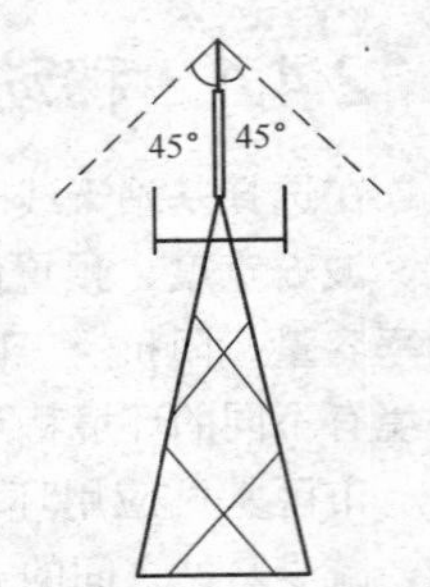

图 2-40　避雷针有效保护范围示意图

天线俯仰角：通常在 0°～10°之间。

根据以上参数即可确认抱杆的安装位置能否满足天线的安装要求，所有天线抱杆应安装稳固、接地

良好，抱杆应垂直于地面（误差小于 2°）。

2. 天线的安装

在移动通信系统中，室外站使用的天线主要有全向杆状与定向板状两种类型，下面简单介绍安装过程中需要注意的事项。

（1）全向天线的安装

安装时天线馈电点朝下，安装护套靠近桅杆，护套顶端与桅杆顶部齐平或略高出桅杆顶部，以防天线辐射体被桅杆遮挡。用天线固定夹将天线护套与桅杆两点固定，应确保承重与抗风，且不会松动；也不宜过紧，以免压坏天线护套。全向天线的安装示意图如图 2-41 所示。

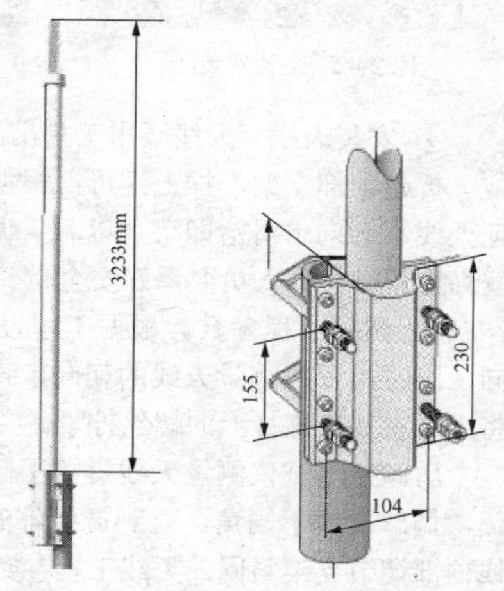

图 2-41 全向天线安装示意图

安装全向天线时应注意检查全向天线的垂直度、空间分集距离（一般要求大于 4m），尽量避免铁塔对全向天线在覆盖区域的遮挡；全向天线在塔侧安装时，为减少铁塔对天线方向图的影响，原则上铁塔不能成为天线的反射器。因此在安装中，天线应安装于棱角上，且天线与铁塔任一部位的最近距离都大于 λ。

当全向天线安装在铁塔和金属管上时还应注意，严禁金属管与全向天线的有效辐射体重叠安装（天线的有效辐射体对应全向天线的天线罩部分）；设法避免将全向天线整体安装在金属管（桅杆）上；全向天线安装在铁塔上时应保证与塔体最近端面相距大于 6λ；不建议使用全向双发覆盖技术，因为全向天线安装在塔体的两侧，受塔体的影响，两个天线在某些方向的覆盖有较大差异（2～10dB）；全向天线的安装垂直度至少须小于垂直半功率波瓣宽度的 1/8。

（2）定向天线的安装

不同生产厂家、不同型号的天线安装方式也有所不同。常用的定向板状天线的安装过程包括组装天线、跳线连接、安装天线、防水制作等，具体过程如下所述。

① 组装天线。将天线的上支架和下支架分别装配到天线上，上下支架用于将天线固定在抱杆上的 U 形槽夹板上；如果现场抱杆长度不配，又想在组装时固定天线的俯仰角，可按天线背面角度标签所示长度调整上支架，使天线处于合适的角度后拧紧上支架上的所有螺母，如图 2-42 所示。

② 跳线连接。跳线又称为天线尾线。尾线的物理特性：阻抗为 50Ω；长度建议不大于 2m，塔上不大于 3m；最小弯曲半径为 0.2m。尾线必须是专用的室外线。拧掉天线上电缆接头的保护帽，将跳线接头对准天线接头再旋上并拧紧，如图 2-43 所示。

③ 防水制作。接头的防水要严格按要求进行制作。若用胶带防水，按胶带防水的步骤进行制作；若用冷缩管，则按该产品的要求进行制作。

接头防水一般以“3+3+3”的方式进行，即由内到外依次为胶带、胶泥、宽胶带，每种材料缠绕 3 层。为防止胶泥在高温时渗入接头，防水制作时最内层缠绕的绝缘胶带应重叠至少 1/3。

防水绝缘胶带（俗称“胶泥”）的使用方法：先清除传输线头或电缆接头处的灰尘等杂物；展开胶带，剥去离形纸，并拉伸胶带至宽度减小到原来的 1/2～3/4 处；使胶带保持一定的拉伸强度，以重叠 1/2 的方式进行包扎；缠绕最后几圈时不要把胶带拉得过紧，缠好后宜用手在被包覆处挤压胶带，使层间贴附紧密，无气隙，以便充分粘结。

为防止胶带在实际环境中受到磨损，在胶带的外层配套使用 PVC 绝缘宽胶带，以重叠 2/3 的方式进行包扎，松紧应适当（若太松或太紧，可能会因为热胀冷缩现象而出现漏胶、渗水情况）。防水胶带在垂直方向上使用时，最外层必须从下向上缠绕，防止雨水渗入；包扎最外一层胶带时，松紧度要适中，缠绕完毕胶带不能起皱，两边超过接头部分至少 10cm。最后在离胶带外缘 1cm 处用扎带将所缠绕的胶带两端扎紧，因在室外使用，扎带保留 2～3mm 剪平，防止因热胀冷缩而松脱。图 2-44 左图所示为胶带缠绕天线接头防水；右图为冷缩套管防水处理，完成后必须呈纺锤状，且上口离天线或设备底部不大于 6mm。

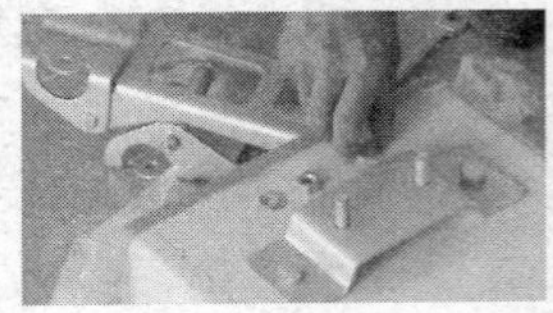
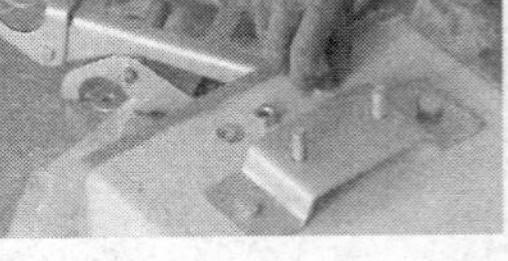
图 2-42　支架安装

图 2-43　跳线连接

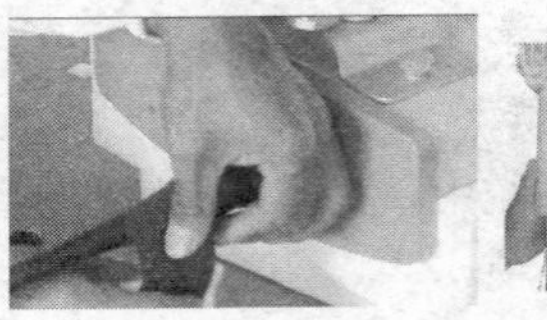
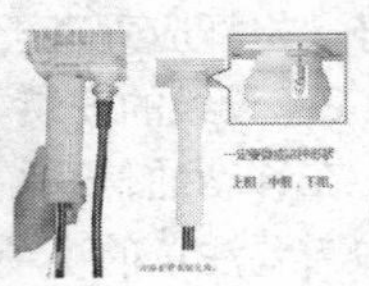
图 2-44　天线接头防水制作

④ 安装天线。天线要用工具吊起安装，以免碰伤。天线安装要牢固，隔离度应符合设计要求。

折起顶部支架，拧上螺母；根据挂高将底部支架、顶部支架固定在抱杆上，先不要把螺丝拧紧，保证天线不会向下滑落即可，以利于调整天线方向及下倾角。定向天线安装在抱杆上时要注意安全防护，登高操作时作业人员要系好安全带、安全绳，戴好安全帽。天线的安装示意如图 2-45 所示。

⑤ 调整工程参数。根据工程设计图纸，用罗盘确定天线方位角，轻轻左右扭动以调节天线正面朝向，同时用罗盘测量天线的朝向，直至误差在工程设计要求范围内（不大于±5°），调整好天线方位角后将天线支架在抱杆上的螺丝拧紧。

用倾角测试仪测量天线机械下倾角，调整到工程设计要求的角度（不大于±1°）。轻轻转动天线的顶部，调节天线下倾角，直到调整好的测试仪测定向天线时水平水准气泡显示居中即可。调整好后，将天线顶部调节支架紧固。天线工程参数的调整操作如图 2-46 所示。

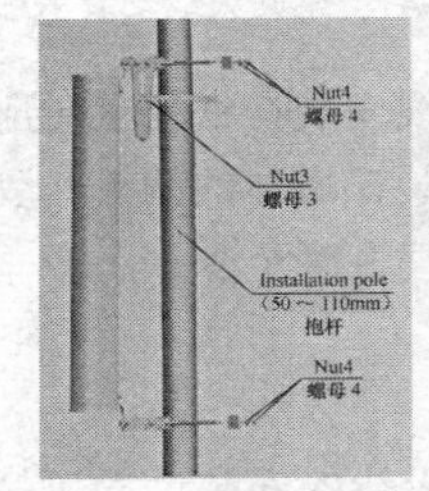

图 2-45　定向天线安装

图 2-46　天线工程参数的调整操作

定向天线安装时应注意：按照工程设计图纸确定天线的安装方向，在用罗盘确定天线方位角时要远离铁塔，避免铁塔影响测量的准确度，方位角误差不能超过±5°；用倾角测试仪调整天线的机械下倾角时，误差不能超过±1°；检查收发天线的空间分集距离，有效分集距离要大于 4m。定向天线塔侧安装时，为减少铁塔对天线方向图的影响，定向天线的中心至铁塔的距离应为 $\lambda/4$ 或 $3\lambda/4$，以获得塔外的最大方向性。

⑥ 天线尾线的固定。尾线的固定至少有两点。尾线固定绑扎于桅杆或悬臂，3m 桅杆用扎带绑扎；6m 桅杆如有固定角铁，则用馈线夹固定，否则用桅杆卡固定。

尾线固定时不要直接与铁体相接触，以防止桅杆或角铁上的毛刺损坏尾线；尾线要留有一定余量，以方便维护；尾线在与天线底部间的 3 个工作波长距离内要整齐，与天线底部垂直。也就是说，黑色扎带绑扎不能过紧，天线下方 10cm 保持笔直，U 形绑扎要有一定的活动余量，如图 2-47 所示。

另外，多天线共塔时，要尽量减少不同网收发信天线之间的耦合作用和相互影响，设法增大天线间的隔离度，最好的办法是增大相互间的距离。天线共塔应优先采用垂直安装方式。

对于传统的单极化天线（垂直极化），根据天线之间（RX-TX、TX-TX）的隔离度（≥30dB）和空间分集技术的要求，天线之间要有一定的水平和垂直间隔距离，一般垂直距离约为 50cm，水平距离约为 4.5m。这时必须增加基建投资，以扩大安装天线的平台。而对于双极化天线（±45°极化），由于±45°的极化正交性可以保证+45°和−45°两副天线之间的隔离度满足互调对天线间隔离度的要求（≥30dB），因此双极化天线之间的空间间隔仅需 20～30cm。基站可以不必建铁塔，只需要架一根直径为 20cm 的抱杆，将双极化天线按相应覆盖方向固定在抱杆上即可。

（3）智能天线的安装

智能天线的安装过程与普通天线的基本一样，如图 2-48 所示，区别是在安装时需要连接 8 根传输线、1 根电源控制线。

图 2-47 天线侧跳线固定

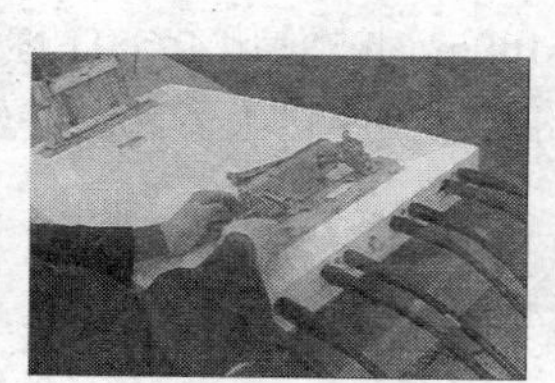
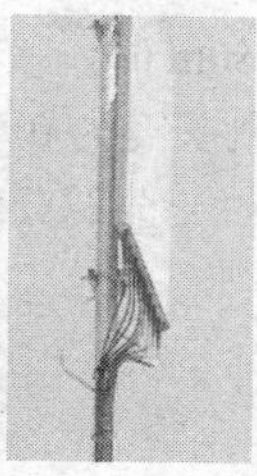
图 2-48 智能天线的安装

（4）GPS 天线的安装

GPS 天线宜安装在避雷针 45°的保护范围内，向上仰角为 10°，水平方向为 360°内的遮挡不超过 25%（保证与 4 颗卫星直线连接）；GPS 天线抱杆与铁塔须保持至少 1m 距离，倾斜不超过 2°，抱杆焊接接地。GPS 天线不是区域内的最高点，与任何天线间隔至少 3m，须固定牢固，其余安装要求与普通天线一样。

GPS 天线的安装示意图及效果如图 2-49 所示。GPS 馈线进入室内后连接主设备时也要安装避雷器，用于避免 GPS 通信基站因系统天馈线引入感应雷过电流和过电压而遭到损坏。GPS 避雷器采用多级过压保护措施，具有通流容量大、残压低、反应快、性能稳定且可靠等特点，同时具有插入损耗小、匹配性能好的优点。避雷器的防雷指标：差模满足 8kA，共模满足 40kA。

GPS 避雷器根据其安装位置分为天线侧避雷器和设备侧避雷器，两者型号相同。当 GPS 天线塔上安装时，需要在天线侧安装天线侧避雷器，同时在设备侧安装设备侧避雷器；当 GPS 天线非塔上安装时，仅需要在设备侧安装设备侧避雷器。

安装时，避雷器的 PROTECT 端朝向被保护设备，即天线侧避雷器的 PROTECT 端朝向天线侧连接，设备侧避雷器的 PROTECT 端朝向设备侧连接。避雷器如图 2-49 右图所示。

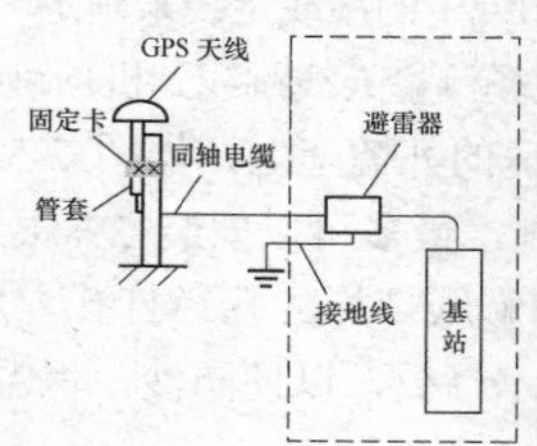

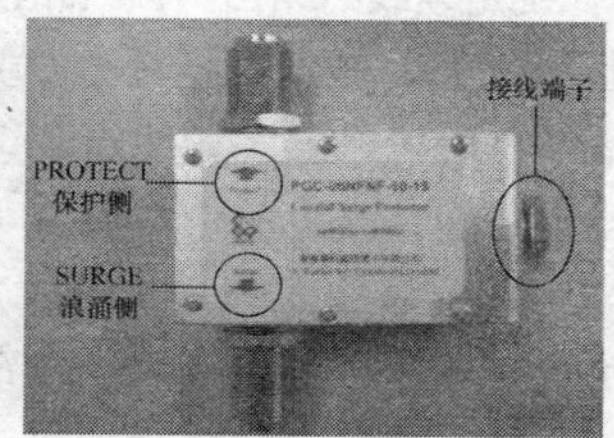

图 2-49 GPS 天线安装

如果存在多个 BBU 安装在同一个机房的情况，在实际网络建设中不需要对每个 BBU 都安装 GPS 天线，只需要通过 GPS 分路器（见图 2-50）来实现多个 BBU 集中安装共享 GPS 即可，有一分二和一分四两种。在计算馈线实际长度时，需要考虑器件插损，一分二型号插损为 3.5dB，一分四型号插损为 6.6dB。

当 GPS 天线远距离拉远时，为了满足 GPS 接收机的最小接收灵敏度，可使用 GPS 放大器（见图 2-51），目前选用的型号增益为 22dB。RF IN 端朝向天线端连接，RF OUT 端朝向设备端连接。

图 2-50 GPS 分路器

图 2-51 GPS 放大器

如果一个基站单独使用一套 GPS 天馈系统，当馈线的长度为 0～150m 时，使用 RG8U 馈线；为 151～270m 时，使用 RG8U 馈线+一个放大器。放大器安装在室内墙上或室内走线架上（需与走线架绝缘），可安装在避雷器前或后。根据实际路由情况，放大器与 GPS 天线之间的距离可在 50～150m 范围内调整。

如果两个基站共用一套 GPS 天馈系统，当馈线的长度为 0～100m 时，使用 RG8U 馈线+一分二分路

器；为 101～250m 时，使用 RG8U 馈线+一个放大器+一分二分路器。如果 3 个或 4 个基站共用一套天馈系统，当馈线的长度为 0～100m 时，使用 RG8U 馈线+一分四分路器；为 101～240m 时，使用 RG8U 馈线+一个放大器+一分四分路器。GPS 放大器和分路器的安装示意图如图 2-52 和图 2-53 所示。

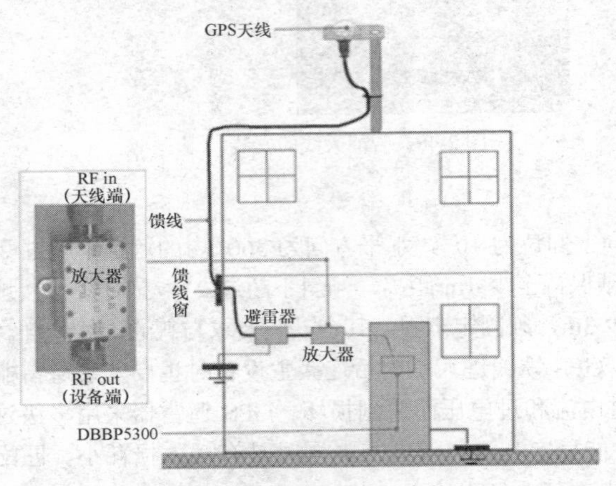

图 2-52　GPS 放大器的安装

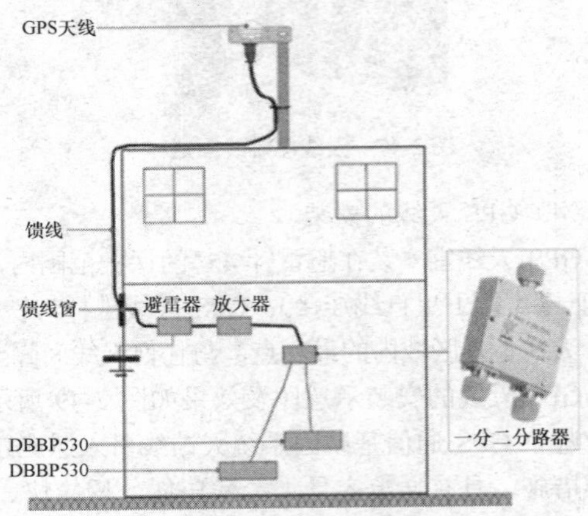

图 2-53　GPS 分路器的安装

分路器安装在室内，固定在室内走线架上（需与走线架绝缘），不需要安装保护地线。当基站到分路器的 GPS 时钟信号线长度不够时，在 GPS 时钟信号线的“N 形”连接器端采用跟天线侧到馈线窗同样型号的馈线进行转接。如果采用一分二或一分四分路器，当分出的几路中有空闲端时，需要在空闲端安装匹配负载。

3. 馈线安装

安装馈线前，须先确定馈线的路由。馈线路由根据工程设计图纸中的馈线走线来确定。确定馈线路由时应注意主馈线的长度须尽可能短。根据天线的安装位置和馈线路由现场测量天线跳线到机顶跳线的走线路由。

馈线安装前，基站机房应已安装馈线窗。馈线窗安装在机房的外墙壁上，如图 2-54 右图所示。位置在室内、室外的走线架之间，常见的馈线窗有 4 孔和 9 孔两种，最多可以安装 27 根馈线。安装馈线窗时，应根据馈线窗大小和安装位置在墙上开孔，用冲击钻按照膨胀螺栓的孔径打孔，用膨胀螺栓固定馈线窗主板。在天气寒冷、风沙大的地区，还应在机房内部加装木挡板，以便防沙、保温。

（1）截取馈线

馈线一般都成捆装运到安装现场。根据实际测量的各个扇区的主馈线长度，将馈线盘到滚装筒的圆面上，通过查看馈线的长度刻度来量取馈线（见图 2-55），在量取的馈线长度的基础上再增加 1～2m 的余量进行切割。馈线切割要用专用工具，留余量；严禁小角度弯折，防止馈线外导体（铜管）变形。

图 2-54　馈线窗安装

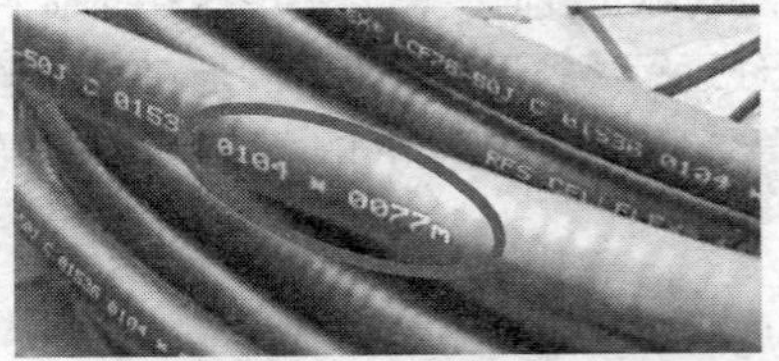

图 2-55　馈线长度

每切割完一根主馈线，必须在主馈线两端贴上相应的临时标签，如 ANT1、ANT2、ANT3 等，馈线安装完毕后再改贴正式标签。

将裁截好的馈线搬到楼顶平面，搬运过程中要保证馈线不受挤压，以免馈线损伤。

（2）馈线接头制作

馈线接头制作技术规范如下：认真阅读每个接头的制作说明；按说明书上的要求准备各种工具，最好使用制作接头的专用工具；严格按说明书上要求的步骤逐步检查；安装接头前必须将接头部分的馈线顺直约 1m，以保证接头与馈线导体贴合紧密；锯截馈线时必须将锯截处向下倾斜，以免锯屑滑入芯线铜

管内；截锯等刀具必须保持在最佳工作状况，一般做 2～3 个接头要更换一次刀具；每次锯截馈线都必须清除截口处的毛刺，以防损伤接头和导致接触不良；紧固工具最好用力矩扳手，力矩大小要满足说明书要求；接头防水要严格按要求进行制作，方法与定向天线安装中的防水处理相同。

馈线头子由插头体、O 形环、弹簧圈和接头体组成（见图 2-56），安装时需用到的材料还有涂脂和割锯定位导圈。其中，割锯定位导圈用于在现场不用馈线刀时辅助锯割馈线。

① 组装式 7/8"馈线头子制作过程。

有馈线刀的制作方法：用刀具把距端口 40mm 处的馈线外皮剥掉，确认馈线刀的辅助刀片位于馈线刀的 STD/RC 处，将主刀片对准馈线外导体的一个波纹的波峰处，按刀具上标出的旋转方向旋转刀具，直到刀具的护盖把柄全部合拢，使馈线内外铜导体全部割断，同时辅助小刀片会将馈线外部橡胶保护套割断，再次剥下护皮，此时剥去护皮的外铜导体约有 5.5 个波峰（具体需根据接头长度确定）；套上 O 形环，涂上涂脂，装上插头体，套上弹簧圈，将泡沫边缘压下，清理毛刺和碎屑，用扩孔器扩张外导体，或者将接头体套上插头体，保持接头体不动，通过扳动插头体扩张外导体；检查扩张表面，清理毛刺和碎屑，重新装上接头体，用扳手固定住接头体，将插头体拧进接头体，拧紧接头。图 2-57 左图所示为用馈线刀切割馈线，中图所示为组装馈线头子。

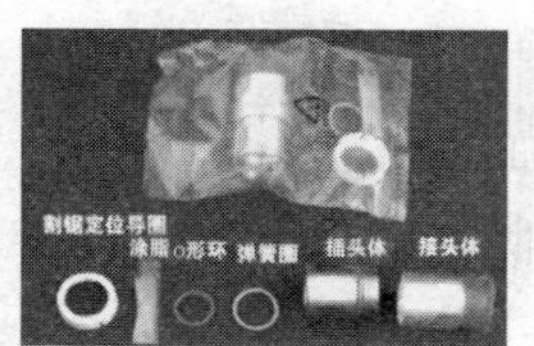

图 2-56　馈线头子的组成部件

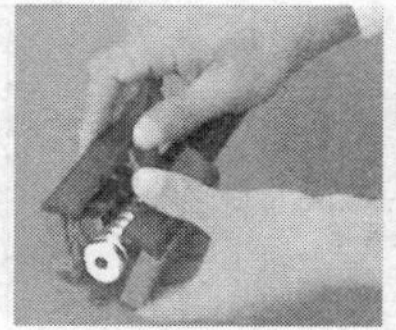
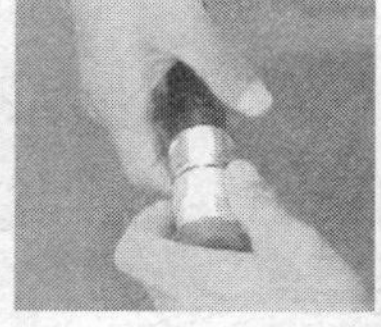

图 2-57　制作馈线头子

无馈线刀的制作方法：剥下 50mm 馈线外皮，确认剥下护皮的外导体至少应有 6.5 个波峰（具体需根据接头长度确定）。套上 O 形环，涂上涂脂，装上插头体，套上弹簧圈，套上割锯定位导圈，用钢锯沿割锯定位导圈锯断馈线，如图 2-57 右图所示。其他加工步骤与有馈线刀时的加工步骤相同。

② 组装式 1/2"馈线头子制作过程。

环切护套，去除约 25mm 护套；于波峰处截断并剥除 8mm 以上的外导体；截去 8mm 以外的多余内导体；内导体顶端 0.5mm 处做 45° 倒角；用毛刷刷除碎屑，涂上涂脂，装 O 形环；套入插头体，将馈线固定套卡在第一波谷处；向外推出插头体，使馈线固定套与插头体前端平齐，使固定套卡紧馈线外导体；套上弹簧圈，套装接头体，用手拧紧，固定接头体，用 13±2N·m 的力矩拧紧插头体。制作过程示意如图 2-58 所示。

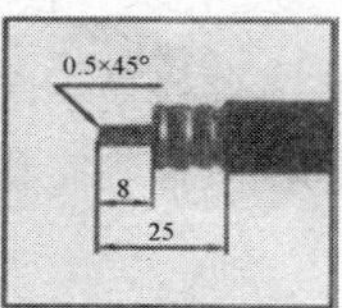

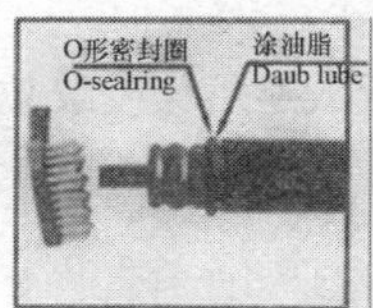

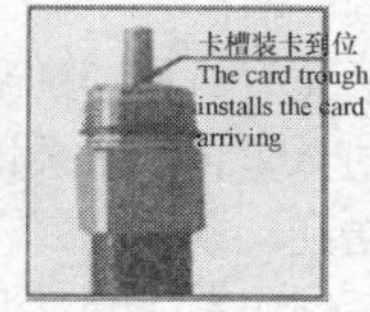

图 2-58　制作组装式 1/2"馈线头子

（3）固定馈线卡

馈线必须连续固定，在室外走线架上用专用馈线卡固定，在馈线拐弯处等不宜安装馈线卡的地方用黑色尼龙扎带绑扎；在室内走线架上则用白色尼龙扎带绑扎固定，两固定点间的水平距离不大于 0.8m，垂直距离不大于 1.2m。

馈线布放前，先沿铁塔或走线架每隔规定距离安装主馈线馈线卡。安装馈线卡时，间距应尽量均匀，方向须一致。如果在同一个走线梯内安装两排馈线卡，应保持两路馈线卡整齐，如图 2-59 所示。

图 2-59　安装馈线卡

（4）布放馈线

馈线走线规范：必须整齐有序，简洁，尽量避免拐弯；接地必须可靠；入室必须有回水弯；接地必须有严格的防水措施；馈线的弯曲角度应不小于 90°，最好大于 120°，且拐弯后要立即固定，拐弯要舒缓、流畅。

馈线施工时，须用专用施工工具吊线，不能直接在地面上拖动。馈线应防止被金属或硬物碰撞，以免发生外导体变形或损坏表面橡胶。

馈线布放过程：检查主馈线两端的临时标识，确认没有混淆；对已做好的馈线头子用包装袋包住，用扎带扎紧；将从天线至入室前的主馈线初步理顺，再从主馈线天线端开始，边理顺边卡入馈线卡中，排列整齐后上紧馈线卡。

主馈线要保持平直，切忌在两馈线卡间有隆起，不得在馈线两头同时固定馈线。

主馈线从楼顶沿墙入室时，应做室外爬墙走线梯。主馈线在走线梯上应使用馈线卡固定。

馈线进入机房时要保证馈线不会将雨水引入机房，必须做回水弯，如图 2-60 所示。回水弯的底部比入室端口的水平高度至少要低 10cm，回水弯的弧度要流畅。同组馈线的回水弯要互相固定。馈线入室必须要有密封圈防水，入室后必须有较好的固定。

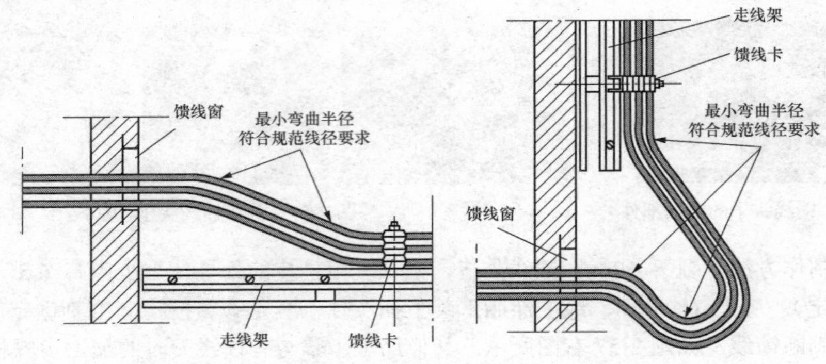

图 2-60　馈线入室示意图

馈线通过馈线窗进入机房时，室内、室外都必须有走线架导入，拧松馈线窗上的密封紧固喉箍到适当位置，把需要穿馈线的小孔的密封盖板拔掉，将馈线穿过馈线窗上的馈线孔进入室内。

馈线从室外走线架进入室内走线架时，需室内和室外的两个人一起配合，以避免主馈线进入机房时伤及室内设备，避免外部馈线在安装过程中因用力不当而受损。馈线在避雷架处要有 0.3m 的平直，馈线拉到位后拧紧紧固喉箍。

根据机架安装位置、机顶跳线长度、避雷器配置或避雷架安装位置、馈线最小弯曲半径及机房布线美观等情况，将进入室内的多余馈线截掉。裁截馈线时要保证馈线上的临时标签完整且仍在馈线上，以免造成馈线连接错乱。

馈线裁截好后制作室内馈线头子。

（5）连接主馈线避雷器

对于无接地线的避雷器，可将避雷器直接安装到馈线上（见图 2-61 左图），要保证避雷器和走线架之间绝缘。对于安装有避雷架的避雷器，安装时要对每根馈线认真调整，保证避雷架和主馈线连接时接头丝扣咬合良好。图 2-61 右图所示为宽频避雷器。

（6）安装馈线接地卡

对于 20～60m 长的每根主馈线，都至少应有 3 处安装馈线接地卡。对于安装在楼顶的天馈系统，三点位置分别是馈线离开天线抱杆处、馈线离开楼顶平面处、馈线进入机房处。对于铁塔安装的天线，三点位置分别是铁塔平台处、主馈线离开铁塔到室外走线架处、主馈线入室之前。当主馈线长度超过 60m 时，还应在主馈线中间增加馈线接地卡，一般为每 20m 增加一处；如果小于 20m，允许两点接地；如果小于 10m，允许一点接地。

馈线的接地应避免在拐弯处（最好做在垂直部分），须顺走线方向；接地排和接地线连接处要事先清除油漆；接地线与防雷接地铜排连接处要使用铜鼻子，并用螺栓固定连接，同时做防氧化处理；接地线与馈线的连接处一定要用防水胶泥和防水胶带按规范密封，进行防水处理；接地线不得从封洞孔内穿过。另外，接地铜排建议采用紫铜；接地电阻必须小于 10Ω；楼顶铁塔避雷和建筑物钢筋分别就近焊接。

根据以上接地原则，选择合适的接地卡安装位置，按照接地线铜片的大小切开馈线外皮，将接地线铜片和卡簧夹紧馈线外导体，如图 2-62 所示。同时将接地卡的接地线引向地网连接点的方向，固定到可靠接地的走线架或接地铜排上。

图 2-61　避雷器的安装

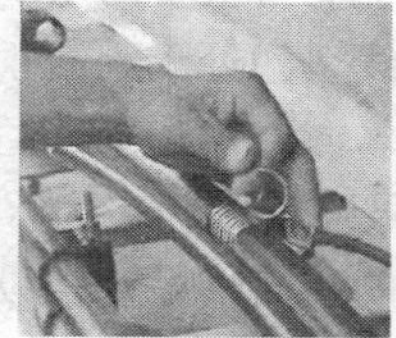
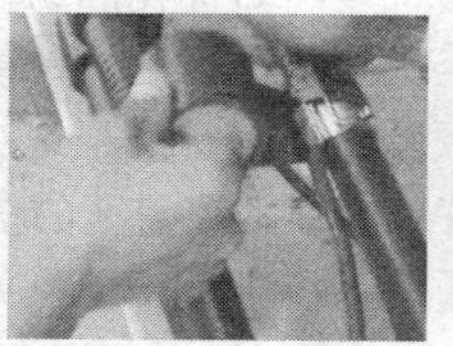
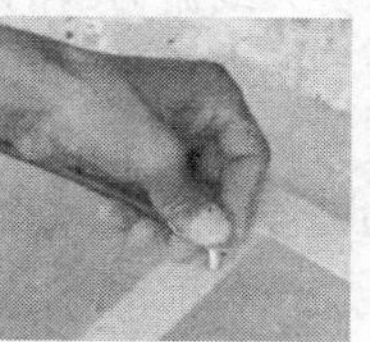

图 2-62　安装接地卡（一）

另一种馈线接地卡安装方法：揭开覆盖在丁基密封带上的纸条，将接地卡紧裹在馈线上；拧紧两个螺丝，如图 2-63 所示。

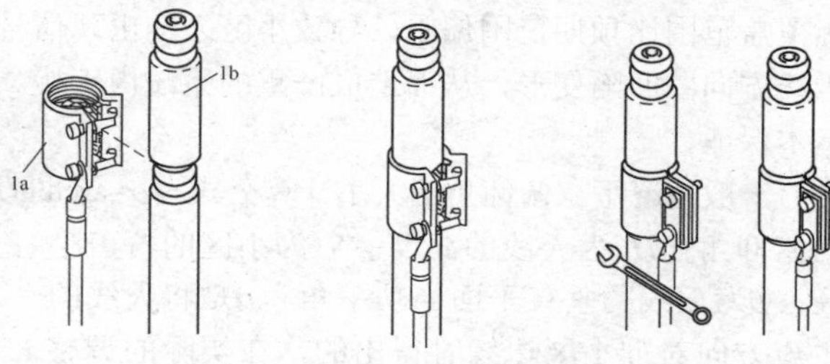

图 2-63　安装接地卡（二）

接地引线与馈线之间的夹角以不大于 15°为宜，不得逆向、倒折连接接地线。接地卡安装后，必须进行防水处理。需要注意的是，防水缠绕时两边需要超过接头部分至少 10cm。

接地卡的接地端应连接到塔的主体或楼顶室外已接上避雷网的走线架上（见图 2-60 右图）。要将连接部位约 13mm 半径内的油漆和氧化物剔除干净，确保良好的电接触。主馈线入室前的接地卡接地端可接到室外接地铜排上，室外接地铜排主要用于防雷接地，一般安装在馈线窗外墙壁上，最佳位置为馈线窗的正下方，原则上以离馈线窗较近为宜。

2.4.3　移动通信系统天线参数调整

1. 天线高度的调整

天线高度直接与基站的覆盖范围有关。一般用仪器测得的信号覆盖范围受两个因素影响：一是天线所发直射波所能达到的最远距离（由天线高度决定）；二是到达该地点的信号强度足以为仪器所捕捉（由发射功率决定）。

移动通信是视距通信，天线所发直射波所能达到的最远距离 S 与收发信号天线高度间的关系可表示为 S=2R(H+h)。其中：R 为地球半径，约为 6370km；H 为基站天线的中心点高度；h 为手机或测试仪表的天线高度。由此可见，基站无线信号所能到达的最远距离（即覆盖范围）主要由天线高度决定。

在移动通信系统建设初期，站点较少，为了保证覆盖，基站天线一般架设得较高。随着移动通信迅速发展，基站站点大量增多，在市区，站距已经达到大约 500m，甚至更小。在这种情况下，必须减小基站的覆盖范围，降低天线的高度，否则会严重影响网络质量。其影响主要表现在以下几个方面。

① 话务不均衡。基站天线过高，会造成该基站的覆盖范围过大，从而造成该基站的话务量很大，而与之相邻的基站由于覆盖范围较小且被该基站覆盖，话务量较小，不能发挥应有作用，导致话务不均衡。

② 系统内干扰。基站天线过高，会造成越站干扰（主要包括同频干扰及邻频干扰），易引起掉话、串话和有较大杂音等现象，从而导致整个无线通信网络的质量下降。

③ 孤岛效应。当手机占用“飞地”覆盖区（见图 2-64）的信号时，很容易因没有切换关系而引起掉话，孤岛效应是基站覆盖性问题。

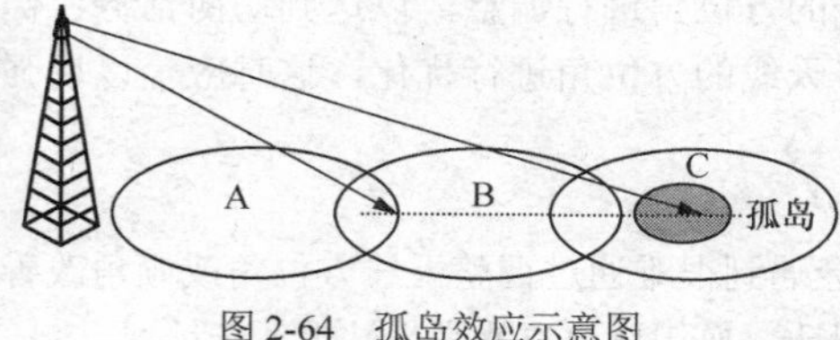

图 2-64　孤岛效应示意图

当基站覆盖在大型水面或多山地区等特殊地形时，水面或山峰的反射易使基站在原覆盖范围不变的基础上，在很远处出现“飞地”。而与之有切换关系的相邻基站却因地形的遮挡覆盖不到，这样就造成“飞地”与相邻基站之间没有切换关系，形成孤岛。

2. 天线俯仰角的调整

天线俯仰角的调整是网络优化的另一个非常重要的措施。选择合适的俯仰角，可以使天线至本小区边界的射线与天线至受干扰小区边界的射线之间处于天线垂直方向图中增益衰减变化最大的部分，从而使受干扰小区的同频及邻频干扰减至最小。同时，选择合适的覆盖范围，使基站的实际覆盖范围与预期的设计范围相同，可以加强本覆盖区的信号强度。

在目前的移动通信系统中，由于基站的站点增多，在设计市区基站的时候，一般要求其覆盖范围大约为 500m。而根据移动通信天线的特性，如果不使天线有一定的俯仰角（或俯仰角偏小），基站的覆盖范围会远远大于 500m，如此则会造成基站的实际覆盖范围比预期范围大，从而导致小区与小区之间交叉覆盖，相邻切换关系混乱，系统内频率干扰严重。另一方面，如果天线的俯仰角偏大，则会造成基站实际覆盖范围比预期范围偏小，导致小区之间出现信号盲区或弱区，若采用机械下倾天线，同时还易导致天线方向图凹陷变形，从而造成严重的系统内干扰。因此，合理设置俯仰角是整个移动通信系统质量的基本保证。

一般情况下，俯仰角的大小计算公式为$\alpha=\arctan(H/S)+\beta/2$，几何描述如图 2-65 所示。其中：$\alpha$为天线的俯仰角；$H$ 为天线的高度；S 为小区的覆盖半径；β为天线的垂直平面半功率角。α是将天线的主瓣方向对准小区边缘时得出的，在实际的调整工作中，一般在由此得出的俯仰角角度的基础上再加上 1°～2°，可使信号更有效地覆盖在本小区之内。

图 2-65　俯仰角几何描述

3. 天线方位角的调整

天线方位角的调整对移动通信系统的通信质量非常重要。一方面，准确的方位角能保证基站的实际覆盖与所预期的相同，保证整个网络的运行质量；另一方面，依据话务量或网络存在的具体情况对方位角进行适当的调整，可以更好地优化现有的移动通信系统。

在移动通信系统建设规划中，一般严格按设计规定对天线的方位角进行安装及调整，这也是天线安装的重要标准之一。如果方位角的设置与之存在偏差，易导致基站的实际覆盖与设计不相符，导致基站的覆盖范围不合理，从而导致一些意想不到的同频及邻频干扰。

在实际网络中，一方面，由于地形的原因，如大楼、高山、水面等，往往引起信号的折射或反射，进而可能导致实际覆盖与理想模型存在较大的出入，造成一些区域信号较强，一些区域信号较弱。这时可根据网络的实际情况，对所对应天线的方位角进行适当的调整，以保证信号较弱区域的信号强度，达到网络优化的目的。另一方面，由于实际存在的人口密度不同，导致各天线所对应小区的话务不均衡，这时可通过调整天线的方位角，达到均衡话务量的目的。当然，一般情况下并不实际对天线的方位角进行调整，因为这样可能会造成一定程度的系统内干扰。但在某些特殊情况下，如当地举行紧急会议或大型公众活动等，导致某些小区话务量特别集中，可临时对天线的方位角进行调整，以达到均衡话务、优化网络的目的。另外，郊区某些信号盲区或弱区亦可通过调整天线的方位角进行优化，这时应辅以场强测试车对周围信号进行测试，以保证网络的运行质量。

4. 天线位置的调整

由于后期工程、话务分布以及无线传播环境的变化，可能会遇到很难通过调整天线方位角或倾角改善局部区域覆盖、提高基站利用率的情况，这时就需要进行基站搬迁，换句话说也就是基站重新选址。

2.4.4　天馈系统的保养与维护

众所周知，微波频段的高频电磁波用较低的发射功率，经天线、馈线传导收发，如损耗过大，必将降低接收灵敏度。有时用户反映，基站刚开通时，手机接收灵敏度很高，不到两年灵敏度就降低了，特别是在覆盖区域边缘，有时根本不能通信，这是什么原因呢？经分析和实测，没有对天馈系统进行保养和维护是关键原因。如果不进行良好的保养和维护，灵敏度年平均降低 15%左右。

1. 天馈系统的保养

（1）除尘。高架在室外的天线、馈线由于长期受日晒、风吹、雨淋，粘上了各种灰尘、污垢，这些灰尘、污垢在晴天时形成的电阻很大，而到了阴雨或潮湿天气就会吸收水分，与天线连接即形成一个导电系统，在灰尘与芯线、芯线与芯线之间形成电容回路，一部分高频信号被短路，导致天线接收灵敏度降低，发射天线驻波比告警。这样便影响了基站的覆盖范围，严重时会导致基站失效。所以，每年应在汛期来临之前，用中性洗涤剂给天馈线器件除尘。

对处于环境较差（如油污较严重）区域的天线尤其应注意除尘保养。

（2）组合部位紧固。受风吹及人为的碰撞等外力影响，天线组合器件和馈线连接处往往会松动，可能会造成接触不良，甚至断裂，或者造成天馈线进水和沾染灰尘，致使传输损耗增加，灵敏度降低。所以，天线除尘后，要对天线组合部位先用细砂纸除污、除锈，再用防水胶带紧固牢靠。

（3）校正固定天线方位。天线的方向和位置必须保持准确、稳定。受风力和外力影响，天线的方向和俯仰角都可能会发生变化，造成天线间的干扰，影响基站的覆盖。因此，对天馈线检修保养后，要进行天线场强、发射功率、接收灵敏度和驻波比测试调整。

综上分析，对于天馈系统，应从设备的日常维护入手，定期对天馈线进行检查、测试，发现问题及时处理。维护人员和安装人员必须掌握天馈线的安装和维护方法，利用丰富的维护手段，快速、准确地诊断和排除故障，提高维护效率，确保网络运行质量。

2. 天馈系统的维护

从塔顶至机房，天馈系统的维护包含的内容广而细，且分布点多，所以对维护人员的素质要求也相对较高。天馈系统日常维护工作是否到位，将直接影响基站的正常通信运行，影响用户手机的正常使用。

（1）天线的维护

①对天馈系统的维护首先是检查天线发射面有无遮挡物，天线正前方一定距离内不允许有建筑物或其他遮挡。检测员攀爬至平台后，对每一扇区的定向天线进行观测，如果前方 50m 范围内有遮挡，则需现场拍摄照片并书面报告管理员，然后根据管理员或网优部门的通知进行调整，如图 2-66 所示。

② 天线数据测量。天线数据是网优部门进行调整的原始数据支撑，测量和记录时必须保证其准确性。天线方位角的允许偏差为±5°，天线俯仰角允许偏差为±1°。全向天线水平间距必须大于 4m，所有天线对地的最小距离必须大于 4m。

测量方位角时，维护人员要首先找好被测的天线，身体基本与天线在同一轴线上，然后将罗盘水平放置手心进行测量。由于仪表存在自然误差，所以一般同一副天线测试 3 次，选中间值，以尽量减小误差，保证测量的准确性。

俯仰角的测量：检测员携带坡度仪上塔后，首先要系好安全带，做好保护措施；在测量时，应保持身体稳定，将坡度仪与天线背面紧贴，保持仪器与天线相互垂直，且与地面相互垂直，然后查看水准气泡微调到中间时对应的数据，并记录，如图 2-67 所示。

检查数量：全部；检查方法：目测、俯仰角测试仪、罗盘。

③ 天线端的处理。对于天线端，应保持天线表面整体清洁、完好；天线抱箍螺栓无锈蚀、松动现象；平台支架 U 形抱箍连接可靠；设备与主馈线连接可靠。

维护内容：检测员需对每一扇区的天线进行表面检查和清洁处理，如果发现有异常且无法修复的现象，须立即报告相关管理部门；需对天线支架与天线设备的连接进行可靠性检查和处理，以及对天线与主馈线间的连接进行可靠性检查与处理。

图 2-66　天线发射面检查

图 2-67　天线俯仰角测量

巡检员上塔后，首先对天线进行整体检查，查看是否有异常情况。如果存在异常，应现场整改；如果现场无法整改，需上报相关管理部门。其次对天线的抱箍进行检查，查看螺栓是否单帽、锈蚀，看有无松动现象，查看支架抱箍连接的可靠性等。最后对天线下端与小跳线、主馈线连接的接头进行防渗水、防老化、防松动维护。

（2）馈线的维护

① 馈线长度测量。馈线长度测量是网优部门进行下阶段调整的数据支撑，比如新增扇区、全向改定向，或者当前使用的馈线发生故障需更换时直接从数据库中调出，免去再测量，以提高工作效率，同时也可以有效地避免馈线使用中形成的浪费。

维护步骤：检测员与巡检员进行合作，用皮尺对主馈线测量。

检查数量：全部；检测工具：皮尺。

② 馈线两端标识检查。馈线两端标识的检查是网络维护和优化的必要措施，可以保证扇区与馈线连接的标识正确，对于故障排除的及时性、判断故障馈线的正确性有很大的帮助。

维护检查步骤：检测员（一般两人同时进行）从上至下或从下至上对馈线进行摸底检测。例如，一人从上至下查看与一扇区天线相连的馈线进入机房后是否对应接到一扇区的载频上，如果不符，应现场通知移动监控中心，将扇区闭锁，然后将馈线正确连接。馈线两端标识和标牌如图 2-68、图 2-69 所示。另外一人就查看二扇区。

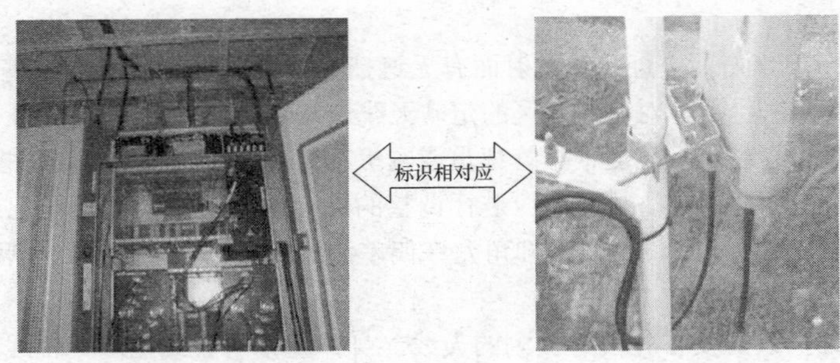

图 2-68　馈线两端标识

重点提示

对应扇区天线的馈线连接应与机房内的载频连接一致。

③ 馈线整理。同轴电缆是通过外导管的内壁进行信号传播的，故不允许内壁发生凹陷或破损。同轴电缆外表面如果是螺旋形式，则不允许馈线外表皮破损。如果进水，水会顺着螺旋外壁流动到两端的接头，造成驻波比大等故障。所以维护人员在整理馈线时着重点要放在查看馈线是否存在物理老化及各个拐点有无表皮破损或凹陷；另外还要查看馈线的布局是否合理、整齐，如果布局凌乱，需进行现场整

理，力求馈线布局整齐、美观，如图 2-70 所示。

图 2-69 馈线标牌

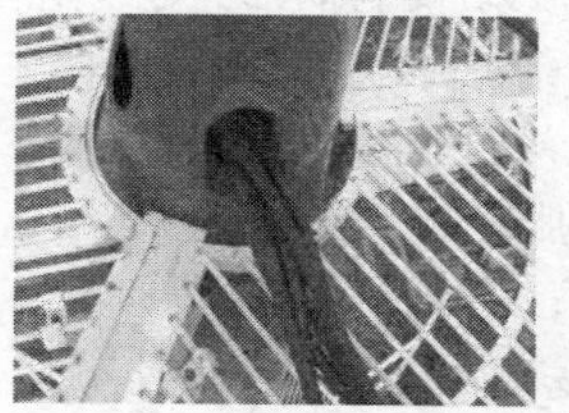

图 2-70 平台上整理后的馈线

检测员应对馈线全程检查，如发现铜导管破损，则需通知网管关闭所在扇区并进行驻波比测量。如果无告警，则对外壁进行全封闭包扎；如果有告警或数据超标，则需马上报管理员进行更换。

④ 馈线回水弯检查。回水弯曲率半径必须在标准范围内，并保证回水弯起到相应作用。

维护步骤：巡检员对封洞板前的馈线回水弯进行观测和测量，如发现回水弯半径小于最小曲率半径或回水弯弯曲方向和形状未能保证回水弯的作用，则需拍照并详细记录后通知管理员，根据管理员的通知进行相关整改。

检查数量：全部；检查方法：目测。

⑤ 馈线最小曲率半径检查。工程建设中，由于种种因素需将多余馈线弯曲成圈绑扎，但如果弯曲半径过小，会对信号传输造成影响，所以馈线弯曲必须大于最小弯曲半径标准。

维护步骤：检测员在平台和机房处对弯曲馈线进行测量，如发现曲率半径小于规定标准，则应拍照并详细记录后报告管理员，根据管理员的通知进行整改。

相关知识

一般要求馈线回水弯弯曲半径应不小于 20 倍馈线外径，软馈线回水弯的弯曲半径不小于 10 倍馈线外径。但各运营商也会针对具体情况有自己的规定，例如中国移动规定了用泡沫填充绝缘的馈线最小弯曲半径。具体如表 2-2 所示。

表 2-2 不同种类馈线回水弯弯曲半径

馈 线 种 类	最小曲率半径（重复弯曲）（mm）	最小曲率半径（单次弯曲）（mm）
1/2"	200	130
7/8"	420	250
15/8"	800	400

⑥ 馈线小跳线活动余量检查。馈线小跳线位于平台上，受风力因素影响较大，天线会随风有一定程度的晃动，从而拉扯到小跳线。如果小跳线在安装时没有留一定的活动余量，经过一段时间的拉扯后，可能会造成连接接头松动，造成故障告警。所以检测员在检测小跳线时需用手轻轻拉动小跳线，如果不能动，必须重新绑定，确保有一定的活动余量。另外，天线下端的接头必须保证有 10cm 笔直部分。

⑦ 跳线及馈线头子检查。对于小跳线与馈线头子，主要检查外部胶泥、胶带包扎情况，看是否出现老化、漏泥、渗水现象，必要时可拆掉胶泥、胶带，用扳手进行检查；或用 Site Master 进行实测，根据驻波比的高低进行判断。

在巡检时主要查看胶带有无老化、开裂，观察胶泥有无漏胶或渗水现象。如果存在异常，需把旧胶泥、胶带去除干净后再按规范要求进行包扎。

检查数量：全部；检查方法：目测。

⑧ 馈线卡检查。主馈线在塔体上布放时必须按照要求进行固定和绑扎。一般要求在垂直方向每间隔 1.2m 固定一处，水平方向每隔 0.8m 固定一处，单管塔塔内可以间隔 2m 固定一处。在检查过程中，如果发现用其他方式固定（扎带、铁丝、绳子等），需进行相应的整改：馈线用三联卡固定在塔内的耳板上；室外走线架馈线用三联卡固定等。

检查数量：全部；检查方法：目测。

⑨ 扎带检查。馈线在平台的部分走线无法用馈线卡进行固定，只能用扎带进行固定及绑扎。对这些部分进行扎带检查、维护时，应全程检查，主要检查扎带在长时间的日晒雨淋中有没有老化、发白或者开裂，如果存在以上问题，需现场进行更换。室外使用的扎带必须从回水弯根部截平，保留 2～3mm，以免温度变化时因热胀冷缩而松脱。

检查数量：全部；检查方法：目测。

⑩ 馈线接地复接检查。

维护步骤：检测员攀爬塔体观测馈线接地线的连接位置和连接方式，如果发现多股馈线接地线连接到同一铜排孔洞，则需将多股馈线接地线重新与其他孔洞连接，并用锂基脂涂抹紧固螺栓。如果发现馈线接地线直接连接到塔体孔洞，则需拍摄照片并通知管理员，根据管理员的通知安装铜排或相关装置进行接地，如图 2-71 所示。

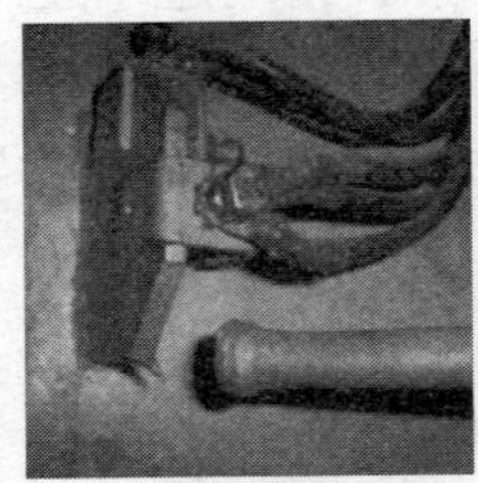
接地复接

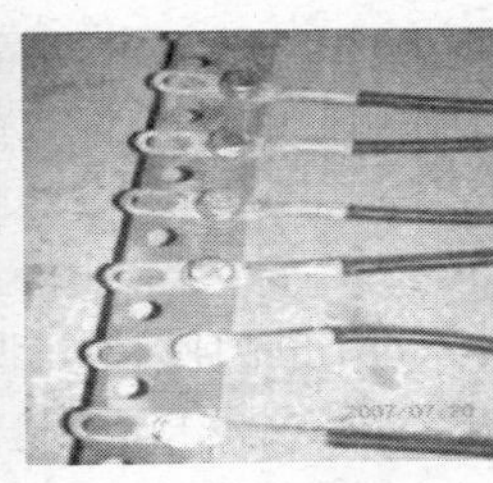

一点一孔连接

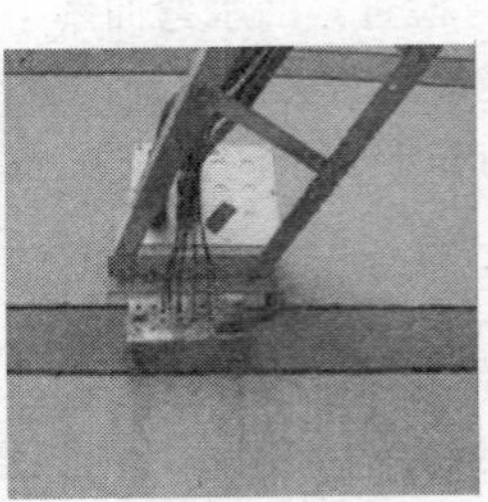
合理的封洞板和铜排位置

图 2-71　馈线接地复接检查

巡视员还需对封洞板和馈线接地铜排的位置进行观测判断，如果铜排和馈线在同一直线甚至高于封洞板，则需拍照、详细记录并通知管理员，根据管理员的通知进行整改。同时必须保证封洞板密封良好，防止雨水渗入或灰尘、小动物进入。

相关知识

馈线接地必须保证一点一孔连接，不能复接，以免雷击时形成雷电回流击毁设备。
封洞板必须安装在高于机房处馈线接地铜排 100 mm 以上的位置。

（3）天馈系统的测试

天馈系统的测试是基站天馈系统管理和维护的核心，有助于缩短系统的故障停机时间，提高现场维护人员的效率，并可减少系统的总运行成本。天线和馈线的常见故障现象如下所述。

天线故障：雷电、水和风所造成的破坏；来自紫外线辐射的破坏；结冰和长期的温度循环变化所造成的破坏；大气污染所造成的腐蚀；由于环境条件使天线防护罩的介质特性发生变化，从而导致的天线性能变化。

馈线故障：由于安装引起的故障，如接地卡过紧而导致的外导体变形；馈线介质渗水；绝缘层损坏而导致的外导体腐蚀；防水胶安装不当导致的腐蚀；与馈线的内导体或外导体连接不良；安装过紧或温度的循环变化导致的松弛。

此外还有一些特殊环境下才会发生的故障，如重工业区的大气污染所引起的腐蚀，或由于本地天气条件引起的大风或冰冻所导致的故障。要解决这些问题，可能需要攀登到天线塔上进行调试和维修。

基站管理的一项重要和有力的手段是故障定位测量（DTF）。对于馈线线系统而言，故障距离的测量提供了回波损耗或 VSWR 相对于距离的变化信息。通过 DTF 测量可以找出各种类型的故障，包括接头损坏、馈线变形和整个天馈系统性能的下降。DTF 测量的另一个意义是从塔底至塔顶的馈线故障（包括其严重程度和沿馈线的相对位置）都可以很容易被确定，不但可以确定真正的设备故障，而且可以监测天馈系统性能的微小的退化情况。

对故障位置“特性”的定期监测和比较，是有效维护通信系统和有效管理基站的基础。每个部件在传输时都会产生反射，包括天线、跳线、互连接头，不正确的安装也都会产生反射，这些反射在故障定位特性中表现为“拐点”或高驻波比区。而每个传输系统都有其唯一的驻波或回波损耗偏差和相对位置的图形，将每个传输系统的故障定位特性与其在基站交付使用时和日常维护时所获得的数据相比较，就可以发现问题所在，从而可以在其影响系统性能之前对其进行校正。图 2-72 所示为一个典型的传输系统及其相关的故障位置特性。

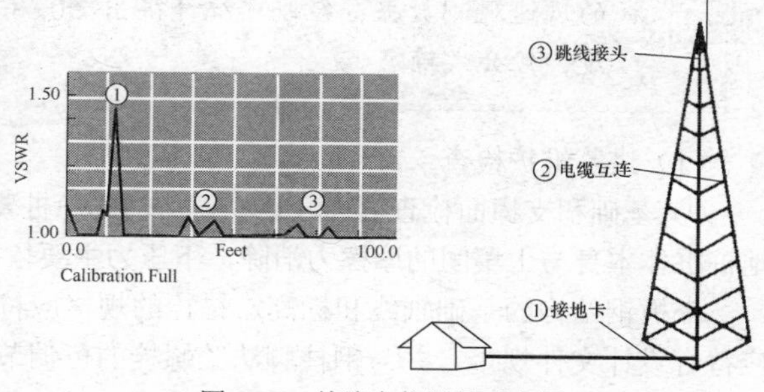

图 2-72　故障定位测量示意图

在许多情况下，通过故障定位特性的分析可以精确定位导致问题的某个系统部件，例如，通过故障定位分析可以确定天馈系统的故障实际上是由劣质的插头而并非天线自身引起的，从而可减少由于盲目更换天线和电缆所造成的多余开支和停机时间。

故障定位特性分析是基站日常定期维护工作的一部分，而不应在天馈系统发生故障后才进行。定期的故障定位特性分析可以在天馈系统对整个系统造成影响之前确定其故障所在。

2.4.5　铁塔和桅杆的维护

图 2-73 所示为各种铁塔和桅杆，从左至右依次为角钢塔、单管塔、桅杆、景观塔。

 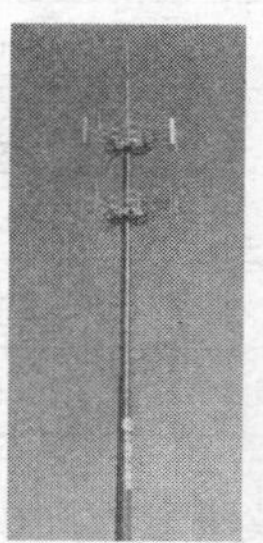  

图 2-73　铁塔与桅杆

铁塔和桅杆的维护直接关系到塔桅本身的安全、天馈系统的安全和维护人员自身的安全，必须充分重视。在制订维护计划时，要充分考虑当地气候、地形情况，合理规避恶劣环境带来的维护阻力。现行维护周期一般为上下半年各一次，实际可理解为台风季节前后各一次。

铁塔与天馈系统维护常规理解为上半年维护、下半年巡检，在检测项目上维护多于巡检，有些维护人员就片面地理解为上半年要求高、下半年要求低。其实对于铁塔，台风后的维护要求要高于所谓上半年的维护。

1. 塔桅安全维护

铁塔设计时需充分考虑风压指数，进而设定塔高和基底弯矩。表 2-3 所示为浙江省各县市铁塔设计指标范围。

表 2-3　浙江省各县市铁塔设计指标范围

地　区	基 本 风 压（kPa）	塔高范围（m）	基底弯矩（kN·m）
杭州、金华、湖州、嘉兴、绍兴、衢州	0.5	27 ~ 57	310 ~ 2351
慈溪、宁波、奉化、宁海、余姚、温州、乐清、平阳、泰顺	0.75 ~ 0.8	25 ~ 55	496 ~ 3875
象山、镇海、北仑、舟山、台州、临海、温岭、玉环、黄岩、椒江、瑞安、苍南、三门、洞头	绝大部分按 0.9 ~ 1.1 计算，特殊地点另行商定	25 ~ 55	819 ~ 4614

相关知识

风压指数指风载荷的基准压力，一般按当地空旷平坦地面上10m高度处10min内平均的风速观测数据，经概率统计得出50年遇到的最大值确定的风速，再考虑相应的空气密度，按公式确定。

（1）塔基维护检查

① 基础和支撑面检查处理。移动铁塔基础地桩要承受铁塔的上拔力和下压力作用。上拔力要靠基础地桩桩体本身与土壤间的摩擦力消除，下压力主要依靠大地与基础端面间的反作用抵消。

塔桅钢结构的基础轴线和标高、锚栓的规格应符合设计要求。塔脚锚栓位置、法兰支撑面的偏差等应符合设计文件规定，并与钢柱脚法兰螺栓的可调节措施匹配。铁塔支撑面、支座和地脚螺栓的允许偏差如表2-4所示。

表2-4 铁塔支撑面、支座和地脚螺栓的允许偏差

项　次	项　目	允 许 偏 差
1	支撑表面（法兰上端面） 标高 水平度（法兰上端面）	 ±3.00mm 1/1500，且不大于3mm
2	地脚螺栓法兰扭转偏差（任意截面）	±1.00mm
3	地脚螺栓法兰对角线偏差	≤l/2000，且≤±7.0mm
4	地脚螺栓相邻间偏差	≤b/2000，且≤±5.0mm
5	地脚螺栓伸出法兰面的长度偏差	±10.0mm
6	地脚螺栓的螺纹长度偏差	±10.0mm

维护步骤：进场后，检测员架设经纬仪，将经纬仪垂直方向校准后锁紧垂直固定螺栓，检验标高及地脚螺栓长度偏差，另一检测员用钢尺检查相邻螺栓偏差，特别关注螺杆的垂直度和基础模板的水平度（当基础发生不均匀沉降时，可能发生基础构件的大面积位移）；一旦发现偏差，拍摄照片并及时通知管理部门进行现场复核，判断其走向及进行后续处理工作。

检查数量：全部柱墩、法兰的标高与中心，每个法兰检查两个螺栓；检验方法：用经纬仪、水平仪、钢尺现场实测。

② 基础承台强度回弹。首先判断其基础承台是否已经涂抹砂浆层，如果有，则需将表面砂浆撬除，并用磨石将表面打磨平整，然后对方形承台进行回弹检测。

维护步骤：基础承台每一侧面选一个测区，每一个测区面积为20cm×20cm；每一测区记取16个回弹值记入表内；对数据进行汇总，去除3个最大值、3个最小值，求回弹平均值，并目检基础承台表面是否有裂痕和其他异常情况。

重点提示

根据基础设计要求，塔桅基础承台强度一般为C25MPa，换算成刚性回弹仪数据为31。对于承台回弹数值，要求回弹平均值大于31。

③ 塔桅基础保护帽浇筑。基础保护帽的作用是对地脚螺栓进行防腐及防盗保护。维护部门在维护过程中曾多次发现地脚螺帽被盗事件，有的基站甚至出现过二次被盗情况，而且有些基站被盗的地脚螺栓数量多达6个。未浇注保护帽还会出现地脚螺栓生锈的情况，会影响铁塔的安全。

（2）塔体安装检查

① 构架式（方塔）钢塔主体安装情况检查处理。方塔构件的允许偏差如表2-5所示。

表 2-5　　方塔构件允许偏差

项　次	项　目	允 许 偏 差
1	塔体垂直度： 整体垂直度 相邻两层垂直偏差	≤*H*/1500，当 *H* 大于 75000mm 时，且不大于 50+(*H*−75000)/4000 ≤*h*/750
2	电梯井道垂直度： 整体垂直度 任意两点垂直偏差	≤*H*/1500，当 *H* 大于 75000mm 时，且不大于 30+(*H*−75000)/6000 ≤*h*/1000
3	塔柱顶面水平度： 法兰顶面相应点水平高差 联结板孔距水平高差（每层断面相邻塔柱之间的水平高差）	≤±2.0mm ≤±1.5mm
4	塔体截面几何形状工差： 对角线误差：*D*≤4.0m 时 *D*＞4.0m 时 对角线误差：*b*≥4.0m 时 *b*＞4.0m 时 球形网架各层横断面不同度	≤±2.0mm ≤±3.0mm ≤±1.5mm ≤±2.5mm ≤±5.0mm

维护步骤：巡检员架设经纬仪、水平仪，检测员进入塔体进行测量、标记。巡检员根据标准进行计算、判断。测量前必须观察地形进行仪器架设，测量必须保证两个 90° 方向都进行。

检查数量：垂直度双向、全部对角线、全部塔柱标高。检验方法：用钢尺、经纬仪、水平仪现场实测。

② 桅杆安装情况检查处理。

桅杆垂直度偏差检查处理：桅杆安装是利用杆身做自升设备的支撑物，对于杆身和其基础需进行裂纹等物理分析。桅杆中心整体垂直度偏差不应大于杆身高度的 1/1500。当桅杆总高度大于 75m 时，整体垂直度偏差不应大于(50+(*H*−75000)/4000)mm（其中 *H* 为桅杆总高度），桅杆层间垂直度偏差不应大于层间距离的 1/750。

桅杆纤绳的水平偏差检查处理：桅杆纤绳地锚到桅杆中心的水平距离偏差不应大于 *L*/1500，当设计距离 *L* 大于 75m 时，偏差不应大于(50+(*L*−75000)/2500)mm；桅杆纤绳在水平面上投影的方向与设计规定方向的夹角偏差不得大于±3°。

桅杆纤绳预拉力检查处理：桅杆纤绳预拉力与设计预拉力的偏差不应大于设计预拉力的 10%，预拉力的测定应在清晨、2 级风以下进行。

维护步骤：巡检员用纤绳拉力测量仪进行测量。检查数量：全部。检验方法：用拉力测量仪实测。

拉线塔的拉线安装规范检查处理：根据移动铁塔安装规范，拉线塔拉线锚严禁打在女儿墙上，拉线采用的钢绞线不可有连接头，拉线尾部必须和主线用夹头固定在一起。拉线塔的上挡拉线对地夹角一般控制在 60° 内，最大不得超过 65°。拉线地锚浇注水泥墩保护。

楼顶拉线塔与拉线之间必须安装绝缘子，因为建筑物地网建设并不十分规范，铁塔在遭到雷击后，电流会随着拉线导入建筑物间的钢筋，从而造成对建筑物或人员的伤害。图 2-74 所示是未安装绝缘子（左）和安装后（右）的效果图。

③ 塔体各个构件检查。在日常的维护过程中，需要检查塔体各个构件弯曲变形的情况，如果存在构件变形、异常情况，需要上报运营商，并长期观察是否会对整个塔体造成影响。塔体构件弯曲变形的形成原因可以分为安装过程中造成的变形和产品质量存在问题导致时间久后产生的变形。对于具有安全隐患的变形固件应当及时更换。

④ 塔体各个紧固件连接情况检查处理。

紧固件连接检查：塔柱、横杆、斜杆及塔楼悬梁桁架、塔楼悬臂梁的连接螺栓应100%穿孔，检查各个螺栓，不可以有松动。

塔体螺栓检查：普通螺栓连接应牢固、可靠，外露丝扣应达到2～3扣，单、双帽均需达到此要求。螺栓方向在同层节点中应一致（垂直螺杆穿向必须从下向上，水平方向必须从内向外，圆周方向必须统一为顺时针或逆时针方向）。紧固程度以用活动扳手较难再紧固为准。设计未做其他规定时，塔桅钢结构法兰或主杆节点用的高强螺栓为承压型高强螺栓。塔桅钢结构螺栓连接应有防松措施并拧紧，防松措施根据设计要求选用。设计未定具体措施时，塔柱法兰宜用双螺母防松，并将具体防松措施报设计及移动管理部门备案。螺栓单剪或双剪连接检查时，需保证螺栓抗剪连接节点板紧密贴合，其实际贴合面与设计贴合面之比不应小于90%。

维护步骤：检测员从下至上进行攀爬时，先观察同种高强螺栓等级，是否有以低等级代替高等级，是否以小型号代替大型号，螺栓露扣是否达标准，节点螺栓穿向是否规范等情况，用扳手抽样检查螺栓预紧力；在攀爬至法兰处或节点处时，将保险带扣牢，将扭力扳手调节到相关套筒，对螺栓进行预紧力抽样检查，如合格率小于 80%，应将抽样比率提高直至全部合格；在攀爬至剪刀支撑处后，先扣牢保险带，再取出塞尺（见图2-75），对螺栓连接节点板的间隙进行测量，0.3mm塞尺不能插入即认为达到实际接触要求。

检查对象：螺栓连接点螺栓。检测方法：目测，用塞尺检查，用扭力测试扳手测试。

图2-74　未安装与安装绝缘子的效果图

图2-75　塞尺

重点提示

铁塔主要构件（塔基、法兰、天线支架等）连接处的螺栓应使用双帽且露出2～3扣，并做防松处理。

⑤ 法兰处检查处理。

拉线塔法兰间的间隙检查：在铁塔安装过程中，为了满足铁塔的垂直度要求，有时在法兰间添加一些垫片来调整铁塔，风吹时铁塔摆动幅度会加大，法兰间的垫片容易脱落或者移位，导致接触面变小，遭到雷击会使得导电性能差，从而会影响到铁塔的安全质量问题。

建议的整改措施：在法兰间隙填充专业设计的与法兰匹配的钢板垫片，然后在表面补刷原子灰漆处理。这样既能消除铁塔的安全隐患，又能使铁塔更美观，如图2-76所示。

单管塔法兰处检查：单管塔法兰实际接触面与设计接触面之比（可按法兰外缘长度计）应不小于75%。维护步骤：检测员攀爬至法兰处后，先扣牢保险带，再取出塞尺对法兰间隙进行测量，0.3mm 塞尺不能插入即认为达到实际接触要求。法兰未达到实际接触的部分，若缝隙宽度大于 0.8mm，则应用镀锌垫片垫实。垫入后，其边缘与法兰盘焊接，然后做现场防腐处理。

检查数量：50%法兰。检验方法：目测，用钢尺现场实测，用塞尺检查。

（3）铁塔的镀锌检测、防腐和防锈处理

日常的维护过程中需要经常对铁塔镀锌层做厚度检测和光滑度检查，一般从塔体底端开始，对塔体内外表面、平台和天线部分用锌层测厚仪进行抽样检查，根据检测结果来判断镀锌层是否符合要求。一般要求：镀锌件厚度≥5mm时，镀锌层厚度≥86μm；镀锌件厚度<5mm时，镀锌层厚度≥65μm。同时应仔细观察塔体构件的光滑度，发现毛刺等现象时，用随身携带的榔头敲平，对于多余结块部位，先检

查其根部与塔体结合状况（如果结合部位不牢固，应采取措施将结块去除，防止发生高空坠物情况），然后再针对性处理。

2. 铁塔防雷安全维护

对于室外支撑天馈系统的塔桅，由于其特殊的地理位置，非常容易遭受雷击，以致损坏塔体和所支撑的天馈系统及其连接的基站设备。塔桅主要通过接地实现防雷泄流，接地系统由地下地网、塔体接地和避雷针接地 3 部分组成。

对于铁塔的接地系统，每次维护的过程中都需要用接地电阻测试仪对地下地网的电阻进行测试，判断是否符合要求。经常测试的原因是一些人为因素也会使得地网遭受破坏。

检查对象：地网接地电阻。检查方法：用接地电阻测试仪测试。

① 单管塔接地系统检查。日常维护需检查塔体接地点是否符合规范，避雷针下引线连接是否可靠。若铁塔接地系统中的铜芯线被盗，致使塔体接地悬空，无法起到泄流保护作用，可直接将扁铁焊接在塔体上。避雷针下引接地的情况下，针对避雷针下引线被盗采用的措施是在法兰间添加跳线代替铜芯线直接从避雷针底部连接到塔底，并可在塔身最底下一节法兰处用扁铁焊接，如图 2-77 所示。

不规范的间隙处理

规范间隙处理

图 2-76　拉线塔法兰间隙处理

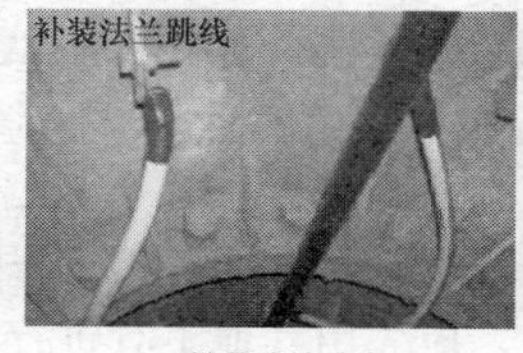

补装法兰跳线

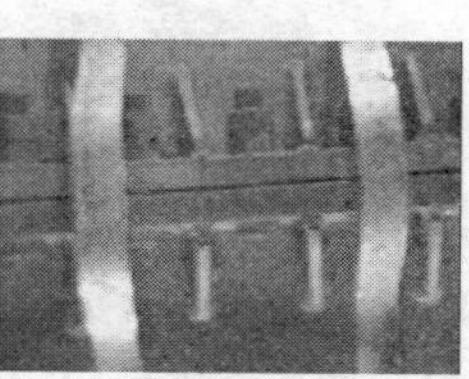
扁铁焊接

图 2-77　单管塔的接地

② 角钢塔接地系统检查。地下地网是防雷接地系统中最为主要的部分，如果铁塔的下引接地未能有效地和地网连接，就不能起到快速泄流的作用。铁塔常用扁铁焊接的方式实现可靠连接，扁铁间焊接需满焊，并且焊接长度应大于 10cm。角钢塔的接地示例如图 2-78 所示。

3. 维护空间安全检查

① 走梯和爬梯项目检查处理。走梯上下段之间的栏杆要连续，爬梯上下段之间的护圈只允许平台以上 2m 范围内空缺；所有栏杆、护圈应与走梯、爬梯结构及塔身主结构牢固连接。维护步骤：检测员进入塔体攀爬，用卷尺测量栏杆间距。

检查数量：全部。检验方法：目测，用钢尺测量。

爬梯踏步杆向前 100mm、向上 150mm 范围内不应有构件阻挡，爬梯不得向内有尖角突出。维护步骤：检测员进入塔体攀爬，目测爬梯有无尖角，有则立即用榔头将其敲平。在攀爬过程中用卷尺或目测前方和上方是否有障碍物对攀爬造成阻挡。

检查数量：全部。检验方法：目测，用钢尺测量。

一般要求：走梯踏步要平整，双向倾斜误差≤±2mm；走梯栏杆要竖直，倾斜误差≤5mm；踏步高不得大于 10mm。维护步骤：检测员进入塔体攀爬，目测其倾斜度，并用钢尺测量踏步高；巡检员用水平尺检查其栏杆竖直度误差和栏杆竖直度。

检查数量：全部。检验方法：目测，用水平仪、钢尺测量。

② 平台项目检查处理。

平台水平度及标高测量处理：塔楼平面水平度偏差不应大于 1/1000，且不应大于 20mm；塔楼及工作平台的梁上表面实际标高与设计标高的偏差不应大于梁长的 1/7500，且不应大于 20mm；楼塔及工作平台楼板用 2m 靠尺检查，任意范围内凸凹不得大于 4mm。

维护步骤：巡检员架设水平仪进行测量观察计算，检测员进入塔体平台用钢尺对楼板的水平凸凹程度进行测量判断。

检查数量：全部。检验方法：用水平仪、2m 钢尺实测。

塔楼及工作平台钢板与次梁的密合度检查处理：检查人员行走于板面的任何部位，松脚时不会因钢板弯曲反弹而发出声响。

维护步骤：检测员进入塔体，攀爬至平台楼板，用人自身重量对楼板进行测量判断。

检查数量：每平方米范围内至少检查一处。检验方法：人行走、听声响。

③ 塔内照明系统。为了便于工作（馈线安装、做防腐处理等），单管塔内装有照明系统。照明系统由变压器、三芯电缆线、灯头、灯泡和护套线组成。在日常的维护中需对塔内的故障灯头、灯泡进行更换。

4. 警示标牌检查处理

根据移动机房建设规范，移动机房外部必须有警爬标识、安全标识、塔桅合格证标识，如图 2-79 所示。

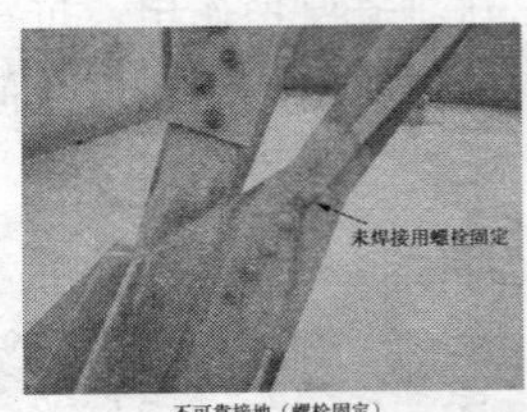

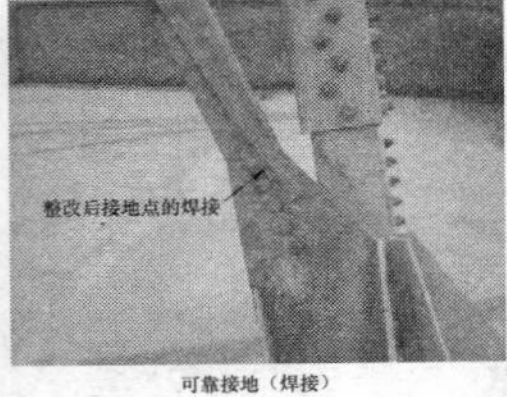

图 2-78　角钢塔的接地

图 2-79　铁塔警示标牌

维护步骤：巡检员在机房外侧对上述 3 个标识进行检查。如果警爬标识丢失，应及时报管理部门进行补充；如果安全标识丢失，应先用其他工具进行安全标识，报管理部门后进行补充安装；如果塔桅合格证标识丢失，应将图片信息反馈给管理部门进行补充。

5. 其他维护项目

① 美化天线和抱杆维护：美化天线和抱杆一般安装在高楼大厦的楼顶，大多数固定悬挂在墙体上，因此对此类塔桅的维护主要是检查固定点是否牢固可靠。

② 塔体鸟巢检查处理和基站卫生打扫：对于进入塔体建筑巢穴的鸟类一般不予去除，如已经阻碍攀爬和维护工作，则上报管理员进行讨论处理，以保障网络运行为大前提。

2.4.6　天馈、塔桅维护仪表

1. 天馈线分析仪

天线和馈线系统的测试是移动基站维护的一个重要环节。通常，在新基站建设和交付使用时，以及基站运行维护和故障查找期间，需要对天馈系统进行测试。本小节主要介绍适用于基站安装和维护的常用的现场天馈线分析仪表和使用方法，以及一些可以使基站管理合理化的操作规程及步骤。

常用的天馈线分析仪有 SA 系列（图 2-80 所示为 SA4000）和 Site Master（见图 2-81），本小节以 Site MasterS331D 为例进行简单介绍。

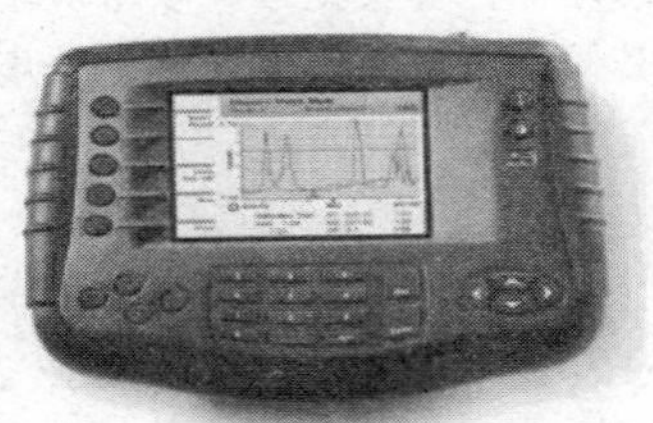

图 2-80　BIRD 天馈线分析仪 SA4000

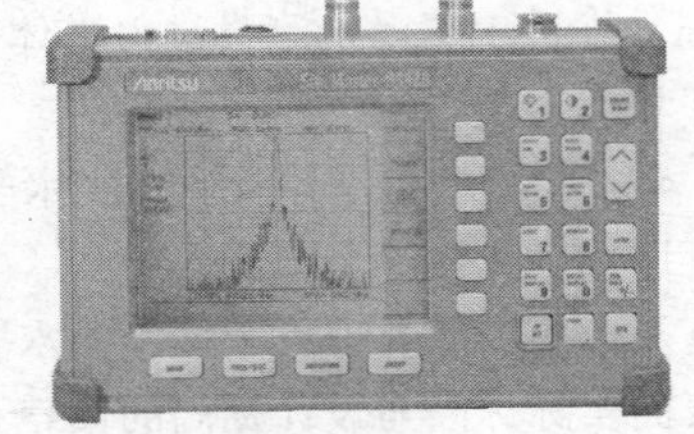

图 2-81　安立天馈线分析仪 Site MasterS331D

（1）仪表简介

Site Master 是一种手持式电缆和天线分析仪，具有体积小、操作简单等特点，便于技术人员在现场对天馈线进行测试，前面板如图 2-82 所示。天馈线分析仪的主要用途为在射频传输线、接头、转接器、天线、其他射频器件或系统中查找问题，如接头或转接器之间松动，有湿气、积水或进水，都可以在传输线锈蚀损坏前检测到，可通过故障点定位功能准确地指出问题所在位置，从而节省材料，避免重新安装可能造成的巨额资金损失，而且从地面上就可以考察天线特性。

① 显示屏。Site Master 的显示屏如图 2-83 所示。对于仪表的所有操作都是为了得到准确合理的数据，任何设置的改变都将在显示屏上呈现出来。

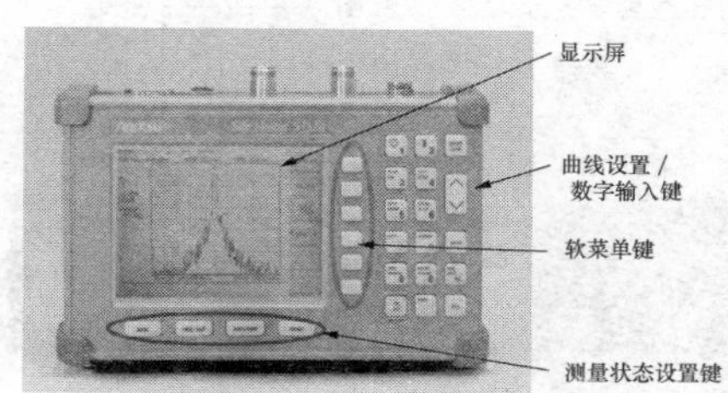

图 2-82　Site Master 的前面板

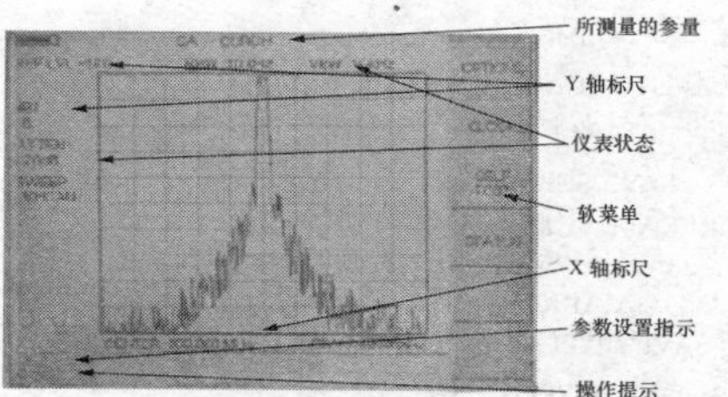

图 2-83　Site Master 的显示屏

- 所测量的参量：显示测量的结果（Y 轴）是回波损耗还是驻波比，或者是频谱；X 轴显示的是进行频率扫描还是距离扫描（计算）。
- 仪表状态：显示仪表是否已校准，是否加上了内部衰减、扫描时间等。
- Y 轴标尺：顶部参考线的参考值，每一格的标尺度。
- 软菜单：按不同的设置键（测量状态设置键、曲线设置/数字输入键）可以选择不同的功能。
- X 轴标尺：频率或距离扫描的起始和终止范围。
- 参数设置指示：指示设置需要调整的参数，如果此处出现参数（例如 F1），那么曲线设置/数字输入键将只实现数字输入，可以用上下箭头或数字键输入需要调整的参数；如果此处没有参数出现，曲线设置/数字输入键将只实现曲线设置。
- 操作提示：提示下面将进行的操作，如在校准中将提示需要连接的标准件。

② 按键。

Site Master 的测量状态设置键如图 2-82 所示，说明如下。

- MODE：设定 X、Y 轴参量，即设定 X 轴表示频率或距离，设定 Y 轴表示驻波比或回波损耗。
- FREQ/DIST：设定 X 轴标尺，即起始扫描频率（距离）和终止扫描频率（距离）标尺。
- AMPLITUDE：设定 Y 轴标尺，即驻波比（或回波损耗）的测量显示范围（标尺）。
- MEAS/DISP：测量/显示设置。

曲线设置/数字输入键如图 2-84 所示，说明如下。

- （数字键 1 位置）、（数字键 2 位置）：亮度、对比度调整。
- START CAL（数字键 3 位置）：校准开始。
- AUTO SCALE（数字键 4 位置）：Y 轴标尺自动设置，自动选择最佳 Y 轴标尺。
- SAVE SETUP（数字键 5 位置）、RECALL SETUP（数字键 6 位置）：仪表状态，如 MODE 选择、X/Y 轴标尺设置及校准等参量的存入和回叫。
- LIMIT（数字键 7 位置）、MARKER（数字键 8 位置）：设定 X/Y 轴光标的开关和位置（读数）。
- SAVE DISPLAY（数字键 9 位置）、RECALL DISPLAY（数字键 0 位置）：测量显示曲线的存入和回叫。
- ESCAPE/CLEAR：取消/清除键，取消/退出（清除）目前输入的状态或数据。
- ∧ / ∨：调节输入的数据或选择状态（菜单）。
- ENTER：输入确定，确定输入数据或选择状态。
- RUN/HOLD（键+/−位置）：单次测量（扫描）/测量保持（暂停）。

- SYS：系统状态设定，包括设定打印、设定时钟/日期、设定标尺单位（米/英尺）及设定进行自检。
- ON/OFF：开/关。
- PRINT：打印。

软菜单键的功能对应于屏幕菜单显示。

③ 接口。Site Master 的接口如图 2-85 所示。

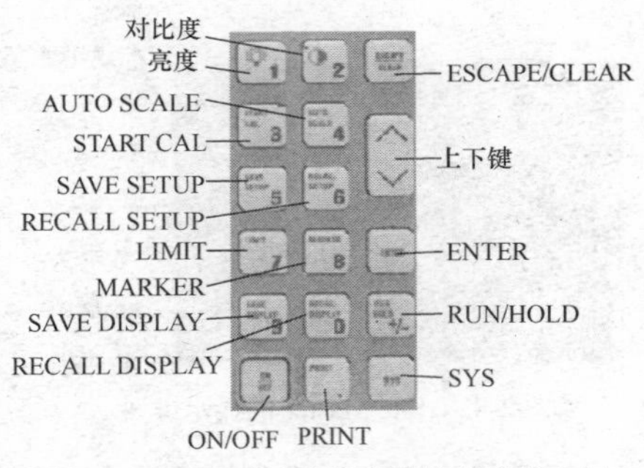

图 2-84　Site Master 的曲线设置/数字输入键

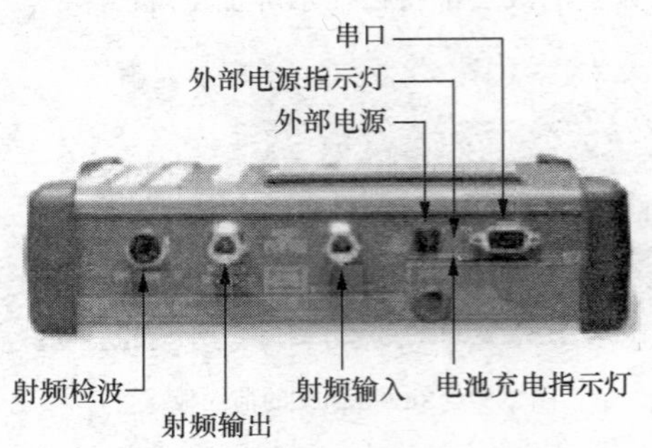

图 2-85　Site Master 的接口

在进行天馈系统测试时，被测天馈线接至射频输出口（RF OUT）。

（2）使用方法

测量频率域驻波比的方法如下所述。

第 1 步：选择测量指标，设置初始参数。

选择测试项目：进入 MODE 主菜单，按∧ / ∨键选择要测试的项目为“频率域_驻波比”，按 ENTER 键确认，按 ESCAPE 键则返回主菜单。

选择测量的频率范围：选择主菜单中的 FREQ/DIST 选项（如果通过 MODE 键选择“频率域_驻波比”进入，则无须按 FREQ/DIST 键），按软按键 F1，用数字键输入扫描起始频率，如 GSM900MHz 频段为 890MHz，按 ENTER 键确认；按 F2 键，用数字键输入扫描截止频率，如 960MHz，按 ENTER 键确认；按 ESCAPE 键返回主菜单。

注意

不同系统的工作频段不同，此处的 F1、F2 取值也不同。

第 2 步：校准。

做任何测量前，必须先进行校准。特别是环境、温度等发生较大变化时更需重新校准，校准前必须设置相应的频率参数。

按 START CAL 键激活校准菜单，显示屏会提示“连接开路器或 INSTACAL MODULE，按 ENTER 键确认”。将校准器连接到 RF OUT 接口，并按 ENTER 键，仪表进入校准状态。显示屏右上角显示“沙漏”图标，屏幕左下方依次显示“测量开路器”→“测量短路器”→“测量负载”，结束后显示频率值，屏幕左上方显示“校准有效”，校准结束。

相关知识

Site Master 可能配置不同的校准器件，有些使用开路器件、短路器件和负载分离的 T 形机械校准器（见图 2-86 左图），有些是自动校准器（INSTACAL），其校准过程如上所述。若是机械校准器，则需根据提示先将开路器连接到 RF OUT 接口，按 ENTER 键完成开路器校准后，再连接短路器，按 ENTER 键完成短路器校准，最后连接负载，按 ENTER 键完成负载校准。INSTACAL 与分立元件不同，连接后会依次自动完成开路器、短路器和负载的校准，但它不能在塔顶进行负载或插入损耗的测量。

当测试位置不适合且直接连接仪表时，需要连接延长线，则校准应在延长线端口进行。在距离域中测试馈线长度时，长度从延长线末端开始计，如图 2-86 右图所示。校准必须在频域进行。

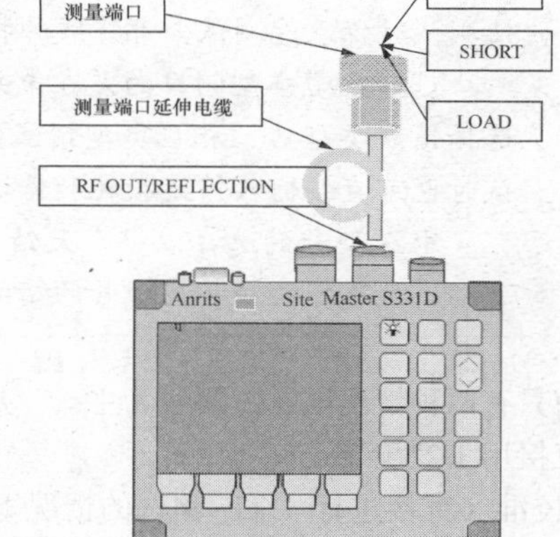

图 2-86　Site Master 校准件及延长线连接示意图

第 3 步：测量频域驻波比。

通过测试馈线连接要测试的设备，一般从机顶跳线接口测试，也可以从连接 CDU 的超柔馈线接口测试。

默认情况下，系统将自动开始测试；如果系统没有自动测试，按 RUN/HOLD 键开始测试。

调整测试结果的显示比例：可按 AUTO SCALE 键，自动调整显示比例。

读取测量的最大驻波比（VSWR）数据：按 MARKER 键，打开一个 MARKER，如 M1，按软按键标记到波峰。屏幕下方的数值“M1”显示黑色背景，后面紧跟的即是测试结果，如“1.78，897.316MHz”，表示在频率 897.316MHz 点上测得最大驻波比为 1.78。根据驻波比指标要求，大于 1.5 就超过限值了，需查找引起驻波比超限的原因，进行故障定位测试，也就是说要进入距离域进行故障定位测试。频域驻波比、回波损耗测试结果示例如图 2-87、图 2-88 所示。

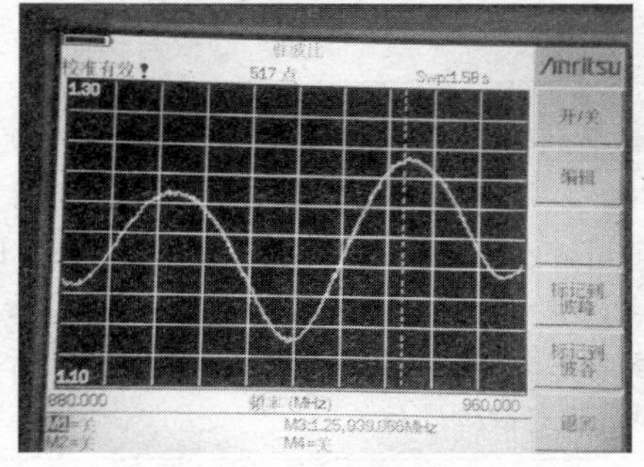

图 2-87　频域驻波比测试结果示例

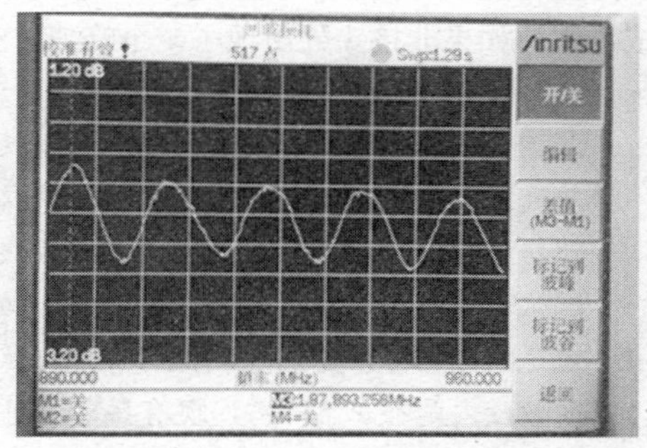

图 2-88　频域回波损耗测试结果示例

应当注意的是，不同的运营商会对不同的系统有不同的要求，如室内分布系统会要求驻波比小于 1.3 甚至 1.2。为保证 Site Master 测试结果的准确性，对于较长的馈线需分段测试。一般室内分布系统每层为一段测试一次，虽然每一次测得的驻波比都符合要求，但在传输中被损耗的信号是会累积的，所以要求会更严格。

（3）故障定位测试

在天馈系统建设完成后以及日常维护中，需对天馈系统进行驻波比测试。当在频域中测得驻波比大于 1.5（或运营商规定标准）时，需进行故障定位测试。

① 按 MODE 键，在主菜单中选择“故障定位_驻波比”，确认后，设置初始参数（最大距离、电缆

型号）。此时显示为“DIST”选项，按软按键 D2，输入 D2 的值（即最大距离，一般取到天线的距离），按 ENTER 键确认。

按软按键最下面的其他键，选择电缆按键，选择电缆型号（系统会自动显示该电缆的其他参数）。一般常用的电缆有 3 种，FSJ4-50B 为 1/2"超柔馈线（俗称跳线），LDF5-50A 即 7/8"馈线，LDF4-50A 即 1/2"馈线。

如果之前在延长线末端校准，则 D1 为 0；D2 的值应设置为“馈线估计长度+余量”，使测试时仪表能测试全部馈线的指标值。

选择电缆类型的目的是在未知馈线损耗和传输速率的情况下，能正确进行 DTF 测试。选择馈线类型后，相应类型馈线的损耗和传输速率默认值会在测试中应用。也就是说，测试时也可直接输入馈线损耗和传输速率，而无须选择馈线类型。

电缆型号的选择以整个天馈系统使用的主馈线为主，即馈线中最长的那段用的是哪种类型，就选择哪种相应型号的馈线。

目前只有两种情况以 1/2"跳线为主：一是小基站与天线距离小于 10m 时直接用 1/2"跳线；二是 GPS 天线可直接用 1/2"跳线连接到设备。

② 校准（直接进行 DTF 测试的情况下，需进入“频率-驻波比”测试项中进行校准，再返回进行 DTF 测试，步骤同前所述；如果刚对该馈线进行过频率-驻波比测试，则校准过程可省略）。

③ 开始 DTF 测试。

连接被测天馈，默认情况下，系统将自动开始测试；如果没有自动测试，在主菜单下按 RUN/HOLD 键开始测试。按 AUTO SCALE 键，自动调整显示比例；按 MARKER 键，打开一个 MARKER，读取最大值处的距离值，如 M1；按软按键标记到波峰，屏幕下方的数值显示“M1”并显示黑色背景，后面紧跟的即是测试结果，如“1.78，15.8m”表示在离测试点 15.8m 的位置测得最大驻波比约为 1.78。应当注意的是，在距离域中测得的驻波比与在频域测得的驻波比值不同，测得结果较准确的是频域驻波比。在距离域中测得的驻波比仅仅反映此处的驻波比是测得的最大值处，也就是测试目标主要为故障点距测试点的距离。距离域驻波比测试结果示例如图 2-89 所示。

根据读取的距离检查天馈系统：根据读取的距离值 D，重新选择 D1、D2，例如 D1=(D−1)m，D2=(D+1)m，再次进行测试，以便进一步定位问题点。如果此处是接头，可能是接头未拧紧、接头制作太粗糙或进水；如果非接头处出现了一个峰值 VSWR，则怀疑该处线缆可能有故障（如断裂）。

在第一次用 Site Master 进行测试之前，或当测量频率范围改变及温度和环境与上次测试有较大改变时，都需要用校准件对测试接口进行校准，以保证测试值的准确性。测试时要注意测试接口或 3m 扩展缆线与基站室内跳线接头之间的连接。基站的室内跳线可直接与 Site Master 测试接口或 3m 扩展缆线相连。测试发射天馈线时要暂时关闭与发射天馈线相连的收发信机，以免射频信号泄露。在测试时可先测试天馈线在频域的驻波比或回损，观察天馈线在其所工作的频段内是否正常。若发现有异常，则可进入距离域进行故障定位。

（4）馈线长度的测量

当要较为准确地测量馈线的长度时，必须在 Site Master 有关电缆参数的设置中正确输入线缆损耗和相对传播速率的值。测量时先初步估算馈线的长度，在距离域输入起始位置 D1 和终止位置 D2 后进行测量。由于馈线与跳线接头处的驻波比一般都要比馈线高，因此可大致获得馈线的长度，然后根据实际情况把 D2 调到适当处，即可较准确测得馈线长度。

目前基站所用的室外跳线大都是 3m，其与馈线和天线接点处的驻波比都比其他地方高。由于这时用的是馈线的电缆参数，所以跳线的长度会有一定的误差。对于不同类型的馈线，在测量之前必须要正确输入其相应的电缆参数。

（5）天线隔离度的测试

只有双端口的 Site Master 才可以进行天线隔离度的测试。测试时，进入 MODE 菜单，选择“增益/插损”，然后根据屏幕上的提示对参考接口和发射接口进行校准，之后把参考接口和发射接口分别连接到发射天馈线和接收天馈线，即可测得天线的隔离度。图 2-90 所示为隔离度的测试示例图，从图中可看到 935～960MHz 范围内隔离度都大于 60dB，符合隔离度的要求。

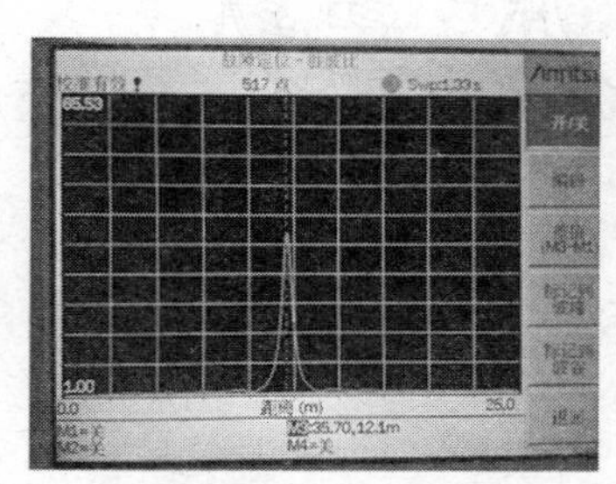

图 2-89　距离域驻波比测试结果示例

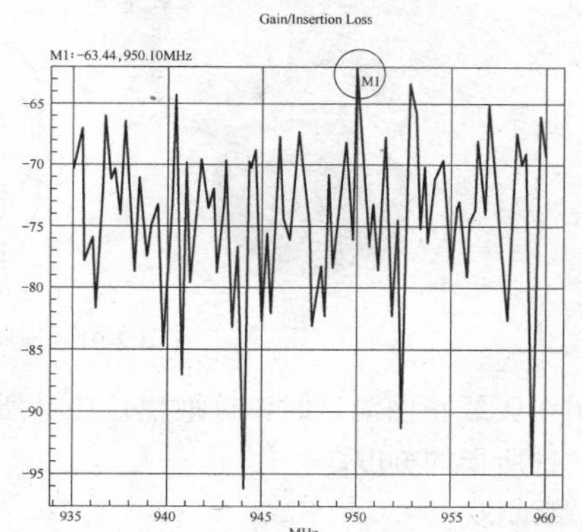

图 2-90　天馈线隔离度测试结果示例

（6）测试注意事项

① 在测试天馈线驻波比和回损及馈线长度时，都要正确输入馈线的电缆参数，否则测得的值会有误差。对于不同类型的馈线，要根据厂家所提供的参数正确输入才能保证测试值的准确性。即使同一类型的馈线，其技术指标也会不断地提高，所以在用了新的馈线后，要根据其最新的电缆参数来输入。

② 当用测试接口扩展线时，若用校准件在其末端进行校准，则 Site Master 所确认的起始位置 D1 在测试端口扩展线末端，否则在 Site Master 的测试接口上。

③ 校准测试接口所用的校准件较为精确，不能承受较大的功率，否则将会损坏校准件，影响测试精度。

④ Site Master 最大的测量距离是由频段、数据点和相对传播速率决定的，在测试时要根据实际情况选择适当的频率范围。假设 F_1 为起始频率，F_2 为终止频率，V_f 为相对传播速率，最大距离表达式如下。

$$\text{最大距离(m)} = \frac{(1.5\times10)(129)(V_f)}{F_2 - F_1}$$

⑤ 频率选择：测量的频率范围不宜过大，否则测量结果可能不准。

⑥ 如果天馈线较长，对驻波比的指标要求应严格一些。

另外，Site Master 测量驻波比是一种“小信号测量”。向天馈系统发射一个小功率信号，测量信号回波；根据发射功率和测量所得的回波功率计算各种指标。如果馈线较长，Site Master 发射的信号在天馈系统里的衰减会很大，回波就会减小，从而会造成计算所得的驻波比较小，并不能真正反映天馈系统的驻波比；当真正的基站工作时，其发射功率（40W）远远大于 Site Master 测量所用信号，如果天馈系统驻波比较大，就会产生驻波比告警，甚至损坏设备。为了弥补 Site Master 的这个缺陷，在天馈线较长时，需要对驻波比指标要求严格一些，如不得大于 1.4。

2. 罗盘

罗盘在天馈系统维护中用于方位角的测试与调整。DQL-11 型地质罗盘结构简单，操作方便，精度可靠，磁针转动灵活，各转动部分配合良好，体积小，重量轻，便于携带。

（1）地质罗盘的结构

DQL-11 型地质罗盘的结构如图 2-91 所示。图中，1 为上挂钩；2 为上盖；3 为反光镜；4 为合页；5 为磁针；6 为长水准器；7 为指示盘；8 为方向盘；9 为下壳体；10 为下挂钩；11 为刻度环；12 为圆水准器；13 为拨杆；14 为开关。

（2）使用方法

维护人员手持罗盘，站在天线正前方，与铁塔桅杆等（铁磁性材质构件）保持一定的距离，保证人、罗盘与天线呈一直线，并保持罗盘处于水平位置。上下翻转罗盘上的镜子，直到在镜子中看到天线，小幅度水平移动或转动罗盘，使天线轴线与镜子中的刻线重合。

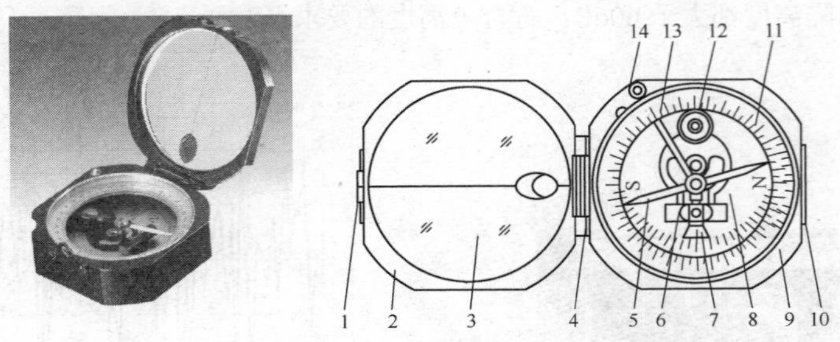

图 2-91　地质罗盘结构示意图

维护人员在天线正面测试时，读取黑色磁针所指的罗盘外圈刻度。当维护人员在天线背面测试时，应读取白色磁针所指的刻度。

3. 倾角测试仪

倾角测试仪又称为坡度仪或俯仰角测试仪，主要用于在基站天馈部分测量天线的机械下倾角，也会在设备安装时用作水平仪，如图 2-92 所示。

使用倾角测试仪时，维护人员手持仪表，使仪表垂直于地面和天线，长侧边紧贴天线背面，调整红色旋钮使刻度盘中心的水准气泡置于中心位置，此时所示刻度即为所测斜面的坡角。

图 2-92 右图所示为数显倾角测试仪，使用时打开电源后，将仪表底部紧贴测试斜面，静置片刻即可在显示器上读取测试结果。

但由于仪表测试的是坡度，而机械下倾角是天线与抱杆间的夹角，因此用仪表测得的结果须用 90° 去减，才能得到所测的指标。

当然也可用地质罗盘测试俯仰角。地质罗盘刻度盘背面的拨杆相当于图 2-92 左图所示仪表的红色调整旋钮。将地质罗盘打开拉平后，侧边紧贴待测天线背面，并保持罗盘垂直于地面和天线，调整背面拨杆直到罗盘中长水准器气泡居中，指示盘所指罗盘底板刻度与图 2-92 左图所示仪表所测得的结果相同。

4. 厚度测试仪

厚度测试仪（见图 2-93）主要用于塔桅镀层厚度测试，不符合要求时需采取防锈防腐措施。

图 2-92　倾角测试仪

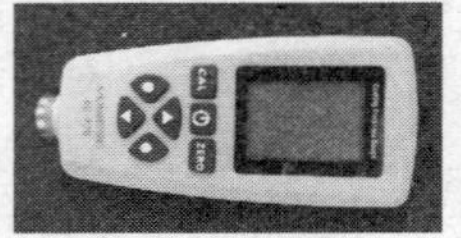

图 2-93　厚度测试仪

（1）仪表简介

厚度测试仪采用电磁感应和涡流效应两种原理，可无损地测量磁性金属基材（如钢、铁及其合金）上非磁性涂镀层的厚度（如油漆、塑胶、铜、铬、锌等），以及非磁性金属基材（如铜、铝、锌、锡等）上非导电涂镀层的厚度（如氧化膜、塑料、油漆等）。F 形探头应用磁感应原理：当探头与带镀层磁性基材紧密接触时，探头与磁性基材组成闭合磁路，覆层厚度与磁路磁阻成一定关系，通过检测磁阻的改变达到测量此镀层厚度的目的。N 形探头应用涡流效应原理：当探头与带覆层非磁性金属基材紧密接触时，探头使基材产生涡流，涡流对探头的反馈作用与镀层厚度成一定关系，通过检测此反馈量达到测量镀层厚度的目的。

在自动（AUTO）模式下，探头能自动检测基材属性并完成测量；在磁感应（MAG）模式下，只有当探头检测到磁性基材时，测量才能进行，否则无任何反应；同理，在涡流（EDDY）模式下，只有当探头检测到非磁性金属基材时，测量才能进行，否则无任何反应。当测量磁性基材上镀层厚度时，伴随

数据显示的同时，数据右上方将显示一个 F 字母。当测量非磁性金属基材上镀层厚度时，伴随数据显示的同时，数据右上方将显示一个字母N。

（2）按键与菜单基本操作

仪器采用标准菜单设计，可以按照说明书和菜单提示非常容易地完成所有设置，所有按键名称定义如图2-94所示。图中，1为当前工作组模式（DIR和GENn，n=1～4）；2为高低限报警提示（↑/↓）；3为探头模式指示：自动（AUTO）、磁感应（MAG）、涡流（EDDY）；4为测量数据显示；5为实时统计值显示；6为自动关机指示；7为USB连接指示；8为探头稳定性提醒；9为单位（μm、mm、mils）；10为电池电量提示；11为校准键；12为开关机键；13为零校准键；14为向上（或增加）键；15为向下（或减少）键；16为左键（菜单进入、选择、确认）；17为右键（取消、退出、后退、背光切换）；18为探头；19为V形槽（用于凸面）；20为标准箔；21为基材（或基体）；22为电池仓及其螺丝拆卸位；23为基材属性指示（F—磁性基材；N—非磁性金属基材）；24为USB接口。

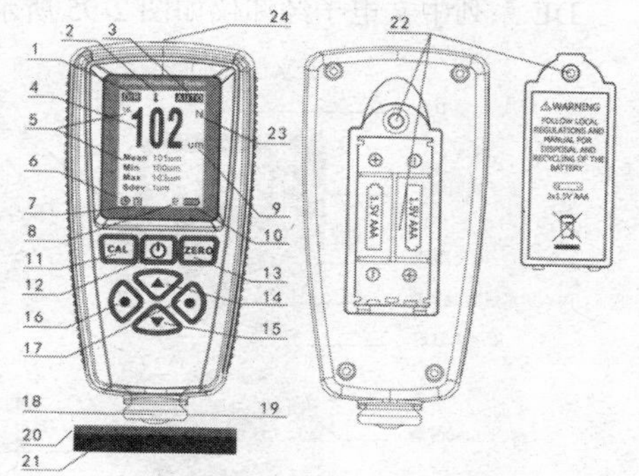

图2-94 涂层厚度测试仪按键及组成部分示意图

① 左键：测量模式下，进入菜单模式；操作菜单界面左按钮对应功能（包括确认、选择、删除功能）。

② 右键：操作菜单界面右按钮对应功能（包括取消、后退、退出功能）；测量模式下，切换背光开关。

③ 向上键：上翻菜单项，数值增加。

④ 向下键：下翻菜单项，数值减小。

⑤ 零校准键：校准模式下，按住该键可实现零校准；菜单模式下，按该键可退出菜单模式，返回测量模式；开机时按住该键，可进入复位模式，可使所有设置恢复出厂设置。

⑥ 校准键：测量模式下，进入或退出校准模式。

切换探头模式：按左键进入菜单模式（根目录 Root）；按向上键或向下键，直到选中“选项（Options）”选项，再按左键进入该目录；按向上键或向下键选中“探头模式（Probe Mode）”选项，再按左键进入该目录；按向上键或向下键选中某一项，再按左键选择设置，完成并返回上级目录。按“零校准键”可返回测量模式。

（3）使用方法

① 准备待测件。

② 将仪器置于开放空间，至少远离金属5cm，按住开关键⏻直到开机。请注意观察低电指示符号。如果呈现▭，则电源电压正常；呈现▭表示低电，仪器在低电下测得的数据可能发生严重误差，所以须更换新的电池后再重新开始。

说明：开机时，如果当前工作组模式是直接组（DIR），则屏幕测量数据和统计值显示区为空；如果当前工作组模式为GENn(n=1～4)，则显示上次关机前的最后一次测量值及该组存储数据的统计值。

③ 决定仪器测量前是否需要校准。

④ 开始测量。迅速地将探头垂直接触并轻压于待测件，随着一声鸣响，测量完成并更新显示区。然后迅速提起探头，离开待测件至少5cm，约1s后，便可进行下一次测量。

仪器出厂时默认工作在单次测量模式（Single）、自动探头模式（AUTO）及直接组模式（DIR）。另外，显示▯指示，表示探头欠稳定，可稍等片刻让探头稳定下来，也可下一次测量；如果显示一个明显的可疑值，可删除它。探头欠稳定或者探头提起后悬空等待时间不够时，测量可能无任何反应。

⑤ 关机。按开关机键关机。如果没有任何按键和测量操作，约3min后仪器将自动关机。

5. 经纬仪

垂直度测试和垂直度调整是铁塔安全维护的重要手段，通过周期性的垂直度测试并对比测试数值，掌握该塔的基础是否有变化，便于方便为台风和汛期提供防护和安全保障。用经纬仪可进行塔桅垂直度测试，不符合要求时须及时进行纠偏处理。

（1）DE 系列中文电子经纬仪

DE 系列中文电子经纬仪如图 2-95 所示。

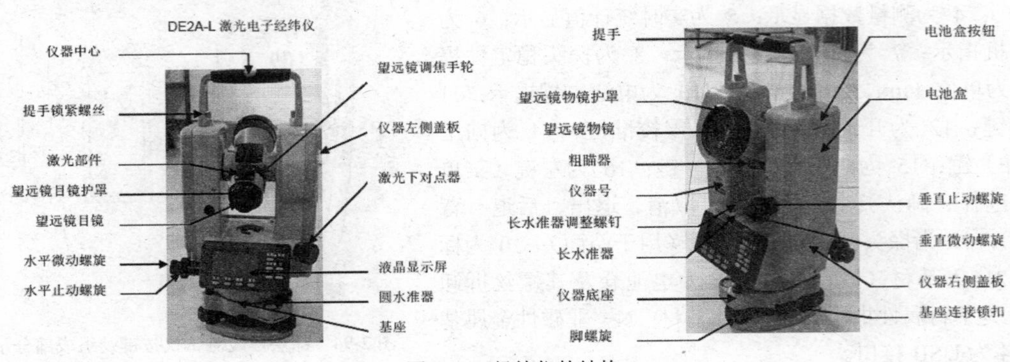

图 2-95　经纬仪的结构

① 显示屏采用图形式液晶显示，可显示角度、汉字、日期及时间等信息。

开机后进入测角主界面，如图 2-96 所示。

主界面上共有 10 个按键，红色开关键为开关机键。测角模式下，其余按键及组合说明如下。

图 2-96　测角主界面

左右：水平角左/右计数方向的转换。

锁定：水平角读数锁定。

坡度：垂直角与百分比坡度的切换。

置零：水平角置为 0°00′00″。

按□键，当屏幕右下角⇧再按▲键：启动指向激光，重复一次关闭。

按□键，当屏幕右下角⇧再按▼键：启动对点激光，重复一次关闭。

按□键，当屏幕右下角⇧再按◆键：启动液晶背光照明，重复一次关闭。

按□键，当屏幕右下角⇧再按确定键：进入菜单模式，再按一次确定键保存退出。

② 显示屏显示符号说明如下。

⏻：自动关机标志。

▯：电池电量标志。

⇧：特殊功能标志，按□键一次，再按一次消失。

%：坡度。

b-OUT：垂直角补偿超限。

OUT：坡度超过±100%。

m：以米为单位。

°，′，″：角度单位。

（2）经纬仪使用方法

① 安装。将仪器的定向凸出标记与基座定向凹槽对齐，把仪器上的 3 个固定脚对应放入基座的孔中，使仪器装在基座上，顺时针转动基座锁定钮约 180°，将仪器与基座锁定，再用螺丝刀将基座锁定钮固定螺丝旋紧，如图 2-97 所示。

② 仪器的安置。将仪器的中心位置安置在被测目标一侧的中心线延长线上，地点为距离被测目标 1～3 倍目标高度（最佳位置为两倍）处，如图 2-98 所示。其方法为：维护人员根据自己的身高将三脚架适当地抽出第二节架腿，拧紧两节架腿衔接处的螺栓；选择坚固地面放置三脚架，调整至适当高度，以

方便观测操作。一般一脚朝向观测者自己，测量台与胸部齐平，三脚与中心垂线的夹角约为 30°；将垂球挂在三脚架的挂钩上，使脚架头尽量水平地移动脚架位置，并让垂球粗略对准地面测量中心，然后将脚尖插入地面使其稳固；检查紧固脚架的各固定螺丝后，将仪器置于三脚架测量台上，并用中心连接螺丝连接固定。

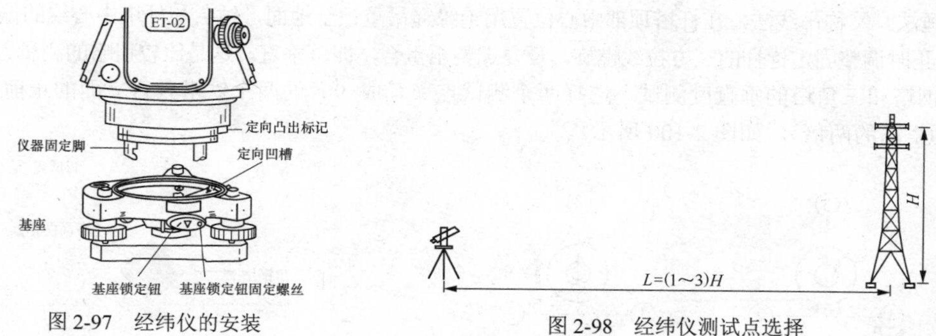

图 2-97　经纬仪的安装　　　图 2-98　经纬仪测试点选择

③ 对中。使用光学对中器对中：通过对中器目镜观察，调整目镜调焦旋钮，使对中分划标记清晰；调整对中器的调焦旋钮，直至地面测量标志中心清晰并与对中分划标记在同一成像平面内；松开脚架中心螺丝（松至仪器能移动即可），通过光学对中器观察地面标志，小心地平移仪器（勿旋转），直到对中十字丝（或圆点）中心与地面标志中心重合；再调整脚螺旋，使圆水准器的气泡居中；再通过光学对中器观察地面标志中心是否与对中器中心重合，否则重复操作，直至重合为止；确认仪器对中后，将中心螺丝旋紧，固定好仪器。

注意

仪器对中后不要再碰三脚架，以免破坏其位置。

使用激光对中器对中的方法与此类似，只是不再通过对中器目镜观察，而是使用激光器查看光斑位置与地面标志中心是否重合。

④ 整平。将仪器调至水平状态，一般分粗平和精平两步。

用圆水准器粗平仪器：调整仪器的 3 个基座旋钮，直到圆水准器气泡居中。如图 2-99 所示，调整观测者面前两个脚螺旋①和②时，旋转方向应相反；将气泡调到①和②两个基座旋钮的中垂线上，再调整③旋钮使气泡位于圆水准器中心，即完成仪器粗平。

用长水准器精平仪器：第 1 步，旋转仪器照准部，让长水准器与任意两个脚螺旋连线平行，调整这两个脚螺旋，使长水准器气泡居中。第 2 步，将照准部转动 90°，调整第三脚螺旋使长水准器气泡居中。重复前面两步，使长水准器在该两个位置上气泡都居中；在第 1 步的位置将照准部转动 180°，如果气泡居中，并且照准部转动至任何方向气泡都居中，则长水准器安置正确且仪器已整平。

⑤ 望远镜目镜调整。

取下望远镜镜盖，将望远镜对准天空，通过望远镜观察，调整目镜旋钮，至分划板十字丝最清晰。

注意

观察目镜时，眼睛应放松，以免产生视差和眼睛疲劳。

⑥ 照准。用激光器或粗瞄准器的准星对准目标，调整望远镜调焦旋钮，直至看清目标。

旋紧水平与垂直制动旋钮，微调两个微动旋钮，将十字丝中心精确照准目标，此时眼睛进行左、右、上、下观察，若目标与十字丝两个影像间有相对移位现象，则应该再微调望远镜调焦旋钮，直至两影像清晰且相对静止。对较近的目标调焦时，顺时针转动调焦旋钮，较远目标则逆时针方向旋转调焦旋钮。

通过调整微动旋钮对目标做最后精确照准时，应保持旋钮顺时针方向旋转。如果转动过头，最好返回再重新按顺时针方向旋转旋钮进行照准。

注意　即使不测竖直角，也应尽量用十字丝中心位置照准目标。

（3）测试塔桅垂直度

① 重锤法。又称吊线法，在杆塔顶部中心位置用绝缘绳吊重锤至地面，锤尖与杆塔中心线的偏离度即为倾斜值。校正时调整固定抱杆的三方拉线螺旋，反复调整至重合，即可垂直。这是比较粗略的测量方法。

② 角钢塔和三角塔的垂直度测试。选择两个测试点（互成 90°的两个铁塔垂直立面的正前方，测试点距离约为塔高的两倍），如图 2-100 所示。

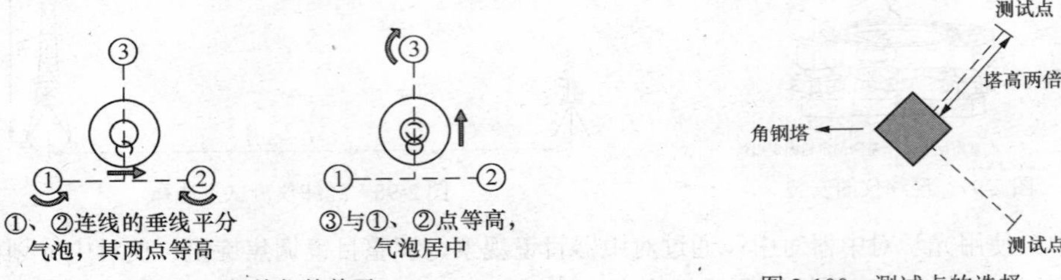

图 2-99　经纬仪的整平　　图 2-100　测试点的选择

在测试点打开经纬仪三脚架，使测量台确保水平，放置经纬仪，整平、照准目标。

- 调整望远镜头目镜使十字丝对准铁塔 N02 件（最底段水平横撑）中心螺栓上，然后将镜头向上转动，找到 L02 件，让其停留在镜头的水平刻度上。再读望远镜目镜刻度盘镜里的 H 行显示，读出水平刻度盘刻度，记下数据，用三角计算法、尺量法和估计判断法进行计算，得出偏差数据。

电子经纬仪测试基本操作过程如下：仪表照准上横梁，垂直制动；仪表调至横梁左外侧，置 0；水平微调移动至横梁右外侧，读取角度；计算出中心点位置，将仪表水平微调到中心点并置 0；仪表垂直微调至下横梁处，水平微调至左侧边缘，测出角度；再水平微调至右侧边缘，测出角度；计算出下横梁中心点，计算出中心点位置偏差，如图 2-101 所示。

- 要求铁塔中心垂直度≤1/1500，各方位钢构件整体弯曲≤1/1500，塔身每段上下层平面中心线偏差≤层间高/1500。
- 比较测试的数值与最大允许偏差，进行记录。

图 2-101　铁塔垂直偏差测试方法示意图

③ 单管塔、仿生塔、景观塔、三管塔的垂直度测试。由于单管塔、仿生塔、景观塔、三管塔的塔管是锥体，没有任何标志垂直中心点，另外塔管用铁板焊接而成，整体的温度不同，热胀冷缩导致环境不垂直。为正确测试垂直度，应在没太阳、阴天的条件下进行，测试点的距离约是塔高的两倍。选择测试点后，用罗盘仪确定所选测试点的方位角，在互成 90°方向处选择另一个测试点，使得测试倾斜是东西向或南北向。

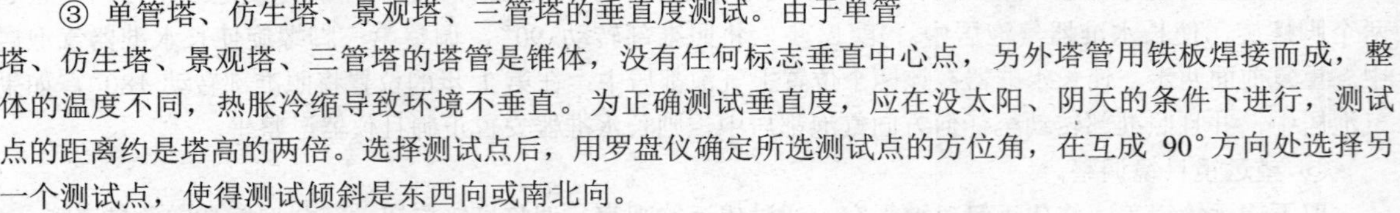

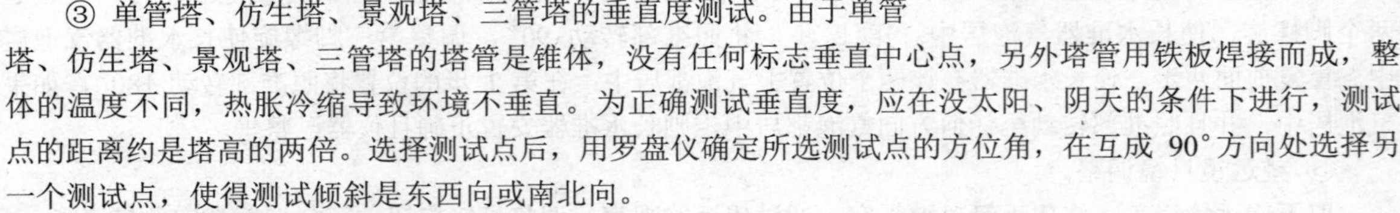

因为单管塔、仿生塔、景观塔的塔管是锥体，将没有塔管垂直立面的正前方作为测试点，所以测试时要通过计算得出塔体垂直度的中心点。在测试点打开经纬仪三脚架，使测量台保持水平，放置经纬仪，整平、照准目标。

测试塔体垂直度，测量位置分别在塔顶和塔底的管壁外缘，方法与角钢塔测试类似。

比较测试的数值与最大允许偏差，进行记录。

④ 拉线塔的垂直度测试。拉线塔的垂直度测试相对容易，由于它不像角钢塔一样有斜率。选择两个测试点（在互成 90°的两个铁塔垂直立面的正前方，测试点距离一般为塔高的两倍），在测试点打开经纬仪三脚架，使测量台水平，放置经纬仪，整平、照准目标。调整望远镜目镜镜头，使十字丝对准铁塔的主角钢，然后将望远镜目镜镜头向上转动，望远镜镜头十字丝重叠主角钢上的最外边说明已经垂直。否则就是塔体有垂直偏差，需计算偏差值，方法同上。最后比较测试的数值与最大允许偏差，进行记录。

6. 接地电阻测试仪

在进行基站维护时，接地电阻测试常采用摇表式测试仪，如 ZC-8 型接地电阻测试仪。在基站勘测中，会采用钳型接地电阻测试仪，如ETCR2000 钳型接地电阻测试仪。

（1）用 ZC-8 型接地电阻测试仪测量接地电阻

第 1 步，拆开接地干线与接地体的连接点，或拆开接地干线上所有接地支线的连接点。

第 2 步，将两根接地棒分别插入地面 400mm 深，根据仪表接线要求，一根离接地体 40m 远，另一根离接地体 20m 远。

第 3 步，把测试仪置于接地体近旁平整的地方，然后进行接线，如图 2-102 所示。用一根连接线连接表上的接线桩 E 和接地装置的接地体 E′；用一根连接线连接表上的接线桩 C 和离接地体 40m 远的接地棒 C′；用一根连接线连接表上的接线桩 P 和离接地体 20m 远的接地棒 P′。

第 4 步，根据被测接地体的接地电阻要求，调节粗调旋钮（上有三档可调范围）。

第 5 步，以约 120r/min 的速度均匀地摇动测试仪。当表针偏转时，随即调节微调拨盘，直至表针居中为止，微调拨盘调定后的读数乘以粗调定位倍数即是被测接地体的接地电阻。例如微调读数为 0.6，粗调的电阻定位倍数是 10，则被测接地电阻是 6Ω。

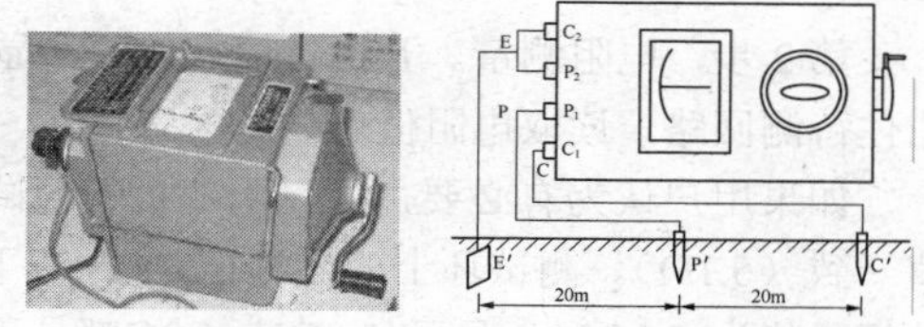

图 2-102　ZC-8 型接地电阻测试仪连接示意图

第 6 步，为了保证所测接地电阻值可靠，改变方位进行复测，取几次测得值的平均值作为接地体的接地电阻。

（2）用 ETCR2000 钳型接地电阻测试仪测量接地电阻

ETCR2000 钳型接地电阻测试仪结构如图 2-103 所示，图中 1 为液晶显示屏；2 为扳机（控制钳口张合）；3 为钳口；4 为 POWER 键（开机、关机、退出）；5 为 HOLD 键（锁定/解除显示）；6 为 MODE 键（功能模式切换键，可选择进行电阻测量、电流测量、数据查阅）；7 为 SET 键（组合功能键，与 MODE 键组合实现锁定、解除、存储、设定、查看、翻阅、清除数据功能）。

图 2-104 所示为 ETCR2000 钳型接地电阻测试仪显示屏示意图，图中（1）为报警符号；（2）为电池电压低符号；（3）为存储数据已满符号；（4）为数据查阅符号；（5）为两位存储数据组编号数字；（6）为电流单位；（7）为电阻单位；（8）为干扰信号；（9）为数据锁定符号；（10）为钳口张开符号；（11）为电阻小于 0.01Ω符号；（12）为十进制小数点；（13）为 4 位 LCD 数字显示。

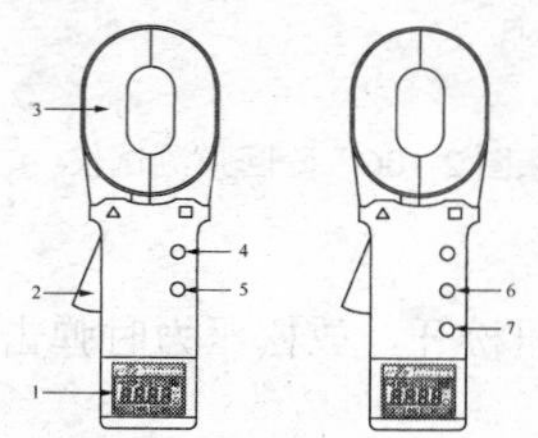

图 2-103　结构示意图

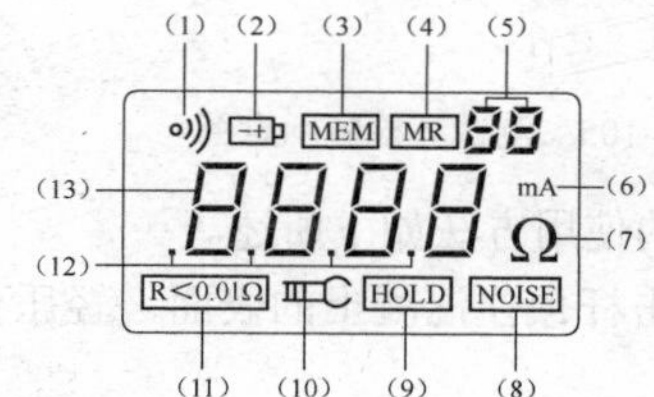

图 2-104　ETCR2000 显示屏示意图

显示屏上有时会显示特殊符号，含义如下所述。

- 钳口张开符号：钳口处于张开状态时显示该符号。此时，可能是人为扣压扳机，也可能是钳口已严重污染，不能再继续测量。
- 电池电压低符号：当电池电压低于 5.3V 时显示此符号。此时不能保证测量的准确度，应更换电池后再测量。
- OLΩ符号：表示被测电阻超出了钳型表的上量限。
- L0.01Ω符号：表示被测电阻超出了钳型表的下量限。
- OL A 符号：表示被测电流超出了钳型表的上量限。
- 报警符号：当被测量值大于设定报警临界值时，该符号闪烁。

- MEM 存储数据已满符号：内存数据已满50组，不能再继续存储数据。
- MR 查阅数据符号：在查阅数据时显示，同时显示所存数据的编号。
- NOISE 干扰信号：测量接地电阻时，若回路有较大干扰电流，会显示此符号，此时不能保证测量的准确度。

用ETCR2000测量接地电阻的操作如下所述。

第1步，开机。开机前，扣压扳机一两次，确保钳口闭合良好；按POWER键，进入开机状态，首先自动测试液晶显示器，其符号全部显示；然后开始自检，自检过程中依次显示CAL6、CAL5、CAL4…CAL0、OLΩ。当OLΩ出现后，自检完成，自动进入电阻测量模式。

注意

自检过程中不要扣压扳机，不能张开钳口，不能钳任何导线，要保持钳型表的自然静止状态，不能翻转钳型表，不能对钳口施加外力，否则不能保证测量的准确性。

第2步，电阻测量。开机自检完成后，显示OLΩ，即可进行电阻测量。此时扣压扳机，打开钳口，钳住待测回路，读取电阻值。

如果用户认为有必要，可以用随机的测试环检验，如图2-105所示。其显示值应与测试环上的标称值一致（5.1Ω）。测试环上的标称值是20℃下的值。显示值与标称值相差一个数字是正常的，如测试环的标称值为5.1Ω时，显示5.0Ω或5.2Ω都是正常的；显示OLΩ，表示被测电阻超出了钳型表的上量限；显示L0.01Ω，表示被测电阻超出了钳型表的下量限。

在HOLD状态下，需先按HOLD键退出HOLD状态，才能继续测量。闪烁显示•))符号时，表示被测电阻超出了电阻报警临界值。

7. 砼回弹测试仪

砼回弹测试仪（见图2-106）用于塔桅混凝土基础承台强度测试，测试时在基础承台的每一侧面选一个测区，每一个测区面积为20cm×20cm。对每一测区测取16个回弹值，对数据进行汇总，除去3个最大值、3个最小值后求回弹平均值。根据基础承台设计要求，塔桅基础承台强度一般为C25MPa，换算成刚性回弹数据为31。即对于承台回弹数值，一般要求回弹平均值大于31。

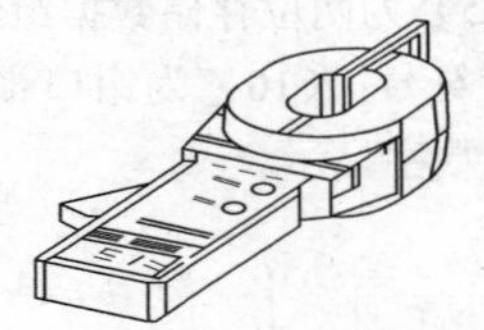

图2-105　测试环检验示意图

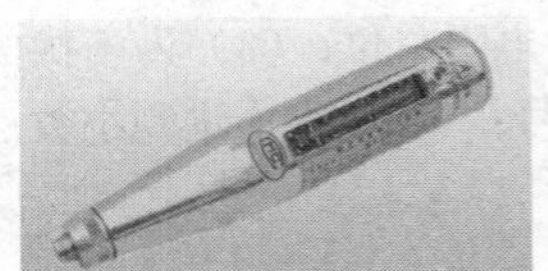

图2-106　砼回弹测试仪

砼回弹测试仪的使用方法如下所述。

第1步，将弹击杆顶住混凝土的表面，轻压仪器，使按钮松开，放松压力时弹击杆伸出，挂钩挂上弹击锤。

第2步，使仪器的轴线始终垂直于混凝土的表面并缓慢均匀施压，等弹击锤脱钩并冲击弹击杆后，弹击锤回弹，带动指针向后移动至某一位置，指针块上的示值刻线在刻度尺上示出的数值即为回弹值。

第3步，使仪器机芯继续顶住混凝土表面，进行读数并记录回弹值。如果条件不利于读数，可按下卡锁按钮，锁住机芯，将仪器移至其他处读数。

第4步，逐渐对仪器减压，使弹击杆自仪器内伸出，待下一次使用。

小结

基站天线的辐射特性直接影响无线链路的性能，基站天线的主要电性能指标有方向性（方向图、波瓣宽度、前后比）、增益、极化、带宽、输入阻抗、端口隔离度、功率容量及无源互调指标等。在工程施工时，还需要按设计要求调整方位角、俯仰角、挂高参数。

天线下倾可以改善系统的抗干扰性能，改善基站附近室内覆盖性能，主要有两种方式：机械下倾通过调节机械装置实现；电下倾通过调节天线各振子单元的相位实现垂直方向图主瓣指向向下倾斜。

馈线是连接天线和收发信机的导线。天线与馈线匹配时，馈线上只有入射波，没有反射波；当天线与馈线不匹配时，会形成驻波，常用指标为驻波比，基本要求≤1.5。不同的运营商对不同区域覆盖的要求会有所不同。

天线选型要根据其应用环境充分考虑其电性能和机械性能。天馈线的安装既要保证天线的覆盖性能，又要保证系统运行安全，具体体现在天线工程参数调整、防水制作、接地卡安装等方面。

天馈系统的维护和保养需要日常化。天馈系统的维护常和塔桅的维护及工程随工组合在一起，维护时主要进行覆盖性能、安全等相关项目的测量与检查。

基站天馈线现场测试主要是针对天馈系统驻波比等性能指标进行的。当驻波比超过限值时，需进行故障定位测量，主用仪表是 Site Master 等。

在天馈和塔桅维护中需要用到很多仪表，如罗盘、倾角测试仪、经纬仪、接地电阻测试仪、砼回弹测试仪、镀层厚度测试仪、天馈分析仪等。

习题

一、填空题

1．无线电波是一种________形式，电场和________在空间交替变换向前行进，它们在空间方向是相互垂直的，并且都垂直于________方向。

2．水平极化和________极化可组合成双极化天线。但实际常用________组合双极化天线。

3．超短波和微波频段的传播特性可归纳为________、________和________。

4．二维方向图常用于________，________方向图用于网络优化。

5．前后瓣最大电平之差称________，其值越大，天线的________性能越好。

6．用半波对称振子为参考的天线增益的单位是________，用________为参考的天线增益单位是dBi。某带反射板的半波振子天线，其水平半功率波瓣宽度为________，以半波振子为参考，其增益为________。

7．在移动通信中，天线的工作带宽定义为________。

8．最佳的天线输入阻抗为_______，当输入阻抗与馈线的特性阻抗_______时，我们说其是_______的。

9．利用反射板可把________控制聚焦到一个方向，形成________天线。

10．天线安装时必须调整工程参数________、________和________到设计值。

二、判断题

1．利用机械下倾时，方向图中产生的凹陷可解决同频干扰问题。（　　）

2．机械下倾调整时可进行实时监控。（　　）

3．各向同性天线和全向天线在水平及垂直面上都呈现360°均匀覆盖。（　　）

4．天线增益表明天线具有放大作用。（　　）

5．天线避雷保护角小于45°。（　　）

6．天线可通过调整方位角和俯仰角改变其覆盖性能。（　　）

7．同平台全向天线的水平间距可以小于4m。（　　）

8．馈线入室前必须有回水弯，馈线接地可以复接。（　　）

9．塔基砼回弹值必须大于31。（　　）

10．基站接地电阻值必须小于10Ω。（　　）

三、选择题

1．天线方位角的允许误差为（　　）。

A．±5°　　B．±1°　　C．±10°

2．反映天线对后向信号抑制能力的指标为（　　）。

A．反射损耗　　B．波瓣宽度　　C．前后比

3．无线电波的极化方向为（　　）。

A．电场方向　　B．磁场方向　　C．行进方向

4．天线组阵时，（　　）性能获得改善。

A．特性阻抗　　B．增益　　C．带宽

5．工业和信息化部规定，移动通信天馈系统的驻波比应小于（　　）。

A．1.5　　B．2.0　　C．1.3

6．驻波比无穷大，表示天馈系统（　　）。

A．完全匹配　　B．完全失配　　C．不能确定匹配程度

7．在天线选型采用单极化方式时，最佳的是（　　）。

A．水平极化　　B．垂直极化　　C．+45°或−45°极化

8．馈线接头处的小跳线有活动余量，接头附近（　　）保持笔直。

A．5cm　　B．10cm　　C．20cm

9．馈线接地装置主要用来防雷和泄流，接地线的馈线端要（　　）接地排端，走线要朝下。

A．高于　　B．低于　　C．等高于

10．智能天线特有的性能参数为（　　）。

A．增益　　B．赋形增益　　C．功率容量

四、简答题

1．用于反映天线方向性的指标有哪些？这些参数影响的是天线覆盖中的什么性能？

2．简述在基站系统中如何选择天线的极化。

3．什么是“塔下黑”？如何解决？

4．什么是“无源互调”？无源互调由什么原因引起？

5．为什么要采用天线下倾技术？天线下倾如何实现？

6．天线机械下倾和电下倾在实现时有什么差别？

7．简述天线、馈线安装的过程。

8．简述用 Site Master 进行馈线故障定位的方法。

9．天线、馈线、塔桅维护的主要内容有哪些？

10．在天馈塔桅维护中，常用的仪表有哪些？如何使用？

第3章 基站主设备

【主要内容】 基站机房中的核心设备就是基站收发信机。本章主要介绍华为、中兴等基站主设备的基本结构和操作维护基本方法。

【重点难点】 各类主设备的基本结构和操作维护基本方法。

【学习任务】 掌握常用基站主设备的结构；掌握基站主设备的基本维护方法。

基站子系统（BSS）包括基站控制器（BSC）和基站收发信机（BTS）。BTS 的发信部分接收来自 BSC 的数字基带信号，进行射频调制、功放、合路，经双工器由天线发射信号；收信部分将从天线接收信号，经双工器送至高放进行低噪声放大，再由分路单元进行接收分集信号处理后送入载频模块混频，解调后送往 BSC、MSC。

BSC 与 BTS 间的 Abis 接口不是标准接口，不同厂家生产的 BSC 和 BTS 设备不能兼容，即 BSC 和 BTS 必须采用同一厂家的设备。

基站分为宏蜂窝基站和微蜂窝基站。宏蜂窝基站具有较多的配置，提供较大的系统容量，发射功率也较大，主要用于室外广覆盖；微蜂窝基站的配置较多，提供的系统容量较小，主要用于局部覆盖和室内覆盖。

在 3G 通信系统中，BTS 即 NodeB，4G 通信系统中取消 RNC 后，形成 eNodeB。基站主设备除了整体设备，还有 BBU+RRU 分体结构，BBU（Building Base-band Unit）为室内基带单元；RRU（Radio Remote Unit）为远端射频单元（射频拉远）。BBU+RRU 是将基站的基带部分和射频部分分离，通过光纤等媒介，将远端射频模块在就近天线安放。BBU 负责基站的控制，提供与 BSC 间的传输接口和基带信号的处理；RRU 负责射频信号处理和射频合路、双工处理。移动通信系统中，BBU 和 RRU 间采用光纤连接，RRU 可尽量靠近目的覆盖区安装，减少馈线损耗；BBU 可灵活连接多个 RRU，灵活组网；BBU 的基带容量充分共享，适应话务分布不均匀的场景，并且可以提高系统稳定性；小型 BBU、RRU 都可以实现挂墙安装，方便室内覆盖工程应用。

3.1 华为基站主设备

华为基站主设备在结构上仅有 3 类模块，但可组合出 4G、3G、2G 合一的多形态基站，提供全 IP、多载波能力，并能向 LTE 平滑演进，所以得到了越来越多的运营商的青睐，应用越来越多。本节将简单介绍华为基站主设备在各系统中的应用及设备结构、维护基本知识。

3.1.1 概述

华为基站主设备在结构上分为整体柜和分体结构。图 3-1 所示为整体柜 BTS3900（可以堆叠安装）；由于 RRU 可拉远到天线安装处，分体结构 DBS3900（BBU+RRU）设备的应用越来越多，如图 3-2 所示。

华为基站主设备整体柜 BTS3900 设备配置基带处理单元 BBU 和射频模块 RFU；DBS3900 为 BBU+RRU 结构，所配置的 BBU 为盒式结构，所有对外接口均位于盒体的前面板上，应用于不同系统的设备配置不同的模块。基站设备还应配置电源、防雷等模块。

图 3-1　华为整体柜 BTS3900

图 3-2　华为分体结构 DBS3900（BBU+RRU）

重点提示

不同厂家生产的设备完成的功能相同，但产品实现时的结构不同。

同厂家生产的设备在不同系统中应用时，所配置的射频模块、主控模块和信号处理模块也不同，加载的软件也不同。

相关知识

BBU 在 GSM 应用时配置 GTMU 功能单板，在 CDMA 中应用时配置 CMPT、HECM/HCPM 等功能单板，在 TD-SCDMA 中应用时配置 WMPT、UBBP 等功能单板，在 WCDMA 中应用时配置 WMPT、WBBP 等功能单板，在 LTE 中应用时配置 UMPT、LBBP 等单板。另外，BBU 还需配置 UPEU、FAN 模块，BBU 中还可以根据需要选配 UELP、UFLP、UTRP、UEIU、USCU 等模块。

1. BBU

BBU 是一个小型化的盒式设备，采用模块化设计，按逻辑功能可划分为控制子系统、传输子系统和基带子系统。另外，时钟模块、电源模块、风扇模块和 CPRI 接口处理模块为整个 BBU3900 系统提供运行支持。

相关知识

CPRI 是 REC（Radio Equipment Control）和 RE（Radio Equipment）之间的接口标准，主要由 Ericsson AB、Huawei Technologies Co. Ltd、NEC Corporation、Nortel Networks SA and Siemens Network GmbH & Co. KG 等几家公司共同参与制定。

其中，控制子系统集中管理整个 DBS3900，完成操作维护管理和信令处理。操作维护管理包括配置管理、故障管理、性能管理、安全管理等；LTE 中的信令处理完成 E-UTRAN 的信令处理，包括空口信令、S1 接口信令和 X2 接口信令。

传输子系统提供 DBS3900 与 MME/S-GW 之间的物理接口，完成信息交互，并提供 BBU3900 与操作维护系统连接的维护通道。

基带子系统由上行处理模块和下行处理模块组成，完成空口用户面协议栈处理。LTE 中包括上下行调度和上下行数据处理。上行处理模块按照上行调度结果的指示完成各上行信道的接收、解调、译码和组包，以及对上行信道的各种测量，并将上行接收的数据包通过传输子系统发往 MME/S-GW。下行处理模块按照下行调度结果的指示完成各下行信道的数据组包、编码调制、多天线处理、组帧和发射处理，它接收来自传输子系统的业务数据，并将处理后的信号送至 CPRI 接口处理模块。

时钟模块支持 GPS 时钟、IEEE 1588V2、同步以太网时钟和 Clock over IP 时钟。

相关知识

Clock over IP 是华为私有时钟协议，与 IEEE 1588V2 时钟类似。不过，若使用 IEEE 1588V2 时钟，则要求相关传输设备都要支持 IEEE 1588V2 时钟协议，而使用 Clock over IP 时钟没有此要求。

电源模块将+24VDC/-48VDC 转换为单板需要的电源，并提供外部监控信号接口和 8 路干节点信号接口。风扇模块控制风扇的转速及风扇模块温度的检测，为 BBU3900 散热。CPRI 接口处理模块接收 RRU 发送的上行基带数据，并向 RRU 发送下行基带数据，实现 BBU 与 RRU 的通信。BBU 上共有 11 个槽位，槽位编号如图 3-3 所示。

<table>
<tr><td rowspan="4">Slot 16</td><td>Slot 0</td><td>Slot 4</td><td rowspan="2">Slot 18</td></tr>
<tr><td>Slot 1</td><td>Slot 5</td></tr>
<tr><td>Slot 2</td><td>Slot 6</td><td rowspan="2">Slot 19</td></tr>
<tr><td>Slot 3</td><td>Slot 7</td></tr>
</table>

图 3-3　BBU 槽位编号

2. RRU

RRU 为射频远端处理单元，主要包括高速接口模块、信号处理单元、功放单元、双工器单元、扩展接口和电源模块，主要完成基带信号和射频信号的调制解调、数据处理、功率放大、驻波检测等功能。

RRU 的具体功能：接收 BBU 发送的下行基带数据，并向 BBU 发送上行基带数据，实现与 BBU 的通信；通过天馈线接收射频信号，将接收信号下变频至中频信号，并进行放大处理、模数转换（A/D 转换）；发射通道完成下行信号滤波、数模转换（D/A 转换）、射频信号上变频至发射频段；提供射频通道接收信号和发射信号复用功能，可使接收信号与发射信号共用一个天线通道，并对接收信号和发射信号提供滤波功能；提供内置 BT（Bias Tee）功能，通过内置 BT，RRU 可直接将射频信号和 OOK 电调信号耦合后从射频接口 A 输出，还可为塔放提供馈电。

RRU 功能结构如图 3-4 所示。通过光纤将本地容量拉远，通过远端射频单元实现远端覆盖，其应用示例如图 3-5 所示。

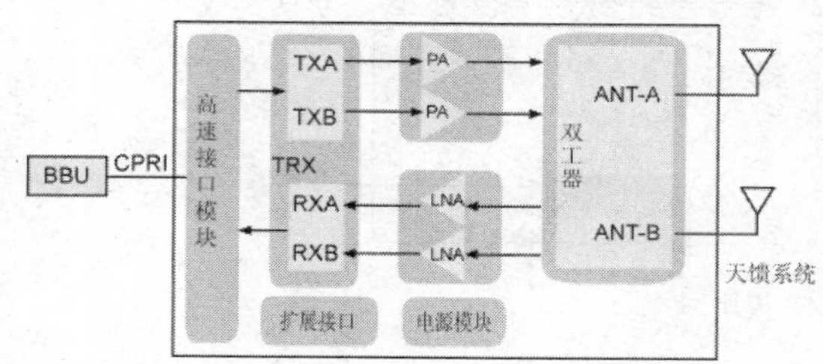

图 3-4　RRU 功能结构图

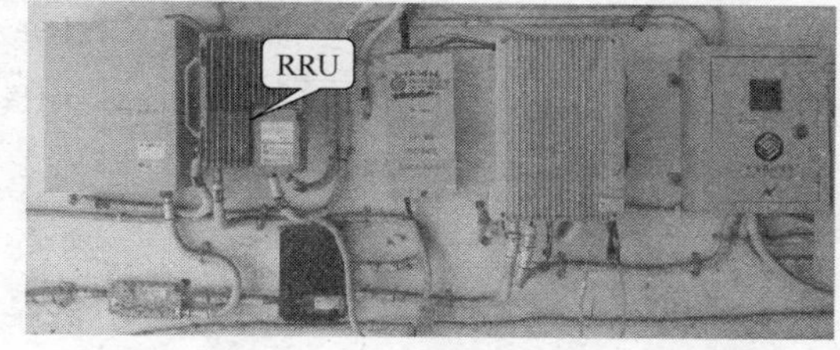

图 3-5　RRU 应用示例

3.1.2　在 CDMA 系统中的应用

1. 设备配置

华为 BTS3900 设备在 CDMA 系统中的应用示例如图 3-6 所示。BTS3900 支持 3CRFU 典型配置和 6CRFU 满配置。

（1）整体柜基本配置

BTS3900 整体柜在 CDMA 系统中应用时可选配 SLPU。SLPU 是外部通用防雷单元，可配置 UELP/UFLP，支持 E1/T1/FE 防雷。SLPU 支持 UELP、UFLP 混配，最多可配置 4 块防雷板。

① DCDU-01 模块。如图 3-7 所示，DCDU-01 模块（10 路）为直流配电单元，提供 10 路−48VDC 输出。DCDU-01 模块的功能为接入−48VDC 直流电源，为机柜内其他单板、模块提供 10 路−48VDC 电源，实现差模 10kA、共模 15kA 的防雷能力，提供防雷失效干节点。

DCDU-01 接口：电源输入端子 NEG(-)用于 DCDU-01 低电平输入接线，RTN(+)用于 DCDU-01 高电平输入接线；电源输出接口 SPARE1、SPARE2 为预留接口，FAN 接口给 FAN 模块供电，BBU 接口给 BBU 模块供电，RFU0～RFU5 接口给射频模块供电，各接口有相应的开关控制其供电；告警输出接口 SPD ALM 用于干节点告警输出。

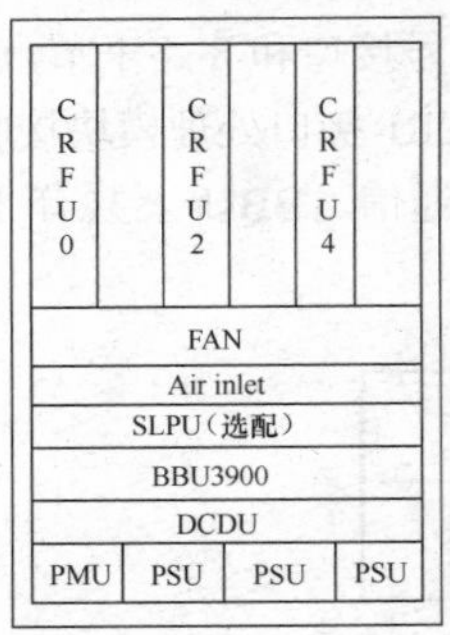

图 3-6　华为设备在 CDMA 系统中应用示例

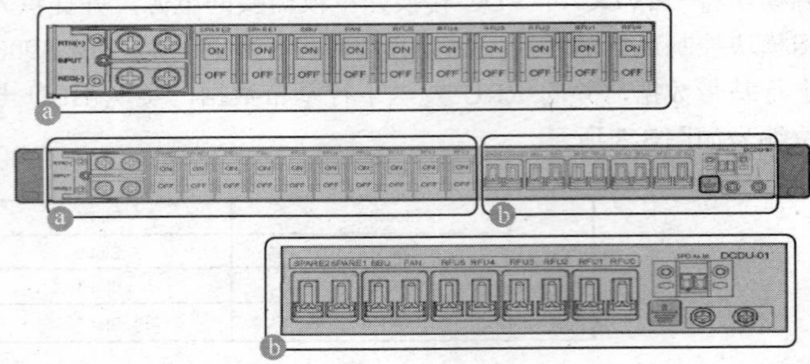

图 3-7　DCDU-01 模块

② PSU 模块。PSU 模块为电源转换模块。PSU 模块（DC/DC）的功能为将+24VDC 转换成−48VDC，监测模块故障（输出过压、无输出、风扇故障）告警、模块保护（过温、输入过欠压保护）告警以及掉电告警。PSU 模块（AC/DC）的功能为将 220VAC 转换成−48VDC，监测模块故障告警、模块保护告警以及掉电告警，监测蓄电池充放电信息。

③ PMU 模块。PMU 模块（见图 3-8）为电源环境监测单元，配置在机柜的配电单元中。PMU 模块的功能为通过 RS232/RS422 串口与主机进行通信，提供完善的电源系统管理以及蓄电池充放电管理功能，提供水浸、烟感、门禁和备用开关量检测上报功能，以及环境温湿度、电池温度和备用模拟量上报功能，提供配电检测和上报告警功能，同时提供干节点告警上报功能。

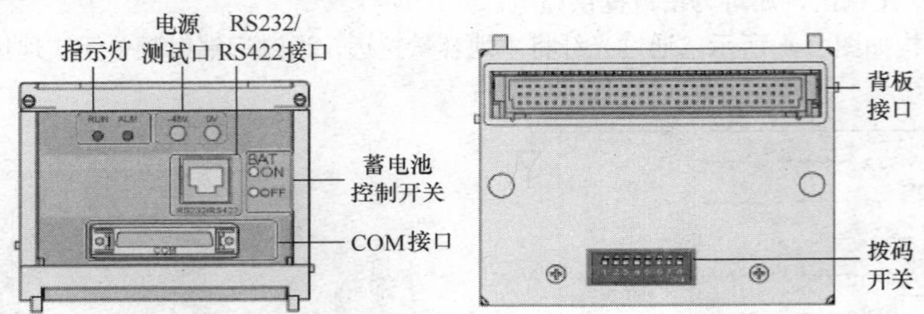

图 3-8　PMU 模块

DCDU 在实际工程中根据需求不同，型号也有所不同，主要区别在于输出的电流大小不一样，数目不一样。在不同的 BBU 配置中，也可以配置其他直流配电单元，如 DCDU-03，提供 1 路-48VDC 输入，提供 9 路-48VDC 电源输出，7 路 12A 的空气开关分别给 BBU 和直流 RRU 供电，2 路 6A 给传输设备供电；内置直流防雷板，提供防雷保护功能；提供防雷告警信号，及时上报防雷告警信息。再如 DCDU-11B，支持单路电流为 160A 的-48V 直流电源输入，10 路 25A 的-48V 直流电源输出，为风扇盒、DBBP530、RRU 等设备供电。DCDU-11B 配置在机柜中：LOAD0～LOAD5 用于给 RRU 供电；LOAD6～LOAD9 用于给 DBBP530、风扇以及选配部件供电。一个系统中最多可配 3 个 DCDU-11B，其中一个用于给直流 RRU 供电，其余两个用于给 DBBP530 和风扇盒供电。

PMU 模块中的 RS232/RS422 接口用于与上级主机通信；电源测试接口−48V、0V 用于普通万用表测量电源电压；COM 接口用于连接外部信号转接板；背板接口用于连接背板；蓄电池控制开关 ON、OFF 用于控制蓄电池上下电，操作时按住 ON 钮 5～10s 接通蓄电池，按住 OFF 钮 5～10s 可断开蓄电池；RUN（绿色）指示灯表示其处于运行状态；ALM（红色）指示灯表示其处于告警状态。

图 3-9　FAN 模块

④ FAN 模块。FAN 模块（见图 3-9）对机柜进风口和风扇盒内的温度进行监控，控制风扇转速，

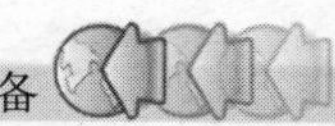

实现对机柜的通风散热。一个 FAN 模块内有 4 个独立的风扇。FAN 模块主要包括为机柜提供强制通风散热、支持温度检测的功能。FAN 模块支持温控调速和主控调速两种模式，当环境温度较低时，能够控制风扇停转。其指示灯含义如表 3-1 所示。

表 3-1　　　FAN 模块指示灯含义

指示灯	颜色	含义
RUN	绿色	0.125s 亮，0.125s 灭：表示模块与 BBU 未建立通信，模块运行正常 1s 亮，1s 灭：表示模块与 BBU 建立通信，模块运行正常 常灭：无电源输入或模块故障
ALM	红色	1s 亮，1s 灭：模块有告警 常灭：模块无告警

FAN 模块提供−48V 电源接口用于−48VDC 电源接入；SENSOR 温度传感器接口用于连接外部温度传感器；通信接口 COM OUT 用于级联下级 FAN 模块，COM IN 用于与上级单板模块通信。

（2）BBU 模块配置

BBU3900 在 CDMA 系统中应用时的逻辑结构如图 3-10 左图所示。当 CMPT 传输容量不够时，需配置 UTRP，配置 UTRP 时的 BBU 逻辑结构如图 3-10 右图所示，模块配置如图 3-11 所示。BBU3900 支持 UELP/UFLP 混配，当配置 UELP/UFLP 时，连线方式如图 3-12 所示。

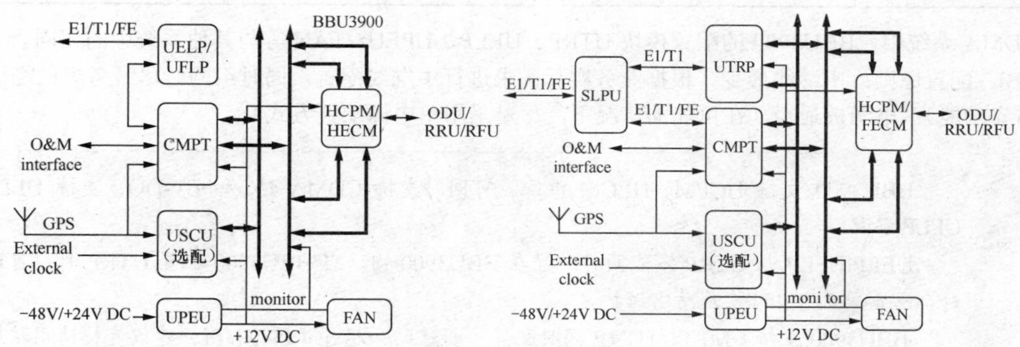

图 3-10　逻辑结构

FAN	HCPM/HECM 0	HCPM/HECM/U TRP/UELP/UFLP 4	UPEU 0
	HCPM/HECM/USCU 1	HCPM/HE CM/UTRP/UELP/UFLP/USCU 5	
	HCPM/HECM/USCU 2	CMPT/USCU 6	UPEU 1
	HCPM/HECM 3	CMPT 7	

图 3-11　BBU3900 在 CDMA 中的模块配置

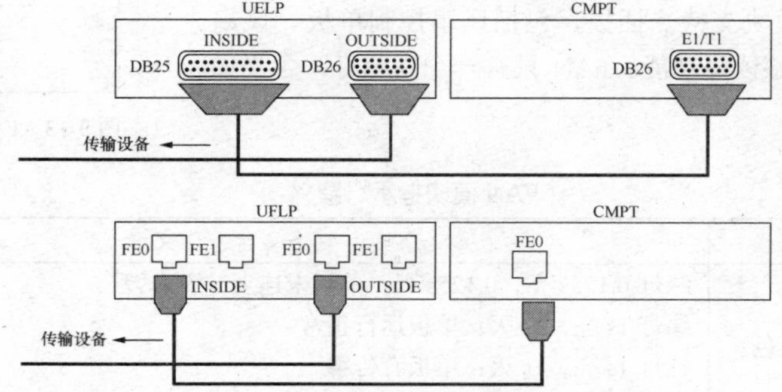

图 3-12　配置 UELP/UFLP 时的 BBU 连线示意图

当 CMPT 单板所提供的 Abis 接口传输带宽不足时，可以采用 UTRP 单板来扩展传输带宽，各模块配置原则如表 3-2 所示。

表 3-2　BBU3900 在 CDMA 系统中的模块配置原则

模　块	配 置 原 则
CMPT	最多可配两块 CMPT，支持 1+1 备份，不能同时工作 每块 CMPT 提供 4 路 E1/T1、2 路 FE，在应用时可根据容量需求及业务类型配置
HCPM	最多可配置 6 块 HCPM。预留 3 个 SFP 接口，支持可插拔光模块 配置基带处理芯片 CSM6700 一片，信道处理能力为前向 285 信道，反向 256 信道
HECM	最多可配置 6 块 HECM。预留 3 个 SFP 接口，支持可插拔光模块 配置基带处理芯片 CSM6800 一片，支持 192 个用户
UTRP	最多可配置两块 UTRP，支持负荷分担或 1+1 备份工作方式 每块 UTRP 提供 8 路 E1/T1 接口
UELP	最多可配置两块 UELP，每块 UELP 支持 4 路 E1/T1 防雷
UFLP	最多可配置两块，每块 UFLP 支持两路 FE 防雷
FAN	最多可配置一块 FAN
UPEU	最多可配置两块 UPEU，支持 1+1 备份
USCU	最多可配置两块 USCU，支持单模/双模星卡，支持 RGPS 信号

CDMA 系统中，BBU3900 的配置模块 UTRP、UELP、UPEU、FAN 等与其他系统中的相同。

BBU 配置原则：中继线最少（根据业务实际需求进行中继线配置，同时组网时尽量考虑已经启用的传输节省功能）；电源板最少（在可能的情况下，尽量采用单电源配置方式）。

BBU3900 支持 HCPM、HECM 混配，可同时支持 CDMA 1X 和 EV-DO，支持 UELP、UFLP 混配。

UELP/UFLP 与 UTRP 不能同时配置在 BBU3900 内。当 BBU3900 配置 UTRP 时，可通过外部防雷单元 SLPU 实现防雷保护。

BBU3900 支持 CMPT、UTRP 同时配置。新建站如超过 4 路 E1/T1，建议直接使用扩展传输板 UTRP 上的 E1/T1 资源。扩容后如果超过 4 路 E1/T1，建议继续使用主控传输板 CMPT 上的 4 路 E1/T1，不足部分使用扩展传输板上的 E1/T1 资源。

① BSBC 单板。BSBC 单板为 BBU 背板，BBU3900 共有 8 个单板槽位、两个电源槽位、一个风扇槽位。BSBC 提供背板接口，进行单板间的通信及电源供给。

② UBFA 模块。即 FAN（见图 3-13），是 BBU 风扇盒模块，有 FAN 和 FANc 两种类型，与主机通信，完成温控调速、在位信息和告警上报等。UBFA 模块支持热插拔，包括风扇控制单板、风扇。FANc 模块支持电子标签读写功能。FAN 只有一个指示灯，含义如表 3-3 所示。

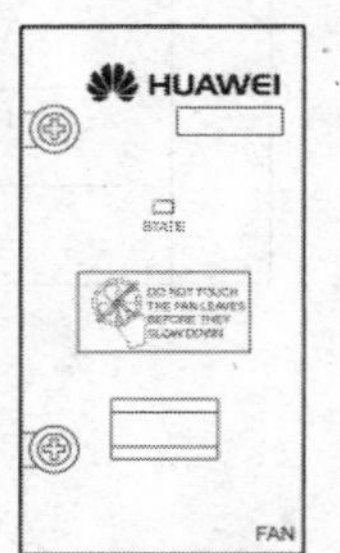

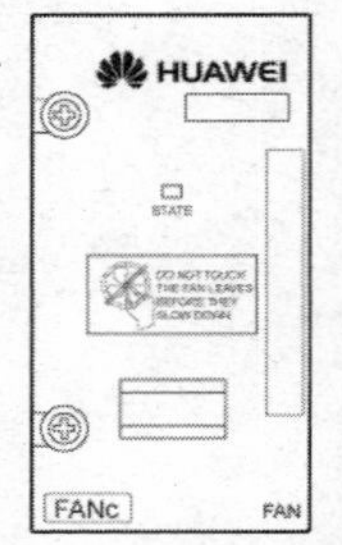

图 3-13　FAN 和 FANc 面板示意图

表 3-3　FAN 模块指示灯含义

指示灯	颜色	含　义
STATE	红绿双色	绿灯 0.125s 亮，0.125s 灭：单板未连上，无告警 绿灯 1s 亮，1s 灭：单板运行正常 红灯 1s 亮，1s 灭：单板有告警 常灭：无电源输入

③ UTRP。UTRP 是扩展传输处理单元，为选配单板，用来进行扩充。其结构组成模式多为底板+扣板，通过扣接不同的扣板，实现不同的基站物理组网接入方式。UTRP 单板主要提供 E1/T1 传输接口，支持 ATM、TDM、IP；提供电传输、光传输接口；支持冷备份功能。UTRP 面板如图 3-14 所示，包括支持 8 路 E1/T1、2 路光口、1 路 STM-1、4 路电口时的 UTRP，以及支持 4 路电口和 2 路光口的 UTRPc。

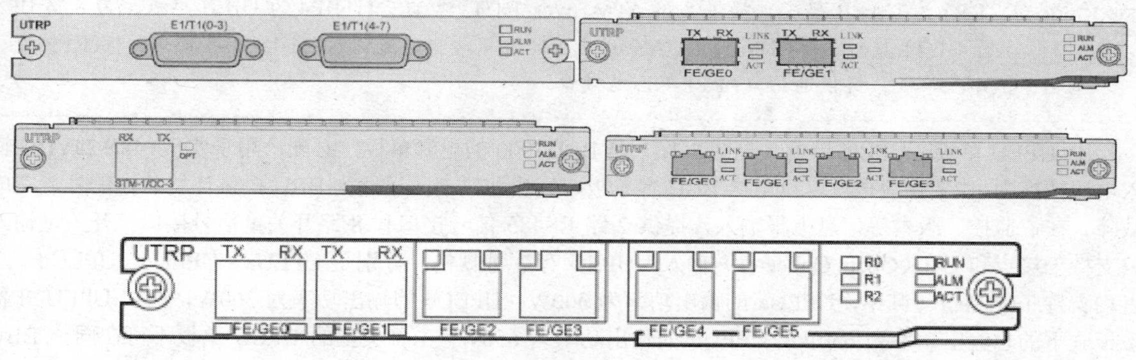

图 3-14　UTRP 面板示意图

UTRP 面板指示灯含义如表 3-4 所示。

表 3-4　支持 E1/T1 接口的 UTRP 前面板指示灯含义

指示灯	颜色	含　义
RUN	绿色	常亮：有电源输入，单板存在故障 常灭：无电源输入或单板处于故障状态 0.125s 亮，0.125s 灭：单板处于加载软件状态或数据配置状态，单板未运行 1s 亮，1s 灭：单板运行正常
ALM	红色	常亮：单板产生需要更换单板的告警 1s 亮，1s 灭：有告警，不确定是否需要更换单板 常灭：无告警
ACT	绿色	常亮：主用状态 常灭：非主用状态，单板没有激活，单板没有提供服务

UTRP 规格类型比较多，均为全双工类型，具体如表 3-5 所示。

表 3-5　UTRP 单板规格

单板类型	扣板/单板类型	支持的无线制式	传 输 制 式	端口数量	端 口 容 量
UTRP2	UEOC	UMTS	FE/GE 光传输	2	10M/100M/1000Mbit/s
UTRP3	UAEC	UMTS	ATM over E1/T1	2	8 路
UTRP4	UIEC	UMTS	IP over E1/T1	2	8 路
UTRPb4	无扣板	GSM	TDM over E1/T1	2	8 路
UTRP6	UUAS	UMTS	STM-1/OC-3	1	1 路
UTRP9	UQEC	UMTS	FE/GE 电传输	4	10M/100M/1000Mbit/s
UTRPa	无扣板	UMTS	ATM over E1/T1 或 IP over E1/T1	2	8 路
UTRPc	无扣板	GSM/UMTS 多模共传输	FE/GE 电传输	4	10M/100M/1000Mbit/s
			GE/GE 光传输	2	100M/1000Mbit/s

用于提供 8 路 E1/T1 的 UTRP 拨码开关如图 3-15 所示。拨码开关 SW1、SW2 用两个 4 位开关控制 8 路 E1 接收信号线的接地情况，平衡时默认状态为 OFF，不平衡时全部设成 ON。当接收链路的 8 路 E1 出现误码时，将对应的 8 位拨码设成 ON 可用于消除链路误码。拨码开关 SW3 用于选择传输线路的阻抗

模式：选择120ΩE1双绞线时，SW3拨码开关的1、2为ON，3、4为OFF位置；选择75ΩE1同轴电缆时，SW3拨码开关全部为ON。

UTRP有多种单板类型，其中UTRP2为UEOC单板，提供通用2路FE/GE光接口；UTRP3为UAEB单板，提供8路ATM over E1/T1接口；UTRP4为UIEB单板，为8路IP over E1/T1接口；UTRP6为UUAS单板，提供1路非通道化STM-1/OC-3接口；UTRP9为UQEC单板，提供通用4路FE/GE电接口。

④ UPEU单板。UPEU单板（见图3-16）是BBU3900的电源单板，必配，用于实现−48/+24VDC输入电源转换为+12V直流电源，供电给BBU各单板、模块和风扇；还能为BBU提供环境监控信号，完成故障、在位监控、版本等信息上报输入，提供2路RS485信号接口和8路开关量信号接口，开关量输入只支持干接点和OC（Open Collector）输入。UPEU有3种规格，分别是UPEUa、UPEUc、UPEUd，三者均支持1+1备份。其中，UPEUa的输出功率为300W；UPEUc的输出功率为360W，两块UPEU非备份模式下的总输出功率为650W；UPEUd的输出功率为650W。3种类型的UPEU单板不可在同一BBU内混插。UPEU模块一般配置在Slot 18和Slot 19槽位。

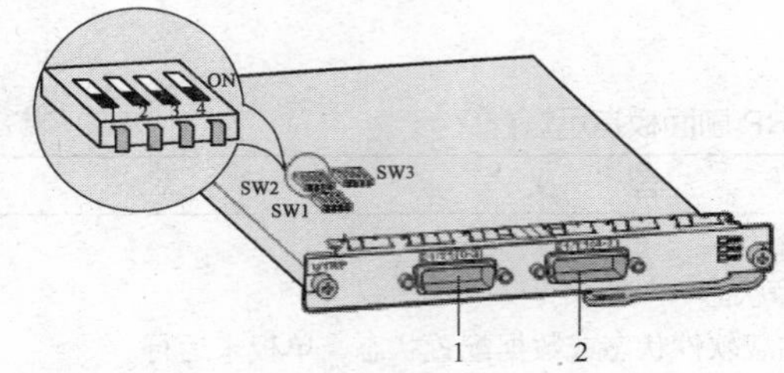

图3-15　UTRP 拨码开关示意图

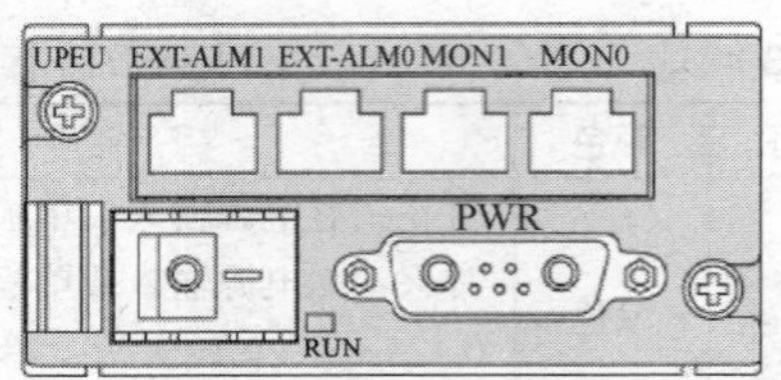

图3-16　UPEU单板

UPEU单板还有一种类型是UPEUb，主要用于将+24V DC输入电源转换为+12V直流电源，国内用得比较少。

各单板的面板外观相同，区别仅在“PWR”接口下方以丝印标注的输入电压不同。

UPEU单板接口：MON0/1用于将外部采集的环境监控信号以RS485通信协议的方式与CMPT单板进行通信，包括监控信号的输入、输出；EXT-ALM0/1用于将外部采集的环境监控信号以干节点通信协议的形式传给CMPT单板；PWR用于−48V电源输入。

UPEU单板面板中有一个绿色的RUN工作指示灯，正常状态为常亮，表示单板运行正常；常灭时表示无电源输入，或单板故障。

⑤ UEIU单板。UEIU单板（见图3-17）为BBU环境接口单板，支持8路开关量告警输入和2路RS485环境监控信号接入，开关量输入只支持干节点和OC输入，并将环境监控设备信息和告警信息上报给主控板。UEIU单板为选配单板，当环境接口不够用时可配置该单板。其中，MON0/1接口用于将外部采集的环境监控信号以RS485通信协议的方式与主控板进行通信，包括监控信号的输入、输出；EXT-ALM0/1接口用于将外部采集的环境监控信号以干节点通信协议的形式传给CMPT单板。

⑥ UELP单板。UELP单板（见图3-18）为BBU E1/T1防雷单元，每块单板实现4路E1/T1信号的防雷。其中，INSIDE接口用于连接BBU E1转接线，进行4路E1/T1到CMPT的传输输入、输出；OUTSIDE接口用于连接BBU E1/T1线到外部设备，进行4路E1/T1传输输入、输出。

UELP单板上有一个拨码开关（见图3-19），用于选择E1/T1接口匹配阻抗。拨码开关进行E1/T1非平衡模式的接地设置：75ΩE1同轴电缆不平衡（RX外皮接地）时SW1全ON；75ΩE1同轴电缆平衡（RX外皮不接地）时SW1全OFF；双绞线时SW1全OFF。

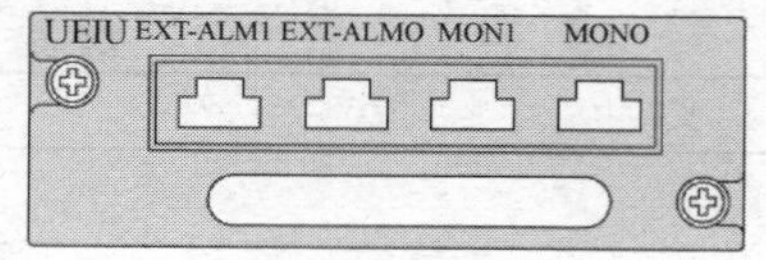

图 3-17　UEIU 单板

图 3-18　UELP 单板

⑦ UFLP。UFLP（见图 3-20）是通用 FE/GE 防雷单元，每块 UFLP 支持 2 路以太网信号的防雷处理。其提供 FE 接口，INSIDE 的两个接口用于连接 BBU3900 的 CMPT；OUTSIDE 的两个接口用于连接外部设备。接线时，INSIDE 的 FE0 接口和 OUTSIDE 的 FE0 接口对应，INSIDE 的 FE1 接口和 OUTSIDE 的 FE1 接口对应。

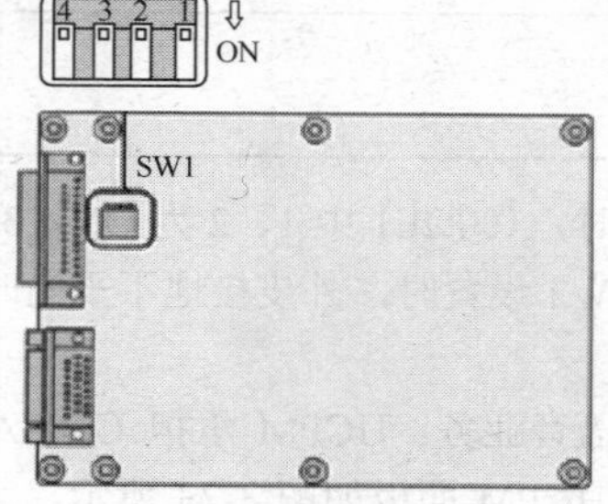

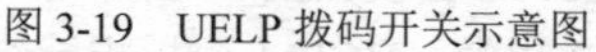
图 3-19　UELP 拨码开关示意图

图 3-20　UFLP 前面板示意图

⑧ CMPT。CMPT 是主控传输模块，实现 BTS 与 BSC 间的数据传输处理、对整个基站系统进行控制和管理、为基站系统提供时钟信号等。CMPT 面板如图 3-21 所示。其中，ETH 为调试接口；FE0 为与 BSC 间的数据传输电接口；FE1 为与 BSC 间的数据传输 SFP 接口，支持 SFP 电缆/光缆，需要注意的是，使用光缆前要先安装光模块；USB 为预留接口；TEST 为时钟测试接口；E1/F1 为与 BSC 间的数据传输接口；GPS 用于连接 GPS 天线。CMPT 面板指示灯含义说明如表 3-6 所示。

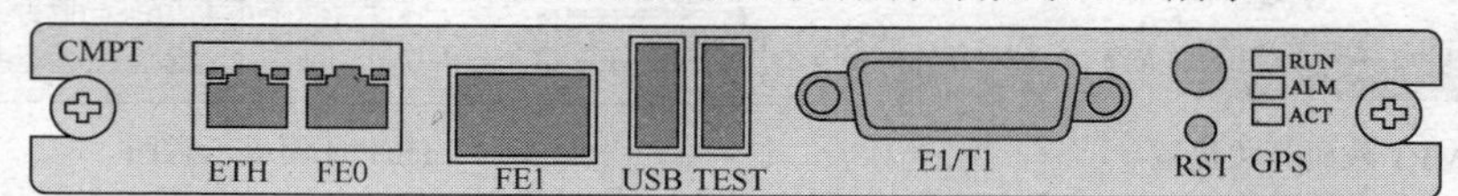

图 3-21　CMPT 面板示意图

表 3-6　CMPT 面板指示灯含义

指　示　灯	颜　　色	含　　义
RUN	绿色	常亮：有电源输入，单板存在故障 常灭：无电源办公设备或单板处于故障状态 0.125s 亮，0.125s 灭：单板处于加载状态 1s 亮，1s 灭：单板运行正常 2s 亮，2s 灭：单板进入测试状态 其他：单板故障
ALM	红色	常亮：需要更换单板的告警 0.125s 亮，0.125s 灭：紧急告警 1s 亮，1s 灭：重要告警 2s 亮，2s 灭：一般告警 常灭：无告警
ACT	绿色	常亮：主用状态 常灭：备用状态
TX	绿色	光口常亮：有光输出且连接正常 光口常灭：无光输出或连接中断 电口常亮：有信号输出且连接正常 电口常灭：无信号输出或连接中断

续表

指示灯	颜色	含义
RX	绿色	光口常亮：有光输入且连接正常 光口常灭：无光输入或连接中断 电口常亮：有信号输入且连接正常 电口常灭：无信号输入或连接中断
ACT	黄色	闪烁：有数据交互 常灭：无数据交互
LINK	绿色	常亮：FE 物理链路通 常灭：FE 物理链路断

CMPT 拨码开关位置如图 3-22 所示。CMPT 拨码开关的 SW1 设置时，100ΩE1 中 1、2 为 ON，3、4 为 OFF；120ΩE1 中 1、2 为 OFF，3、4 为 ON；75ΩE1 中全为 ON。SW2 设置时，外皮接地不平衡时全为 ON；外皮不接地平衡时全为 OFF。

⑨ HCPM。HCPM 是 CDMA.1x 信号业务处理板，主要处理 2G 语音业务。HCPM 承担 CDMA.1x 模式下各种前/反向信道业务数据处理，默认配置一片 CSM6700 芯片。HCPM 面板如图 3-23 所示，其中 SFP 接口用于连接射频模块，可接插光模块连接光纤，也可直接连接 SFP 电缆。HCPM 面板指示灯含义说明如表 3-7 所示。

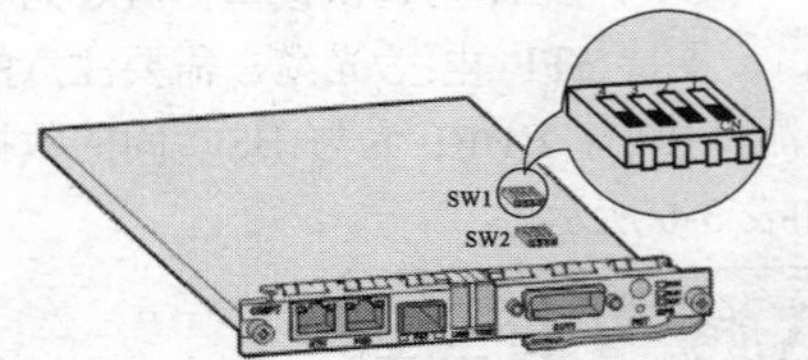

图 3-22　CMPT 拨码开关位置

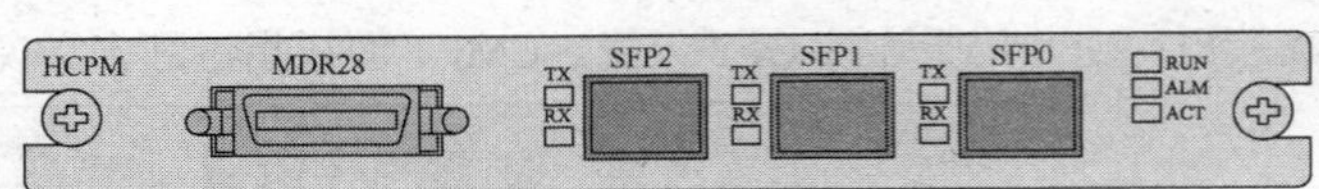

图 3-23　HCPM 面板示意图

表 3-7　HCPM 面板指示灯含义

指示灯	颜色	含义
RUN	绿色	0.125s 亮，0.125s 灭：单板正在上电初始化或正在进行软件下载 1s 亮，1s 灭：单板运行正常 其他：单板故障
ALM	红色	常亮：需要更换单板的告警 0.125s 亮，0.125s 灭：紧急告警 1s 亮，1s 灭：重要告警 2s 亮，2s 灭：一般告警 常灭：无告警
ACT	绿色	常亮：单板运行正常 0.125s 亮，0.125s 灭：总线告警 1s 亮，1s 灭：主控信令链路中断告警 2s 亮，2s 灭：CSM 芯片告警
TX	绿色	光口常亮：有光输出且连接正常 光口常灭：无光输出或连接中断 电口常亮：有信号输出且连接正常 光口常灭：无信号输出或连接中断

续表

指　示　灯	颜　　色	含　　义
RX	绿色	光口常亮：有光输入且连接正常 光口常灭：无光输入或连接中断 电口常亮：有信号输入且连接正常 电口常灭：无信号输入或连接中断

⑩ HECM。HECM 是 CDMA2000.1x EV-DO 信道业务处理板，主要处理 3G 数据业务。HECM 承担 CDMA2000.1x EV-DO 模式下各种前/反向信道业务数据处理任务，默认配置一片 CSM6800 芯片。HECM 面板如图 3-24 所示，其接口配置、功能及指示灯含义均与 HCPM 相同。

⑪ USCU。USCU 是通用星卡时钟单元，为选配单板，兼容 6 种星卡，为主控传输板 CMPT 提供绝对时间信息和 1PPS 参考时钟源，提供 GPS 信号接口、RGPS 信号接口、BITS 时钟信号接口和 TEST 测试时钟接口。USCU 有 3 种规格：USCUb11 提供与外界 RGPS（如局方利旧设备）和 BITS 设备的接口，不支持 GPS；USCUb14 单板含 UBLOX 单星卡，不支持 RGPS；USCUb22 单板支持 NavioRS 星卡，单板内不含星卡，星卡需现场采购和安装，不支持 RGPS。USCU 面板如图 3-25 所示，其面板指示灯含义说明如表 3-8 所示。一个 BBU3900 中最多配置两块 USCU 单板，可根据需求选配。

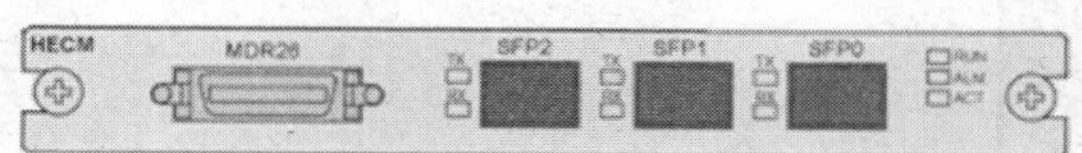

图 3-24　HECM 面板示意图

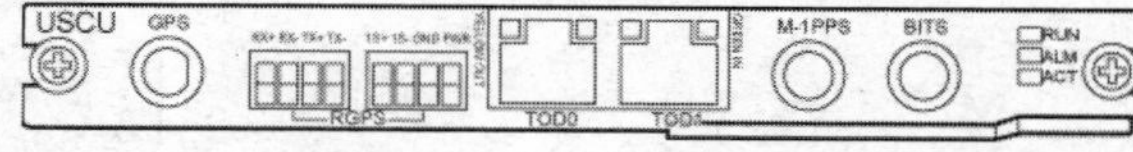

图 3-25　USCU 面板示意图

表 3-8　USCU 面板指示灯含义

指　示　灯	颜　　色	含　　义
RUN	绿色	常亮：有电源输入，单板存在故障 常灭：无电源输入或单板处于故障状态 0.125s 亮，0.125s 灭：单板处于加载软件或数据配置状态，或单板未运行 1s 亮，1s 灭：单板运行正常
ALM	红色	常亮：需要更换单板的告警 1s 亮，1s 灭：有告警，不能确定是否需要更换单板 常灭：无告警
ACT	绿色	常亮：主用状态 常灭：非主用状态，或单板没有激活，或单板没有提供服务

相关知识

GPS 接口为 SMA 连接器，USCUb14、USCUb22 上的 GPS 接口用于接收 GPS 信号；USCUb11 上的 GPS 接口预留，无法接收 GPS 信号。

RGPS 接口为 PCB 焊接型接线端子，USCUb11 上 RGPS 接口用于接收 RGPS 信号；USCUb14、USCUb22 上的 RGPS 接口预留，无法接收 RGPS 信号。

TOD0 接口为 RJ45 连接器，接收或发送 1PPS+TOD 信号。

TOD1 接口为 RJ45 连接器，接收或发送 1PPS+TOD 信号，接收 M1000 的 TOD 信号。

BITS 接口为 SMA 连接器，接收 BITS 时钟信号，支持 2.048M 和 10M 时钟参考源自适应输入。

M-1PPS 接口为 SMA 连接器，接收 M1000 的 1PPS 信号。

（3）射频模块配置

CRFU（见图 3-26）为 CDMA 射频模块，负责无线信号的收发，实现无线网络系统和移动台之间的通信。CRFU 提供的接口有一个收发双工 ANT_TX/RX 接口、一个射频信号分集接收 ANT_RX 接口、一对分

集接收输入/输出 RX_IN/OUT 接口、两个用于 BBU 连接或级联 CRFU 的 CPRI 接口、一个用于接入−48V 直流电源的 PWR 电源接口和一个用于近端维护的 MON 调测接口。面板指示灯含义说明如表 3-9 所示。

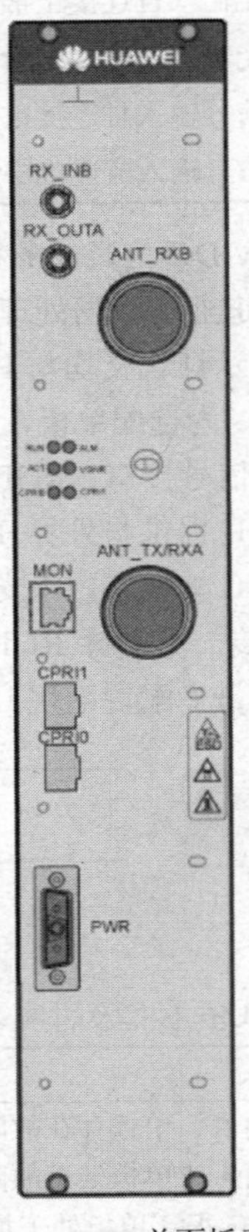

图 3-26　CRFU 前面板示意图

表 3-9　CRFU 模块指示灯说明

指　示　灯	颜　　色	含　　义
RUN	绿色	常亮：有电源输入，模块故障 常灭：无电源输入或模块故障 1s 亮，1s 灭：模块正常运行 0.125s 亮，0.125s 灭：模块正在加载或未开始工作
ALM	红色	常亮：模块处于告警状态 常灭：模块无告警
ACT	绿色	常亮：模块工作正常，与 BBU 已建立连接 常灭：模块与 BBU 没有建立连接 1s 亮，1s 灭：模块处于近端测试状态
VSWR	红色	红灯常灭：模块无 VSWR 告警 红灯常亮：模块有 VSWR 告警
CPRI0/CPRI1	绿色	绿灯亮：CPRI 链路正常 红灯亮：接口模块接收异常 1s 亮，1s 灭：CPRI 链路失锁

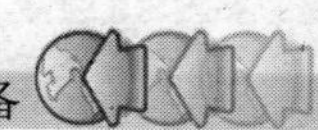

（4）RRU

CDMA 系统中的射频部分也可以 RRU 方式配置，如 RRU3606（见图 3-27）。RRU3606 负责无线信号的收发，实现无线网络系统和移动台之间的通信。单 RRU3606 最大支持 4 载波，一个 RRU3606 支持一个扇区。RRU3606 支持的频段为 800MHz、1900MHz、2100MHz 等。

RRU3606 底部面板接口包括主发主收 ANT_TX/RXA 接口、分集接收 ANT_RXB 接口、转送分集接收信号的 RX_IN/OUT 接口、电调通信接口 RET/PWR_SRXU，前面板接口包括告警 RS485/EXT_ALM 接口、CPRI-W 接口（用于连接 BBU3900）、CPRI_E 接口（用于级联）、电源输入接口（RTN+、NEG−）及电源线屏蔽层接地压接口 PGND。RRU3606 支持单发双收，支持 CPRI 接口。单 RRU 和多 RRU 与 BBU 的连接示意图如图 3-28 所示。

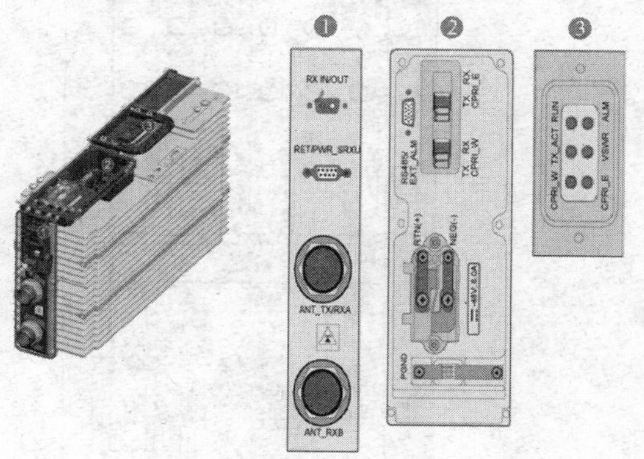

图 3-27　RRU3606

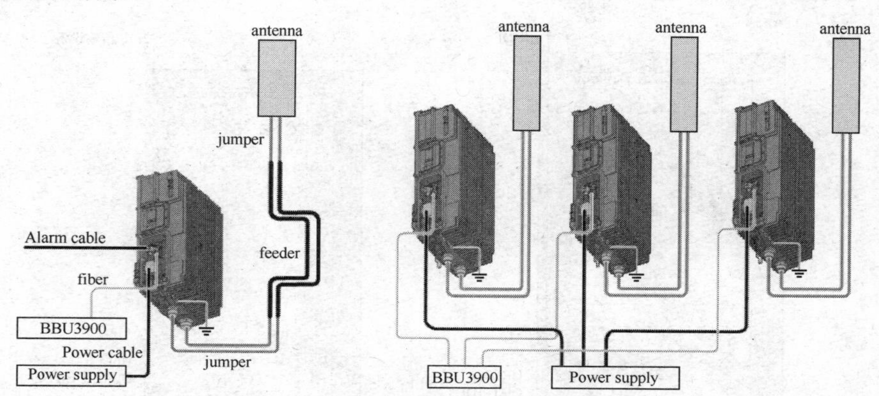

图 3-28　单 RRU（左）和多 RRU（右）与 BBU 的连接示意图

2. 线缆连接

（1）电源线缆配线

BTS3900 电源线配线如图 3-29 所示。配线 P1～P6 接 CRFU 电源；P7 接风扇盒电源线；P8 接 BBU 电源线（P1～P8 出厂前已安装）；P11 和 P12 接外部电源线（需现场安装）。

（2）信号线配线

信号线配线如图 3-30 所示。S1 为 FAN 监控信号线，用于实现 BBU 对 FAN 的监控；S2 为 EMUA 监控信号线，用于将 EMUA 开关量信号输出给 BTS3900；S3 为 DCDU-01 监控信号线，用于将 DCDU 的防雷告警信息上报给 BBU；S4 为 BTS3900 时钟信号线，用于连接 GPS 天馈系统，可将接收到的 GPS 信号作为 BTS3900 的时钟基准。

（3）传输走线（E1/T1）

传输走线如图 3-31 所示，左图方式连接至 DDF，右图方式连接至 IP 设备。配线 S1：E1/T1 电缆；S2：E1/T1 转接电缆（出厂前已安装）。若配置有 UTRP 扩展传输板，则 UELP 配置在 SLPU 防雷盒中，此时，E1/T1 转接电缆连接至 UTRP 面板接口。

（4）射频线缆配线

射频线缆的配置根据覆盖需要有 3 扇区、6 扇区等配置方式。3 扇区配置如图 3-32 所示，左图为典型 3 扇区配置方式，右图为互为主分集配线方式。S1～S6 接 CPRI SFP 电缆（出厂前已安装）；R1～R6 接 3 扇区射频电缆（需现场安装）；P1～P6 接互为主分集连线。SFP 电缆次序与信道板 SFP 接口次序没有对应关系。

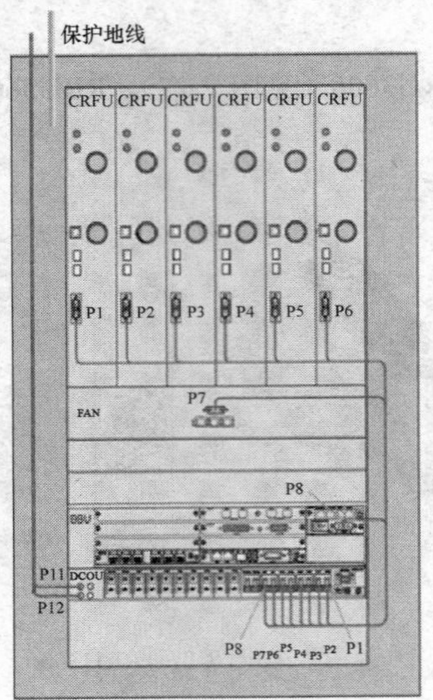

图 3-29 BTS3900 电源线配线图

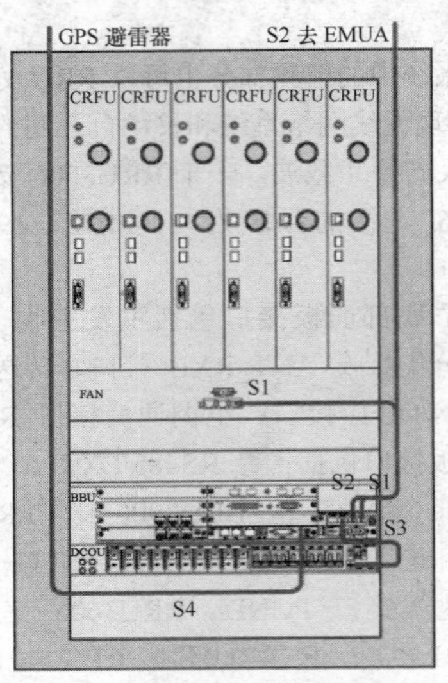

图 3-30 BTS3900 信号线配线图

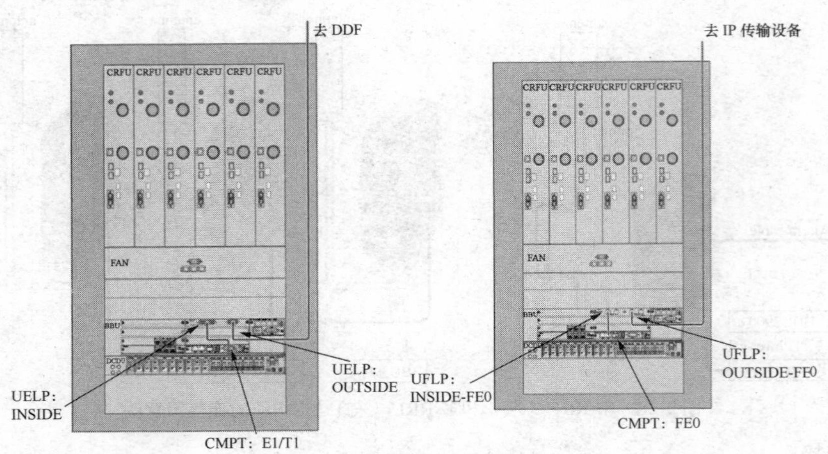

图 3-31 BTS3900 传输走线图

6 扇区配置如图 3-33 所示，S1～S6 接 CPRI SFP 电缆（出厂前已安装）；R1～R12 接满配 6 扇区射频电缆（需现场安装）。SFP 电缆次序与信道板 SFP 接口次序没有对应关系。

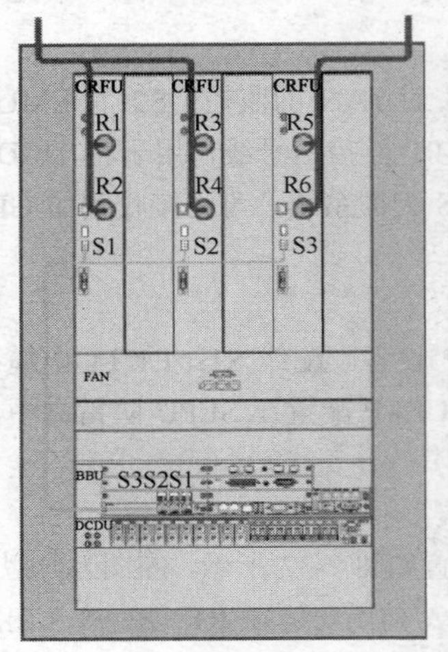

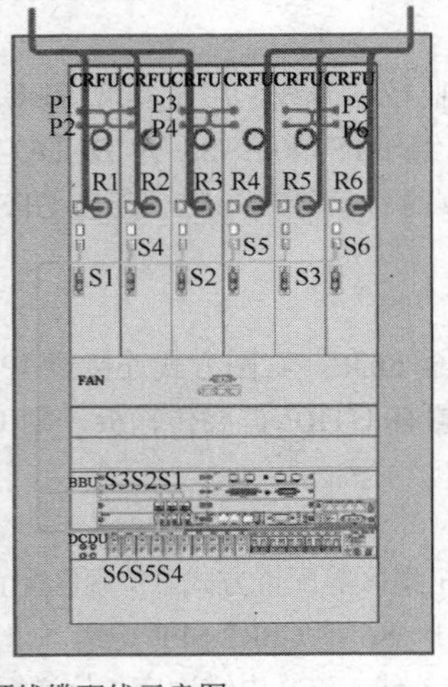

图 3-32 3 扇区射频线缆配线示意图

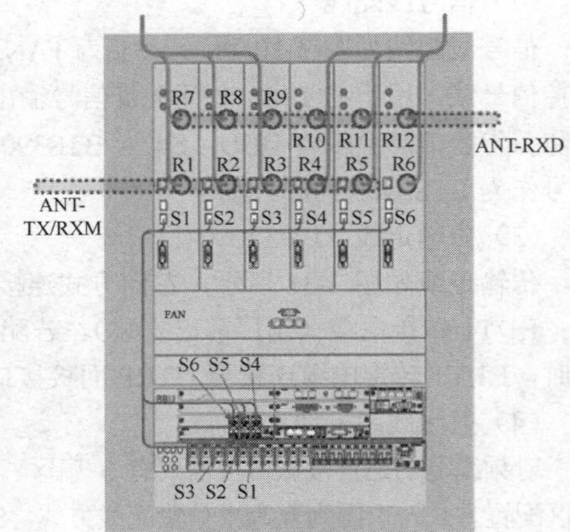

图 3-33 6 扇区射频线缆配线示意图

3.1.3　在 GSM 系统中的应用

1. 设备配置

BTS3900 整体柜在 GSM 系统中应用时的配置如图 3-34 所示（左：−48VDC；中：+24VDC；右：～220VAC）。

（1）整体柜基本配置

GSM 系统应用的 BTS3900 设备除了射频模块为双密度射频滤波器单元（DRFU）、GSM 射频滤波器单元（GRFU）、多载频射频滤波器单元（MRFU）外，其余配置与 CDMA 系统的一致。

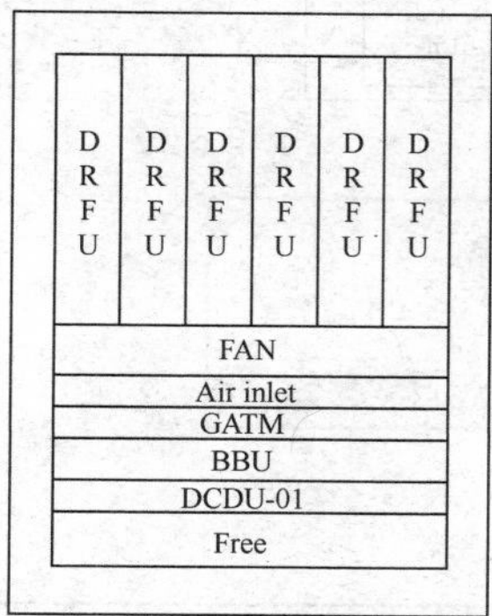

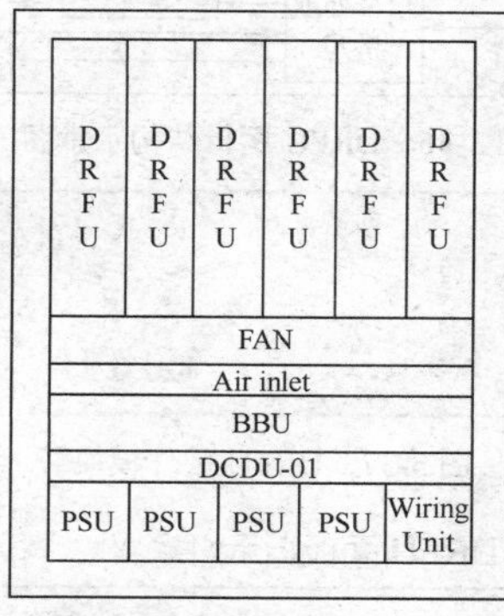

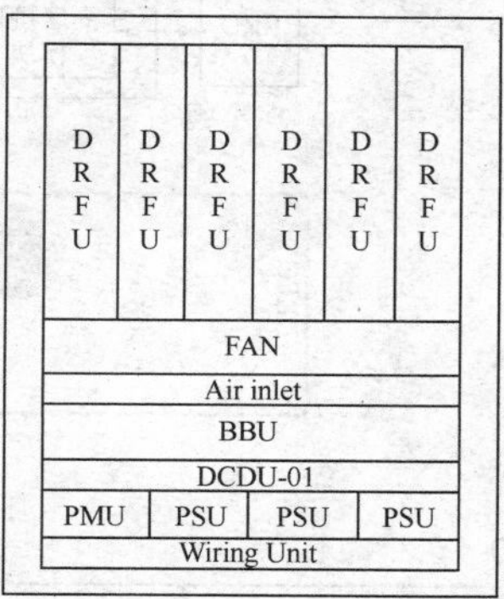

图 3-34　BTS3900 整体柜在 GSM 系统中的配置示意图

（2）BBU 模块配置

BBU 的典型功耗值为 50W，采用盒式结构，所有对外接口均位于盒体的前面板上。BBU 的单板包括 BSBC、UEIU、GTMU、UELP、UBFA 及 UPEU 等，此处主要介绍 GTMU 单板。

GSM 系统主控传输单元 GTMU 单板（见图 3-35）为 BBU 基本传输及控制功能实体，提供基准时钟、电源、维护接口和外部告警采集接口，控制和管理整个基站，主要负责 BTS 的控制、维护和操作，支持故障管理、配置管理、性能管理和安全管理，支持对风扇及电源模块的监控，集中供给和管理 BTS 时钟，提供时钟输出用于测试，提供网口用于终端维护，支持 4 路 E1 输入，提供与射频模块通信的 CPRI 接口。

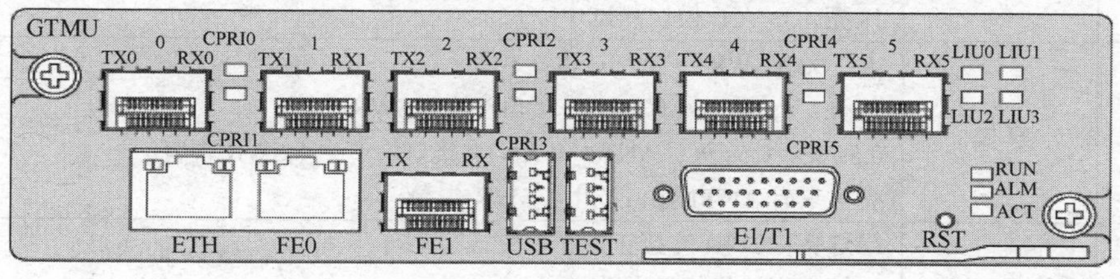

图 3-35　GTMU 单板

GTMU 单板占用 5、6 号槽位，7 号槽位支持 3G 产品的主控单板（2G、3G 共 BBU 时，其余为通用槽位）。

GTMU 单板接口：CPRI0～CPRI5 用于 BBU 与 RRU 间的 CPRI 接口光纤连接，用于光信号传输输入、输出；ETH 网线连接用于近端维护和调试；FE0 网线与机房内路由设备连接，传输网络信息；FE1 采用光纤形式与机房内路由设备连接，用于传输网络信息；USB 接口用于使用 U 盘自动进行软件升级；TEST 区的 USB 口可根据具体的测试仪表进行时钟测试；E1/T1 连接 BBU E1/T1 线，用于 4 路 E1/T1 信号输入、输出。

（3）射频模块配置

在 BTS3900 整体柜中的射频模块可根据需要配置为双密度射频滤波器单元（DRFU）、GSM 射频滤波器单元（GRFU）、多载频射频滤波器（MRFU）等。在 DBS3900 中，射频部分配置为不同的 RRU。

① DRFU 配置。DRFU 单板由高速接口模块、信号处理单元、功放单元、双双工单元等组成，逻辑结构如图 3-36 所示。该模块主要完成基带信号和射频信号的调制解调、数据处理、合分路等功能，在发射通道采用直接变频技术将信号调制到 GSM 发射频段，经滤波放大或合并后，由双工滤波器送往天线发射；通过天

馈接收射频信号，将接收信号下变频至中频信号，并进行放大处理、解调、数字下变频、匹配滤波、AGC（Automatic Gain Control，分模拟AGC-AAGC和数字AGC-DAGC）后发送给BBU进行处理；可实现CPRI接口时钟的产生、失步恢复以及告警检测等功能；支持预失真DPD（Digital Prediction Distortion）/BPD（Baseband Prediction Distortion）功能，支持功率控制、正向功率检测等。

DRFU硬件模块如图3-37所示，提供了两个ANT接口连接1/2"跳线、两个RX分集接收信号输入端口、两个分集接收信号输出端口、一个电源输入端口，CPRI0端口连接BBU或者上级级联DRFU，CPRI1连接下级级联DRFU。其面板指示灯含义说明如表3-10所示。

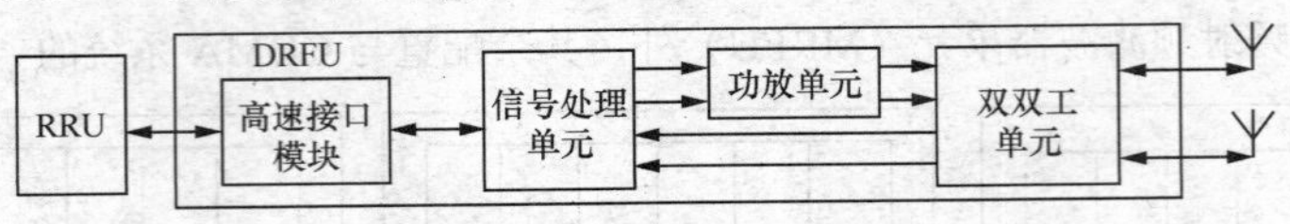

图3-36　DRFU逻辑结构示意图

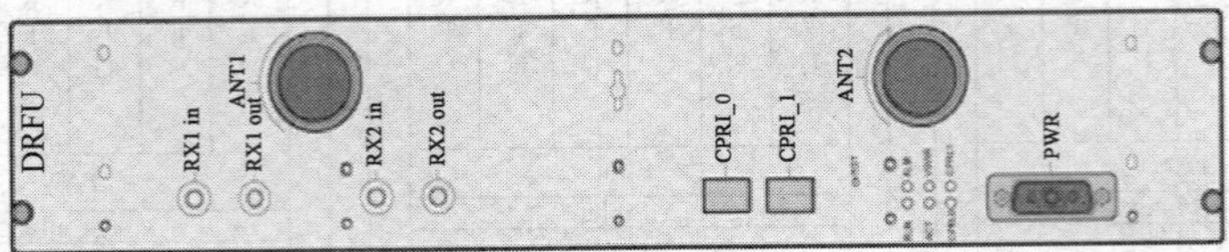

图3-37　DRFU硬件模块

表3-10　DRFU面板指示灯含义

指　示　灯	颜　　色	含　　义
RUN	绿色	亮：电源输入正常，但BBU有问题 灭：没有电源输入或模块损坏 1s亮，1s灭：模块正常 0.125s亮，0.125s：正在加载软件或者正在启动
ALM	红色	灭：无告警 亮：故障告警
ACT	绿色	亮：模块连接到BBU，运行正常 灭：与BBU无连接 1s亮，1s灭：模块测试中
VSWR	红色	灭：无VSWR告警 1s亮，1s灭：只有ANT2接口产生VSWR告警 0.5s亮，0.5s灭：ANT1和ANT2接口均产生VSWR告警 亮：只有ANT1接口产生VSWR告警
CPRI0/ CPRI1	红绿双色	绿灯亮：CPRI连接正常 红灯亮：接收信号失败 红灯1s亮，1s灭：CPRI链路产生失锁错误

DRFU内部集成了两个载频、两个双工器，支持天馈直出。DRFU的RX_IN/RX OUT接口支持两个DRFU接收分路的互联，用于实现跨DRFU的主分集接收，DRFU间应尽量采用星形连接方式。

② GATM配置。BTS3900中还有一个射频选配模块GATM（见图3-38），是天线和塔放控制模块。GATM模块的功能为控制电调天线、实现TMA的馈电、上报电调天线控制告警信号、馈电电流监控。GATM的ANT0/2/4接口提供馈电以及传输电调天线控制信号；ANT1/3/5接口用于提供馈电；COM1接口提供与BBU的互联；COM2接口提供扩展RS485接口，可用来级联其他设备；“−48V”接口用于接入−48V电源。其面板指示灯含义如表3-11所示。

图3-38　GATM模块

表 3-11　　GATM 面板指示灯含义

指 示 灯	颜　色	含　义
RUN	绿色	2s 亮，2s 灭：电源输入正常，与 BBU 通信不正常 1s 亮，1s 灭：运行正常，与 BBU 通信正常 灭：无电源接入，或模块有故障
ACT	绿色	亮：AISG 链路正常 灭：AISG 链路不正常 不定周期快闪：进行 AISG 链路传输
ALM	红色	亮：模块有告警，如过流告警 灭：模块运行正常

（4）RRU 配置

GSM 系统中使用的 RRU 设备也有很多种，如 RRU3004、3008、3908 等，应用于不同场合，具有与 DRFU、GRFU、MRFU 相同的功能。此处以 RRU3004 为例做简单介绍。

RRU3004 是室外型射频远端处理单元，由两个 RRU 模块拼装而成，采用模块化结构，对外接口分布在模块底部和配线腔中，支持挂墙安装、抱杆安装和铁塔安装（见图 3-39）。

RRU3004 面板分为底部面板、配线腔面板和指示灯区域，提供–48V 电源供给，如图 3-40 所示。①为底部面板，②为配线腔面板，③为指示灯区域。

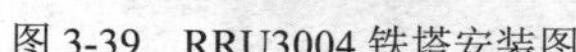

图 3-39　RRU3004 铁塔安装图

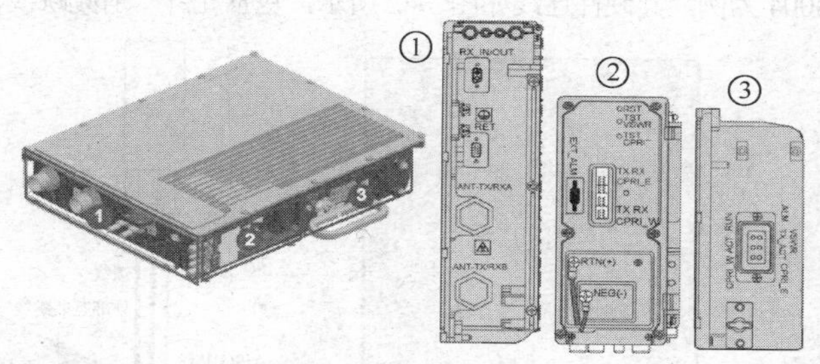

图 3-40　R3004 面板示意图

RRU 底部面板接口包括射频互联接口 RX_IN/OUT、电调天线通信接口 RET、A/B 路发送/接收射频接口 ANT_TX/RXA/B。RRU 配线腔面板接口及按钮包括电源接线柱（RTN+、NEG–）、东/西向光接口（TX RX CPRI_E/W）、告警接口（EXT_ALM）、硬件复位按钮（RST）、驻波测试按钮（TST VSWR）和 CPRI 接口测试按钮（TST CPRI）。

相关知识

在 RRU 收发天馈配置中，“单天馈”和“单天馈双接收”不支持单个 RRU 服务于多小区，因此，在执行绑定时，若用户选择了“单天馈”和“单天馈双接收”收发配置属性，则不允许选择多小区。“发分集”必须选择“双天馈”或者“双天馈四接收”配置；“四接收”必须选择“双天馈四接收”配置；单板服务于双载波的时候，功率类型选择 30W、25W、12W，必须是“双天馈”或者“双天馈四接收”配置；在配置“四接收分集”“双天馈四接收”和“单天馈双接收”时，系统会让用户设置关联 RRU，因为 BSC 需要下发关联 RRU 号和载波号以及关联载波频点，用于通知关联 RRU 上行接收通道为对应的载波服务（C01 版本暂不实现）。RRU 配置一个小区时，对于“单天馈”配置，配置一个载波，固定选择通道 0；对于“双天馈”配置，配置一个载波，通道 0 和通道 1 均可以使用，软件选择使用通道 0；RRU 配置两个小区 S1/1 时，“双天馈”配置，BSC 需要将每个小区对应天馈端口号，这时为单集接收，单板 SCP 软件将分集接收告警屏蔽。

GSM900 RRU 载频功率可选值有 30W、25W、15W 和 12W，默认值为 15W，此时，RRU 支持发射合路或者发射独立，当选择其他功率类型时仅支持发射独立；DCS1800 RRU 载频功率可选值有 20W 和

10W，默认值为10W，此时支持发射合路或者发射独立，当选择其他功率类型时仅支持发射独立。

2. 线缆连接

（1）BBU硬件连线

华为主设备BBU有多种类型，如BBU3900、BBU3036等，不同的BBU有不同的应用。BBU3036和DRFU、BSC、配套设备之间的线缆连接关系如图3-41所示，包括保护地线、−48V、直流电源线、E1/T1线、E1转接线、告警信号线、FE接口信号线、BBU与DRFU间的CPRI接口信号线及BBU与风扇间的监控信号线等。

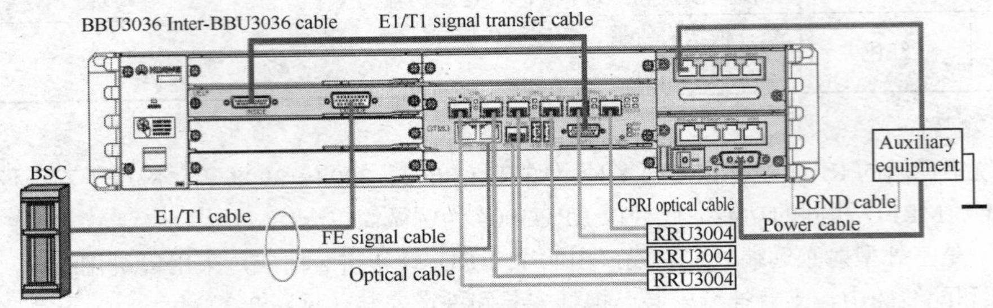

图3-41　BBU硬件连线示意图

（2）RRU硬件连线

以RRU3004为例，其硬件连线如图3-42所示，包括光纤、射频跳线、开关量输入信号线和RRU级联电缆。

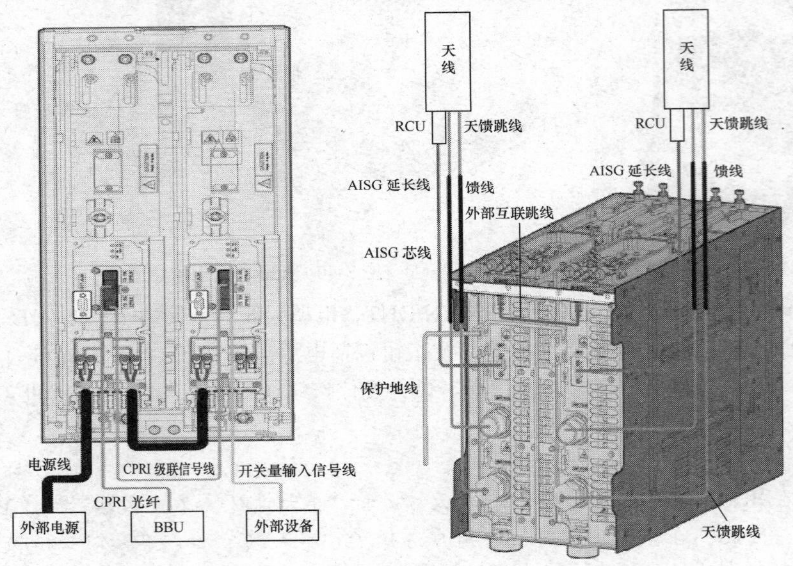

图3-42　RRU3004硬件连线示意图

3.1.4　在WCDMA系统中的应用

华为主设备在WCDMA系统中应用时，主要采用BBU+RRU形式。

1. BBU3900配置

WCDMA系统中，BBU3900模块配置包括WMPT、WBBP、UBFA、UPEU、UTRP、UEIU。满配置为2块WMPT、6块WBBP/UTRP、2块UPEU、1块UBFA，如图3-43所示；典型配置为1块WMPT、1块WBBP、1块UPEU、1块UBFA，如图3-44所示。

（1）WMPT

WMPT（WCDMA Main Processing&Transmission Unit）单板是BBU3900的主控传输板，优先配置在Slot 7槽位，为其他单板提供信令处理和资源管理功能，其面板示意图如图3-45所示。

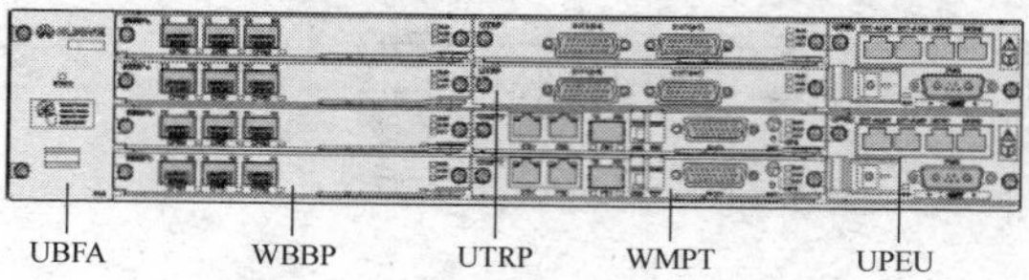

图 3-43　BBU3900 满配示意图

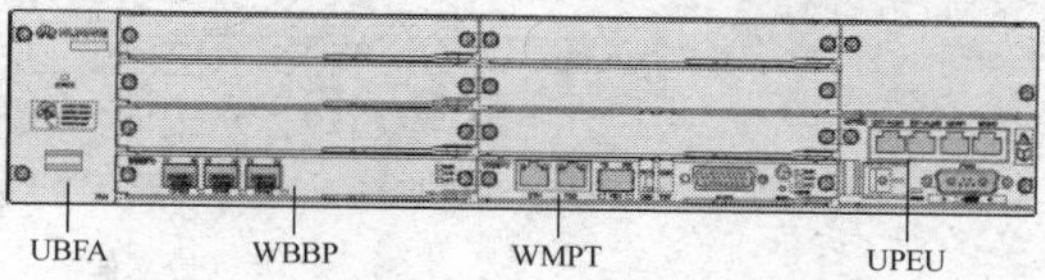

图 3-44　BBU3900 典型配置示意图

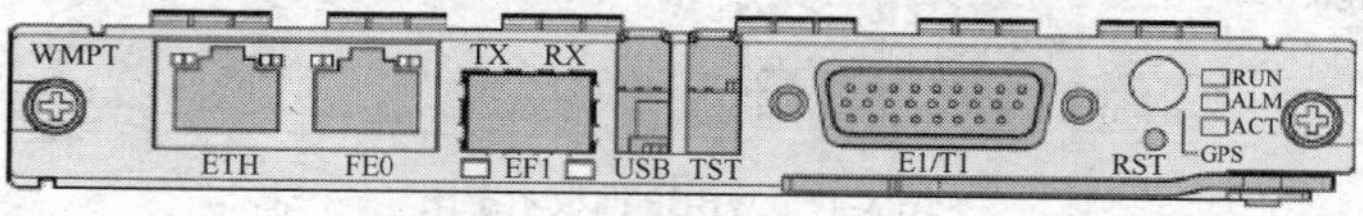

图 3-45　WMPT 面板示意图

WMPT 单板的主要功能：完成配置管理、设备管理、性能监视、信令处理、主备切换等 OM 功能，并提供与 OMC（LMT 或 M2000）连接的维护通道，为整个系统提供所需要的基准时钟，为 BBU 内的其他单板提供信令处理和资源管理功能；提供 USB 接口，安装软件和配置数据时，插入 USB 存储盘，自动为 GU BTS 软件升级；提供一个 4 路 E1 接口，支持 ATM、IP 协议；提供一路 FE 电接口、一路 FE 光接口，支持 IP；支持冷备份。

WMPT 面板指示灯的含义说明如表 3-12 所示。

表 3-12　WMPT 面板指示灯含义

指　示　灯	颜　　色	含　　义
RUN	绿色	常亮：有电源输入，单板存在问题 常灭：无电源输入 1s 亮，1s 灭：单板已按配置正常运行 0.125s 亮，0.125s 灭：单板正在加载或者单板未开始工作
ALM	红色	常灭：无故障 常亮：单板有硬件告警
ACT	绿色	常亮：主用状态 常灭：备用状态

除上述 3 个指示灯外，还有 6 个指示灯，用于表示 FE 光口、FE 电口、调试串口的连接状态。这 6 个指示灯在 WMPT 单板上没有丝印显示，位于每个接口的两侧。绿色 LINK 指示灯常亮表示连接成功，常灭表示没有连接；ACK 指示灯（FE1 光口为绿色，FE0 电口/ETH 为黄色）闪烁表示有数据收发，常灭表示没有数据收发。

WMPT 面板上还有 E1 口、FE0（电口）、FE1（光口）、GPS（天线口）、ETH（调试串口）、USB（加载口）、TEST（USB 调试口）及 RST（硬件复位）按钮。

WMPT 单板共有两个拨码开关，如图 3-46 所示。SW1 用于设置 E1/T1 的工作模式，SW2 用于设置各模式下 4 路 E1/T1 接收信号线的接地情况。拨码开关 SW1 设置时，120ΩE1 模式中的 1、2 为 OFF，3、4 为 ON；75ΩE1 模式中全为 ON。SW2 设置时，平衡模式全为 OFF，不平衡模式全为 ON。需要注意的是，SW2 默认均为 OFF，只有当接收链路的 4 路 E1 出现误码时，才需要将 SW2 全部设置为 ON，用于消除链路误码。

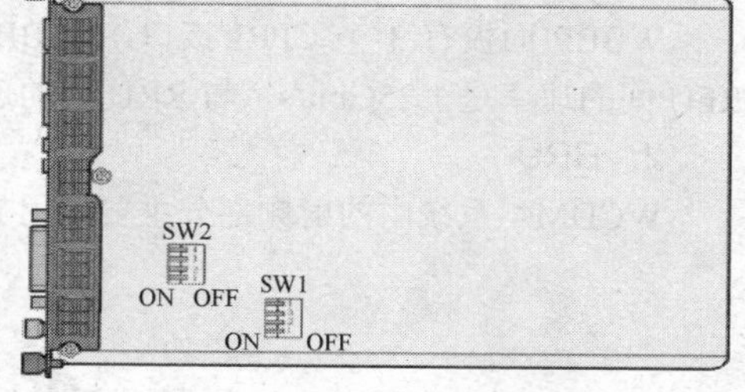

图 3-46　WMPT 单板拨码开关

（2）WBBP

WBBP（WCDMA Base Band Process Unit）单板是 BBU3900 的基带处理板，传输 CPRI 信号的 WBBP 单板只能配置在 Slot 2/3 槽位。WBBP 主要实现基带信号处理功能，具体包括提供与 RRU/RFU 通信的 CPRI 接口（支持 CPRI 接口的 1+1 备份）和处理上/下行基带信号。其面板有 WBBPa 和 WBBPb 两种，示意图如图 3-47 所示。

WBBP 单板每板支持 3 个 CPRI 接口，UTRP 每板提供 8E1 的出线能力，UTRP 和 WBBP 共用槽位，BBU 最多可提供 6 个槽位给 WBBP 和 UTRP 扩容。WBBP 单板规格如表 3-13 所示，单板指示灯含义说明如表 3-14 所示。

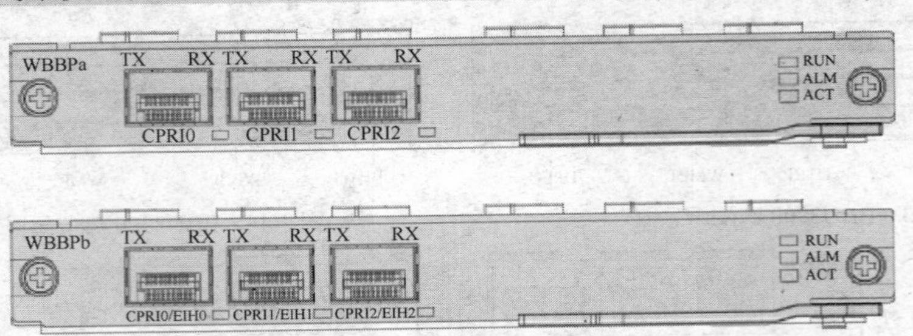

图 3-47　WBBP 面板示意图

表 3-13　WBBP 单板规格

单板名称	小区数	上行CE 数	下行CE 数	HSDPA 最大流量（Mbit/s）	HSUPA 最大流量（Mbit/s）
WBBPa	3	128	256	15	6
WBBPb1	3	64	64	15	6
WBBPb2	3	128	128	15	6
WBBPb3	6	256	256	30	12
WBBPb4	6	384	384	40	12

表 3-14　WBBP 单板指示灯含义

指 示 灯	颜 色	含 义
RUN	绿色	常亮：有电源输入，单板存在故障 常灭：无电源输入或单板处于故障状态 1s 亮，1s 灭：单板正常运行 0.125s 亮，0.125s 灭：单板处于加载状态
ACT	绿色	常亮：单板工作 常灭：未使用
ALM	红色	常灭：无故障 常亮：单板有硬件告警
CPRI0/ CPRI1/ CPRI2	红绿双色	常灭：光模块端口未配置或电源下电 绿灯常亮：CPRI 链路正常，RRU 无硬件故障 红灯常亮：光模块不在位或 CPRI 链路故障 红灯 0.125s 亮，0.125s 灭：CPRI 链路上的 RRU 硬件故障，须更换 红灯 1s 亮，1s 灭：CPRI 链路上的 RRU 驻波告警、天馈告警、外部告警

WBBP 面板有 3 个 CPRI 接口，是 BBU 与 RRU 互联的数据传输接口，支持光、电信号的传输，与 RFU 间的速率是 1.25Gbit/s，与 RRU 间的速率是 1.25Gbit/s 或 2.5Gbit/s。

2. RRU

WCDMA 系统中的射频部分主要采用 RRU 结构，如 RRU3804（见图 3-48）。

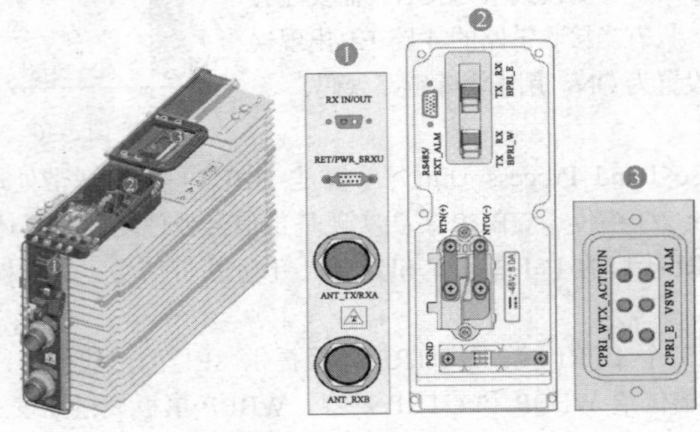

图 3-48　RRU3804

单 RRU3804 支持 4TRX，支持 S4 典型配置，支持 12dB、24dB 增益的 TMA，并且支持 RTWP 统计及上报、驻波比统计及上报，支持 AISG（Antenna Interface Standards Group）2.0。

WCDMA 系统应用 BTS3900 时，射频模块配置成 RFU 模块，单模块最大支持 4 载波，3 模块构成 S4/4/4，满足 3G 小区容量需求。设备安装时还可以实现 2G/3G 共柜配置，或堆叠安装，如图 3-49 所示。

采用 2G/3G 机柜堆叠方案时，2G 基站需要断电断业务。2G/3G 能否共柜主要受限于机柜射频框的槽位，不仅要考虑当前 2G 基站的槽位，还要为后续 2G 扩容预留槽位。一般，新建 3G 基站、新建分布式基站或 2G/3G 机柜堆叠时不采用共柜配置。

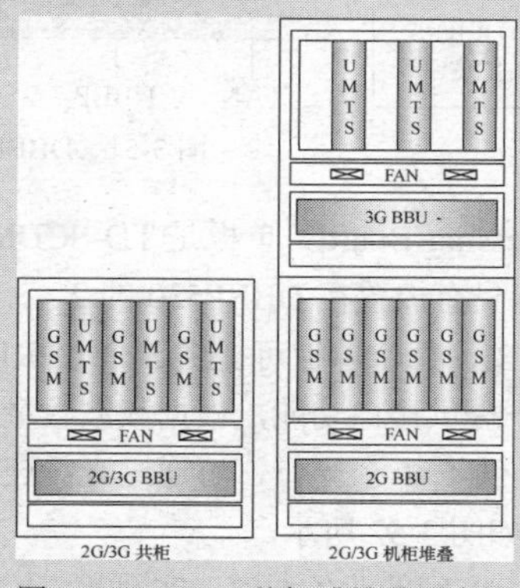

图 3-49　2G/3G 共柜或堆叠示意图

RRU3804 底部面板提供的接口包括分集信号转送接口（RX_IN/OUT）、电调天线通信接口（RET）、发射/主接收射频接口（ANT_TX/RXA）、分集接收射频接口（ANT_RXB）。配线腔面板提供的接口包括告警接口（RS485/EXT_ALM）、CPRI-W（用于连接 BBU3900）、CPRI_E（用于级联）、电源输入接口（RTN+、NEG−）和电源线屏蔽层接地压接口 PGND。

RRU3804 指示灯含义说明如表 3-15 所示。

表 3-15　RRU3804 指示灯含义

指示灯	颜色	含义
RUN	绿色	常亮：有电源输入，单板存在故障 常灭：无电源输入或工作于告警状态 1s 亮，1s 灭：单板正常运行 0.5s 亮，0.5s 灭：单板处于加载状态
ALM	红色	常灭：无告警（不包括 VSWR 告警） 常亮：有告警（不包括 VSWR 告警）
TX_ACT	绿色	常亮：工作状态
VSWR	红色	常亮：有驻波告警 常灭：无驻波告警
CPRI_W/E	红绿双色	常灭：光模块不在位置或电源下电 绿灯常亮：CPRI 链路正常，RRU 无硬件故障 红灯常亮：光模块接收异常告警 红灯 0.5s 亮，0.5s 灭：CPRI 失锁

3.1.5　在 TD-SCDMA 系统中的应用

1. 设备配置

（1）BBU 模块配置

在 TD-SCDMA 系统基站主设备中，BBU 也可配置为 DBBP530，完成基站侧与 RNC 之间的信息交

互，具体功能包括提供与 RNC 通信的物理接口（完成基站与 RNC 之间的信息交互）、提供与 RRU 连接的 CPRI 接口、提供与 LMT（OMC）连接的维护通道、完成上下行数据处理、管理整个基站系统（包括操作维护和信令处理）、提供系统时钟等。DBBP530 也采用模块化设计，根据各模块实现的功能可划分为传输子系统、基带子系统、控制子系统、电源模块。DBBP530 采用 DCDU-03C 供电。

DBBP530 前面板共有 8 个槽位，除电源、风扇槽位外，可根据实际需求配置不同的单板，如 WMPT、UTRP、UBBP、UPEU、UEIU 等，满配示意图如图 3-50 所示，S3/3/3 典型配置示意图如图 3-51 所示。

FAN	UBBP	UBBP	UEIU/UPEU
	UBBP	UBBP	
	UBBP	WMPT/UTRP	UEIU/UPEU
	UBBP	WMPT	

图 3-50　DBBP530 满配示意图

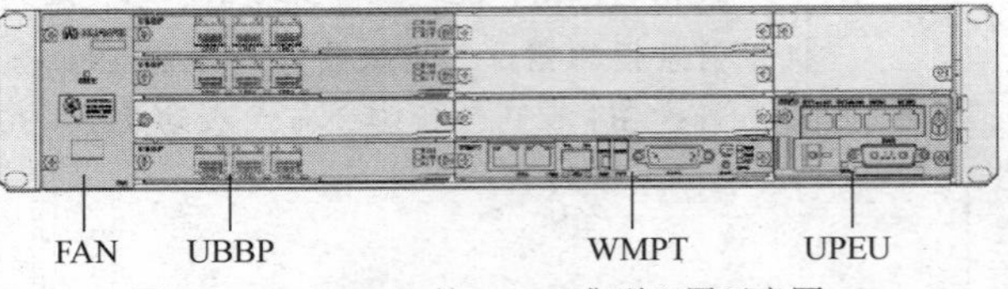

图 3-51　DBBP530 的 S3/3/3 典型配置示意图

UBBP（Universal Base Band Processing Board）单板是 TD-SCDMA 系统配置的基带处理板，每个基带处理板实现 6 载波的基带处理能力，但只有放置在 DBBP530 的 2、3 槽位的单板提供接口功能，对外称为 UBBI，每个单板可提供 3 个 CPRI/Ir 接口。放置在其他槽位的 UBBP 板均不提供接口功能，根据载波数量以及 CPRI/Ir 需求端口数配置。UBBP 提供了 3 个光口，可通过光纤连接 RRU，硬件上可选配 2.5G 光纤接口，如图 3-52 所示。

图 3-52　UBBP 模块

UBBP 单板提供的功能：实现 UBBP 间的业务通道；实现和主控板之间的控制管理通道；完成 L1 上下行基带算法处理；完成 L2 处理（包括 MAC-hs/MAC-e、HARQ 处理）；完成呼叫信令等应用层功能；实现 CPRI/Ir 接口成帧解帧。UBBP 的指示灯含义说明如表 3-16 所示。

表 3-16　　UBBP 指示灯含义

指　示　灯	颜　　色	含　　义
RUN	绿色	常亮：有电源输入，单板存在故障 常灭：无电源输入或单板处于故障状态 1s 亮，1s 灭：单板正常运行 0.125s 亮，0.125s 灭：单板处于加载状态
ACT	绿色	常亮：主用状态 常灭：备用状态
ALM	红色	常灭：无故障 常亮：单板有硬件告警，须更换 快闪：单板外部接口故障，需处理
CPRI0/CPRI1/CPRI2	红绿双色	常灭：光模块不在位 绿灯常亮：Ir 链路正常 红灯常亮：光模块在位，接收功率异常 红灯 1s 亮，1s 灭：Ir 链路失锁

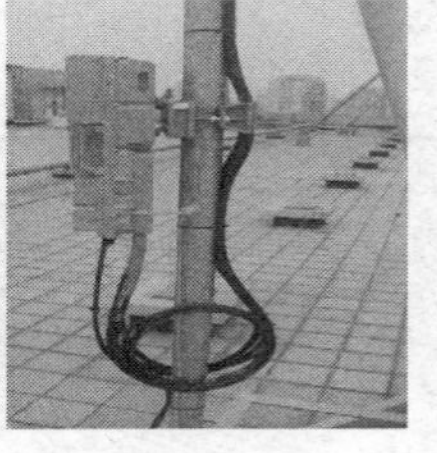

图 3-53　DRRU268e 室外宏站应用

（2）RRU 配置

在 TD-SCDMA 系统基站主设备中，常用的 RRU 有 DRRU268e、DRRU261、DRRU291a 等。

① DRRU268e。DRRU268e 适用于室外宏站型，如图 3-53 所示，有 8 条 PATH、1 根校准线。在维护腔里面有 CPRI 0/1 两个光口，并且有 6 个灯，分别为 RUN、ACT、VSWR、ALM、OP0/1，指示灯含义说明如表 3-17 所示。DRRU268e 每个通道的

发射功率为 5W，电源功率为 230W。

表 3-17　DRRU268e 指示灯含义

指示灯	颜色	含义
RUN	绿色	常亮：有电源输入，但单板有故障 常灭：无电源输入，或工作于告警状态 1s 亮，1s 灭：单板运行正常 0.5s 亮，0.5s 灭：单板软件加载中
ALM	红色	常亮：告警状态（不包括 VSWR 告警） 常灭：无告警（不包括 VSWR 告警）
OP0/1	红绿双色	常灭：光模块不在位或光模块下电 绿灯常亮：CPRI 链路正常 红灯常亮：光模块接收异常告警（近端 LOS 告警） 红灯 0.5s 亮，0.5s 灭：CPRI 失锁

DRRU268e 维护腔中的接口及功能如图 3-54 所示。

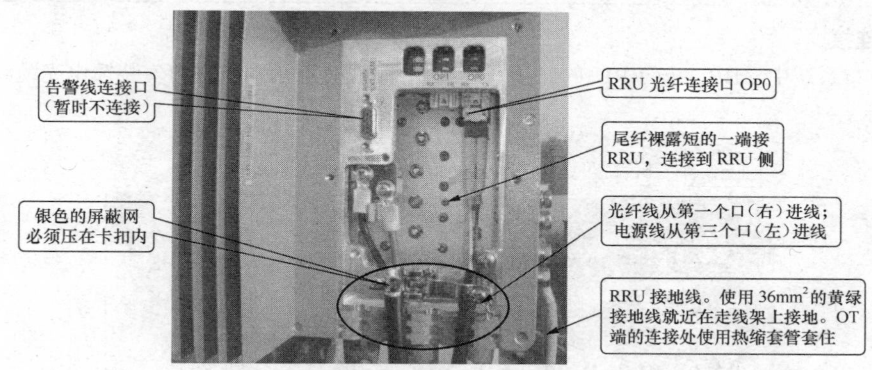

图 3-54　DRRU268e 中的接口及功能

在 TD-SCDMA 系统宏基站天馈连接中，RRU 的 ANT1～ANT8 要分别同天线的 PORT1～PORT8 对应相连，不能混淆，否则天线发射波束不能正常工作；RRU 侧防水全部使用冷缩套管，天线侧不用冷缩套管；安装时把冷缩套管套入馈线，馈线连接 RRU 完成后，拉套管尾部的拉条即可完成安装。

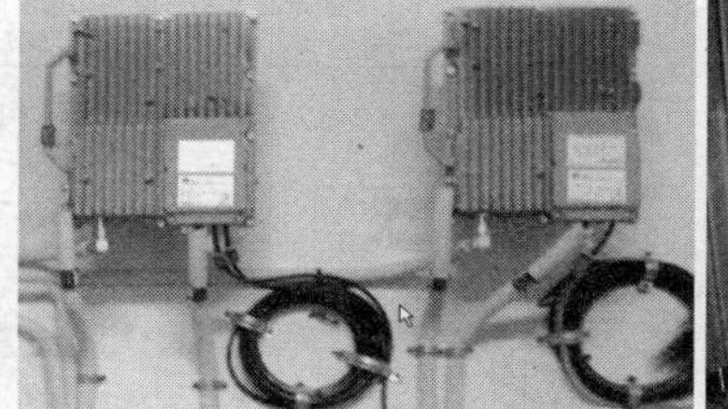
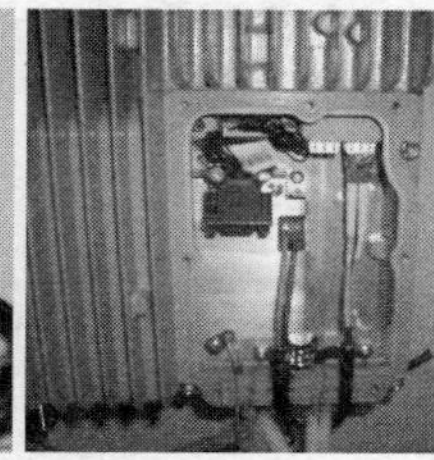

图 3-55　DRRU261

② DRRU261。DRRU261 适用于室内分布系统，如图 3-55 左图所示，右图所示为设备维护腔。DRRU261 有 1 条 PATH，直接连接天线或者耦合器。维护腔里面有 CPRI0/1 两个光口，并且有 RUN、ACT、VSWR、ALM、OP0/1 等 6 个灯。DRRU261 可多级级联，即让上一级的 OP1 连接下一级的 OP0，以此类推。

268e 的 RRU 的电源正负极需要做铜鼻子，并且是左正右负。而 261 的 RRU 是直接用螺丝刀拧进去的，左负右正。

③ DRRU291a。如图 3-56 所示，DRRU291a 可用于室外 A+B 频段覆盖（左），也可用于室内 A+B 频段覆盖（右）。室外覆盖时采用一体化 A 频段 RRU 加独立 B 频段 RRU 的方式，天线内置合路器，不需要额外的合路器；对于扩容的站点，采用更换天线增加一体化 A 频段 RRU 的方式；室内覆盖时采用 RRU291a+261 方式，291a 内置合路器，不需要额外合路器。

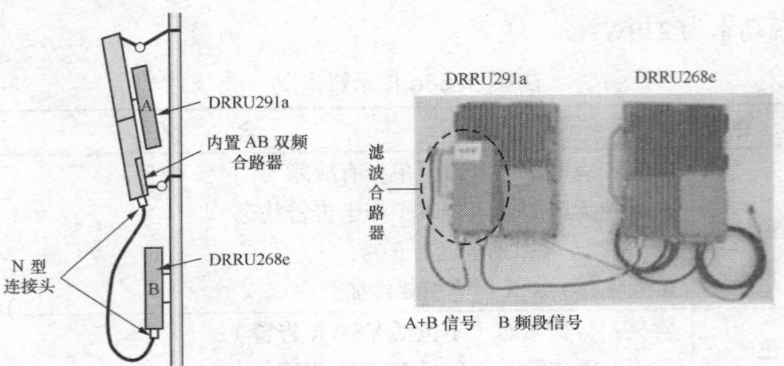

图3-56　DRRU291aA+B双频段覆盖示意及连线图

A频段（2010～2025MHz，原称B频段），共计15MHz。
F频段（1880～1900MHz，原称A频段），共计20MHz。
E频段（2320～2370MHz，原称C频段），共计50MHz，优先使用A频段。

2. 线缆连接

在室内分布系统中，BBU与RRU的连接及线缆如图3-57所示，在室内安装馈电光缆终端盒和电源如图3-58所示。

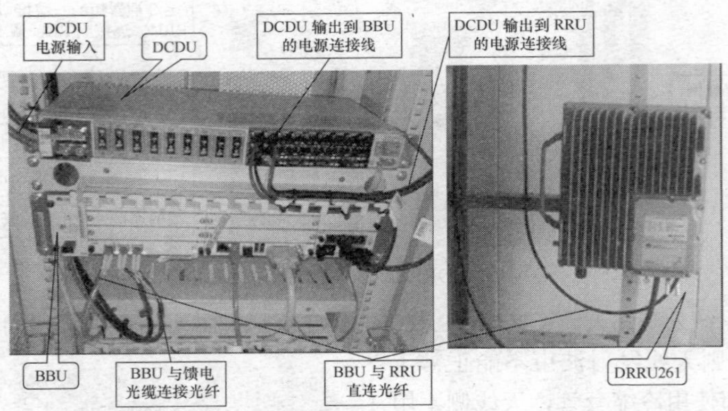

图3-57　室内应用中的BBU与RRU连接示例

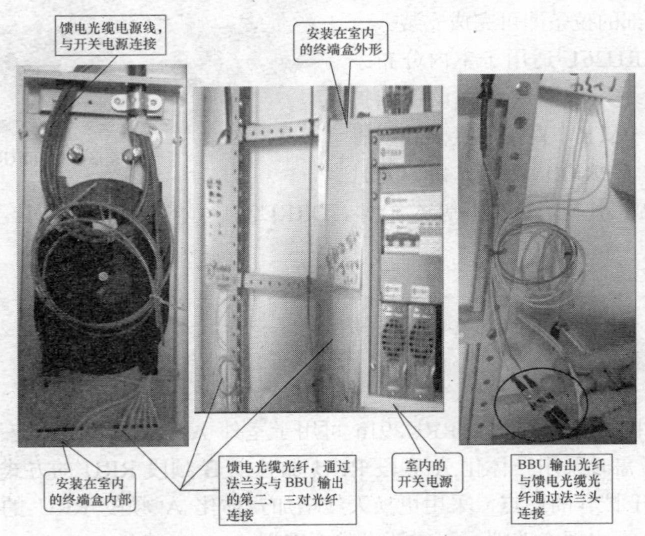

图3-58　室内馈电光缆终端盒与电源安装示例

3.1.6　在 LTE 系统中的应用

LTE 系统中的基站主设备称为 eNodeB，华为对应的分布式基站主设备称为 DBS3900。DBS3900 作为 LTE 系统的 eNodeB 管理空中接口，主要具有接入控制、移动性控制、用户资源分配等无线资源管理功能，为 LTE 用户提供无线接入。多个 DBS3900 可组成 EUTRAN 系统。

1. eNodeB 设备

LTE 系统的 DBS3900 采用模块化架构，如图 3-59 所示，BBU 与 RRU 之间采用 CPRI（Common Public Radio Interface）接口，通过光纤相连接。LTE 系统组网采用分布式架构，传统的组网方式（BBU 配合载频板的模式）在 LTE 系统基站中不再采用。

（1）BBU 模块配置

BBU 模块主要包括主控传输模块（UMPT）、基带处理模块（LBBP）、传输扩展模块（UTRP）、风扇模块（FAN）、电源模块（UPEU）、监控模块（UEIU）和星卡时钟单元（USCU）等。LTE 系统基站的 BBU 模块槽位分布如图 3-60 所示，典型配置如图 3-61 所示。

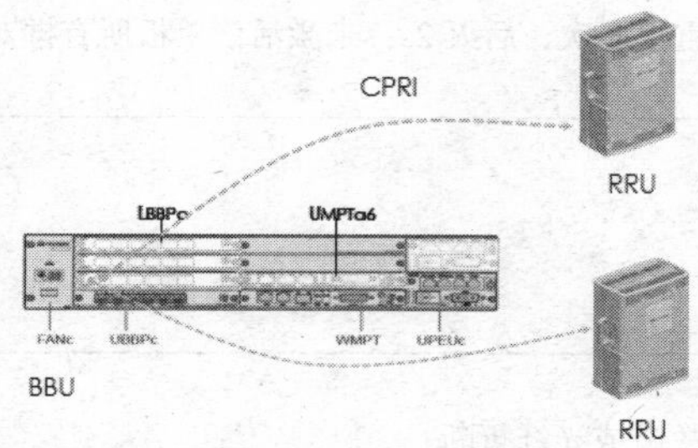

图 3-59　DBS3900 模块化架构

FAN	USCUb/LBBP/UBBPd_L	USCUb/LBBP/UBBPd_L	UPEU/UEIU
	USCUb/LBBP/UBBPd_L	USCUb/LBBP/UBBPd_L	
	LBBP/UBBPd_L	UMPT/LMPT	UPEU
	LBBP/UBBPd_L	UMPT/LMPT	

图 3-60　BBU 模块槽位配置

① UMPT。UMPT 为主控传输板，其面板如图 3-62 所示。UMPT 的主要功能：完成基站的配置管理、设备管理、性能监视、信令处理等功能；为 BBU 内的其他单板提供信令处理和资源管理功能；提供 USB 接口、传输接口、维护接口，完成信号传输、软件自动升级以及在 LMT 或 U2000 上维护 BBU 的功能。

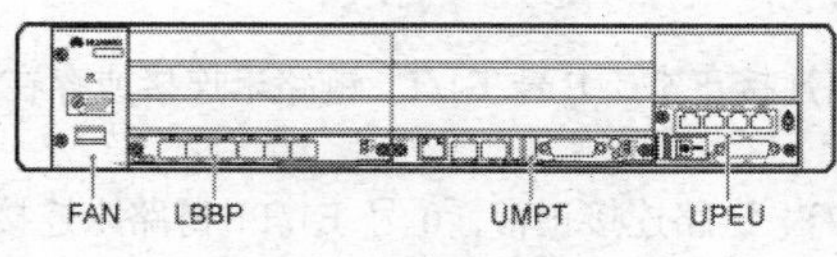

图 3-61　BBU 典型配置示意图

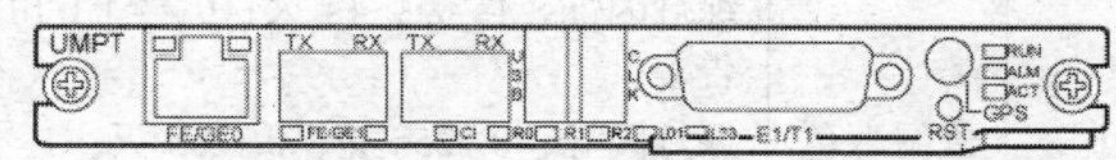

图 3-62　UMPT 面板示意图

UMPT 提供的接口包括一个 E1/T1 接口（提供 4 路 E1/T1 信号，预留以供传输、取 E1 时钟场景使用）、一个 CI 互联光口（100M/1000Mbit/s 自适应模式，用于 BBU 互联）、一个 FE/GE0 业务电口（10M/100M/1000Mbit/s 自适应模式）、一个 FE/GE1 业务光口（100M/1000Mbit/s 自适应模式）、一个 USB 接口（USB 开站、USB 转 FE 电口转换线即 LMT 近端调试）、一个 GPS 接口（提供高精度时钟/时间同步信号）。RST 为 UMPT 复位开关。

重点提示

USB 接口具有 USB 加密特性，可保证其安全性，且用户可通过命令关闭 USB 接口。USB 接口与调试网口复用时，必须开放 OM 接口才能访问，且通过 OM 接口访问基站有登录的权限控制。

UMPT 面板上有 3 个状态指示灯，分别是 RUN、ALM 和 ACT。日常维护时可根据指示灯的颜色及亮灭来判断单板的运行状态。另外，UMPT 还有一些指示灯用于指示 FE/GE 电口、FE/GE 光口、互联接口、E1/T1 接口等的链路状态。FE/GE 电口、FE/GE 光口的链路指示灯在面板上没有丝印，它们位于每个接口的两侧。UMPT面板指示灯状态和含义说明如表3-18所示。

表3-18 UMPT面板指示灯含义

指示灯	颜色	含　义
RUN	绿色	常亮：有电源输入，单板存在故障 常灭：无电源输入或单板处于故障状态 0.125s亮，0.125s灭：单板处于加载状态或数据配置状态，单板未运行 1s亮，1s灭：单板运行正常
ALM	红色	常亮：需要更换单板的告警 1s亮，1s灭：有告警，不能确定是否需要更换单板 常灭：无告警
ACT	绿色	常亮：主用状态 常灭：备用状态，或单板没有激活，或单板没有提供服务 0.125s亮，0.125s灭：OML链路断开 1s亮，1s灭：测试状态 以4s为周期，前2s内0.125s亮，0.125s灭，重复8次，后灭2s：未激活该单板所有框对应的所有小区，或S1链路异常
TX/RX	绿色(LINK) 橙色(ACT)	常亮：连接状态正常 常灭：连接状态不正常 闪烁：有数据传输 常灭：无数据传输
CI	红绿双色	绿灯亮：互联链路正常 红灯亮：光模块收发异常，可能原因为光模块故障或光纤折断 红灯闪烁，0.125s亮，0.125s灭：连线错误。分两种情况：一是UCIU+UMPT连接方式下，用UCIU的S0口连接UMPT的CI口，相应端口上的指示灯闪烁；二是环形连接，相应端口上的指示灯闪烁 常灭：光模块不在位
L01	红绿双色	常灭：0/1号E1/T1链路未连接或存在LOS告警 绿灯常亮：0/1号E1/T1链路连接工作正常 绿灯闪烁，1s亮，1s灭：0号E1/T1链路连接正常，1号E1/T1链路未连接或存在LOS告警 绿灯闪烁，0.125s亮，0.125s灭：1号E1/T1链路连接正常，0号E1/T1链路未连接或存在LOS告警 红灯常亮：0/1号E1/T1链路均存在告警 红灯闪烁，1s亮，1s灭：0号E1/T1链路存在告警 红灯闪烁，0.125s亮，0.125s灭：1号E1/T1链路存在告警
L23	红绿双色	常灭：2/3号E1/T1链路未连接或存在LOS告警 绿灯常亮：2/3号E1/T1链路连接工作正常 绿灯闪烁，1s亮，1s灭：2号E1/T1链路连接正常，3号E1/T1链路未连接或存在LOS告警 绿灯闪烁，0.125s亮，0.125s灭：3号E1/T1链路连接正常，2号E1/T1链路未连接或存在LOS告警 红灯常亮：2/3号E1/T1链路均存在告警 红灯闪烁，1s亮，1s灭：2号E1/T1链路存在告警 红灯闪烁，0.125s亮，0.125s灭：3号E1/T1链路存在告警
R0/1/2	红绿双色	常灭：单板没有工作在相应制式（R0对应GSM，R1对应UMTS，R2对应LTE制式） 绿灯常亮：单板工作在相应制式 红灯常亮：预留

ACT 灯“1s 亮，1s 灭”这种状态在 UMPTa1 和工作在 UMTS 制式下的 UMPBTb1/b2 上才有；ACT 灯“以 4s 为周期，前 2s 内 0.125s 亮，0.125s 灭，重复 8 次，后灭 2s”这种状态在 UMPTa2/a6 和工作在 LTE 制式下的 UMPBTb1/b2 上才有。

UMPTa 单板上有两个拨码开关，分别为 SW1 和 SW2，在单板上的位置如图 3-63 所示。拨码开关 SW1 用于 E1/T1 模式选择；SW2 用于 E1/T1 接收接地选择。每个拨码开关上都有 4 个拨码位，SW1 的设置中，3、4 为预留，当 E1 阻抗为 75Ω 时，1、2 为 ON；E1 阻抗为 120Ω 时，1 为 OFF，2 为 ON；T1 阻抗为 100Ω 时，1 为 ON，2 为 OFF。SW2 的设置为平衡模式时，1、2、3、4 均为 OFF；非平衡模式时均为 ON。

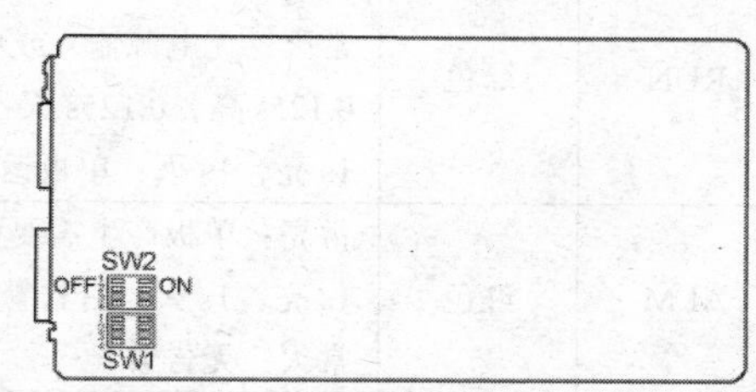

图 3-63 UMPTa 系列拨码开关位置

② LBBP。LBBP 单板是 LTE 的基带处理单元，主要功能包括提供与射频模块的 CPRI 接口和完成上下行数据的基带处理功能。其根据单板的不同支持不同的制式：LBBPc 支持 LTE FDD/TDD，LBBPd1 支持 LTE FDD，LBBPd2 支持 LTE FDD/TDD，LBBPd3 支持 LTE FDD，LBBPd4 支持 LTE TDD。

在不同的场景下，各种类型的单块单板所支持的小区数、带宽以及天线配置都不尽相同，在实际工程中需根据运营商要求设计配置，具体说明如表 3-19 所示。

表 3-19 LTE(TDD)场景下 LBBP 单板配置

单　板	支持的小区数	支持的小区带宽	支持的天线配置
LBBPc	3	5M/10M/20Mbit/s	1×20M：4T4R 3×10M：2T2R 3×20M：2T2R 3×10M：4T4R
LBBPd2	3	5M/10M/15M/20Mbit/s	3×20M：2T2R 3×20M：4T4R
LBBPd4	3	10M/20Mbit/s	3×20M：8T8R

LBBP 单板有最大吞吐量的限制：LBBPc 下行 300Mbit/s，上行 100Mbit/s；LBBPd1 下行 450Mbit/s，上行 225Mbit/s；LBBPd2 下行 600Mbit/s，上行 225Mbit/s；LBBPd3 下行 600Mbit/s，上行 300Mbit/s；LBBPd4 下行 600Mbit/s，上行 225Mbit/s。

LBBPc 类型的单板面板和其他 4 种（LBBPd1/2/3/4）有所不同，每种类型的单板在面板的左下方会有属性标签，如图 3-64 所示，上图为 LBBPc，下图为 LBBPd1。

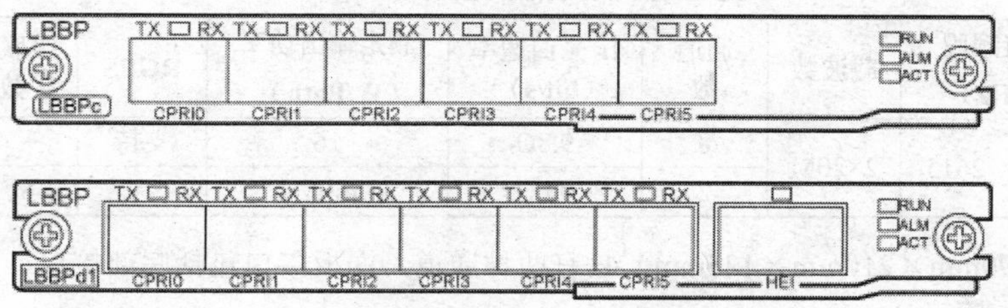

图 3-64 LBBP 不同类型的单板

LBBP 单板有 6 个接口，分别是 CPRI0/1/2/3/4/5，采用 SFP 母型连接器，作为 BBU 与射频模块互联的数据传输接口，支持光、电传输信号的输入、输出。其中 LBBPc 类型的单板支持 CPRI 光口速率为 1.25Gbit/s、2.5Gbit/s、4.9Gbit/s；LBBPd 类型的单板支持 CPRI 光口速率为 1.25Gbit/s、2.5Gbit/s、4.9Gbit/s、

6.144Gbit/s、9.8Gbit/s。LBBPc 和 LBBPd 两种类型的单板均支持星形、链形、环形的组网方式。

LBBP 单板有 3 个状态指示灯，还有 6 个 SFP 接口链路指示灯和 1 个 QSFP 接口链路指示灯，分别位于 SFP 接口上方和 QSFP 接口上方，指示灯含义说明如表 3-20 所示。

表 3-20 LBBP 单板指示灯含义

<table>
<tr><th>指示灯</th><th>颜色</th><th>含　义</th></tr>
<tr><td>RUN</td><td>绿色</td><td>常亮：有电源输入，单板存在故障
常灭：无电源输入或单板处于故障状态
0.125s 亮，0.125s 灭：单板处于加载状态或数据配置状态，或单板未运行
1s 亮，1s 灭：单板运行正常</td></tr>
<tr><td>ALM</td><td>红色</td><td>常亮：单板产生需要更换单板的告警
1s 亮，1s 灭：有告警，不能确定是否需要更换单板
常灭：无告警</td></tr>
<tr><td>ACT</td><td>绿色</td><td>常亮：主用状态
常灭：备用状态，或单板没有激活，或单板没有提供服务
0.125s 亮，0.125s 灭：OML 链路断开
1s 亮，1s 灭：单板供电不足（只有 LBBPd 单板存在这种状态）</td></tr>
<tr><td>CPRIx</td><td>红绿双色</td><td>绿灯常亮：CPRI 链路正常
红灯常亮：光模块收发异常，可能原因为光模块故障或光纤折断
红灯 0.125s 亮，0.125s 灭：CPRI 链路上的射频模块存在硬件故障
红灯 1s 亮，1s 灭：CPRI 失锁，可能原因为双模时钟互锁失败或 CPRI 接口速率不匹配
常灭：光模块不在位，或 CPRI 电缆未连接</td></tr>
</table>

华为 TD-LTE eNodeB 若在 TD-SCDMA 系统主设备的基础上升级，即形成 BBU 共框。基本配置如图 3-65 所示，在 TD-SCDMA 配置的基础上新增了 UMPT、LBBP 板，将 UPEUa 替换成了 UPEUc，将 FAN 替换成了 FANc，提高了相应模块的能力。同时还需进行传输设备到 UMPT 的线缆连接，以及 LBBP 到 RRU 的线缆连接。

<table>
<tr><td rowspan="4">FANc</td><td>UBBPc（可选）</td><td>LBBPd（可选）</td><td rowspan="2">UPEUc</td></tr>
<tr><td>UBBPc（可选）</td><td>UTRP(可选)</td></tr>
<tr><td>LBBPd</td><td>UMPT</td><td rowspan="2">UPEUc</td></tr>
<tr><td>UBBPb</td><td>WMPT</td></tr>
</table>

图 3-65 TD-SCDMA+TD-LTE 配置示意图

（2）RRU

RRU 根据支持的制式和技术指标不一样而有很多型号，常见的类型有 RRU3232、RRU3251、RRU3252、RRU3253、RRU3256 及 RRU3259 等。RRU 有单通道、双通道和八通道 3 种类型，此处以支持 LTE（TDD）制式的 RRU 为例做简单介绍。表 3-21 列举的是 D 频段的 RRU。

表 3-21 TD-LTE RRU3253/3251 技术指标

<table>
<tr><th>型号</th><th>支持频段（MHz）</th><th>载波数</th><th>通道数</th><th>Ir 光口速率（bit/s）</th><th>额定输出功率（W/Path）</th><th>RGPS</th><th>级联级数</th><th>体积（L）</th><th>重量（kg）</th></tr>
<tr><td>RRU3253</td><td rowspan="2">2575～2615</td><td rowspan="2">2×20M</td><td>8</td><td>9.8G</td><td>16</td><td>支持</td><td>–</td><td>21</td><td>21</td></tr>
<tr><td>RRU3251</td><td>2</td><td>9.8G</td><td>40W</td><td>–</td><td>6</td><td>18</td><td>18</td></tr>
</table>

RRU3251（390mm×210mm×135mm）只有两种通道，面板接口包括底部接口、配线腔接口和指示灯区域，如图 3-66 所示。

RRU3253（545mm×300mm×130mm）与 RRU3251 相比，除了通道数目不一样外，RRU 的尺寸大小、面板指示灯的分布也略有差异，面板接口包括底部接口、配线腔接口和指示灯区域，如图 3-67 所示。

RRU 上有 6 个指示灯，用来指示 RRU 的运行状态，其含义说明如表 3-22 所示。

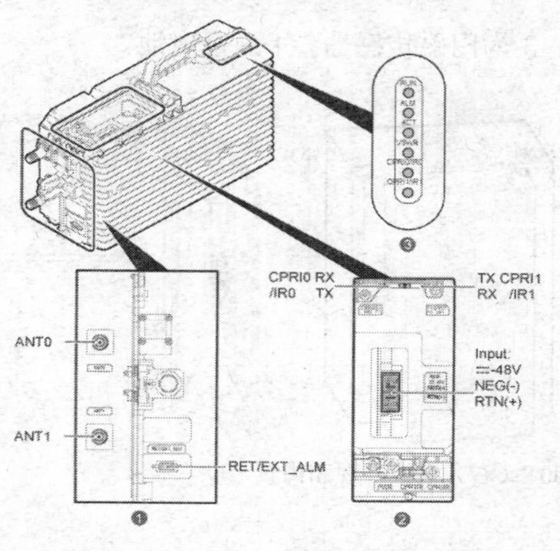

图 3-66 RRU3251 面板及接口示意图

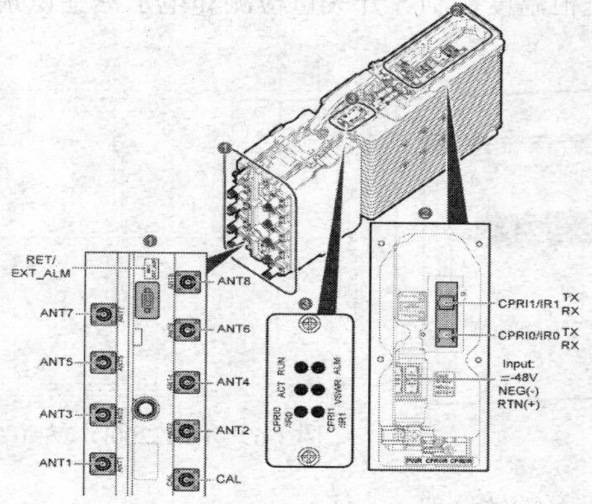

图 3-67 RRU3253 面板及接口示意图

表 3-22 RRU 指示灯含义

指示灯	颜色	含 义
RUN	绿色	常亮：有电源输入，单板存在故障 常灭：无电源输入或单板处于故障状态 0.125s 亮，0.125s 灭：单板处于加载状态或数据配置状态，或单板未运行 1s 亮，1s 灭：单板运行正常
ALM	红色	常亮：需要更换单板的告警 常灭：无告警 1s 亮，1s 灭：有告警，不能确定是否需要更换单板，可能是相关单板或接口等故障引起的告警
ACT	绿色	常亮：工作正常（发射通道打开或软件在未运行状态下进行加载时） 1s 亮，1s 灭：单板运行（发射通道关闭）
VSWR	红色	常灭：无 VSWR 告警 常亮：有 VSWR 告警
CPRI0/IR0；CPRI1/IR1	红绿双色	绿灯常亮：CPRI 链路正常 红灯常亮：光模块收发异常，可能原因为光模块故障、光纤折断 常灭：SFP 模块不在位或光模块电源下电 红灯 1s 亮，1s 灭：CPRI 失锁，可能原因为双模时钟互锁问题或 CPRI 接口速率不匹配等，处理建议为检查系统配置

2. eNodeB 配套设备

（1）DBS3900 配套机柜

在实际的组网中，BBU 设备都配置相关的配套产品来安装固定，工程常用的配套产品主要有电源柜和电池柜。

APM 系列机柜是华为无线产品室外应用的电源柜，图 3-68 所示为 APM30H，其可为分布式基站和分体式基站提供室外应用的交流配电和直流配电功能，同时提供一定的用户设备安装空间。APM30H 共有 7U 安装空间，内置结构简单，功能强大，可安置室外基站需要的各设备单元。

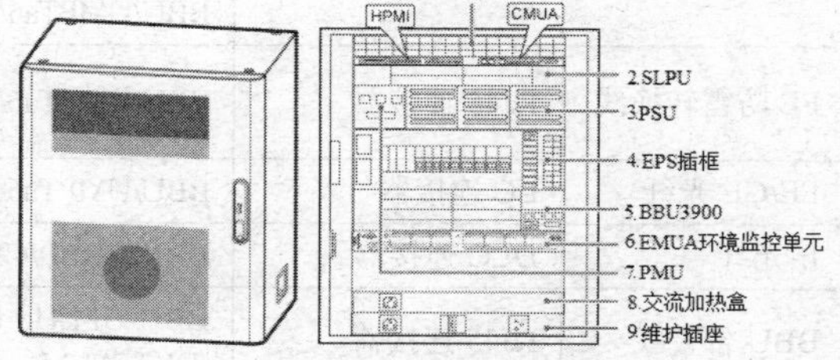

图 3-68 APM30H 机柜外观和内置

IBBS200D/T 是华为无线产品室外应用的电池柜，提供蓄电池安装空间，为分布式基站和分体式基站提供长时备电的功能，差异在于机柜内各功能模块配置不同。如图 3-69 所示，IBBS200D 中 1 为风扇，IBBS200T 中 1 为空调；2 为 CMUA 集中监控单元，

可实现机柜温度控制、开关量检测和电子标签识别功能；3 为门磁传感器；4 为蓄电池。

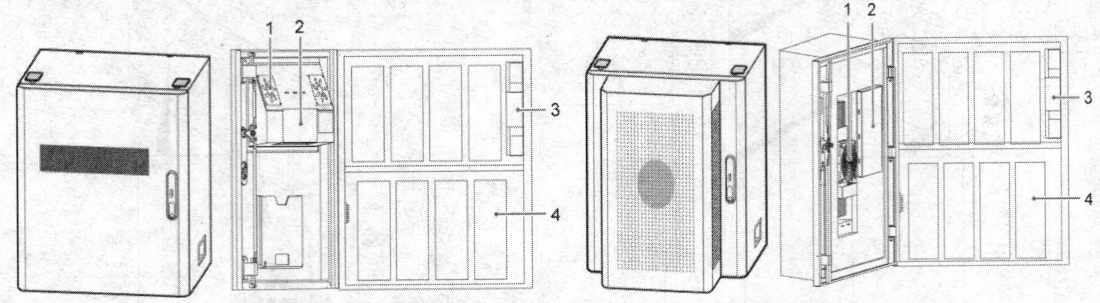

图 3-69　IBBS200D（左）/IBBS200T（右）机柜外观和内置

（2）电缆转接器

若当地供电距离较远，RRU 自带电源线无法支持长距离的电源输送，则需要用线径较粗的线缆从远处取电。由于连接 RRU 的电源线径是固定的，因此就需要运用电缆转接器来实现不同线径的转接。通过 OCB-01M 可实现 RRU 电源线的接入。OCB-01M 的两个端口分别采用两种规格的 PG 头，一端接口为 PG29，兼容直径在 13～19mm 范围内的电缆；另一端接口为 PG19，兼容直径在 8.5～15mm 范围内的电缆，形状如图 3-70 左图所示，右图为其内部结构。

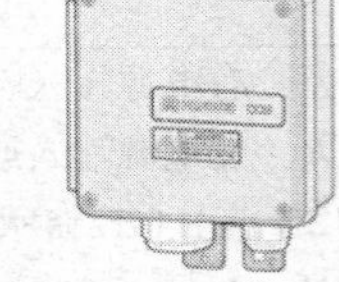
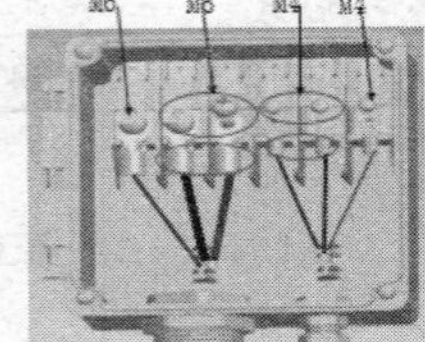

图 3-70　电缆转接器 OCB-01M

（3）BBU/RRU 的相关线缆连接

BBU 各部件之间的连接需要各种线缆（见图 3-71），各线缆连接器及位置说明如表 3-23 所示。

表 3-23　BBU 侧线缆连接器及位置说明

线缆名称	线缆一端		线缆另一端	
	连接器	连接位置（设备/模块/端口）	连接器	连接位置（设备/模块/端口）
BBU 保护地线	OT 端子（$6mm^2$，M4）	BBU/接地端子	OT 端子（$6mm^2$，M4）	机柜接地端子
机柜保护地线	OT 端子（$25mm^2$，M8）	机柜/接地端子	OT 端子（$25mm^2$，M8）	外部接地排
BBU 电源线	3V3 连接器	BBU/UPEU/PWR	OT 端子（$6mm^2$，M4）	DCDU/LOAD6
	3V3 连接器	BBU/UPEU/PWR	快速安装型母端（压按型连接器）	EPS/LOAD1
FE/GE 网线	RJ45 连接器	BBU/UFLPb/OUTSIDE 处的 FE0 BBU/UMPTa6/（FE/GE0）	RJ45 连接器	外部传输设备
FE 防雷转换线	RJ45 连接器	BBU/UMPTa6/（FE/GE0）	RJ45 连接器	SLPU/UFLPb/INSIDE 处的 FE0
FE/GE 光纤	LC 连接器	BBU/UMPTa6/（FE/GE1）	FC/SC/LC 连接器	外部传输设备
Ir 光纤	DLC 连接器	BBU/LBBP/CPRI	DLC 连接器	RRU/CPRI-W
BBU 告警线	RJ45 连接器	BBU/UPEUc（UEIU）/EXT-ALM	RJ45 连接器	外部告警设备
GPS 时钟信号线	SMA 公型连接器	BBU/UMPTa6/GPS	N 型母型连接器	GPS 防雷器
维护转换线	USB3.0 连接器	BBU/UMPTa6/USB	网口连接器	网线

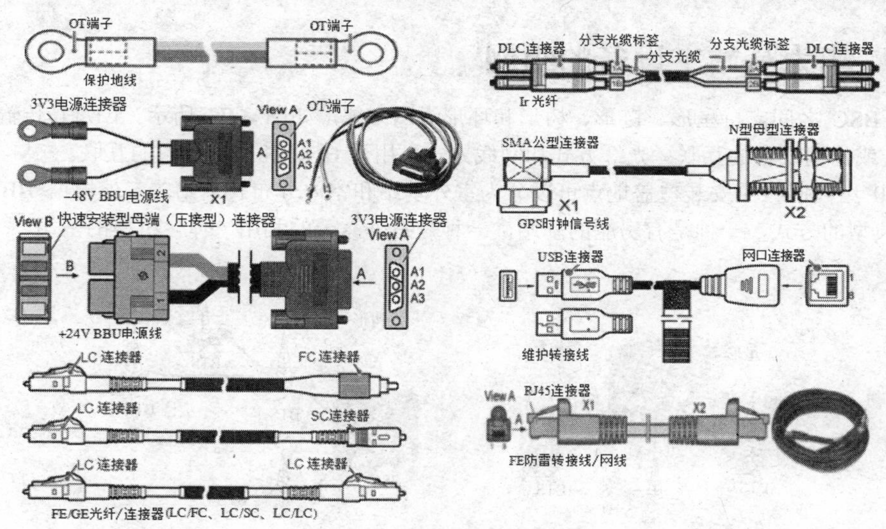

图 3-71　BBU 侧各类线缆

RRU 侧线缆连接器及位置说明如表 3-24 所示，其中保护地线、CPRI 光纤等和 BBU 侧一致的线缆此处不再重复，与 BBU 侧不同的线缆如图 3-72 所示。

表 3-24　　RRU 侧线缆连接器及位置说明

线缆名称	线缆一端		线缆另一端	
	连接器	连接位置（设备/模块/端口）	连接器	连接位置（设备/模块/端口）
RRU 保护地线	OT 端子（$16mm^2$，M6）	RRU/接地端子	OT 端子（$16mm^2$，M8）	保护地排/接地端子
RRU 电源线	快速安装型母端（压按型连接器）	RRU/NEG(-)、RTN(+)	快速安装型母端（压按型连接器）	EPS/RRU0-RRU5
			OT 端子（$8.2mm^2$，M4）	DCDU/LOAD0-LOAD6 PDU/LOAD4-LOAD9
CPRI 光纤	DLC 连接器	RRU 上 CPRI0/IR0	DLC 连接器	BBU/LBBP/CPRI
		RRU 上 CPRI1/IR1		RRU 上 CPRI0/IR0
RRU 射频跳线	N 型连接器	RRU 上 ANT0-ANT3	N 型连接器	天馈系统
RRU 告警线	DB9 防水公型连接器	RRU 上 RET/EXT-ALM	冷压端子	外部告警设备
RRU AISG 多芯线	DB9 防水公型连接器	RRU 上 RET/EXT-ALM	AISG 标准母型连接器	RCU 或 AISG 延长线/AISG 标准公型连接器
RRU AISG 延长线	AISG 标准公型连接器	AISG 多芯线/AISG 标准母型连接器	AISG 标准母型连接器	RCU/AISG 标准公型连接器

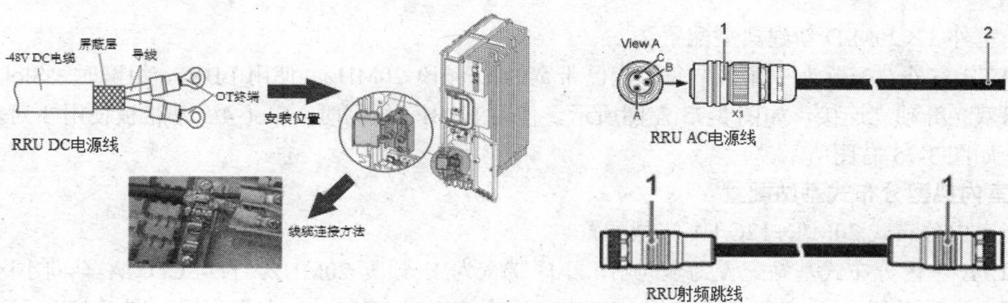

图 3-72　RRU 侧各类线缆

3.1.7　华为基站主设备的组网

BTS 与 BSC 之间支持星形、链形、树形和环形组网方式，如图 3-73 所示。E1/T1 传输方式可用于 BBU 和 BSC 或传输设备的互联，光纤方式和网线方式可用于 BBU 和路由设备的互联。

DBS3900 组网时按照安装覆盖地点可以分为室外基站和室内分布式基站。室外根据 BBU 的安装位置又有两种典型的方式，一种是有房舱的基站，一种是室外露天的利用一体化机柜的基站。

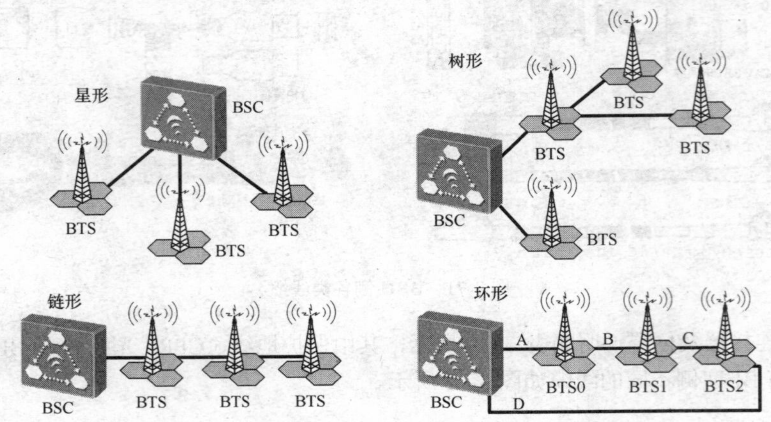

图 3-73　BTS 与 BSC 组网方式

1. 室外典型基站配置

（1）室外 3×（20M/F+4C/FA）共模典型配置 1

TD-LTE 室外站配置为 3 扇区，每个扇区带宽为 F 频段 20MHz；TD-SCDMA 站为 S4/4/4，每个扇区支持 4 个 F/A 频段的载波。LBBPc 单板数量超过两块，须加配 UPEUc，更换 FANc，使用 LBBPc/LBBPd 组网室外典型基站配置如图 3-74 所示。使用 LBBPc 组网时，必须配置双光口双光纤连接。

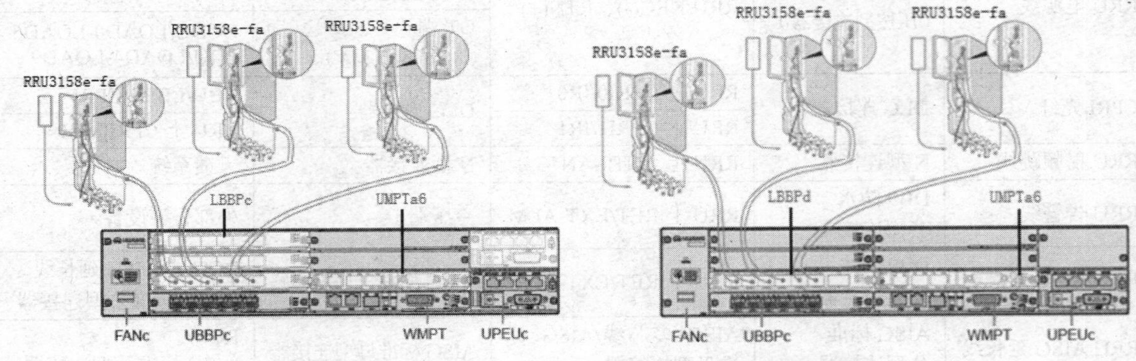

图 3-74　使用 LBBPc（左）/LBBPd（右）组网室外典型基站配置 1

（2）室外 3×20M/D 新建典型配置 2

TD-LTE 室外站配置为 3 扇区，每个扇区带宽为 D 频段 20MHz。使用 LBBPc 组网时，Slot 0/1/2 基带板各出双光纤独立连接，如图 3-75 左图所示。使用 LBBPd 组网时，Slot 4/5 基带板使用 3 对双光纤汇聚连接，如图 3-75 右图所示。

2. 室内典型分布式基站配置

（1）室内分布式 20M/E+12C/FA 典型配置

TD-LTE 室内分布式基站配置为全向站，小区带宽为 E 频段 20MHz；TD-SCDMA 全向小区支持 12 载波，即 O12。必须使用 LBBPd 基带板，LBBPc 不支持 DRRU3151e，典型配置如图 3-76 所示。

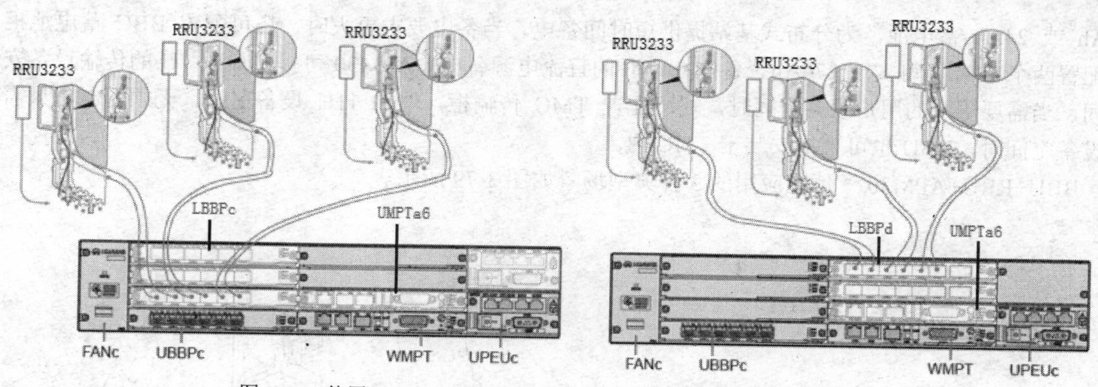

图 3-75　使用 LBBPc（左）/LBBPd（右）组网室外典型基站配置 2

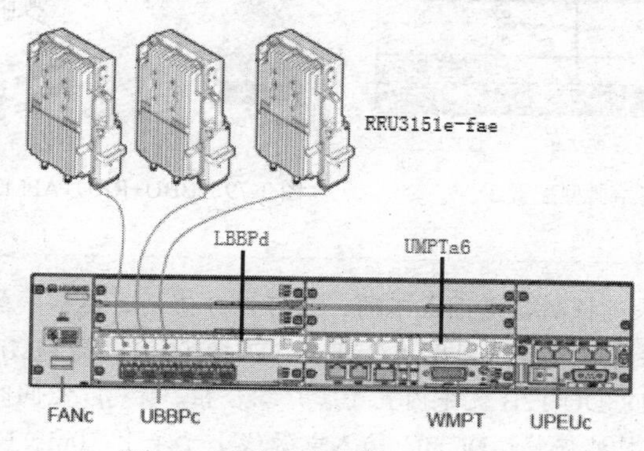

图 3-76　室内分布式基站典型配置 1

（2）室内分布式 20M/E 新建单模典型配置

基带板数量超过 4 块或 LBBPd 单板数量超过两块，须加配 UPEUc，更换 FANc。使用 LBBPc 组网时，Slot 0/1/2 基带板各出 1 个光口连接，如图 3-77 所示；使用 LBBPd 组网时，Slot 2 槽位基带板出光口汇聚。

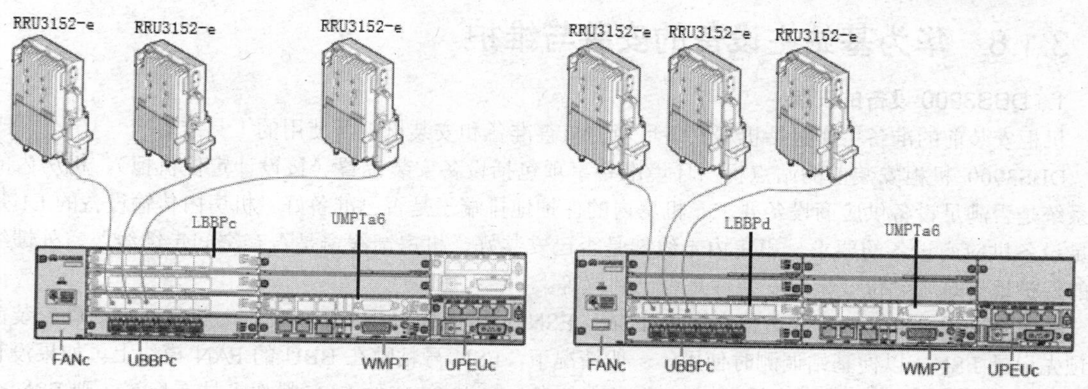

图 3-77　使用 LBBPc（左）/LBBPd（右）组网室分典型配置 2

（3）室内分布式 20M/E 新建单模 RRU 级联典型配置

新建单模 RRU 级联典型配置场景最大支持 4 级级联，如图 3-78 所示。

对于新建的 DBS3900 室外站点，当站址只能提供 220V 交流电源输入或+24V 直流电源输入，并需要新增备电设备时，可以采用 BBU+RRU+APM30 一体化配置。BBU 和传输设备安装在 APM30 内，APM30 为 BBU 提供室外防护；RRU 安装在铁塔上，靠近天线，减少馈线损耗，提高系统覆盖容量。同时，该方式配置可满足配电、备电、提供大容量传输空间等多种需求，可根据不同需求灵活选择配套设备。APM30 支持为 BBU 和 RRU 提供−48VDC 电源，同时提供蓄电池管理、监控、防雷等功能；可内置

12Ah 或 24Ah 蓄电池，为分布式基站提供短时间备电。当备电要求更大时，还可配置 BBC 蓄电池柜，如配置两个 BBC，可实现 276Ah、备电 8 小时的直流电源备电。APM30 可提供最大 7U 的传输设备安装空间，当需要更大的用户设备空间时，还可配置 TMC 传输柜，增加 11U 设备空间。无须配电，只需传输设备空间时，BBU 也可直接安装于 TMC 内。

BBU+RRU+APM30 一体化应用的 3 种典型场景如图 3-79 所示。

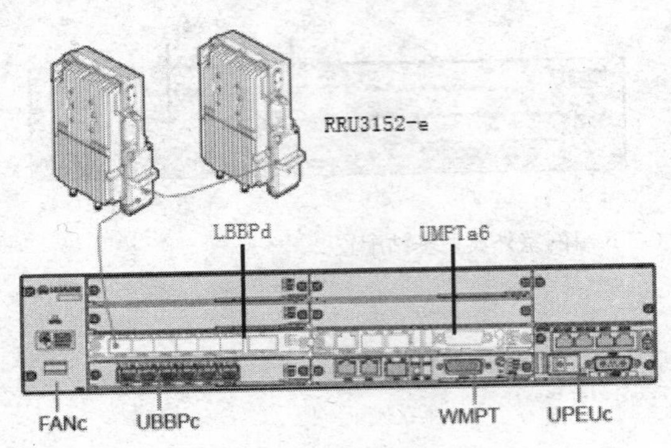

图 3-78　室内分布式基站典型配置 3

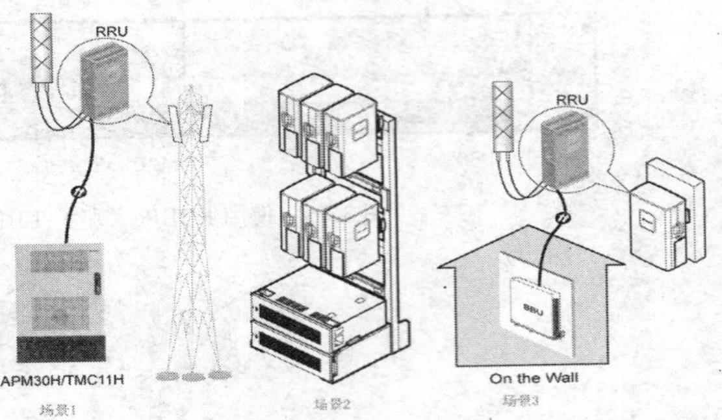

图 3-79　BBU+RRU+APM30 一体化应用的典型安装场景

室内分布式基站根据供电方式不同，又可以分为两大类，一类是直流供电，一类是交流供电。使用直流供电时，可以利用 DCDU、ETP48100-B1 或 OMBVer.C。进行设备安装时需要注意，BBU 和 DCDU-12B 优先内置于客户综合柜。无 3U 空间时，配发 ILC29 机柜落地安装或 IMB03 机框挂墙安装；DCDU 输入电源线小于等于 10m；ETP48100-B1 或 OMBVer.C 将交流转为直流，ETP48100-B1 可支持 1*BBU+2pcsDC DRRU3161-fae 供电，OMBVer.C 可支持 1*BBU+3pcsDC DRRU3161-fae 供电；AC DRRU3161-fae 就近交流取电，推荐小于等于 10m，当集中给 RRU 供直流电时，建议 DC DRRU3161-fae 拉远小于等于 80m。

3.1.8　华为基站主设备的安装与维护

1. DBS3900 设备的安装

机柜安装前的准备工作包括机房安装环境的核查准备和安装机柜所使用的工具准备。

DBS3900 机柜安装前的站点机房环境准备事项包括设备安装位置（按设计定位机柜）、机房内的电源系统是否满足设备供应商设备要求、机房内的保护地排端子是否已准备好、机房内传输设备的 E1 是否满足设备供应商设备的要求、机房内走线架是否已安装好、机房馈线窗是否有空间走馈线、室外馈线窗侧的保护地排是否到位及天线安装件是否已到位等。

在安装完成前需要收集相关信息，如 ESN。ESN 是用来标识一个网元的唯一标志。在启动安装前需要预先记录 ESN，以便基站调测时使用。一般情况下，ESN 号粘贴在 BBU 的 FAN 模块上。如果没有，可在 BBU 挂耳上寻找，需手工抄录 ESN 和站点信息。如果 BBU 的 FAN 模块上挂有标签，则 ESN 会同时贴于标签和 BBU 挂耳上，将标签取下，可在标签上印有 Site 的页面记录站点信息。对于现场有多个 BBU 的站点，需要将 ESN 逐一记录，并上报给基站调测人员。

在安装设备时常用到的一些工具包括斜口钳、剪线钳、剥线钳、电源线压线钳、水晶头压线钳、冲击钻、橡胶锤、十字/T20 梅花力矩螺丝刀、10mm 力矩扳手、SMA 连接器力矩扳手、套筒扳手、工具刀、防护手套、防静电手套、长卷尺、水平尺、记号笔、梯子、万用表、网线测试仪及吸尘器。另外还有安全防护用品（安全带、安全帽）、专业仪器仪表（Site Master、光功率计等）等。

做好相应的准备工作后，可以开始安装基站设备，安装流程如图 3-80 所示。

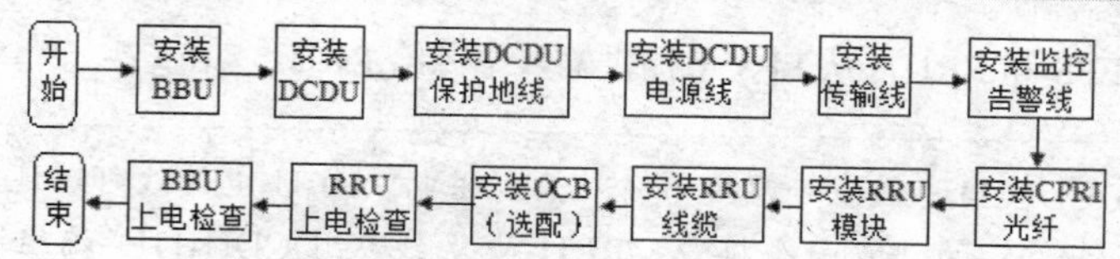

图 3-80　基站设备安装流程

（1）安装 BBU

先安装 BBU 两侧的走线爪。将走线爪与 BBU 盒体上孔位对齐，紧固螺钉。佩戴防静电手套或防静电腕带，用双手将 BBU 沿着滑道推入到机柜，然后拧紧面板螺钉。

（2）安装 DCDU

将 DCDU 沿滑道推入机柜并拧紧面板螺钉。

（3）安装 RRU

安装过程包括安装 AC/DC 电源模块（可选）、安装 RRU、安装 RRU 线缆、RRU 硬件安装检查和 RRU 上电。具体安装步骤：标记主扣件的安装位置，参考图标记出主扣件的安装位置；将辅扣件一端的卡槽卡在主扣件的一个双头螺母上，将主、辅扣件套在抱杆上，再将辅扣件另一端的卡槽卡在主扣件的另一个双头螺母上；用力矩扳手拧紧螺母使主辅扣件牢牢地卡在杆体上，再将 RRU 安装在主扣件上，当听见“咔嚓”的声响时，表明 RRU 已安装到位。

RRU 的安装形式包括机柜安装、挂墙安装和龙门架安装（见图 3-81）。

图 3-81　龙门架安装 RRU

（4）布放线缆

DBS3900 线缆的种类很多，大体上分为保护地线（俗称黄绿线）、电源线、光纤、射频跳线及告警线等。

① 安装保护地线。

安装 BBU 保护地线时，首先需要制作 BBU 保护地线，可根据实际走线路径截取长度适宜的电缆，并在两端安装 OT 端子。BBU 保护地线的一端连接到 BBU 上的接地端子，另一端连接到机架的接地螺钉上。

安装 DCDU 保护地线的步骤和 BBU 一样。

RRU 保护地线线缆横截面积为 16mm^2/25mm^2，两端的 OT 端子分别为 M6 和 M8。RRU 保护地线安装时，首先根据实际走线路径截取长度适宜的线缆，并在两端安装 OT 端子，再将 RRU 保护地线的 OT（M6）连接到 RRU 底部接地端子，将 OT（M8）连到外部接地排。安装保护地线时应注意压接 OT 端子的安装方向。

② 安装电源线。

BBU 电源线安装前，首先制作 BBU 电源线的快速安装型母端（压接型）连接器，BBU 电源线一端的 3V3 连接器出厂前已经制作好，现场需要制作另一端的快速安装型母端（压接型）连接器。安装 BBU 电源线时，一端 3V3 连接器连接到 BBU 上 UPEU 单板的−48V 接口，并拧紧连接器上螺钉；另一端的快速安装型母端（压接型）连接器连接到 DCDU-11B 的 LOAD6 或 LOAD7 接口。然后按规范布放线缆，并用线扣绑扎固定即可。

当 BBU 上安装两块 UPEU 电源板时，每块电源板需连接一根 BBU 电源线。两根 BBU 电源线的一端 3V3 连接器连接到 BBU 上 UPEU 单板的“-48V”接口，另一端快速安装型母端（压接型）连接器连接到 DCDU-11B 插框上“LOAD6”和“LOAD7”接口。

DCDU-11B 电源线安装前，首先制作 DCDU-11B 电源线，根据实际走线路径截取长度适宜的电缆，并安装 OT 端子。安装 DCDU-11B 电源线时，一端的 OT 端子连接到 DCDU-11B 上 NEG(-)和 RTN(+)接线端子，另一端的 OT 端子连接到外部供电设备，然后按规范布放线缆，并用线扣绑扎固定即可。

RRU 电源线安装前，需要先给 RRU 电源线一端安装快速安装型母端（压接型）连接器。RRU 电源线一端的快速安装型母端（压接型）连接器连接到 DCDU-11B 上 LOAD0 接口，RRU 从 EPS 中取电时，

RRU电源线用于连接EPS和RRU，从EPS上提供输入电源给RRU。

一个DCDU-11B最多可以给6个RRU供电，RRU电源线可以连接到DCDU-11B上LOAD0～LOAD5的任意一个接口。RRU电源线从DCDU-11B端经过馈窗连接到RRU上，在机房外侧靠近馈窗处安装接地夹，并将接地夹上的保护地线连接到外部接地排。

将RRU电源线另一端的快速安装型母端（压接型）连接器连接到RRU的电源接口；将RRU电源线一端的快速安装型母端（压接型）连接器连接到EPS上的RRU0接口；按照线缆布放要求布放线缆，并用线扣绑扎固定；在安装的线缆上粘贴标签。

快速安装型母端（压接型）连接器蓝色线缆对应EPS左侧接口，黑色/棕色线缆对应EPS右侧接口。EPS最多可以给6个RRU供电，RRU电源线可以连接EPS上RRU0～RRU5任意一个接口。

③ 安装光纤。

光纤在DBS3900设备中用于传输链路及BBU和RRU间的连接，前者为FE/GE光纤，后者为CPRI光纤。

光纤分为单模光纤和多模光纤。多模光纤的芯线粗，传输速率低、距离短，整体的传输性能差，但成本低，一般用于建筑物内或地理位置相邻的环境中；单模光纤的纤芯相应较细，传输频带宽、容量大、传输距离长，但需激光源，成本较高，通常在建筑物之间或地域分散的环境中使用。与光纤配套的光模块分为单模光模块和多模光模块，可以通过光模块上的SM和MM标识进行区分。另外，若光模块拉环颜色为蓝色，则为单模光模块；若光模块拉环颜色是黑色或灰色，则为多模光模块。

要安装传输链路光纤，首先需安装光模块，待安装光模块应与将要对应安装的接口速率匹配，按照指定端口插入光模块和光纤，沿右侧的走线空间布放线缆，用线扣绑扎固定；再按规范布放线缆，用线扣绑扎固定即可。

要安装BBU侧CPRI光纤，首先需要将光模块插入GTMU/WBBP/LBBP等基带信息处理单板的CPRI接口，再将相同类型的光模块插入射频模块上的“CPRI_W”/“CPRI0”/“CPRI0/IR0”接口；将光模块拉环折翻上去，安装CPRI光纤，拔去光纤连接器上的防尘帽，将CPRI光纤上标识为2A和2B的一端DLC连接器插入GTMU/WBBP/LBBP等单板上的光模块中，标识为1A和1B的一端DLC连接器插入射频模块上的光模块中。

CPRI光纤连接BBU和射频模块时，BBU侧分支光缆为0.34m，射频模块侧分支光缆为0.03m。如果采用两端均为LC连接器的光纤，则BBU单板上的TX必须对接射频模块上的TX接口，BBU单板上的RX接口必须对接射频上的RX接口。将CPRI光纤沿机柜左侧布线，经机柜左侧底部出线孔出机柜。

安装RRU侧光纤时，先将光模块上的拉环下翻，再将RRU上的CPRI接口和BBU上的CPRI接口分别插入光模块，再将光模块的拉环上翻，将光纤上标签为1A和1B的一端连接到RRU侧的光模块中，将光纤上标签为2A和2B的一端连接到BBU侧光模块中；然后按规范布放线缆，并用线扣绑扎固定，最后在安装的线缆上粘贴标签。

④ 安装RRU射频跳线。

分别将射频跳线一端的N型连接器连接到RRU的ANT0_E和ANT1_E接口，再将射频跳线的另一端连接到外部天馈系统，并对RRU的各个ANT端口进行防水处理；然后对多余的ANT端口用防尘帽进行保护，并对防尘帽做防水处理（须确认防尘帽未被取下）；再按照线缆布放要求布放线缆，用线扣绑扎固定，并在线缆上粘贴标签；最后在安装的线缆上粘贴色环。

⑤ 安装RRU告警线。

先将RRU告警线的DB9型连接器连接到模块的EXT_ALM接口，另一端为8个冷压端子连接到外

部告警设备；然后按照线缆布放要求布放线缆，并用线扣绑扎固定；最后在安装的线缆上粘贴标签。

⑥ RRU 配线腔。

RRU 线缆（见图 3-82）比较多，图 3-83 所示是 RRU 线缆连接关系，图中，❶为保护地线，❷为 RRU 射频跳线，❸为 RRU 告警线，❹为 CPRI 光纤，❺为 RRU 电源线。

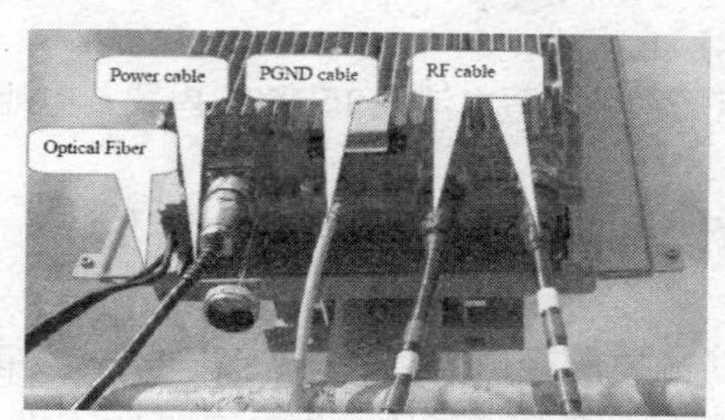

图 3-82 RRU 的常规线缆实物图

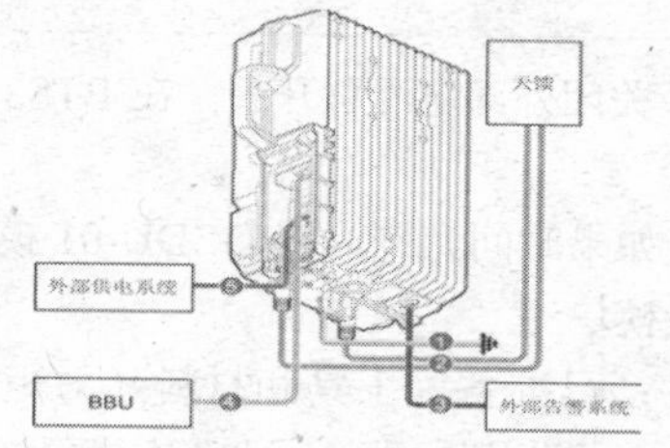

图 3-83 RRU 线缆连接关系示意图

2. 基站主设备的常规维护

（1）BTS3900 上电和下电

维护 BTS3900 时，需要对其进行上电和下电操作。上电时，需要根据特定的操作步骤和要求逐步上电；下电时，根据现场情况，可采取常规下电或紧急下电。

① BTS3900 上电。这里以 BTS3900 机柜为例介绍上电的过程以及机柜内部组件供电异常的处理方法。

前提条件：机柜输入电源线已经安装完毕且连接正确；BTS3900 的电源输入要求已满足；DCDU-01 模块上的电源控制开关全部置于 OFF；给 BTS3900 供电的外部电源已断开。

背景信息：DCDU-01 上的电源控制开关对应模块为 SPARE1/2（预留）、BBU（BBU 模块）、FAN（FAN 模块）、RFU5/4/3/2/1/0（5/4/3/2/1/0 槽位 RFU 模块，RFU 的槽位从左到右依次为 0～5 槽位）。

上电操作步骤如下所述。

第 1 步，开启外部电源输入设备开关，为 BTS3900 机柜上电。如果为 BTS3900（220V）机柜，则转第 2 步；如果为 BTS3900（−48V）机柜，则转第 3 步。

第 2 步，检查 PSU 模块是否工作正常。

第 3 步，测量 BTS3900 的 DCDU-01 模块输入电压是否正常。如果 DCDU-01 的输入电压不在−38.4VDC～−57VDC 范围内，机柜内部供电异常，则转第 4 步；如果 DCDU-01 的输入电压在−38.4VDC～−57VDC 范围内，机柜上电检查完毕，则转第 7 步。

第 4 步，关闭为 BTS3900 供电的外部电源开关，切断 BTS3900 的输入电源。

第 5 步，检测 DCDU-01 模块的电源线的安装、布线情况。

第 6 步，转第 3 步再次检查，直至 DCDU-01 的输出电压正常。

第 7 步，打开 DCDU-01 上的电源控制开关，给机柜各单板上电，首先给 BBU 和风扇盒上电，最后给载频模块（如 CRFU）上电。

全部上电 8～10min，注意观察 RUN 指示灯状态。

② BTS3900 下电。BTS3900 下电有常规下电和紧急下电两种情况。在设备搬迁、可预知的区域性停电等情况下，需要对 BTS3900 进行常规下电；机房发生火灾、烟雾、水浸等意外现象时，需要对设备紧急下电。

常规下电操作步骤如下所述。

第 1 步，修改管理状态，闭塞机柜内所有 RFU 模块。

闭塞操作可在远端或近端完成，建议在远端完成；GSM 不支持闭塞射频模块，只能闭塞射频模块上的载波。

第 2 步，将 DCDU-01 模块上的所有空气开关设置为 OFF 状态。

第 3 步，关闭外部电源总开关。在 BTS3900 机柜配置外置蓄电池或 PS4890 内置蓄电池的情况下，关闭

电池开关。

紧急下电操作步骤如下所述。

紧急下电可能导致设备或单板损坏，非紧急情况下请勿使用。

第 1 步，关闭外部电源总开关。在 BTS3900 机柜配置外置蓄电池或 PS4890 内置蓄电池的情况下，关闭电池开关。

第 2 步，如果时间允许，将 DCDU-01 模块上所有直流配电开关设置到 OFF 状态。

（2）更换模块

前提条件：已准备好工具和材料（力矩扳手、防静电腕带或手套、十字螺丝刀、防静电盒/防静电袋、无尘棉布、机柜门钥匙）；已确认待更换单板的数量、类型（频段、供电方式）、软件版本等；已被获准进入站点，并带好钥匙。

如需更换射频模块，则会导致其承载的业务中断；射频模块较重，更换中需小心操作。模块更换所需时间包括线缆拆装、螺钉拆卸固定、软件加载所需的时间。

更换模块的操作步骤如下所述。

第 1 步，与管理员确认要更换的模块及位置。如果为射频模块将导致其承载的业务中断，还需管理员确定需要更换的射频模块位置，并在 LMT 维护台中执行 MML 命令 SET GTRXADMSTAT 闭塞射频模块（更换射频模块或单独更换射频跳线时，都需要闭塞射频模块），并确认射频模块发射通道已关闭。

第 2 步，佩戴防静电腕带或防静电手套。

第 3 步，将 DCDU 上模块对应的直流输出开关拨至 OFF，为模块下电。支持热插拔的模块除外。

第 4 步，将故障模块上的各类线缆（包括电源线、光纤、射频跳线等）做好标识后从对应接口拔下。

第 5 步，拧松模块四角的固定螺钉，拆下模块，放入防静电盒中。

第 6 步，取出新模块，将模块放入对应滑道，并沿滑道推入，直到有明显阻力为止。拧紧模块面板四角的螺钉，使其与机框紧固。

第 7 步，根据标识将各类线缆连接至模块相应接口。

第 8 步，确认 DCDU 供电正常时，将其上对应的直流输出开关设置为 ON，为模块上电。

第 9 步，根据指示灯状态，判断新模块是否正常工作。

第 10 步，通知管理员更换已完成，请管理员执行如下操作。如果更换模块为射频模块，加载并激活射频模块软件版本；执行 MML 命令，查询新射频模块的软件版本是否正确；如果软件版本不正确，执行 MML 命令，重新激活射频模块的软件版本；执行 MML 命令 SET GTRXADMSTAT 解闭塞射频模块；确认模块没有告警；手工同步存数据。

第 11 步，取下防静电腕带或防静电手套，收好工具。

后续处理：将更换下来的模块放入防静电包装袋，再放入垫有填充泡沫的纸板盒中（可使用新单板的包装盒）；填写故障卡，记录更换下的单板信息。

3. 单站数据配置（以 TD-LTE 为例）

LTE 无线设备数据配置主体为 eNodeB，其配置数据包含 3 方面内容：一是设备数据配置，即配置 eNodeB 使用单板、RRU 设备信息，所属的 EPC 运营商信息；二是传输数据配置，即配置 eNodeB 传输 S1/X2/OMCH 对接接口信息；三是无线全局数据配置，即配置 eNodeB 空口扇区、小区信息。

TD-LTE 单站数据配置流程：准备规则与协商数据→配置全局设备数据→配置单站传输数据→配置无线层数据→数据验证。全局设备数据配置流程：基站全局数据配置→BBU 机框单板数据配置→RRU 射频模块数据配置→GPS 时钟模块数据配置→修改基站维护状态。单站传输数据配置流程：底层 IP 传输数据配置→S1-C 接口对接数据配置→S1-U 接口对接数据配置→操作维护对接数据。无线层数据配置流程：

扇区 Sector 数据配置→小区 Cell 数据配置→激活小区服务。

单站数据配置需要单站离线 MML 脚本制作工具——Offline-MML 工具，用于不在线登录现网设备的情况下在本地计算机上模拟运行 MML 命令执行模块，可制作、保存 eNodeB 配置数据脚本，登录/配置界面如图 3-84 所示。Offline-MML 工具通常仅用于 MML 命令、参数查询使用。

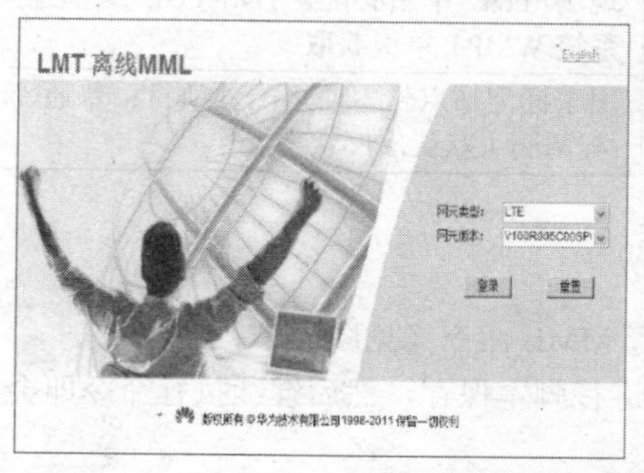

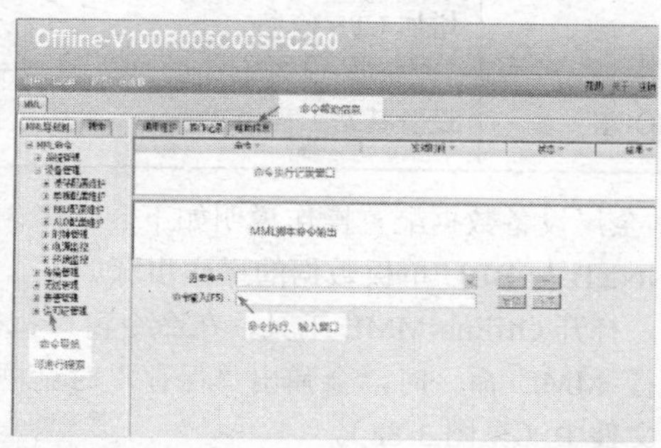

图 3-84　TD-LTE 离线 MML 登录/配置界面

（1）DBS3900 全局设备数据配置

① 1×1 基础站型硬件配置。要配置基站全局设备数据，首先需要知道基站侧相关信息，如基站基础信息、单板配置等。1×1 基础站型硬件配置如图 3-85 所示，设备连接如图 3-86 所示。

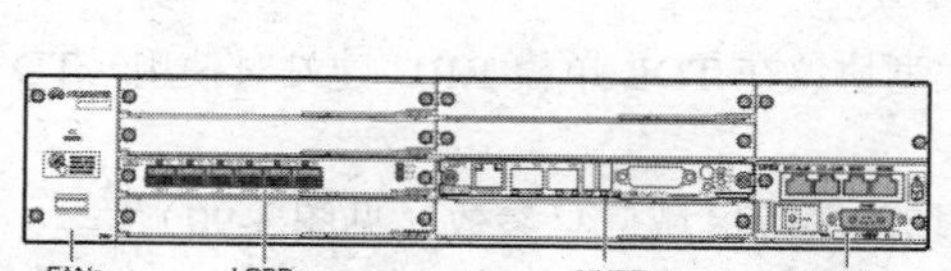

图 3-85　BBU3900 机框配置

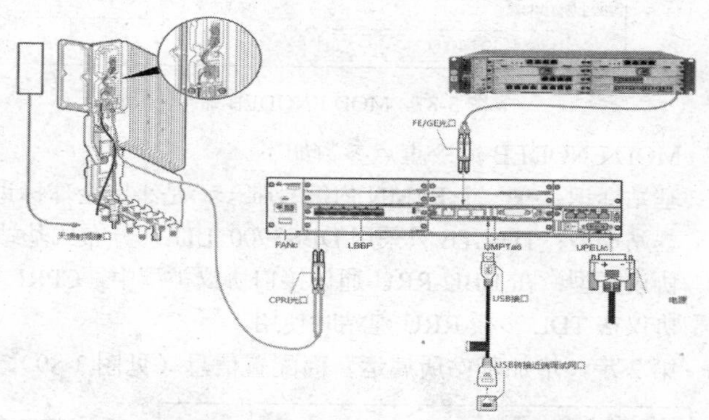

图 3-86　BBU/RRU 设备连接示意图

② 单站全局设备数据配置相关命令说明如表 3-25 所示。

表 3-25　单站全局设备数据配置命令

命令+对象	MML 命令用途	命令使用注意事项
MOD ENODEB	配置 eNodeB 基本站型信息	基站标识在同一 PLMN 中唯一 基站类型为 DBS3900_LTE BBU-RRU 接口协议类型包括 CPRI 类型协议（TDL 单模 RRU 使用）、TD_IR 类型协议（TDS-TDL 多模 RRU 使用）
ADD CNOPERATOR	增加基站所属运营商信息	国内 TD-LTE 站点归属于一个运营商，也可实现多运营商共用无线基站共享接入
ADD CNOPERATORTA	增加跟踪区域 TA 信息	TA（跟踪区）相当于 2G/3G 中 PS 的路由区
ADD BRD	添加 BBU 单板	主要单板类型：UMPT/LBBP/UPEU/FAN LBBPc 支持 FDD 与 TDD 两种工作方式，TD-LTE 基站选择 TDD（时分双工）
ADD RRUCHAIN	增加 RRU 链环，确定 BBU 与 RRU 的组网方式	可选组网方式：链形/环形/负荷分担

续表

命令+对象	MML 命令用途	命令使用注意事项
ADD RRU	增加 RRU 信息	可选 RRU 类型：MRRU/LRRU。MRRU 支持多制式，LRRU 只支持 TDL 制式
ADD GPS	增加 GPS 信息	现场 TDL 单站必配，TDS-TDL 共框站点可从 TDS 系统 WMPT 单板获取
SET MNTMODE	设置基站工程模式	用于标记站点告警，可配置项目：普通/新建/扩容/升级/调测（默认出厂状态）

③ 单站全局设备数据配置操作说明如下。

配置 eNodeB 与 BBU 单板数据的操作步骤如下。

第 1 步，打开 Offline-MML 工具，在命令窗口执行 MML 命令（见图 3-87）。

首次执行 MML 命令时，会弹出“保存”对话框进行脚本保存，然后继续执行命令即会自动追加保存在此脚本文件中（见图 3-88）。

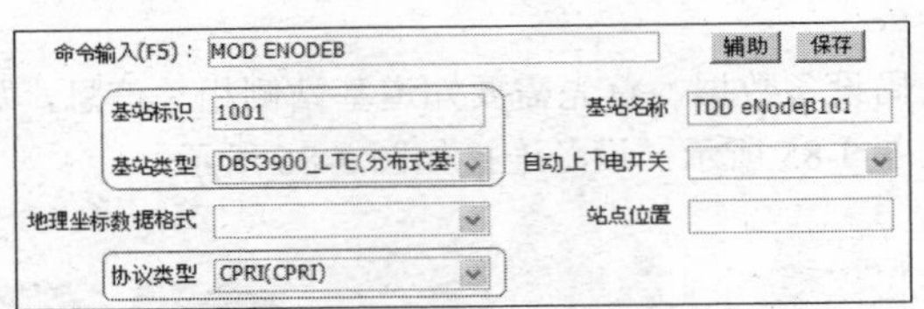

图 3-87 MOD ENODEB 命令

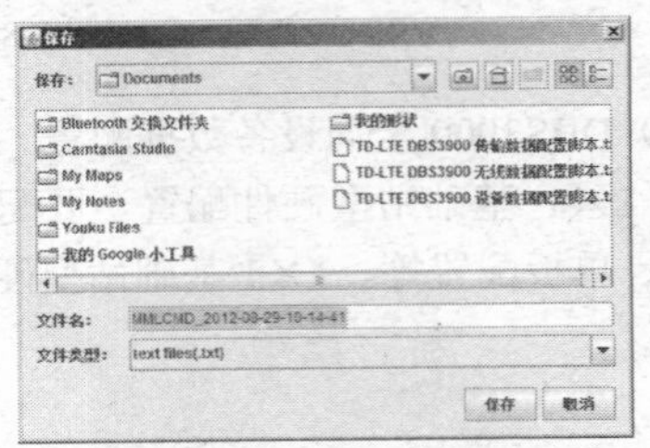

图 3-88 MML 命令脚本保存对话框

MOD ENODEB 命令重点参数如下。

基站标识：在一个 PLMN 内编号唯一，是小区全球标识 CGI 的一部分。

基站类型：TD-LTE 只采用 DBS3900_LTE（分布式基站）类型。

协议类型：在 BBU-RRU 通信接口协议类型中，CPRI 类型协议在 TDL 单模 RRU 建站时使用，TD_IR 类型协议在 TDL 多模 RRU 建站时使用。

第 2 步，增加基站所属运营商配置信息（见图 3-89），增加跟踪区域信息参数（见图 3-90）。

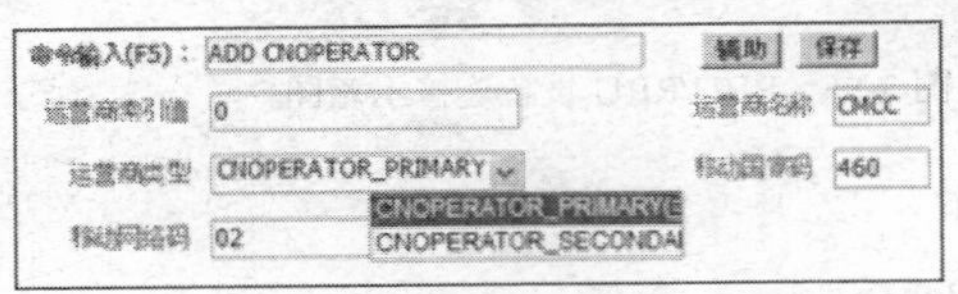

图 3-89 增加运营商配置信息

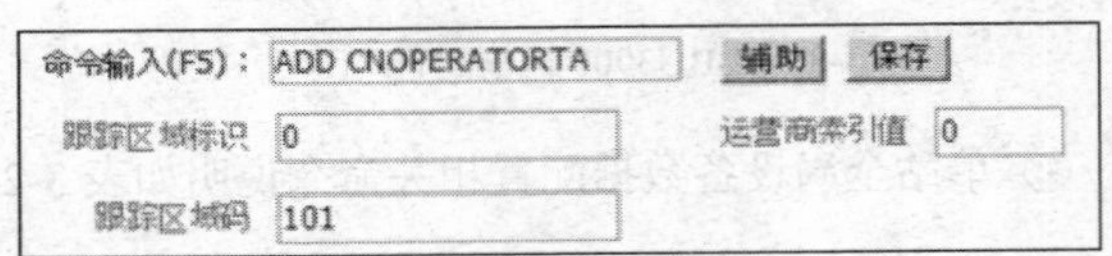

图 3-90 增加跟踪区域信息参数

ADD CNOPERATOR/ADD CNOPERATORTA 命令重点参数如下。运营商索引值：范围 0～3，最多可配置 4 个运营商信息。运营商类型，与基站共享模式配合使用，当基站共享模式为独立运营商模式时只能添加一个运营商且必须为主运营商；当基站共享模式为载频共享模式时添加主运营商后最多可添加 3 个从运营商，后续配置模块中通过运营商索引值、跟踪区域标识来索引绑定站点信息所配置的全局信息数据。移动国家码、移动网络码、跟踪区域码：需要与核心网 MME 配置协商一致。

通过 MOD ENODEBSHARINGMODE 命令可修改基站共享模式。

第 3 步，根据“设备规划组网拓扑图”中的 BBU 硬件配置执行 MML 命令增加 BBU 单板，先增加 LBBP 单板（见图 3-91），再增加 UMPT 单板（见图 3-92）。

ADD BRD 命令重点参数如下。LBBP 单板工作模式：TDD 为时分双工模式。TDD_ENHANCE：表示支持 TDD BF（BeamForming，多波束赋形）。TDD_8T8R：表示支持 TD-LTE 单模 8T8R，支持 BF，其 BBU 和 RRU 之间的接口协议为 CPRI 接口协议。TDD_TL：表示支持 TD-LTE 和 TDS-CDMA 双模或者 TD-LTE 单模，包括 8T8R BF 以及 2T2R MIMO，其 BBU 和 RRU 之间采用 CMCC TD-LTE IR 协议规范。

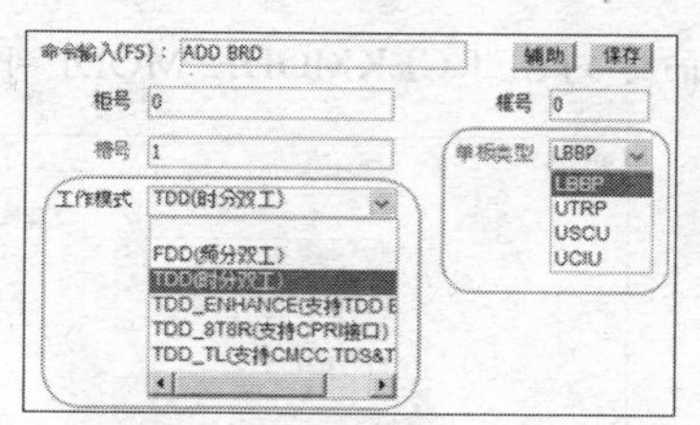

图 3-91　增加 LBBP 单板命令

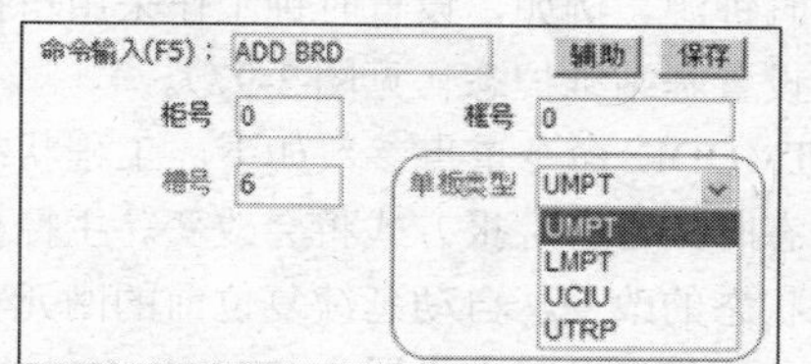

图 3-92　增加 UMPT 单板命令

UMPT 单板增加命令执行成功后会要求单板重启动加载，维护链路会中断。

配置 RRU 设备数据的操作步骤如下所述。

第 1 步，增加 RRU 链环数据（见图 3-93）。

ADD RRUCHAIN 命令重点参数如下。组网方式：CHAIN（链形）、RING（环形）或 LOADBALANCE（负荷分担）。接入方式：本端端口表示 LBBP 通过本单板 CPRI 与 RRU 连接；对端端口表示 LBBP 通过背板汇聚到其他槽位基带板与 RRU 连接。链/环头槽号/链/环头光口号：表示链环头 CPRI 端口所在单板的槽号/端口号。CPRI 线速率：用户设定速率，设置的 CPRI 线速率与当前运行的速率不一致时，会产生 CPRI 相关告警。

第 2 步，增加 RRU 设备数据（见图 3-94）。

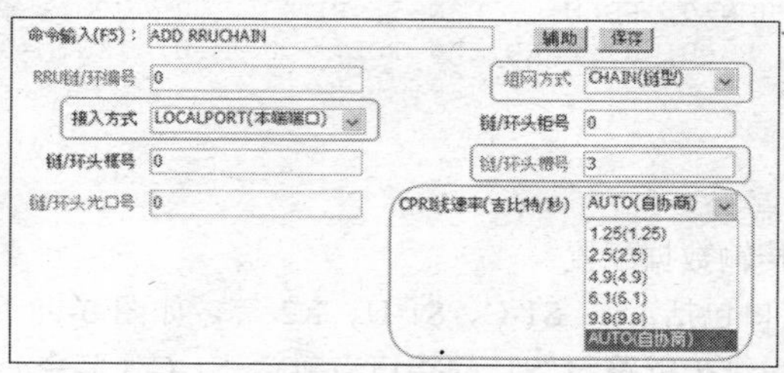

图 3-93　增加 RRU 链环数据

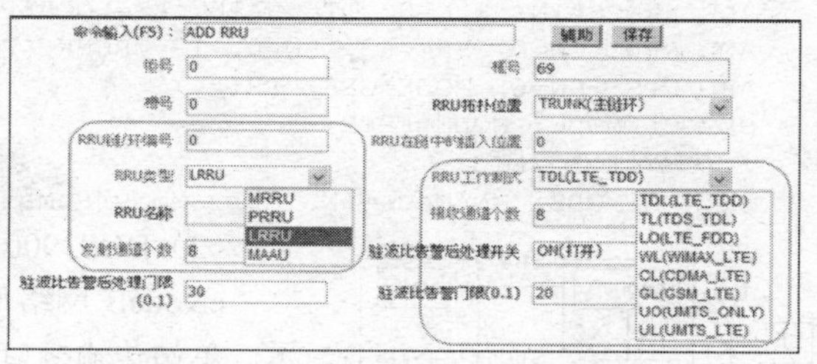

图 3-94　增加 RRU 设备数据

ADD RRU 命令重点参数如下。RRU 类型：TD-LTE 网络只用 MRRU&LRRU，MRRU 根据不同的硬件版本可以支持多种工作制式，LRRU 支持 LTE_FDD 和 LTE_TDD 两种工作制式。RRU 工作制式：TDL 单站选择 TDL（LTE_TDD），多模 MRRU 可选择 TL（TDS_TDL）工作制式。例如，DRRU3233 类型为 LRRU，工作制式为 TDL（LTE_TDD）。

配置 GPS、修改基站维护态的操作步骤如下所述。

第 1 步，先增加 GPS 设备信息（见图 3-95），再设置参考时钟源工作模式（见图 3-96）。

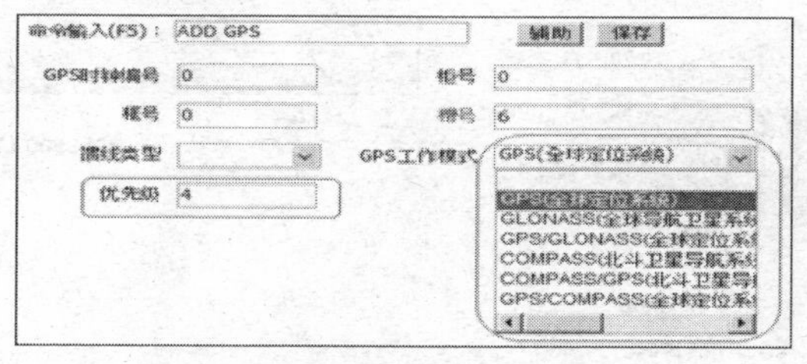

图 3-95　增加 GPS 设备信息

图 3-96　设置参考时钟源工作模式

ADD GPS/SET CLKMODE 命令重点参数如下。GPS 工作模式：支持多种卫星同步系统信号接入。优先级：取值范围为 1～4，1 表示优先级最高，现场通常设置 GPS 优先级最高，UMPTa6 单板自带晶振时钟的优先级默认为 4，优先级别最低，可用于测试使用。时钟工作模式：包括 AUTO（自动）、MANUAL（手动）和 FREE（自振），手动模式表示用户手动指定某一路参考时钟源，自动模式表示系统根据参考时钟源的优先级和可用状态自动选择参考时钟源，自振模式表示系统工作于自由振荡状态，不

跟踪任何参考时钟源。例如，设置时钟工作采用自振，其命令为 SET CLKMODE: MODE=FREE。

第 2 步，设置基站维护态（见图 3-97）。

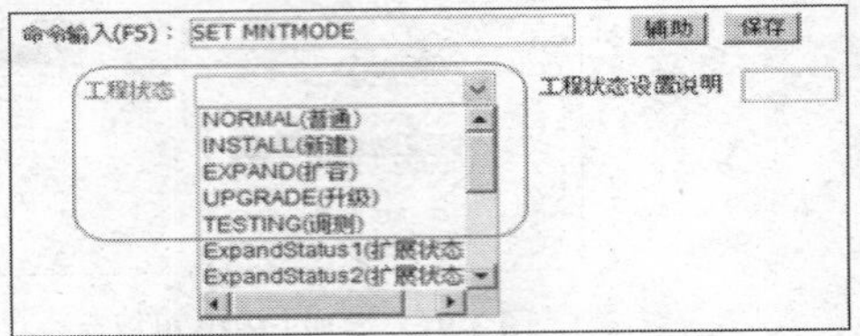

图 3-97　设置基站维护态

SET MNTMODE 命令重点参数如下。工程状态：网元处于特殊状态时，告警上报方式将会改变。主控板重启不会影响工程状态的改变，自动延续复位前的网元特殊状态。设备出厂默认将设备状态设置为 TESTING（调测）。

④ 单站 TD-LTEeNodeB 全局设备数据配置脚本示例如下。

```
//全局配置参数
MOD ENODEB: ENODEBID=1001, NAME="TDD eNodeB101", ENBTYPE=DBS3900_LTE, PROTOCOL=CPRI;
ADD CNOPERATOR: CnOperatorId=0, CnOperatorName="CMCC", CnOperatorType=CNOPERATOR_PRIMARY, Mcc="460", Mnc="02";
ADD CNOPERATORTA: TrackingAreaId=0, CnOperatorId=0, Tac=101;
//BBU 机框单板数据
ADD BRD: SRN=0, SN=3, BT=LBBP, WM=TDD;
ADD BRD: SRN=0, SN=16, BT=FAN;
ADD BRD: SRN=0, SN=19, BT=UPEU;
ADD BRD: SRN=0, SN=6, BT=UMPT;
//*增加 UMPT 单板会引起单板复位重启，执行脚本数据时会中断
//RRU、GPS 数据
ADD RRUCHAIN: RCN=0, TT=CHAIN, AT=LOCALPORT, HCN=0, HSRN=0, HSN=3, HPN=0, CR=AUTO;
ADD RRU: CN=0, SRN=69, SN=0, TP=TRUNK, RCN=0, PS=0, RT=LRRU, RS=TDL, RXNUM=8, TXNUM=8;
ADD GPS: SN=6, MODE=GPS, PRI=4;
SET CLKMODE: MODE=FREE;
//基站维护态数据
SET MNTMODE: MNTMode=INSTALL, MMSetRemark="站点 101";
```

（2）DBS3900 单站传输数据配置

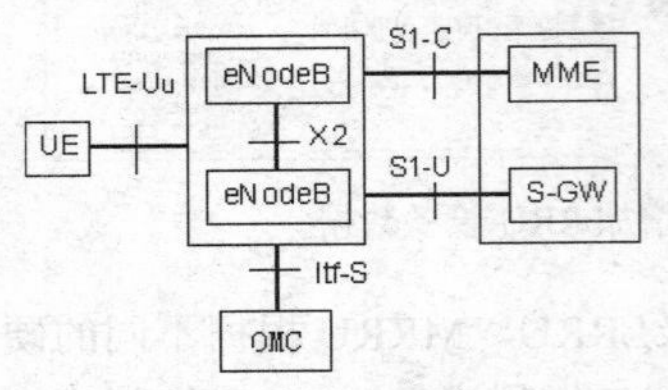

图 3-98　eNodeB 网络传输接口

eNodeB 网络传输接口包括 Uu、S1-C、S1-U、X2 等，如图 3-98 所示。单站传输接口只考虑维护链路与 S1 的接口，包括 S1-C（信令）、S1-U（业务数据）。DBS3900 单站传输组网拓扑如图 3-99 所示。

单站传输数据配置包括配置底层 IP 传输数据、配置 S1-C 接口对接数据、配置 S1-U 接口对接数据和配置操作维护对接数据，命令说明如表 3-26 所示。

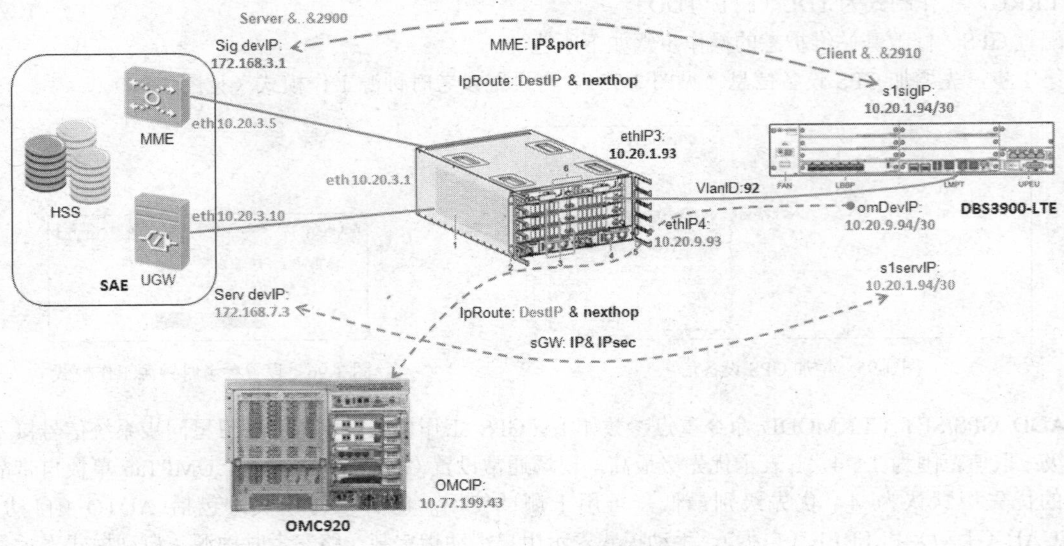

图 3-99　DBS3900 单站传输组网拓扑示意图

表 3-26　　　　单站传输接口数据配置命令

命令+对象	MML 命令用途	命令使用注意事项
ADD ETHPORT	增加以太网端口 以太网端口速率、双工模式、端口属性参数	TD-LTE 基站端口配置属性需要与 PTN 协商，推荐配置固定 1Gbit/s、全双工模式 新增 UMPT 单板时默认并未配置的
ADD RSCGRP	增加传输资源组	基于链路层对上层逻辑链路进行带宽限制
ADD DEVIP	端口增加设备 IP 地址	每个端口最多可增加 8 个设备 IP 现网规划单站使用 IP 不能重复
ADD IPRT	增加静态路由信息	单站必配路由有 3 条：S1-C 接口到 MME、S1-U 接口到 UGW、OMCH 到网管。如果采用 IPCLK 时钟，需额外增加路由信息，多站配置 X2 接口也需新增站点间路由信息 目的 IP 地址与掩码取值相应必须为网络地址
ADD VLANMAP	根据下一跳增加 VLAN 标识	现网通常规划多个 LTE 站点使用一个 VLAN 标识
ADD S1SIGIP	增加基站 S1 接口信令 IP	采用 End-point（自建立方式）配置方式时应用
ADD MME	增加对端 MME 信息	配置 S1/X2 接口的端口信息，系统根据端口信息自动创建
ADD S1SERVIP	增加基站 S1 接口服务 IP	S1/X2 接口控制面承载（SCTP 链路）和用户面承载（IP Path）
ADD SGW	增加对端 SGW/UGW 信息	Link 配置方式采用手工参考协议栈模式进行配置
ADD OMCH	增加基站远程维护通道	最多增加主/备两条，绑定路由后，无须单独增加路由信息

① 配置底层 IP 传输数据，操作步骤如下所述。

第 1 步，增加物理端口设置（见图 3-100）。

ADD ETHPORT 命令重点参数如下。端口属性：UMPT 单板 0 号端口为 FE/GE 电口，1 号端口为 FE/GE 光口（现场使用光口）；端口速率：双工模式，需要与传输协商一致，现场使用 1000Mbit/s/FULL（全双工）。

设备出厂默认端口速率/双工模式为自协商。

第 2 步，增加传输资源组（见图 3-101）。

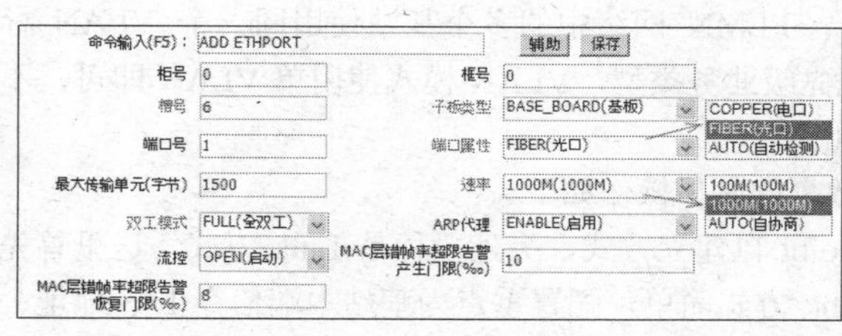

图 3-100　物理以太网端口属性参数设置

图 3-101　增加传输资源组

ADD SRCGRP 命令重点参数如下。传输资源组的带宽和速率信息，基于链路层计算，TDL 单站现场规划为 80Mbit/s 传输带宽要求。发送/接收带宽：传输资源组的 MAC 层上行/下行最大带宽，该参数值用作上行/下行传输准入带宽和发送流量成型带宽。CIR/PIR 受 BW 影响，参数高于传输网络最大带宽，容易引起业务丢包，影响业务质量；参数低于传输网络最大带宽，会造成传输带宽浪费，影响接入业务数和吞吐量。

第 3 步，以太网端口业务维护通道 IP 配置（见图 3-102、图 3-103）。

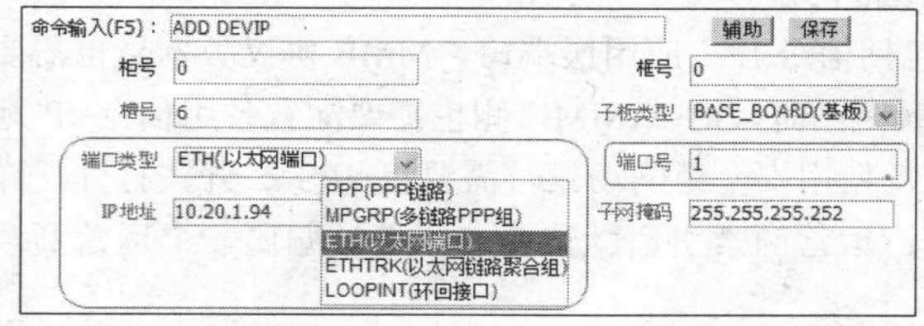

图 3-102　增加以太网端口业务 IP

图 3-103　增加以太网端口维护通道 IP

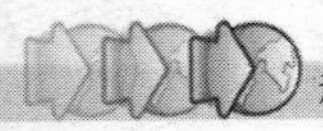

ADD DEVIP 命令重点参数如下。端口类型：在未采用 Trunk 配置方式的场景下选择 ETH（以太网端口）即可，目前 TD-LTE 现网均未使用 Trunk 连接方式。IP 地址：同一端口最多配置 8 个设备 IP 地址。IP 资源紧张的情况下，单站只采用一个 IP 地址即可，既用于业务链路通信，也用于维护链路互通。端口 IP 地址与子网掩码确定基站端口连接传输设备的子网范围大小，多个基站可以配置在同一子网内。

第 4 步，配置业务路由信息（见图 3-104、图 3-105）。

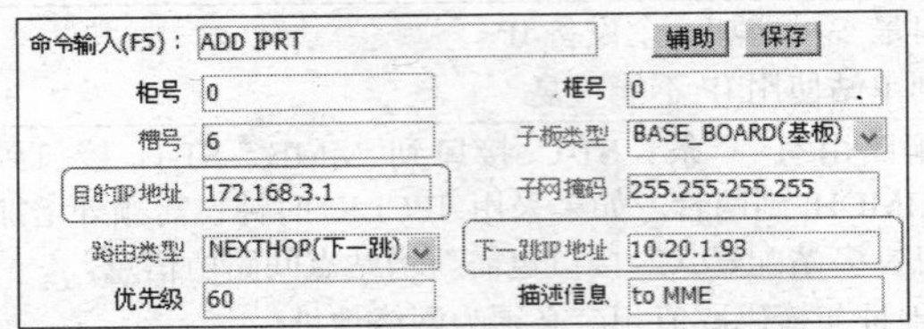

图 3-104　增加基站到 MME 的路由

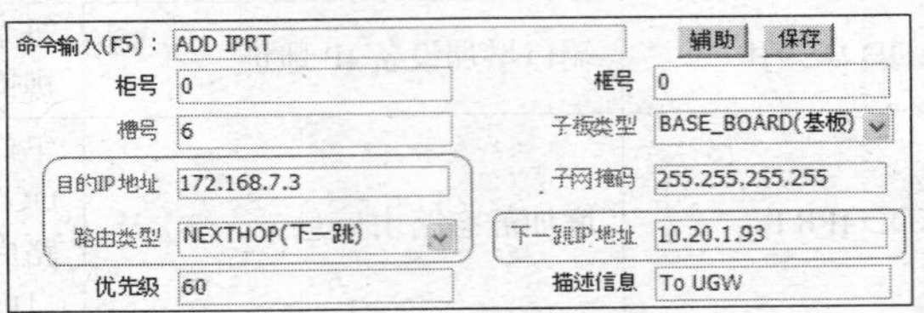

图 3-105　增加基站到 SGW/UGW 的路由

ADD IPRT 命令重点参数如下。目的 IP 地址：是主机地址时，子网掩码配置为 32 位掩码；如果需要添加网段路由，配置子网掩码小于 32 位，目的 IP 地址必须是网段网络地址。例如，目的 IP 地址 172.168.0.0，子网掩码 16 位为 255.255.0.0。如果写目的 IP 为 172.168.7.3，子网掩码写 255.255.0.0，系统会提示出错，原因为目的 IP 地址不是一个网络地址。基站远程维护通道的路由信息，可以在增加 OMCH 配置时一起添加。

第 5 步，配置基站业务/维护 VLAN 标识（见图 3-106、图 3-107）。

图 3-106　增加基站业务 VLAN 标识

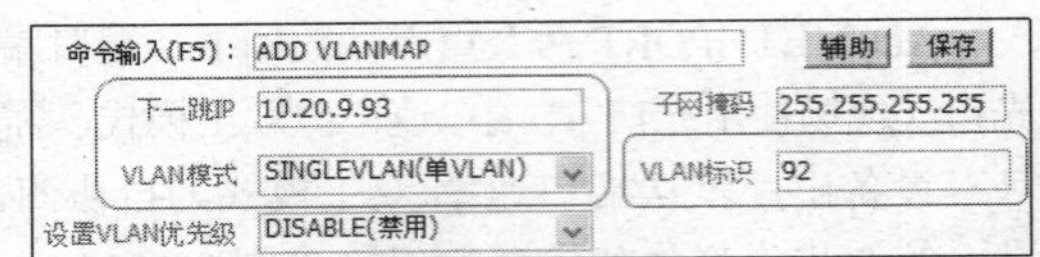

图 3-107　增加基站维护 VLAN 标识

ADD VLANMAP 命令重点参数如下。现网站点业务对接、维护通道采用同一 IP 地址时，VLAN 标识通常也只规划一个。为节省 VLAN 资源，甚至同一 PLMN 网络中的多个基站使用同一个 VLAN 标识。目前，网络业务 QoS 需求不明显，未区分不同优先级业务类型，VLAN 模式使用单 VLAN 即可，不需要涉及 VLAN 组的配置，也不涉及 VLAN 优先级配置。

② 通过 End-point 自建立方式配置 S1 接口对接数据的具体操作如下。

S1 接口对接数据配置方式有两种，一种是 End-point 自建立方式，另外一种是 Link 方式。这里首先介绍 End-point 方式，End-point 自建立配置方式较 Link 方式简单，配置重点为基站本端信令 IP、地址、本端端口号。基站侧端口号上报给 MME 后会自动探测添加，不需要与核心网进行人为协商。

第 1 步，配置基站本端 S1-C 信令链路参数（见图 3-108）。

ADD S1SIGIP 命令重点参数如下。现场采用信令链路双归属组网时，可配置备用信令 IP 地址，与主用实现 SCTP 链路层的双归属保护倒换；现场使用安全组网场景时需要将 IPSec 开关打开，详细配置内容将在后续的“数据配置规范”内容中阐述；运营商索引值，默认为 0，单站归属一个运营商，建议不更改，后续配置无线全局数据时存在索引关系。

第 2 步，配置对端 MME 侧 S1-C 信令链路参数（见图 3-109）。

ADD MME 命令重点参数如下。MME 协商参数包括信令 IP、应用层端口，MME 协议版本号也需要与对端 MME 配置协商一致；现场采用信令链路双归属组网时，对端 MME 侧也需要配置备用信令 IP 地址，与主用实现 SCTP 链路层的双归属保护倒换；现场使用安全组网场景时需要将 IPSec 开关打开，详细配置内容将在后续的“数据配置规范”内容中阐述；运营商索引值默认为 0，单站归属一个运营商，建议不更改，后续配置无线全局数据时存在索引关系。

第 3 步，配置基站本端与对端 MME 的 S1-U 业务链路参数（见图 3-110 和图 3-111）。

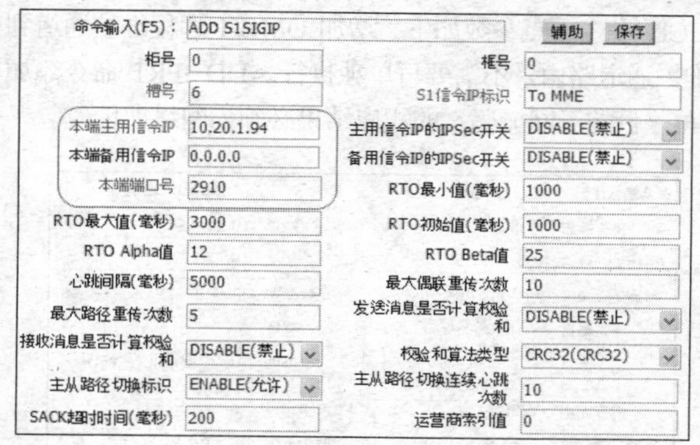

图 3-108　增加基站本端 S1-C 信令链路

图 3-109　增加对端 MME 侧 S1-C 信令链路

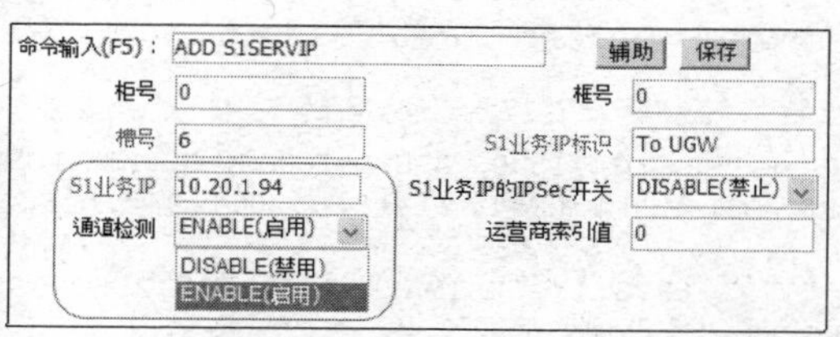

图 3-110　增加基站本端 S1-U 业务链路

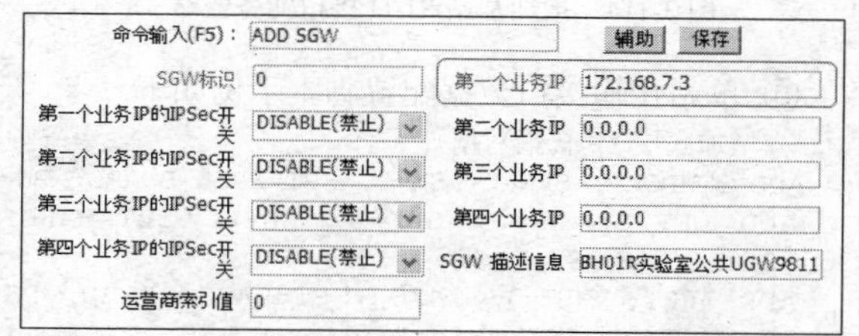

图 3-111　增加对端 SGW/UGW 侧 S1-U 业务链路

ADD S1SERVIP/ADD SGW 命令重点参数如下。配置 S1-U 链路重点为基站本端与对端 MME 的 S1 业务 IP 地址，建议打开通道检测开关，实现 S1-U 业务链路的状态监控；运营商索引值默认为 0，单站归属一个运营商，建议不更改，后续配置无线全局数据时存在索引关系。

③ Link 方式配置 S1 接口对接数据，具体操作如下所述。

采用 Link 方式进行配置时，需要手工添加传输层承载链路，相关参数更为详细，重点协商参数包括两端 IP 地址与端口号。

第 1 步，配置 SCTP 链路数据（见图 3-112）。

第 2 步，配置基站 S1-C 接口信令链路数据（见图 3-113）。

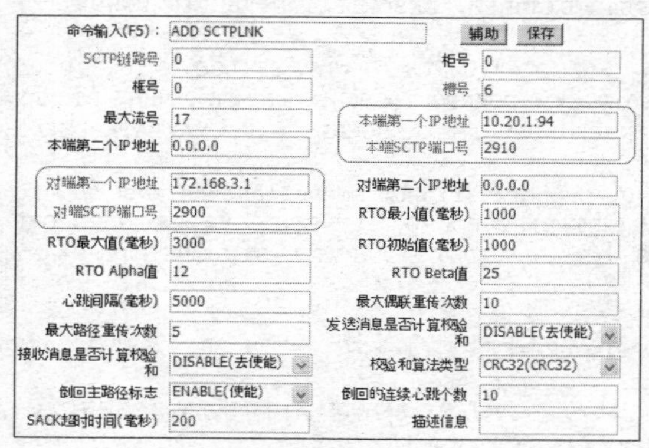

图 3-112　增加基站 S1-C 信令承载 SCTP 链路

图 3-113　增加基站 S1-C 接口信令链路

ADD S1INTERFACE 命令重点参数如下。S1 接口信令承载链路需要索引底层 SCTP 链路以及全局数据中的运营商信息；MME 对端协议版本号需要与核心网设备协商一致。

④ 配置 S1-U 接口 IPPATH 链路数据（见图 3-114）。

ADD IPPATH 命令重点参数如下。S1 接口数据承载链路 IPPATH 配置重点协商 IP 地址，目前场景未区分业务优先级，传输 IPPATH 只配置一条即可，具体操作如下。

配置远程维护通道数据（见图 3-115）时，ADD OMCH 命令重点参数如下。增加 OMCH 远程维护通道到网管系统，“绑定路由”选择“ES（是）”时，增加远程维护通道路由，不需要再单独执行 ADD IPRT 命令添加维护通道的路由信息；绑定路由信息中“目的 IP 地址”与“目的子网掩码”的相应结果必须为网络地址。

命令输入(F5)：	ADD IPPATH		
IP Path编号	0	柜号	0
框号	0	槽号	6
子板类型	BASE_BOARD(基板)	端口类型	ETH(以太网端口)
端口号	1	加入传输资源组	DISABLE(去使能)
本端IP地址	10.20.1.94	对端IP地址	172.168.7.3
邻节点标识	0	传输资源类型	HQ(高质量)
应用类型	S1(S1)	Path类型	ANY(任意QOS)
通道检测	ENABLE(启用)	描述信息	To UGW

图 3-114　增加基站 S1-U 接口业务链路

命令输入(F5)：	ADD OMCH		
主备标志	MASTER(主用)	本端IP地址	10.20.9.94
本端子网掩码	255.255.255.255	对端IP地址	10.77.199.43
对端子网掩码	255.255.255.255	承载类型	IPV4(IPV4)
柜号	0	框号	0
槽号	6	子板类型	BASE_BOARD(基板)
绑定路由	YES(是)	目的IP地址	10.77.199.43
目的子网掩码	255.255.255.255	路由类型	NEXTHOP(下一跳)
下一跳IP地址	10.20.9.93	优先级	60

图 3-115　增加基站远程维护通道

⑤ 单站传输接口数据配置脚本示例如下。

```
//增加底层 IP 传输数据
ADD ETHPORT: SRN=0, SN=6, SBT=BASE_BOARD, PN=1, PA=FIBER, MTU=1500, SPEED=1000M, DUPLEX=FULL;
ADD DEVIP: CN=0, SRN=0, SN=6, SBT=BASE_BOARD, PT=ETH, PN=1, IP="10.20.1.94", MASK="255.255.255.252";
ADD IPRT: SRN=0, SN=6, SBT=BASE_BOARD, DSTIP="172.168.3.1", DSTMASK="255.255.255.255", RTTYPE=NEXTHOP, NEXTHOP="10.20.1.93", PREF=60, DESCRI="To MME";
ADD IPRT: SRN=0, SN=6, SBT=BASE_BOARD, DSTIP="172.168.7.3", DSTMASK="255.255.255.255", RTTYPE=NEXTHOP, NEXTHOP="10.20.1.93", PREF=60, DESCRI="To UGW";
ADD VLANMAP: NEXTHOPIP="10.20.1.93", MASK="255.255.255.255", VLANMODE=SINGLEVLAN, VLANID=92, SETPRIO=DISABLE;
```

S1 接口数据配置时，End-point 方式与 Link 方式二选一，脚本示例如下。

```
//End-point 方式配置 S1 接口数据
ADD S1SIGIP: SN=6, S1SIGIPID="To MME", LOCIP="10.20.1.94", LOCIPSECFLAG=DISABLE, SECLOCIP="0.0.0.0", SECLOCIPSECFLAG=DISABLE, LOCPORT=2910, SWITCHBACKFLAG=ENABLE;
ADD MME: MMEID=0, FIRSTSIGIP="172.168.3.1", FIRSTIPSECFLAG=DISABLE, SECSIGIP="0.0.0.0", SECIPSECFLAG=DISABLE, LOCPORT=2900, DESCRIPTION="BH01R USN9810", MMERELEASE=Release_R8;
ADD S1SERVIP: SRN=0, SN=6, S1SERVIPID="To UGW", S1SERVIP="10.20.1.94", IPSECFLAG=DISABLE, PATHCHK=ENABLE;
ADD SGW: SGWID=0, SERVIP1="172.168.7.3", SERVIP1IPSECFLAG=DISABLE, SERVIP2IPSECFLAG=DISABLE, SERVIP3IPSECFLAG=DISABLE, SERVIP4IPSECFLAG=DISABLE, DESCRIPTION="BH01R UGW9811";
//Link 方式配置 S1 接口数据
ADD SCTPLNK: SCTPNO=0, SN=6, MAXSTREAM=17, LOCIP="10.20.1.94", SECLOCIP="0.0.0.0", LOCPORT=2910, PEERIP="172.168.3.1", SECPEERIP="0.0.0.0", PEERPORT=2900, RTOMIN=1000, RTOMAX=3000, RTOINIT=1000, RTOALPHA=12, RTOBETA=25, HBINTER=5000, MAXASSOCRETR=10, MAXPATHRETR=5, AUTOSWITCH=ENABLE, SWITCHBACKHBNUM=10, TSACK=200;
ADD S1INTERFACE: S1InterfaceId=0, S1SctpLinkId=0, CnOperatorId=0, MmeRelease=Release_R8;
ADD IPPATH: PATHID=0, CN=0, SRN=0, SN=6, SBT=BASE_BOARD, PT=ETH, PN=1, JNRSCGRP=DISABLE, LOCALIP="10.20.1.94", PEERIP="172.168.7.3", ANI=0, APPTYPE=S1, PATHTYPE=ANY, PATHCHK=ENABLE, DESCRI="To UGW";
//增加基站远程操作维护通道数据
ADD DEVIP: CN=0, SRN=0, SN=6, SBT=BASE_BOARD, PT=ETH, PN=1, IP="10.20.9.94", MASK="255.255.255.252";
ADD VLANMAP: NEXTHOPIP="10.20.9.93", MASK="255.255.255.255", VLANMODE=SINGLEVLAN, VLANID=92, SETPRIO=DISABLE;
ADD OMCH: IP="10.20.9.94", MASK="255.255.255.255", PEERIP="10.77.199.43", PEERMASK="255.255.255.255", BEAR=IPV4, SN=6, SBT=BASE_BOARD, BRT=YES, DSTIP="10.77.199.43", DSTMASK="255.255.255.255", RT=NEXTHOP, NEXTHOP="10.20.9.93";
```

（3）DBS3900 无线数据配置

① 无线层规划数据。实际工程中，无线基础规划参数由网规、网优人员提供。图 3-116 所示为 TD-LTE eNodeB 无线层规划数据。

② 单站无线数据配置 OMML 命令说明如表 3-27 所示。

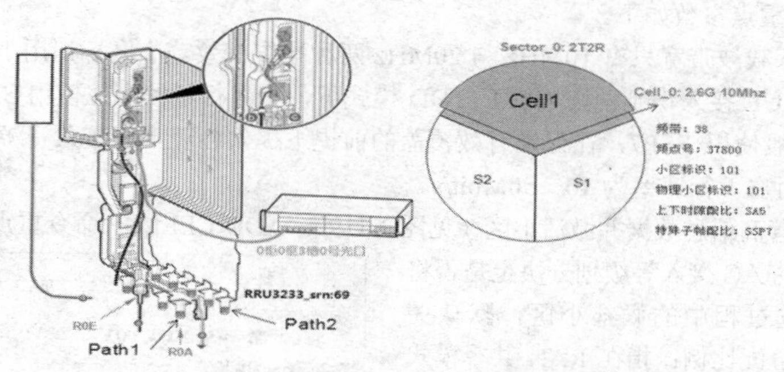

图 3-116　eNodeB 无线层规划数据示意图

表 3-27　　　　　　　　　　　单站无线数据配置命令

命令+对象	MML 命令用途	命令使用注意事项
ADD SECTOR	增加扇区信息数据	指定扇区覆盖所用射频器件，设置天线收发模式、MIMO 模式。TD-LTE 支持普通 MIMO（1T1R、2T2R、4T4R、8T8R）；2T2R 场景可支持 UE 互助 MIMO
ADD CELL	增加无线小区数据	配置小区频点、带宽：TD-LTE 小区带宽只有 10MHz（50RB）与 20MHz（100RB）两种有效。 小区标识 CellID+eNodeB 标识+PLMN（Mcc&Mnc）=eUTRAN 全球唯一小区标识号（ECGI）
ADD CELLOP	添加小区与运营商对应关系信息	绑定本地小区与跟踪区信息，在开启无线共享模式的情况下，可通过绑定不同运营商对应的跟踪区信息，分配不同运营商可使用的无线资源 RB 的个数
ACT CELL	激活小区使其生效	使用 DSP CELL 进行查询是否激活的结果

③ 单站无线数据配置步骤如下所述。

第 1 步，配置基站扇区数据（见图 3-117）。

ADD SECTOR 命令重点参数如下。TD-LTE 制式下，扇区支持 1T1R、2T2R、4T4R、8T8R 这 4 种天线模式，其中 2T2R 可以支持双拼，双拼只能用于同一 LBBP 单板上的一级链上的两个 RRU。在普通 MIMO 扇区的情况下，扇区使用的天线端口分别在两个 RRU 上，称为双拼扇区。在 8 个发送通道和 8 个接收通道的 RRU 上建立 2T2R 的扇区，需要保证使用的通道成对，即此时扇区使用的天线端口必须为 R0A(Path1)与 R0E(Path5)、R0B(Path2)与 R0F(Path6)、R0C(Path3)与 R0G(Path7)、R0D(Path4)与 R0H(Path8)的组合。不使用的射频 Path 通道可使用 MOD TXBRANCH/RXBRANCH 命令关闭。

第 2 步，配置基站小区数据。

首先配置基站小区信息数据（见图 3-118）。

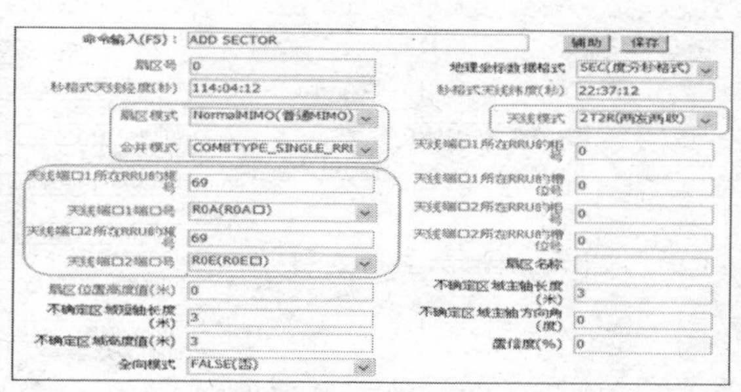

图 3-117　单站无线扇区数据配置

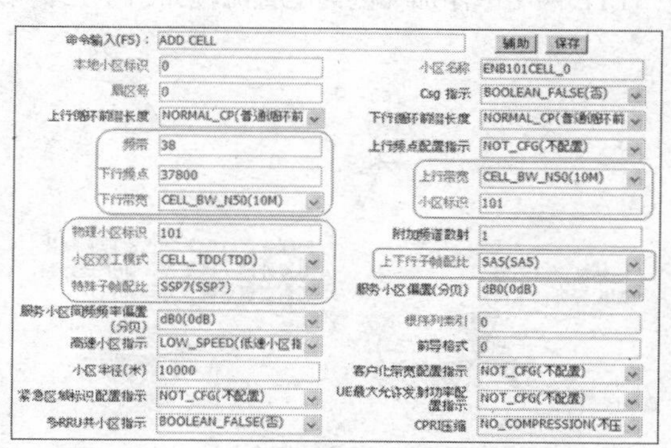

图 3-118　单站无线小区数据配置

ADD CELL 命令重点参数如下。

TD-LTE 制式下，载波带宽只有 10MHz 与 20MHz 两种配置有效。小区标识用于 MME 标识引用，物理小区标识用于空口 UE 接入识别。在 CELL_TDD 模式下，上下行子帧配比使用 SA5，下行获得速率最高，特殊子帧配比一般使用 SSP7，在保证有效覆盖的前提下提供合理上行接入资源；配置 10MHz 带宽载波，2T2R 预期单用户下行速率为 40～50Mbit/s。

然后配置小区运营商信息数据并激活小区（见图 3-119）。ADD CELLOP 命令重点参数如下。小区为运营商保留：通过 UE 的 AC 接入等级划分决定是否将本小区作为终端重选过程中的候补小区，默认关闭；运营商上行 RB 分配比例：指在 RAN 共享模式下，且小区算法开关中的 RAN 共享模式开关打开时，一个运营商所占下行数据共享信道（PDSCH）传输 RB 资源的百分比。当数据量足够的情况下，各个运营商所占 RB 资源的比例将达到设定的值，所有运营商占比之和不能超过 100%。

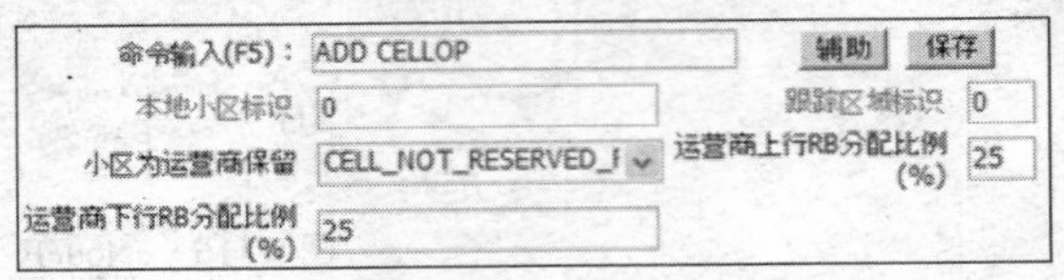

图 3-119 单站无线小区运营商数据配置

现网站点未使用 SharingRAN 方案，不开启基站共享模式。

④ 单站无线数据配置脚本示例如下。

```
//增加基站无线扇区数据
ADD SECTOR: SECN=0, GCDF=SEC, ANTLONGITUDESECFORMAT="114:04:12", ANTLATITUDESECFORMAT="22:37:12", SECM=NormalMIMO, ANTM=2T2R, COMBM=COMBTYPE_SINGLE_RRU, CN1=0, SRN1=69, SN1=0, PN1=R0A, CN2=0, SRN2=69, SN2=0, PN2=R0E, ALTITUDE=0;
//增加基站无线小区数据
ADD CELL: LocalCellId=0, CellName="ENB101CELL_0", SectorId=0, FreqBand=38, UlEarfcnCfgInd=NOT_CFG, DlEarfcn=37800, UlBandWidth=CELL_BW_N50, DlBandWidth=CELL_BW_N50, CellId=101, PhyCellId=101, FddTddInd=CELL_TDD, SubframeAssignment=SA5, SpecialSubframePatterns=SSP7, RootSequenceIdx=0, CustomizedBandWidthCfgInd=NOT_CFG, EmergencyAreaIdCfgInd=NOT_CFG, UePowerMaxCfgInd=NOT_CFG, MultiRruCellFlag=BOOLEAN_FALSE;
ADD CELLOP: LocalCellId=0, TrackingAreaId=0;
//激活小区
ACT CELL: LocalCellId=0;
```

（4）邻区数据配置

无线通信中，邻区即为相邻关系的小区，即两个覆盖有重叠且设置有切换关系的小区，一个小区可以有多个邻区，如图 3-120 所示。源小区和邻区（相邻小区）是一个相对的概念，当指定一个特定小区为源小区时，与之邻近的小区称为该小区的邻区。同一系统内，邻区又分为同频邻区、异频邻区；而不同系统间的邻区称为异系统邻区。同一个基站内的邻区称为站内邻区，除站内邻区以外的邻区均称为外部邻区。

简单地说，邻区设置就是使手机等终端在移动状态下可以在多个定义了邻区关系的小区之间进行业务的平滑交替，不会中断；或者手机等终端在空闲状态下，实现无缝重选。只有添加了邻区，手机等终端才能在不同网络（如 LTE、GSM、UMTS 等）之间切换或重选。

LTE 网络中添加邻区的配置流程如图 3-121 所示。

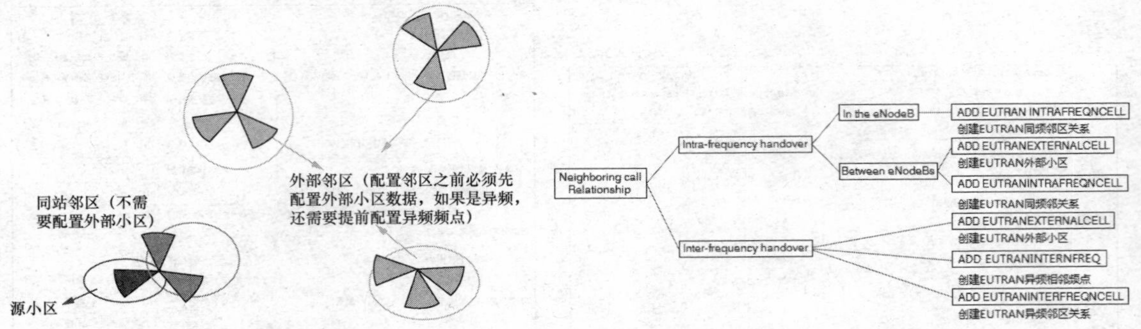

图 3-120 邻区概念　　　　图 3-121 添加邻区配置流程图

邻区数据配置 MML 命令说明如表 3-28 所示。

表 3-28　　　　　　　　　邻区数据配置 MML 命令

命令+对象	MML 命令用途	命令使用注意事项
ADD EUTRANEXTERNALCELL	创建 EUTRAN 外部小区	最大允许配置 EUTRAN 外部小区的个数为 2304
ADD EUTRANINTRAFREQNCELL	创建 EUTRAN 同频邻区关系	当同频邻区和服务小区为异站时，对应的 EUTRAN 外部小区必须先配置 EUTRAN 同频邻区所依赖的外部小区的下行频点必须与本地小区的下行频点相同 每个小区最大允许配置 EUTRAN 同频邻区关系个数为 64 同频邻区所依赖的外部小区的物理小区标识不能与服务小区的相同
ADD EUTRANINTERFREQNCELL	创建 EUTRAN 异频邻区关系	每个小区最大允许配置 EUTRAN 异频邻区关系的个数为 64 当异频邻区和服务小区为异站时，对应的 EUTRAN 外部小区必须先配置 EUTRAN 异频邻区所依赖的外部小区的频点不能与服务小区频点相同 EUTRAN 异频邻区所依赖的外部小区的频点信息必须先配置在 EUTRAN 异频频点信息中

邻区数据配置步骤如下所述。

第 1 步，创建 EUTRAN 外部小区（见图 3-122）。添加非同站的邻区之前先要配置外部小区，同站邻区则不必配置外部小区。基站标识 eNodeB ID、小区标识 Cell ID、物理小区标识 Physical Cell ID 是对端 eNodeB 的参数。

第 2 步，创建 EUTRAN 同频邻区关系（见图 3-123）。本地小区标识表示源小区的本地小区 ID，基站标识和小区标识为需要增加的邻区的 ENODEBID 和 CELLID。

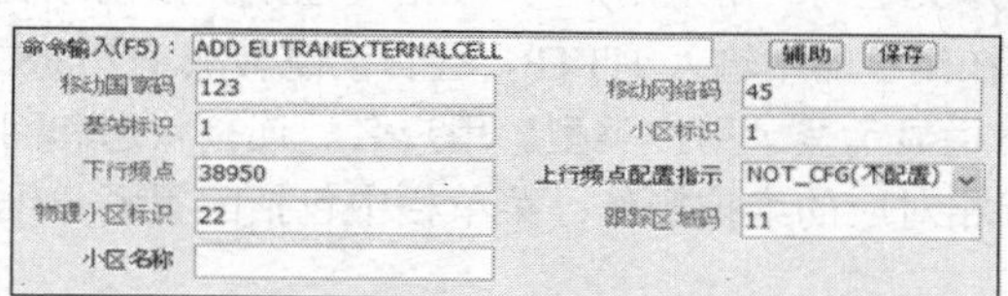

图 3-122　添加 EUTRAN 外部小区

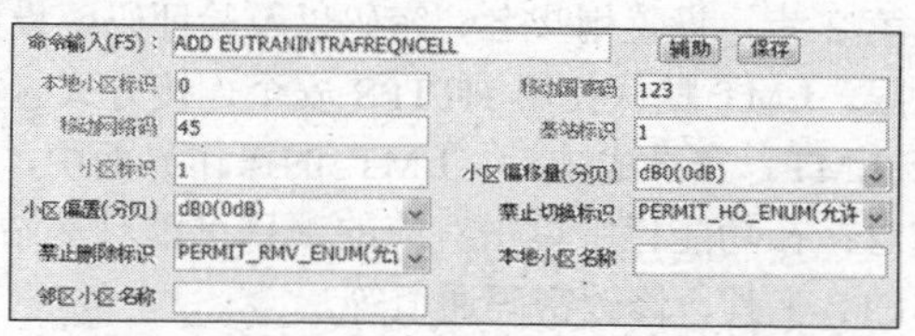

图 3-123　创建 EUTRAN 同频邻区关系

第 3 步，创建 EUTRAN 异频相邻频点（见图 3-124）。下行频点是对端 eNodeB 的值，其应该与本端 eNodeB 的下行频点不同。

第 4 步，创建 EUTRAN 异频邻区关系（见图 3-125）。基站标识 eNodeB ID、小区标识 Cell ID 是对端 eNodeB 的参数。

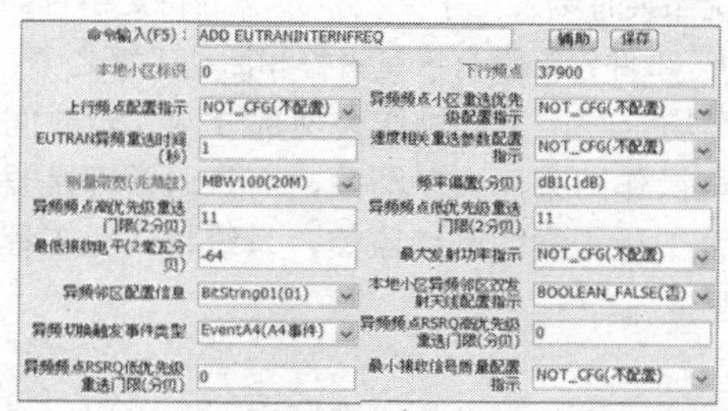

图 3-124　创建 EUTRAN 异频相邻频点

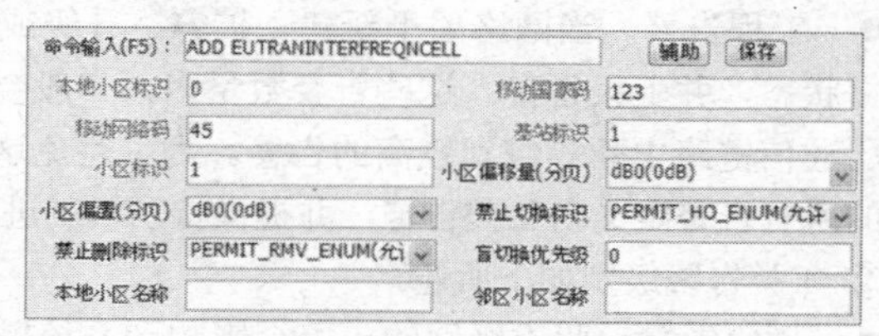

图 3-125　创建 EUTRAN 异频邻区关系

4. DBS3900 操作维护

（1）DBS3900 维护方式

日常维护 DBS3900 有两种方式，一种是本地维护，一种是远端维护。其中，本地维护使用的是

eNodeB LMT，远端维护使用的是 OMC920（U2000）。远端维护即通过代理方式登录，一般通过 OMC 服务器作为代理登录。这里将简单介绍 TD-LTE 本地维护方式，示意如图 3-126 所示。

eNodeB LMT 主要用于辅助开站、近端定位和排除故障。使用 LMT 对 eNodeB 进行操作维护的场景有 3 种：一是 eNodeB 开站，在 eNodeB 与 OMC920 传输未到位时可使用 LMT 近端开站；二是 eNodeB 与 OMC920 之间通信中断时，可使用 LMT 到近端定位和排除故障；三是 eNodeB 产生告警，需要在近端更换单板等操作时，可使用 LMT 辅助定位和排除故障。

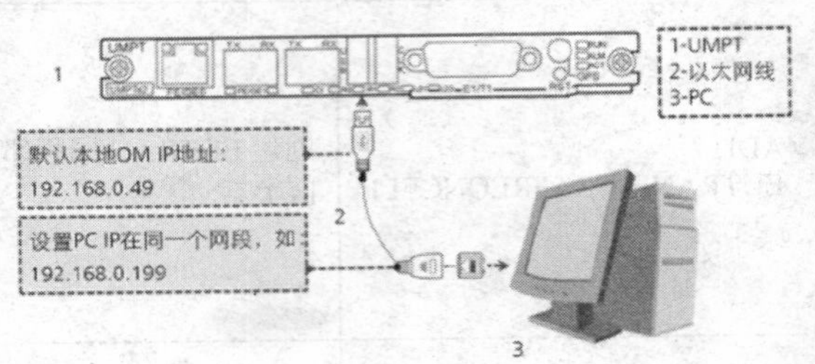

图 3-126　本地维护示意图

eNodeB 出厂的默认 IP 地址为 192.168.0.49。UMPT 单板有一个转换接口用于近端调试，通过 USB 接口转 RJ45 接口的连接器，可直接连接计算机进行本地操作维护。

在使用 LMT 之前，必须在使用 LMT 的计算机上安装 Java 平台标准版本或更高版本的运行环境（JRE）插件 jre-6u11-windows-i586。JRE 插件可以从网站 http://Java.com/ 或 http://support.huawei.com/ 下载。如果计算机上没有安装插件，系统会在登录时提示安装。如果安装的插件不是最新版本，系统也会在登录时提示升级。建议在安装最新版本前先卸载当前版本。如果插件升级到最新版本后仍然无法登录 LMT，可重启浏览器后重新登录。

登录 eNodeB 的操作步骤如下所述。

第 1 步，打开 IE 浏览器，输入本地 OM IP 地址，默认 IP 地址是 192.168.0.49，然后按“Enter”键。

第 2 步，设置用户名、密码以及验证码，设置用户类型为“本地用户”，单击“登录”按钮，设置密码权限。LMT 默认使用 HTTPS 安全连接方式。如果在浏览器中输入 HTTP，会自动跳转成 HTTPS 方式打开 LMT。登录成功后，LMT 的操作界面中，状态栏显示登录用户类型、用户名、连接状态和网元时间信息；在功能栏中单击对应的项目可以对基站进行相对应的维护操作；菜单栏中包括配置紧急维护通道、FTP 工具、修改密码通道等。

（2）DBS3900 告警管理

通过告警管理，可以实时地或按照要求看到需要监控的网元的状态。

① 告警种类如下所述。

- 故障告警。由于硬件设备故障或某些重要功能异常而产生的告警，如某单板故障、链路故障。通常故障告警的严重性比事件告警高。
- 事件告警。设备运行时的一个瞬间状态，只表明系统在某时刻发生了某一预定义的特定事件。如通路拥塞，并不一定代表故障状态。某些事件告警是定时重发的。事件告警没有恢复告警和活动告警之分。
- 工程告警。当网络处于新建、扩容、升级或调测等场景时，工程操作会使部分网元短时间内处于异常状态，并上报告警。这些告警数量多，一般会随工程操作结束而自动清除，而且通常都是复位、倒换、通信链路中断等级别较高的告警。为了避免这些告警干扰正常的网络监控，系统将网元工程期间上报的所有告警定义为工程告警，并提供特别机制进行处理。

② 4 类告警级别如下所述。

- 紧急告警。此类级别的告警会影响到系统提供的服务，例如某设备或资源完全不可用，必须立即进行处理。即使该告警在非工作时间发生，也需立即采取措施。
- 重要告警。此类级别的告警会影响到服务质量，如某设备或资源服务质量下降，需要在工作时间内处理，否则会影响重要功能的实现。
- 次要告警。此类级别的告警未影响到服务质量，如清除过期历史记录告警。但为了避免更严重

的故障，需要在适当时候进行处理或进一步观察。

- 提示告警。此类级别的告警指示可能有潜在的错误影响到提供的服务，如 OMU 启动告警。可采取相应的措施根据不同的错误进行处理。

③ 告警查询方法如下所述。

用 WebLMT 查询告警的操作步骤：在 LMT 主界面中单击“告警”按钮进入“告警”页面，在“浏览活动告警事件”页签下有“普通告警”“事件”和“工程告警”页签，如图 3-127 所示。

- 查询告警日志。采用菜单方式查询时，单击“告警”页签中的“查询告警日志”页签，即可设置查询告警日志条件。如果需要重新设置查询条件，单击“重置”按钮。单击“查询”按钮，即可在“查询结果”页签中显示查询结果。如果需要了解某条告警的详细信息，双击此告警记录，可在弹出的“告警详细信息”对话框中查看详细信息。如果需要保存某条告警，选中该告警记录，单击右键快捷菜单中的“保存选中记录”命令即可。如果需要保存查询结果，单击“保存”按钮即可。

查询也可采用 MML 命令方式，执行命令 LST ALMLOG，即可查询告警日志。

- 查询和修改告警配置。查询和修改告警配置时，单击“告警”页签中的“查询告警配置”页签，在进入的页面中单击“查询”按钮打开“查询结果”页面，即可查询结果；要修改告警配置，可以单击“告警配置修改”按钮，或在“查询结果”页面中右击，选择“告警配置修改”命令，如图 3-128 所示。

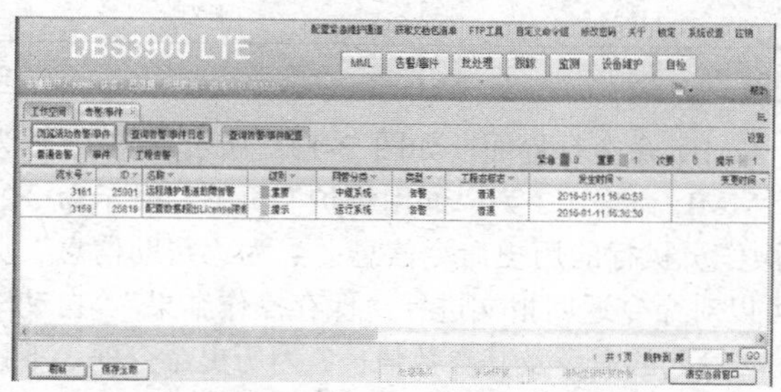

图 3-127　查询 eNodeB 告警（WebLMT）

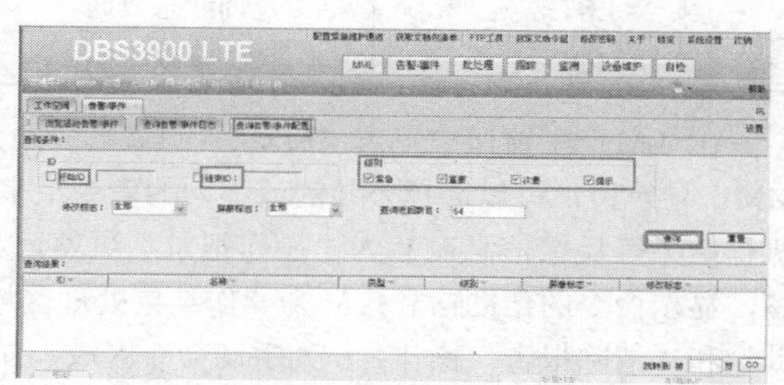

图 3-128　查询与修改告警配置（WebLMT）

（3）设备管理

设备管理可对具体的单板设备进行操作，一般有两种方式，一种是 GUI（图形化界面）方式，另一种是命令方式。

① GUI 方式查询单板状态（见图 3-129）。在拓扑图上右击 eNodeB，选择“设备维护”命令后双击模块面板，显示虚拟单板窗口，根据颜色可以获知单板的状态。

② 命令方式查询单板状态（见图 3-130）。在拓扑面板上右击 eNodeB，选择“MML 命令”，在打开的页面中输入 MML 命令“DSP BRD”并设置参数，再单击“Execute”（执行）按钮或按“F9”键执行命令，进入“Command Maintenance”（命令维护）窗口，显示查询结果。

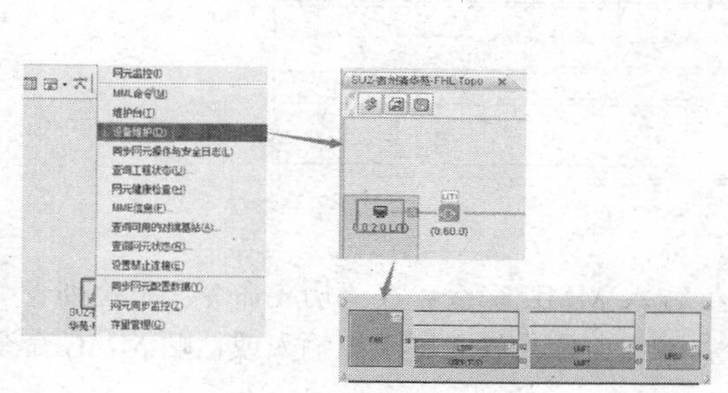

图 3-129　查询单板状态（GUI 方式）

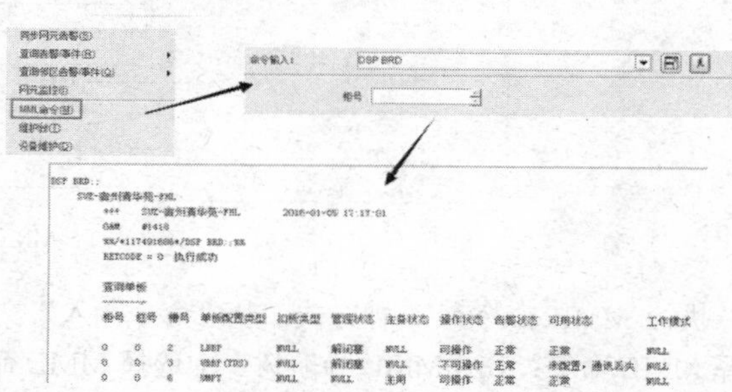

图 3-130　查询单板状态（MML 命令方式）

③ MML 命令。MML 命令是日常操作维护中经常使用到的工具，可以通过输入命令的方式对基站设备执行查询、修改、增加等维护操作。

基站的 MML 命令可用于实现整个基站的操作维护功能，分为公共业务和各制式独有部分，主要包括系统管理、设备管理、告警管理、载波资源管理、传输管理等。

MML 命令的格式为“命令字:参数名称=参数值”，命令字是必需的，但参数名称和参数值不是必需的，根据具体 MML 命令而定。例如“SET ALMSHLD: AID=25600, SHLDFLG=UNSHIELDED”，为包含命令字和参数的 MML 命令。例如“LST VER:”，为仅包含命令字的 MML 命令。

MML 命令采用“动作+对象”的格式，主要的操作命令如表 3-29 所示。

表 3-29　MML 命令

命　令	说　明	命　令	说　明
ACT	激活	RMV	删除
ADD	增加	RST	复位
BKP	备份	SET	设置
BLK	闭塞	STP	停止（关闭）
CLB	校准	STR	启动（打开）
DLD	下载	SCN	扫描
DSP	查询动态数据	UBL	解闭塞
LST	查询静态数据	ULD	上载
MOD	修改		

在 LMT 主窗口中单击“MML”页签，即可进入 MML 命令行界面，如图 3-131 所示。图中 1 为 MML 导航树，可以选择公共的或不同的命令组来执行 MML 命令；2 为“通用维护”页签，显示命令的执行结果等反馈信息；3 为“操作记录”页签，显示操作员执行的历史命令信息；4 为“帮助信息”页签，显示命令的帮助信息；5 为操作结果处理区域，可以对命令返回报文进行“保存操作结果”“自动滚动”和“清除报告”操作；6 为手动命令区域，显示手动输入的命令及其参数值；7 为历史命令框，下拉列表中为当前操作员本次登录系统后所执行的命令及参数；8 为命令输入框，显示系统提供的所有 MML 命令，可以选择其一或直接手动输入作为当前执行命令，勾选“使用代理 MML”复选框，代理基站能通过紧急维护通道向目标基站进行 MML 操作，从而实现对目标基站的维护；9 为命令参数区域，用于为命令参数赋值，并显示“命令输入”文本框中当前命令所包含的所有参数，红色代表必选参数，如图中的“槽号”，黑色代表可选参数，如图中的“框号”。

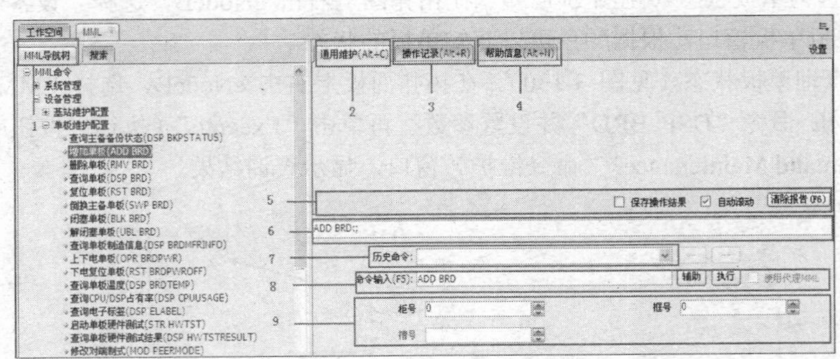

图 3-131　MML 命令行界面

执行 MML 命令有 4 种方式：从“命令输入”文本框输入 MML 命令；在“历史命令”下拉列表中选择 MML 命令；在“MML 导航树”中选择 MML 命令；在手工命令输入区手工输入或粘贴 MML 命令脚本，操作步骤如下所述。

- 从“命令输入”框输入 MML 命令。命令输入时可以在下拉列表中选择命令；按“Enter”键或单击“辅助”按钮，命令参数区域将显示该命令包含的参数；在命令参数区域输入参数值；按“F9”键或单击“执行”按钮执行这条命令；“通用维护”页面返回执行结果。

- 在“历史命令”下拉列表中选择 MML 命令。选择一条历史命令（按“F7”键、“F8”键或单击下拉列表框后面的←、→图标，可选择前一条或后一条历史命令），命令参数区域将显示该命令包含的参数；在命令参数区域可以修改参数值；按“F9”键或单击“执行”按钮执行这条命令；“通用维护”页面返回执行结果。
- 在“MML 导航树”中选择 MML 命令。在“MML 导航树”中选择 MML 命令并双击后，可在命令参数区域输入参数值；按“F9”键或单击“执行”按钮执行这条命令；“通用维护”页面返回执行结果。
- 在手工命令输入区手工输入或粘贴 MML 命令脚本。在“手工命令”输入区手工输入 MML 命令，或者粘贴带有完整参数取值的 MML 命令脚本；按“F9”键或单击“执行”按钮执行这些命令；“通用维护”页面返回执行结果。

重点提示

在 MML 命令行界面中，红色参数为必选参数，黑色参数为可选参数。将鼠标指针放在命令参数输入处，可以获得参数的相关提示信息。执行带时间参数的 MML 命令时，参数默认时间为基站上的时间，请注意手动修改。当命令执行失败时，在“通用维护”页面中会以红色显示。

- 批处理 MML 命令。除了 MML 命令输入方式外，还可以批处理 MML 命令。批处理文件（也称数据脚本文件）是一种使用 MML 命令制作的纯文本文件，它保存了用于某特定任务的一组 MML 命令脚本。批处理 MML 命令时，将按照批处理文件中的 MML 命令脚本出现的先后顺序自动执行。

批处理的操作步骤：在 LMT 主窗口中单击“批处理”按钮，把批处理文件中带有完整参数取值的一组 MML 命令脚本复制到命令输入区域，或手动输入一组 MML 命令到命令输入区域，或单击“打开”按钮打开已编辑好的 MML 批处理文件（选择的文件大小不能超过 4MB；单击“新建”按钮将会清空命令输入区域，如果此时命令区域有内容，会提示是否需要保存；单击“保存”按钮可把命令输入区域的内容保存成文本文件）。单击“设置”按钮，在弹出的“设置”对话框中可以对批处理执行过程进行设置。“发送间隔”选项用于设置前后两条 MML 命令的执行间隔时间；“保存执行失败的命令”选项用于把执行过程中执行失败的 MML 命令保存在指定文本文件；“保存命令执行结果”选项用于把执行成功或失败的结果保存到指定位置。在“执行模式”选项组中选择执行模式（执行模式有“全部执行”“单步执行”“断点执行”“范围执行”“出错时提示”），单击“执行”按钮，系统开始执行 MML 命令。

④ 闭塞/解闭塞单板。闭塞单板将导致该单板上的单板资源逻辑不可用。可闭塞的单板包括 BBP、RRU、RFU。闭塞基带板或 RRU/RFU 后，如果导致了 RRU/RFU 不能建链或不能运行在最高线速率，可能需要手动发起协商，参考命令为“STR CPRILBRNEG”。

重启单板，如果单板不可用，常用的方法就是重启复位单板，如果还不行，就需要近端进行热插拔。需要注意的是，重启 UMPT 单板会导致整个基站重启。另外，UPEU 单板不能进行重启操作。

⑤ RRU 的维护操作。也有 GUI 和 MML 两种方式，可以查询单板版本、复位单板、查询状态等。

⑥ 驻波比告警处理。在日常维护中经常会有驻波比告警处理需求，除了用测试工具（如 Site Master）进行近端测试外，也可以通过后台使用命令的方式测得驻波比值。启动 VSWR 测试（STR VSWRTEST），该功能为高精度驻波比测试，测试结果只显示机顶口的驻波比。要获知驻波更多的细节，执行命令“DSP VSWR”即可查询天线当前 VSWR。当查询多个天线端口时，查询结果仅仅包括机顶口的驻波值；当查询指定 RRU 的指定天线端口时，查询结果包括天线口的机顶口驻波、其他最大驻波值及离机顶口的距离，最多包括 6 个最大驻波值及离机顶口的距离。

（4）无线小区管理

无线小区管理可在 U2000 网管系统中执行，也可在 Web LMT 中进行。LTE 无线小区如图 3-132 所示。

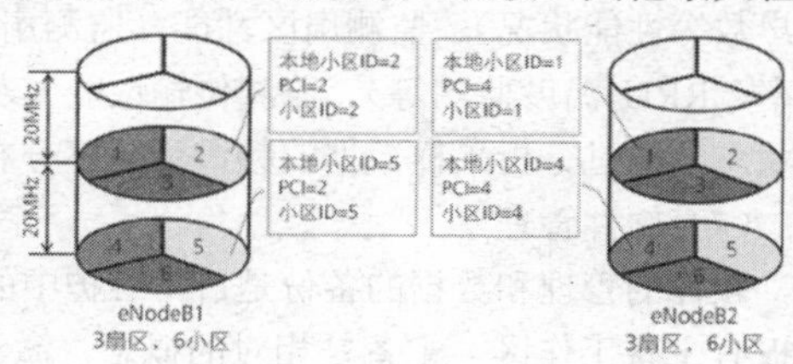

图 3-132　无线小区图解

一般一个基站分 3 个扇区，每个扇区载波数加起来就是小区数，譬如一个基站站型是 S222，也就是说这个基站有3个扇区，有3×2=6个小区。本地小区ID（0～11）是单eNodeB中唯一标识一个小区的ID，不用于LTE协议。PCI（0～503），物理小区ID，用于LTE空口物理协议。小区ID（8 bits），单eNodeB中唯一表示一个小区的ID，用于RRC层协议。E-CGI为EUTRAN小区全局ID，E-CGI=PLMN ID(6 bits) + eNodeB ID(20bits) + CellID(8bits)。

日常维护中可以使用命令“LST CELL”来查询已配置的小区信息，命令“DSP CELL”可查询现网状态下的小区状态。

日常维护中需要对小区进行物理操作时，譬如更换天线等可能造成辐射影响的情况，或者在新建小区未完成验收及未得到上线许可，需要对小区进行激活/去激活（见图3-133）或闭塞/解闭塞（见图3-134），进而打开或关闭小区载频发射功率。

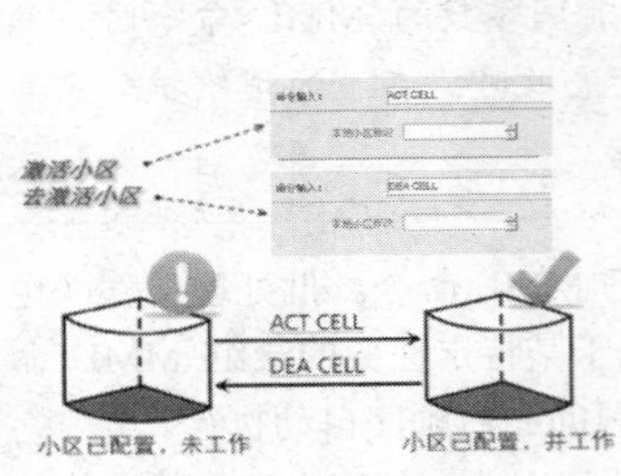

图3-133　激活/去激活小区

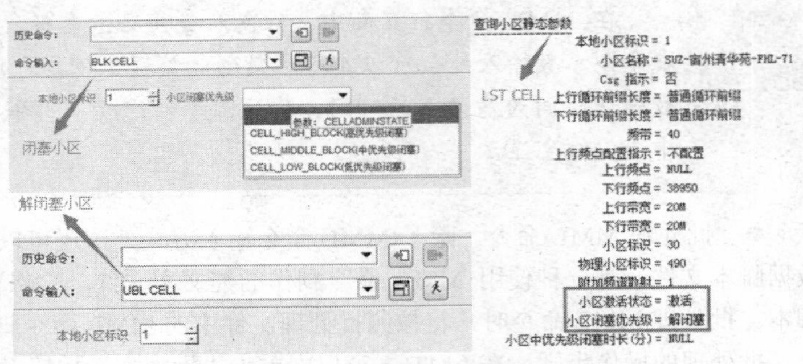

图3-134　闭塞/解闭塞小区

闭塞根据优先级分为高、中、低3类。高优先级闭塞小区时，将会立即去激活小区。中优先级闭塞小区时，在设定的小区优先级闭塞时长内，如果没有用户，则立即去激活小区，否则将在小区优先级闭塞时长超时后激活小区。低优先级闭塞小区时，将会在小区无用户后激活小区。命令“BLK CELL (CELL_HIGH_BLOCK)”的作用与“DEA CELL”一样。

（5）信令跟踪

并不是所有的故障通过浏览告警或者简单的命令操作就能发现和处理好，有时需借助信令跟踪功能来进行故障的分析。信令跟踪功能可以部分取代信令分析仪，对接口、信令链路、内部消息进行跟踪，跟踪结果可以用于设备调测、故障定位等。Web LMT信令跟踪有3类：接口跟踪，S1、X2、Uu接口（最多同时支持5个）；链路跟踪，SCTP；IP、IFTS、1588v2时钟跟踪。

另外，还可以利用eNodeB提供的多种日志来帮助定位问题。eNodeB日志用于保存系统运行的详细状态，包括操作日志、安全日志、运行日志。

eNodeB操作日志是用户对eNodeB进行操作时的操作信息，主要用于分析设备故障与各项操作之间的联系。eNodeB安全日志记录网元或网管系统与安全事件相关的信息，例如登录、注销等，用于安全事件的审计和追踪。eNodeB运行日志为eNodeB主机实时记录的系统运行信息，用于辅助定位故障，巡检和监控设备运行情况。

（6）实时性能检测

对偶尔出现的故障，需要对可能存在的故障点进行实时性能检测。实时性能监测的相关概念包括实时性能监测功能、实时性能监测内部过程。主要包括监测小区性能（监控小区的公共测量值、公共信道用户数等性能状况）、监测扇区性能（监测扇区的上行宽频扫描性能状况）、监测RRU性能（RRU输出功率、RRU温度监测等）、监测传输性能（对传输流量和MAC性能进行监测）、监测频谱（监测频谱使用状态，通过分析采样数据的频谱和功率分布，对无线环境中的频域干扰与时域干扰进行监测）。

（7）软件管理

软件的管理和数据的备份是日常维护中的另一重要工作。设备的软件版本也需经常升级。eNodeB主控板有主备工作区，主备是相对的概念，激活的软件版本工作在主区。利用命令“LST VER”可查询运行的软件版本，利用命令“LST SOFTWARE”可查询网元上保存的软件版本信息。

通过 Web LMT 可以升级软件，首先需要配置 FTP 服务器，用来上传和下载文件。

① 下载 FTP 服务器软件（可选，仅当本机没有 FTP 服务器时执行该步）：在 LMT 中单击“软件管理”按钮，打开“软件管理”页面；在导航树中双击“FTPServer 配置”选项，打开“FTPServer 配置”页面；单击“下载 FTP 工具”按钮；单击“保存”按钮保存 FTP 服务器软件 SFTPServer.exe 到本机。

② 设置 FTP 服务器：双击“SFTPServer.exe”启动 FTP 服务器，FTP 服务器图标在任务栏右边状态区显示；右击 FTP 图标，选择“FTP Server configure”命令，弹出“FTPServerconfiguration”对话框；设置 Username、Password 以及 FTP 服务器的 Workingdirectory，默认用户名是 admin，密码是 admin。将 Workingdirectory 设置为软件和配置文件所保存的路径；单击“OK”按钮。

③ 在 LMT 主界面中保存 FTP 服务器配置：在 LMT 中单击“软件管理”按钮，弹出“软件管理”页面；在“FTPServer 配置”页面中，设置 FTP 服务器的 Ipaddress；根据②中的设置，输入 Username 以及 Password，默认设置为 admin/admin；单击“保存”按钮保存 FTP 服务器配置。

接下来下载软件并激活即可。

在涉及维护工作时，由于操作的对象都是现网设备，为了避免因操作失误导致无法挽回，在一些重大操作前有必要对现网设备进行备份。一般采用 MML 命令的方式备份基站当前的配置数据文件，使用的命令为“BKP CFGFILE”。用户可以在系统运行的某个时刻把当前配置数据备份出来，在将来可以使用这个备份文件将系统恢复到这个时刻的配置状态。eNodeB 配置文件会同时保存在 U2000 服务器和 eNodeB 上。

BKP CFGFILE 命令会根据操作的终端类型自动生成对应的文件名。以备份 XML 格式配置文件为例，使用 LMT 进行备份时会备份成 LMT.XML 文件，使用 U2000 进行备份时会备份成 M2000.XML 文件。该命令和下载备份配置数据命令 DLD CFGFILE 操作的是同一份文件，当网元上已存在一份下载的配置文件时，执行该命令，会覆盖原有下载的配置文件。

5. eNodeB 故障分析与处理

BTS3900 现场常见问题处理对 DBS3900 设备大部分适用，比如驻波告警、LAPD 告警、单板通信告警、单通/双不通/内部收发通道告警、E1 近端/远端告警。稍微有点区别的是对应单板名称不一样，定位思路及操作方法一致。

对于告警处理，现场一般采取复位、下电插拔、交换模块（邻近槽位互换）3 种方法。这些方法简单有效，尤其对数据配置未下发（复位）、安装不到位、电缆连接不可靠（下电插拔）时判断告警来源（交换模块）行之有效。如果不进行复位、下电插拔、交换模块（邻近槽位互换）操作就直接更换模块（新模块），不容易发现包括软件、系统等在内的深层次问题。

在故障定位前需要做的准备工作：在 OMC 告警维护台查看告警，弄清楚究竟是什么告警；提取基站日志和告警文件；根据 OMC 帮助文件查询告警处理建议，建议中一般会包含复位、下电插拔和交换模块等方法，可以在 OMC 侧先做能做的操作，比如复位单板、检查配置等；前往现场解决，同时还需协调好人员、车辆、备件等资源，协调好 OMC 侧配合人员；带好需要的工具（螺丝刀、扳手、美工刀、万用表、便携等基本工具以及相关特殊工具，如 Site Master、功率计、测试手机等）、有效门禁卡、站点钥匙、入站许可等；制订处理方案。

在 LTE 系统建设和网络运行过程中，基站故障种类和数量也随之增多。常见的故障有天馈故障、链路故障和小区建立失败故障。

（1）天馈故障分析处理

LTE 天馈系统主要由天线、馈线、CPRI 光纤、GPS 天线、GPS 馈线等组成。

① TD-LTE 天馈系统故障一般分为以下几类。

- 射频通道故障：主要包含从 RRU 天线 path 接口到天线的所有故障，包括 RRU 硬件天线接口故障、馈线问题、塔放故障、馈线避雷器故障、合路器故障、分路器故障及天线硬件故障等。
- BBU-RRU CPRI 光纤故障：主要包含从 BBP 单板到 RRU 光接口的所有故障，包括 BBP 单板接

口故障、CPRI 光纤问题、RRU CPRI 接口故障等。

- GPS 故障：主要包含从 UMPT 单板到 GPS 天线的所有故障，包括 UMPT 单板 GPS 接口故障、GPS 馈线问题、馈线避雷器故障、GPS 天线接口问题等。

② 天馈故障一般的处理流程。分析告警及相关 LOG 文件，初步定位问题故障点，检查修正线缆和接头；查看告警是否恢复，若告警依然存在，替换相关硬件再次查看告警是否恢复；若还是存在告警，检查配置数据，然后确认告警恢复。

③ 故障信息收集。对于故障信息的收集，一般要求收集故障现象、时间/位置和发生频率、范围和影响、故障发生前设备的运行状态、故障发生的操作和相应结果、故障发生后的测量和相关影响、故障发生时的告警和衍生告警及故障发生时的指示灯状态。

收集故障信息的方法：向上报故障的人员咨询故障现象、时间、位置和发生的频率；向设备维护人员咨询故障发生前设备的运行状态、故障现象、操作、故障发生后设备的测量和结果；观察指示灯和 LMT 上的告警管理系统可收集系统软硬件的运行状态。

④ 射频通道故障分析。射频通道故障对系统的影响主要有小区退服、掉话或者短话、无法接入或接入成功率低、手机信号不稳定（时有时无）及通话质量下降等。

针对射频通道故障，一般常见的告警类型有以下几种。

- 射频单元驻波告警。射频单元发射通道天馈接口驻波超过了设置的驻波告警门限。
- 射频单元硬件故障告警。射频单元内部的硬件发生故障。
- 射频单元接收通道 RTWP（Received Total Wideband Power，接收总带宽功率）/RSSI（Received Signal Strength Indicator，接收信号强度指示）过低告警。多通道的 RRU 的校准通道出现故障，导致无法完成通道的校准功能。
- 射频单元间接收通道 RTWP/RSSI 不平衡告警。同一小区的射频单元间的接收通道的 RTWP/RSSI 统计值相差超过 10dB。
- 射频单元发射通道增益异常告警。射频单元发射通道的实际增益与标准增益相差超过 2.5dB。
- 射频单元交流掉电告警。内置 AC-DC 模块的射频单元的外部交流电源输入中断。
- 制式间射频单元参数配置冲突告警。多模配置下，同一个射频单元在不同制式间配置的工作制式或其他射频单元参数配置不一致。

射频通道故障产生的原因：馈线安装异常或接头工艺差（接头未拧紧、进水、损坏等）；天馈接口连接的馈线存在挤压、弯折，或馈线损坏；射频单元硬件故障；天馈系统组件合路器或耦合器损坏（室分系统特有故障）；射频单元频段类型与天馈系统组件（如天线、馈线、跳线、合分路器、滤波器、塔放等）频段类型不匹配；射频单元的主集或分集接收通道故障；DBS3900 数据配置故障；射频单元的主集或分集天线单独存在外部干扰；射频单元掉电。

处理射频通道故障的时候，需要对可能造成射频通道故障的原因逐一排查处理，直至告警消除，故障解决。

⑤ CPRI 接口故障分析。CPRI 接口在 BBU3900 内的 BBP 单板上和 RRU 上。CPRI 接口故障会直接影响 CPRI 链路的通信性能，造成小区退服或者服务质量劣化，甚至还会造成 RRU 硬件故障或频繁重启等。

CPRI 接口故障常见的告警如下所述。

- BBU CPRI/IR 光模块故障告警。BBU 连接下级射频单元的端口上的光模块故障。
- BBU CPRI/IR 光模块不在位告警。BBU 连接下级射频单元端口上的光模块不在位。
- BBU 光模块收发异常告警。BBU 与下级射频单元之间的光纤链路（物理层）的光信号接收异常。
- BBU CPRI/IR 光接口性能恶化告警。BBU 连接下级射频单元的端口上的光模块的性能恶化。
- BBU CPRI/IR 接口异常告警。BBU 与下级射频单元间链路（链路层）数据收发异常。
- 射频单元维护链路异常告警。BBU 与射频单元间的维护链路出现异常。
- 射频单元光模块不在位告警。射频单元与对端设备（上级/下级射频单元或 BBU）连接端口上的光模块连线不在位。

● 射频单元光模块类型不匹配告警。射频单元与对端设备（上级/下级射频单元或 BBU）连接端口上安装的光模块的类型与射频模块支持的光模块类型不匹配。

● 射频单元光接口性能恶化告警。射频单元光模块的接收或发送性能恶化。

● 射频单元 CPRI/IR 接口异常告警。射频单元与对端设备（上级/下级射频单元或 BBU）间接口链路（链路层）数据收发异常。

● 射频单元光模块收发异常告警。射频单元与对端设备（上级/下级射频单元或 BBU）之间的光纤链路（物理层）的光信号收发异常。

针对 CPRI 接口故障的一般处理流程：采集告警，查看指示灯状态，检查修正 CPRI 接口光纤和光模块；查看告警是否恢复，若告警依然存在，替换硬件处理；如果还是存在告警，检查相关数据配置，最后确保告警消除。

根据告警的类型，一般的告警产生的原因：光纤链路故障、插损过大或光纤不洁净，光纤损坏；RRU 未上电，RRU 故障，RRU 光纤接口处进水，光模块故障，或光模块速率、单模/多模与对端设备不匹配；BBP 光口故障，BBP 硬件故障；光模块未安装或未插紧，光模块老化；RRU 配置类型错误或版本故障（升级或扩容后易发生）。

处理 CPRI 接口故障的时候，需要对可能造成射频通道故障的原因逐一排查处理，直至告警消除，故障解决。

⑥ GPS 故障分析。GPS 为 TD-LTE 系统所需时钟提供精确的时钟源。GPS 系统一般由 GPS 天线、避雷器、馈线、放大器、分路器等组成。任何器件故障都可能导致 GPS 系统故障，进而可能导致基站不能与参考时钟源同步、系统时钟进入保持状态。这在短期内不影响业务，如果基站长时间获取不到参考时钟，会导致基站系统时钟不可用，此时基站业务处理会出现各种异常，如小区切换失败、掉话等，严重时基站不能提供业务。

GPS 故障一般常见的告警如下所述。

● 星卡天线故障告警。星卡与天馈之间的电缆断开，或者电缆中的馈电流过小或过大。

● 星卡锁星不足告警。基站锁定卫星数量不足。

● 时钟参考源异常告警。外部时钟参考源信号丢失，外部时钟参考源信号质量不可用，参考源的相位与本地晶振相位偏差太大，参考源的频率与本地晶振频率偏差太大导致时钟同步失败。

● 星卡维护链路异常告警。星卡串口维护链路中断所导致的。

针对 GPS 故障告警，一般先查看告警信息，初步定位故障，确认与告警相关的硬件；然后检查 GPS 天面情况，确认故障是由其他干扰造成的。GPS 故障告警时可使用万用表检查 GPS 馈线和接头，进而定位故障发生位置，具体操作如下所述。

● 检查 GPS 跳线接头处是否进水，肉眼不可见时，用万用表测量跳线，查验是否存在短路现象。若短路，则表明 GPS 馈线进水或损坏。

● 用万用表测量 GPS 天线侧 GPS 跳线芯皮电压，正常值为 5V 左右，不正常则表示下方有故障，继续下步操作。

● 用万用表测量避雷器是否正常，避雷器接口处芯皮电压正常值为 5V 左右，正常则故障在避雷器到天线间的 GPS 馈线处，不正常则继续下步操作。

● 用万用表测量星卡接头处芯和皮之间的电压，正常情况下，星卡接头处的电压值为 5V 左右，正常则故障在避雷器处，不正常则 MPT 单板坏或星卡坏。

● 更换硬件（优先 GPS 天线，其次主控板）。

● 检查数据配置，确认故障是否由数据配置错误导致。

GPS 故障一般产生的原因：馈线头工艺差，接头连接处松动，进水；线缆馈线开路或短路；GPS 天线安装位置不合理，周围有干扰、遮挡，导致锁星不足等；GPS 天线故障；主控板、放大器或星卡故障；BBU 到 GPS 避雷器的信号线开路或短路；避雷器失效；数据配置错误。

（2）链路故障分析处理

TD-LTE 链路故障按故障接口类型分为 S1 接口 SCTPLINK 故障和 X2 接口 SCTPLINK 故障。按协议

栈分类可分为 SCTPLNK 链路故障和 IPPATH 链路故障。

① S1 接口 SCTPLNK 故障分析。SCTPLNK 故障一般的告警为 SCTP 链路故障告警（ALM-25888）、SCTP 链路拥塞告警。执行命令“DSP SCTPLNK”，命令操作状态为“不可用”或者“拥塞”也视为 SCTPLNK 故障。根据故障现象不同，SCTPLNK 故障可以分为 SCTP 链路不通或单通、SCTP 链路闪断。

S1 接口 SCTPLNK 故障常见的原因：IP 层传输不通；SCTPLNK 本端或对端 IP 配置错误；SCTPLNK 本端或对端端口号配置错误；eNodeB 全局参数未配置或配置错误；信令业务的 QoS 与传输网络不一致；基站侧配置的 MME 协议版本错误；MTU 值设置问题；其他原因。

S1 接口 SCTPLNK 故障处理步骤：首先检查传输；然后检查 SCTP 配置，查看信令业务的 QoS；接着检查基站全局数据、S1INTERFACE 配置，采用 SCTP 信令跟踪，通过分析信令找出问题；最后联系传输人员，检查 MTU 设置是否过小。具体操作如下所述。

- 检查传输：使用“Ping”命令 Ping 对端 MME 地址，看是否可以 Ping 通。如果 Ping 不通，则检查路由和传输网络是否正常。
- 检查 SCTP 配置：使用“LST SCTPLNK”命令查看参数是否与 MME 保持一致，如本/对端 IP 地址、本/对端端口号。
- 检查基站全局数据配置：使用命令“LST CNOPERATOR”检查 MNC、MCC 配置；使用命令“LST CNOPERATORTA”检查 TA 配置。
- 检查基站 S1INTERFACE 配置：使用命令“DSP S1INTERFACE”查询 MME 协议版本号是否配置正确。
- 查看信令业务的 QoS：执行“LST DIFPRI”命令查看信令类业务的 DSCP 是否与传输网络一致。
- 跟踪 SCTP 信令消息，分析是否消息交互正常。

② X2 接口 SCTPLNK 故障分析。X2 接口 SCTPLNK 故障的告警名称跟 S1 接口 SCTPLNK 故障告警名称一样，同为 SCTPLNK 控制面故障。一般常见的原因：IP 层传输不通；两基站小区不可用或者未激活；SCTPLNK 本端或对端 IP 配置错误；SCTPLNK 本端或对端端口号配置错误；信令业务的 QoS 与传输网络不一致；基站侧配置的 eNodeB 协议版本错误；MTU 值设置问题。

另外，如果 X2 采用链路自建立方式，具体 SCTPLNK 故障产生的原因还可能如下。采用 X2 over M2000 自建立方式时，网元与网管数据不同步，或 X2 自建立方式错误；采用 X2 over S1 自建立方式时，S1 链路故障，X2 自建立方式错误。

同样，针对 X2 接口 SCTPLNK 故障的处理过程类似于 S1 接口 SCTPLNK 故障处理。一般处理步骤：检查 S1 接口、小区状态，检查基站间网络层状态，检查基站 X2 接口自建立方式（X2 自建立方式下），检查 SCTP 配置，查看信令业务的 QoS，检查基站 X2INTERFACE 配置，SCTP 跟踪，最后联系传输人员检查 MTU 设置是否过小。具体操作如下所述。

- 检查基站 X2 接口自建立方式：执行命令“LST GLOBALPROCSWITCH”查询 X2 自建立方式配置是否正确。
- 检查基站 X2INTERFACE 配置：执行命令“DSP X2INTERFACE”命令查询 eNodeB 协议版本号配置是否正确。

③ S1/X2 接口 IPPATH 故障分析。IPPATH 故障直接影响业务链路的建立，常见的告警为 IPPATH 故障告警。对 S1 接口的表现：S1 接口正常，小区状态正常，但是 UE 无法附着网络；UE 可以正常附着网络，但不能建立某些 QCI 的承载。

IPPATH 故障的常见原因：IP 层传输不通；IPPATH 中本/对端 IP、应用类型配置错误；IPPATH 传输类型或 DSCP 值设置错误；开启 IPPATH 的通道检测后，对端 IP 禁 Ping；其他原因。

针对这些可能导致 IPPATH 故障的原因，一般的处理操作如下。

- 执行“Ping”命令，检查与对端的 IP 侧是否可达。
- 执行“LST IPPATH”命令查询 IPPATH 的本、对端 IP 是否与对端协商一致。

- 检查 IPPATH 的 QoS 类型，如果为固定 QoS，查看 DSCP 值。
- 与对端沟通，确认对端设备 IP 支持 Ping 检测。

（3）小区建立失败故障分析及处理

小区建立失败故障会导致整个小区中的全部用户无法进行业务，具体故障表现为告警台产生“ALM-29240 小区不可用告警”。图 3-135 所示为小区不可用告警示例。

流水号	级别	发生时间	名称
12794	重要	2012-05-16 02:24:22	系统时钟不可用告警
12793	次要	2012-05-15 20:24:38	时钟参考源异常告警
12792	次要	2012-05-15 20:24:38	星卡天线故障告警
12791	重要	2012-05-15 18:27:39	小区不可用告警
12790	重要	2012-05-15 18:27:39	射频单元维护链路异常告
12789	重要	2012-05-15 18:27:39	BBU IR光模块收发异常告

图 3-135　小区不可用告警

造成小区不可用故障的原因很多，小区正常运行涉及的资源中任一项出现问题，都有可能导致小区不可用。具体小区正常运行涉及的资源有物理资源和逻辑资源。物理资源包括 S1 接口物理传输资源（GE 光纤、光模块）、硬件资源（BBU、RRU、天线、IR 光纤、光模块、GPS、馈线等）；逻辑资源包括数据配置（S1 接口、扇区、小区数据配置等），License 资源，BBU、RRU 软件版本资源。

小区不可用故障的可能原因如下所述。

- 配置数据错误：小区相关的某项资源在 MML 配置上与硬件资源或者相关联的软件配置不匹配，导致建立小区失败。
- 规格类限制问题：某硬件规格或者软件规格（如 License）的限制导致小区不可用。
- TDS&TDL 共模配置问题：TDS&TDL 侧 CPRI 压缩模式不一致、上下行子帧和特殊子帧配比错误、TDS 基站的 license 不支持双模 RRU 等。
- 射频相关资源问题：射频相关的软件配置或硬件资源故障导致小区不可用。
- 传输资源故障：由于传输原因导致的小区不可用，在激活小区或者用命令“DSP CELL”查询小区动态信息时，MML 反馈结果为“小区使用的 S1 链路异常”。
- 硬件故障：主控板、基带板、射频模块或其他硬件（比如机框等）出现故障时影响小区的建立。

针对小区不可用故障的可能原因，一般的故障处理流程如图 3-136 所示。

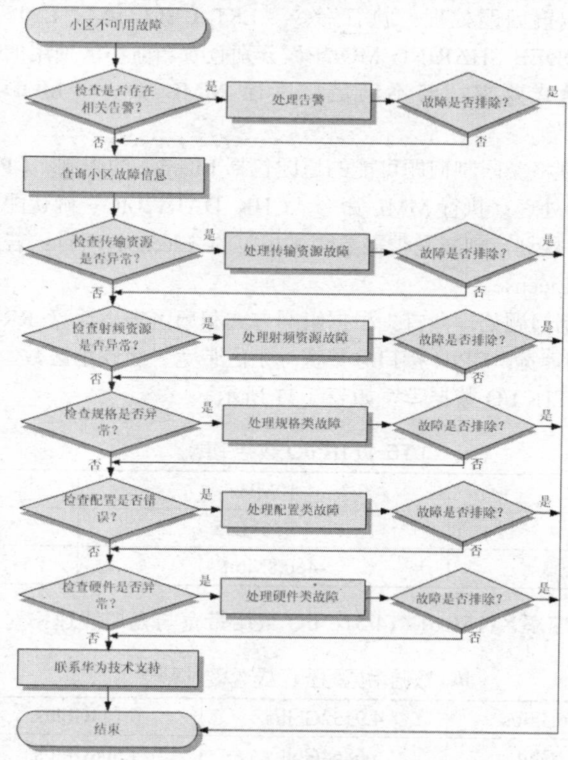

图 3-136　小区不可用故障处理流程图

① 配置数据问题分析。导致配置数据问题可能的原因包括小区功率配置错误（常见原因）、小区带宽配置错误（常见原因）、小区频点配置错误、共 LBBP 单板配置问题、小区 BF 算法开关配置错误、小区天线模式配置错误、时钟工作模式配置错误及小区运营商信息配置错误（多运营商共享基站模式）。

● 小区功率配置问题处理：执行“DSP RRU”命令查询当前 RRU 支持的发射通道最大发射功率。小区功率配置问题是由于 RRU 的功率规格可能受到 RRU 硬件规格和 RRU 功率锁的限制；若有问题，执行 MML 命令“MOD PDSCHCFG”调整小区发射功率。

● 小区频点、带宽配置问题处理：通过产品手册获取现有 RRU 支持频段和带宽，表 3-30 所示为 RRU 指标；若有问题，维护台执行“MOD CELL”命令进行修改。

表 3-30 RRU 指标

项目	DRRU 3151e-fae	DRRU 3152-e	DRRU 3158e-fa	DRRU 3233
最大载波	FA:2*20M TDL+6C TDS E:2*20M TDL+6C TDS	E:2*20M	FA:2*20M TDL+6C TDS	D:1*20M
支持频段	F/A/E	E	FA	D

● 共 LBBP 单板配置问题处理：如果多小区共用一块 LBBP 单板，应保证小区前导格式、上下行循环前缀长度、上下行子帧配置和特殊子帧配比配置一致。执行“LST CELL”命令查询两小区参数配置，通过“MOD CELL”命令进行修改。

● 小区天线模式配置问题处理：执行 MML 命令“LST SECTOR”查看小区天线模式，确认当前配置的小区带宽和天线模式是否超出前期网络规划需求；若超出，则执行 MML 命令“MOD SECTOR”修改扇区天线模式。

● 时钟工作模式配置问题处理：执行命令“LST CLKSYNCMODE”查询基站时钟同步模式是否为时间同步；执行命令“SET CLKSYNCMODE”进行修改。

● 小区 BF 算法开关配置问题处理：非 BF 版本不允许在小区激活态下打开 BF 算法开关，执行命令“MOD CELLALGOSWITCH”关闭 BF 算法开关。

● 小区运营商信息配置问题处理：执行命令“LST CELLOP”“LST CNOPERATORTA”“LST CNOPERATOR”“LST ENODEB SHARING MODE”分别查看当前小区使用的 PLMN 和核心网的 PLMN 是否满足当前基站共享模式要求；若不满足，执行 MML 命令“MOD CNOPERATOR”“MOD CNOPERATORTA”进行修改。

② 规格类限制问题。规格类限制问题可能的原因包括 License 的限制、CPRI 光口速率限制。

● License 的限制问题处理：执行 MML 命令“CHK DATA2LIC”确认配置值大于分配值的 License 项目，根据硬件实际规模和规划，判断是否需要购买相应的 License 项目；若有问题，执行 MML 命令“INS LICENSE”安装新的 License。

● CPRI 光口速率限制问题处理：首先根据组网方式和扇区规格计算 RRUCHAIN 上的需求带宽是否超过了光模块所能提供的带宽，CPRI 接口总带宽＝小区带宽×级联小区数，小区带宽＝LTE 1T1R I/Q 数据带宽×天线数。具体 1T1R I/Q 数据带宽如表 3-31 所示。

表 3-31 LTE 1T1R I/Q 数据带宽

小区载频带宽	10MHz	20MHz
默认采样频率	15.36MHz	30.72MHz
LTE 1T1R I/Q 数据带宽	460.8Mbit/s	921.6Mbit/s

I/Q 数据带宽＝光口线速率×(15/16)×(4/5)。I/Q 数据带宽与光口线速率对应关系如表 3-32 所示。

表 3-32 I/Q 数据带宽与光口线速率对应表

光口线速率	2.4576Gbit/s	4.9152Gbit/s	6.144Gbit/s	9.8304Gbit/s
I/Q 数据带宽	1.8432Gbit/s	3.6864Gbit/s	4.608Gbit/s	7.3728Gbit/s

在 I/Q 数据带宽计算公式中，15/16 为 CPRI 协议中业务面数据带宽占 CPRI 带宽的比例；4/5 为 8B/10B 编码效率因子。

针对 CPRI 光口速率限制问题的处理方法一般为更换更高规格的光模块、开启 CPRI 压缩（由 License 控制）、调整 RRU 拓扑结构、调整扇区天线发送模式。

③ TDS&TDL 共模配置问题。TDS&TDL 共模配置问题可能的原因 TDS&TDL 侧 CPRI 压缩模式不一致、TDS&TDL 上下行子帧/特殊子帧配比错误；TDS 基站的 License 不支持双模 RRU。

- CPRI 压缩模式不一致问题处理：首先检查 TDL 侧和 TDS 侧的“CPRI 压缩”参数设置是否一致，如果不一致，需要修改为一致。TDL 侧使用命令“MOD CELL”设置，TDS 侧使用命令“MOD NODEB”设置。
- 上下行子帧、特殊子帧配比错误处理：TD-SCDMA 和 TD-LTE 在邻频共存时，为了避免系统间的干扰，需要两者上下行同步，即两个系统上下行时隙对齐。TDS/TDL 双模子帧配比要求具体如表 3-33 所示。如果配比不符合要求，则执行 MML 命令“MOD CELL”修改上下行子帧配比和特殊子帧配比，如图 3-137 所示。

表 3-33　　　　TDS/TDL 双模子帧配比对应关系

TDS 上下行时隙比	TDL 上下行子帧配比	TDL 特殊子帧配比	TDL 时间同步提前量
2:4	1:3(SA2)	3:9:2(SSP5)	692.97μs
3:3	2:2(SA1)	10:2:2(SSP7)	1017.2μs
	2:2(SA1)	3:9:2(SSP5)	1017.2μs

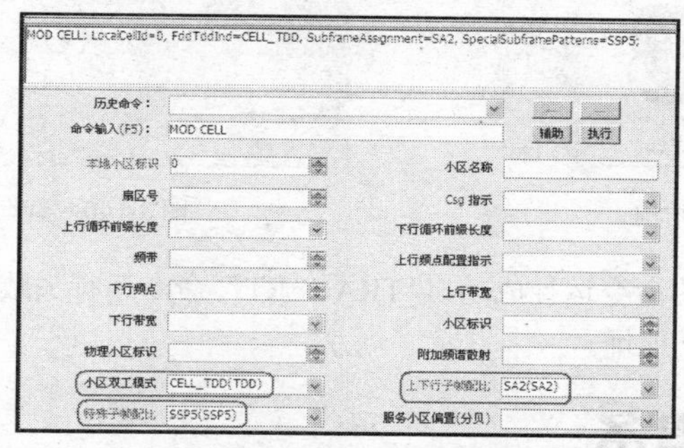

图 3-137　修改上下行子帧配比和特殊子帧配比

- TD-SCDMA 基站 License 不支持双模 RRU 处理：在 TD-SCDMA 基站 NodeB 的 LMT 上执行命令“DSP LICENSE”查询是否支持双模 RRU，如果双模 RRU 授权数量为 0，则说明当前 License 不支持双模 RRU，需要重新申请 License 文件，将新申请的 License 文件上传到 OMC，设置 NodeB 可用的资源和功能即可。

（4）传输故障分析处理

LTE 传输网络采用 IP 组网，典型的传输组网如图 3-138 所示。

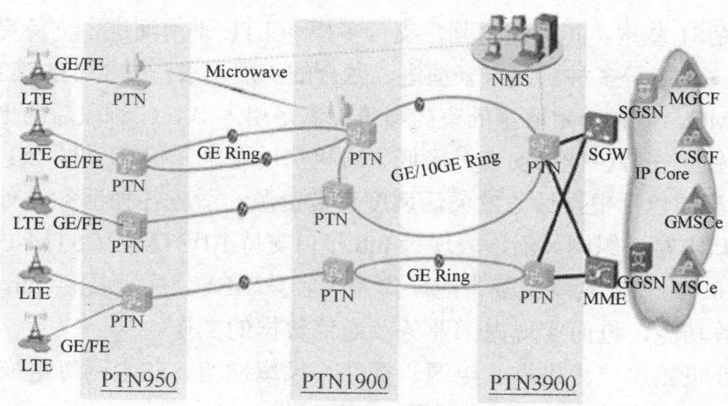

图 3-138　典型的传输组网

传输故障会导致很多衍生告警，配置在这条传输上的所有链路都会中断，上报告警。“告警管理”提供了“屏蔽衍生告警”的功能，只有操作级、管理级、分配相应权限的自定义级操作员才有权设置告警屏蔽等级。不过，屏蔽衍生告警将导致部分告警不上报，有丢失告警的风险，一般不建议开启此功能。

传输故障的排查大致步骤：通过浏览告警发现传输故障发生的时间、位置；分析告警信息，初步确认传输故障的类型和原因，基站掉电引起的传输中断与普通传输中断在告警上有所不同；对传输各环节分别进行逐级排查，确认故障点，查询故障状态，查询对端 IP，Ping 对端 IP 地址，检查是否能够 Ping 通；不能 Ping 通对端时，用“TRACERT”命令检查故障点；根据定位的问题原因对症下药，排除故障。

eNodeB IP 结构如图 3-139 所示，图中，LOCAL IP 为本地 OM IP 地址，和“ETH”端口绑定，通常每个站点都一样，默认值为 192.168.0.49。OMCH 为远程 OM 的逻辑通道 IP，不和任何一个固定的物理端口绑定，属于 eNodeB。ETH 为某指定物理 FE/GE 端口 IP。如果 FE/GE 端口联合成一个以太聚合，ETHTRK 可用于定义一个聚合组 IP。LOOPINT 是用于传输的一个逻辑 IP 地址，通常用于 IP Sec 组网场景。

处理传输问题操作步骤：查询故障接口 S1/X2（见图 3-140）；检查链路状态；查询路由状态；进行 Ping 测试，验证是否连接或验证连接质量；利用“TRACERT”命令定位故障点。

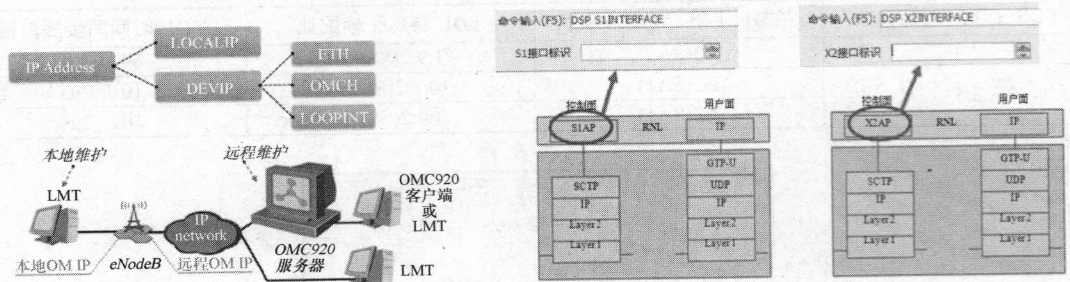

图 3-139　eNodeB IP 结构

图 3-140　查询 S1/X2 接口

如果 Ping 目的 IP 地址的命令运行成功，“TRACERT”命令运行失败，检查并删除与出端口规划的 IP 地址同一网段的所有冗余 IP 地址。

3.2　中兴基站主设备

中兴基站主设备容量大、功耗低、扩展能力强、支持多模和 LTE 平滑演进，在各商用系统中都有广泛应用。本节以中兴基站主设备在 TD-SCDMA 和 TD-LTE 系统中的应用为例，简单介绍中兴主设备的基本结构及基本操作维护方法。

3.2.1　在 TD-SCDMA 系统中的应用

1. BBU

ZXSDR B8300 支持 81 载扇，扩展能力强，支持多模和 LTE 平滑演进，支持更多基带板槽位，可满足 TD-SCDMA、TD-LTE、GSM 等多种制式未来演进、融合的扩展需求，支持 TD-SCDMA S9/9/9+TD-LTE 至少需 3 个 20M 2×2MIMO，兼顾一定容量的室内覆盖，满足引入 A、C 频段后的更多容量需求。其环境适应性强，安装灵活，可独立安装、挂墙安装，降低了对机房的要求，提高了与 2G 设备共站率；支持全基带池交换，基带资源共享，包括根据话务量灵活调度基带资源、适应各种话务分布场景、节约设备成本、降低资产闲置率。其接口丰富，组网灵活，表现为 Iub 接口支持 E1\STM-1\CSTM-1\GE\FE 等接口。

ZXSDR B8300 T100 为多模紧凑型基带池。作为大容量 BBU，主要提供 Iub 接口、时钟同步、基带处理、与 RRU 的接口等功能，进而实现内部业务及通信数据的交换。

ZXSDR B8300 T100 机箱主要由机框、电源、插件、风扇插箱、防尘网等组成，如图 3-141 所示。

ZXSDR B8300 的基本配置如图 3-142 所示。CC 提供主控、时钟、以太网交换功能，支持 1+1 备

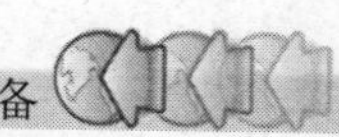

份，可只配置 1 块，在采用 1+1 备份时配置 2 块；FS 提供 IQ 交换功能，当 UBPI 板少于等于两块时，可不使用 FS 板；当 UBPI 板多于两块时，需配一块 FS 板，如果需要区分主备，则可配置两块；UBPI 提供基带处理以及 Ir 光接口功能，支持 9 载扇的单板处理能力，FS 不区分主备时，最多配置 9 块，支持 81 载扇（UBPI 板的数量＝覆盖区总容量（即载扇数）/9，并向上取整）；SA 提供环境告警以及 E1 接口，最多配 1 块，SA 板最多支持 8 路 E1，如 E1 数量超过 8 路，需配置 SE 板；SE 为环境告警及 E1 扩展接口，与 NIS 板互斥，最多配 1 块；NIS 提供 STM-1 网络接口单板，与 SE 板互斥，最多配 1 块；PM（Power）提供电源接口，最多配 2 块；FAN 为风扇模块，用于机框冷却用，配 1 块。

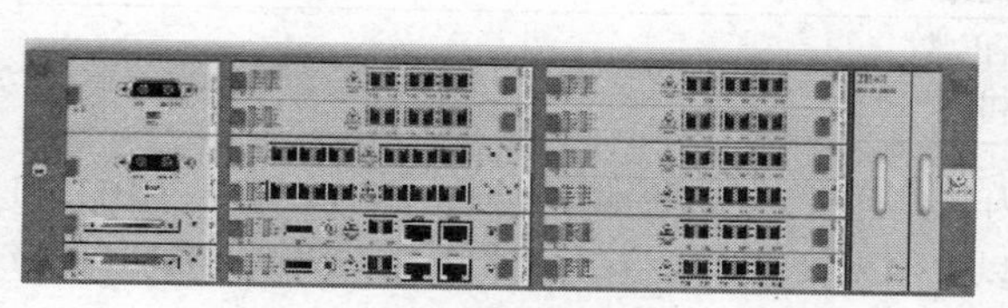

图 3-141　ZXSDR B8300 TI00 机箱组成

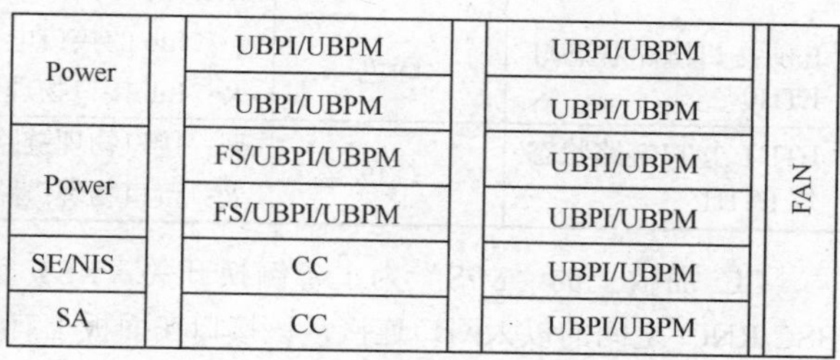

图 3-142　ZXSDR B8300 基本配置示意图

（1）控制与时钟模块 CC

CC 支持主备功能，支持 GPS，提供系统时钟和射频基准时钟；提供了 16 条 E1/T1，可从背板连接到 SA；支持一个 GE 口（光口、电口二选一），GE 以太网交换提供信令流和媒体流交换平面；可以提供机框管理功能，提供时钟扩展接口（IEEE1588，从以太网提取时钟）、通信扩展接口（使用本地维护接口）。CC 面板如图 3-143 所示，其指示灯含义说明如表 3-34 所示。

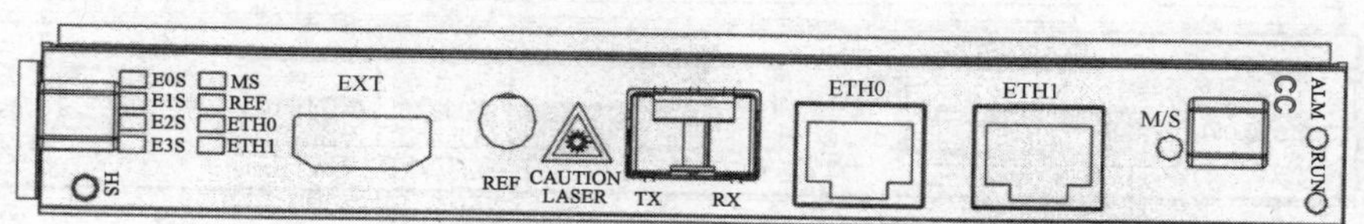

图 3-143　CC 面板示意图

表 3-34　CC 模块面板指示灯含义

指　示　灯	颜　　色	含　　义
插拔指示灯 HS	蓝色	亮：表示单板可拔出 闪：表示单板在激活或者去激活的过程中 灭：表示单板不可拔出
运行指示灯 RUN	绿色	常亮：单板处于复位状态 0.5s 亮，0.5s 灭：单板运行，状态正常 灭：表示自检失败
告警指示灯 ALM	红色	亮：表示单板有告警 灭：表示单板无告警
El 状态指示灯 E0/1/2/3S（0～3/4～7/ 8～11 路）	绿色	分时依次闪烁，每秒最多闪 4 次，5Hz 闪烁频率 第 1s，闪 1 下表示第 0/4/8 路正常，不亮表示不可用 第 3s，闪 2 下表示第 1/5/9 路正常，不亮表示不可用 第 5s，闪 3 下表示第 2/6/10 路正常，不亮表示不可用 第 7s，闪 4 下表示第 3/7/11 路正常，不亮表示不可用 如此循环显示，循环一次用时 8s
主备状态指示灯 M/S	绿色	亮：单板处于主用状态 灭：单板处于备用状态

续表

指　示　灯	颜　色	含　义
GPS 天线状态灯 REF	绿色	常亮：表示天馈正常 常灭：表示天馈正常，GPS 模块正在初始化 0.5s 亮，0.5s 灭：表示天馈断路 0.25s 亮，0.25s 灭快闪：天馈正常但收不到卫星信号 1s 亮，1s 灭：天馈短路 0.1s 亮，0.1s 灭：初始未收到电文
Iub 接口链路状态灯 ETH0	绿色	亮：Iub 的接口电口或光口物理链路正常 灭：Iub 接口物理链路断
ETH1 接口链路状态灯 ETH1	绿色	亮：接口物理链路正常 灭：接口物理链路断

CC 面板上的"M/S"为主备倒换开关，RST 为复位开关。CC 提供的接口 ETH0 用于 BBU 和 BSC/RNC 之间的以太网口连接，该接口在面板上有以太网光接口和电接口两种形式（10M/100M/1000M 自适应）；提供的接口 ETH1 用于 BBU 的级联、调试或本地维护，为以太网电接口（10M/100M/1000M 自适应）；提供的外置通信口 EXT 用于连接外置接收机；提供的接口 REF 用于外接 GPS 天线。

（2）网络交换板 FS

FS 板的主要功能是完成 IQ 交换，每个 FS 出 4 个光口用于级联，满足 BBU 堆叠需要。FS 不提供 RRU 连接光口。FS 面板如图 3-144 所示，指示灯含义说明如表 3-35 所示。HS、RUN 和 ALM 指示灯与 CC 含义相同。

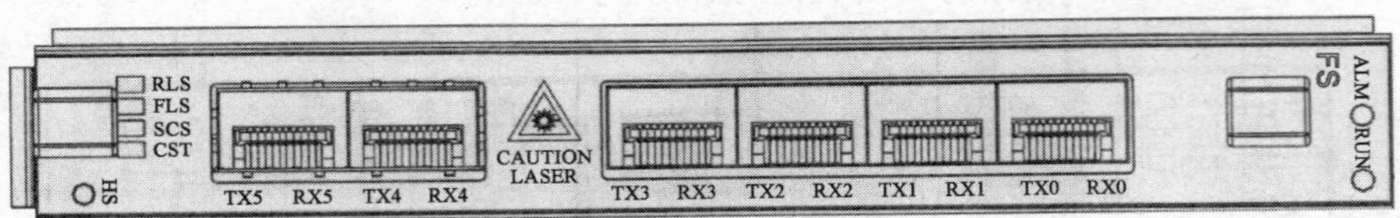

图 3-144　FS 的面板示意图

表 3-35　FS 面板指示灯说明表

指　示　灯	颜　色	含　义
CPU 与 MMC 间通信状态指示灯 CST	绿色	亮：CPU 和 MMC 之间的通信正常 灭：CPU 和 MMC 之间的通信中断
时钟指示灯 SCS	绿色	常亮：时钟正常 快闪：10ms 信息错误 常灭：时钟错误
背板链路指示灯 FLS	绿色	常亮：下行链路正常 快闪：下行链路故障 此指示灯暂不使用
级联光口状态灯 RLS	绿色	分时依次闪烁，每秒最多闪 4 次 第 1s，闪 1 下表示第 0 路正常，不亮表示不可用 第 4s，闪 2 下表示第 1 路正常，不亮表示不可用 第 7s，闪 3 下表示第 2 路正常，不亮表示不可用 第 10s，闪 4 下表示第 3 路正常，不亮表示不可用 循环一次用时 12s 常灭：61.44M 时钟错误

FS 面板上的开关功能与 CC 上的相同。FS 提供了 TX0/RX0～TX5/RX5 的光接口（其中 4/5 保留）。

（3）基带处理板 UBPI

UBPI 具有 9 载波 8 天线的 IQ 数据处理能力，提供了 BBU-RRU 接口板，支持 3 路 2.5G 光接口，每个光接口的容量为 48A×C（载波天线）；支持 RRU 的星形、环形、链形组网。UBPI 面板如图 3-145 所示，其指示灯含义说明如表 3-36 所示。HS、RUN 和 ALM 指示灯与 CC 面板上的含义相同。UBPI 面板上的 RST 为复位开关。

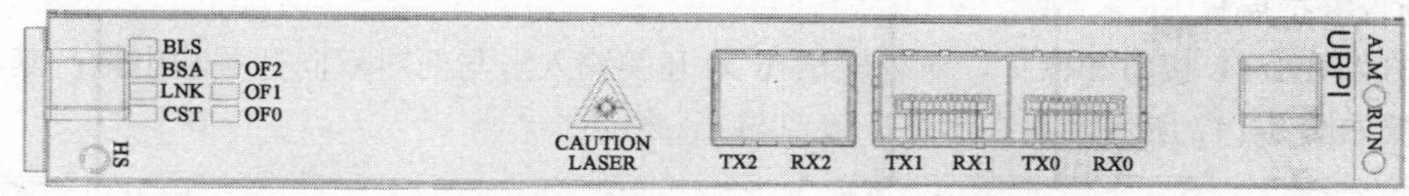

图 3-145　UBPI 面板示意图

表 3-36　面板指示灯说明表

指　示　灯	颜　色	含　义
背板链路状态指示 BLS	绿色	第 1s，闪 1 下，FS0 正常 第 1s，不亮，FS0 不可用 第 4s，闪 2 下，与 FS1 正常 第 5s，不亮，FS1 不可用 循环显示，循环一次用时 6s，每秒最多闪 4 次 常灭：时钟错误
单板告警指示 BSA	绿色	亮：单板正常 灭：单板告警
与 CC 的网口状态指示 LNK	绿色	亮：物理链路正常 灭：物理链路断
CPU 状态指示 CST	绿色	常亮：CPU 和 MMC 之间的通信正常 常灭：CPU 和 MMC 之间的通信中断
光口链路指示 OF0/1/2	绿色	常亮：光功率正常 常灭：光功率丢失 OF3：保留（未定义）

UBPM 板与三期的 UBPI 板近似，可以提供 12 载波 8 天线的 IQ 数据的处理，提供 BBU-RRU 接口板，支持 3 路 6 G、2.5 G 自适应光接口，支持 Ir 接口。

在系统中，主控板 CC 单板采用 1+1 主备方式。对于数量比较多的单板 UBPI，采用基带池策略，从 RRU 来的 IQ 数据在 FS 上可以被交换到任意一块 UBPI 上处理，采用 N+1 备份；Iub 接口板支持多样化。

（4）现场告警板 SA

SA 支持 9 路轴流风机风扇监控（告警、调试、转速上报）；为外挂的监控设备提供扩展的全双工 RS232 与 RS485 通信通道各 1 路，1 路温度传感器接口；提供了 8 路 E1/T1 接口和保护，即 6+2 干节点接口（6 路输入，两路双向）。SA 面板如图 3-146 所示，其指示灯 HS、RUN、ALM 含义与 CC 相同。

拨码开关每一位开路表示“0”，短路表示“1”。

SA 拨码开关中，X5、X6 可设置，X5 用于设置 E1/T1 传输模式，X6 用于设置 BBU 级联情况下的机柜号。X5/X6 跳线右边为低位，左边为高位。通过拨码开关 X5 可设置 Abis/Iub 口电路传输模式，包括上行/下行链路的工作模式、匹配阻抗、E1/T1 和长线/短线组合。

拨码开关 X5 的低两位[1, 0]用于设置 El/Tl 模式以及传输阻抗，00 表示 75Ω E1（默认设置），01 表示 120Ω E1，10 表示 100Ω T1，11 保留；拨码开关 X5 的高两位[3, 2]用于设置 El/Tl 的上下行的长短线模式。上下行表示不同的传输方向，上行表示 BBU 到 RNC，下行表示 RNC 到 BBU。长短线是 El 的接收模式，在 El 传输线比较长（大于 1km）时使用长线模式；在 El 线比较短时使用短线模式，00 表示上行短线、下行短线；01 表示上行短线、下行长线；10 表示上行长线、下行短线；11 表示上行长线、下行长线。

通过拨码开关 X6 可设置级联的 BBU 机柜号，最多可以有 8 个 BBU 级联，其取值范围为“000～111”，分别对应机柜 0～7，默认为“000”。

（5）现场告警扩展板 SE

SE 提供 8 路 E1/T1 接口和保护，对外输出 6 对开关输入量与两对双向开关输出量；其与 NIS 板互斥。SE 的面板如图 3-147 所示，其指示灯、接口与 SA 相同。

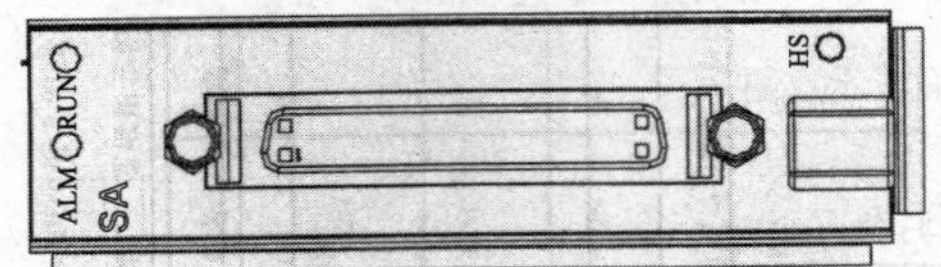

图 3-146　SA 面板示意图

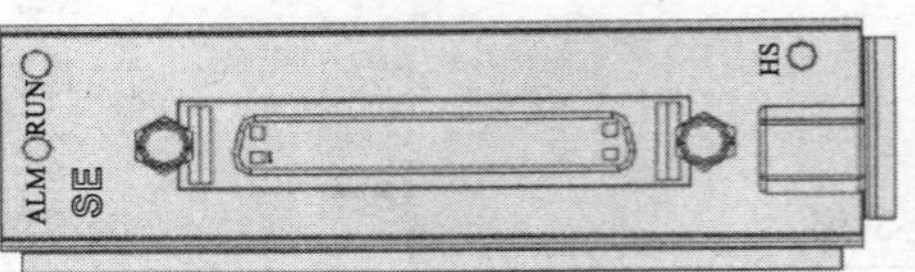

图 3-147　SE 面板示意图

（6）电源模块 PM

PM 主备模式：主用电源模块出现故障的情况下，备用模块可代替主用模块实现单板供电功能；缺点是主备模式在满配情况下，不能对所有单板供电。

PM 负荷分担模式：一块 PM 对指定槽位单板供电，另一块 PM 对剩余指定单板供电，可通过命令“CMM_ShowCMInfo”查看单板供电情况。

由于 ZXSDRB8300 未提供整机电源开关，所以下电时，需要使用拔插 PM 单板的方式。下电时注意不要将 PM 单板完全拔出，仅拔插电源模块供电电源即可，以免导致 PM 短路烧坏。

PM 面板如图 3-148 所示，其指示灯 RUN、ALM 含义与 CC 相同。PM 提供的“MON”接口用于调试，“−48V/−48VRTN”接口用于−48V 输入。

（7）风扇模块 FA

FA 提供风扇控制的接口和功能，提供了一个温度传感器，供 SA 检测进风口温度，提供风扇插箱 LED 状态显示。FA 的面板如图 3-149 所示，RUN、ALM 指示灯含义与 CC 相同。风扇模块右侧安装了防尘网，上有把手，拉动把手可拔出防尘网，防尘网应定期清洗。

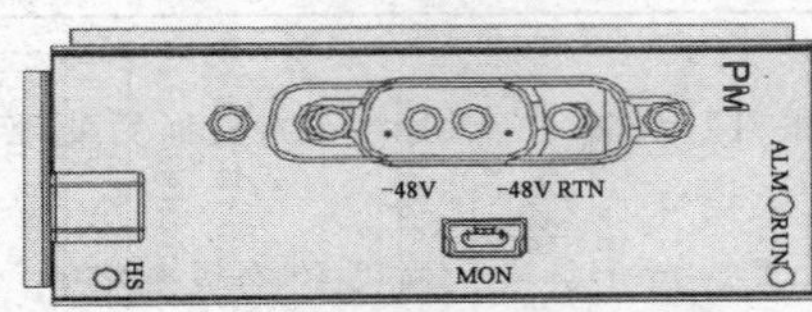

图 3-148　PM 面板示意图

图 3-149　FA 面板示意图

（8）STM-1 网络接口板 NIS

NIS 提供了两个信道化 STM-1 光接口传输，支持 ATM STM-1 传输或 POS 传输，与 SE 板互斥。NIS 面板如图 3-150 所示，其指示灯含义如表 3-37 所示，HS、RUN、ALM 指示灯含义与前述相同。NIS 的 TX0/RX0～TX1/RX1 提供了两个 STM-1 接口。

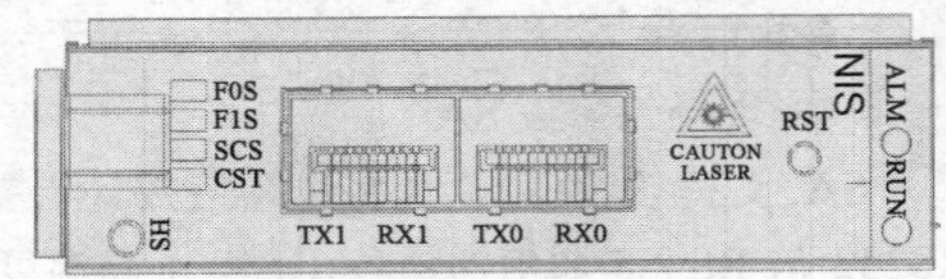

图 3-150　NIS 面板示意图

表 3-37　NIS 指示灯含义

指　示　灯	颜　色	含　义
软件定义 CST	绿色	软件定义
电路时钟运行状态指示灯 SCS	绿色	常量：系统 77.76M 时钟正常 常灭：系统 77.76M 时钟异常

续表

指　示　灯	颜　色	含　义
光口链路运行状态指示灯 FOS/F1S	绿色	4s 一周期： 第 1s：（亮灭灭灭灭）FS1 正常，不亮表示该 FS1 不正常 第 2s：（灭灭灭灭灭）间隔 第 3s：（亮灭亮灭灭）FS2 正常，不亮表示该 FS2 不正常 第 4s：（灭灭灭灭灭）间隔 常灭：2 路光口都异常

重点提示

SA、SE 分别支持 8 个 E1，NIS 支持两个 STM-1 光接口，CC 为 IUB 提供 FE/GE 接口。配置时首先必须确定 Iub 接口使用 E1、STM-1 以及 FE/GE 中的哪一种。如果使用 STM-1，需要配 NIS 板；如果使用 E1，要配置 SA 板，SA 板最多支持 8 路 E1，如果 E1 数量超过 8 路，需配置 SE 板；如果使用 FE/GE，则由 CC 板提供接口。

（9）基站防雷盒 TLP

TLP 为电源和 GPS、E1 信号、以太网信号提供保护功能，其面板如图 3-151 所示。

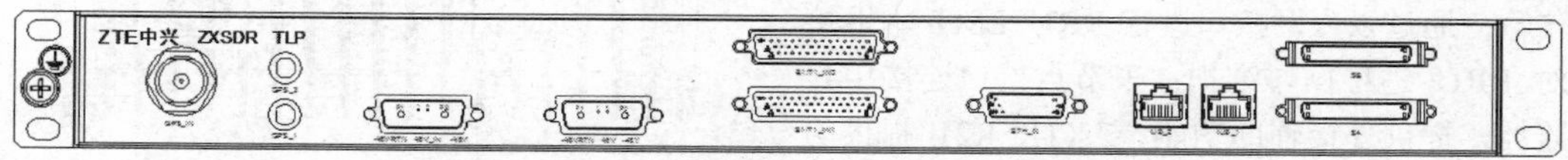

图 3-151　TLP 面板示意图

TLP 的接口使用要求如下所述。

① GPS 类接口：GPS 信号接收器的信号线连接 GPS_IN 接口，GPS_1/2 接口分别连接主备 CC 板上的 GPS 接口。

② −48_IN 连接−48V 电源或交直流转换器，右侧的−48V 接口连接 BBU 的 PM 模块。

重点提示

在实际应用中，如果 BBU 的 UBPI 板多于 4 块，一块 PM 板供电不足，需两块 PM 板主备使用。由于-48 V 接口只有一个，如果要给两块 PM 模块都进行电源保护，需一根一分二的线缆，一头连接-48 V 接口，一头连接两个 PM 模块（目前未用）。

③ E1/T1_IN1 接口与 SA 接口在内部是联通的，E1/T1_IN2 接口与 SE 接口在内部也是彼此联通的，在使用时，E1/T1_IN 接口连接传输设备，而 SA、SE 接口分别连接 BBU 上的 SA 板和 SE 板。

④ ETH_IN 和 IUB1、IUB2 口在内部是相连的，ETH_IN 口与以太网线缆端口相连，IUB1 和 IUB2 接口分别连接 BBU 上主备 CC 板的 ETH0 接口（即用于 Iub 走以太网的接口）。

（10）交直流转换电源 PSU

PSU 可将 AC 220V/110V 电源转换到 DC −48V 电源，供 ZXSDR B8300 T100 设备使用，同时提供电源输入/输出过流、过压等保护功能及电源监控告警功能。PSU 提供的接口：交流电源输入插座 AC 100～240V；蓄电池输入/输出端口，BAT+和 BAT−分别连接蓄电池的正负极，NULL 悬空；直流电源输出端，−48VRTN、−48V 分别是−48V 电源工作地线和−48V 电源线端口，另外一接口悬空；电源监控接口 RS232。PSU 面板示意图如图 3-152 所示。

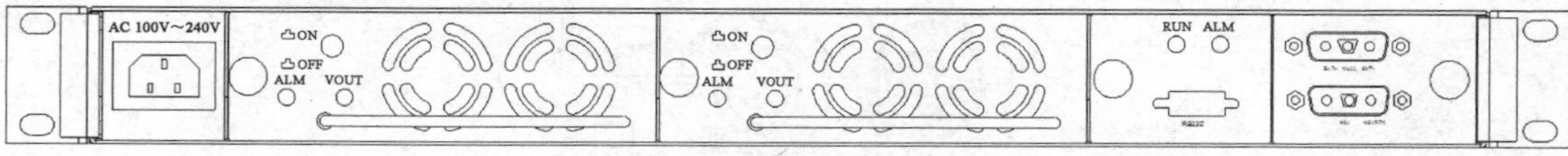

图 3-152　PSU 面板示意图

2. RRU

ZXTR R21 为单通道大功率设备，支持 220VAC 或-48VDC 电源供电，支持单天线工作，每通道最大发射功率为 20W，9 载波。ZXTR R21 具有体积小、重量轻、易于安装和维护的特点，如图 3-153 所示。ZXTR R21 在 NodeB 系统中的位置如图 3-154 所示。

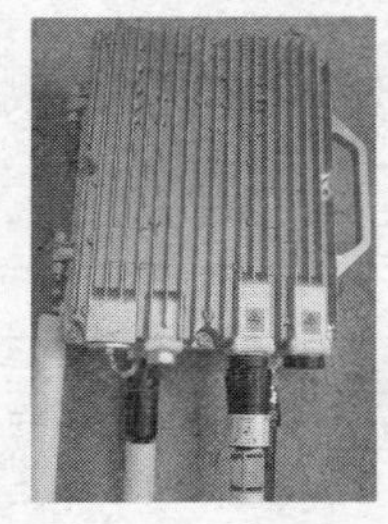
图 3-153　ZXTR R21

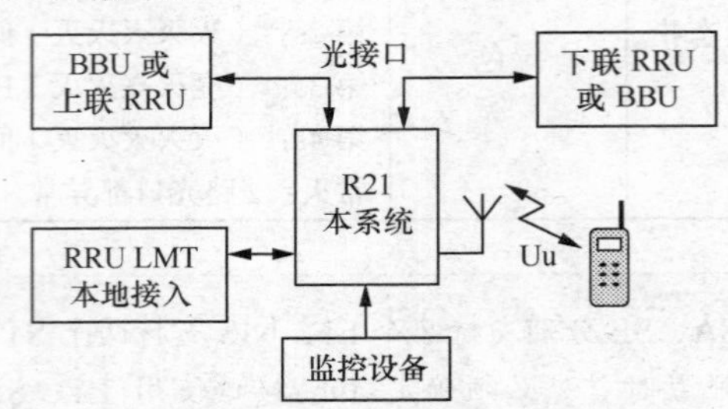

图 3-154　ZXTR R21 在 NodeB 系统中的位置示意图

ZXTR R21 通过光接口连接 BBU 基带资源池，实现 GPS 同步、主控、基带处理等功能，支持多级级联；通过 Uu 接口连接 UE 设备，实现 UE 和 RNS 系统间的无线接口 Uu，实现话音和数据业务的传输；通过以太网接口进行 RRU LMT 本地接入，对 RRU 进行操作维护；干节点接口连接用户设备监控，提供外接辅助功能。ZXTR R21 提供的对外接口如图 3-155 所示，其功能如表 3-38 所示。

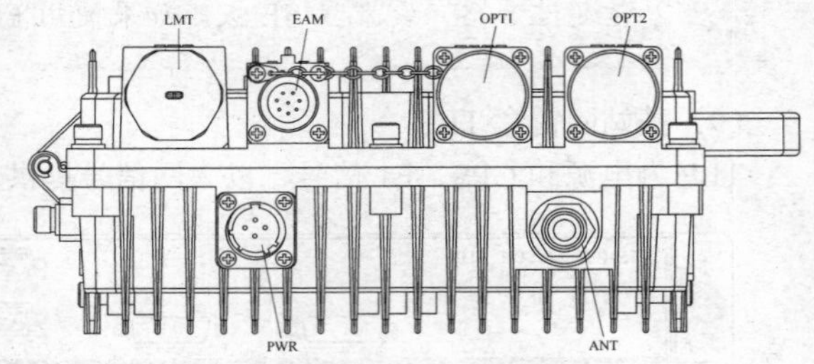

图 3-155　R21 的对外接口示意图

表 3-38　R21 外部接口功能

接口标识	接口名称/型号	连接外部系统	接口功能概述
PWR	电源输入端口，4 芯防误插插座	RRU→电源设备	通过该接口实现对 RRU 的电能供应和保护接地
ANT	收发天线端口/N 型阴头密封插座	RRU→天馈系统	天馈连接接口，用于与天馈连接，实现与 UE 的空中接口的传输
OPT1	上联光纤端口/LC 单模光纤/对纤密封光纤插座	RRU → BBU 或上联 RRU	实现与 BBU 或级联 RRU 间的 IQ 数据和通信信令的交互
OPT2	下联光纤端口/LC 单模光纤/对纤密封光纤插座	RRU→下联 RRU	—
LMT	本地操作维护端口/以太网插座	RRU→LMT	本地操作维护与 RRU 的交互信息的传输
EAM	干节点接口/8 芯航空连接插座	RRU→环境监控设备	干节点接口

ZXTR R21 指示灯在机箱底部 LMT 接口内，观察窗内有 4 个指示灯，如图 3-156 所示，图中 1、2、3、4 所示指示灯的含义如表 3-39 所示。

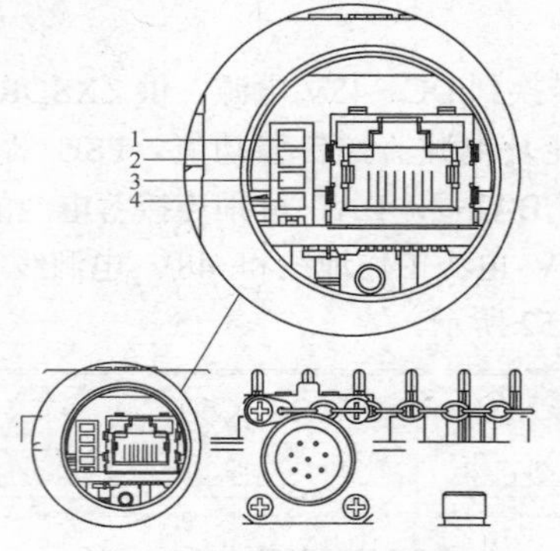

图 3-156　指示灯示意图

表 3-39　指示灯含义表

序　号	信号描述	颜　色	含　义
1	电源状态指示灯，指示电源的工作环境温度状态	绿色	常亮：电源过温告警 常灭：电源未上电
2	运行状态指示灯，指示系统软件的工作状态	绿色	0.1s 亮，0.1s 灭：初始化状态 0.5s 亮，0.5s 灭：正常运行状态
3	告警状态指示灯，指示除电源和光接口外的其他故障产生的告警	绿色	常亮或慢闪：硬件故障告警或其他故障告警 常灭：硬件正常，没有告警产生
4	光接口状态指示灯	绿色	常亮：光口连接正常 常灭：光口连接或接收不正常

RRU 上电后，使用短光纤做物理自环。如果对应光口指示灯常亮，光口正常；如果光口指示灯灭，光口故障（出现光口故障现象时，需要分别判断光模块或者 RRU 设备是否出现故障）。

3. ZXSDR B8300 典型配置

ZXSDR B8300 可根据覆盖容量进行配置，比较典型的有 O9、S4/4/4 和 S8/8/8 等。

① 典型配置 O9。实现 O9 典型配置时，模块配置如表 3-40 所示，BBU 的 O9 配置如图 3-157 所示。

表 3-40　O9 配置模块

模　块	数　量	说　明
背板 BB	1	必配
FA	1	必配
PM	1	必配
CC	1	如果需备份，需配置两个
UBPI	1	如果采用 N+1 备份，需要再增加一块 UBPI 单板
FS	0	如果采用备份，需要再增加一块 FS 单板
SA	1	—
SE	0	如果大于 8 路 E1，需要配置
NIS	0	如果需要提供 STM-1 接口，需要配置

② 典型配置 S4/4/4。实现 S4/4/4 典型配置时，BBU 配置如图 3-158 左图所示，UBPI 需配置两块。

③ 典型配置 S8/8/8（A+B）。实现 S8/8/8 典型配置时，BBU 配置如图 3-158 右图所示，UBPI 需配置 3 块。A+B 时，如采用 R8918（4 载波）+R8918A（4 载波），两个 RRU 共小区，共 16 个通道，其对应为超级小区，即扇区还需分两个分区；有两个天线系统，每个天线系统 8 通道。

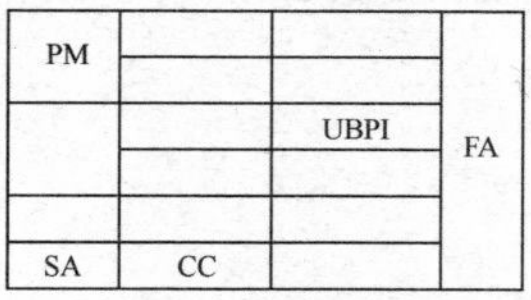

PM　UBPI　FA　SA　CC

图 3-157　BBU 的 O9 配置示意图

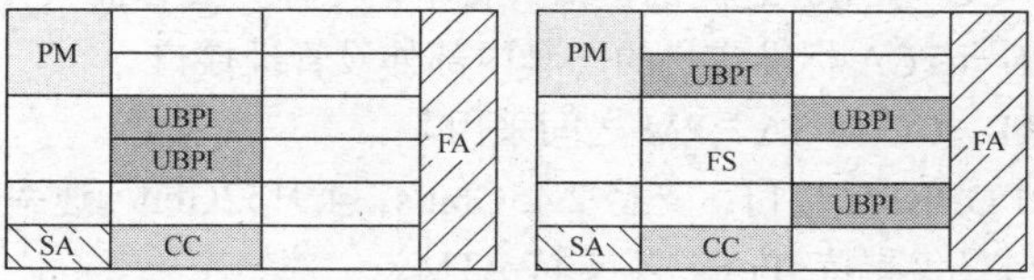

PM　UBPI　UBPI　FA　SA　CC　　PM　UBPI　UBPI　FS　UBPI　FA　SA　CC

图 3-158　BBU 的 S4/4/4（左）和 S8/8/8（右）配置示意图

宏基站 RRU R8918 支持 9 载波。由于每个光口最大支持 48AC，而 8 通道的 9 载波则需要 72AC，所以目前的 RRU R8918 需要用两个光口，以多点连接方式连到 UBPI 板的两个光口。

3.2.2　在 LTE 系统中的应用

E-UTRAN 只有一种节点网元——eNodeB，具有 TD-SCDMA 系统中 NodeB 的功能和 RNC 大部分功

能，包括物理层功能、MAC/RLC/PDCP 功能、RRC 功能、资源调度和无线资源管理功能、无线接入控制移动性管理功能。

LTE eNodeB 实现的功能包括控制面和用户面两个层面。控制面功能（可简单理解为信令消息）：S1/X2 接口管理；小区管理，包括小区建立、重配、删除；UE 管理，包括 UE 建立、重配、删除、UE 接纳控制；系统信息广播、UE 寻呼；移动性管理，包括 UE 在不同小区间切换。用户面功能（可简单理解为用户业务数据）包括语音业务、数据业务、图像业务。

中兴 eNodeB 硬件系统按照基带、射频分离的分布式基站的架构设计，即 BBU+RRU 结构，既可以射频模块拉远的方式部署，也可以将射频模块、基带部分放置在同一个机柜内，以宏基站的方式部署。BBU 与 RRU 之间通过 OBRI/CPRI/Ir 接口连接。

1.BBU

BBU 设备采用统一的中兴通信 SDR 基站平台，目前的产品主要有 B8200、B8300。BBU 提供与其他系统、网元的接口，实现 RRC/PDCP/RLC/MAC/PHY 层协议，完成无线接入控制、移动性管理等功能。BBU 的关键技术指标如表 3-41 所示。

表 3-41　BBU 关键技术指标

关键技术指标	ZXSDR B8200/B8300
尺寸	88.4mm×482.6mm×197mm（高×宽×深）2U 19’ 133.3mm×482.6mm×197mm（高×宽×深）3U 19’
满配重量	<9kg
最大配置功耗	25℃下：550W
供电方式，允许电压变化范围	－48VDC：－57V～－40V 220/110/100VAC：90VAC～290VAC，40Hz～60Hz
电源功率	支持两个 PM，一个 PM 的最大输出功率 300W
工作温度	－10℃～+55℃
工作湿度	5%～95%
气压范围	70～106kPa
安装方式	19 英寸机架安装、挂墙安装、龙门架安装
S1 接口最大偶联数目	16
X2 接口最大偶联数目	32
支持同步模式	GPS、IEEE 1588 V2

（1）BBU 系统内外部接口

① 通信接口。

GE：CC 与 BPL 之间的接口（传输信令流与媒体流）、S1/X2 接口、对外 Debug 接口。

IPMI：uTCA 标准定义的一套内部外设管理接口。

UART：CC 与 SA、PM 之间采用。

CPRI/OBRI/Ir 接口：支持 2.45Gbit/s、4.9152Gbit/s 速率。

E1/T1：仅支持 IPoE，不支持 ATM。

② 时钟及同步。外接时钟源支持 GPS、BITS，锁定线路时钟，支持 1588；背板时钟采用 MLVDS（61.44M、FR/FN）。

③ 环境监控。干节点输入/输出；外部监控设备 RS485、RS232 控制接口；风扇调速，转速上报。

（2）BBU 单板配置

LTE 中 BBU 的单板配置如表 3-42 所示，其中 SA、SE、PM、FA 等单板与 TD-SCDMA 系统中应用的相同。

表 3-42　　BBU 单板配置

单板名称	支持数量	描述
时钟控制板 CC	1～2	实现 BBU 主控与时钟
基带处理板 BP(BPL)	B8300：1～9 B8200：1～5	实现基带处理。单块基带板支持 1 个 8 天线小区，或 2 个 4 天线小区，或 3 个 2 天线小区（20M）
通用时钟接口板 UCI	0～2	与 RGB 通过光纤相连，实现 GPS 拉远输入
站点告警板 SA	1	实现站点告警监控和环境监控
站点告警扩展板 SE	0～1	实现 SA 单板功能扩展
电源模块 PM	1～2	实现 BBU DC 电源输入，并给 BBU 单板供电
风扇模块 FA	1	实现 BBU 风扇散热功能

① CC。CC 提供的功能：实现主控功能、完成 RRC 协议处理、支持主备功能；为 GE 以太网提供信令流和媒体流交换平面；内（外）置 GPS/BITS/E1（T1）线路恢复时钟/1588 协议时钟；提供系统时钟和射频基准时钟 10M、61.44M、FR/FN；支持 S1/X2 接口，提供 16 路 E1/T1、1 路 10/100M/1000M ETH（光电各一个，互斥使用）；支持级联（10/100M/1000M）；提供全 IP 传输架构；实现 IPMI 机框管理（MCMC 功能）。

CC 面板如图 3-159 所示，面板接口 ETH0 是用于 BBU 与 EPC、BBU 之间连接的以太网电接口，10/100M/1000Mbit/s 自适应；ETH1 是用于 BBU 级联、调试或本地维护的以太网接口，10/100M/1000Mbit/s 自适应；TX/RX 是用于 BBU 与 EPC、BBU 之间连接的以太网光接口，100M/1000Mbit/s，与 ETH 互斥；EXT 为外置通信口，连接外置接收机，主要为 1PPS+TOD 接口、RS485；REF 用于外接 GPS 天线。CC 面板指示灯在正常情况下的含义如表 3-43 所示。

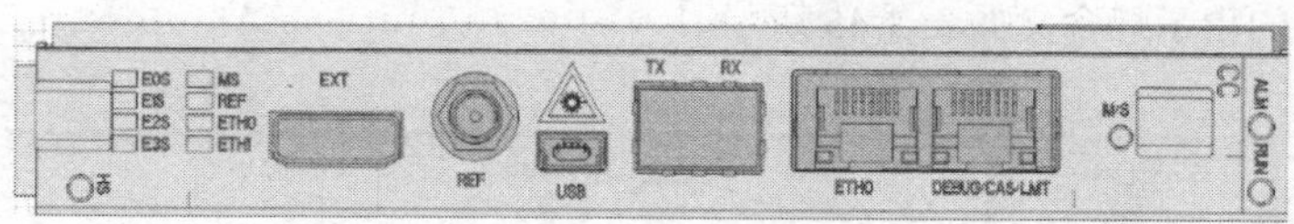

图 3-159　CC 面板示意图

表 3-43　　CC 指示灯含义

指示灯	颜色	正常状态
运行指示灯 RUN	绿色	1Hz 闪烁
告警指示灯 ALM	红色	常灭
拔插指示灯 HS	蓝色	常灭
0～3 路 E1/T1 状态指示灯 E0S 4～7 路 E1/T1 状态指示灯 E1S 8～11 路 E1/T1 状态指示灯 E2S 12～15 路 E1/T1 状态指示灯 E3S	绿色	第 1s 闪一下表示 0 路正常，不亮则不可用 第 3s 闪一下表示 1 路正常，不亮则不可用 第 5s 闪一下表示 2 路正常，不亮则不可用 第 7s 闪一下表示 3 路正常，不亮则不可用
主备状态指示灯 MS	绿色	主板亮，备板灭
GPS 天线或状态指示灯 REF	绿色	常亮
S1/X2 口链路状态指示灯 ETH0	绿色	常亮
LMT 网口链路状态指示灯 ETH1	绿色	常亮

② BPL。BPL 的功能：实现和 RRU 的基带/射频接口；实现用户面处理和物理层处理，包括 PDCP、RLC、MAC、PHY 等；IPMI 的管理接口。一块 BPL 板可支持 1 个 8 天线 20M 小区。BPL 面板如图 3-160 所示，面板上有 TX0 RX0～TX2 RX2 接口，提供 3 路 2.4576G/4.9152G 光接口，用于连接 RRU；RST 为复位按键，用于复位单板。BPL 正常情况下指示灯含义如表 3-44 所示。

图 3-160　BPL 面板示意图

表 3-44　　BPL 指示灯含义

指　示　灯	颜　色	正常状态
运行指示灯 RUN	绿色	1Hz 闪烁
告警指示灯 ALM	红色	常灭
拔插指示灯 HS	绿色	常灭
背板链路状态指示灯 BLS	绿色	第 1s 闪一下表示 FS0 正常，第 1s 不亮，FS0 不可用 第 4s 闪二下表示 FS1 正常，第 5s 不亮，FS1 不可用 循环显示，循环 1 次用时 6s 每秒最多闪 4 次，0.125s 亮，0.125s 灭
单板告警指示灯 BSA	绿色	常亮
和 CC 的网口状态指示灯 LINK	绿色	常亮
CPU 状态指示灯 CST	绿色	常亮
光口 1/2/3 链路状态指示灯 OF0/1/2	绿色	常亮

③ UCI。UCI 的功能包括提供 RGPS 输入接口，提供多路 1PPs TOD 输出。UCI 面板如图 3-161 所示，接口 TX/RX 用于 RGPS 光口信号输入；REF 接口用于 GPS 射频信号输入，LVCOMS 标准；EXT 接口提供 1 路 1PPs 和 TOD 信号输入/输出，RS485 标准；DLINK0/1 提供两路 1PPs TOD 输出，RS485 标准。UCI 正常情况下的指示灯含义如表 3-45 所示。

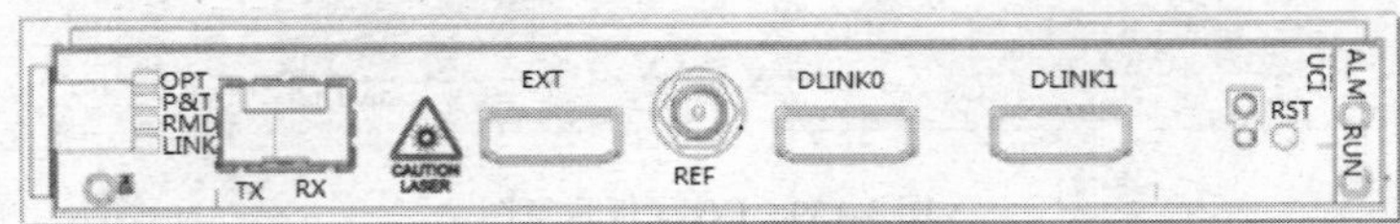

图 3-161　UCI 面板示意图

表 3-45　　UCI 指示灯含义

指　示　灯	颜　色	正常状态
运行指示灯 RUN	绿色	1Hz 闪烁
告警指示灯 ALM	红色	常灭
和 CC 的网口状态指示灯 LINK	绿色	常亮
光口链路状态指示灯 OPT	绿色	常亮
1PPs&TOD 状态指示灯 P&T	绿色	常亮
接收机模式指示灯 RMD	绿色	常亮表示接收机为 GPS 1Hz 闪烁表示接收机为 CNSS 0.5s 闪烁表示接收机为 GLONASS

2. RRU

TD-LTE RRU 产品现有 R8962 L23A、R8962 L26A、R8924DT、R8928D、R8928E 五款。TD-LTE RRU 设备是利用数字预失真技术、高效率功放技术、SDR 技术研制的新型的紧凑型射频远端单元 RRU。其系统架构主要分为 6 个部分——电源 RPDC、双工滤波器 LDDLF、收发信板 TRF1、功放 PA20F1、接口防护板 PIB、接口转换板 RIE。

（1）2 通道 RRU

2 通道 RRU 的关键技术指标如表 3-46 所示。

表 3-46　　2 通道 RRU 关键技术指标

关键技术指标	R8962 L23A/R8962 L26A
频率带宽	2300～2400MHz/2545～2620MHz
柜顶输出功率	20W×2
带宽配置	5MHz、10MHz、15MHz、20MHz
光接口最大传输距离	≥10km，不支持级联
光接口数量	2×2.4576G
供电要求	−48VDC：−40～−57V 220VAC：154～286V，40～60Hz，外置
重量	<14kg
尺寸	380mm×280mm×126mm（H×W×D）
工作温度	−40℃～+55℃
工作湿度	10%～100%
外壳防护等级	IP65
总功耗	<160W

R8962 提供的接口如图 3-162 左图所示。1 为 LMT 接口，用于本地操作维护；2 为指示灯；3 为级联接口，用于与 RRU 光纤连接；4 为 OBRI 接口，用于与 BBU 光纤连接；5、6 为两个射频接口，用于连接天线输出/接收射频信号；7 为 DC 电源接口，用于−48VDC 电源输入。图 3-162 右图所示为 2 通道 RRU 面板的指示灯，其正常状态含义如表 3-47 所示。

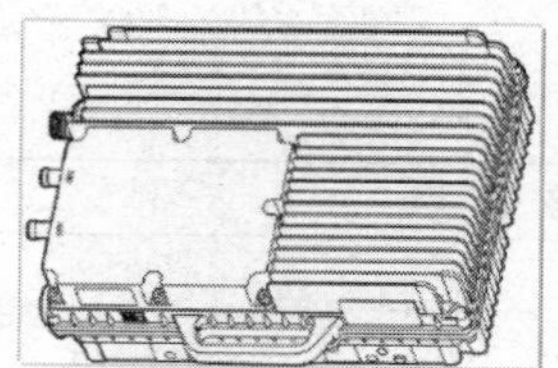

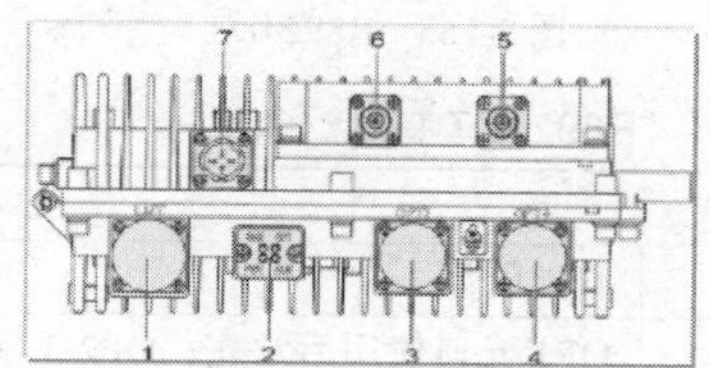

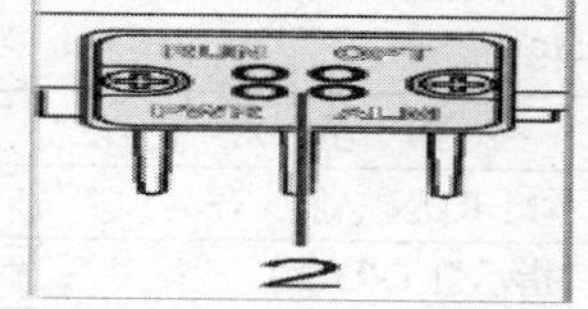

图 3-162　R8962

表 3-47　　R8962 指示灯含义

指　示　灯	正 常 状 态
运行指示灯 RUN	1Hz 闪烁
光口指示灯 OPT	光口使用后常亮
电源指示灯 PWR	上电后常亮
告警指示灯 ALM	常灭

（2）4 通道 RRU

4 通道 RRU 的关键技术指标如表 3-48 所示。

表 3-48　　4 通道 RRU 关键技术指标

关键技术指标	R8924DT
频率带宽	2545～2575MHz
柜顶输出功率	10W×4
带宽配置	10MHz、20MHz
光接口最大传输距离	≥10km，不支持级联
光接口数量	3×4.9152G
供电要求	−48VDC：−40～−57V 220/100VAC：90～290V，43～67Hz

续表

关键技术指标	R8924DT
重量	<20kg
尺寸	510mm×356mm×35.1mm（H×W×D）
工作温度	−40℃～+55℃
工作湿度	10%～100%
外壳防护等级	IP65
总功耗	286W（上下行与特殊子帧 2/7 配置）

R8924DT 提供的接口如图 3-163 所示。1 为调试接口，用于调试；2 为射频接口，用于连接天线输出/接收射频信号；3 为 OBRI 接口，用于与 BBU 连接；6 为 AC 电源接口，用于 220/100VAC 电源输入；4、5 为预留接口。正常状态指示灯（见图 3-163 右图）含义如表 3-49 所示。

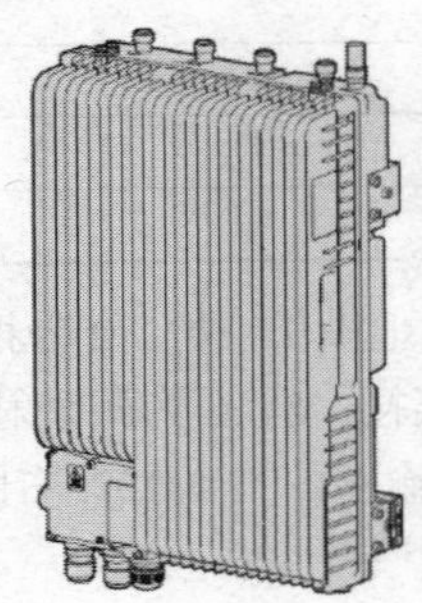
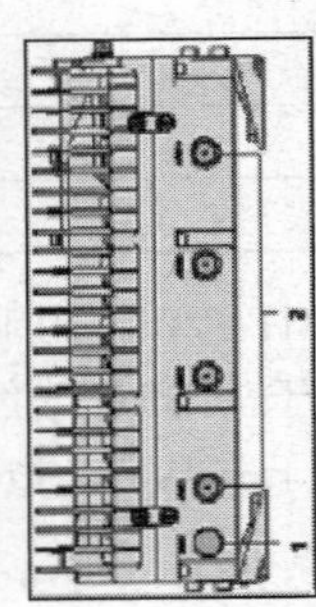
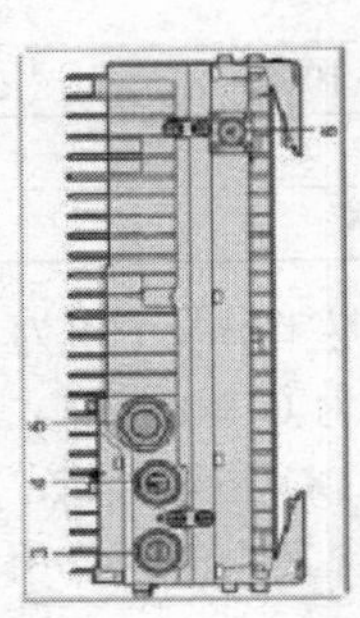
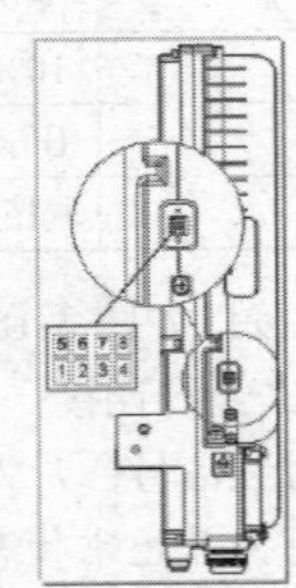

图 3-163　R8924DT

表 3-49　R8924DT 指示灯含义

指　示　灯	正 常 状 态
1 运行指示灯 RUN	1Hz 闪烁
2/3/4 光口指示灯 OP3/2/1	OP1 光口使用后常亮；OP2/3 预留
5 电源指示灯 PWR	上电后常亮
6/7/8 为 RV3/2/1	预留

（3）8 通道 RRU

8 通道 RRU 的关键技术指标如表 3-50 所示。

表 3-50　8 通道 RRU 关键技术指标

关键技术指标	R8928E/R8928D
频率带宽	2300～2400MHz/2575～2620MHz
柜顶输出功率	5W×8/5W×8（有些接口是 6W×8）
带宽配置	10MHz、20MHz
光接口最大传输距离	≥10km，不支持级联
光接口数量	3×4.9152G
供电要求	−48VDC：−40～−57V； 220/100VAC：90～290V，43～67Hz
重量	<20kg
尺寸	380mm×286mm×126mm（H×W×D）
工作温度	−40℃～+55℃
工作湿度	10%～100%
外壳防护等级	IP65
总功耗	<240W

R8928（见图3-164）提供的接口：1为OBRI接口，用于与BBU光纤连接；2为级联接口，用于与RRU光纤连接；3为DC电源接口，提供-48VDC电源输入；4为校准接口，连接天线用于通道校正；5为射频接口，用于连接天线输出/接收射频信号，如图3-164的中图所示。正常状态指示灯（见图3-164右图）所示含义如表3-51所示。

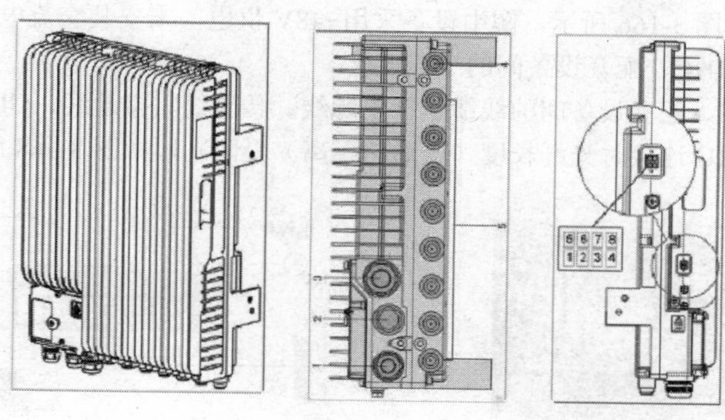

图3-164　R8928

表3-51　R8928指示灯含义

指　示　灯	正 常 状 态
1运行指示灯RUN	1Hz闪烁
2/3/4光口指示灯OP3/2/1	OP1/2光口使用后常亮；OP3预留
5电源指示灯PWR	上电后常亮
6/7/8为RV3/2/1	预留

3.2.3　中兴基站主设备的安装

1. BBU的安装

ZXSDR B8300 Tl00可机柜式安装，也可挂墙式安装，在此简单介绍挂墙式安装方法。

发货时Tl00机箱已装配完毕，模块已安装在机箱内，挂墙安装时可按需将T100机框上的1U假面板更换为交流电源模块或防雷插箱TLP模块（防雷插箱TLP在传输线为室外走线时配置），如图3-165所示。

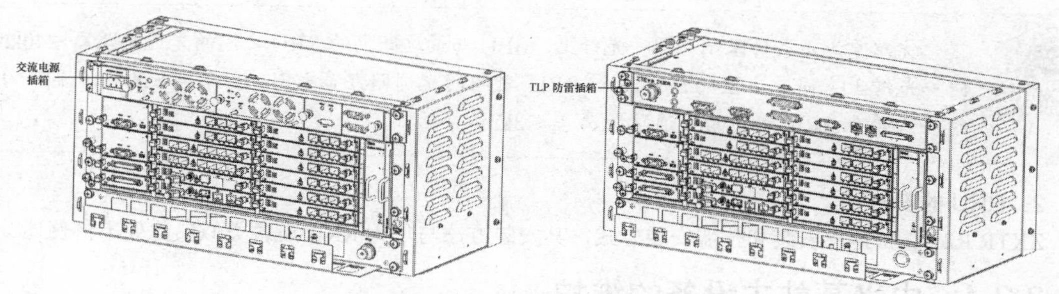

图3-165　交流电源安装（左）与TLP安装（右）

（1）ZXSDR B8300 Tl00机框安装

根据工程设计图纸在墙上确定挂墙安装总件的具体安装位置，在墙上的挂装位置利用划线模板划线定位并标记出孔位。按照划线位置钻孔安装膨胀螺栓，将挂墙安装总件用螺栓固定在墙壁上，用面板螺钉将T100固定在挂墙安装总件上。

（2）安插模块

模块安装前需戴好防静电手环，以防止产生静电损伤PCB单板。

先安装横插模块，包括CC、FS、SA、PM、UBPI。把模块对准ZXSDR B8300 Tl00插箱左右导轨并

插入，握住模块把手将其推入，确保把手与 ZXSDR B8300 T100 插箱锁点可靠连接。

再安装竖插模块，包括风扇插箱（装配 FA 模块）和防尘组件。把风扇和防尘组件沿风扇插箱右侧的导轨插入，要确保风扇插箱上的弹片卡紧防尘组件；将风扇插箱和防尘组件推入 ZXSDR B8300 T100，直至听到锁扣发出响声，说明风扇插箱和防尘组件已经安装牢靠。

挂墙安装示例效果如图 3-166 所示，图中设备采用-48V 供电，未安装交流电源模块和 TLP 模块。

（3）BBU 和 RRU、RNC、配套设备间的线缆连接

BBU 和 RRU、RNC、配套设备间的线缆包括电源线、传输线、接地线、GPS 馈线等，具体连接示意图如图 3-167 所示。RRU 连接时光纤长度（光通路距离）受限制，如图 3-168 所示。

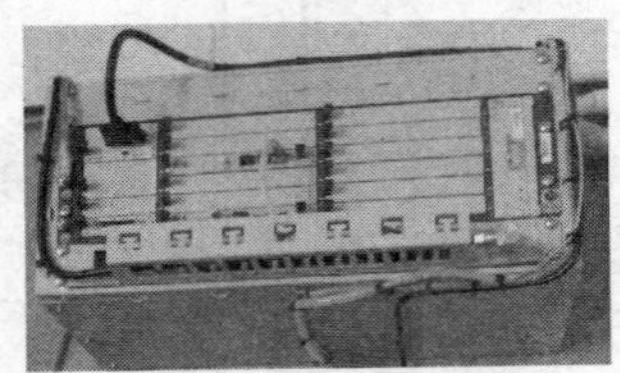

图 3-166 ZXSDR B8300 T100 挂墙安装效果

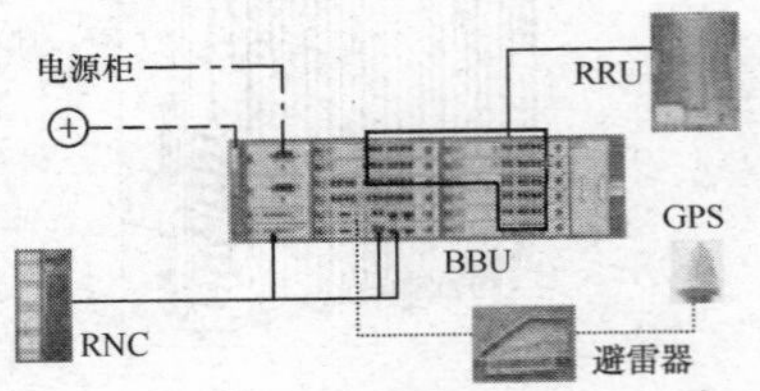

图 3-167 BBU 线缆连接示意图

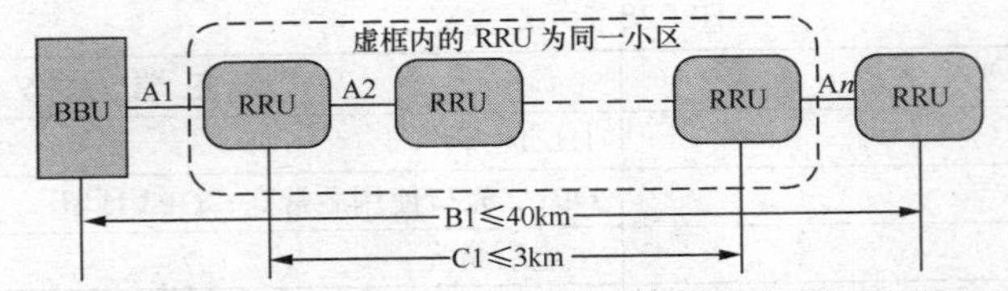

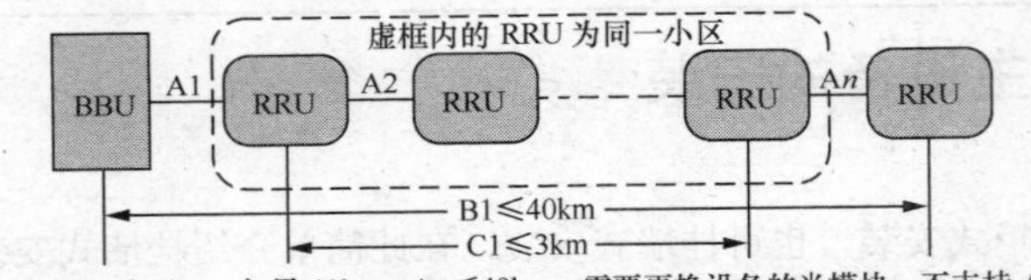

图 3-168 RRU 光通路距离受限示意图

光路需满足条件限制：同一光纤上，BBU 与最远距离的 RRU 之间的光通路距离≤40km；同一光纤上，同一小区的任意两个 RRU 之间的光通路距离≤3km；不同光纤上，同一小区的任意两个 RRU 之间的光通路距离差≤3km。

2. RRU 的安装

ZXTR R21 支持抱杆安装和挂墙安装方式，其安装方法与华为 RRU 设备类似，此处不再赘述。

3.2.4 中兴基站主设备的维护

以 B8300 T100+R21 为例，其上下电及模块、线缆更换方法介绍如下。

1. B8300 T100 设备上下电

（1）上电

① 准备：确保供电电压符合 ZXSDR B8300 Tl00 的要求；确保电源电缆和接地电缆连接正确；确保机箱的供电电源断开；确保设备已安装、检查完毕。

② 将所有单板从机框中拔出。

③ 开启输入 T100 的配电柜电源开关，用万用表测量输入到机箱的-48V 电源。如果测出电压为

-57～-40VDC，则电压正常，可继续下一步；如果测出电压>0VDC，则电源接反，重新安装电源线后再测试；如果有其他情况，则输入电压异常，排查配电柜和电源线的故障。

④ 关闭输入 Tl00 的配电柜电源开关，将 T100 机箱的电源电缆连接到供电电源。

⑤ 开启输入 Tl00 的配电柜电源开关，插入各单板，即可完成设备上电。

上电时如果出现异常，应立即断开电源，检查异常原因。

（2）下电

① 检查是否有当前需要备份的数据。若有需要备份的数据，则先备份数据；若没有需要备份的数据，则进行下一步。

② 断开输入到 Tl00 的配电柜电源开关。

2. R21 设备的维护

ZXTR R21 通过 NetNumen 网管系统进行统一操作维护管理，如图 3-169 所示。R21 设备的维护操作主要有整机更换、射频线缆更换、防雷箱更换等。

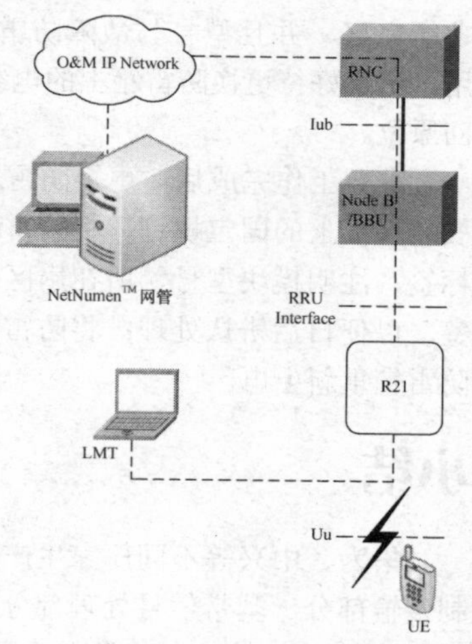

图 3-169　R21 操作维护示意图

（1）整机更换

更换前的准备工作：通过故障观察和分析，确定模块故障，并确认需要更换；确定备件功能完好，确保型号与故障模块一致；准备防静电袋、防潮袋和纸箱，并准备若干标签，以做标记用；记录好待更换模块上的电缆位置（包括光纤、天馈跳线等），待模块更换完毕后，这些电缆要插回原位。

准备工作完成后可以开始整机更换了，更换步骤：关闭需更换 R21 的电源；拔掉 R21 上的电缆，包括光纤、天馈跳线等；松开长夹板（或墙面安装夹板）上的固定螺钉，将 R21 取下；将取下的故障 R21 放入有防潮袋的防静电袋中，并粘贴标签，注明模块型号、所在扇区以及故障现象等，将故障模块分类存放在纸箱中，纸箱外面做相应标记，以便日后辨认处理；安装 ZXTR R21 备件，注意旋紧固定螺钉，插好 R21 上的线缆，给该 R21 上电。

ZXTR R21 更换后的确认工作如下。模块刚上电时，会有一定时间的自检过程。如果自检成功，指示灯显示正常，业务恢复，则表明替换成功；如果模块自检不成功，即不断自检或最终显示不正常，相关单元业务也未恢复，则表示替换未成功，重新检查确认是否备件损坏，确认故障原因是否在该模块上。操作人员可通过观察前后台的告警查看故障原因。

（2）射频线缆更换

更换前的准备工作：确认需要更换的射频电缆；每种站型都有对应的射频成套电缆，若是基站扩容改型，可根据站点类型选取成套电缆；若是更换单根射频电缆，可根据位置及其长度，从成套电缆中选取合适的电缆；检查新电缆的地线芯线是否接触正常、芯线的针头是否正常，接头要接触到位，不可强力拧接头以免接头损坏；记录下待更换射频电缆的所有连接位置，新电缆要按原位进行连接；准备防潮袋和纸箱，并准备若干标签，以做标记用。

准备工作完成后可以开始射频线缆更换了，更换步骤：更换发射支路电缆前，关闭对应的 ZXTR R21 的电源；拧下射频电缆两端的接头，拆下电缆；将替换下来的射频电缆放入防潮袋中，并粘贴标签，注明型号及故障，然后存放在纸箱中，纸箱外面也应该有相应标签，以便日后辨认处理；按原方式连接准备好的射频电缆；最后重新给 ZXTR R21 上电。

操作过程中须注意用力均匀，拧接头时不能使用蛮力，可边拧边左右晃动接头使之对正，以免损坏接头。

更换后的确认工作：观察各运行指示灯，如果指示灯运行正常，则表示更换操作基本成功；进行通话测试，检测更换后的基站是否运行良好。

（3）防雷箱更换

防雷箱绿色指示灯亮表示该防雷箱电源工作正常。灯灭表示异常，此时要拆下防雷器检查输入电源是否正常。如果输入电源正常，表明防雷箱已损坏，需立即更换防雷箱。

更换前需做的准备工作：通过故障观察和分析，确定防雷箱故障，并确认是否需要更换；确定备件功能完好，并且型号与故障防雷箱一致；准备防静电袋、防潮袋和纸箱，并准备若干标签，以做标记用；记录好待更换防雷箱上的电缆位置（包括电源、告警电缆等），待防雷箱更换完毕后，这些电缆要插回原位。

准备工作完成后，更换防雷箱的步骤：关闭总电源；拔掉防雷箱上的电缆，如电源、地线等；松开安装夹板上的固定螺钉，将防雷箱取下；将替换下来的故障防雷箱放入有防潮袋的防静电袋中，并粘贴标签，注明模块型号、所在扇区以及故障等，将故障模块分类存放在纸箱中，纸箱外面也应该有相应标签，以便日后辨认处理；将防雷箱备件重新安装，注意旋紧固定螺钉，插好防雷箱上的电缆；最后给该防雷箱重新上电。

小结

华为、中兴等不同厂家生产的基站主设备有不同的类型结构和工作方式，但其基本结构都是包括控制传输部分、基带信号处理部分和射频信号处理部分以及相关配套部分（包括电源、风扇、监控、防雷等）。同一厂家生产的设备在不同的系统中根据不同的覆盖要求，也会有不同的模块配置和软件应用。

对基站主设备的使用和维护必须建立在对其结构、性能和工作原理充分了解的基础上，在使用时必须注意日常保养。维护时，在控制模块人机接口上接 PC 启动维护软件，或根据模块上的状态灯对模块的工作状态进行判断，最后利用 LMT 维护软件可进一步进行测试及其他维护工作。

习题

一、填空题

1．宏蜂窝基站具有较________配置，提供较________的系统容量，主要用于________。

2．分体结构的基站主设备是由________+________组成。

3．中兴 R21 指示灯在________接口内。

4．华为设备中提供了 TD-SCDMA、CDMA、GSM、WCDMA、LTE 系统基带信号处理的模块，分别是________、________、________、________、________。

5．华为 TD-LTE eNodeB 若在 TD-SCDMA 系统主设备的基础上升级形成 BBU 共框，基本配置，需新增 UMPT、LBBP 板；将 UPEUa 替换成________，将 FAN 替换成________，提高相应模块的能力。同时还需进行________到 UMPT 的线缆连接以及 LBBP 到________的线缆连接。

二、判断题

1．对于 CDMA 系统，NodeB 至少需搜索到 3 颗卫星才能实现基站同步工作。（ ）

2．华为基站主设备中提供 BBU 机框内通信的单板是 BSBC。（ ）

3．华为基站主设备在 TD-LTE 系统中应用时，主控传输板 UMPT 提供的 CI 互联光口用于 BBU 互联。（ ）

4．华为基站主设备在单模 RRU 级联典型配置场景中，最大支持 4 级级联。（ ）

5．USCU 模块是华为主设备在任何系统中应用时的必配模块。（ ）

6．中兴基站主设备中的 TLP，用于提供 RRU 的防雷能力。（ ）

7．中兴 B8300 T100 与 RRU 在同一光纤上，BBU 与 RRU 最远光通路距离≤40km。（ ）

8．现场进行基站主设备维护时，模块状态指示灯可用于判断模块的工作状态。（ ）

9．中兴基站主设备 BBU 中面板上的 HS 为主备状态指示灯。（ ）

10．更换 BBU 中的模块时需佩戴防静电手环。（　　）

三、选择题

1．华为基站主设备用于提供 BBU E1/T1 接口防雷能力的模块为（　　）。

A．UELP　　B．UFLP　　C．SULP

2．华为基站主设备 BBU 在 TD-SCDMA 系统基站上配置 LTE 系统时需增加（　　）模块。

A．UMPT、LBBP　　B．LMPT、UBBP　　C．UMPT、UBBP

3．华为 BTS3900 用在 CDMA 系统中时，传输设备接于 UELP 的（　　）端口。

A．INSIDE　　B．OUTSIDE　　C．FE

4．华为 BBU3900 中配置的 HCPM 模块用于提供（　　）系统的基带信号处理。

A．CDMA.1x　　B．CDMA2000.1x EV-DO　　C．TD-SCDMA

5．基站主设备射频模块端口上标注“ANT TX/RXA”，表示该端口为（　　）。

A．发射主收双工接口　　B．分集接收端口　　C．发射端口

6．中兴基站主设备中提供系统时钟和 E1/T1 接口的模块为（　　）。

A．CC　　B．UBPI　　C．FS

7．中兴基站主设备 R21 上的 OPT2 端口用于提供（　　）。

A．RRU 下联 RRU　　B．RRU 上联 RRU　　C．上联 BBU

8．中兴基站主设备在 TD-LTE 系统中应用时，提供基带信号处理的单板是（　　）。

A．UBPI　　B．BPL　　C．UCI

9．下列（　　）属于 D 频段 RRU。

A．RRU315e-fac　　B．RRU3253　　C．RRU3162-fa

10．不属于 LTE 必配的单板是（　　）。

A．UPEU　　B．WMPT　　C．UEIU

四、简答题

1．说明基站主设备现场判断硬件工作状态的两种方法。

2．不同厂家的基站主设备硬件在功能上分成哪几个组成部分？

3．华为设备在 CDMA 系统中应用时如何配置 BBU3900 模块？

4．简述华为设备现场维护告警处理的主要方法。

5．简述基站主设备中 BBU 与 RRU 间的光纤长度受限条件。

6．华为设备故障定位的常用命令有哪些？

7．简述 BTS3900 设备在 CDMA 系统中应用时的信号处理流程。

8．中兴基站主设备如何配置 LTE 系统的 BBU 机框？

第 4 章 分布系统

【主要内容】 分布系统是解决局部覆盖的主要技术。本章主要介绍分布系统的常用器件及设备、分布系统的设计、维护和检测方法。

【重点难点】 分布系统的设计、维护和检测。

【学习任务】 掌握分布系统的常用器件及设备，理解分布系统的设计方法，掌握分布系统的维护和检测方法。

4.1 分布系统简介

移动通信分布系统主要用于宏基站的补充覆盖，即“补盲补热”。因为 3G/4G 移动通信系统的工作频段较高，路径损耗较大，所以室外宏基站覆盖室内区域显得力不从心。而 3G/4G 用户使用的业务 70%以上发生在室内，尤其是高速数据业务。分布系统包括用于局部覆盖的室外分布系统和室内分布系统，但主要应用于室内。本节将对分布系统的常用器件和有源设备做简要介绍。

移动通信系统的网络覆盖、容量、质量是运营商获取竞争优势的关键因素。网络覆盖、网络容量、网络质量从根本上体现了移动网络的服务水平，是所有移动网络优化工作的主题。进行室内覆盖系统建设的直接理由：覆盖方面，由于建筑物自身的屏蔽和吸收作用，造成了无线电波较大的传输衰耗，形成了移动信号的弱场强区甚至盲区；容量方面，诸如大型购物商场、会议中心等建筑物，由于移动电话使用密度过大，局部网络容量不能满足用户需求，无线信道发生拥塞现象；质量方面，高层建筑顶部极易出现孤岛效应以及无线频率干扰，建筑中部易出现乒乓效应，服务小区信号不稳定，语音质量难以保证，易掉话。

对于室内的覆盖，目前一般依靠室外基站信号穿透、微蜂窝、直放站和室内分布系统等方式实现。解决室内覆盖的基本方法是通过天馈系统的分布，将信号送达建筑物内的各个区域，以得到尽善尽美的信号覆盖。其信源基站的接入方式有基站直接接入（包括宏基站、微基站、RRU 等）、直放站接入——选取周围基站小区的信号（包括无线直放站、光纤直放站、移频直放站等）。

利用室内分布系统，可克服建筑屏蔽，填补建筑物内的盲区或弱信号区；解决大型建筑物内信号场强分布不均的问题；解决高层建筑内的孤岛效应和乒乓效应问题；吸纳话务量。

4.1.1 分布系统常用器件

分布系统由信源和分布式天馈系统组成，常用器件包括天线、馈线和各类无源器件。

1. 天线

常用于室内覆盖的天线有壁挂天线、吸顶天线等，以及用于室外信号引入的八木天线等。根据天线方向图，分为定向天线、全向天线，使用时由于覆盖空间有限，采用的均为低增益天线。适合不同应用环境的室内覆盖常用天线如图 4-1～图 4-4 所示。图 4-2 所示的天线，顶部的箭头指示了天线的方向性。

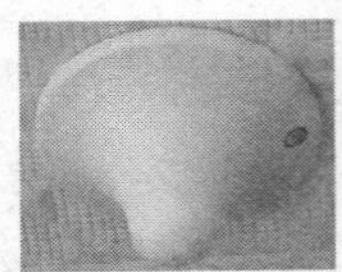

图 4-1　室内全向吸顶天线

选用室内分布系统的时候应注意的事项：尽量选用宽频天线，包括 800～2500MHz 的所有移动通信频段，避免在增加新的无线系统时对天馈线改造；不考虑分集和波束赋形，因

为使用分集技术对于系统性能提高不明显，却明显增加成本，而且室内环境复杂，用户密度大，波束赋形技术效果不好，在 TD-SCDMA 系统中室内也不用波束赋形功能；选用垂直极化天线，避免能量传播中大幅衰减，确保无线信号在复杂的室内环境中有效传播；天线选用要适应场景，一般室内房间中心使用全向吸顶天线，矩形环境墙面挂装壁挂式板状定向天线，电梯井、隧道、地铁等狭长的封闭空间可安装高增益定向天线和泄漏电缆，八木天线适于只在一个系统环境中使用。

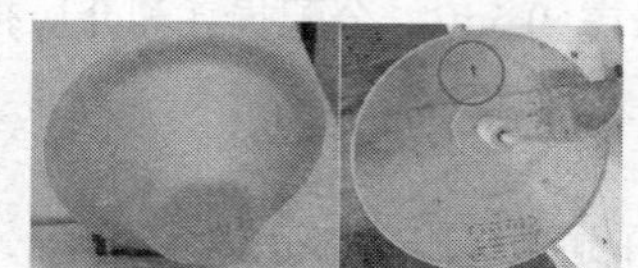

图 4-2　室内定向吸顶天线

图 4-3　室内壁挂天线

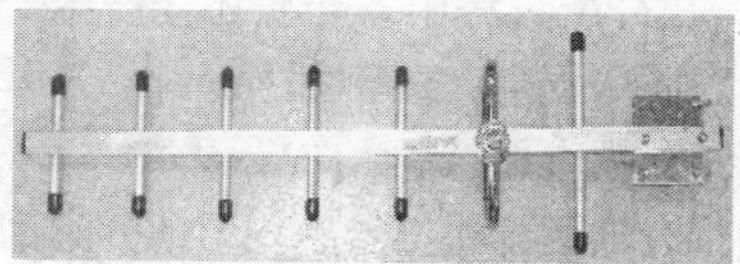

图 4-4　八木天线

泄漏同轴电缆也可以看成是一种天线，电缆上的一系列开孔可以发射信号，也可以耦合接收信号，但技术指标却与馈线指标类似，如百米损耗、耦合损耗（一般指距泄漏电缆开孔处 2m 的损耗）等。

2．馈线

室内分布系统中选用的馈线主要是同轴电缆，关注的指标主要是馈线损耗。馈线越长，工作频率越高，馈线越细损耗越大。不同厂家的生产工艺、使用材料不同，在同等条件下，馈线损耗会略有差别。影响馈线损耗的主要因素是馈线的长度、工作频率、馈线线径。

馈线的损耗一般用百米损耗作为设计参考。室内分布系统中常用的馈线有 10D（D 表示 Diameter，一般指同轴电缆的绝缘体直径，单位为 mm）、1/2"（"表示 in，1in＝25.4mm）、7/8"、5/4"馈线等规格。常用的馈线（如 5D、7D、8D、10D、12D）都是较细的馈线，比较柔软，但损耗相对较大，称为超柔馈线，适用于弯曲较大的地方，俗称跳线。使用较高工作频段的 3G、WLAN、LTE 等无线制式需要使用 1/2"、7/8"或更粗的馈线，虽然硬度较大，但损耗小，屏蔽性较好。所以，选择的时候要考虑应用场合。

3．接头/转接头

接头用于将两个独立的传输介质连接起来，包括同轴电缆、光纤和泄漏电缆等。转接头是将两种不同型号的接头做成一个整体，实现接口类型的转换。在使用时，不管是接头还是转接头，都应保证和传输线路阻抗尽量匹配，避免引起系统驻波比增大，影响性能。

影响接头/转接头品质的最重要的因素是它们的材质。材质不同，对信号传输的影响就不同。用于制作接头/转接头的材质，要考虑其机械强度，还要考虑其电气连接性能，一般选用优质黄铜。另外，影响接头和转接头品质的还有绝缘材料、加工工艺等，出厂前需要检测工作频率范围内的驻波比是否达标。

室内分布系统中，要尽量少用接头/转接头，因为每增加一个节点，就会增加一份噪声，增大信号反射。如果接头焊接质量不好，会引入更多噪声，而且很难定位。

4．无源器件

分布系统中常用的无源器件有各类功分器、耦合器、合路器、双工器、衰减器等，如图 4-5 所示。

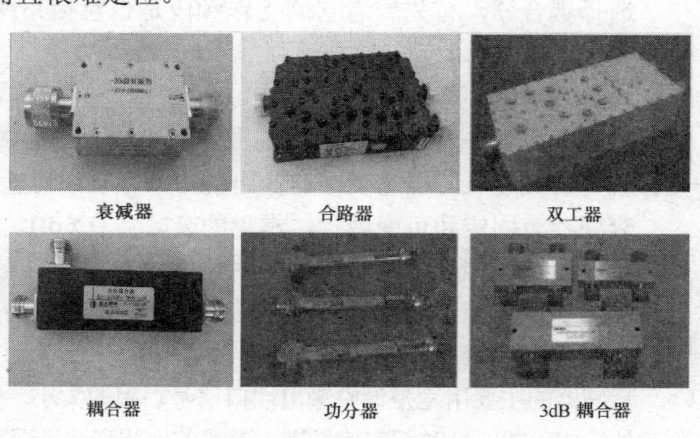

图 4-5　各类无源器件

（1）功分器

功分器（见图 4-6）用于将功率信号按一定的比例分配到各分支端口，给不同的覆盖天线使用，实现阻抗的变换。功分器从结构上一般分为微带和腔体两种。腔体功分器内部由一条直径从粗到细呈多阶梯递减的铜杆构成；微带功分器则由几条微带线和几个电阻组成。功分器按功率分配的比例分为等功分器和不等分功分器（例如功分比为 1∶4、1∶10 的不等分二功分器等）。实际使用时，需平均功率分配的场合较常见，即使用等功分的功分器较多。

功分器的主要技术指标包括分配损耗、插入损耗、隔离度、输入/输出驻波比、功率容限、频率范围及带内平坦度等。

图 4-6　各类功分器

功分器的分配损耗用 dB 表示：二功分的分配损耗为 10lg2=3dB；三功分为 4.8dB；四功分为 6dB。在分配过程中，介质还会产生一定的损耗，称为介质损耗，一般考虑 0.5dB。分配损耗和介质损耗合称为插入损耗，简称插损。

（2）耦合器

耦合器用于将信号不均匀地分配到直通端和耦合端，也就是用于从主干道上提取一部分功率到耦合端输出。耦合器按耦合度分类，型号较多，如 3dB、5dB、7dB、10dB、15dB、20dB、25dB 及 30dB 等。从结构上分，一般分为微带和腔体两种。腔体耦合器内部是由两条金属杆组成的一级耦合。微带耦合器内部是两条微带线组成的一个类似于多级耦合的网络。耦合器的结构示意图如图 4-7 左图所示，右图为 3dB 耦合器。

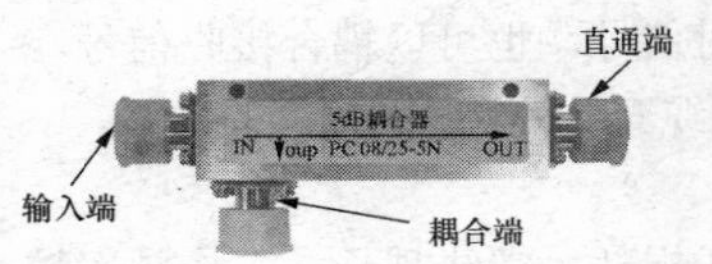

图 4-7　耦合器

耦合器的输入端口功率和直通端口功率之比就是插损，输入端口功率和耦合端口功率之比就是耦合度。常见耦合器的耦合度与插损间的对应关系如表 4-1 所示。

表 4-1　常见耦合器的耦合度和插损的对应关系

耦合度（dB）	5	6	7	10	15	20	30
插损（dB）	1.65	1.26	0.97	0.46	0.14	0.04	0.0043

与功分器一样，耦合器也会存在介质损耗，一般考虑 0.1～0.3dB。

（3）3dB 耦合器

3dB 耦合器又称为 3dB 电桥，主要用于同一频段的两个信号合路。3dB 耦合器能沿传输线路的某一确定方向对传输功率连续取样，将一个输入信号分为两个互为等幅且具有 90°相位差的信号，耦合端功率与直通端功率等幅输出，进而提高输出信号利用率。常用的 3dB 耦合器插损为 3.2dB，可一路输入，两路输出；一路输入，一路输出；两路输入，两路输出；两路输入，一路输出。当耦合器只用一路输出时，另一个输出端口需用匹配负载吸收信号功率。一般耦合器出厂时就考虑了端口匹配问题，和接专门的负载效果一样，不用外接匹配负载。

理想情况下，从耦合器一个输入端口进入的信号不会从另一个输入端口输出，这两个端口相互隔离；但实际情况下会有部分信号泄漏，一般要求两个输入端口的隔离度大于 25dB。

选择耦合器，首先要看它的工作频段是否包括系统载波工作频段，再查看两个输入端口间的隔离度是否满足要求。

（4）衰减器

衰减器可在一定的工作频段范围内减少输入信号的功率，改善系统阻抗匹配状况。衰减器最重要的指标就是衰减度 A，描述衰减器输出端口信号功率比输入端口信号功率衰减的程度。

衰减器有固定和可变两种，常见的衰减器有 5dB、10dB、15dB、20dB 等。

衰减器由电阻元件组成，是一种能量消耗元件，信号功率消耗后变成器件热量，超过一定程度时，器件会烧毁。因此，功率是衰减器工作时必须考虑的重要指标，必须让衰减器承受的功率远低于极限值，以确保衰减器正常工作。

衰减器的主要用途是调整输出端口信号功率的大小。例如，在分布系统中，天线口功率过大，信号会泄漏到室外造成干扰，这时可在信号进入天线前加装衰减器调节天线口功率大小，让信号只覆盖室内的目标区域。

衰减器还可用于在信号测试中扩展信号功率的测量范围。如用频谱仪分析某放大器输出信号，信号功率太大时，就可利用衰减器降低信号功率，而不改变信号相位偏移。在实际测量放大电路信号的时候，使信号先进衰减器，再进测量仪，以扩展可测信号的动态范围。这在 4.4.4 小节中用频谱仪测直放站输出功率时有应用。

（5）合路器

合路器可以将同一频段或者不同频段上的多个发射信号合成并输出至天线，避免各端口信号间的相互影响。在图 3-5 中，GSM、TD-SCDMA、TD-LTE、WLAN 这 4 个系统通过两级合路实现了共用分布式天馈的目的。合路器要保证不同频段的信号相互不影响，所以要求有较高的干扰抑制程度，信号无损合成或分享及干扰抑制都要求合路器端口的隔离度足够大。在室分系统设计时，选择合路器重点看工作频率范围和工作带宽是否满足要求、插损是否足够小、端口隔离度是否足够大。合路器工作原理如图 4-8 左图所示。

（6）双工器

双工器工作在通信系统的同一个频段上，两个滤波器的公共端口连接至天线。其中一个滤波器选频工作在上行频段，将来自天线的信号选择进入接收机；另一个滤波器选频工作在下行频段，将来自发射机的信号选择送至天线发射出去。双工器的工作原理如图 4-8 右图所示。

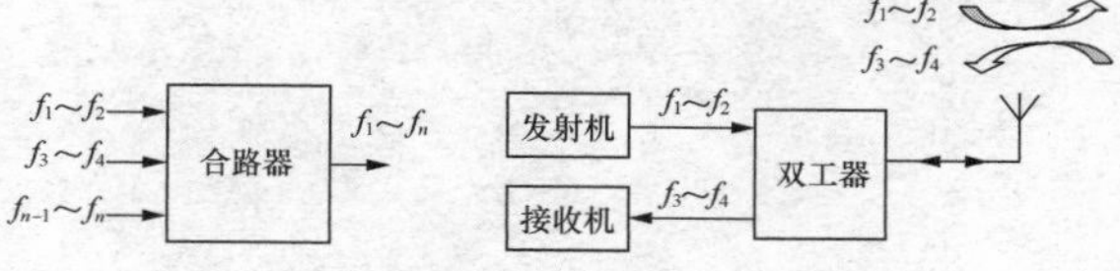

图 4-8　合路器和双工器原理示意图

4.1.2　分布系统有源设备

分布系统的常用设备主要指有源设备，即在工作中需要提供电源的设备。对于分布系统来说，信源的引入是非常重要的一项工作，而直放站又是一种除微蜂窝和射频拉远外使用最多的有源设备之一。

直放站是移动通信系统信号延伸的一种手段，实际上是一种双工放大器，通过放大基站的上下行链路信号来提高链路余量。其作用主要有两个方面：一是应用在网络中需要扩大覆盖范围但不需要增加容量的地区，通过诸如增强中继效率等途径提高容量的利用率；二是应用在建筑物内信号难以穿透的区域。例如，宽带型无线直放站工作时，当直放站接收基站信号或手机信号后，并不分离出具体的系统载波信号，而是将其视为宽带射频信号，通过低噪放、变频及中频宽带滤波、功放，到一定输出功率后通过天馈线发射出去，如图 4-9 所示。

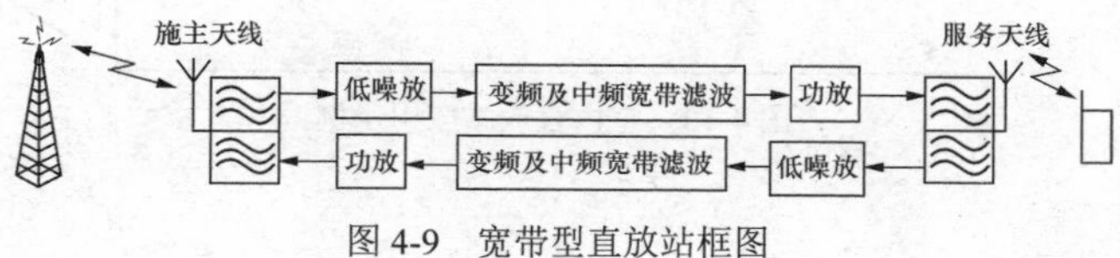

图 4-9　宽带型直放站框图

4.2　分布系统常用设备

分布系统中的信源包括宏蜂窝、微蜂窝等具备基站完整功能的信源（包括射频信号处理部分和基带信号处理部分，在第 3 章中已介绍），以及直放站等具有功率放大和信号变换功能的有源设备。

直放站不提供容量，只对模拟射频信号进行再处理，会引入额外的噪声，增加系统的底噪，降低系统的接收灵敏度，增加了系统的干扰，会对网络的整体性能产生影响，所以 BBU+RRU 结构的基站主设备的应用中直放站的数量已大大减少。但由于直放站使用成本低，采购方便，在很多的场合还是有应用，而且先前已经在使用的直放站还需要维护。目前，使用较多的是光纤直放站。本节简单介绍一些常用的直放站、干线放大器等有源设备的工作原理、设备结构等基本知识。

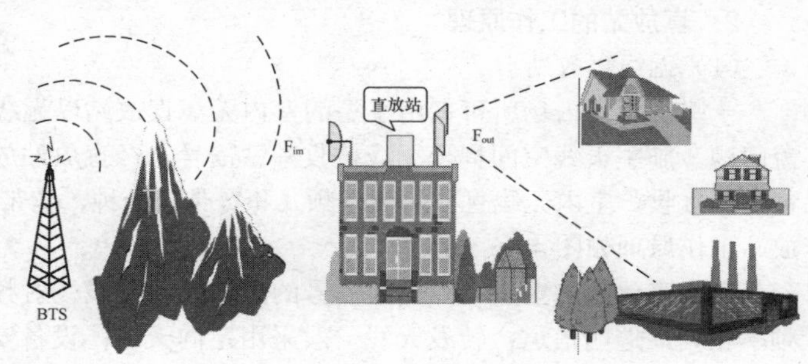

图 4-10　无线直放站应用示例

4.2.1　直放站概述

1. 直放站的分类

直放站按传输方式可分为无线直放站（见图 4-10）、光纤直放站（见图 4-11）、移频

直放站（见图 4-12）；按使用场所分可分为室内直放站（见图 4-13）和室外直放站（见图 4-14）；按传输带宽方式可分为选频直放站和宽带直放站（频带使用见图 4-15）。按供电方式分有直流供电直放站、交流 220V 供电直放站和太阳能供电直放站。

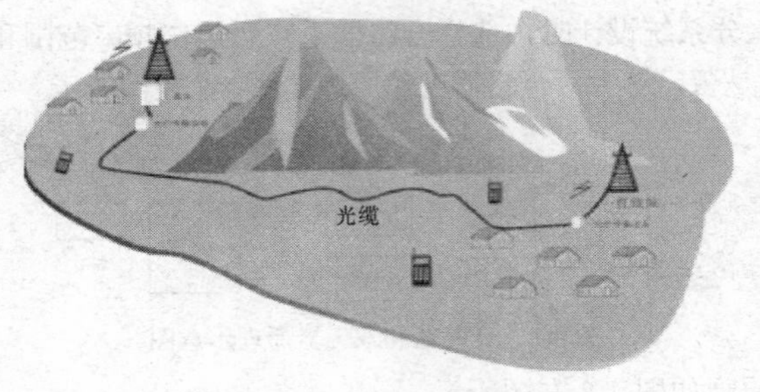

图 4-11　光纤直放站应用示例

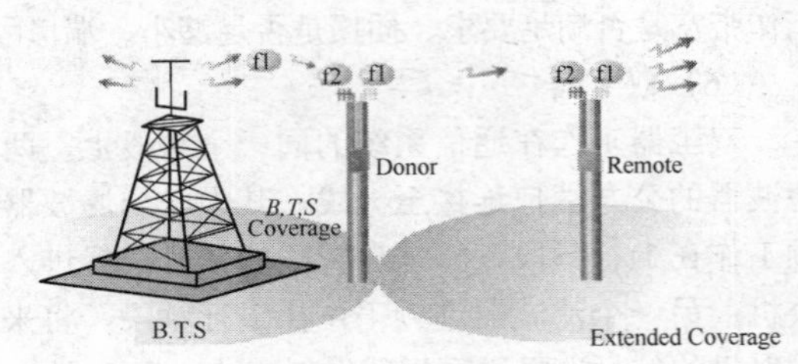

图 4-12　移频直放站应用示例

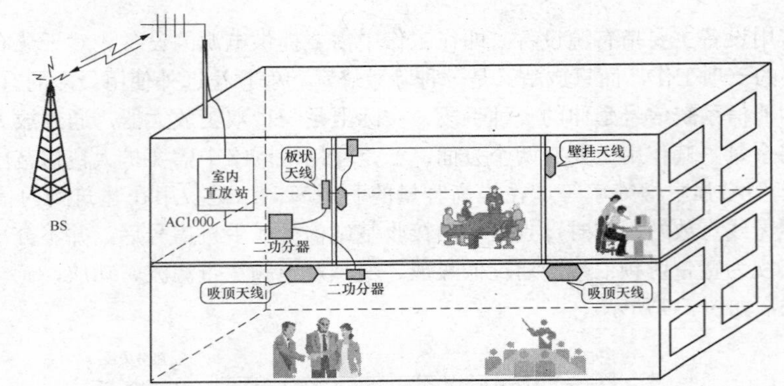

图 4-13　室内直放站应用示例

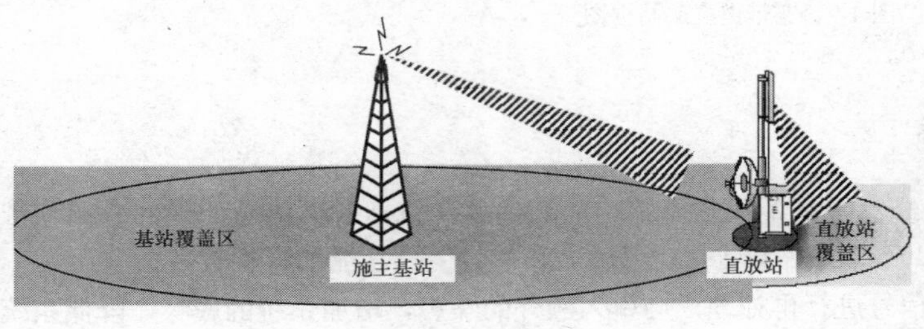

图 4-14　室外直放站应用示例

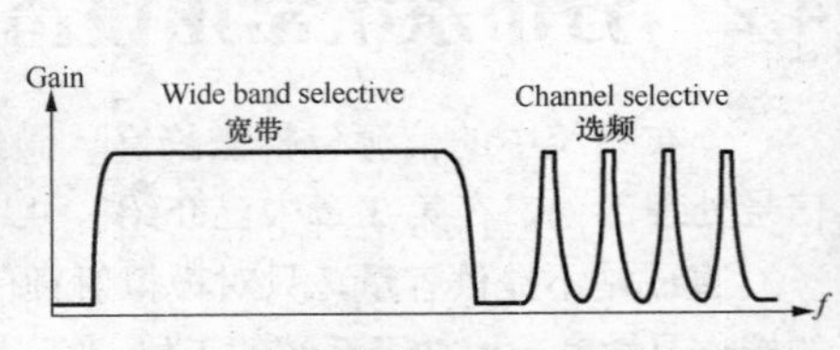

图 4-15　选频/宽带直放站频带使用示例

2. 直放站的工作原理

（1）无线直放站

一些小型室内场所可使用小型的室内无线直放站以无线方式引入周围宏蜂窝基站信号，解决信号覆盖问题。施主天线空间耦合无线接收基站信号，经直放站放大后通过馈线进入室内分布系统，覆盖区的移动台接收。室内无线直放站分选频式和宽带式两种，宽带直放站工作原理如图 4-16（a）所示，选频直放站工作原理如图 4-16（b）所示。

无线直放站的主要特点是其信号的引入采用无线（射频）空间耦合方式；输出信号频率与输入信号频率相同，透明信道；转发天线一般采用定向天线；设备安装简单；投资少，见效快。直放站设备安装点所需条件：安装点能接收到空间基本的通话信号；安装点能满足收发天线的隔离要求。

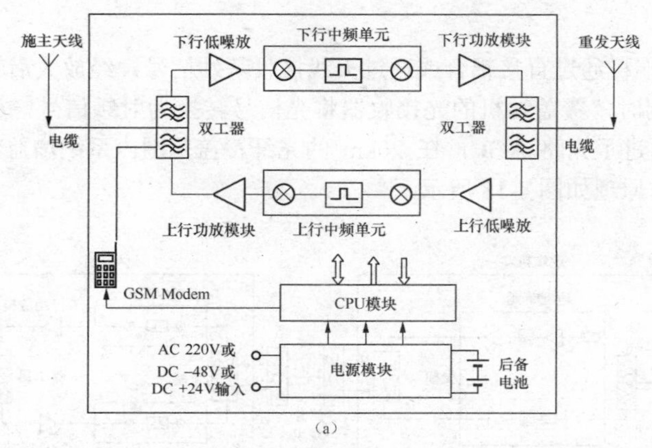

（a）

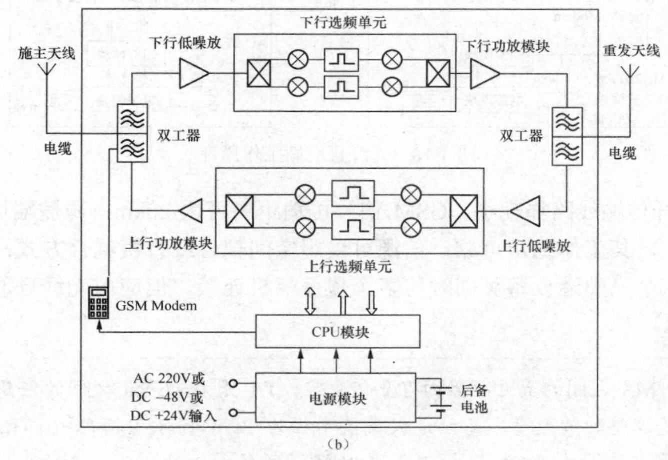

（b）

图 4-16　无线直放站工作原理

无线直放站主要用于填补盲区，扩大覆盖。在使用直放站进行覆盖时还需考虑直放站天线的隔离度问题，特别是在室外应用时。如图 4-17 所示，直放站天线的隔离度 $I=F/B_D+L_W+F/B_P+L_P$，其空间传播损耗 $L_P=92.4+20\lg D$（D 为两天线间距离，单位为 km），收发隔离要求 $E_{RP}-I<P_{RX}$，即要求隔离度 $I>E_{RP}-P_{RX}$。

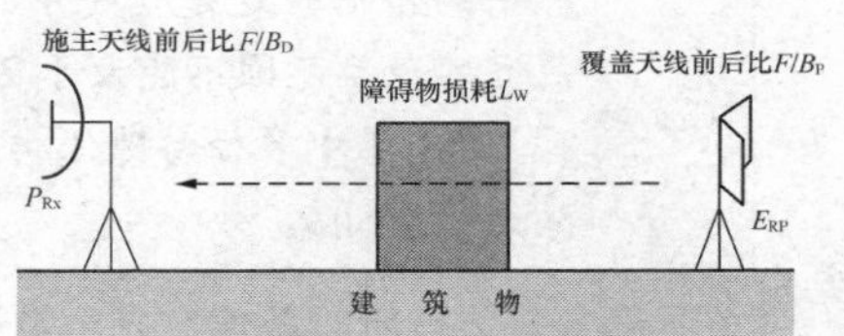

图 4-17　直放站天线隔离度要求

天线收发隔离度即从直放站前向输出端口至前向输入端口（或者从反向输出端口至反向输入端口）的空中路径衰减值，其大小直接影响着直放站的增益配置。在确定天线位置后，一定要测量隔离度。直放站前向输出功率比反向输出功率大，所以主要考虑前向链路的收发隔离度。收发隔离度分为水平隔离度和垂直隔离度。水平隔离度 L_h 用分贝表示，公式为 $L_h=22.0+20\lg10(d/\lambda)-(G_t+G_r)+(X_t+X_r)$，其中，22.0 为传播常数，$d$ 为收发天线水平间隔（英尺），λ为天线工作波长（英尺），G_t、G_r 分别为发射和接收天线的增益（dB），X_t、X_r 分别为发射和接收天线的前后比（dB）。垂直隔离度 L_v 用分贝表示，公式为 $L_v=28.0+40\log10(d/\lambda)$，其中，28.0 为传播常数，$d$ 为收发天线水平间隔（英尺），λ为天线工作波长（英尺）。按照工程设计要求，隔离度 L(dB)应比直放站最大工作增益 G_{max} 大 10～15dB。取 LG_{max}=12dB，考虑通常情况下直放站最大工作增益 G=90dB，故 L 应不小于 102dB，取 f=850MHz，G_r=20dB，G_t=10dB，X_r=45dB，X_t=40dB，天线间最小水平距离应为 20m，天线间最小垂直距离应为 22m。

以上为收发天线隔离度的工程计算值，在实际施工中应视具体情况加以必要调整，以最大限度满足现场对隔离度的要求。

（2）光纤直放站

① 工作原理：中继端机通过直接耦合或通过天线接收基站信号，经放大后转换成光信号，经过光纤传输后送到覆盖端机；同时，覆盖端机的光接收器将光信号转换为射频信号，放大后经室内信号分布系统送至用户手机。系统引进了光路 AGC，在 20km 的光纤覆盖范围内系统增益保持恒定不变，基本可以免调测。光纤直放站工作原理如图 4-18 所示。

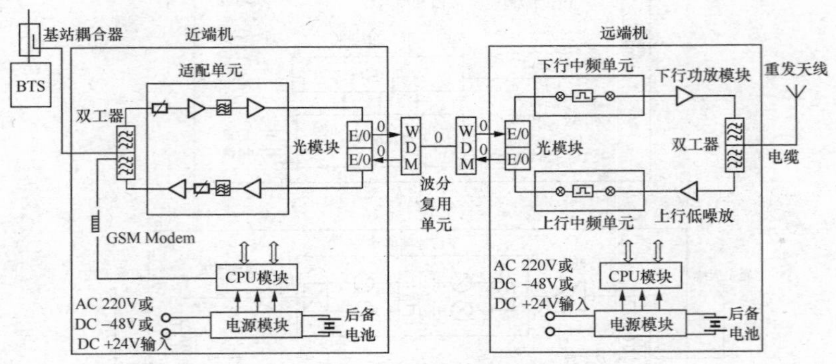

图 4-18　光纤直放站工作原理

② 工作特点：光纤传输线路损耗小，GSM 信号传输距离可达 20km；覆盖端可根据需要选择全向或定向覆盖；采用光器件，其工作稳定可靠；信源可采用空间耦合或直接耦合方式；不存在直放站收发隔离问题，选点方便；一个光中继设备可同时与多个覆盖端机连接，但应用光纤直放站时需考虑光传播时延和多径时隙保护问题。

BTS 与 MS 之间的最大距离由 TA 值决定，TA 是 0～63bit 之间的任意值，0bit 表示不必调整，63bit 是调整的最大量。基站最大覆盖半径为 $3.7\mu s/bit \times 63bit \times (3\times10^8)\ m/s \div 2/1.5 = 23km$，其中，3.7μs 是每个比特的时长，63bit 是时间调整的最大比特数，$3\times10^8 m/s$ 是光速；1.5 指光纤中的传播时延是空气中的 1.5 倍。加上传输设备的时延影响，一般工程上，光纤直放站最远的覆盖范围不能大于 20km。

GSM 中多径时隙保护距离为 $3.7\mu s/bit \times 8.25bit \times (3\times10^8)\ m/s \div 2 = 4.57km$，对应的保护间隔为 8.25bit。

③ 设备安装点所需条件：光中继端到覆盖区远端，需一对空闲或已占用但有空闲窗口的光纤，或一条有两个空闲窗口的单模光纤。

④ 应用环境：光纤直放站适用于填补盲区，如扩大覆盖，特别是接收不到空间无线信号的地区（无法安装无线中继站的地方）；还可用于话务分流，将空闲小区的信号经光纤引到高话务量区域，分流该区域的话务量。

⑤ 光纤直放站的传输方式有如下几种。

- 普通方式（见图 4-19）：多用于光缆中有现成多余备用光纤对的情况。

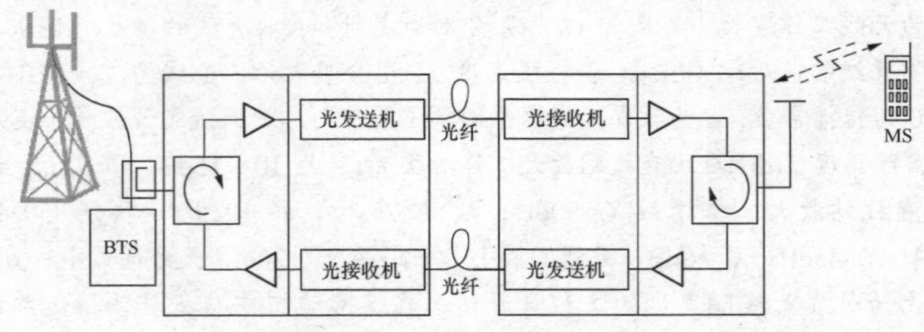

图 4-19　光纤直放站普通方式传输示意图

● 兼容方式（波分复用）（见图 4-20）：光纤中的 1.31μm 波长窗口已被占用时，可通过波分复用器将中继站信号复用到 1.55μm 波长窗口上，实现中继站信号与其他信号同纤传输。

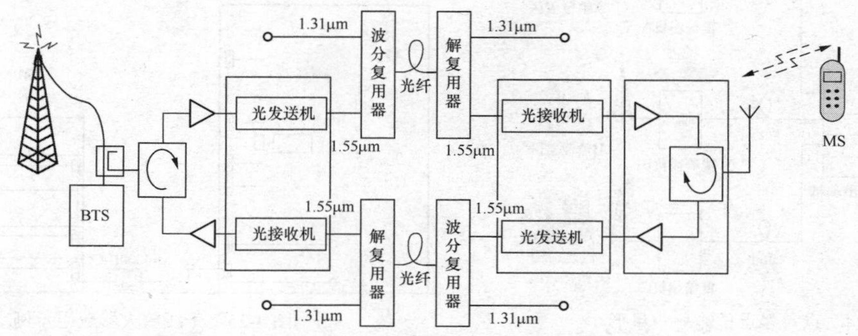

图 4-20　光纤直放站兼容方式传输示意图

● 同纤传输：光缆中如果仅有一根空闲光纤，可以采用上下行信号同纤传输方式，分别用单模光纤中的 1.31μm 和 1.55μm 窗口来传输上下行信号，如图 4-21 所示。

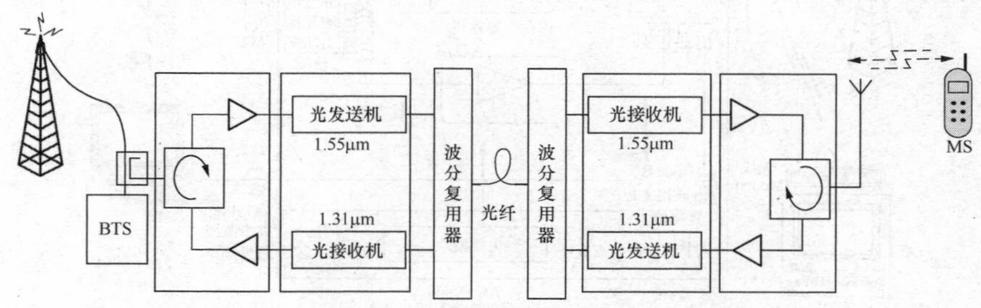

图 4-21　光纤直放站同纤传输示意图

⑥ 光纤直放站的应用方式：点对点传输（见图 4-22）、点对多点线形传输（见图 4-23）、点对多点星形传输（见图 4-24）等。

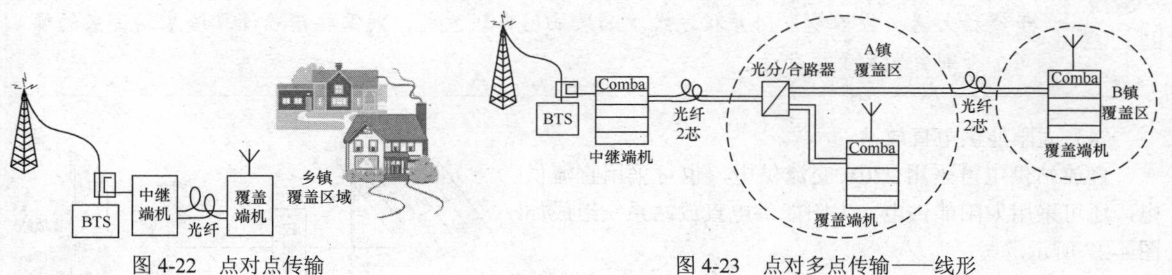

图 4-22　点对点传输　　　　图 4-23　点对多点传输——线形

（3）干线放大器

干线放大器（简称干放）主要安装在分布系统干线上以补偿信号的传输损耗，延伸覆盖面积。干线放大器是室内分布系统有源设备最常用的一种，它的主要特点是补偿主干线路的馈线损耗，同时放大、补偿上下链路信号。因输入信源为基站耦合或功分器分配所得，故信源稳定、纯净度高，而其内部结构也相对简单。图 4-25 所示是一个典型的干线放大器的应用例子，从主楼分离出来的信号用干线放大器放大以后，用天馈分布系统来覆盖副楼。

干放的工作原理：由基站方向主干电缆耦合下来的下行信号进入低噪放中双工器 DT 端，经双工器分离进入下行功放，进行功率放大，经过双工器滤波后由 MT 端口的用户天线（置于室内）进行室内覆盖；同理，室内手机发射的上行信号，经 MT 端口的用户天线（置于室内）接收后送至设备中，经双工器分离后进入低噪放模块进行功率放大，经双工器滤波后由 DT 端传回基站，如图 4-26 所示。

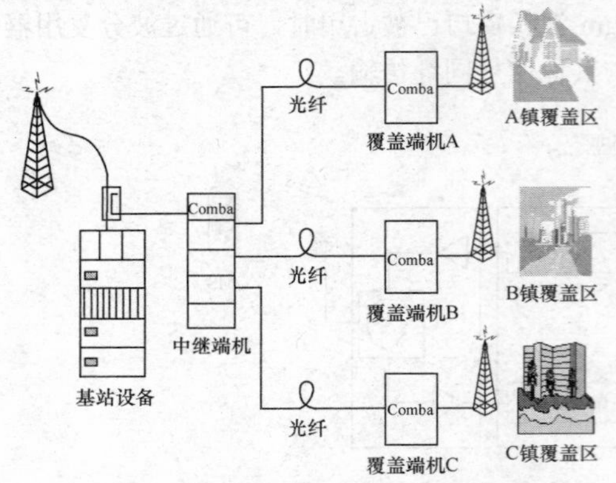

图 4-24　点对多点传输——星形

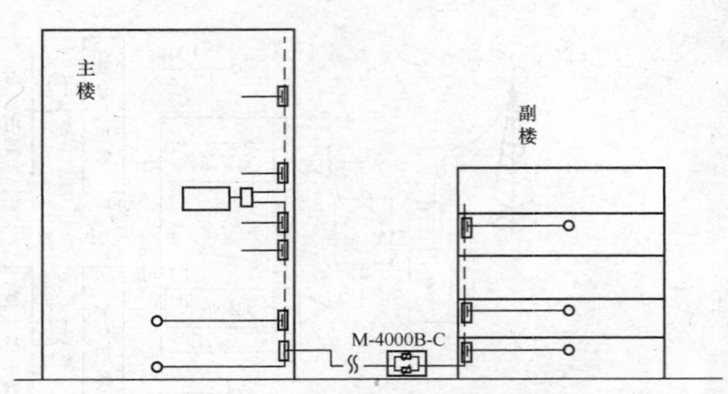

图 4-25　干线放大器应用示例

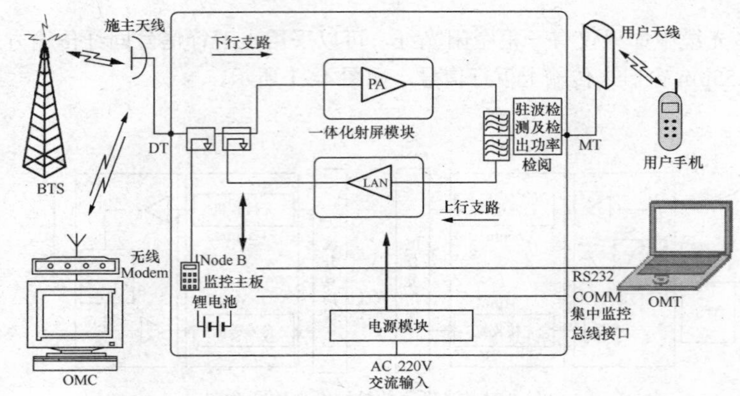

图 4-26　干线放大器原理框图

干线放大器适用于更大型的建筑物的室内信号覆盖。需要注意的是，如果要加入多个干线放大器，应尽量采用并联方式。如果采用串联方式，则需要精确计算给基站带来的噪声，否则会发生干扰杂音。

（4）太阳能供电直放站

直放站供电可采用220V交流供电，也可采用直流供电，还可采用太阳能供电。太阳能供电直放站系统组成如图4-27所示。

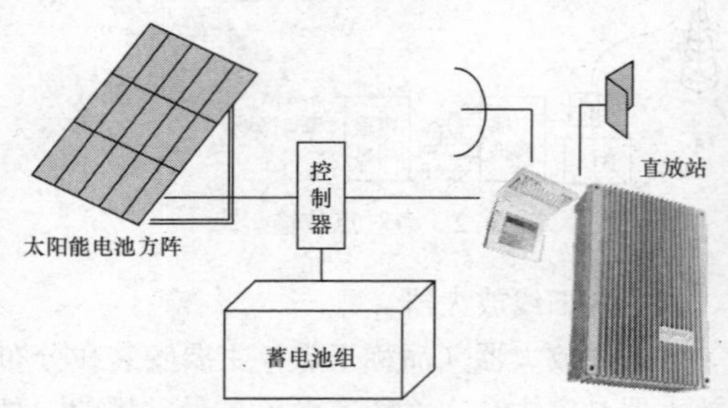

图 4-27　太阳能供电直放站系统组成示意图

3. 五类线分布系统

五类线分布系统采用五类线代替部分同轴电缆，根据结构不同，可分为主干光纤+五类线分布系统和纯五类线分布系统。

主干光纤+五类线分布系统在信源端通过主单元将信号转换为光信号，经光纤传输到多个扩展单元，再经五类线传输到多个远端单元，最终通过远端单元还原为射频信号覆盖区域。纯五类线分布系统中，信号全在五类线上传输。由于五类线的带宽无法满足需求，应用比较局限，在实际应用中，要根据所覆盖环境、业务需求等选择合适的分布系统类型。

五类线中频拉远是一种有源分布系统，信源信号传输至接入点后，将射频信号转换成中频信号，分配后经网线传送到用户需要的地方，再将中频信号转换成射频信号由天线辐射出来。

五类线中频拉远在信源信号传输至接入点时，既可用光纤链路（光纤直放站），也可用无线链路。

图 4-28 所示为无线接收信号。在用户端采用五类线介质，因此将信号变换成中频信号，在远端 RU 再变换成射频信号。RU 可采用远供，输出功率可达 23dBm，距离可超过 200m，噪声系数小于 6dB，采用自适应增益控制可维持输出恒定。扩展单元 CU 进行信号分配时，可采用类似 HUB 的结构，多个端口每个都可通过网线分别连至一个 RU。

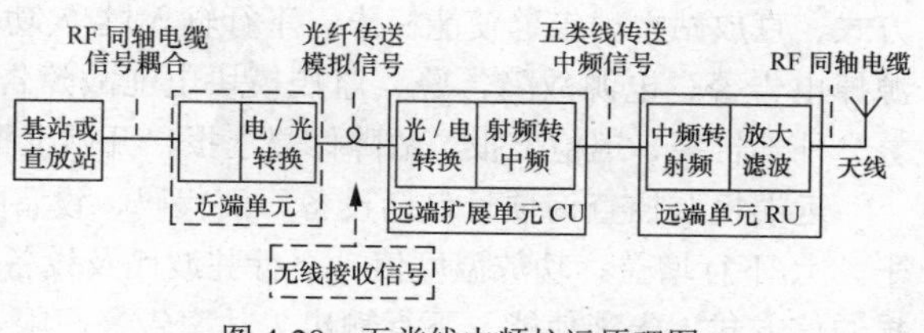

图 4-28　五类线中频拉远原理图

4.2.2　直放站设备

直放覆盖设备很多，在此以京信直放站典型设备 RA-1000 做简单介绍。

RA-1000AW 是一种 GSM 单频段光纤直放站（以下简称直放站或系统），系统由直接耦合近端机（中继端机）RA-1000A-LD 和远端机（覆盖端机）RA-1000AW-R 组成，如图 4-29 所示。它通过光纤的传输将 GSM900MHz 基站信号传送到远端机，再经天馈系统发射，从而达到扩大 GSM900MHz 基站信号覆盖范围的目的。

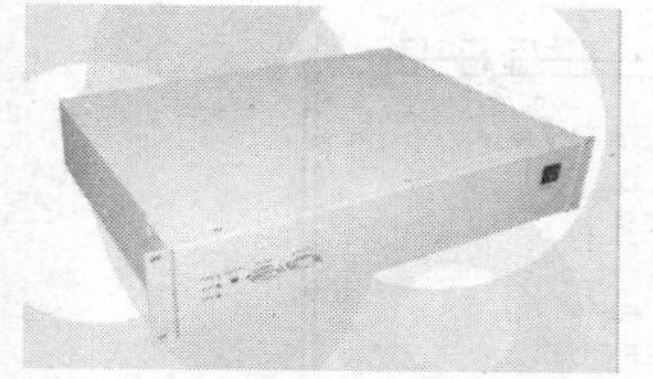

图 4-29　RA-1000 近端机（左）和远端机（右）

由于光纤传输损耗小、频带宽，所以比较适合于长距离传输（<20km），最大支持 10dB 的光路损耗，可用于室内建筑、城镇、景区、公路沿线区域的覆盖。

RA-1000AW 的特点：宽带光纤系统，输出功率可选；系统内置 WDM，带有光路 AGC 功能，10dB 光损内保持系统增益稳定不变，安装好后基本免调试，方便工程开站；利用光纤传输，传输距离远；高功率宽带线性功放，保证 GSM 信号不失真放大；大功率机型带有风扇辅助散热，保证系统运行的可靠性；具备本地监控功能（OMT），方便工程调测。RA-1000 光纤直放站设备端口如图 4-30 所示。

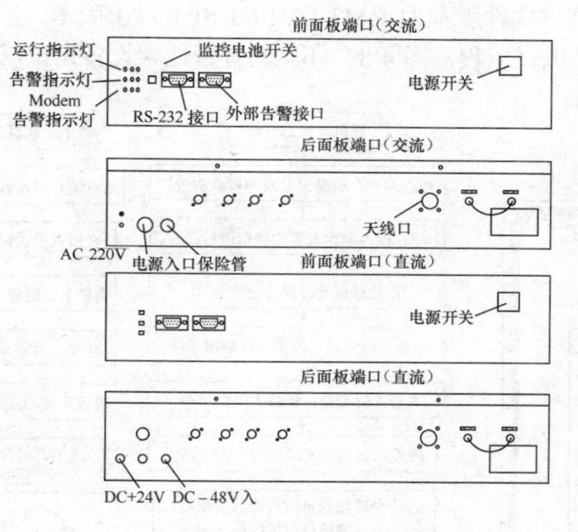

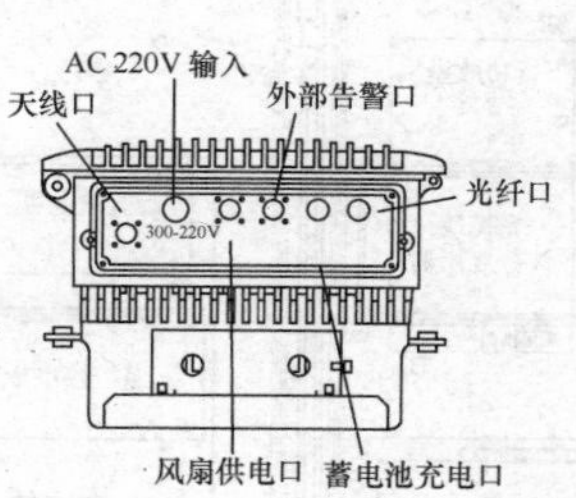

图 4-30　近端机（左）与远端机（右）端口示意图

RA-1000 光纤直放站的近端机分别具有本地监控功能，利用设备上的 RS-232 接口接 PC 实现，通过内置 FSK Modem 实现近端机和远端机间的对端操作，可利用便携式计算机进行本地或对端参数设置与状态查询。

近端机配置无线或有线 Modem（选配）实现远程智能监控。近端机监控查询项目包括设备厂商代码、设备类别、设备型号、监控版本信息、设备生产序列号、下行输入功率电平及设备经纬度等；设置项目包括站点编号、设备编号、站点子编号、查询/设置号码、上报号码、监控中心 IP 地址、上报通信

方式、直放站主动告警使能标志、下行输入过/欠功率告警门限及短信中心服务号码等；告警项目包括电源掉电告警、电源故障告警、监控模块电池故障告警、位置告警、下行输入过/欠功率告警、光收发告警、外部告警、巡检上报、故障修复上报、开站上报及配置变更等。

远端机监控查询项目包括设备厂商代码、设备类别、设备型号、设备生产序列号、下行输出功率电平、上/下行增益、功放温度值、下行驻波比及设备经纬度等；设置项目包括站点编号、站点子编号、上报通信方式、告警使能、下行输出欠功率告警门限、上/下行衰减值、功放过温门限、下行驻波比门限及射频信号开关状态等；告警项目包括电源掉电告警、电源故障告警、监控模块电池故障告警、位置告警、下行输出欠功率告警、下行功放告警、上行低噪放故障告警、功放过温告警、光模块告警、下行驻波比告警、巡检上报、故障修复上报、开站上报及配置变更等。

监控远程传输通过近端机内置 GSM Modem 采用“数传”和“短信”方式实现。

根据不同的应用方式，RA-1000 光纤直放站近端机组成中的光模块不一样，如图 4-31 所示，远端机组成如图 4-32 所示。

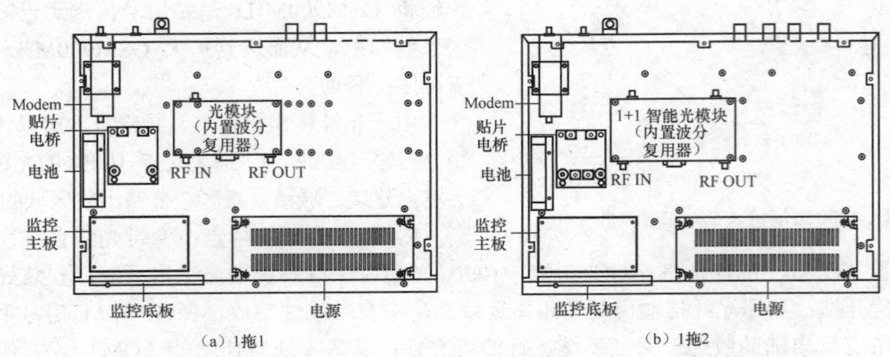

图 4-31　光纤直放站近端机组成示意图

安装完成的设备需要联机调试，本地调试软件版本为 OMT-DV1.00 SP3 以上版本。联机调试过程如图 4-33 所示，图 4-33（a）为载波选频设备调试流程，图 4-33（b）为宽带选频设备调试流程。

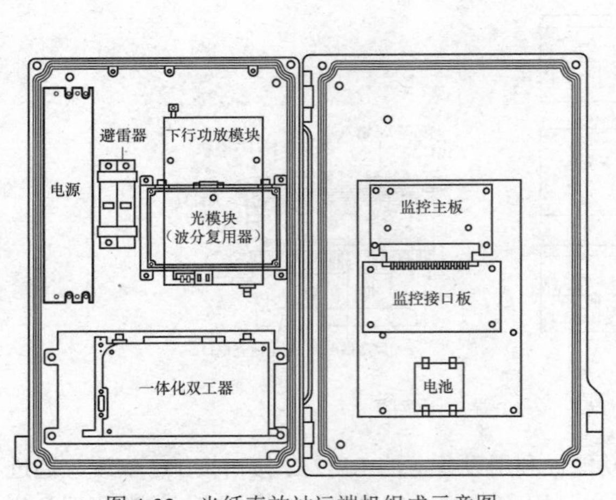

图 4-32　光纤直放站远端机组成示意图

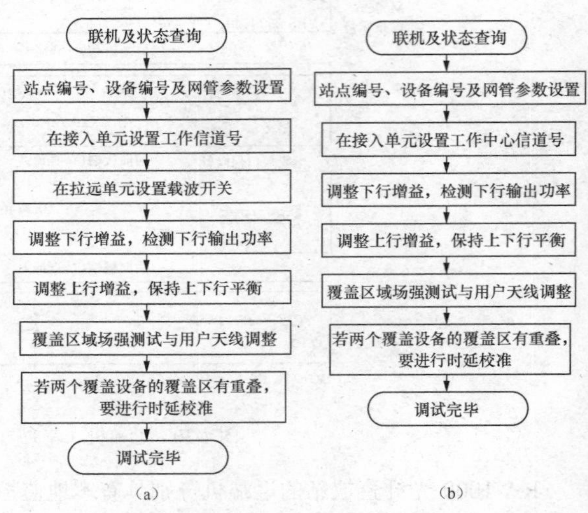

图 4-33　设备联机调试步骤

4.3　移动通信分布系统设计基础

移动通信分布系统设计从网络勘测开始，然后根据勘测结果确定网络需解决的问题，再根据勘测结果和

运营商的要求设计分布系统并进行建设运营。本节将简单介绍关于移动通信分布系统设计的一些基本知识。

4.3.1　移动通信分布系统网络勘测

移动通信分布系统设计覆盖时，需先进行网络勘测：首先做好 3 项准备工作，即确定目标楼宇、获得进站许可、研究建筑图样；然后进行施工条件勘测和无线环境勘测，确定覆盖区域的基本信息，例如位置信息、区域性质、面积。覆盖区域的功能情况包括结构组成、用途/功能；覆盖区域的网络情况包括 RxLev/RxQual、HandOver/Cell Select/Cell Reselect、Congestion/Call Drop/Call Establishment。

施工条件勘测工具包括勘测记录表和笔（记录勘测内容）、数码相机（对楼宇整体结构、安装位置进行拍摄）、卷尺/测距仪（测量楼宇高度、覆盖面积）、GPS（楼宇位置定位）、目标楼宇的平面设计图（指导勘测）及指南针（确定方向）等。无线环境勘测工具包括吸顶天线（模拟测试天线）、安装测试软件的便携式计算机（模拟测试和数据存储）、模拟信号源及连线（发射特定制式的无线信号）、测试手机和接收机（接收特定制式的无线信号）及扫频仪（发现可能的干扰电磁波）等。

1. 施工条件勘测

施工条件勘测主要是对机房条件、走线路由和天线挂点进行勘测。

机房条件包括机房所在楼层、供电条件、温湿度条件、防雷接地情况等。选择什么样的机房取决于物业协调情况，一般会安装在电梯机房、弱电井中；若这些地方设备较多或安装不便，小型设备也可选择在地下停车场或楼梯间安装。

室内覆盖走线可选择停车场、弱电井、电梯井道和天花板内；对于居民小区，可将小区内自有的走线井作为首选。走线路由的勘测还包括弱电井的位置和数量（包括有无足够空间、是否受其他走线影响等）、电梯间的位置和数量（包括缆线进出口位置、电梯停靠区间等）、天花板上能否走线等。

对于天线挂点选择，一般在天花板安装全向吸顶天线，在室内墙壁挂装定向板状天线，在室外楼宇天面挂射灯天线，在室外地面装美化天线。

2. 无线环境勘测

无线环境勘测即在室外获取楼宇周边的无线环境情况，包括周边站点及工程参数信息，分析这些站点和室分覆盖系统的相互影响，并进行必要的测试；室内，应注意勘测已有的分布系统情况，确定是否共建共享已有室分系统，如果有，要确定是否能直接利用或是否进行必要的改造。

电磁环境勘测测试主要包括覆盖水平（如室外信号进入室内的信号强度、数量，盲区范围；接收信号电平等）、干扰水平（是否存在系统内外电磁干扰）、切换情况（乒乓效应、相邻小区载频号、电平值等）、参数（如 Cell ID、LAC、BSIC、是否跳频、扰码 SC 值等）、KPI 指标（如统计接通率、掉话率、切换成功率和通话等级等）。

根据测试情况确定网络存在的问题，覆盖系统主要针对话务量问题及弱信号/质差覆盖问题。针对话务量问题，业务区话务量高，潜在用户多，覆盖可吸收话务量，增加业务收入；针对弱信号覆盖问题，业务区 RxLev、RxQual 等指标差，覆盖可满足用户的需求。

根据覆盖区需求决定信源接入方式，话务预测是合理选择信源的基础，根据现有模型进行预测，结合实际情况对预测进行修正。可以选择基站直接接入（如微蜂窝、宏蜂窝、RRU 接入），选取周围基站小区的信号进行直放站接入的方式，如无线直放站、光纤直放站等，如图 4-34 所示。

直放站接入时应注意：选择性能良好的直放站设备；合理调整直放站输入功率；严格抑制上行噪声干扰；不能解决乒乓效应；注意原基站的拥塞情况；所选载频信号要比周围其他信号高出一定值，且信源要相对稳定；注意切换关系；室内系统要注意隔离度问题。

在勘测时应注意信源基站的 LAI、BSIC、BCCH、RxLev、RxQual、CBQ、TO、PT、Hopping 等。注意相邻载频强度等。

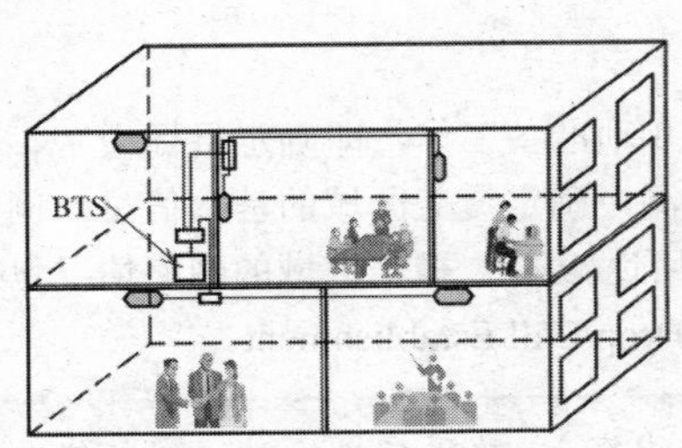

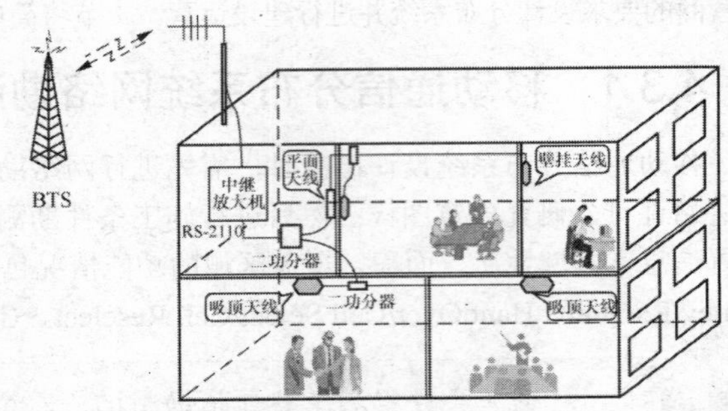

图 4-34　直接耦合方式（左）与空间耦合方式（右）

3. 分布系统设计目标要求

分布系统在大的设计方向上应保证覆盖水平、满足容量需求、抑制干扰信号，进而提高业务质量。

（1）覆盖水平要求

无线信号强度随时随地变化，在实际应用时，认为信号变化的统计规律和时间没关系，一般不对时间上的覆盖概率做要求。覆盖水平的一般要求是终端在目标覆盖区内 95%的地理位置可接入网络。分布系统设计首先要保证室内信号满足业务接入和保持的最小覆盖电平要求，还要保证室内小区在目标区域成为主导小区。因为一些住宅高层等区域容易收到干扰信号，主导小区难以控制，所以要求室内小区的信号强度要大些。

分布系统信号边缘覆盖电平、TD-SCDMA 使用 PCCPCH 电平、WCDMA 使用 CPICH 的电平参考数值：地下室、电梯等封闭场景，TD-SCDMA 和 WCDMA 都要求 90%的覆盖区域相应信道的 RSCP≥－90dBm；楼宇低层要求 90%的覆盖区域相应信道的 RSCP≥－85dBm；楼宇高层要求 85%的覆盖区域相应信道的 RSCP≥－85dBm。

（2）干扰控制要求

分布系统建设后，室内外信号不应相互干扰，室外 10m 处应满足室内小区 TD-SCDMA 和 WCDMA 相应信道的信号 RSCP≤－95dBm，或室内小区外泄到室外的信号的 RSCP 比信号最强的室外小区小 10dB。同样，在室内小区覆盖方面，室外小区相应信道的 RSCP≤－95dBm，或室内小区的信号比室外小区泄漏进来的信号大 10dB。

室内外信号的泄漏在信号质量上的表现就是载干比下降。较封闭的室内场景一般要求 TD-SCDMA 的 PCCPCH C/I≥−3dB，WCDMA CPICH Ec/Io≥−12dB；一般楼宇要求 TD-SCDMA 的 PCCPCH C/I≥0dB，WCDMA CPICH Ec/Io≥−12dB。

（3）容量要求

一般要求给出每用户忙时 CS 业务等效语音话务量为 0.02Erl；PS 业务总吞吐量下行为 500kbit，上行为 150kbit；HSDPA 业务小区的边缘吞吐率为 300～400kbit/s。

（4）业务质量要求

业务质量主要体现在业务的接入难度和接入后业务的保持效果上。接入难度可用呼损率表示，一般无线信道要求为 2%。接入后业务的保持效果在网络侧用误块率 BLER 表示。误块率参考要求：AMR12.2k（语音业务）为 1%；CS64k（视频）为 0.1%～1%；PS 业务、HSDPA 业务（数据业务）为 5%～10%。

4.3.2　移动通信分布系统基本设计方法

在完成网络勘测、明确覆盖要求后，接下来就是确定覆盖方式、功率设计和容量设计。

1. 覆盖方式的确定

对建筑物的覆盖方式需明确是全覆盖还是部分覆盖，需要从 3 个方面进行考虑：根据业主要求、区域功能、用户分布、网络实际覆盖情况等因素确定覆盖区域；根据投资计划确定覆盖区域；从优化角度

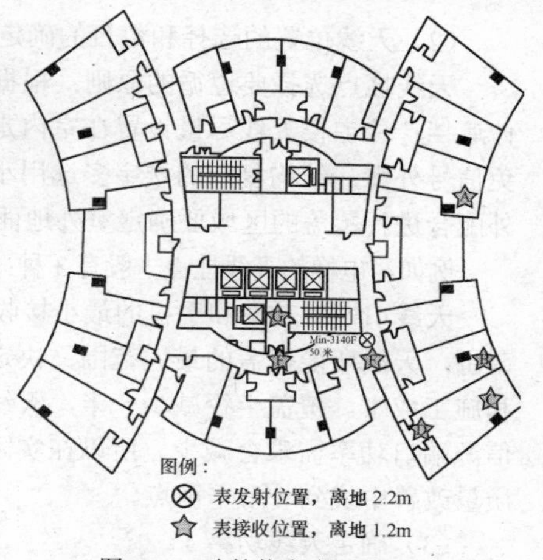

图 4-35　建筑物室内覆盖示例

确定覆盖区域。

如图 4-35 所示，某大楼位于市区，周边基站较近，大楼多为玻璃结构，窗边信号良好。当室外信号非常好时，为了补盲，可只做电梯覆盖及部分弱信号区域覆盖；但若室外信号较好，人员在窗边穿越频繁、业务类型要求较高或者室外宏基站负荷重，建议全覆盖，主要是为了减少故障，减轻信令负荷，分担大网压力，提高服务质量。

2. 分布系统结构的确定

分布系统的常用结构有无源分布系统、有源分布系统、光纤分布系统等，系统通过功率器件、天线将信源功率分配到各覆盖区。所以分布系统结构的选择以覆盖所需功率为依据。无源分布系统可靠性高，有利于信源合路，选择器件时应考虑今后的多系统接入。有源分布系统可覆盖更大区域，可靠性降低。有源设备指标会对网络造成一定影响，不利于新系统接入及有源设备安装和供电。光纤分布系统可覆盖更大且分散的区域，光缆/中继长度受限，光纤设备指标会对网络造成一定影响，不利于新系统接入及光纤设备安装和供电。

3. 功率设计与传播模型分析

覆盖链路预算分 3 段：从信源发射端口到天线口、无线环境和无线电波在终端的收发。分布系统的功率设计主要是信源发射端口到天线口的设计。设计时要注意手机不能离天线口太远（太远时手机收不到天线口发出的无线信号，无法使用），也不能太近（太近时天线口收到太强的手机信号，使信源底噪迅速抬升，其他手机的信噪比急剧恶化，导致无法使用）。

手机允许的最远距离由最大允许路损 MAPL 决定，MAPL=天线口功率−手机最小接收电平（边缘覆盖电平）−各类余量（包括干扰余量、阴影衰落余量等）。MAPL 越大，天线覆盖范围越大。计算 MAPL 应分上下行两个方向，对公共信道、业务信道分别进行计算，取受限的最大允许路损（计算结果中最小值）作为手机允许的最远距离计算依据。

手机离天线端口的最小距离由最小耦合损耗 MCL 决定，如果损耗太小，会阻塞接收机。MCL＝最小发射功率−信源的底噪。

工程上一般只要满足从信源口到天线口 1m 处的损耗大于最小耦合损耗即可。也就是说，一般把 1m 作为天线的最小覆盖范围；另外，在可视范围内，天线的最大覆盖半径范围一般为 8～25m；在多层阻挡的场景内，最大覆盖半径范围一般为 4～15m。

功率设计有两种方式：一种以覆盖边缘的场强要求为依据，考虑各级器件、馈线损耗及分路情况，估算平层功率、主干功率，最后估算信源功率；另一种以信源功率为依据进行分路，考虑各级器件、馈线损耗，到天线端口查看功率是否符合要求。这里以第一种方法为例介绍功率设计过程。

（1）功率设计的步骤

步骤：确定天线的位置；确定每一个天线的功率要求；确定平层总功率的要求（和走线、器件选用有关）；确定主干线的功率要求（根据功率要求选择有源器件等）；修正。图 4-36 所示为功率设计与传播模型分析示例。

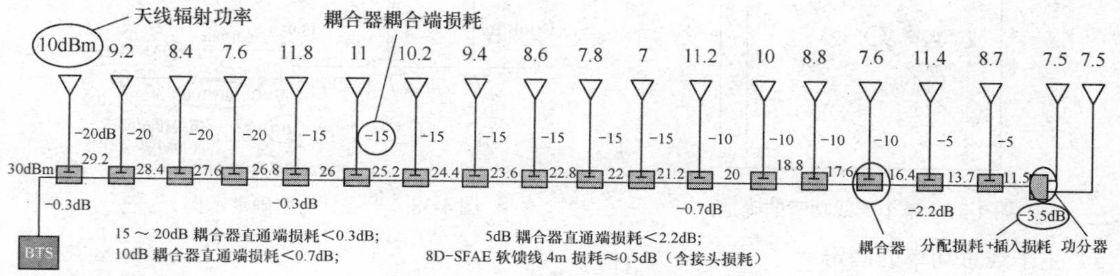

图 4-36　功率设计与传播模型分析示例

（2）天线位置的选择和数目的确定

天线挂点选择要遵循的原则：根据场景不同选择不同的天线密度；尽量选择空旷区域，避开室内墙体遮挡；住宅楼天线尽量设置在室内走道等公共区域，避免协调困难；楼宇窗口尽量选用定向天线，避免信号外泄；结构复杂的楼宇多选用小功率多点天线覆盖，避免阴影衰落和穿墙损耗的影响；需要室内外配合进行覆盖的区域要确定室外地面、楼宇天面墙壁等的天线安装位置。

例如，电梯的天线挂点一般有 3 种：天线主瓣指向电梯井道；天线主瓣指向电梯厅；电梯厅布放天线。

天线口发射功率和手机的最小接收电平决定了 MAPL，最大允许路损又决定了天线所能覆盖的最大范围，天线所能覆盖的最大范围又决定了覆盖所需的天线数目，天线数目又决定了分布系统的物料成本和施工成本。覆盖半径减少一半，天线数目增多一倍，随着天线口导频信道功率减小，天线数目增加，信源端口功率需求会减少。所以在实际工程中，天线数目增多会带来成本增加，因此必须在成本和覆盖质量改善中找到一个平衡点。

（3）确定天线功率

根据覆盖空间环境选择合适的天线位置及覆盖半径，确定天线位置时要考虑布放可行性及信号泄漏情况，一般覆盖半径选 20m 左右。

天线口输出功率有两种含义：一是天线口的总功率；一是天线口某一信道的功率。有些系统如 GSM，天线口的总功率和 BCCH 信道的最大功率相同，但码分系统中存在多个信道共享总功率的问题，天线口某个信道的功率仅是总功率的一部分，例如在 WCDMA 中，CPICH 的功率约是总功率的 1/10（即导频信道的功率比总功率小 10dB）；在 TD-SCDMA 中，根据信道配置和信道复用程度的不同，PCCPCH 的功率约是总功率的 2/9 或 2/5（即 PCCPCH 信道功率比总率少 6.5dB 或 4dB）。

输入功率时应根据覆盖需要计算确定，可合理运用传播模型，并对设计功率进行修正。单个天线功率的确定如图 4-37 所示。例如，GSM900MHz 频段距天线 20m 处（A 点，天线覆盖小区边缘）手机接收电平应达到−75dBm，20m 自由空间损耗为 L_D=32.45+20lg$f$+20lg$d$=58.4dB，设室内隔墙的损耗及多径衰落余量为 20dB，则天线口电平 P_R=−75+58.4+20=3.4dBm。

传播模型通常用自由空间损耗模型进行分析，但该模型过于理想化，应用时需对该模型进行修正。采用点源进行现场模拟测试，确定输入的功率，应注意最远点和阻挡最大处场强的测试，以及人流量、环境等因素对测试的影响。

任何一个设计参数发生变化都要重新测试。

（4）平层总功率的确定

根据系统末端天线端口功率、功分器损耗、馈线传输损耗、耦合器损耗等器件指标，可反推估算平层总功率，如图 4-38 所示。

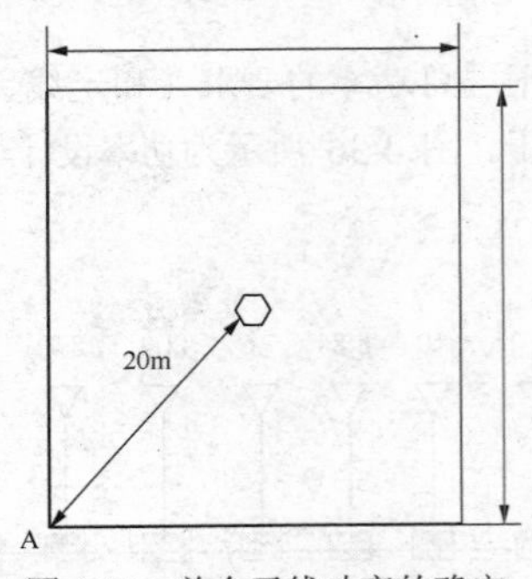

图 4-37 单个天线功率的确定

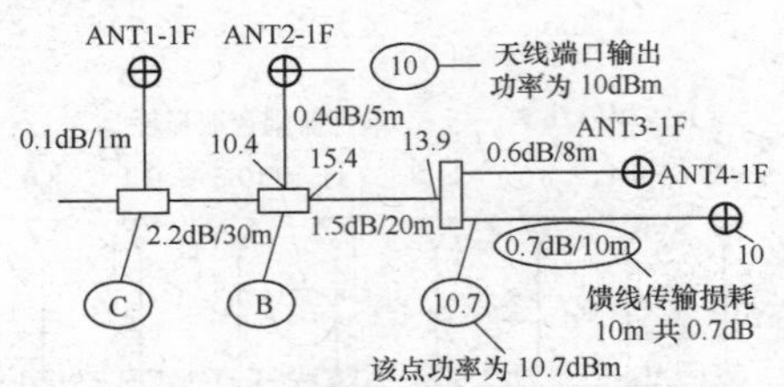

图 4-38 平层总功率确定示例

（5）主干线总功率的确定

主干线总功率计算同平层总功率计算的原理一样，将平层看成是“负载”或天线。主干线根据各层功率

需要选择功率器件，根据功率要求在适当位置增加干放等设备。确定主干线功率时仍需根据选用器件进行估算。

（6）模拟测试

模拟测试简称模测，是在初步完成天线挂点的设计方案后，在建设施工前进行的设计效果模拟测试，模拟出分布系统方案建设开通后的覆盖效果。

模拟测试需准备的物品：定向吸顶天线、宽频射灯天线、安装好路测软件的便携式计算机、测试手机和信号发生器。模测步骤：连接模测系统（信号发生器输出口分别连到分布系统不同挂点的天线端口）；调节信号发生器频点（频点要调节到所设计系统的工作频点处）；调整输出功率（天线口总输出功率调整到 10～15dBm，尽量与设计方案保持一致）；锁定频点，进行测试（锁定要测试的频点，按拟定的路线进行步测），如果发现有明显弱覆盖的地方，要确定是否重新完善方案。

（7）修正

设计中需根据功率修正主设备和无源器件的选用、走线路由、天线的选型等。

在功率设计中需要注意，2G、3G 等不同制式的分布系统的覆盖是有区别的，如下所述。

① 由于频率不同，分布系统中的馈线损耗和无线环境中的空间损耗有很大差异。空间损耗在 3G 使用的 2000MHz 左右的频率比 2G 的 900MHz 增加 6dB；1/2"馈线百米损耗 3G 比 2G 大 5dB；7/8"馈线百米损耗 3G 比 2G 大 2dB。

② 不同无线制式的不同业务的手机接收灵敏度不同。接收灵敏度和设备底噪、业务解调门限及处理增益有关。3G 采用的 CDMA 技术都有扩频增益，2G 的 GSM 中则没有。一般 WCDMA 比 GSM 语音灵敏度高 15dB；WCDMA 的 PS384k 业务、HSDPA 业务比 GSM 语音灵敏度高 4～5dB。

③ 各无线制式信道功率配比不同。GSM 中的 BCCH 信道功率、业务信道功率和发射总功率相同。但 WCDMA 中导频信道功率比总功率低 10dB，业务信道的功率比总功率低 7～17dB。

综上所述，从语音业务看，WCDMA 信源端口总功率比 GSM 需求大约 12dB（10dB+17dB−15dB）；从 PS384k 业务看，WCDMA 信源端口总功率比 GSM 需求大约 13dB（10dB+7dB−4dB）。可知，若信源端口功率相同，则 WCDMA 的分布系统需要的天线数目比 GSM 要多。

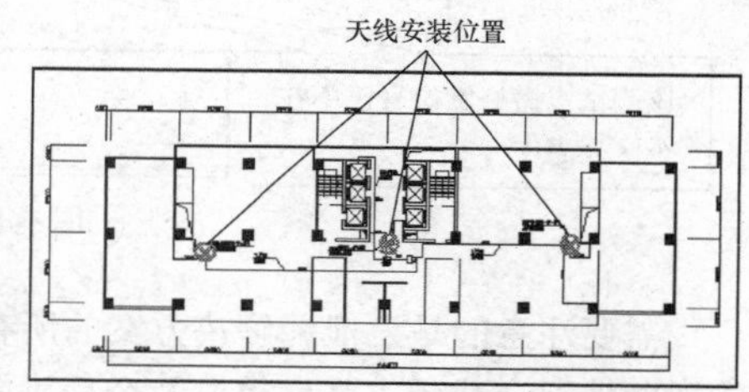

图 4-39　某建筑物室内覆盖示意图

4. 信号泄漏的分析

信号泄漏可能会引起越区覆盖，也可能会引起同邻频干扰，需适当调整安装位置，选择适当电路参数和辐射参数的天线。例如，某建筑物室内覆盖如图 4-39 所示，在用全向天线覆盖时，室外信号泄漏测试结果如图 4-40 所示，图中“×”标注处的测试点微蜂窝信号场强为−64dBm，并为主导小区，说明室内覆盖信号在该处有泄漏。

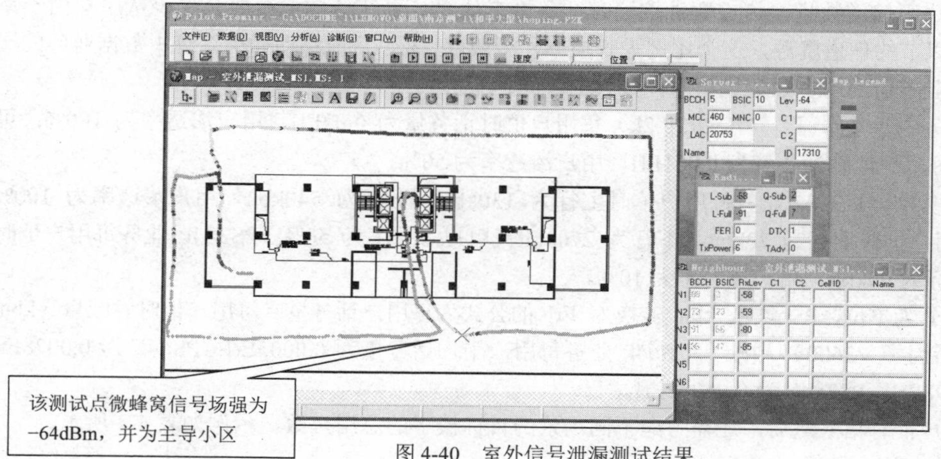

图 4-40　室外信号泄漏测试结果

泄漏的解决方法一：降低功率。具体措施：BTS 或有源设备功率降低；采用大耦合度的耦合器；加衰减器。造成的问题：整体功率降低，可能造成覆盖的不足；C/I 的降低导致窗边小区选择困难，小区选择慢；空闲时窗边占用室外信号；通话时窗边占用室外信号；频繁的重选或切换会造成信令负荷过重甚至掉话。

泄漏的解决方法二：调整天线位置。具体措施：天线朝室内移动。造成的问题：工作困难；窗边覆盖情况变差，或小区选择困难，或 C/I 降低。

泄漏的解决方法三：定向板状天线代替全向天线。具体措施：天线朝室内覆盖。造成的问题：工作困难；天线安装位置受限；定向天线代替全向天线增加了投资。

泄漏的解决方法四：多天线低功率覆盖方式，保证覆盖的同时控制了信号的外漏。造成的问题：工程复杂；投资增加。

在图 4-39 所示的示例中，当用定向吸顶天线代替全向天线后，室外泄漏测试结果如图 4-41 所示，泄漏信号的影响已不存在。

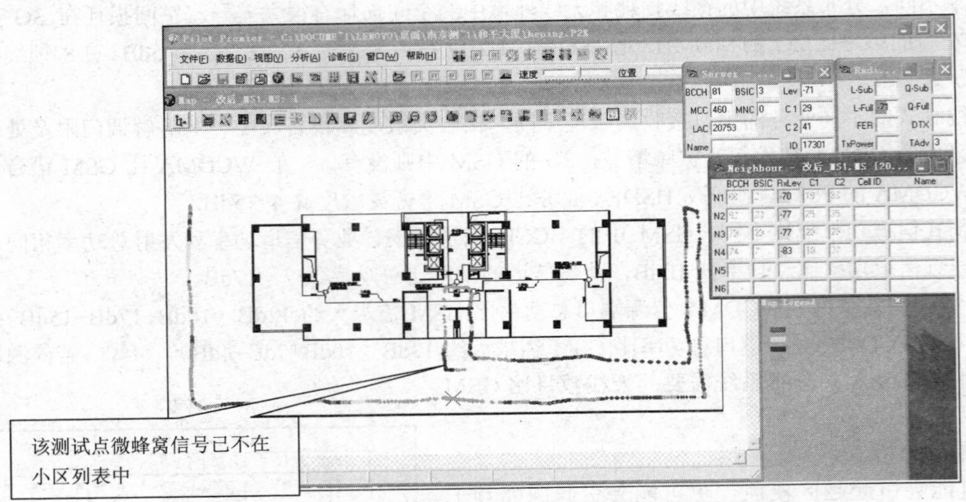

图 4-41　定向天线覆盖时泄漏测试结果

需要注意的是，泄漏解决方案的所有措施都有其局限性，严格的方案设计是基础，需充分考虑周边的现网情况（载频、强度等）及今后可能的网络建设情况、建筑情况和周边环境情况，优化仅是一种辅助手段。

5. 分布系统容量设计

系统容量取决于信道数量，信道数量按忙时话务量来估算。系统信道资源要允许少量用户由于系统忙而无法接入，以节约信道资源，这个比例为呼损率，一般取 2%。目前移动通信系统中数据业务的比例不断提高，不同业务占用的资源数量不同，接收的时间也不同。

室内 CS 业务中，基本语音（AMR12.2k）每用户忙时话务量为 0.02Erl，用户渗透率为 100%；可视电话（CS64k）每用户忙时话务量为 0.001Erl，用户渗透率为 50%。

室内 PS 业务中，PS64k 业务每用户忙时上行为 130kbit，下行为 540kbit，用户渗透率为 100%；PS128k 业务每用户忙时上行为 70kbit，下行为 270kbit，用户渗透率为 50%；PS384k 业务每用户忙时上行为 20kbit，下行为 90kbit，用户渗透率为 10%。

为统一以 Erl 为单位，PS 域从 kbit 转换为 Erl 的公式为每用户话务量＝每用户忙时吞吐量（kbit）/（业务速率×激活因子×3600）。由此，CS64k 业务每用户平均话务量为 0.0005Erl；PS64k 为 0.0078Erl；PS128k 为 0.00098Erl；PS384k 为 0.00002Erl。

在确定每用户忙时话务量后，还需考虑不同场景的目标楼宇的总用户数，示例如表 4-2 所示。

表 4-2　某大型场馆不同区域的用户数

区　域	用户群数目	用户群体
主席区	5000	包括组委会、运动员和官员等
媒体区	1000	主办、特权转播商和各类媒体
中央场地	10000	包括正式职员、志愿者、保安和演职人员等
坐席区 1	50000	国内游客
坐席区 2	10000	国外游客

使用爱尔兰法把各种业务的话务量以占用信道资源数目的多少为权重，等效为 AMR12.2k 的话务量。利用爱尔兰呼损表获取每个载波可服务的用户数，则某场景需要配置的载波数＝总用户数/单载波服务的用户数。

6. 分布系统其他相关项目的设计

（1）小区合并和分裂

在分布系统中，一个小区可能对应多个 RRU 覆盖的范围，也可能对应一个 RRU 的部分通道覆盖的范围，即一个小区对应的物理覆盖范围可以根据情况进行调整。例如，在一些细长的覆盖场景中，需把多个 RRU 级联，根据话务需求组成一个或多个小区，如图 4-42 所示；在话务热点区域，TD-SCDMA 可使用多通道 RRU 做室内覆盖信源，根据话务分布的特点不同，可将不同通道合成一个小区，如图 4-43 所示。

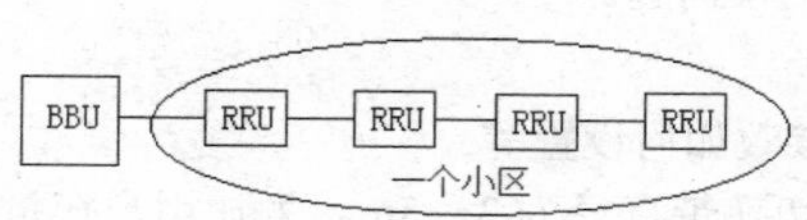

图 4-42　多个 RRU 组成一个小区

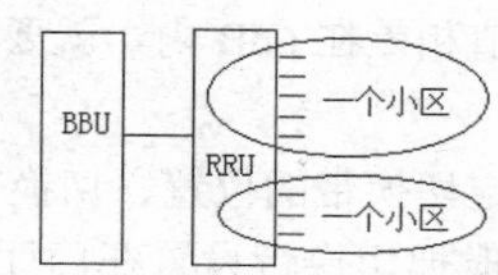

图 4-43　TD-SCDMA 中 RRU 的不同通道组成一个小区

把多个小区的覆盖范围合并成一个更大的小区即为小区合并。小区合并增大了小区的覆盖范围，减少了小区的切换次数，但减少了信道数，降低了容量，一般在容量需求较小的区域使用。如果区域中的终端移动速度较快，还可以减少切换次数，提高切换成功率。

将一个小区分裂成很多更小覆盖范围的小区即为小区分裂。小区分裂一般在话务量增加到一定程度，超出小区容量极限而不考虑新增硬件设备的情况下使用。小区数目增加后，信道数会增加，容量会增加，小区间切换次数也会增加，且小区间干扰增加。

（2）负荷分担及扩容

话务量的变化对网络的直接影响就是资源利用率的变化，包括基带资源利用率、传输资源利用率等。话务分布的变化也叫话务迁移，必然导致各小区的利用率忙闲不均；话务量增加必然导致整体利用率增加。

小区各种资源利用率指标的大小决定是否需进行资源调整或扩容。网络运营中需对各种资源利用率进行监控，一般资源利用率达 50%就需考虑资源调整或扩容；资源利用率达 75%，就一定要进行资源调整或扩容，因为此时呼损过大，用户体验明显变差。

资源调整一般在同一无线制式内对硬件资源进行调整，进行“拆闲补忙”，缓解话务不均带来的网络问题，无须额外的硬件投资，但可能导致网络适应性差，进而引入新的网络性能问题，增加额外维护工作量。

共享基带池是同一无线制式内的负荷分担方法，可以有效实现“忙闲互补”。跨系统的负荷分担策略通过资费调整策略或选网策略降低繁忙系统的负荷，进而提高空闲系统的利用率。还有一种负荷分担策略，就是室内外小区的负荷分担，当话务热点出现时，可由专门的室内分布系统吸收热点区域的话务；在密集城区的部分街道角落，室外信号覆盖不足时也可利用室内信号外泄来覆盖。

当话务量发生普遍性增加时，则需要用扩容的方法解决问题，包括整网计划性扩容和局部热点扩容。

（3）邻区、频率、扰码规划

① 邻区规划。在分布系统设计时还要进行室内外邻区配置，一般在楼宇出入口、地下停车场出入口需配置双向邻区关系；对于中高层窗口处，如果室内信号主导，则无须配置邻区关系，若有较强室外信

号进入，为避免“孤岛效应”，需给室外小区增加室内小区的单向邻区。

室内小区自身邻区配置时，若室内只有一个小区，则不需要考虑邻区规划；如果划分多个小区，而且每个小区有多层，则尽量利用自然隔层划分小区，不同楼层的相邻小区要配置邻区关系。同一楼层分若干小区时，小区间需规划紧密的邻区关系。电梯邻区设置时，一般电梯内只划一个小区。但在较高的楼宇中，电梯划分为多个小区就需配置双向邻区。电梯内小区与每层电梯厅小区为同一小区，可不规划邻区；如果电梯内小区与每层覆盖小区不一样，则要配置双向邻区关系。

② 频率规划。频率规划就是在不能使用相同频率的小区中，根据覆盖范围和话务分布分配相应的频率资源，避免同频干扰，提高网络性能的频率配置过程。

室内频率规划的要点：主载频确保异频，区别于室外；室内服务数据业务的载频要考虑设置单独的频率，区别于语音业务。

室内外频点分开的好处在于室外信号对室内覆盖质量不造成影响。使用同频覆盖时需要保证互不干扰，主要情况包括支持同频组网的无线制式（如 WCDMA）、距离相隔足够远的小区可同频覆盖、隔离度足够大的小区可使用同频。

③ 扰码规划。扰码规划的原则是在相邻小区间分配彼此相关性很低的扰码。首先，相邻小区不仅要考虑切换邻区关系，还要充分考虑物理上的邻区关系；其次，扰码规划不只考虑相关性问题，还要结合扩频码的相关性综合考虑；最后，扰码规划中要重视仿真计算和实测分析，在一些室内场景，只要几个小区覆盖信号的电平值相差在6dB内，就要考虑扰码间的相关性问题。

（4）切换设计

切换设计包括确定切换带的位置、切换带的大小、切换参数如何设置等。

室内场景中，一般把切换带设置在门厅外5m左右处，切换带直径为3～5m。为让用户在进入室内前完成切换，一般需在出入口安置一个天线。

窗边切换设计时，高层容易形成“孤岛效应”处应设置单向邻区，允许用户从室外切换到室内；在需要深度覆盖而天线安装位置受限时，可用室外信号补充室内覆盖，设置双向邻区，切换带设置在室内两个房间的门口处，不能设置在窗口处。

为尽量减少切换次数，电梯和大厅间尽量不要发生切换，因此要求电梯和底层大厅是同一个小区。一般，电梯在运行过程中尽量不切换，即整个电梯尽量是同一小区。对于高层，则要求电梯厅与电梯同小区覆盖，避免电梯的开关门效应，使通话用户在进入电梯前或离开电梯后完成切换。

在较大楼宇中，电梯井内需引入两个小区信号，在电梯井顶部和底部各引入一个定向天线，需合理设置切换参数，以减少切换失败导致的系统性能问题。

4.3.3 多系统综合覆盖系统

随着电信重组，电信、移动、联通三大运营商都有了全业务运营权，CDMA800、GSM900、DCS1800、WCDMA、TD-SCDMA、CDMA2000、TD-LTE、LTE FDD及WLAN等多系统将长期共存。对室内分布系统来说，同样存在共存现象，多个系统间的差异会不可避免地带来很多的问题。在全面覆盖、多业务运营的同时，基站资源的日益匮乏、重复建设、景观化要求、环保等问题开始显现出来。

多个移动通信系统或者无线接入系统可能在相同区域或者相同建筑内进行室内覆盖，因此在室内覆盖时一般有两种思路：一种是分别为每种移动/无线网络建设独立的分布系统；另一种是统一建设综合分布系统，接入多套移动/无线网络。若要在空间有限的建筑物内布放大量的天馈线，第一种思路成本高且不美观，施工工程量大，而且其布线对管井要求高，实施周期长。第二种思路成本低，施工方便，若要建设多系统综合覆盖，只要为各类系统预留足够多的接入端口即可；第二种思路可共享室内覆盖资源，既缓解室外基站建设矛盾，又提高室内通信质量。

多系统综合覆盖系统通过合路器将不同制式的移动通信系统合路后输出到分布系统的天馈部分，从而使各种通信系统的信号较均匀地覆盖到建筑物内各区域。应当注意的是，各通信系统共用的只是综合分布系统中的部分，而不是全部，如天馈部分。各通信系统的主干和有源器件则相互独立，即共用综合分布系统的平层部分。图 4-44 所示是不同系统独立主干建设示意图，信号在经过合路器后传递到各个平层。

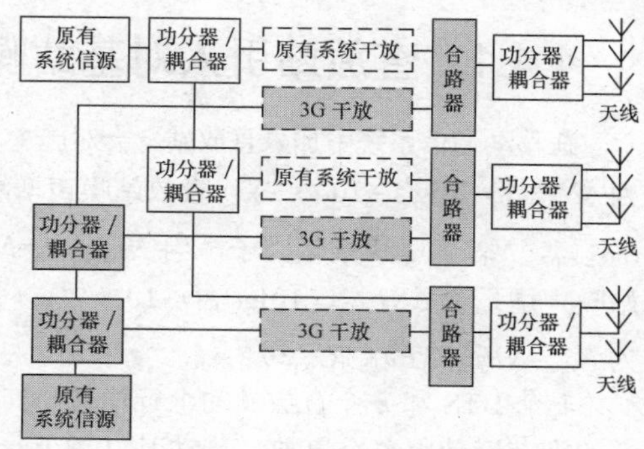

图 4-44　不同系统独立主干建设示意图

多系统合路建设主要涉及传输问题，包括传输介质问题、多制式系统如何合路及相互间干扰问题、噪声问题及宽带信号的传输、无源器件与设备的工作频率和功率匹配、有源器件无法共用、合路器插损等。要解决这些问题，需要采取相应的措施，无源器件的选用需要考虑频段的兼容性；系统间的干扰可通过合理的系统结构（如上下行支路分离）、器件（合路、干放）及频率规划来提高隔离度有效抑制；而功率匹配问题可从系统工程主干、支路和引入有源设备 3 方面着手，使覆盖受限系统的信源更接近天线，减小信源功率在主干的传输损耗，增加天线密度，合理引入有源设备。有源器件的共用问题可通过合理选择共享接入点解决，合路器的插损则可通过提高信源在天馈系统的输入信号电平弥补。

设计分布系统时应尽量减少合路点的设置，且考虑有源器件的工作带宽和杂散抑制问题。有源器件一般只能设置在合路器前；由于不同系统的边缘场强要求不同，综合分布系统还要保证不同系统间的功率匹配，合路点的设置常受限于小功率系统。一般，FDD 系统功率高于 TDD 系统。

考虑到有源器件只放置在合路器前，且会相应增加合路点，会使分布系统复杂化，因此在设计时应充分利用信号源功率，尽量少使用有源器件。干线放大器设置在主干上，则合路点少，馈线损耗大，分布系统噪声系数大，要求干线放大器提供较大功率；干线放大器设置在平层，则合路点增加，干线放大器提供功率较小，噪声系数低。在实际设计中应综合考虑各种因素。

若要多系统共用分布系统，首先必须解决的问题是不同通信系统间的干扰问题，系统间的干扰主要包括阻塞、互调和杂散等。其中来自通信系统间的杂散干扰是最主要的干扰，可通过两个途径解决：一是制定严格的设备规范，提高设备射频性能，降低发射机的杂散发射；二是设计良好的合路器和分离上/下行链路信号。

作为多系统合路平台，POI 是实现不同运营商共同建设室内分布系统的关键技术，基本构件就是滤波器和 3dB 电桥。POI 实现了多频段、多信号合路功能，避免了室内分布系统建设的重复投资。由于 POI 需要合路的系统数量更多，因此其设计要求高于一般合路器。根据系统的隔离度要求不同，POI 通常可分为系统信号分离方案和上/下行信号分离方案。

（1）系统信号分离方案

来自各系统基站天线输出口的双工信号分别通过一个端口接入 POI，POI 的天馈侧有一个端口输出。多个系统的下行信号合路为一路信号，通过分布系统传递到室内的各个区域进行下行覆盖；来自各系统不同用户的上行信号则通过原通道反向传输，这些用户的上行信号为一路信号，通过 POI 分为多路信号并分别传送回各自的系统，以完成系统的上行通信。利用 POI 可同时提供多路 CDMA800、GSM900、DCS1800、TD-SCDMA、WCDMA、CDMA2000、WLAN、WiFi 及 WiMAX 等多个系统的接入。

（2）上/下行信号分离方案

从基站来的各制式（FDD）系统分上/下行两个端口接入 POI，通过设备后由两个端口接出。多路下行信号合为一路从 TX 口输出，进行信号下行覆盖；上行信号则通过另一路 RX 上行通道反向传输，然后分路回到各自的通信系统，即“多网合一，收发分缆”。

4.4　移动通信分布系统的维护

分布系统实现了移动通信系统在室内或局部室外区域的补充覆盖，延伸、扩大了移动通信系统的覆盖范围。要实现对这些区域的良好覆盖，分布系统也需要日常维护。本节将简单介绍分布系统对施主基站的噪声影响、维护时需考虑的指标及日常维护方法。

4.4.1 直放站引入对基站噪声的影响

在移动通信系统中加入直放站，会对施主基站噪声带来影响。1个BTS和1个直放站时，基站噪声增量为$\Delta NF_{\text{BTS}}=10\lg(1+10^{N_{\text{rise}}/10})$；直放站噪声增量为$\Delta NF_{\text{rep}}=10\lg(1+10^{-N_{\text{rise}}/10})$。其中，$N_{\text{rise}}=NF_{\text{rep}}-NF_{\text{BTS}}+G_{\text{rep}}-L_{\text{BTS-rep}}$，$N_{\text{rise}}$为噪声增量因子，当$NF_{\text{BTS-rep}}=NF_{\text{rep}}$时，$N_{\text{rise}}=G_{\text{rep}}-L_{\text{BTS-rep}}$。当1个BTS和$n$个直放站时，基站噪声增量为$\Delta NF_{\text{BTS}}=10\lg(1+n\cdot 10^{N_{\text{rise}}/10})$，直放站噪声增量为$\Delta NF_{\text{rep}}=10\lg(n+10^{-N_{\text{rise}}/10})$，噪声增量因子为$N_{\text{rise}}=NF_{\text{rep}}-NF_{\text{BTS}}+G_{\text{rep}}-L_{\text{BTS-rep}}$。

1个BTS和n个直放站的上行增益与其连接结构相关，采用星形结构（见图4-45左图）时，上行增益的调节应使得每个直放站到达基站的上行噪声电平相同，即$L_1-G_1=L_2-G_2=\cdots=L_n-G_n=L_{\text{BTS-rep}}-G_{\text{rep}}$。链形连接（见图4-45右图）时，$L_{\text{BTS-rep}}=(L_1+L_2+\cdots+L_n)/n$，$G_{\text{rep}}=(G_1+G_2+\cdots+G_n)/n$，从第2个直放站到达第$n$个直放站的上行增益应等于与前一个直放站间的路损数值，即$L_1-G_1=0$，$L_2-G_2=0$，……，$L_n-G_n=0$。串联直放站到达基站的上行噪声电平由第一个直放站的上行增益来控制。

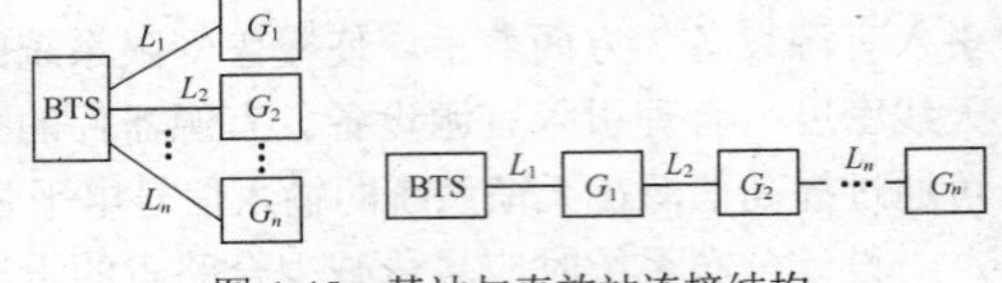

图4-45　基站与直放站连接结构

4.4.2 移动通信分布系统在维护时需考虑的指标

1. 上、下行隔离度

直放站是一种双向放大器，上/下行支路隔离度不够将引起闭环。例如直放站增益为95dB，双工器插损为2dB，双工器上行隔离度为90dB，$G_{\text{D}}=G_{\text{U}}=97\text{dB}$，则$G_{\text{D}}+G_{\text{U}}-(R_1+R_2)=(2\times 97)-(2\times 90)=14\geqslant 0$。此状态有可能自激，仅靠90dB双工器不够，而90dB已是比较好的指标。解决方案是在上/下行链路串入滤波器，加大隔离度，如图4-46所示。

上/下行隔离度设计注意事项：高增益直放站仅靠双工器实现上/下行支路隔离度不够，需在上/下行链路串接滤波器，可以用中频SAW或RF滤波器来实现；上/下行支路间没有滤波器的放大电路，对双工器上/下行过渡带外抑制应有要求（之和大于隔离度），不仅仅需要满足上/下行隔离度。

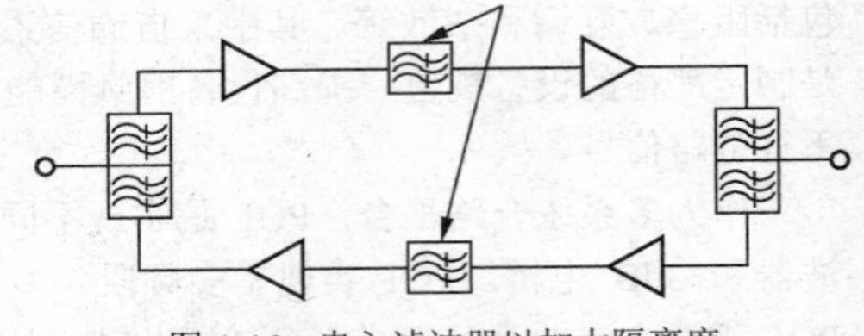

图4-46　串入滤波器以加大隔离度

2. 双工器（收发开关）选择

上、下行信号分离充分可以保证上/下行隔离度足够，保证上/下行及过渡带不自激。如果仍不能保证，要串接滤波器。合适的双工器可防止过大上（下）行功放信号进入上（下）行低噪放，引起低噪放饱和；可防止宽带噪声谱落入上（下）行低噪放，使噪声系数恶化。

对于大功率直放站（如塔放），应引起重视，上行对下行及下行对上行的抑制都要足够。

3. 增益调节（ATT）技术

ATT视不同应用场合调节直放站增益、输出功率、输出噪声电平，防止对基站干扰；防止过大信号进入上、下行链路引起非线性饱和工作。

4. 自动电平控制（ALC）技术

ALC保证直放站以额定功率输出，不会因直放站达到额定功率，输出功率随输入功率增加而增加；可以保护功放（不超出额定功率）和设备（不至于过热和过载）；起控电平到10dB后，可保证交调、杂散、线性等指标。

5. 中频SAW滤波及选频技术

选择中频SAW滤波器矩形系数，可实现可变工作频带，有载频选频、频段选频、带宽可变及移频4种形式。

互调衰减和杂散辐射是无线电发射设备（包括直放站）的重要指标，由于互调和杂散既干扰其他无线设备，也造成自身信号质量下降，不同体制的直放站对工作频带带内和带外互调、杂散都有明确要求，设计中应特别关注。

4.4.3　移动通信分布系统的维护

1. 分布系统日常维护

直放站开通后一般无须专人维护。在开通直放站网管系统后，监控中心一般可直接查询设备运行状态。建议定期进行常规性检查。工作内容包括测量天馈系统的回波损耗是否正常，查看天线方向、位置有无变化，检查射频电缆接头密封是否牢靠；定期检查设备的工作状态和主要性能参数（如接收信号电平、下行输出功率等），并进行记录（可在 OMC 中心进行）。若没有开通 OMC，需现场用便携式计算机查询；测量主机供电电压、稳压电源电压、电源模块输出的各级电压；测量系统的覆盖效果能否达到初期效果；检查监控功能是否良好；检查各接地端点是否连接良好，设备接地情况是否良好；检查设备的各类标识是否完整。

2. 光纤直放站系统维护

以京信 RA-1000AW 为例，光纤直放站开通后一般无须专人维护。在开通直放站网管系统后，监控维护中心可直接查询设备运行状态，建议定期进行常规性检查。

工作内容：定期检查设备的工作状态和输出功率，并进行记录（可在 OMC 中心进行），若没有开通 OMC，需现场用便携式计算机查询；查看天线方向、位置有无变化，检查射频电缆接头密封是否牢靠；检查光收发功率是否正常；检查直放站避雷系统和设备接地情况是否良好；检查锂电池有无过放电现象。

光纤直放站覆盖区信号变弱的可能原因：直放站故障引起覆盖区信号变弱，如输出功率不足；光路问题引起直放站输出功率不足，如光路老化损耗变大；耦合扇区功率变化引起链路功率不足。

直放站覆盖区通话质量差的可能原因：直放站故障，如互调、杂散影响较大；施主信号变化，如施主扇区受本身质差或外界干扰影响；覆盖区受外界干扰，主要是邻频、同频或其他干扰；选频直放站载频板故障；直放站限幅，如输入功率过大等。

3. 数字射频拉远系统维护

以京信 GRRU-1022 型 8 载波带分集数字射频拉远系统为例，设备开通后一般无须专人维护。在开通网管系统后，网管中心可直接查询设备运行状态，建议定期进行常规性检查。

工作内容：测量天馈系统的回波损耗是否正常，查看天线方向、位置有无变化，检查射频电缆接头密封是否牢靠；室内系统检查，检查线缆走线是否移动、固定装置是否松动、电源连接是否良好，若有安全隐患，应尽早排除；检查拉远系统避雷系统和设备接地情况是否良好；检查锂电池有无过放电现象；测量主机供电电压是否正常；定期检查设备的工作状态和主要性能参数（如下行输入功率、下行输出功率、上行输出噪声电平等），并进行记录（可在 OMC 中心进行），若没有开通 OMC，需现场用便携式计算机查询；测量系统的覆盖效果能否达到初期效果；检查监控功能是否良好；检查设备的各类标识是否完整；当设备出现故障不能正常工作时，可将设备返厂维修或请专业人员到现场维修。

锂电池有无过放电检查方法：确认电池应正常充满电，关闭交流电流开关，如果锂电池电压很快下降到 16 V 以下（1 h 以内），说明电池已过放电，需回厂更换。

更换锂电池时必须使用原机所配相同型号的锂电池，否则会有爆炸危险，务必按说明书妥善处置用完的电池。

安装设备时一定做好接地，机箱面盖螺丝务必紧固好，避免进水。光纤一体机安装和维护时首先要清洗各光口。对于部分有保险丝的主机，电源故障时首先检查保险丝是否不良。主机死机应先断电重启，然后查询软件是否为最新版本，现场维护时务必将软件升级到最新版本。

4. 故障检测

（1）现场检测

观察：先看主机电源指示灯是否亮。如果不亮，检查供电是否正常、设备电源是否被人为关掉、主机保险丝是否烧坏，以及施主天线、用户天线是否完好等。

听辨：通过拨打电话辨别故障情况及所在，看是否有信号、通话质量如何、是否有信号而无法上线等。

闻嗅：打开机箱，闻闻有无焦味，如果有，则是某些元器件击穿或短路时由于电流过大致使过热而发出的气味。

触摸：打开机箱，用手触摸功耗大的选频模块、功放模块等，看是否有异常过热或过凉的情况。过热可能是模块内短路或负载过重，过凉则很有可能是模块由于其他原因没有工作。同时排除由于其他原因引起的电缆连接松动等故障情况。

排除检测法：如果通过以上步骤检查后没有发现故障，要用频谱仪或计算机检测相关参数，先检测整机参数，再采用排除法逐个模块检测。

（2）远程监控

远程监控通过监控中心查询主机的工作状态。直接查询主机的工作状态，检查是否有告警出现，从而可以知道主机内模块的工作情况；查询上下行输出功率的参数，判断系统是否出现自激；再从TCH输出参数的变化规律判断频率设置是否正确；通过更换通道设置，判断通道工作状态；最后核对设置的频率及其他参数。

（3）检修注意事项

模块更换：所选用模块必须与原模块型号一致，还必须考虑两者的版本是否相符；更换前将模块的外部设置调整正确；必须确保外部线路（电源、ATT 等）焊接良好，避免虚焊；合理使用导热硅胶，紧固模块螺丝，以确保模块与散热体接触良好。

系统检测：系统恢复工作前，检测设备供电电源，确认电源电压在设备工作电压范围内且电气连接无误；检测天馈系统回波损耗（或驻波比），必须对每条天馈线进行检测，其工作频带内的回波损耗应大于14dB（驻波比应小于1.5）；严格按照设备参数指标和调试规范，在指标范围内合理控制下行输出功率和上行输出噪声；在覆盖区域选择多个地点进行通话测试，确保信号覆盖和通话质量满足用户的合理要求。

5. 设备和分布系统性能检测

在覆盖区，某些上/下行干扰、覆盖不合理等无线网络问题在统计中难以被发现，通过驱车测试（DT 测试）和拨打质量测试（CQT 测试），可以较准确地收集网络数据，从而有助于对网络问题做出进一步判断。

（1）驱车测试（DT 测试）

DT 测试又称路测，它的实施基于路测设备，路测设备就是为网络优化、规划工作而专门生产的软件设备、硬件设备，包括数据采集前端、全球定位系统 GPS、便携式计算机及专用测试软件等。需要指出的是，室内 DT 测试不需要 GPS 系统，因为是步行测试，又称为 WT。

数据采集前端是指具备测试功能的手机，手机内置专门的软件，可以依靠网络来实现一些特殊功能，如锁频、强制切换、显示网络信息等；也可以不依靠网络来完成一些功能，如全频段扫频和选频扫频等。

DT 测试主要通过路测软件针对覆盖区域，利用无线下行移动测试手段验证小区设置及其结果，并结合交换局话务统计报告中的各项宏观统计结论调整延伸系统小区的有关参数，从而实现延伸系统的优化。

① DT 测试参数（以 GSM 为例）。

通过 DT 测试能完成的测试包括话音质量覆盖测试、BCCH 覆盖测试、掉话测试和信令测试。

- 无线信号强度（RxLev）。RxLev 是描述接收到的信号电平强度的统计参数，用作 RF 功率控制和切换过程的依据。该参数为一个 SACCH 复帧期间的收信电平测量样值的平均值，以 dBm 为单位，取值范围为 0～63，步长为 1。一般说来，前一个报告期间的测量总是被丢弃。MS 和 BSS 在−110～48dBm 范围内报告，正常条件下，收信机输入端的收信电平的均方根值（RMS）在−110～70dBm 范围内有±4dBm 的绝对精确性。

当给 MS 分配一个 TCH 或 SDCCH 时，MS 将进行收信电平测量。至少对 BCCH 配置（BA）所指示的一个 BCCH 载波在每个 TDMA 帧里都进行测试，之后再接着测另一个 BCCH 载频。作为可选，在每

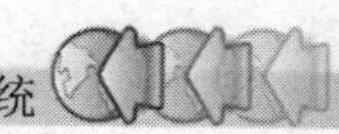

SACCH 复帧上的 4 个搜索帧期间的测量可省略。

在有关物理信道的所有实发脉冲上（包括 SACCH 的突发脉冲）进行测试。如果该物理信道上使用跳频，且在 BCCH 小区选择设置了功率控制指示 PWRC，则在 RxLev 收信电平测量过程中，BCCH 频率上不进行实发脉冲的测量。

除非运营者有特殊指定，对任何分配给 MS 的 TCH 或 SDCCH，BSS 都将对有关物理信道上的所有时隙进行测试，包括 SDCCH 时隙，但不包括空闲时隙。

收信信号电平将被映射到 0～63 之间的某个 RxLev 值，如表 4-3 所示。

表 4-3　接收电平等级与收信电平的对应关系

RxLev	接收信号电平
0	RX <−110dBm
1	−110dBm≤RX<−109dBm
2	−109dBm≤RX<−108dBm
3	−108dBm≤RX<−107dBm
……	……
62	−49dBm≤RX<−48dBm
63	RX>−48dBm
≤17	信号强度不满足室外覆盖要求
≤27	信号强度不满足室内覆盖要求

优化人员选定场强门限值，将门限值以外的测试点称为盲点。优化人员可以自定义主邻小区的场强覆盖门限值，如果主邻小区的场强值均在门限值以外，则表明该处的覆盖有问题，应该通过网络优化调整有关参数或者工程建设，减少覆盖盲区。

● 无线信号质量（RxQual）。RxQual 是描述收信无线链路信号质量的统计参数。该参数作为 RF 功率控制和切换过程的依据，是一个 SACCH 复帧期间（480ms）接收信号质量测试的平均值。

MS 和 BSS 将通过测量信道译码前的等效平均 BER 值（即块误码率），来决定接收信号质量。误码率是指数字信号无线链路传输过程中出现错误码的机率，以百分比表示。误码率客观地反映网络无线环境的好坏，它分 0～7 八个等级，各个等级对应的 BER 百分比如表 4-4 所示。

表 4-4　通信链路质量等级与误码率百分比

等　级	BER
0	BER <0.2%
1	0.2%< BER<0.4%
2	0.4%< BER<0.8%
3	0.8%< BER<1.6%
4	1.6%< BER<3.2%
5	3.2%< BER<6.4%
6	6.4%< BER<12.8%
7	12.8%<BER

● RxLev_FULL 和 RxQua_FULL：TCH 和 SACCH 在 TDMA 帧全集的 RxLev 和 RxQua。TDMA 帧全集数目对全速率 TCH 为 100 帧（104_4 个空闲帧），对半速率 TCH 则为 52 帧。

● RxLev_SUB 和 RxQua_SUB：在开通间歇发射条件下（DTX）的 RxLev 和 RxQua 值，即 4 个 SACCH 帧子集，以及 8 个 SIDTDMA 帧的 RxLev 和 RxQua 值。

● 时间提前量（Timing Advanced，TA）：TA 是确保 GSM 数字通信信息同步的参数，TA 参数测量值的大小反映了 MS 与 BTS 间无线信号的空间传输距离，也可以反映小区天线覆盖的合理性和多径衰落、孤岛效应等。该值只有在占用 TCH 时才能测试到。

● Tx 功率电平（TxPWR）：在每一个下行 SACCH 信息块或专用信令块中，第一层的首标有 5bit 的发信功率指示，范围为 0～31，传送信道是 BCCH，属于双向传送。

② DT 测试标准。

语音 DT 测试采用专业仪表测试方式，室内测试不必连接 GPS，测试路线要求均匀覆盖室内主要走道、电梯、房间、办公室等区域，重点办公区域或 VIP 室必须测试。测试速度在室内保持正常行走速度，路线尽量要求不重复。测试手机置于合理位置，尽量模拟正常通话时的手机高度。GSM 主被叫手机均使用自动双频测试，采用手机相互拨打的方式，手机拨叫、接听、挂机都采用自动方式。室内测试每次通话时长 105s，呼叫间隔为 15s；如果出现未接通或掉话，应间隔 15s 后进行下一次试呼。在测试中国移动 GSM 网络的同时，可根据要求对中国联通的 GSM、中国电信的 CDMA 网络质量进行测试，全部测试必须使用相同的测试仪表和后台数据处理软件。

③ 测试项目定义。

测试项目主要有接通率、掉话率、覆盖率、话音质量等，实际测试时需要对 GSM 和同频段 CDMA 进行对比测试。

室内语音 GSM DT 部分项目定义如下。

● 接通率：接通率=接通总次数/试呼总次数×100%。

试呼次数：以 channel request 和 CM service request 同时出现来确定试呼开始。

接通次数：当一次试呼开始后出现了 Connect 或 Connect Acknowledge 消息中的任何一条就计数为一次接通。

接通率=总 Connect 或 Connect Acknowledge 数/总 channel request 或 CMservice request 数×100%。

接通率取主叫测试手机的统计结果。

● 掉话率：掉话率=掉话总次数/接通总次数×100%。

接通次数：当一次试呼开始后，出现了 Connect 或 Connect Acknowledge 消息中的任何一条就计为一次接通。

掉话次数：在一次通话中出现 Disconnect 或 Channel Release 中的任意一条，就计为一次呼叫正常释放。只有当两条消息都未出现而由专用模式转为空闲模式时，才计为一次掉话。如果通话时间不足规定时长，出现释放，要求通过层 3 信令解码判断原因。掉话率取主被叫手机的统计结果：掉话率=（主叫掉话+被叫掉话）/（主叫接通+被叫接通）×100%。

● 覆盖率：覆盖率=（≥−85dBm 的采样点数）/总采样点数×100%。

采样点数为 100s 通话状态和 20s 空闲状态样本点数之和，取主被叫手机的测试结果。

● 语音质量：取 SUB 值，列出 RxQual0-7 级各级的采样点数。每部手机语音质量具体算法：语音质量=[RxQual（0 级）+RxQual（1 级）+RxQual（2 级）]×1+[RxQual（3 级）+RxQual（4 级）+RxQual（5 级）]×0.7/（总采样点数）×100%。语音质量取主被叫手机的统计结果之和。

对比测试工作（城市语音 CDMA DT 部分）项目定义如下。

● 接通率：接通率=接通总次数/试呼总次数×100%。

试呼次数：有 AC Origination Message 消息表示进行了试呼。

接通次数：当一次试呼开始后被叫出现了 Service Connect Completion Message 消息，就计为一次接通。

接通率=总 Service Connect Completion Message 数/总 AC Origination Message 数×100%。

接通率取主叫测试手机的统计结果。

● 掉话率：掉话率=掉话总次数/接通总次数×100%。

接通次数：当一次试呼开始后被叫出现了 Service Connect Completion 消息，就计数为一次接通。

掉话次数：在一次通话中如果出现 Release Order 消息，就计为一次呼叫正常释放。只有当该消息未出现而由专用模式转为空闲模式时，才计为一次掉话。

掉话率取主被叫手机的统计结果。

掉话率=（主叫掉话+被叫掉话）/（主叫接通+被叫接通）×100%。

● 覆盖率：覆盖率=（Ec/Io≥−12dB&反向 Tx_Power≤15dBm&前向 RSSI≥−90dBm）的采样点数/取样总次数×100%。

采样点数为 100s 通话状态和 20s 空闲状态样本点数之和，取主被叫手机的统计结果之和。

● 语音质量：语音质量=[（0%≤FFER≤3%的采样点数）×1+（3%<FFER≤10%的采样点数）×0.7]/（总采样点数）×100%。

语音质量取主被叫手机的统计结果之和。

④ DT 测试工具要求。

室内 DT 测试使用本地移动、联通 GSM 及电信 CDMA 签约用户 SIM 卡。测试采用指定测试仪表及分析软件，如 TEMS 或其他路测专用工具。仪表设备如表 4-5 所示。

表 4-5　　DT 测试仪表设备

设备分类	设备名称	单位	数量	备注
语音双网 GSM DT 对比测试	GSM 测试设备 TEMS	套	1	
	测试终端	台	4	ERICSSON TEMS R320
	测试便携式计算机	台	1	
	测试 SIM	张	4	移动 GSM、联通 GSM 签约卡各两张
电信 CDMA DT 测试	CDMA 测试设备 Agilent	套	1	E6474
	测试终端	台	2	SAMSUNG X199
	测试便携式计算机	台	1	
	测试 SIM	张	4	联通 CDMA 签约卡两张
其他 DT 配套设备	GPS	套	1	GARMIN 用 12XL 等
	双串口卡、四串口卡	套	若干	
	电池	套	若干	用于铁路测试及备用电源等
	点烟器、逆变电源等	套	若干	

⑤ 分布系统性能检测

覆盖延伸系统测试原则：手机用户在室内尽量占用室内分布信号；进入室内时，入口处手机需快速从室外信号转入室内信号；出室外时，室内信号尽快转入室外信号。

在空闲模式下，分布系统的性能检测包括小区选择、小区重选测试。

● 小区选择测试。

测试目的：室内接收信号强度的收集（C1 值）；室内占用信号是否正常；相邻小区的确定；室外宏蜂窝信号的检测。

测试方法：开关机。

● 小区重选测试。

测试目的：避免脱网现象；消除频繁的小区重选现象；为 CRO 的确定设定合理范围。

观察项目：进入室内是否可以顺利重选至分布系统的服务小区；出室外后是否可以快速重选至室外宏蜂窝基站；室内窗口处手机选用的情况。

在通话模式下，分布系统的性能检测包括呼叫建立、信号接收、语音质量、切换等测试。

● 呼叫建立的测试。

测试目的：有无呼叫建立失败现象；有无掉话现象；有无阻塞现象。

● 接收信号的观察。

观察项目：同一测试点的信号起伏范围；窗口处室内外信号电平。

● 语音质量的评估。

测试目的：发现有无干扰情况；有无语音质差现象。

观察项目：室内接收信号强时的语音质量；室内外接收信号同强度时的语音质量；占用室外信号时的语音质量。

● 切换的观察。

测试目的：观察切换是否频繁；观察切换关系是否遗漏；观察切换是否合理。

观察项目：室内接收信号强度；室外接收信号强度；窗边通话时是否切换到室外载频；切换时室内外信号的强度对比；切换时室内信号的绝对强度；切换时室内外信号的质量对比。

室内分布系统性能测试的目标是保证通信质量，具体如下。

- 室内信号强度的评估及 CRO 的确定：关机后，重新开机时手机必须占用室内小区信号；开机后，在重选小区时必须占用室内小区信号；通话过程中，室内分布系统下行接收信号不得低于−75dBm，电梯内不得低于−85dBm。
- 切换算法的确定：出口处，室内信号不能延伸太远；入口处，室外信号必须立刻切入室内；窗口处，室内尽量不切换至室外信号。
- 频率的优化：消灭同频干扰；减少邻频干扰。

（2）CQT 测试

CQT 测试是利用便携测试设备（测试手机）进行 CQT 拨打测试，记录呼叫事件与无线参数，评估全网的室内覆盖。

① CQT 测试及其类型

由于对于 DT 测试不能体现实际语音质量，回音、串音等网络问题不能通过 DT 测试发现，因此 CQT 拨打测试是 DT 测试很好的补充，也是目前室内测试的主要方法。

CQT 测试类型包括常规型（如每周、每月的常规测试、评估测试等）、维护型（如日常维护及抽查、配合工程割接拨测验证等）、跟踪型（如客户投诉拨打测试）、保障型（如重点场馆和区域的拨打测试）。

② CQT 测试规范

常规型 CQT 测试规范：测试（包括每季度网络评估测试）的时间段必须同集团公司第三方网络测试评估的要求相一致，安排在工作日（周一至周五）9:00～12:00、14:00～18:00 进行。测试要求：每次测试必须注明测试时间段；每个掉话或 GPRS、彩信传输中断处必须重复测试 3 次，并增加拨打测试次数，记录相应的小区参数以供分析。

维护型 CQT 测试规范：测试参照常规型 CQT 测试时段和要求，测试以发现问题、解决问题为主。

跟踪型 CQT 测试规范：测试参照常规型 CQT 测试时段和要求，测试任务不定时间，处理时限一般为收到客户申告后的 24 个小时内。测试以尽快解决客户投诉问题为主。

保障型 CQT 测试规范：测试工作包括每周完成一次重点场馆室内覆盖系统 CQT 测试和 GPRS、彩信业务的保障测试，测试工作要求同常规型 CQT 测试。

③ CQT 测试标准

每个室内系统按每 600m^2 进行主被叫拨打测试各一次；系统覆盖面积不足 6000m^2 时，每个系统进行主被叫拨打测试各 10 次。CQT 测试点必须包括大厅、出入口、电梯桥箱、顶层、地下室、大型会议室、演示厅及建筑物周边 10m 范围内的区域，每次 CQT 测试通话时长大于 30s。对每个室内覆盖小区进行一次 GPRS、彩信业务拨打测试，GPRS、彩信业务以可以上网收发为准。所有呼叫中，60%为移动用户呼叫固定用户（注意应保证固定用户处于空闲状态），40%为固定用户呼叫移动用户。

统计结果分为通话成功和未成功两类。在通话成功的统计中应细分为通话质量较好、背景噪音严重影响通话、掉话、串音、单方通话及回音较大等。

（3）设备性能检测

① 常用技术指标及测量

- 增益（dB），是指放大器在线性工作状态下对信号的放大能力。测量方法（频谱仪）：把频谱仪按增益校法校准后，将扫频输出信号 P_{i} 加到放大器输入端，读取输出功率 P_0，$G=P_0-P_{\mathrm{i}}$。
- 波动（dB），带内波动，是指在有效工作频带内最大和最小电平之间的差值。测量方法（扫频频谱仪）：把频谱仪带宽设成有效工作频带，按“Mark”键找到最小点后，按“Mark”键，再按“Peak”键找最大点，此时的读数即波动值。
- 起控电平（dBm），是指起控状态下的最大输出功率。测量方法（频谱仪）：正常状态下不断加大输入功率，直到输出功率不断增大到一个稳定值，此时的功率读数即起控电平。

在测量增益、波动时需注意，应保证放大器工作在非起控和非饱和状态。在测量起控电平时需注意，应保证放大器工作在非饱和状态，最好输入单点频信号。

- 三阶互调（dBm），是指信号 f_1 和 f_2 同时输入放大器后，由于放大器的非线性而产生的 $2f_1-f_2$ 和 $2f_2-f_1$ 的谐波分量，如图 4-47 所示。测量方法（频谱仪）：输入间隔 1MHz 或 2MHz 的双音点频信号，调节信号强度，使输出功率相等。打开等幅线测量互调产物的幅度（IMP）或互调抑制（IMD），互调产物电平 IMP（dBm）、互调抑制 IMD（dBc），即表征三阶互调的参数三阶截获点 $IP_3=P_0+IMD/2$。
- 回波损耗（dB），是表征天馈系统辐射能量的一个参数，一般天馈回波损耗大于 14dB。频谱仪测量方法：设置一个−30～0dBm 扫频源，输入到环行器（见图 4-48）A 端，B 端空载，C 端连接频谱仪输入端，记下工作频带内频谱仪读数 L_1；然后 B 端接待测天馈，记下工作频带内频谱仪读数 L_{2max}，$L_{2max}-L_1$ 即为待测天馈的回波损耗。

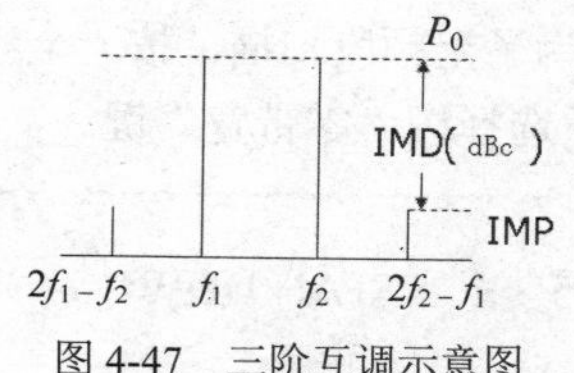

图 4-47　三阶互调示意图

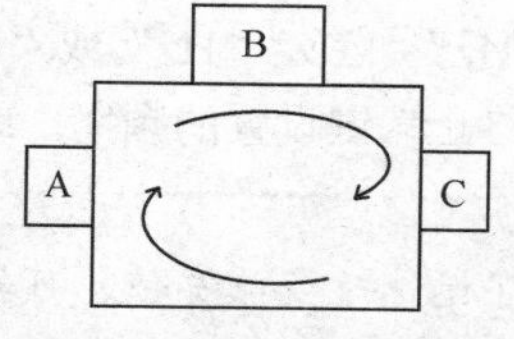

图 4-48　环行器示意图

② 检测分析

检测步骤：确定主机类型，选择相应的操作手册；判断主机故障的可能性及所在支路；根据逐级电平测量法判断故障可能所在的模块；检测模块的性能指标并判断故障的可能性；采用替换法更换故障模块以排除故障。

4.4.4　测试仪表和工具

1. 频谱仪

频谱仪可用于检查移动通信系统任何信号的频率、场强。在日常的测试中，频谱仪能够用来检查频率是否存在干扰，既可选择单个频点检查，也可选择整个通信频带进行检查。根据干扰信号的波形、功率等，还能够判断干扰源的类型。本小节以 Anritsu MS2711D 频谱仪为例，如图 4-49 所示。

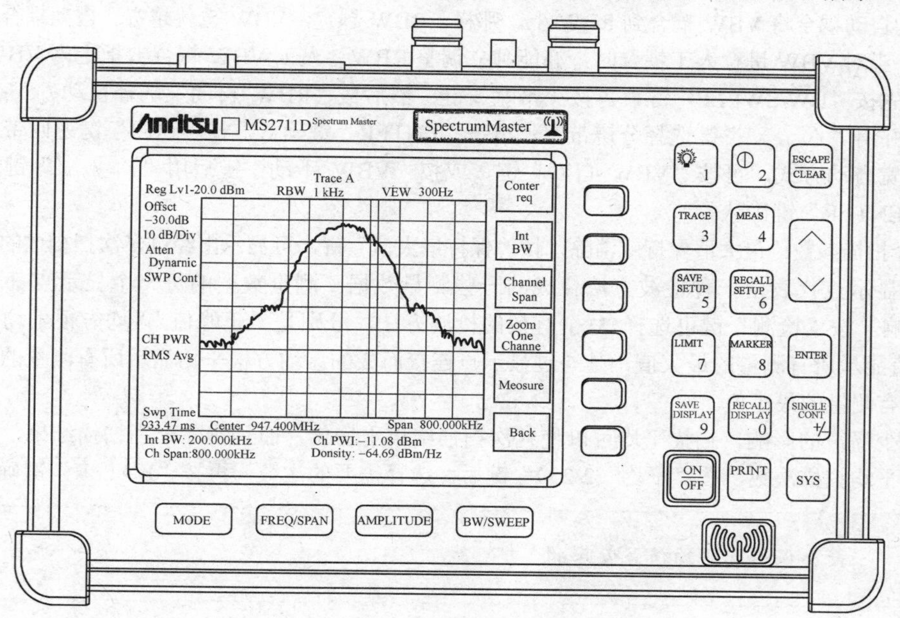

图 4-49　Anritsu MS2711D 频谱仪面板示意图

图 4-49 中显示屏下方所设置的 4 个功能键“MODE”“FREQ/SPAN”“AMPLITUDE”和“BW/SWEEP”用来设置特定功能菜单；位于面板右边的 17 个键中有 12 个键具有双重功能，要依据当时的操作方式而定。双重功能键的功能分别用黑色和蓝色表示。

6 个软按键对应显示屏右侧的功能显示，根据当时的选择方式可改变。

（1）基本操作

① 选择频谱分析方式：按“ON/OFF”键打开仪表，按“MODE”键，用“∧ / ∨”键选择频谱分析方式，按“ENTER”键确认。

② 做一个测量：将输入电缆接到 RF IN 测试口，然后输入频率、频宽以及幅度并显示需要的信号。

③ 选择频率：按“FREQ/SPAN”键显示频率菜单，再按“中心”键输入中心频率值；或设置一个具体的频段，按“起始”键输入频段上限，按“终止”键输入频段下限，最后按“GHz”“MHz”“kHz”“Hz”或“ENTER“（默认为 MHz）键。

④ 选择频宽：按“FREQ/SPAN”键显示频率菜单，再按“频宽”键显示频宽菜单；然后输入频宽值，按“GHz”“MHz”“kHz”“Hz”或“ENTER”键；或为了全频段扫描，按“全频段”键，可忽略前面按“起始”和“终止”键设置的频率；或为了单点测试，选择按“零带宽”键。

为了迅速改变频宽值，可按“SPAN UP1-2-5”或“SPAN DOWN 1-2-5”键。

重点提示

⑤ 选择幅度：按“AMPLITUDE”键选择幅度，按“单位”键，并选择需要的值，按“返回”键返回幅度菜单。再按“参考电平”键，用“∧ / ∨”键或从键盘直接输入需要的值，按“ENTER”键确认；然后按“刻度”键，用“∧ / ∨”键或从键盘直接输入需要的值，按“ENTER”键确认。

按“衰减”键，选自动耦合衰减器，参考电平会滤除谐波和噪声。

重点提示

⑥ 选择带宽参数：RBW 和 VBW 都可以通过自动和手动方式耦合。

RBW 的自动耦合器将 RBW 连接到宽带上，这样，带宽越宽，RBW 也越宽。自动耦合器被指定为 RBWXXX，当进行 RBW 手动耦合时，亦能独立调整带宽。人工耦合被指定为 RBW*XXX。

VBW 的自动耦合将 VBW 耦合到 RBW 上。那样，RBW 越宽，VBW 也就越宽。自动耦合器被指定为 VBWXXX。当对 VBW 进行人工耦合时，亦能独立调整 RBW。人工 VBW 耦合被指定为 VBW*XXX。

操作时先按“BW/SWEEP”键，再按“带宽”键；然后按“RBW 自动”选择自动方式；按“RBW 手动”键，并用“∧ / ∨”键选择分辨带宽，再按“ENTER”键确认，按“返回”键返回带宽菜单。要选择视频带宽自动方式，可按“VBW 自动”键，或按“VBW 手动”键后用“∧ / ∨”键选择视频带宽，再按“ENTER”键确认。

⑦ 选择扫描参数：最大值保持或消除，按“保持最大值”键，可显示出经过多次扫描过的输入信号。

每一个显示点代表由一种检波方法合成的一些测量数据。测量数据的每一个显示点都受到频宽和 RBW 的影响。按“检测”键可选择 3 个有效的检波方法，分别是“正峰值”“均方根平均”或“负峰值”。正峰值显示所有测量的最大值，是通过显示点连接而成的。均方根平均显示所有测量的平均值，负峰值显示所有测量的最小值。

为了减少噪声的影响，扫描平均可以使几次扫描结果平均化，而且排除个别扫描结果，显示出平均值。要设置平均扫描次数，按“平均（2-25）”键后，选择需要的次数，再按“ENTER”键确认即可。

最大保留和平均值是互斥的。

重点提示

⑧ 调节标记：读数时按“MARKER”键，调出标记菜单。按“M1”键选择 M1 标记功能，按“编

辑”键后，选择适当的值，再按“GHz”“MHz”“kHz”“Hz”或“ENTER”键；按“ON/OFF”键启动或消除 M1 标记功能，按“返回”键返回标记菜单，标记 M2、M3、M4、M5 和 M6；重复上述步骤。

⑨ 调节限制线：MS2711D 提供了两种限制线，一种是水平线，一种是分割线。

调节单一限制线（单一限制线无论是上限线还是下限线，都很容易确定）：按“LIMIT”键，按“单极限线”键，按“编辑”键，用键盘或“∧ / ∨”键输入数值，按“ENTER”键确认。

定义上限线：如果信息显示 ABOVE 界定线，那么上限线就会出现在测量失败处。操作时按“BEEP AT LEVEL”，如果需要，窗口会显示“如果信息显示超越限制线，失败”。

定义下限线：如果信息显示 BELOW 界定线，那么下限线就会出现在测量失败处。操作时按“BEEP AT LEVEL”键，如果需要，窗口会显示“如果信息显示低于限制线，失败”。

分割界定线时，可被分开确定为 5 个上界定分割线和 5 个下界定分割线，这使得显示屏变得特别清晰。一个界定线的分割是由它的终点决定的，那就是起始频率、起始幅度、截止频率和截止幅度。这一步被执行时可超越除下界定分割线外的其他上界定分割线。调节分割界限的操作方法：按“LIMIT”；按“多极限上线”；按“线段”；按“编辑”，窗口会显示分割端点 ST FREQ、AT LIMIT、END FREQ、END LIMIT，这些参数会变亮；第一次按“编辑”键，ST FREQ 参数变亮；输入数值；当编辑起始或截止频率时，单位键（“GHz”“MHz”“kHz”“Hz”）会在软键上显示，按这些键，ST LIMIT 参数会变亮；输入数值；按“ENTER”键继续；输入停止频率；输入停止界定线；按“下一线段”键，移到段落 2（如果“下一线段无效”，按“ENTER”键）；如果段落 2 状态关闭，按“下一线段”键会自动设置一个线段 2 的起点，它等同于线段 1 的终点；维持分割重复，当最后的分割确定后，再按“编辑”键结束编辑。

> 仪表不允许重叠同样类型的界定分割线，即两个上界定分割线不能重叠，两个下界定分割线也不能重叠。
>
> 仪表不允许界定分割线垂直。在起始频率和截止频率中，界限分割是一样的，但界限值是不同的，数值也没有具体指定。

⑩ 设置报警线：通过设置报警线，两种界限类型都能显示界限犯规。在每一个超出界定线的信息点，仪表都会发出蜂鸣声。操作时按“LIMIT”键，按“极限线报警”键，状态窗口会显示界限警笛状态处在工作状态。再按“极限线报警”键，可关闭报警。

⑪ 调节衰减设置：频谱仪衰减可以自动耦合、人工耦合，也可以动态耦合。操作时按“AMPLITUDE”键，再按“衰减”键选择相应的耦合方式。

自动耦合：衰减器自动耦合可以将衰减和参考电平相联系。也就是说，参考电平越高，衰减也越大。自动耦合在屏幕上以 ATTEN*XXdB 的方式显示。

手动耦合：在手动耦合时，衰减可以被独立调节到参考电平。手动耦合在屏幕上以 ATTEN*XXdB 的方式显示。

> 衰减应当被调制成最大信号幅度在混合输入时是−30dBm 或更小。例如，如果参考标准是+20dBm，衰减应当是 50dB，这样在混合状态时输入的信号幅度就是−30dBm（+20 − 50＝−30），防止了信号幅度的压缩。

动态耦合：动态耦合遵循输入信号值自动调节参考电平到最大输入信号值的原则。当动态衰减开启时，衰减自动耦合到参考电平。如用一个前置放大器使 MS2711D 待命，动态衰减会自动启动或根据环境使放大器失效。

动态耦合在屏幕上以 ATTEN * XXdB 的方式显示。

⑫ 调节显示参照物：MS2711D 显示的参照物被调节为能适应各种各样的环境，以及当使用轨迹覆盖时，还可辨认轨迹。按 CONTRAST（数字键盘 2），用“∧ / ∨”键调节参照度，按“ENTER”键保存新设置。

⑬ 设置系统语言：按如下步骤选择语言，按“SYS”键，再按“LANGUAGE”键，选择一种需要

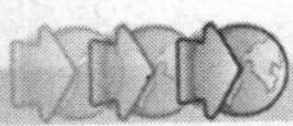

的语言。

⑭ 设置系统阻抗：MS2711D 的输入和输出端口都有 50Ω 的阻抗。MS2711D 固件也能给输入端口提供 50～75Ω 的阻抗。按“SYS”键，按 75Ω 键，按和接头相匹配的键（如果转接头和 ANRITSU 12N50-75B 不匹配，请按“OTHER ADAPTER OFFSET”键），用键盘输入损耗值或用“∧ / ∨”键选定值，按“ENTER”键确认。

（2）测试操作示例（以 GSM 通道功率测量为例）

① 连接一个衰减量为 30dB、功率容量为 50W 的双向衰减器到频谱分析仪的输入端口。

② 按“AMPLITUDE”键及“参考电平”软键，设置参考电平为 0dBm。

③ 按“刻度”软键，设置标尺为 10dB/格。

④ 按“衰减”软键，衰减设置为“手动”方式并设置衰减值为 20dB。

⑤ 按“BW/SWEEP”键，分别设置“RBW 手动”，分辨带宽为 1MHz，视频带宽为“VBW 自动”。

⑥ 按“保持最大值”软键，打开最大保持测量功能，“MAX ON”同时也被显示在显示屏的左下角。

⑦ 在面板上按“MEAS”键，选择“频道功率”软键。

⑧ 按“中心”软键，设置频谱仪中心频率为 GSM 信号频率 947.5MHz。

⑨ 按“积分带宽”软键，设置频率带宽间隔为 2.0MHz，对于特殊的应用，设置频率带宽间隔到合适值。

⑩ 按“频道宽”软键，设置通道带宽为 4.0MHz，对于特殊的应用，设置通道带宽间隔到合适值。

⑪ 开始测量功能可通过按“测量”软键来实现。测量检波方式会自动被设置为平均值检波方式。显示于屏幕上的两根垂直实线可以左右平移来显示它们的整个频率带宽。MS2711D 频谱仪会在屏幕上显示测量结果，示例如图 4-50 所示。

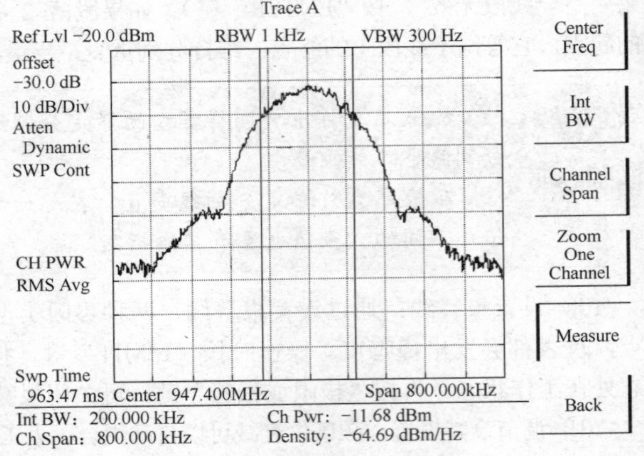

图 4-50 GSM 通道功率测试

通道功率测量是一个瞬间的过程，一旦此功能被打开就会一直进行下去，直到再一次按“测量”键关闭为止。当通道功率测量功能打开时，标记“通道功率”就会出现在显示屏的左侧。每一次完整的扫描结束后，通道功率就会被计算出来。随着通道功率计算的进行，一个时间进度标志会被显示在显示屏上。

通道带宽设置应大于或等于综合带宽。如果不是，MS2711D 会自动设置通道带宽等于综合带宽。当综合带宽和通道带宽设置相同时，MS2711D 就会对综合带宽应用所有采样点，提供最精确的测量。综合带宽与通道带宽比值会保持一个恒定值不变，当综合带宽改变时，这个比值保持不变，改变通道带宽可以改变此比值。例如，当综合带宽加倍时，MS2711D 也将使通道带宽增加相同的倍数。

（3）测试无线直放站设备性能

直放站设备常用频谱仪测量上/下行输出功率、互调干扰等指标，连接方法类似。

做图 4-51 所示的连接（无线直放站下行输出功率测试），按测试系统设置中心频率、参考电平、刻度、衰减、分辨率等相关参数，测试结果如图 4-52 所示。

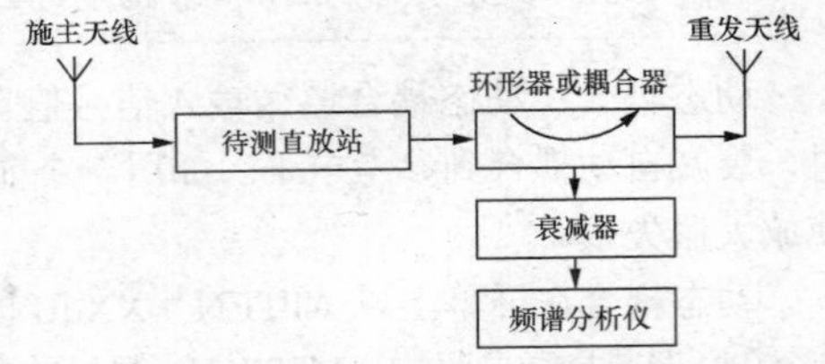

图 4-51 无线直放站下行输出功率测试连接示意图

2. DT、CQT 测试系统——TEMS 无线网络测试系统

不同的移动通信系统都有相应的网络测试软件，如 TEMS、鼎立等，在此简单介绍 TEMS 系统。

TEMS（Test Mobile System）是 ERICSSON 公司生产的用于测试移动网络无线接口各种参数的工具。TEMS 手机既可以作为普通的手机使用，也能够将它与基站之间的上/下行链路联系的信息进行解码，通过专用的测试数据线，可以在 TEMS 软件上显示出来。利用它不仅可以发现无线链路上存在的问题，而且可协助查找一些硬件故障。

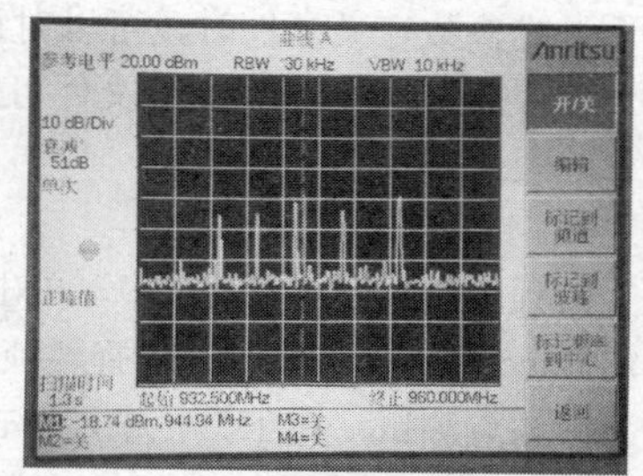

图 4-52　无线直放站下行输出功率测试结果

TEMS 集数据采集、现场处理、后处理及报告功能于一体。

数据采集功能：同一平台支持多种标准（GSM/GPRS/EDGE/WCDMA/HSDPA/CDMA），各种数据、语音业务可自动重复测试。现场及时处理功能：可进行单个日志文件数据的回放，实现 Route Analysis 功能。后处理及报告功能：具有 Route Analysis 功能、RAN Tuning 报告功能、HTML 格式报告功能、多种数据业务及 MO 语音业务的 KPI 报告功能。测试文件可以输出成多种开放的数据格式。

（1）设备

TEMS 有 2G 和 3G 的 License 可供选择；有不同品牌手机的 License 及手机可供选择；可进行数据采集、路由分析并做出测试报告。

在使用 TEMS 进行测试时，需要准备的设备：安装有 TEMS 软件的便携式计算机；TEMS 手机、SIM 卡、TEMS 手机与便携式计算机之间连接的数据线、TEMS 手机充电器；GPS、GPS 天线、GPS 数据线、4 节五号电池；便携式计算机的 PCMCIA 卡；记录用的笔记本和笔。

（2）数据采集功能

数据业务的测试功能：GPRS；多种数据业务测试；FTP；HTTP；WAP；PING；MMS；EMAIL。

语音的自动测试功能（可选）：语音质量测试 PESQ（MOS）。

扫频和干扰测量功能：内置高速的频率扫描功能；连续波扫描功能；同频干扰（C/I）；邻频干扰（C/A）；空闲和专用模式；广播信道和业务信道；跳频和非跳频信道。

TEMS 还具有开站时信道的检测功能、地图/小区的显示功能、所有窗口完全同步功能、室内测试功能、自定义事件和声音功能、全面的信令查看和灵活的信令过滤功能、IP 层数据的分析功能、专利语音质量评估指标（SQI）及视频流媒体播放质量指标（VSQI）。

用户可以灵活地配置，自定义窗口的显示内容和参数的显示方式，并能以多种格式的数据输出，如 HTML 格式的报告、多种数据业务的 KPI 格式输出、文本格式的输出、地理化信息格式的输出（GIS）。

TEMS Investigation 功能及菜单如下所述。

- 信道检测功能：检测一个小区或一组小区内的业务信道的可用性，可以有手动和自动两种测试模式，可以用多部测试手机加快测试速度，减少测试时间。
- 用户界面：包括工作空间、工作页、导航器、工具栏、状态栏、声音事件等。
- 显示方式：状态窗以数值、文本和柱状图等多种方式表示常用的无线参数、同频载干比的测量和显示、邻频载干比的测量和显示、语音质量指数（SQI）、GPRS 的吞吐量。图形和表可以预定义或自定义，各种数值化的信息随时间演化为线状图、柱状图，可以显示网络中的事件，锁定/释放的查看功能，参数的着色显示功能。实时的地图显示缩短了发现问题及解决问题的时间，提高了分析能力；在地图上可以同时显示多层信息，包括基站、事件和无线参数，并且用户可以自行定义要显示的信息，具有很强的灵活性；可以显示服务小区当前位置的连线，基站信息可以用分扇区的形式显示，既可以实时查看，也可以在后处理中查看。监测窗中的所有信息有序而全面地显示，使查找和分析信息流变得很容易；监测窗可以显示事件、错误信息和模式、3 层和 2 层消息，并可将 3 层消息解码为明文；监测窗中的信息可以进行过滤筛选，所有窗口同步显示。
- 小区文件的创建及导入。小区的定义可以是.cel 格式文件，也可以是.xml 格式文件。小区数据的激活可以由菜单 configuration 下 General 子窗口中的 Cellfile Load 功能完成。系统内部有大量的预定义事件，用户可以根据自己的需要自行定义事件，可以是基于 3 层消息、无线参数及其他已定义的事件。在基于无线参数定义事件时，可以对该参数的门限进行设置。自定义的事件可以在地图或线图上显示，与某个声音提示相关联。*.cel 文件可以是文本文件，也可是*.cel 格式文件。在 General 中导入小区数据，并在地图上显示小区名称。

● 锁频测试。

锁频段测试：在工具栏中，单击 Equipment Properties 按钮，在弹出的 Mobile Properties for MS1 窗口中选定 Band control 选项卡，选择要锁定的相应频段，然后单击"确定"按钮即可，如图 4-53 左图所示。

锁频点测试：在工具栏中，单击 Lock on a channel 按钮，在弹出的 Channel control 窗口中选定要锁定的频点后单击 OK 按钮。在完成频点的锁定后，再单击工具栏中的 Disable Handover 按钮，禁止进行锁定频点的切换，如图 4-53 右图所示。

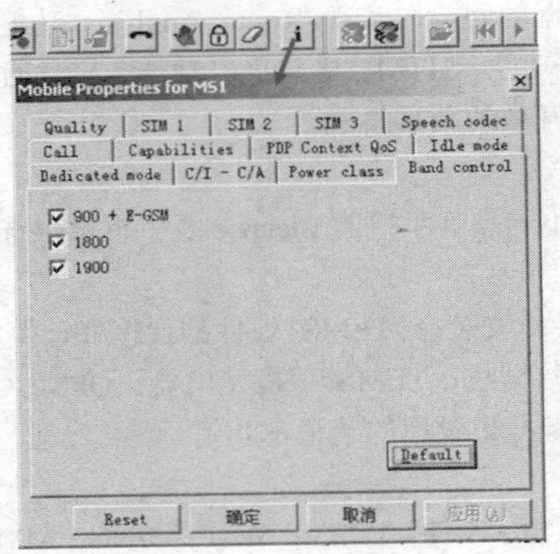

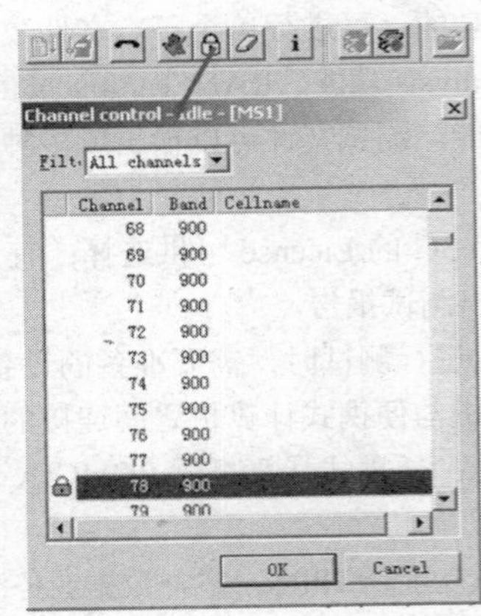

图 4-53　锁频测试示意图

信道检测：Channel Verification 的主要作用是对各个载频的 TS 的占用情况进行检测，并可针对指定的 TS 进行检测。在进行检测的过程中，并不需要进行通话。当成功占用后，软件会给当前 TS 一个标志。测试方法如下：在 Control 菜单中选择 Channel Verification 命令，或在 Control Worksheet 中看到 Channel Verification 窗口后，在 Channel Verification 窗口单击按钮，在弹出的 Channel Verification –add test case 窗口中输入载波的相应 BCCH 和 TCH 频点，单击"确定"按钮。然后单击 Channel Verification –properties 按钮，在弹出窗口中的 Test phone 项中输入拔测的电话号码，单击"确定"按钮。然后开始检测，如图 4-54 所示。

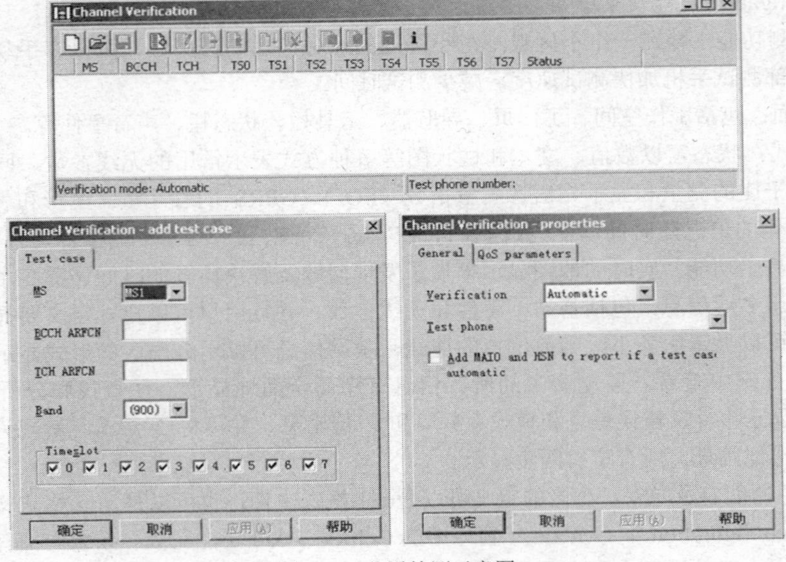

图 4-54　信道检测示意图

- 室内测试——扫描图定位。

设置原点坐标：Latirude；Longitude。根据原点画一直线，写出距离。

室内测试：TEMS 定位的方式是“Walk and Click”，即 Intuitive positioning 和 Can give true latitude and longitude post-processing。可以使用地图（Maps）、设计图（blueprints）或者用户手绘图作为背景，结合 TEMS Transmitter GSM 或者 WCDMA 进行室内规划，即 WCDMA scanner and TEMS Transmitter WCDMA for verification，示例如图 4-55 所示。

室内测试——轨迹打点：连接手机进行测试，记录 log file，按“Pinpoint”按钮后，在扫描图上打点。

（3）设备的配置与测试

① SonyEricsson K790i 测试手机如图 4-56 所示，其配置说明如下。

- 支持四频：GSM/GPRS/EDGE，可替换以前的 W600、T610 和 T618（W600c）；提供 GPRS Multislot class 10 & NACC support；可以锁定 GPRS 或 EDGE。
- 控制功能：PLMN Control/CAS Control；Band Control；Lock to Channel；Speech Codec。
- 扫频和测量：C/I per TS；C/A(+2，+1，0，−1，−2)；Freq. Scanning(up to 920 samples/s)。

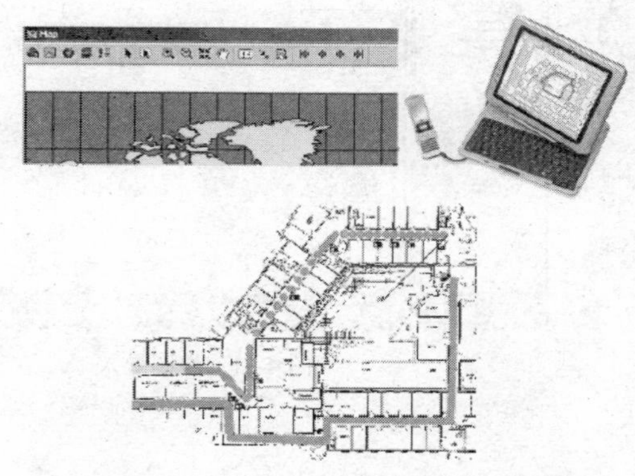

图 4-55　室内测试示例

图 4-56　K790i 测试手机

② 测试功能。

- 数据采集——语音业务：选择拨测方式（主叫或被叫）；测试主叫号码 10086；设置呼叫时长 180s；等待时间为 20s；重复次数为 9999 次；执行测试命令，如图 4-57 所示。

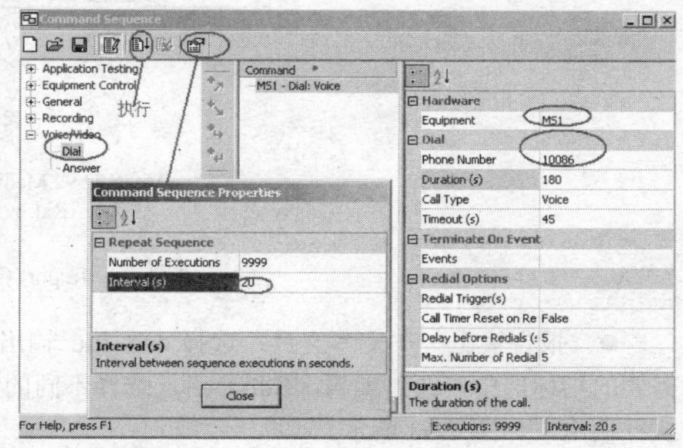

图 4-57　语音业务的数据采集示例

- 数据采集——PS 的 FTP 测试：在 Windows 平台上建立一个拨号程序，选择端口号小的作为调制解调器；在 TEMS 软件里选择新建的拨号程序，号码为*99#；需要下载的文件名称为 2m，输入 FTP 的 IP 地址、FTP 的用户名、密码；设置每次下载完成后的间隔时间为 20s，完成次数为 9999 次，执行测试命令，如图 4-58 所示。
- 数据采集——WAP 测试：在 Windows 平台上建立一个拨号程序，选择端口号小的作为调制解调器；在 TEMS 软件里选择新建的拨号程序，号码为*99***2#；设置测试的网址为 wap.sohu.com，网关为 10.0.0.172；设置每次下载完成后的间隔时间为 20s，完成次数为 9999 次，执行测试命令，如图 4-59 所示。
- PDCH 信道监测如图 4-60 所示，地图导入如图 4-61 所示。
- 报告输出——Report Generator：加入 log files，选择需要的指标，选定分组范围，选择测试事件，选择测试手机，如图 4-62 所示。

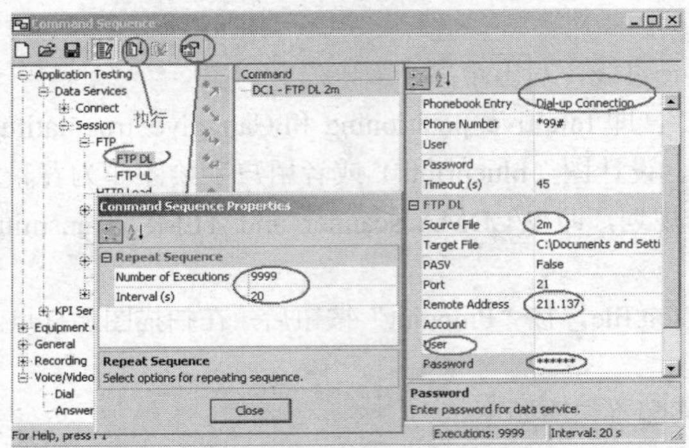

图 4-58　PS 的 FTP 测试示例

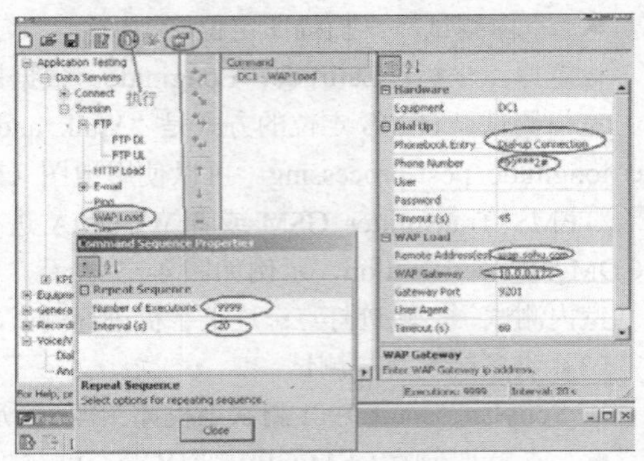

图 4-59　WAP 测试示例

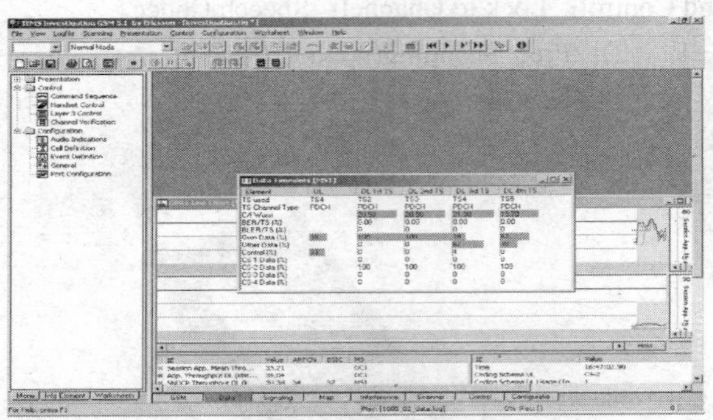

图 4-60　PDCH 信道监测

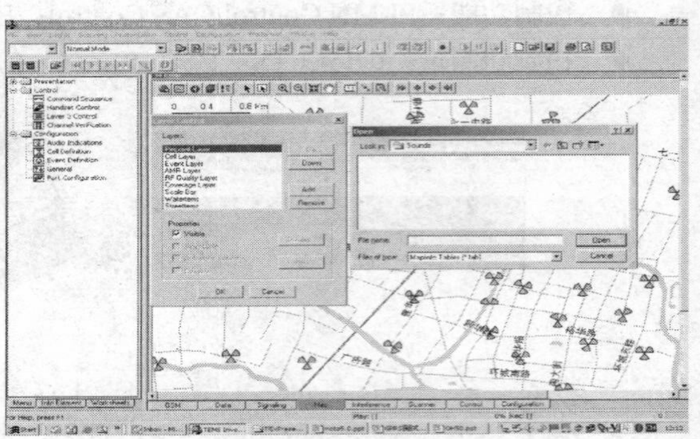

图 4-61　地图导入

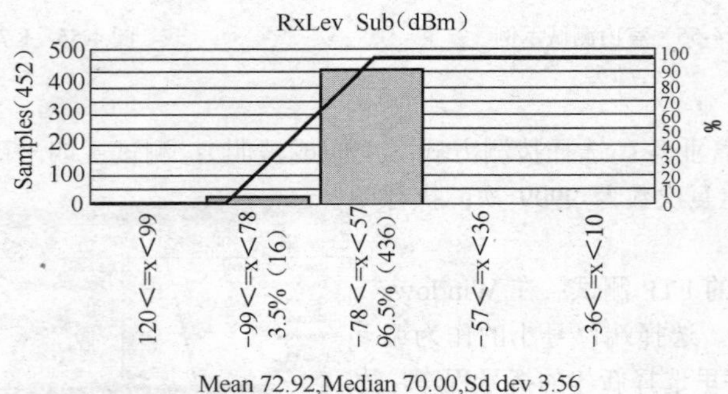

图 4-62　Report Generator 输出示例

- 报告输出——文本文件：选择 log file 输出，选择文本格式，编辑所需要的指标（Setup）；将所需要的指标选中，通过编辑（Edit）后，选择不同的测试手机，在输入的 log file 中加入测试文件，开始执行输出，如图 4-63 所示。
- 报告输出——Mapinfo 格式：选择将 log file 输出，选择 Mapinfo 格式，编辑所需要的指标（Setup）；将所需要的指标选中，通过编辑后，选择不同的测试手机；在输入的 log file 中加入测试文件，开始执行输出，如图 4-64 所示。
- 视频流媒体播放质量指标 VSQI 测试：用客观的算法评价主观感受的视频流媒体质量，无须参考标准样本进行视频和音频质量评估，以及误码率和重传率评估。评估静态下的 VSQI 时需对整体视频文件评分，评估动态下的 VSQI 时需每秒一次。

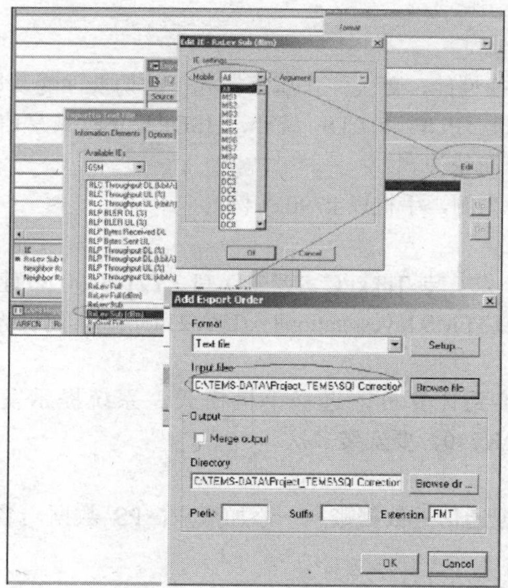

图 4-63 文本文件输出示例

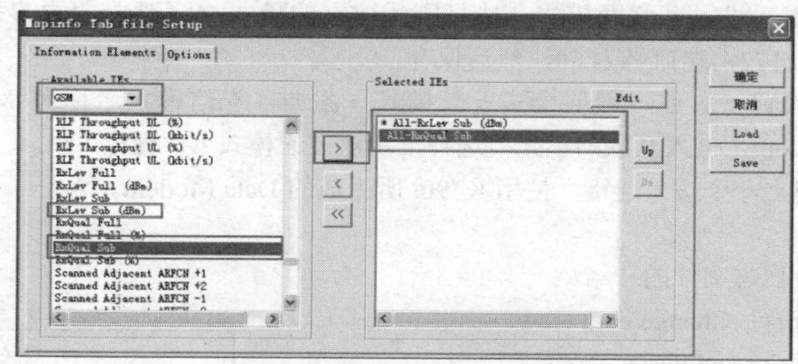

图 4-64 Mapinfo 输出示例

- IP 层分析（支持在 IP 层抓包）：故障排除功能，实时显示结果，存在于 TEMS log file 中，文件可输出成 Ether Real 格式。
- 增强的 KPI 测试功能（ETSI TS 102 250-2 V1.3.3(2005-11)）：支持的业务类型有 Telephony(MO-Call)、Video Telephony(MO)、Streaming、FTP UL、FTP DL、HTTP、E-mail Send、E-mail Receive、MMS 及 WAP。

（4）TEMS Investigation 路由分析仪

① Post-Processing in TEMS Investigation 8.1 路由分析仪简介。

- 支持多种测试文件：具有多格式处理功能，包括 TEMS Investigation、TEMS Automatic、TEMS Drive Tester、TEMS Pocket 5.1；具有多个 log file 的支持；具有多种数据处理显示方式，包括 Line Chart（可以缩放）、Status 窗口、信令窗口、多幅地图显示。
- 快捷的统计功能：Calls、Blocked、Dropped、HO（From U/G to G/U）。
- 数据筛选：结果可输出到 Excel 中，问题可定位在小区或文件，可以个性化定义任务。
- 支持日志文件回放。
- 深入的分析功能：可进行 3 层消息的查看。
- 支持地图上栅格化数据显示，包括时间、距离、区域。
- 支持 Google Earth 格式的输出。
- 支持事件呈现。
- 支持用户自定义事件。

- 支持面向任务的分析。
- 支持报告自动生成功能。
- 支持 2G 和 3G 异频切换性能，更关注在压缩模式下的切换性能及切换统计：HSDPA 下行共享信道的 BLER、应用层下行吞吐量、PDF 和 CDF 统计，HSDPA 下行共享信道的吞吐量、PDF 和 CDF 统计，HSDPA 调制方案使用的分布统计。

② 安装软件（软件以 Ti8 为例，手机以 k790 为例）。

- 删除旧的版本。
- 新版本中有两张 CD，先安装 Ti8.xPC SW CD（LZY2143630），建议安装目录为 C:\prog…\TEMS Investigation 8；再安装 Drivet CD TEMS Investigation8 .x(LZY2143632)，建议解压到安装目录的同一路径下。
- 手机开机。
- 手机通过数据线连接到计算机，选择手机模式。系统提示发现新硬件，选择指定驱动到 C:\prog…\Drivers\SonyEricsson\K790，要安装多次。

③ 设置手机。

- 手机设定→连接→数据通信→数据账户→添加账户→PS 数据，名称设置为 cmnet，即 APN 为 cmnet，用户名、密码为空。
- 以同样的方式创建数据账户 cmwap，其中，APN 为 cmwap，用户名和密码为空。
- 手机设定→连接→互联网设定→互联网模式→选择→新模式，名称输入 A，连接方式选择 cwmap，然后保存，重新进入互联网模式。选择刚才建立的模式 A，选择“更多→设置→使用代理→是”，代理地址为 0.0.0.172，端口号为 80，然后保存。
- 信息功能→设置→彩信→彩信模式→新模式→添加，彩信模式名称为 MMS，信息服务器为 http://mmsc.monternet.com，进入互联网模式。选择上步建立的模式 A，保存。
- 在计算机上建立一个拨号连接，使用 K790i 所生成的 Data Modem。

④ 工作进程。

- 数据选择器：日志文件的总结。
- 面向任务的查看：Change data view。
- 剪贴板功能：Cut and Paste。
- 项目查看：Fast drill down on error events；Equipment resolution。
- 可以从 Project 中“拖放”日志文件到地图窗口中进行地理化的分析，或者将选定的日志文件直接在地图中查看。
- 在地图中的下拉列表框中可以直接改变查看的主题，可以创建自己所需的参数信息，如图 4-65 所示。

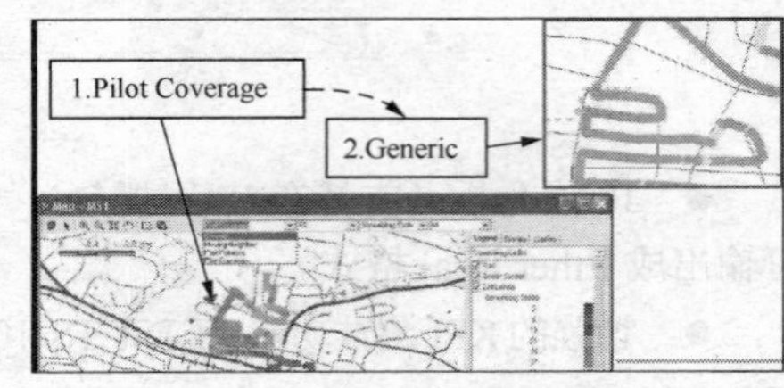

图 4-65　日志文件的地图查看示例

- 在 Analysis 中，所有视图都将是同步显示的（信令、现状图、状态图等），有利于问题的分析和查看。
- 数据可以回放。
- 可以查看线状图的细节。

⑤ 测试。TEMS 的测试方法多种多样，无线网络测试常用方法有以下几种。

- 测量小区的覆盖范围。在新的基站开通时，为了了解基站的信号覆盖范围，可使用 TEMS 系统选择该小区 BCCH 频率，在该小区的周围做动态扫频测试。在一定的范围内，如果手机能够解出该小区的 BSIC 码，并且信号场强大于等于−94dBm，则认为是在该小区的覆盖范围之内；如果信号场强大于等于−94dBm，但是手机不能解出 BSIC 码或者解出的 BSIC 码不是该小区的 BSIC 码，则认为该小区存在频率干扰；如果信号场强小于−94dBm，一般认为是弱信号，不能够满足正常的通话。
- 定位同邻频干扰源。由于 GSM 频率资源非常有限，随着 GSM 网络容量的不断扩大，同频复用的距离越来越近，经常出现同邻频干扰的问题。当存在同频干扰时，下行的通话质量比较差，并且极容易掉话。例如，在一般的通话测试过程中，突然出现通话质量变差，并持续一段时间，首先怀疑该服务

小区有同频干扰，最直接的解决方法就是暂时关掉该服务小区，再对该服务小区的各个频点进行动态扫频，如果有某个频点的信号场强较高，不管是否解出 BSIC 码，都认为该小区存在同频干扰；如果各个频点的信号场强较低（小于−94dBm），则认为该小区不存在同频干扰，可能是其他原因（如直放站噪声干扰、小区的天馈系统性能下降、基站的硬件工作不正常等）导致通话质量变差，还需要进一步检查确认。

● TCH 信道的检测。TEMS 可以自动对载波的各个语音时隙进行拨号测试，检测时需要指定一个拨号测试的电话号码、一个 BCCH 频率和一个 TCH 频率，以及需要检测的时隙。其中，BCCH 和 TCH 可以相同，也可以不同。TEMS 将会锁定在所测试的载波上，自动选取空闲的时隙进行拨号测试，并在软件上显示是否通过测试，从而判断所测的时隙是否存在问题。

● 动、静态扫频测试。TEMS 在空闲状态下可以对 GSM900 和 DCS1800 的所有频点进行扫描，并且可以将每个频点的信号场强（RXLEV）以及 BSIC 码（可选）显示出来。静态扫频测试可运用于频率规划中，进行选择频点，此时的测试无须选择 BSIC 码解码；也可用于检查是否存在漏定义相邻小区，此时的测试一定要选择 BSIC 码解码。动态扫频测试也是在空闲状态下进行的，它对选定的频率不停地进行扫描，也会将信号场强（RXLEV）以及 BSIC 码（可选）实时地显示出来，常用于小区覆盖和同邻频干扰分析。

● 检查小区间的切换是否正常。有些掉话是由于切换不成功造成的，为了寻找原因，可以使用 TEMS 的强制切换功能选择切换目标小区的 BCCH，观察并分析切换的信令过程，就可以查找到在哪一步骤上掉话以及掉话的原因。

● 跟踪 3 层信令。TEMS 系统能够实时跟踪 3 层信令，比如，信道的建立、信道的释放、切换、寻呼信息、系统信息等信令都可以跟踪。这些功能对测试很有帮助，例如，为了知道切换失败的原因，可以跟踪 Handover command、Handover complete 及 Handover failure 三条信令。当 Handover command 信令出现后，如果切换成功，那么 Handover complete 信令必定会出现；如果切换不成功，则出现 Handover failure 信令，该信令会详细说明切换失败的原因。同样，为了找出掉话的原因，可以跟踪 Channel Release 信令，该信令会详细说明掉话的原因。

⑥ 遇到 USB 的 GPS 连接后变为鼠标指针的解决方法。

● 运行命令“regedit”，进入注册表。

● 进入 HKEY_LOCAL_MACHINE\SYSTEM\CurrentControlset\Sermouse 项目。

● 将“Start”键值由 3 改为 4。如果更改了 USB 端口，需要重新修改此键值。

小结

在室内覆盖时常采用直放站与室内分布系统。直放站实际为双工放大器，不会提高系统容量。室内分布系统的信源可基站直接耦合（增大系统容量），也可采用直放站耦合接入。对于室内分布系统，需特别关注信号泄漏问题。

多系统可综合在同一分布系统中实现信号覆盖，常用的无源器件包括功分器、耦合器、合路器、双工器和衰减器。常用的直放站包括无线直放站和光纤直放站，在使用时必须注意无线直放站的隔离度问题、光纤直放站由于光传输时延和多时隙保护所带来的拉远距离受限问题。

直放站设备提供了相应的监控能力，包括对覆盖区域性能及设备状态的监控。分布系统的维护可采用现场检测和远程查询等方式进行。

对于信源设备的工作性能常使用频谱仪进行检测，覆盖性能则用 DT、CQT 等测试实行检测。

习题

一、填空题

1．直放站实际上是一个________，采用时________影响系统容量。

2．室内分布系统中常用的无源器件有________、________、________和________。

3．光纤直放站由________和________两部分组成。

4．有源分布系统是在________分布系统的基础上加上________，以补偿信号的________，延伸覆盖面积。

5．分布系统的监控主要通过________或________方式把信息传送到网管中心。

二、判断题

1．功分器和耦合器的实质相同。（　）

2．直放站作为信源可增大系统容量。（　）

3．室内分布系统根据实际情况可进行全覆盖，也可进行部分覆盖。（　）

4．无线直放站使用时需考虑施主天线和覆盖天线间的隔离度。（　）

5．光纤分布系统仅在中继端机与覆盖端机间采用光传输技术。（　）

6．分布系统中的 WLAN 和 TD-SCDMA 系统可进行合路共用分布式天馈。（　）

7．干线放大器的作用是补偿干线传输损耗，延伸覆盖面积。（　）

8．POI 多系统综合平台可实现多运营商共同建设分布系统。（　）

9．室内分布系统用 DT 测试时与宏基站覆盖测试的不同在于无须使用 GPS。（　）

10．直放站的引入会影响基站的噪声性能。（　）

三、选择题

1．只能用于不均匀功率分配的器件为（　　）。

A．功分器　　B．耦合器　　C．合路器

2．7dB 耦合器输入 10dBm 功率，其耦合端输出功率为（　　）。

A．7dBm　　B．3dBm　　C．10dBm

3．光纤直放站远端机最远可拉远（　　）km。

A．10　　B．20　　C．30

4．光纤直放站同纤传输时，如只有一根空闲光纤，可采用上下行同纤分别采用（　　）μm 的波长传输信号。

A．0.85 和 1.55　　B．1.31 和 1.55　　C．1.31 和 0.85

5．在同一室内分布系统中需使用多个干线放大器时，应尽量采用（　　）方式连接。

A．串联　　B．并联　　C．混联

6．若待覆盖区域系统容量不足，应采用（　　）作为信源。

A．无线直放站　　B．光纤直放站　　C．射频拉远 RRU

四、简答题

1．简述室内分布系统中信号泄漏的解决方法。

2．直放站和室内分布系统的维护主要有哪些方法？

3．在直放站和室内分布系统的维护中应注意哪些问题？

4．分布系统在设计前要做哪些准备工作？

5．简述分布系统的基本设计过程。

6．DT 测试需要准备哪些设备？

第 5 章 传输设备

【主要内容】 传输设备是 BSC 与 BTS 间远距离传输信号的关键。本章主要介绍 SDH 与 PTN 的概念和基本原理，传输网的基本概念，工程应用、配套设备和施工维护技术规范，华为和中兴等多种传输设备的结构及维护。

【重点难点】 综合架施工维护规范；各类传输设备的基本结构、组成和操作维护知识。

【学习任务】 理解 SDH、PTN 传输技术的基本概念；掌握常用传输设备的结构；掌握传输设备维护基本方法。

5.1 同步数字体系 SDH

在移动基站子系统中，BSC 与 BTS 大多情况下安装在相距较远的不同地点的机房中。而 BSC 与 BTS 间信号传输所用 E1（2M）线的有效传输距离有限，所以需要采用传输设备延长传输距离，目前使用较多的是 PTN 技术，仍有 SDH 技术的应用。本节主要介绍 SDH 的概念、特点及基本原理。

5.1.1 SDH 概述

SDH 是为解决标准光口问题而提出的，因此先有目标再定规范，然后研制设备，以最理想的方式来定义符合电信网要求的系统和设备。

SDH 的优点：采用全球通用的光口标准；不同厂家的设备间具有高度兼容性，包括光路上及局内各设备间；各级信号速率精确地符合 N×155.52Mbit/s 关系（N 为同步复用信号等级）；具有丰富的辅助（开销）通路可供网管用，并有标准化的电信管理网 TMN；采用同步的组网方式；具有高度的灵活性。具体反映在网络结构、上/下电路、带宽管理、与同样采用光传输的准同步数字体系的 PDH 兼容、对未来发展的适应能力等方面。

从设备来说，关键特点为标准的光接口、强大的网管能力和同步复用。

5.1.2 SDH 基本原理

1. 同步复用与字节间插

SDH 系统首先将输入信号编排成规则的信息模块——虚容器 VC-4，然后将 VC-4 放入与 f_s 同步的“载体”管理单元 AU-4。此时，系统通过指针处理记住各输入信号与 f_s 间的相位差，并将此信息随 AU-4 一起传到收端，以供正确地还原出各输入信号的相位关系。最后，系统即可方便地用字节间插方式将这些信号同步复用成高阶的 STM-N 信号，其频率为 f_m。

从 SDH 同步复用过程可知，STM-N 信号的频率 f_m 是在 f_s 的控制下形成的，所以各信号在 f_m 的比特流中的时间和位置是固定、可预知的。又因为是按字节间插的，所以在高阶 SDH 信号流中，每一低速数字通路的位置是可以跟踪的，而且该通路的 8bit 码是成群出现的（PDH 中的同一通路 8bit 码是分散出现的），因此，可灵活地安排上/下电路，或重新安排高阶 SDH 信号流中的低阶通路，或在各高阶 SDH 信号流中进行交叉连接。

SDH 可实现从低阶到高阶“一步到位”的复用，对于分用过程也一样可一步到位。SDH 上/下电路简单，便于交叉连接，易于向更高的传输速率增长，而且不需要占地面积大且易出差错的数字配线架 DDF。SDH 与 PDH 的上/下电路过程比较如图 5-1 所示。

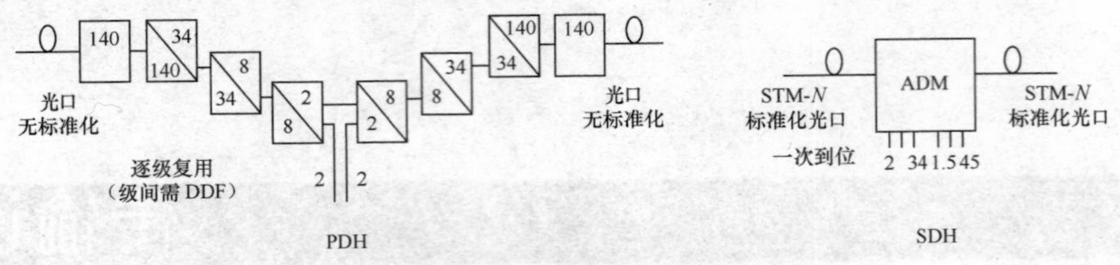

图 5-1　SDH 与 PDH 上/下电路过程的比较

2. 同步复用、映射、指针定位校准

在 STM-*N* 中有多种信息模块，模块信息间的关系包括同步复用、映射、指针定位校准，如图 5-2 所示，图中去掉阴影部分即为我国的 SDH 复用和映射关系。目前的绝大多数标准速率都可装入 SDH 帧结构的净负荷区，也可容纳 ATM 信元或其他新业务信号。为将各种信号装入 SDH 帧结构净负荷，要经过映射、定位校准、复用 3 个过程。

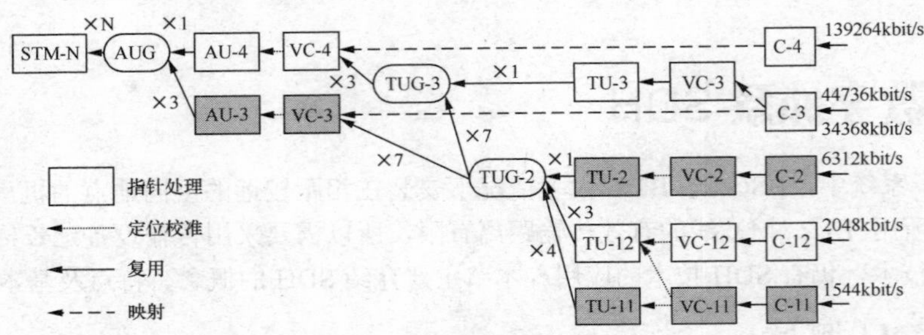

图 5-2　SDH 复用映射结构

（1）SDH 中各模块的含义及功能。

容器 C-*n*：用于装载各种速率等级的数字信号，并完成码速间调整等适配功能，使支路信号与同步传送模块 STM-1 适配。

虚容器 VC-*n*：由标准容器出来的数字流加通道开销构成，开销用来跟踪通道的踪迹，监测通道性能，完成 OMA 功能。

支路单元 TU-*n*：为低阶通道层和高阶通道层提供适配，由低阶 VC 和 TU-PTR 构成。

管理单元 AU-*n*：为高阶通道层和复用段层提供适配，由高阶 VC 和 AU-PTR 构成。

支路单元群 TUG（管理单元群 AUG）：由一个或多个 TU（AU）构成，在 AUG 中加入段开销后便可进入 STM-*N*。

（2）模块信息间的关系

① 映射：把 PDH 的各级速率、ATM 信元与 SDH 的容器 C-*n* 进行适配，再进行容器 C-*n* 到虚容器 VC-*n* 进行适配的过程。其实质就是使各种支路信号与相应的 VC-*n* 同步，以便使 VC-*n* 成为可以独立进行传送、复用和交叉连接的实体。

② 定位校准：在 VC→AU、VC→TU 的过程中要加入指针，进行同步信号的相位校准，因此，指针有 AU-PTR、TU-PTR。定位校准是同步系列的重要特点，当网络处于同步工作状态时，用指针进行同步信号的相位校准；失去同步时，进行频率和相位的校准；异步工作时，进行频率跟踪校准。指针可容纳网络中的频率抖动和漂移。AU 指针可为 VC 在 AU 帧内的定位提供灵活和动态的方法，不仅容纳 VC 和 SOH 在相位上的差别，还能容纳帧速率上的差异。TU 指针可为 VC 在 TU 帧内的灵活和动态的定位提供一种手段。

③ 复用：将 *N* 个 TU 变成 TUG、*N* 个 AU 复接成 AUG、*N* 个 TUG 复接成 VC-4、*N* 个 AUG 复接成 STM-*N* 的过程。因为是同步复用，故仅是字节间插入、复用。

5.1.3 块状帧结构

根据 G.707 定义，在 SDH 体系中，同步传送模块 STM 是用来支持复用段层连接的一种信息结构，它是由信息净荷区和段开销区组成的一种重复周期为 125μs 的块状帧结构。这些信息安排适于在选定的介质上以某一与网络同步的速率进行传输。基本的 STM 速率定义为 155.52Mbit/s 的 STM-1，更高的 STM 速率以此为基本速率乘以 *N* 而得到 STM-*N*，有 STM-1、STM-4、STM-16、STM-64 等复用档次。

1. 帧结构

图 5-3 所示的 SDH 帧结构是以字节为单位用行数与列数的矩阵表示的，以便于段开销 SOH 集中配置。G.707 规定的 STM-*N* 帧结构如图 5-4 所示。

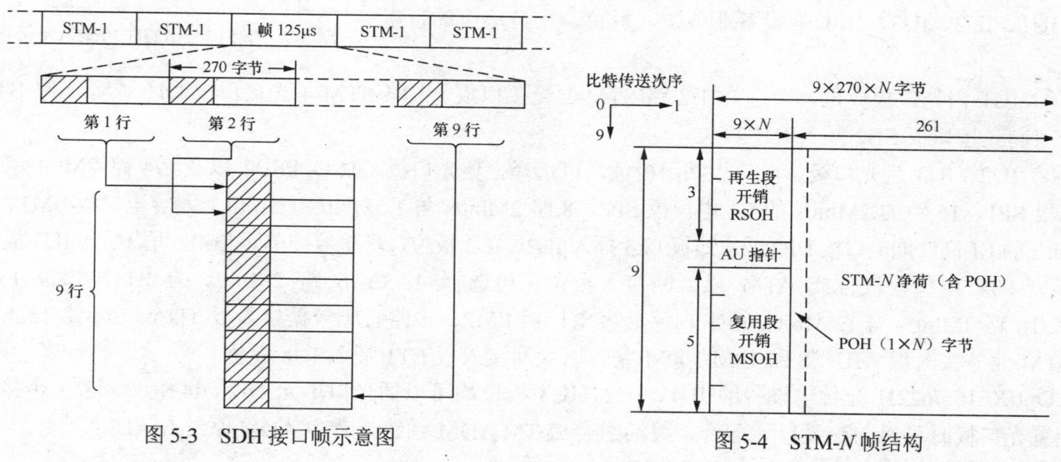

图 5-3 SDH 接口帧示意图

图 5-4 STM-*N* 帧结构

STM 帧由 3 部分组成，包括 SOH（前 9 列的第 1～3 行为再生段开销 RSOH，前 9 列的第 5～9 行为复用段开销 MSOH）、AU 指针（前 9 列的第 4 行）、信息净荷（其余的 261 列，即第 10～270 列的全部字节，其中第 10 列为通道开销 POH）。

从图 5-4 可以看出，STM-*N* 排成 270×*N* 列，每列宽为 1 字节（8bit），即 STM-*N* 是由 *N* 个 STM-1 同步复用而成的；发送总是先从左到右，再从上到下。每字节的权值最高位在最左边，称比特 1（bit1），总是第一个发送。

STM-1 信息速率为 (9+261)×9×8bit/125μs=155.52Mbit/s，由于同步复用，各等级的速率准确地相差 *N* 倍，即 155.52×*N*Mbit/s，例如，STM-1 信息速率为 155.52Mbit/s（俗称 155M）、STM-4 信息速率为 622.08Mbit/s（622M）、STM-16 信息速率为 2488.32Mbit/s（2.5G）、STM-64 信息速率为 9953.28Mbit/s（10G）。

2. 开销字节

SDH 帧中备有通道开销 POH 和段开销 SOH，段开销字节又分为再生段开销 RSOH 和复用段开销 MSOH。

SOH 是在 STM-*N* 形成的最后阶段插入的，POH 是在形成虚容器 VC-*n* 时插入的。POH 又有高阶和低阶之分，都是供 VC 组装点和拆卸点间端到端的通信用的。SDH 的每一个开销都可用作 SDH 网管信息的传输通道，大量的开销字节意味着强大的网管。段开销 SOH 负责段层的 OAM，POH 负责通道层的 OAM。

5.1.4 SDH 设备

这里以华为 155/622H、155S 传输设备为例简单介绍 SDH 设备的结构、组成和维护。

华为 155/622H、155S 传输设备采用功能一体化模块式设计，在光口、电口、时钟、主控、开销等功能上全部与现有 SDH 产品兼容，可支持多种类型的业务，具有灵活的配置能力。

华为 155/622H、155S 传输设备如图 5-5 所示，采用盒式结构，结构紧凑，为安装提供了很大的灵活性。155/622H 前面板如图 5-6 所示，其中 ALM CUT 为告警切除开关；ENT 为以太网灯；RUN 为运行灯；R 为严重告警灯；Y 为一般告警灯；FAN 为风扇告警灯。

图 5-5　华为 155/622H、155S 传输设备

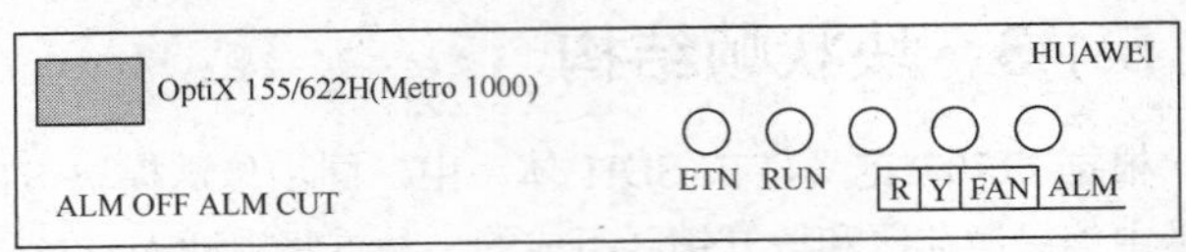

图 5-6　华为 155/622H 设备前面板示意图

1. 华为 155/622H

华为 155/622H 的功能单元如图 5-7 所示，设备背面有 7 个板位。

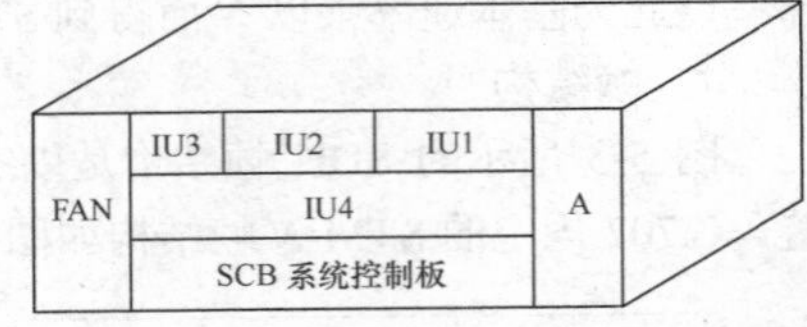

图 5-7　华为 155/622H 功能单元示意图

（1）接口单元

IU1、IU2、IU3、IU4 为设备业务接入板位，支持单板的带电插拔。

① IU1 为光口板板位，可选择 1/2 路 STM-1 光接口板、1 路 STM-4 光接口板 OI1 或者 2 路 STM-1 单纤双向光接口板 SB2 插入 IU1 板位。

② IU2、IU3 为光口板、电口板共用板位，可选择上述光口板 OI2/OI4/SB2 以及 8/4 路 2Mbit/s 的 E1 电口板 SP1、16 路的 2Mbit/s 的 E1 电口板 SP2、8 路 2Mbit/s 与 1.5Mbit/s（E1/T1）兼容电口板 SM1、8 路 2Mbit/s 的 E1 高性能电口板 HP2 或电口板 PL3 插入 IU2、IU3 板位，环境监控单元 EMU 可以插入 IU3 板位。

③ IU4 电口板板位或 ATM 以太网接入板位，可选择 48/32/16 路 2Mbit/s 的 E1 电口板 PD2、48/32/16 路 2Mbit/s 与 1.5Mbit/s（E1/T1）兼容电口板 PM2、多路音频数据接入板 TDA、2/4 路 155Mbit/s 的 ATM 业务接入板 AIU、8 路 10M/100M 兼容以太网接入板 ET1 插入 IU4 板位。

OptiX 155/622H 光传输设备的 IU1、IU2、IU3 板位均可以插光口单元 OI2/OI4/SB2。这 3 个接口单元配置光口板时可以与交叉单元配合，灵活组合成 TM ADM 系统或者多 ADM 系统 MADM。

（2）SCB、FAN、A 板位和电源滤波板

① SCB 为系统控制板板位，只用于系统控制板 SCB，而且必须插入 SCB。

② FAN 为风扇板板位。

③ A 板位和电源滤波板在需要清洁防尘网时可以插拔，防尘网下面为电源滤波板提供了两路直流滤波电源接口，有接入−48V 或者+24V 电源的两种电源滤波板可供选择。

重点提示

SCB 和电源滤波板模块在系统中属于必需的功能单元，任何一个单元缺少都会导致业务中断，因此在设备正常运行时不允许插拔。

（3）单板介绍

① 光口板 OI2 可提供 1/2 路 155Mbit/s 光口，OI4 提供 1 路 622Mbit/s 光口，SB2 提供 1/2 路单纤双向 155Mbit/s 光口，完成 SDH 物理接口、复用段和再生段开销处理，高阶和部分低阶通道开销处理，指针处理等功能。

② 支路电口板 SP1、SP2、PD2 提供 2Mbit/s 接口，SM1、PM2 提供 2Mbit/s 和 1.5Mbit/s 接口，HP2 提供高信号质量及接收灵敏度的 2Mbit/s 接口，PE3 提供 E3 接口，PT3 提供 T3 接口。这些电口板主要完成 2Mbit/s、1.5Mbit/s、34Mbit/s 或 45Mbit/s 信号到 VC-4 信号的映射、解映射等功能。

③ 多路音频数据接入板 TDA 提供了 12 路 2 线音频接口（或 6 路 4 线音频接口，或两者的组合），同时提供 4 路 RS-232 和 4 路 RS-422 数据接口，主要完成低速信号复用，可实现 ATM 业务的接入。

④ ATM 业务接口单元 AIU 对外提供 2/4 路 155Mbit/s 光口，实现 ATM 业务接入。

⑤ 以太网接口单元 ET1 对外提供 8 路 10M/100M 兼容的以太网接口。

⑥ 环境监控单元 EMU 提供环境监控功能，主要包括设备工作电压监测、设备工作温度监测、开关量输入/输出和串行通信等。

⑦ 系统控制板 SCB 包括控制与通信单元 SCC、交叉连接单元 X42、同步定时发生器单元 STG 及开

销处理单元 OHP，另外还提供系统所需的电源、声光报警、铃流等功能。

SCC 通过管理接口与网元管理终端连接，负责收集系统的性能、告警等维护信息并上报网管，下发来自网管的各种命令，如配置、监视等；同时通过 DCC 通道与不同传输网元间交换信息，来实现对其他网元的管理；进行网元内各个单元的信息交换，提供 DCC 通信，提供标准的以太网网管接口、RS-232 网管接口进行网元及网络管理。

STG 提供整个系统的工作时钟，可以从线路单元、支路单元、外部定时源或内部定时源获取定时信号，并且可以输出定时信号作为其他设备的输入时钟源。

X42 提供 16×16 个 VC-4 在 VC-12 级别的交叉能力，可实现接口侧业务在 VC-4、VC-3、VC-11、VC-12 级别上的互通与交换。

OHP 进行开销处理，提供公务电话的多种呼叫方式和 RS-232 数据通道接口等功能。

（4）常用板卡类型

SP1D 提供了 8 个 2M 电口，可安装于 155S、155/622H 的 IU2、IU3 槽位；SP1S 提供了 4 个 2Mbit/s 电口，可安装于 155S、155/622H 的 IU2、IU3 槽位；OI2D 提供了两个 155Mbit/s 光接口，可安装于 155S、155/622H 的 IU1～IU3 槽位；OI2S 提供了 1 个 155Mbit/s 光接口，可安装于 155S、155/622H 的 IU1～IU3 槽位；ET1 提供了 8 个以太网接口，只能安装于 155/622H 的 IU4 槽位；SCB 只能安装于 155S、155/622H 的 SCB 槽位。

2. 华为 155S

与 155/622H 不同的是，155S 没有 IU4 槽位，不支持两个以上 155Mbit/s 光信号，即 IU1 插了 OI2D 板之后，IU2\IU3 不能插光支路板，实际应用在网络的末梢。

3. 组网实例

图 5-8 所示为应用 SDH 设备进行的组网示例。

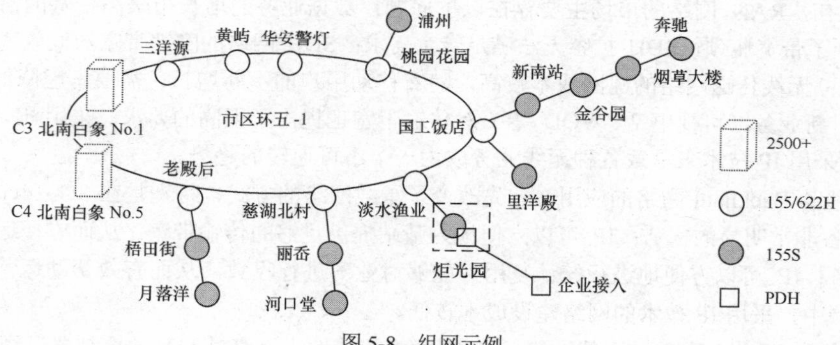

图 5-8　组网示例

4. 日常维护操作

（1）公务电话的使用

公务电话的电话线插头应插在 OptiX 155/622H 设备背面 SCB 板位置的 PHONE 接口上，确保公务电话的振铃开关（电话左侧标记有“ON”“OFF”）在 ON 的位置。

拨打电话方法：取下公务电话，按“TALK”键，有拨号音，可以拨号。

接听电话方法：当公务电话振铃时，取下公务电话，按一下“TALK”键，可以通话。

使用完毕后，把 TALK 键取消选中。

（2）单板的拔插和更换

确认单板插入的板位正确。操作人员正对 155/622H 背面，将单板沿左右导槽推入底部，并且使单板拉手条左右扳手的凹槽对准左右卡槽，此时单板处于浮插状态。

检查母板上的插座，确保单板插头对准母板插座，然后两手拇指按住单板拉手条把单板向设备机壳内推进，至单板拉手条基本与设备背面在同一平面。

将拉手条左右扳手向内扳至贴近拉手条位置，使单板完全插入，旋紧螺丝，如图 5-9 所示。

（3）设备通断电

按设备背面右上方“POWER”键处的“ON”“OFF”键即可实现设备的通断电。

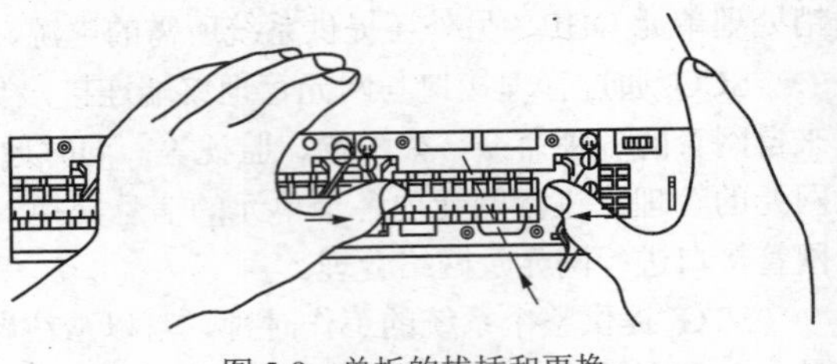
图 5-9 单板的拔插和更换

（4）告警铃声的切除

OptiX 155/622H 设备告警声切除方法有两种：一种是利用 OptiX 155/622H 设备下面的“ALMCUT”开关键，将 ALMCUT 开关拨到“ALMOFF”位置（告警切除状态），即可切除告警声；另一种是利用 OptiX 155/622H 设备背面的“ALMCUT”开关键，将 ALMCUT 开关拨到“ALMCUT”指示处（告警切除状态），即可切除告警声。

对于上述方法，单独使用时可以切除告警声，两种方法同时使用也可以切除告警声。如果告警没有排除，即使拨动一个 ALMCUT 开关到非告警切除位置（分别位于 ALMON 位置和非 ALMCUT 的位置），也会发出告警声。

5.2 分组传送网 PTN

5.2.1 PTN 概述

1. PTN 的产生

在无线网络中，RAN（Radio Access Network，在 3GPP 标准组织中称为“移动回传”Mobile Backhaul）是用于承载基站到基站控制器的语音业务、数据业务的基础网络。

3G 建设之初，RAN 网络的市场主要存在以下问题：数据业务的增长带来高带宽的需求；移动网络演进到 3G 遇到了带宽瓶颈，SDH 扩容无法满足带宽需求；SDH 网络的刚性带宽的低效率不能适应将来 ALL-IP 的趋势；无线传送网络的建网成本较高，随着移动用户的不断增长，需要考虑降低 Backhaul 网络的传送成本；新业务（可视电话、VOD 等）对传输带宽也提出了很高的要求。采用 IP 内核设备来建设 RAN 网络，采用 IP 技术来承载各种无线业务成为一个不可逆转的趋势。

IP 技术在移动 Backhaul 网络的应用，首先改变了承载网络的方式，特别是在 3G、4G 网络建设过程中，IP 承载具备非常明显的优势：IP 可以方便地为基站提供足够的传输带宽，从而方便运营商根据需求快速开发新业务；IP 可以方便地进行统计复用，能够对业务进行收敛，从而有效帮助运营商节省传输成本。在实际建网中，采用 IP 技术的网络建设成本较低。

现在的移动网络是 ALL-IP 的无线网络。在 IP 化演进道路上，基站和基站控制器已经或即将完成 IP 化改造；传输网络也在朝着能够提供 FE/GE 功能的方向发展；数据网络在可靠性、QoS、安全性方面都日益成熟；IP RAN 的时钟同步问题可以通过多种技术得到解决，所以 IP RAN 技术既符合无线技术演进方向，又符合传输层面全 IP 趋势，可以有利于投资保护，支持向无线新技术的演进。

PTN 正是在对移动传送网络需求高度理解的基础上应运而生的技术，将分组特性与传送特性完美结合，具备分组网络的灵活性和扩展性，同时还具有 SDH 网络高效的 OAM&PS 性能，提供电信级的总体低使用成本 TCO。

PTN 系列产品采用真正分组内核，为适应 Mobile 在城域网传送中对移动 2G/3G 混合 Backhaul 网络的特殊要求，增加了时钟定时、端到端管理、快速保护、多业务承载等功能，保证了 2G/3G/LTE 混合阶段的 Backhaul 需求覆盖能力，同时在城域网兼顾大客户专线、IPTV 等 FMC 网络必需的业务支撑功能。PTN 已经不再只是一个简单电信化特性的 Ethernet 技术，而是一个面对 Mobile 和 FMC 特征需求的解决方案型的 Packet 技术。

2. PTN 的概念

PTN（Packet Transport Network，分组传送网）在 IP 业务和底层光传输介质之间设置了一个层面，

它针对分组业务流量的突发性和统计复用传送的要求而设计，以分组业务为核心，支持多业务提供，具有更低的总体 TCO，同时秉承光传输的传统优势，包括高可用性和可靠性、高效的带宽管理机制和流量工程、便捷的 OAM 和网管、可扩展及较高的安全性等。PTN 可简单地理解为分组技术+SDH 维护体验，其总体架构如图 5-10 所示。

“分组”特性：指的是纯分组内核，灵活性和扩展性强，支持海量用户业务，包括商业、信息、通信、娱乐应用，包含语音、视频及数据业务等；在多样化的物理基础网络上，通过不同的提供商，提供从接入、城域、骨干到全球的业务；扩展性方面，带宽从 1Mbit/s 到 10Gbit/s 及以上；端到端高质量 QoS 保证。

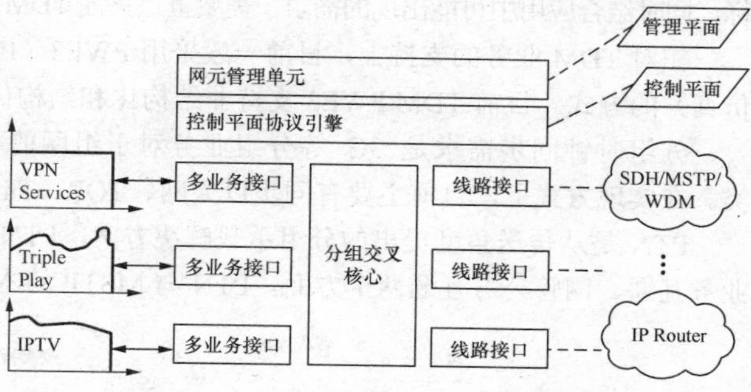

图 5-10　以分组为核心的 PTN 总体构架

“传送”特性：类 SDH 的保护机制，快速、丰富，从业务接入到网络侧及设备级的完整保护方案；类 SDH 的丰富 OAM 维护手段；综合的接入能力；完整的时钟/时间同步方案。

PTN 支持多种基于分组交换业务的双向点对点连接通道，具有适合各种粗细颗粒业务、端到端的组网能力，提供了更适合于 IP 业务特性的“柔性”传输管道；点对点连接通道的保护切换可以在 50ms 内完成，可实现传输级别的业务保护和恢复；继承了 SDH 技术的操作、管理和维护机制，具有点对点连接的完整 OAM，保证网络具备保护切换、错误检测和通道监控能力；完成了与 IP/MPLS 多种方式的互联互通，无缝承载核心 IP 业务；网管系统可控制连接信道的建立和设置，实现了业务 QoS 的区分和保证，可灵活提供 SLA 等。

另外，它可利用各种底层传输通道（如 SDH/Ethernet/OTN）。总之，它具有完善的 OAM 机制、精确的故障定位和严格的业务隔离功能，可最大限度地管理和利用光纤资源，保证了业务安全性，结合 MPLS 后，可实现资源的自动配置及网状网的高生存性。

3. PTN 的典型技术

就实现方案而言，在现在的网络和技术条件下，PTN 可分为以太网增强技术和传输技术结合 MPLS 两大类，前者以 PBB-TE 为代表，后者以 T-MPLS 为代表。当然，作为分组传送演进的另一个方向——电信级以太网（Carrier Ethernet，CE）也在逐步地推进中，这是一种从数据层面以较低的成本实现多业务承载的改良方法，相比于 PTN，其在全网端到端的安全可靠性方面及组网方面还有待进一步改进。

（1）PBT 技术

PBT 技术是基于以太网的演进，PBB/PBT（Provider Backbone Transport）去除了以太网的无连接特性（如广播、生成树协议、MAC 地址学习等），利用 MAC-In-MAC 技术隔离客户信息，提升了网络的可扩展性，增强了以太网的 OAM 和保护功能。可简单理解为 Eth+OAM。

（2）T-MPLS 技术

T-MPLS 技术是基于 MPLS 的演进，T-MPLS/MPLS-TP（MPLS Transport Profile）去除了 MPLS 无连接特性（如 PHP、LSP Merge、ECMP 等），增加了 SDH like OAM 和保护，可简单理解为 MPLS+OAM-IP。

T-MPLS（Transport MPLS）是一种面向连接的分组传送技术，在传送网络中，将客户信号映射进 MPLS 帧，并利用 MPLS 机制（例如标签交换、标签堆栈）进行转发，同时它增加了传送层的基本功能，例如连接和性能监测、生存性（保护恢复）、管理和控制面（ASON/GMPLS）。T-MPLS 继承了现有 SDH 的特点和优势，同时又可以满足未来分组化业务传送的需求。T-MPLS 采用与 SDH 类似的运营方式。由于 T-MPLS 的目标是成为一种通用的分组传送网，而不涉及 IP 路由方面的功能，因此 T-MPLS 的实现要比 IP/MPLS 简单，包括设备实现和网络运营方面。

PTN 可以看作二层数据技术的机制简化版与 OAM 增强版的结合体。在实现的技术上，两大主流技术 PBT 和 T-MPLS 都将是 SDH 的替代品，而非 IP/MPLS 的竞争者，其网络原理相似，都是基于端到端、双向点对点的连接，提供中心管理，在 50ms 内实现保护倒换的能力。两者都可以用来实现 SONET/SDH 向分组交换的转变，在保护已有的传输资源方面类似 SDH 网络功能，在已有网络上实现向

分组交换网络转变。

PTN 产品为分组传送而设计，其主要特征为灵活的组网调度能力、多业务传送能力、全面的电信级安全性、电信级的 OAM 能力、具备业务感知和端到端业务开通管理能力、传送单位比特成本低。为了实现这些目标，同时结合应用中可能出现的需求，需要重点关注 TDM 业务的支持能力、分组时钟同步、互联互通问题。

在对 TDM 业务的支持上，目前一般采用 PWE3（Pseudo Wire Emulation Edge-to-Edge，端到端伪线仿真）的方式。目前 TDM PWE3 支持非结构化和结构化两种模式，封装格式支持 MPLS 格式。

分组时钟同步需求是 3G 等分组业务对于组网的客观需求，时钟同步包括时间同步、频率同步两类。在实现方式上，目前主要有同步以太网、TOP（Timing Over Packet）方式、IEEE 1588V2 这 3 种。

PTN 是从传送角度提出的分组承载解决方案，PTN 网络必须要考虑与现网 MSTP 的互通。互通包括业务互通、网管公务互通两个方面。PTN 与 MSTP 的本质区别为分组交叉核心，如图 5-11 所示。

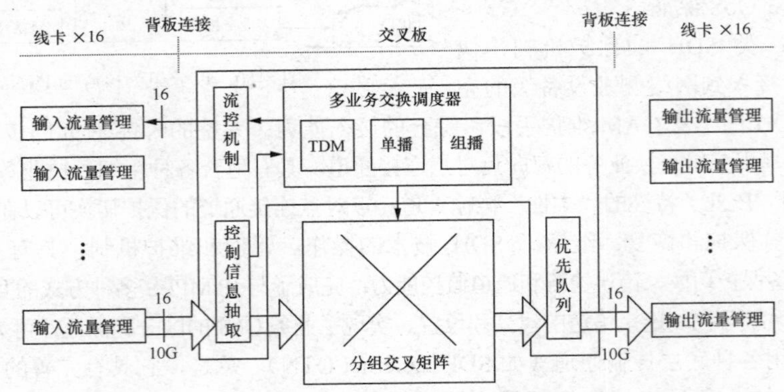

图 5-11　PTN 与 MSTP 区别示意图

4. PTN 的特点

PTN 技术融合了 IP 的灵活性，又继承了传统 SDH 的保护、OAM 管理、同步等特性，是真正电信级、高性价比、面向未来演进的分组传送技术。

① PTN 采用基于路由器架构的分组内核，拥有大容量的无阻塞信元交换单元，通过引入面向连接技术 MPLS-TP，实现了 IP 业务路径带宽规划和灵活高效的传送；实现类 SDH 的路径监控和保护、可靠传送和高效运维管理，延续了原 SDH 网络在运维时的客户体验。

② PTN 依托 MPLS PWE3 技术支持 TDM E1、ATM IMA E1、IP over E1 等多种模式 E1 业务的承载，满足传统 2G 基站（TDM）、3G 基站（ATM IMA 或纯 IP 接口）回传及 LTE 的多业务接入需求。

③ PTN 设备支持 IP 同步和 1588V2，满足 GSM 时钟传递及 TD-SCDMA 和 LTE 的高精度时间同步要求，避免了对卫星系统 GPS/北斗的依赖。

④ PTN 设备拥有类 SDH 的强大网管，包括全网拓扑监控、端到端业务点击配置、端到端业务性能和告警监控、网络流量预警等功能，是分组设备的电信级网管。

5. PTN 关键技术

（1）OAM

PTN 采用类似 SDH 的 OAM。T-MPLS/MPLS-TP 的 OAM 引擎基于硬件实现，采用 3.3ms OAM 协议报文插入，保证 50ms 完成保护倒换，不因 OAM 条目数量增加而导致性能下降。

（2）MPLS-TP 的保护倒换技术

线性保护倒换采用 G.8131 定义的路径保护，有 1+1 和 1 : 1 两种类型。环网保护倒换采用 G.8132 定义的环网保护，有 Wrapping（环回）和 Steering（转向）两种类型。双向倒换需要 APS 协议。

（3）PTN 网络的 QoS 技术机制

结合 IP/MPLS 的 QoS 技术，PTN 的 QoS 机制主要包括流分类、流量监管、流标记、流量整形、队列调度和拥塞避免等。

带宽需要竞争的情况下才需要 QoS。全业务运营下 QoS 的应用：2G/3G 的基站回传业务，两层标签；集团用户/家庭用户及其他数据用户，两层标签。

（4）时间同步

同步包括频率同步和时间同步两个概念。频率同步就是所谓的时钟同步，是指信号之间的频率或相位保持某种严格的特定关系，其相对应的有效瞬间以同一平均速率出现，以维持通信网络中所有设备以相同的速率运行。时间同步即相位同步，时间同步有两个主要的功能，即授时和守时。

① GPS。对于时间同步，以前主要采用 GPS（Global Positioning System，全球定位系统）来解决，GPS 也能同时解决时钟的频率同步。

② 时钟源——北斗授时系统。北斗系统时间的来源是地面高精度氢原子钟组，保证了时间基准精度的准确性。

相关知识

第二代北斗全球导航系统将采取“30+5”模式，由 5 颗静止地球轨道（GEO）卫星和 30 颗非静止轨道卫星组成，工作频段为 1.5GHz，授时功能将增加与 GPS 相同的 4 星授时方式，定位精度为 10m，授时精度为 50ns，测速精度达到 0.2m/s。目前，采用国产化铷原子钟的“北斗三号”授时精度每日误差已小于 2ns，定位精度优于 1m。

③ 传送网传递时间同步信息（1588）。1588 时间同步技术应用 PTP——IEEE 1588V2，采用主从时钟方案，周期时钟发布，接收方利用网络链路的对称性进行时钟偏移测量和延时测量，实现主从时钟的频率、相位和绝对时间的同步，如图 5-12 所示。

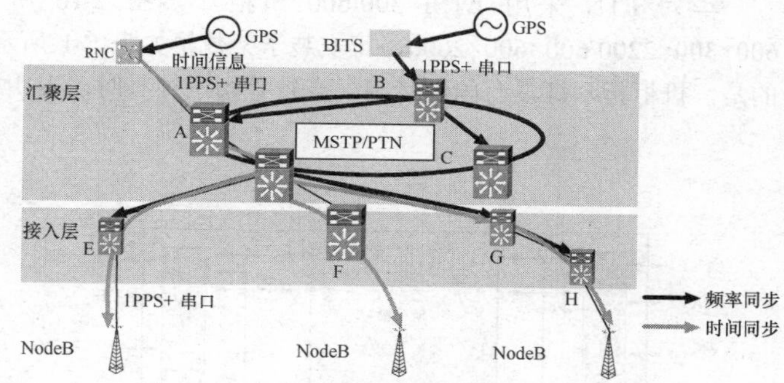

图 5-12　1588 传送网传递时间同步信息示意图

5.2.2　PTN 设备

1. 华为 PTN 设备

华为 PTN 提供了完整的移动回传端到端 PTN 解决方案，同时对大客户专线及 LTE/FMC 场景提供支持。华为提供了高效和创新的统一回传网络解决方案，降低了运营商的 CAPEX（资金、固定资产投入）和 OPEX（运营成本）。

华为 PTN 设备提供的端到端移动回传解决方案如图 5-13 所示。PTN 端到端自组网采用“扁平化”的组网思路，可分为业务接入和业务汇聚两个层次。业务接入层采用 GbE 链路组网，可实现各宏基站、室内覆盖、大客户专线等业务的接入。汇聚环采用 10GbE 组网；业务接入环和业务汇聚环采用“相交”的方式，汇聚环的部分节点可接入 OLT，满足宽带需求，适用于新兴地区，光纤可以铺设到基站的地区。PTN 网络的核心层可以由 PTN 自组网，也可以在业务汇聚层和核心业务交换节点采用 OTN 的连接方式，通过 GbE 链路进行 NodeB 业务分流，同时还可做到 PTN 节点业务的保护。

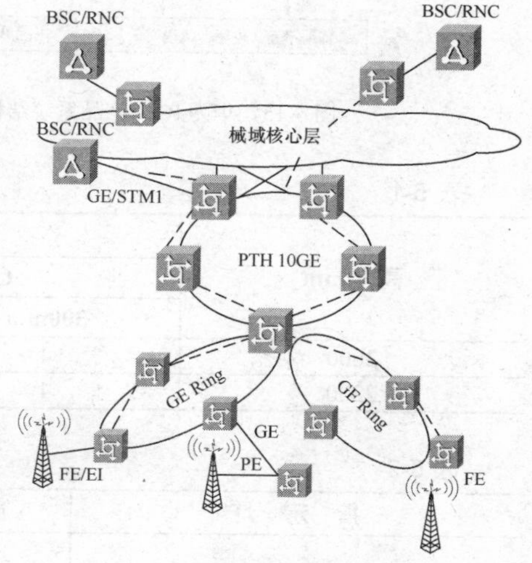

图 5-13　端到端移动回传解决方案

华为 PTN 解决方案同时可满足大客户专线的接入，可满足 FMC 多业务统一承载的应用场景。PTN 在架构上还做了对 LTE 承载的准备。PTN NMS 提供了全业务管理系统，提供了电信级网络管理系统，支持异地备份、多客户端接入和高安全解决方案。

PTN 电信级 IP 城域网端到端解决方案由 PTN 3900/1900/950/910/912 等产品组成，覆盖了接入城域核心的整个城域网络，PTN 产品系列采用 T-MPLS/MPLS-TP 标准。

华为 PTN 产品网络定位与应用如图 5-14 所示，产品系统结构如图 5-15 所示。

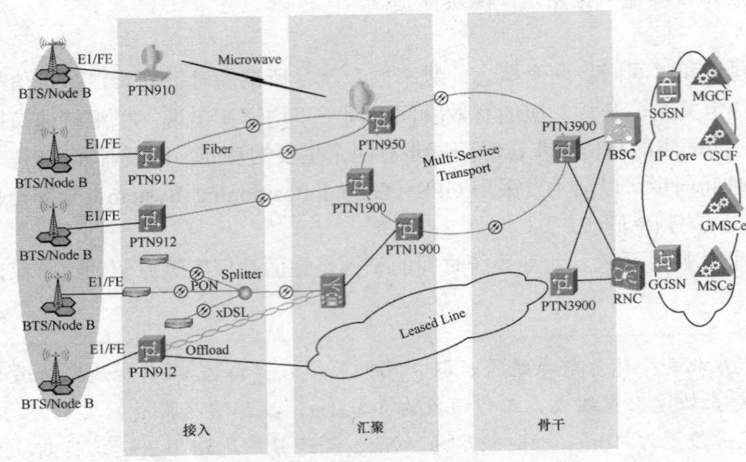

图 5-14　华为 PTN 产品网络定位与应用

华为 PTN 采用 ETSI 300/600 机柜，如图 5-16 所示，宽（mm）×深（mm）×高（mm）为 600×300×2200/600×600×2000，可安装子架数量如表 5-1 所示，机柜指示灯含义如表 5-2 所示。需要注意的是，机柜指示灯没有闪烁状态，当告警指示灯亮时，表明机柜内一个或多个子架产生告警。

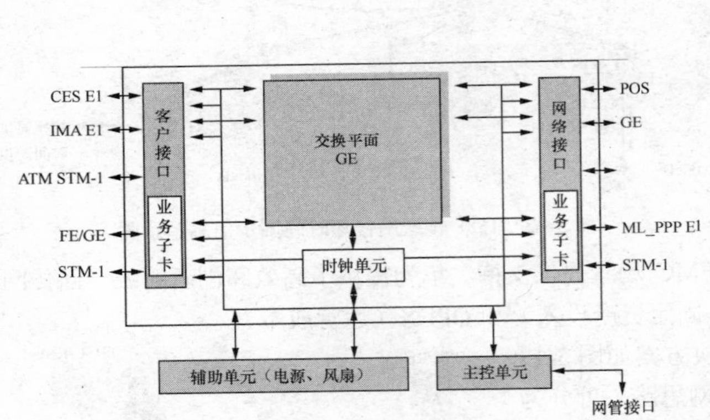

图 5-15　华为 PTN 产品系统结构

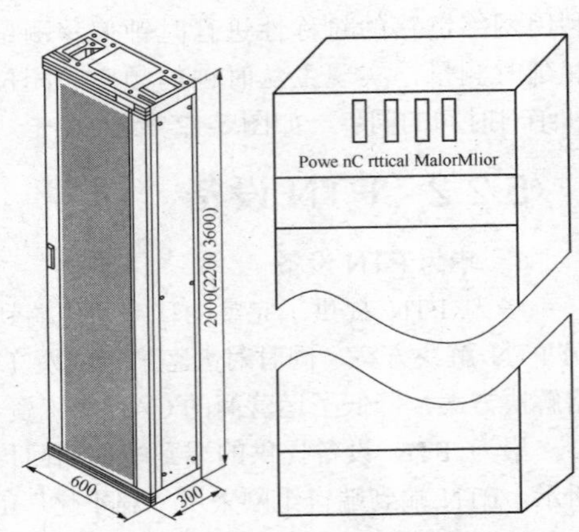

图 5-16　ETSI 300/600 机柜

表 5-1　机柜可安装子架数量

高度 mm	可安装子架数量			
	OptiX PTN 1900		OptiX PTN 3900	
	300mm	600mm	300mm	600mm
2000	4	8	1	2
2200	4	8	2	4

表 5-2　机柜指示灯含义

指　示　灯	颜　　色	状　　态	描　　述
电源正常指示灯 Power	绿色	亮	设备电源接通
		灭	设备电源没有接通
紧急告警指示灯 Critical	红色	亮	设备发生紧急告警
		灭	设备无紧急告警

续表

指 示 灯	颜 色	状 态	描 述
主要告警指示灯 Major	橙色	亮	设备发生主要告警
		灭	设备无主要告警
一般告警指示灯 Minor	黄色	亮	设备发生次要告警
		灭	设备无次要告警

华为 PTN 设备直流配电盒如图 5-17 所示，1 为电源输入区；2 为电源开关区；3 为电源输出区；4 为接地方式标识口；A 为配电盒 A 区；B 为配电盒 B 区。

华为 PTN 设备主要包括框式 PTN 3900（18U）、1900（5U）设备，以及盒式 PTN 950（2U）、912（1U）、910（1U）设备等，如图 5-18 所示。大容量的 PTN、3900 是高端产品，应用在城域核心和移动 Backhaul 的 POC（Push to talk Over Cellular）点；紧凑型的 PTN、1900 和 950 是低端产品，应用在城域接入和移动 Backhaul 的 POC 点；PTN、912 和 910 为末端产品，应用在客户侧和移动 Backhaul 的基站。

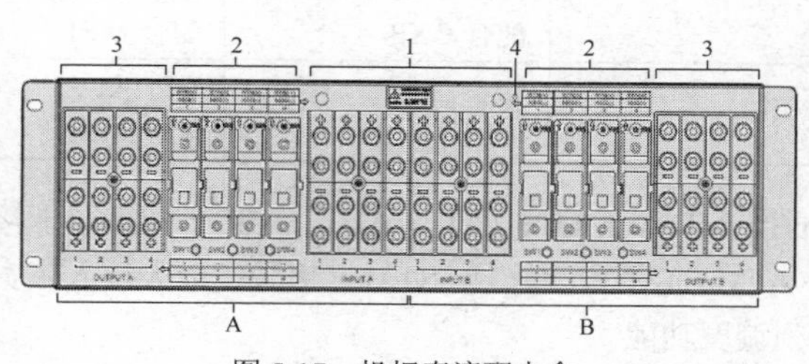

图 5-17 机柜直流配电盒

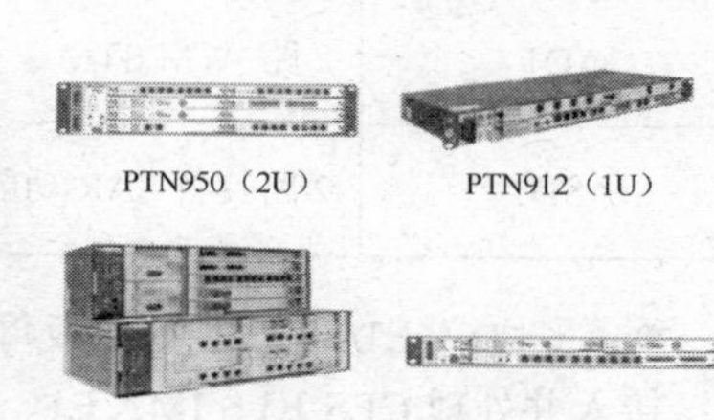

图 5-18 华为 PTN 设备

（1）框式 OptiX PTN 3900/1900 设备

PTN 3900/1900 设备子架结构如图 5-19 所示。

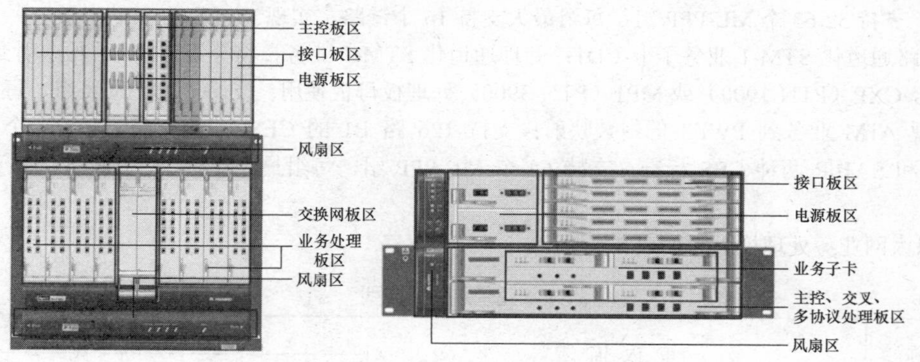

图 5-19 PTN 3900（左）/1900（右）子架结构

PTN 3900 槽位对应关系如图 5-20 所示，PTN 1900 槽位对应关系如图 5-21 所示。

Slot19	Slot29	Slot21	Slot22	Slot23	Slot24	Slot25	Slot26	PIUSlot27	PIUSlot28	SCASlot27	SCASlot27	Slot31	Slot32	Slot33	Slot34	Slot35	Slot36	Slot37	Slot38
风扇 Slot39																			

Slot1	Slot2	Slot3	Slot4	Slot5	Slot6	Slot7	Slot8	XCS Slot9	XCS Slot10	Slot11	Slot12	Slot13	Slot14	Slot15	Slot16	Slot17	Slot18
走线区										走线区							
风扇 Slot40																	

1→19、20
2→21、22
3→23、24
4→25、26

15→31、32
16→33、34
17→35、36
18→37、38

图 5-20 PTN 3900 槽位对应关系

Slot 10 (FANB)	Slot8（PIU）	Slot3 2Gbit/s
		Slot4 2Gbit/s
		Slot5 2Gbit/s
	Slot9（PIU）	Slot6 2Gbit/s
		Slot7 2Gbit/s
Slot 11 (FANA)	Slot1	Slot1-1 2Gbit/s　Slot1-2 2Gbit/s
	Slot2	Slot2-1 2Gbit/s　Slot2-2 2Gbit/s

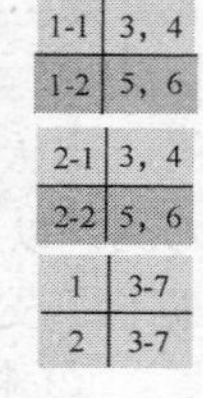

1-1	3，4
1-2	5，6
2-1	3，4
2-2	5，6
1	3-7
2	3-7

图 5-21 PTN 1900 槽位对应关系

① 处理类单板。ATM/IMA、POS、CPOS、多协议类处理板类型如表 5-3 所示。

表 5-3　多协议类处理板类型

名　称	单板描述	支持槽位	
		PTN1900	PTN3900
MP1	多协议 TDM/IMA/ATM/MLPPP 多接口 E1/STM-1 处理板母板	不支持	1-8，11-18
MD1	多协议 TDM/IMA/ATM/MLPPP 32 路 E1/T1 业务子卡	1-1，1-2，2-1，2-2 配合 CXP	1-5，14-18 配合 MP1
MQ1	多协议 TDM/IMA/ATM/MLPPP 63 路 E1/T1 业务子卡	不支持	1-5，14-18 配合 MP1
CD1	2 路通道化 STM-1 业务子卡	1-1，1-2，2-1，2-2 配合 CXP	1-8，11-18 配合 MP1
AD1	2 路 ATM STM-1 业务子卡	1-1，1-2，2-1，2-2 配合 CXP	1-8，11-18 配合 MP1
ASD1	2 路具备 SAR 功能的 ATM STM-1 业务子卡	不支持	1-8，11-18 配合 MP1

- 多协议 E1/STM-1 处理板母板-MP1：提供热插拔 MD1、MQ1、CD1、AD1、ASD1 业务子卡接口；接入并处理 CES E1、IMA E1、ML-PPP E1 信号、ATM STM-1、通道化 STM-1 信号；最大接入带宽满足 1Gbit/s 流量的接入；QoS 满足端口四级优先级队列调度功能。
- 32/63 路 E1 业务子卡-MD1/MQ1：处理 IMA E1、CES E1、ML-PPP E1 信号；配合 CXP（PTN 1900）或 MP1（PTN 3900）处理板母板使用；支持 32 个 IMA 组，每组 32 个 E1 链路，实现 ATM 业务到 PWE3 的封装映射；支持 32/63 路 E1 的 CES，每个 CES 对应一个 PW，支持 CESoPSN 和 SAToP 两种 CES 标准；支持 32/63 个 ML-PPP 组，每组最大支持 16 个链路，实现 MPLS 的 PPP 封装。
- 2 路通道化 STM-1 业务子卡-CD1：处理通道化 STM-1 业务，将分组 E1 的数据映射到 VC-12 中传输；配合 CXP（PTN 1900）或 MP1（PTN 3900）处理板母板使用；支持 64 个 IMA 组，每组 32 个 E1 链路，实现 ATM 业务到 PWE3 的封装映射；支持 126 路 E1 的 CES，每个 CES 对应一个 PW，支持 CESoPSN 和 SAToP 两种 CES 标准；支持 64 个 ML-PPP 组，每组最大支持 16 个链路，实现 MPLS 的 PPP 封装。
- 以太网业务处理板类型如表 5-4 所示。

表 5-4　以太网业务处理板类型

名　称	单板描述	支持槽位	
		PTN1900	PTN3900
EG16	16 路 GE 以太网处理板	不支持	1-7，11-17
EX2	2 路 10GE 以太网处理板	不支持	1-7，11-17

EX2 为双槽位单板，一般放置在 Slot5-7、11-13 两个连续槽位；EG16 为双槽位单板，占用子架的 Slot1-7、11-17 两个连续槽位。1 块 EG16 最多支持 4 块接口板，Slot 1/2/3/15/16/17 对应 4 个接口板槽位；Slot4/14 对应两个接口板槽位。

以太网业务处理板-EG16 提供 16 路 GE 信号和 48 路 FE 信号（带接口板）接入能力；采用层次化 QoS，以及流队列和端口队列等多级调度；处理能力为全双工 20Gbit/s；支持双向 10Gbit/s 全线速收发数据包；支持 1024 个 APS 保护组。

② 接口类单板。TDM 接口板类型如表 5-5 所示。

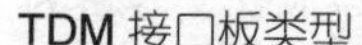

表 5-5　　TDM 接口板类型

名　称	单 板 描 述	支 持 槽 位		对应业务处理板
		PTN 1900	PTN 3900	
D12	32 路 120Ω E1/T1 电口板	不支持	19-26，31-38	MD1/MQ1
L12	16 路 120Ω E1/T1 电口板	3-6	不支持	MD1
D75	32 路 75Ω E1 电口板	不支持	19-26，31-38	MD1/MQ1
L75	16 路 75Ω E1 电口板	3-6	不支持	MD1

以太网和 POS 接口板类型如表 5-6 所示。

表 5-6　　以太网和 POS 接口板类型

名　称	单 板 描 述	支 持 槽 位		对应业务处理板
		PTN 1900	PTN 3900	
ETFC	12 路 FE 电口板	3-7	19-26，31-38	CXP/EG16
EFG2	2 路 GE 光口板	3-7	19-26，31-38	CXP/EG16
POD41	2 路 622M/155M POS 接口板	3-7	19-26，31-38	CXP/EG16

说明：对于 OptiX PTN 1900，当 ETFC 板插在 Slot 3 时，单板的后 5 个端口不可用。

● ETFC 单板用户侧支持 12 个 FE 接口，系统侧支持 2 个 GE 接口；单板为处理板提供 FE 业务的接入；系统侧的 GE 接口支持主备选择；支持热插拔；支持−48V 系统供电。

● EFG2 单板完成两路 GE 业务的接入和发送，实现同步以太网功能；提供温度查询、电压查询等功能；实现对光模块的管理功能。

● POD41 单板客户侧提供 2 路光接口（STM-1/4 根据需要选择），系统侧提供 4 路 GE 主备数据接口（支持业务的主备倒换）；支持提取线路侧时钟；支持端口内环回和外环回；端口支持自动解环回。

③ 交叉及系统控制类单板。交叉及系统控制类单板类型如表 5-7 所示。

表 5-7　　交叉及系统控制类单板类型

名　称	单 板 描 述	支 持 槽 位	
		PTN 1900	PTN 3900
SCA	OptiX PTN 3900 系统控制与辅助处理板	不支持	29、30
XCS	OptiX PTN 3900 普通型交叉时钟板	不支持	9、10
CXP	OptiX PTN 1900 主控、交叉与业务处理合一板	1、2	不支持

● 系统控制与辅助处理板（SCA）：主要有管理和配置单板及网元数据、收集告警及性能数据、处理二层协议数据报文、备份重要数据等系统控制功能；LAN Switch 和 HDLC 实现板间通信功能；提供监测 PIU 单板状态、监测风扇板状态等辅助处理功能；采用单板 1+1 保护。

SCA 面板接口如表 5-8 所示。

表 5-8　　SCA 面板接口

面 板 接 口	接 口 类 型	用　　途
LAMP1	RJ-45	机柜指示灯输出接口
LAMP2	RJ-45	机柜指示灯级联接口
ETH	RJ-45	10M/100M 自适应的以太网网管接口
EXT	RJ-45	10M/100M 自适应的以太网接口（预留）与扩展子架间通信
ALMO1	RJ-45	2 路告警输出与 2 路告警级联共用接口
ALMI1	RJ-45	1～4 路开关量告警输入接口
ALMI2	RJ-45	5～8 路开关量告警输入接口
F&f	RJ-45	OAM 接口

● 普通型交叉时钟板——XCS：主要有完成交叉容量为 160Gbit/s 的分组全交叉，提供逐级反压机制、逐级缓冲信元等业务调度功能；跟踪外部时钟源，提供系统同步时钟源的时钟功能；75Ω时钟输入/输出、120Ω时钟输入/输出接口功能；采用单板 1+1 保护。

● 主控、交叉与业务处理板-CXP：单板主要完成单板及业务配置功能、处理二层协议数据报文、监测 PIU/FAN 单板状态等支持系统控制与通信的功能；完成交叉容量为 5Gbit/s 的业务调度，提供层次化的 QoS 等业务处理与调度功能；跟踪外部时钟源，提供系统同步时钟源；提供 120Ω时钟输入/输出接口等时钟功能；支持 CXP 单板的 1+1 保护；采用业务子卡 TPS 保护。

CXP 面板接口如表 5-9 所示。

表 5-9　　CXP 面板接口

面板接口	接口类型	用途
CLK1	RJ-45	120Ω外时钟输入/输出共用接口
CLK2	RJ-45	120Ω外时钟输入/输出共用接口
ALMO	RJ-45	2 路告警输出与 2 路告警级联共用接口
ALMI	RJ-45	1～4 路开关量告警输入接口
ETH	RJ-45	10M/100M 自适应的以太网网管接口
EXT	RJ-45	10M/100M 自适应的以太网接口，目前预留，用于与扩展子架之间的通信
F&f	RJ-45	OAM 串口
LAMP1	RJ-45	机柜指示灯输出接口
LAMP2	RJ-45	机柜指示灯级联接口

④ 电源及风扇类单板。电源及风扇类单板类型如表 5-10 所示。

表 5-10　　电源及风扇类单板类型

名称	单板描述	支持槽位	
		PTN 1900	PTN 3900
TN81PIU	OptiX PTN 3900 电源接入单元	不支持	27、28
TN71PIU	OptiX PTN 1900 电源接入单元	8、9	不支持
TN81FAN	OptiX PTN 3900 风扇	不支持	39、40
TN71FANA	OptiX PTN 1900 风扇 A	10	不支持
TN71FANB	OptiX PTN 1900 风扇 B	11	不支持

说明：TN81 为 OptiX PTN 3900 产品单板代号；TN71 为 OptiX PTN 1900 产品单板代号。

● TN81FAN：单板功能特性有保证系统散热；智能调速功能；提供风扇状态检测功能；提供风扇告警信息；提供子架告警指示灯。

● TN71FANA/B：单板功能特性有保证系统散热；智能调速功能；提供风扇状态检测功能；提供风扇告警信息；提供子架告警和状态指示灯；提供告警测试和告警切除功能。

（2）OptiX PTN 950 设备（2U）

Optix PTN 950（见图 5-22）的最大业务交换能力和线速 I/O 能力都为 8Gbit/s；PTN 910 的最大业务交换能力和线速 I/O 能力为 6.5Gbit/s。这里说的交换能力是指单向的，如 PTN 950 交换容量的出方向和入方向均为 8Gbit/s，即双向为 16Gbit/s。

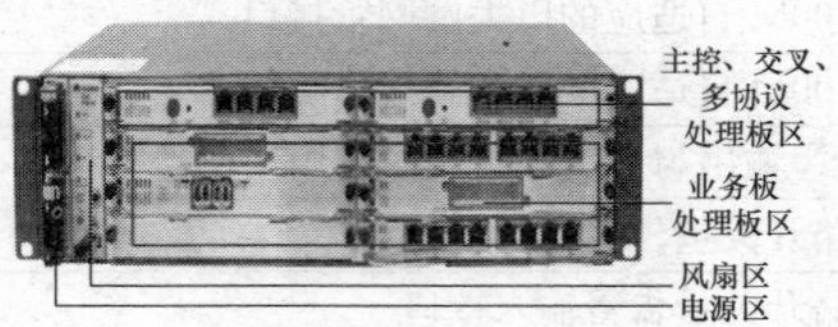

图 5-22　PTN 950 子架与槽位对应关系

① 接口类单板。PTN 950 设备接口类单板类型如表 5-11 所示。

表 5-11　　PTN 950 设备接口类单板类型

名　称	单板描述	支持槽位	对应业务处理板
EF8T	8 路 FE 电接口板	1-6	CXP
EF8F	8 路 FE 光接口板	1-6	CXP
EG2	2 路 GE 接口板	1-6	CXP
ML1/ML1A	16 路 E1 单板	1-6	CXP
AUXQ	辅助板	1-6	CXP

● EF8T：主要完成 8 路 FE 业务电信号的接入和处理功能。具体功能特性：实现 8 路 FE 业务电信号的接入；实现同步以太时钟及 1588V2 时钟功能；支持热插拔；支持温度、电压监控功能。EF8T 单板面板上的指示灯有工作状态指示灯（STAT，红、绿双色指示灯）、状态指示灯（SRV，红、黄、绿三色指示灯）、端口连接状态指示灯（LINK，绿色指示灯）、端口数据收发状态指示灯（ACT，黄色指示灯）。

● EF8F：主要完成 8 路 FE 业务光信号的接入和处理功能。具体功能特性：实现 8 路 FE 业务光信号的接入；实现同步以太时钟及 1588V2 时钟功能；支持热插拔；支持温度、电压监控功能。EF8F 单板面板上的指示灯有工作状态指示灯（STAT，红、绿双色指示灯）、状态指示灯（SRV，红、绿、黄三色指示灯）、端口连接状态指示灯（LINK，绿色指示灯）。

● EG2：主要完成 2 路 GE 光信号业务的接入与透传。具体功能特性：实现 2 路 GE 光信号业务的接入与透传；支持 SFP/ESFP 光接口，支持 GE 光口；支持同步以太时钟及 1588V2 时钟功能；支持告警信息上传，以方便用户进行故障检查与维护。EG2 单板面板上的指示灯有工作状态指示灯（STAT，红、绿双色指示灯）、状态指示灯（SRV，红、黄、绿三色指示灯）、端口连接状态指示灯（LINK，绿色指示灯）、端口数据收发状态指示灯（ACT，黄色指示灯）。

● ML1/ML1A：ML1 是 75Ω E1 单板；ML1A 是 120Ω E1、100Ω T1 单板。ML1 支持最多 16 路 E1 的接入，每个端口业务类型灵活可配，支持单板热插拔；ML1 单板支持 IMA、CES、ML-PPP 三种协议，灵活可配，CES 最大支持 16 路 E1 的 CES，每个 E1 对应一个 PW，支持时隙压缩功能；能够实现 CESoPSN 和 SAToP 两种 CES 标准；支持环回时钟恢复模式、再定时恢复模式、自适应恢复模式；支持 TDM 帧缓存的时间可以基于每个 PWE3 灵活配置，范围为 0.125～5ms；每个 PW 能够容忍的 PSN 网络的抖动时间为 0.1～5ms（可配置）。ML1/ML1A 单板面板上的指示灯有工作状态指示灯（STAT，红、绿双色指示灯）、业务状态指示灯（SRV，红、黄、绿三色指示灯）。

● AUXQ（辅助板）：支持业务处理、辅助接口和时钟处理等功能。具体功能特性：实现 4 个 FE 电口业务接入和处理；提供 1 个公务电话接口，支持公务电话信号传送和处理；提供 1 个透明业务传输接口，支持透明数据传送和处理；支持热插拔；提供 4 路告警输入口、2 路告警输出口和 2 路告警级联口，支持告警数据传送和状态检测及控制；实现同步以太时钟及 IEEE 1588V2 时钟功能；支持电源管理功能，为单板内部提供 1.2V、3.3V 和 5V 电源。

② 交叉及系统控制类单板。PTN 950 交叉及系统控制类单板主要控制交叉协议处理板 TND1CXP，支持槽位为 7、8。

主控、交叉与业务处理板-TND1CXP 的主要功能特性：支持系统控制与通信功能，包括完成单板及业务配置功能、支持主备保护功能、处理 2 层/3 层协议数据报文、监测 PIU/FAN 单板状态；支持业务接入、处理和调度功能，总业务交换容量为 8Gbit/s，支持 6 个接口槽位；提供辅助接口，包括网管网口、网管串口和扩展网口各 1 路，支持两路外时钟或外时间接口；支持时钟功能，包括支持 1588 V2 时钟时间处理协议；支持 E1、T1 时钟的外时钟处理；支持 DCLS 或 1PPS+串口时间信息的传送处理；支持同步以太时钟的时钟处理。

TND1CXP 面板接口说明如表 5-12 所示。

表 5-12　　TND1CXP 面板接口

面板接口	接口类型	用　途
ETH/OAM	RJ-45	网管网口和网管串口/测试网口
CLK1/TOD1	RJ-45	外时钟和外时间输入输出 1
CLK2/TOD2	RJ-45	外时钟和外时间输入输出 2
EXT	RJ-45	扩展网口

TND1CXP 面板按钮及功能说明如表 5-13 所示。

表 5-13　　TND1CXP 面板按钮及功能

按　钮	CF 卡配置恢复按钮 CF RCV	软复位按钮 RST	指示灯测试按钮 LAMP
具体描述	CF 卡配置恢复	对设备进行软复位	对设备进行指示灯测试

③ 电源及风扇类单板。电源及风扇类单板类型如表 5-14 所示。

表 5-14　　电源及风扇类单板类型

名　称	单板描述	支持槽位
TND1PIU	OptiX PTN 950 电源接入单元	9、10
TND1FAN	OptiX PTN 950 风扇	11

● TND1PIU 单板功能特性：提供 1 路–48V 或–60V 直流电源接口为设备供电，每路最大功耗为 550W，最大电流为 15A 的电源接入；提供过流、短路、反接保护的电源防护；提供防雷功能，并有防雷失效告警上报的防雷功能；提供制造信息、PCB 版本信息、槽位 ID 信息、单板在位信息和电源告警信息的上报功能；两块 PIU 板可以提供 1+1 热备份电源。

● TNC1FAN 单板功能特性：保证系统散热；提供风扇电源缓启动、过流保护和低频滤波功能；提供智能调速功能，保证系统散热的同时有效节能；提供风扇转速、环境温度、告警信息、版本号和在位信息的上报功能；提供风扇告警指示灯；提供风扇电源关断功能。

（3）PTN 设备级保护-3900/1900/950

PTN 设备级保护类型及保护机制如表 5-15 所示。

① OptiX PTN 1900 TPS 保护。MD1、CXP 与接口板一起可以实现两组 1 : 1 TPS 保护；CXP 处理板采用 1+1 保护，Slot 1 和 Slot 2 构成 1+1 保护；PIU 电源接口板、Slot 8 和 Slot 9 构成 1+1 保护；风扇保护。

表 5-15　　PTN 设备级保护类型及保护机制

保护类型	设备类型	保护机制
E1/T1 业务子卡	OptiX PTN 1900	1:1 TPS（2 组）
	OptiX PTN 3900	1:*N*（$N \leqslant 4$）TPS（2 组）
CXP 处理板保护	OptiX PTN 1900/950	1+1 保护
XCS 板保护	OptiX PTN 3900	1+1 保护
SCA 板保护	OptiX PTN 3900	1+1 保护
PIU 电源接口板	OptiX PTN 1900/3900/950	1+1 保护
风扇保护	OptiX PTN 1900/3900	风扇冗余备份

CXP 处理板端口保护：单块 CXP 时，两路时钟互相保护；两块 CXP 时，所有端口都是上下保护。

② OptiX PTN 3900 TPS 保护。OptiX PTN 3900 支持两组 E1/T1 TPS 保护，Slot5 保护板保护 Slot1～4；Slot14 保护板保护 Slot15～18。SCA 主控通信单元 Slot29 和 Slot30 构成 1+1 保护；XCS 交叉时钟单元 Slot9 和 Slot10 构成 1+1 保护；PIU 电源接口板 Slot27 和 Slot28 构成 1+1 保护；风扇保护。

华为 PTN 设备单板及设备工作指示灯可表示设备的基本工作状态，含义说明如表 5-16 所示。

表 5-16　　华为 PTN 设备单板及设备工作指示灯含义

名　称	颜色	状态	含　义
工作状态指示 STAT	绿色	亮	表示单板正常工作
	红色	亮	表示单板硬件故障
		灭	表示单板没有开工，或单板没有被创建——或单板没有上电
业务状态指示 SRV	绿色	亮	表示业务工作正常，没有任何业务告警产生
	红色	亮	表示业务有危急或主要告警
	黄色	亮	表示业务有次要和远端告警
		灭	表示业务没有配置
激活状态指示 ACT/ ACTX/ ACTC	绿	亮	业务处于激活状态，单板工作
		100ms 间隔闪烁	保护系统中，表示系统数据库批量备份
		灭	正常情况，表示业务处于非激活态
时钟同步指示 SYNC	绿	亮	时钟工作正常
	红	亮	时钟源丢失或时钟源倒换
程序状态指示 PROG	绿	亮	表示上层软件初始化（上电/复位过程中）或软件正常运行
		100ms 间隔闪烁	表示正在进行写 FLASH 操作或软件加载（上电/复位过程中）
		300ms 间隔闪烁	表示正处在 BIOS 引导阶段（上电/复位过程中）
	红	亮	表示内存自检失败，或上层软件加载不成功，或文件丢失
		循环 100 ms 间隔闪烁	表示 BOOTROM 自检失败（上电/复位过程中）
		灭	无

（4）华为设备的维护

维护人员应具有 IP 网络原理知识，了解告警信号流及告警产生机理，具备 PTN 设备和网管的基本操作、常用仪表的基本操作等专业技能；熟悉网络拓扑、业务配置、设备运行状态、工程文档等工程组网信息；做好对网路拓扑、网管日志、当前和历史告警、黑匣子记录等故障现场数据的采集与保存。

① 常用的故障处理基本思路和方法。常用的故障处理基本思路和方法有告警性能分析法、环回法、替换法、经验处理法、OAM/PING 调试法及 TRACEROUTE 调试法等。

● 告警性能分析法。通过设备告警指示灯获取告警信息。维护人员可以通过机柜顶部的告警指示和单板告警指示灯查看告警。应当注意到，设备指示灯仅反映设备当前的运行状态，对于设备曾经出过故障无法表示；设备指示灯状态只能反映设备告警级别，而不能准确告知具体告警。因此，设备告警指示灯只能配合设备维护人员处理故障时使用。通过网管获取的告警和性能信息，获取设备当前存在哪些告警、告警发生时间以及设备的历史告警，获取设备性能事件的具体数值。

● 环回法。环回法与在 SDH 中的应用一样，包括软件环回、硬件环回、内环回、外环回、MAC 环回及 PHY 环回等类型。环回法可能导致其他在用业务中断，使用时必须给予足够重视。

PTN 产品对软件环回的支持情况如表 5-17 所示。

表 5-17　　PTN 产品对软件环回的支持情况

	GE PHY	GE MAC	FE PHY	FE MAC	SDH 光口
内环	支持	支持	支持	支持	支持
外环	R1 版本仅 EFG2 单板支持	支持	不支持	支持	支持

● 替换法。替换法就是使用一个工作正常的物件去替换一个被怀疑工作不正常的物件，可替换物件包括线缆、光纤、法兰盘、电源、单板及设备等，适用于排除外部设备的问题。故障定位到单站后，还应排除单站内单板的问题。

● 经验处理法。经验处理法仅在应急处理时使用：可临时恢复业务，复位单板，单站重启，重新

下发配置，将业务倒换到备用通道。

经验处理法不能彻底查清故障原因，除非不得已，建议使用其他方法。

● OAM/PING 调试法。OAM/PING 调试法用于检测首末节点的网络连接是否可达，链路故障尽量使用 OAM 进行调试，适用于排除外部设备的问题。

● TRACEROUTE 调试法。TRACEROUTE 命令用于测试数据报文从发送主机到目的地所经过的网关，主要用于检查网络连接是否可达，分析网络什么地方发生了故障，适用于将链路故障定位到单站。

② PTN 设备数据采集。PTN 设备数据采集包括常见的告警性能等信息的采集、文件采集（一般较少用到）、日志文件的采集（PTN 记录设备运行情况的黑匣子，可以借此判断设备是否运行正常，常用于故障定位）。

● 数据采集内容。SCA、CXP 单板取 ofs1/log 和 ofs2/log 下的全部文件。如果需要取备主控文件，则取 stdby/ofs1/log 和 stdby/ofs2/log 下的全部文件。如果打开了智能（:cfg-get-itgattrib 返回 enable），需取主控板下的文件 mfs/log/asonlog.txt 和备主控下的文件 stdby/mfs/log/asonlog.txt。EG16、MP1、XCS 单板取 ofs1/log 下的全部文件。

注意：在采集数据前，请用 Navigator 登录到目的网元，下发命令 mon-backup-bb:bid（bid：主控或单板板位号）备份黑匣子。

● 性能统计。业务相关性能统计包括 SDH 相关性能、E1 相关性能、ETH 相关性能（RMON）、PW/Tunnel 相关性能。单板相关性能事件包括 CPU、内存占用率，单板温度等。

● 性能检测。性能检测功能仅用于点到点以太网虚连接或者 Tunnel 的端到端性能测量。目前支持性能测量丢包率，同时支持远端和近端的丢包率测量。对于时延和时延抖动，提供了双向测量方式。基本原理：在点到点连接的两端互相发送携带报文统计计数或者发送/接收时标等性能值的协议报文，接收到协议报文以后通过特定的算法得出丢包率和时延以及时延抖动。

● 告警信息采集。Navigator 采集方法要求在图 5-23 指示的区域中手工输入文件名和路径。FTP 采集方法如图 5-24 所示。

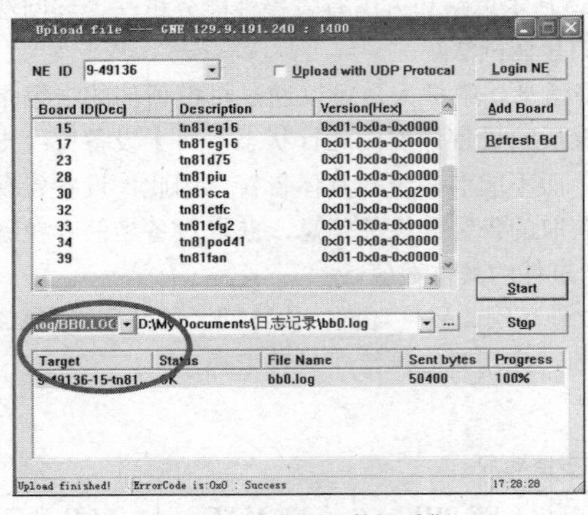

图 5-23 Navigator 数据采集

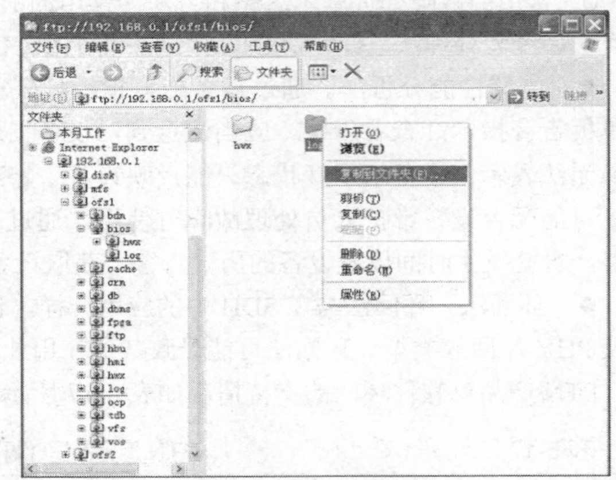

图 5-24 FTP 数据采集

③ 故障处理分析。PTN 中常见故障包括业务联通性测试、业务中断类故障、丢包类故障。

● 业务联通性测试。

MD（Maintenance Domain）：由单个操作者所控制的一部分网络。

MA（Maintenance Association）：MD 的一部分，用来实现 OAM 的一个实例（instance）。OAM 功能的实现是基于 MA 的。

MD Level：MD 的等级，用于区分嵌套的 MD，以太网 OAM 为网络分配了 8 个维护级别（数值越

大，优先级越高）。系统为客户分配了 3 个级别，即 7、6、5；为服务提供商提供了两个级别，即 4、3；为运营商分配了 3 个级别，即 2、1、0。

MEP（MA End Point）：MA 的端点，两个对等的 UNI 就是其所属 MA 的两个典型的 MEP。MEP 可以发起联通性检测、环回、链路追踪、性能测量等维护管理动作。

MIP（MA Intermediate Point）：MA 中间点，两个运行商管理域之间的分解点即典型的 MIP。MIP 没有发起维护管理动作的能力，但可对环回和链路追踪进行响应。

业务联通性测试的操作步骤如下所述。

第 1 步，在网元上新建 OAM 维护域。在 T2000 网管系统功能树中选择“以太网 OAM 管理→以太网业务 OAM 管理→新建”命令，创建一个新的 OAM 维护域，输入维护域名和维护域等级（取默认值即可）。

第 2 步，新建维护联盟。选择“新建→创建维护联盟”命令，输入维护域名和维护联盟名，并选择要测试的以太网业务（在已创建的业务列表中选择需要测试的以太网业务），“CC Test Transmit Period 周期”设置为 3.3ms 即可。

第 3 步，新建 MEP 维护点。选择“新建→创建 MEP 点”命令，输入维护域和维护联盟名称，选择单板类型、端口和 VLAN ID；输入 MEP ID（对端 MEP ID 和本端 MEP ID 不能相同）；若为 UNI 到 NNI，则方向选择“ingress”；若为 UNI 到 UNI，则方向选择“egress”；激活 CC 状态。

第 4 步，管理远端 MEP 点。选择“新建→管理远端 MEP 点”命令，输入维护域和维护联盟名称，指定远端 MEP ID（远端 MEP ID 和本端 MEP ID 不能相同）。

第 5 步，进行业务测试。输入远端 MEP 点 MAC 地址，单击“开始测试”按钮。

- 业务中断类故障。可能原因：外部原因（如供电电源故障、接地故障、环境异常及光纤、电缆故障等）、人为原因（误操作设置了光路的环回，误操作、更改、删除配置数据，设备本身故障等）、单板失效或性能不好等。
- 丢包类故障。可能原因：外部原因（如光功率问题、接地故障、环境温度、电缆故障、设备外部干扰及瞬时大误码等）、人为原因（如时钟配置错误等）；设备本身故障（如单板失效或性能不好等）。

④ 层次化故障维护。传输网络的故障维护可分层进行处理，物理层——单板/ETH 端口/SDH 端口/E1 口；链路层——MLPPP/STM/LAG；隧道层——Tunnel/PW/MPLS APS；业务层——ETH/CES/IMA/ATM。此处简单介绍物理层和链路层故障维护。

- 物理层故障维护。单板及设备工作指示灯可表示设备基本工作状态。

硬件故障相关的告警故障示意如图 5-25 所示。TEMP_OVER（工作温度过限）可能是环境温度过高、制冷设备故障、防尘网被堵、单板故障。HARD_BAD（硬件故障）可能是单板内器件故障。DBMS_ERROR（数据库错误）可能是数据库操作失效、数据库数据损坏、单板故障。COMMUN_FAIL（单板通信失败）可能是通信芯片或器件故障、倒针或拉死、背板总线故障。BD_STATUS（单板不在线）可能是单板未插、单板插座已松动、邮箱故障、子卡没有插、子卡插座已松动等故障。

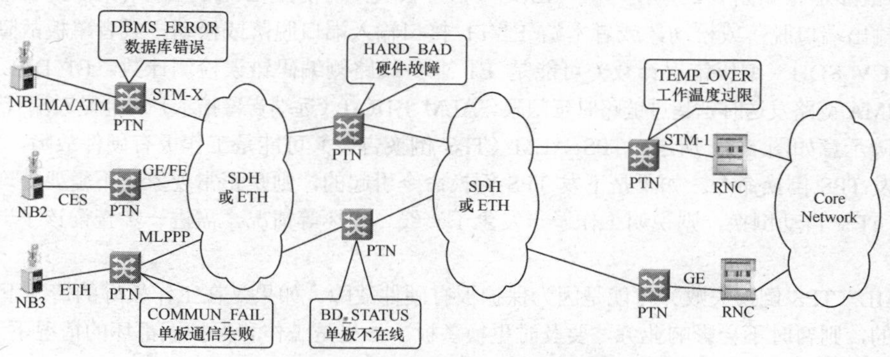

图 5-25 硬件故障相关告警故障示意图

GE/FE 端口故障如图 5-26 所示。ETH_LOS（光信号丢失）原因可能是光纤断、光模块坏、光衰减过大。ETH_LINK_DOWN（网口连接故障）可能是两端工作模式不一致造成的协商失败，电缆、光纤连接或者对端设备故障。MAC_FCS_EXC（误码越限）可能是因为 MAC 层检测到误码越限，或者线路信号劣化，或者光纤性能劣化，或者光口不洁净。ETH_DROP（丢包事件）可能是由于缺乏资源而导致的。ETH_CRC_ALI（错包计数）可能是有 FCS（帧校验序列）错误或者对齐错误（非整数字节）的包总数。

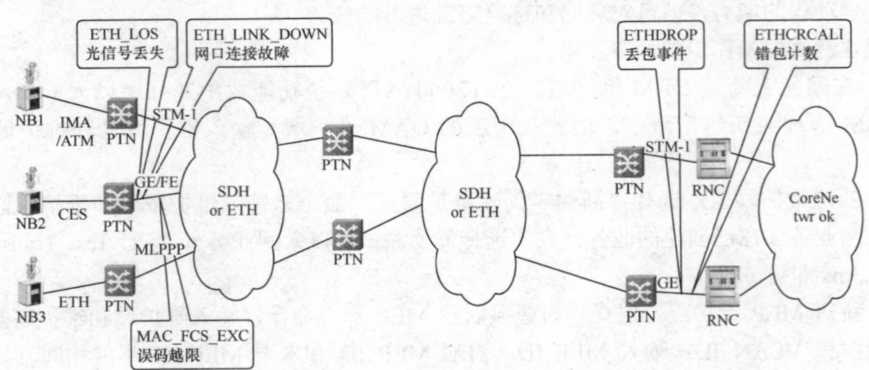

图 5-26　GE/FE 端口故障示意图

SDH 端口故障如图 5-27 所示。R_LOS（光信号丢失）可能是断纤、线路衰耗过大、对端站发送部分故障使得线路发送失效。R_LOC（时钟丢失）可能是接收到的信号失效、时钟提取模块故障。R_LOF（帧丢失）可能是接收信号衰减过大、对端站发送信号无帧结构、本板接收方向故障。J0_MM（追踪识别符失配）可能是对端应发的 J0 字节与本端应收的 J0 字节不一致。RSBBE（再生段误码）可能是通过 B1 字节监测而得知存在误码。AUPJCHIGH（AU 指针正调整）可能是 SDH 网中各网元的时钟不同步。

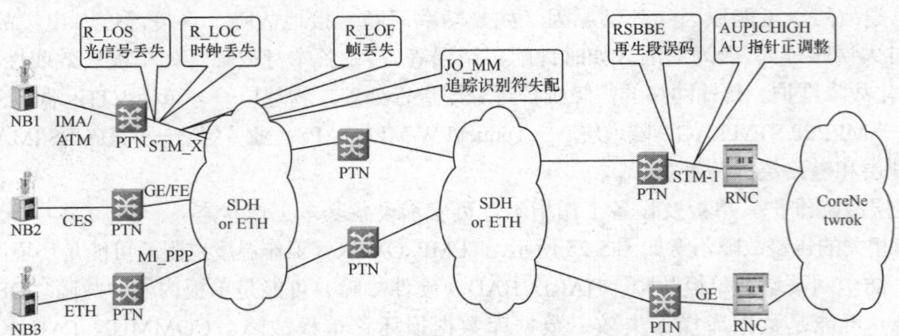

图 5-27　SDH 端口故障示意图

E1 端口故障示意如图 5-28 所示。T_ALOS（信号丢失）可能是 E1/T1 业务未接入，或者 DDF 架侧 E1/T1 接口输出端口脱落或松动，或者本站 E1/T1 接口输入端口脱落或松动，或者单板故障，或者电缆故障。E1_LCV_SDH（编码错误计数）可能是 E1 业务线路侧编码错误检测计数。E1_DELAY（时延告警）可能是 IMA 链路发送时延超过链路时延门限。ALM_E1RAI（远端告警指示）可能是对端有告警。

TPS 故障示意如图 5-29 所示。TPS_ALM（TPS 倒换告警）可能是工作板有硬件故障，发生 TPS 自动倒换，下发 TPS 倒换命令。如果是下发 TPS 倒换命令引起的，则是正常现象，不需要处理；如果是硬件损坏触发 TPS 自动倒换，则说明工作子卡发生了离线、变坏等情况，需进一步查询该子卡的告警，及时进行更换。

TPS_FAIL（TPS 倒换失败）可能是因为保护板有硬件故障。如果是在工作板好的情况下下发 TPS 倒换命令引起的，则暂时不会影响业务，要及时更换备板。如果是工作和保护板都坏的情况下 TPS 自动倒换失败引起的，则当前业务已中断，需及时更换工作和保护板。

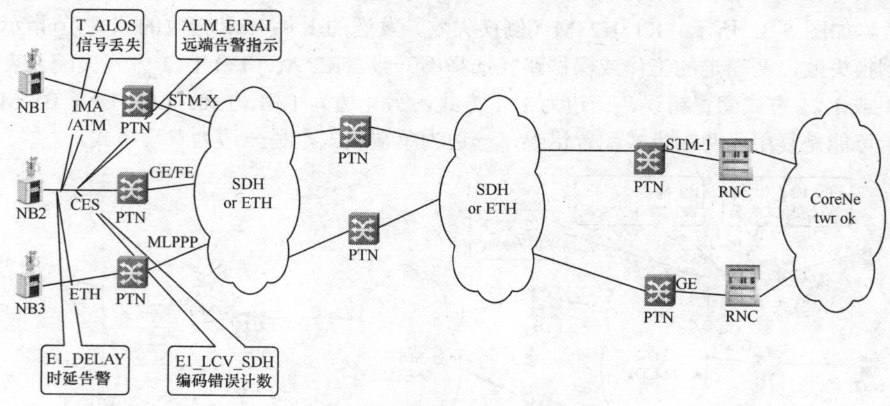

图 5-28　E1 端口故障示意图

● 链路层故障维护。MLPPP 故障如图 5-30 所示。MP_DELAY（组成员延时告警）可能是组内成员的延迟大于配置值产生告警。MP_DOWN（MLPPP 组失效）可能是 MLPPP 组中有效激活的成员数小于预先配置值；单主控复位，可能造成 PPP 协议无法协商。

LAG 故障如图 5-31 所示。LAG_MEMBER_DOWN（成员端口不可用告警）可能是端口 link down/disable，端口未收到 LACP 报文，端口半双工，端口自环。LAG_DOWN（组无效）可能聚合组中激活状态的成员数为 0。

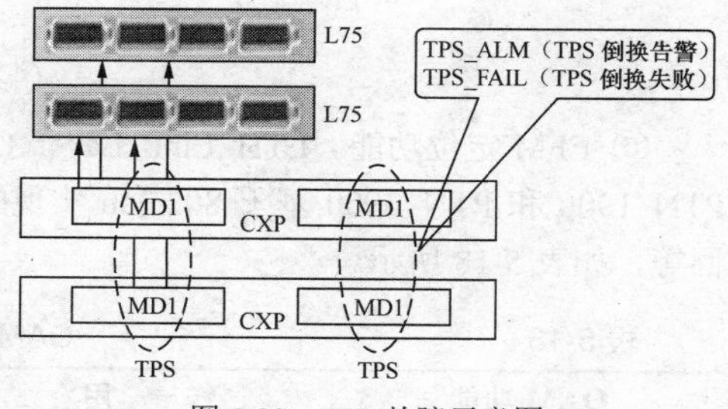

图 5-29　TPS 故障示意图

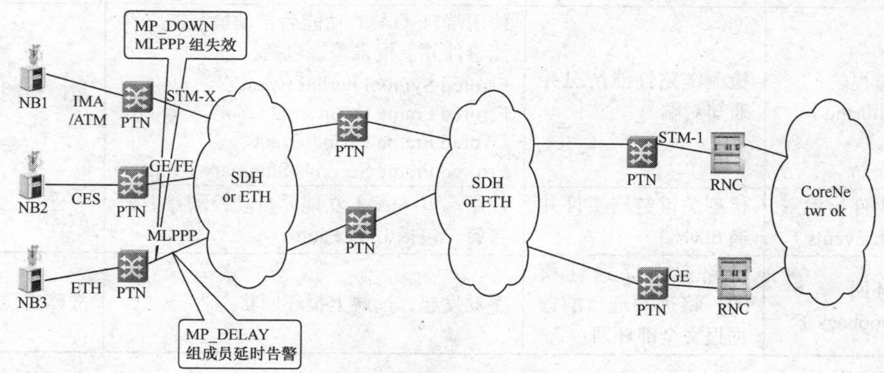

图 5-30　MLPPP 故障示意图

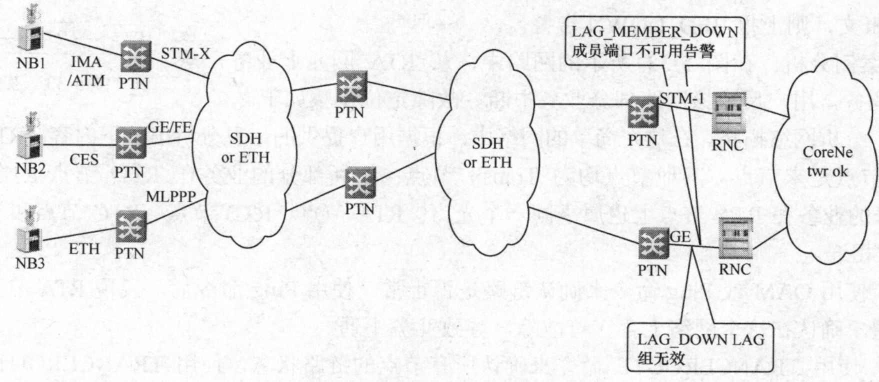

图 5-31　LAG 故障示意图

LMSP 故障如图 5-32 所示。K1_K2_M（倒换失败）发送的 K 字节和接收的 K 字节指示的通道号不一致，说明倒换失败，两端走的工作或保护路径选择不一致。K2_M（1+1/1∶1 方式失配）表示可能是复用段两端 1+1 或 1∶1 方式配置错误，一边为 1+1 方式，另一边为 1∶1 方式。LPS_UNI_BI_M（单双端模式失配）表示可能是复用段两端模式配置错误，一边为单端模式，另一边为双端模式。

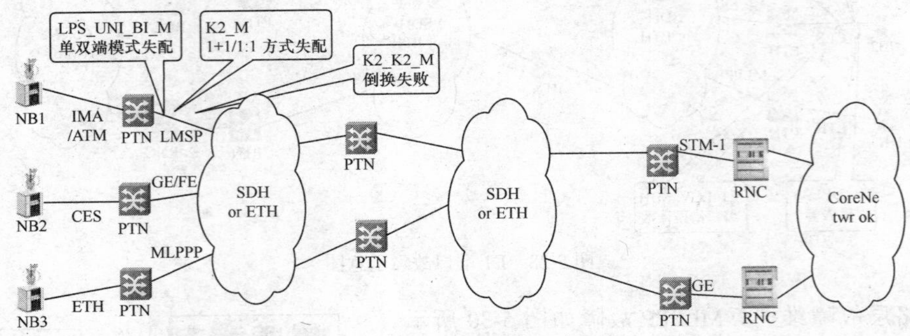

图 5-32　LMSP 故障示意图

⑤ EFM 定位功能。ETH Link Layer OAM 实现了以太网链路（FE、GE）的故障发现和故障定位，PTN 1900 和 PTN 3900 基于 802.3ah 实现的功能包括链路发现、链路监视、关键链路事件指示、远端环回等，如表 5-18 所示。

表 5-18　OAM 管理功能作用及应用

OAM 功能	作　用	告警和动作	应 用 场 景
链路发现（Discovery）	检测对方设备是否支持 802.3ah OAM 功能	如果协商失败，上报告警说明失败的具体原因	故障检测，故障定位
链路监视（Link Monitoring）	检测链路性能情况并通知对端	使用端口 OAM 功能后自动检测链路性能事件并上报告警，包括： Errored Symbol Period Event Errored Frame Event Errored Frame Period Event Errored Frame Seconds Summary Event	故障检测
关键链路事件指示（Critical Link Events）	检测关键链路事件并通知对端	使用端口 OAM 功能后自动检测并上报告警，包括 Link Fault	故障检测
远端环回（Remote Loopback）	链路双向联通性检测，将远端端口的数据报文全部环回	手动发起，远端上报环回状态告警	故障定位

BFD 定位功能主要应用于联通性检测；基于端口创建 BFD 会话，可以创建 BFD 会话的端口为 VLAN 子接口和三层 ETH 端口；目前只支持单跳、异步的检测方式，检测周期为 3s；如果探测倍数时间内没有接收到 BFD 报文，则上报 BFD_DOWN 告警。

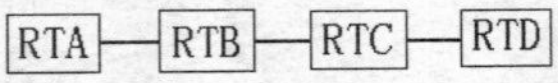

RTA—RTB—RTC—RTD

图 5-33　某传输网路

⑥ 故障案例分析。在图 5-33 所示的网路中，从 RTA 网元上业务，从 RTD 网元下业务，用户反映该网路部分业务中断。故障定位步骤如下。

第 1 步，分析网络拓扑。在这个简单的网络中，根据用户提供的信息分析出如下内容：RTA 节点是首节点，RTD 节点是末节点，其他节点均为 Transit 节点；中断部分的业务在 RTD 节点上属于同一个光口；中断部分的业务在 RTA 节点上也属于同一个光口；RTA 节点、RTB 节点、RTC 节点和 RTD 节点间均通过 GE 口相连。

第 2 步，使用 OAM 或 Ping 命令来确认链路是否正常。使用 Ping 命令后，发现 RTA 节点至 RTD 节点的链路不通，确认在这个网络上存在着故障，导致业务不通。

第 3 步，使用 TRANCEROUTE 命令来确认所有节点的链路状态。使用 TRANCEROUTE 逐个节点进行确认，发现从 RTA 节点到 RTC 节点都是正常的，但是在 RTD 节点使用 TRANCEROUTE 时返回异

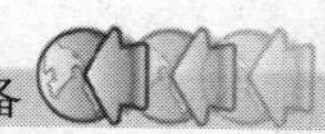

常，确认 RTC 节点到 RTD 节点间存在故障。

第 4 步，对 RTC 节点上和 RTD 节点相连的 GE 口使用 PHY 内环命令。设置内环回后发现业务正常，排除 RTA 节点、RTB 节点和 RTC 节点存在问题，确认在 RTC 到 RTD 的链路上或者 RTD 节点本身存在故障。

第 5 步，对 RTD 节点和 RTC 节点上相连的 GE 口使用 MAC 外环命令。设置外环回后发现业务仍然正常，排除 RTC 和 RTD 链路上的故障，基本上确认是 RTD 节点本身的故障。

第 6 步，查询网元上的相应告警。发现该 RTD 节点上和 RTC 节点相连的那块单板上报了 hard_bad 告警，确认由于该单板故障导致业务中断，更换相应单板后业务正常。

和 RTC 节点相连的单板上有 hard_bad 告警，但是为什么只会导致 RTD 网元上对应单板一个光口的业务中断呢？因为该 hard_bad 告警显示的是芯片故障，这块芯片对应的业务正好全部发送到了业务中断的那个光口，而另外一块正常工作的芯片的业务发往了其他光口。

什么原因导致该单板 hard_bad？查询历史告警发现，单板上曾经发生过 TEMP_OVER 告警，可知是温度过高损坏了一片芯片。后来查询发现，用户曾手工设置了风扇速度，导致该单板温度过高时风扇无法进行调速。

2. 烽火 PTN 设备

烽火 PTN 产品为分组传送而设计，其主要特征包括灵活的组网调度能力、多业务接口传送能力、网络可扩展性、全面的电信级安全性、电信级的 OAM 能力、具备业务感知和端到端业务开通管理能力、传送单位比特成本低。烽火 PTN 产品有 CiTRANS 600 系列 660、640、620 这 3 种型号设备平台。

（1）CiTRANS 660

CiTRANS 660 及子架配置如图 5-34 所示。

电源及辅助端子	电源及辅助端子	1G/端子板	1G/端子板	1G/端子板	1G/端子板	2G	2G	2G	2G	2G	2G	1G	1G/端子板	1G/端子板	1G/端子板
		W12	W11	W10	W9	W8	W7	W6	E15	E7	E8	E9	E10	E11	E12
风扇单元															
EMU	EMU	ACU	ACU	10G	10G	10G	10G/20G	10G/20G	交叉盘	交叉盘	10G/20G	10G/20G	10G	10G	10G
				W5	W4	W3	W2	W1			E1	E2	E3	E4	E5
走纤区															

图 5-34　CiTRANS 660 及子架配置示意图

说明：交叉盘和时钟盘放在一个单盘上，主备 XCU 盘完成 1+1 备份功能；低速槽位在交叉盘上转换完成，由交叉盘直接引出 20 个 GE 接口，送向低速槽位，每个槽位 1～2 个 GE，在没有低速接口的情况下，系统只能提供 140Gbit/s 的容量；公务预留接口，外接 IP 电话。

单盘种类和接口说明如表 5-19 所示。

表 5-19　单盘种类和接口

单盘分类		缩写	单盘描述
业务接口单盘	高速接口盘 （W1-W5，E1-E5）	2×10GE	两路接口，支持 10GE 的 LAN 或 WAN 接口，支持 T-MPLS 相关标准，通过 HiGig 口与背板相连
		10×GE	10 路接口，支持 GE 光口，支持 T-MPLS 相关标准，支持同步线路时钟，通过 HiGig 口与背板相连

续表

单盘分类		缩写	单盘描述
业务接口单盘	低速接口盘（W6-W12，E6-E12）	12×FE	12路接口，支持FE电/光口，支持T-MPLS相关标准，通过GE口与背板相连
		1×STM16	单路接口，支持标准STM-16接口，内部采用POS或EOS方式，通过GE口与背板相连
		16×E1	16路接口，支持标准E1接口，通过GE口与背板相连
		3×E3	尽量考虑和E1兼容
时钟交叉单元	交叉盘	XCU	支持16×10G port的线速交叉，通过速率转换单元将其中20Gbit/s转换为20个GE接口。单盘提供时钟单元，为系统提供全局的时钟，并实现线路时钟的提取和跟踪
管理功能	网元管理盘	EMU	实现与管理平面的接口功能，带有HUB单元
控制功能	内置控制单元	ASCU	ASON控制单元
电源	电源及辅助端子盘		接入电源、告警输入、控制输出、外时钟输入/输出等

① 系统功能特性。

系统交换能力：最大高阶交换能力为16×10G port，可实现160Gbit/s无阻塞全交叉。

低阶业务上下能力：支持20Gbit/s的低阶业务，包括E1、FE、2.5G接口，单块机盘背板容量为1Gbit/s或2Gbit/s，最多支持14个槽位；高阶到低阶的转换在交叉盘上完成。

各种拓扑结构的组网能力：由于具有大规模的交叉能力和强大的网管功能，本设备可提供强大的组网能力，满足在各种网络应用时的复杂组网要求；支持多种网络拓扑，包括点对点、链形、环形、网孔形、相交环、相切环等；具有80个方向的APS保护能力；支持最多10个STM-64四纤环或20个STM-64二纤环；支持最多80个2BLSR（UPSR）STM-16分支环；支持最多160个1+1/1:1/2BLSR（UPSR）保护的STM-4或STM-1分支链/环；支持最多160个1+1/1:1保护的STM-1分支链路；支持环间互联业务并对互联业务提供保护。

② 业务保护能力。

提供的网络级自愈保护方式有1+1或1 : *N*线性保护，可支持wrapping/steering环网保护和MESH组网保护。

设备级保护能力：时钟交叉盘的1+1热备份，主控板（EMU）的1+1热备份，电源接入板的1+1热备份。

盘保护功能设计：E1/FE盘及盘保护设计。系统最多可以实现一组E1/FE盘的1 : *N*和一组E1/FE盘的1 : *M*（*N*+*M*<=5）保护，或三组E1/FE盘的1 : 1保护；单槽位容量为16路2M接口或12路FE接口；在需要保护的情况下，端子板分为一般工作端子板和保护端子板；保护盘位不固定；支持额外业务。

（2）CiTRANS 620

CiTRANS 620设计成1U单层的设备，设备前面板接口说明如表5-20所示。

表5-20　CiTRANS 620设备前面板接口说明

序号	项目	名称及英文缩写名	备注
1	指示灯	从上到下为激活灯（ACT）、告警指示灯（ALM）	2个，ALM灯为双色灯
2	ECC灯	从上到下为ECC1～ECC4	4个单色灯
3	F口	大网管接口（F）	1个，RJ45（带指示灯）
4	公务口	TEL	1个，RJ45（带指示灯）
5	调试口	从上到下为COM1、COM2	2个，RJ45（带指示灯）
6	ACU	从上到下为ETH1、ETH2	2个RJ45（带指示灯）
7	f口	小网管接口（f）	1个，DE9
8	设备告警输出口	ALMO	1个DE9，到架顶灯

续表

序号	项目	名称及英文缩写名	备注
9	FE	FE1～FE8	8 个，2 个一组，RJ45 带灯，第 1、2、5、6 端口光电兼容
10	GE	GE1～GE2	2 个，仅支持光口
11	监控口	M/C	1 个 DE9，4 出/4 入
12	时钟接口	CLKIO	1 个 DE9，1 出/1 入
13	RESET	RST	1 个

设备后面板接口说明如表 5-21 所示。

表 5-21　CiTRANS 620 设备后面板接口

序号	项目	名称及英文缩写名	备注
1	电源（220V 或−48V）	AC220V 或−48V/0V，开关标：ON/OFF	带开关
2	2M 接口	PE1-PE16	4 个 DB25，每个 4 路 E1
3	IP 地址拨号开关	IP ADDRESS	4 个，型号 DP-08

CiTRANS 620 风扇为抽风方式散热，5V 供电，共 5 个风扇。

CiTRANS 620 系统交换能力交叉容量为 5～20Gbit/s。

3. 中兴 PTN 设备

中兴提供了 5 款 PTN 产品，如图 5-35 所示，参数如表 5-22 所示。接入层设备 6100 仅 1U 高；6200 为业界最紧凑的 10GE PTN 设备，集成度高，仅 3U 高；6300 为汇聚层设备；9004/9008 为核心层设备，9008 交换容量最大达到单向 800Gbit/s，全面支持核心节点全业务落地需求。

ZXCTN 6100

ZXCTN 6200

ZXCTN 6300

ZXCTN 9004

ZXCTN 9008

图 5-35　中兴 PTN 系列产品

表 5-22　中兴 PTN 产品参数

	CTN 6100	CTN 6200	CTN 6300	CTN 9004	CTN 9008
交换容量（单向）	5G	44G	88G	400G	800G
高度	1U	3U	8U	9U	20U
业务槽位	2	4	10	16/8/4	32/16/8

（1）ZXCTN 6100

如图 5-36 所示，6100 母板采用 2×GE+8×FE(e)，为紧凑型 PTN 接入设备，高度为 1U，交换容量为 5Gbit，提供两个扩展槽位。其中，FE 单板提供 4 路 FE 光口；GE 单板提供 1 路 GE 或 2 路 GE；E1 单板提供 16 路 E1 非平衡 75Ω电支路子板或平衡 120Ω电支路子板。

图 5-36　ZXCTN 6100

① ZXCTN 6100 整机接口接入能力如表 5-23 所示。

表 5-23　ZXCTN 6100 整机接口的接入能力

接口	接口类型	单板端口密度	整机端口密度
Ethernet	GE（Optical）SMB 主板提供	2	2
	GE（Optical）扩展板提供	2	4
	FE（Optical）扩展板提供	4	8
	FE（Electrical）SMB 主板提供	8	8

续表

接　口	接口类型	单板端口密度	整机端口密度
PDH 扩展板提供	TDM E1	16	32
	IMA E1	16	32
STM-*N* 扩展板提供	Ch. STM-1	2	4
	POS STM-1	2	4

② 业务接口描述如表 5-24 所示。

表 5-24　　ZXCTN 6100 业务接口

接口类型	描　述
FE 接口	电口：10/100BASE-T RJ45 接口 光口：100BASE-X SFP 接口
GE 接口	电口：10/100/1000BASE-T RJ45 接口 光口：100/1000BASE-X SFP 接口
POS 接口	STM-1 光口：OC-3c POS 接口
通道化 POS 接口	通道化 STM-1 光口：OC-3c POS 光接口
ATM 接口	OC-3c ATM/POS 接口
E1/T1 接口	E1/T1 接口：DB50 连接器

③ 辅助接口描述如表 5-25 所示。

表 5-25　　ZXCTN 6100 辅助接口

辅助接口	具体参数	备　注
外部告警接口	支持 4 路外部告警输入+2 路告警输出	接口物理形式 RJ45
网管接口	支持 1 路网管接口+1 路 LCT 接口	接口物理形式 RJ45
时钟接口	1 路 2M BITS 接口+1 路 GPS 接口	2M 接口为 75 同轴 GPS 接口为 RS422 接口

（2）ZXCTN 6300

ZXCTN 6300（见图 5-37）具有先进的电信级交换网架构。6300 交换容量为 88Gbit/s，业务槽位数量为 10 个，高度为 8U。10GE 单板提供 1 路 10GE 光口，整机端口密度为 4；GE 单板提供 8 路 GE 光口/电口/Combo 板，整机端口密度为 48；FE 单板提供 8 路 FE 电口，整机端口密度为 48；C_STM-1 单板提供 4 路 C_STM-1，整机端口密度为 24；E1 单板提供 16 路 E1 非平衡 75Ω 电支路子板或平衡 120Ω 电支路子板，整机端口密度为 96。

（3）ZXCTN 9004 与 ZXCTN 9008

ZXCTN 9004（见图 5-38）采用先进的分布式交换架构，容量大，交换容量为 400Gbit/s，槽位数量为 16/8/4 个，高度 9U；主控采用 1∶1 冗余备份，交换板采用 1+1 冗余，设备可靠性高；单板端口集成度高，灵活的业务子卡设计，提高每槽位的利用率。

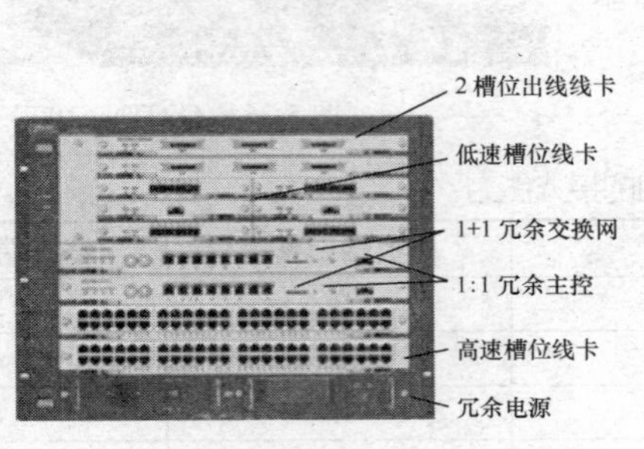

图 5-37　ZXCTN 6300

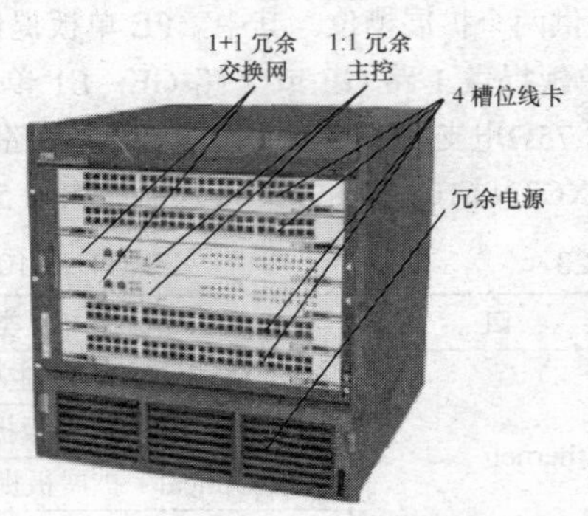

图 5-38　ZXCTN 9004

ZXCTN 9008（见图 5-39）采用先进的电信级分布式交换架构，交换容量达 800Gbit/s，槽位数量为 32/16/8 个，高度为 20U；主控和时钟采用 1∶1 冗余备份，交换板采用 3+1 冗余；单板端口集成度高，采用灵活的业务子卡设计，提高每槽位的利用率。

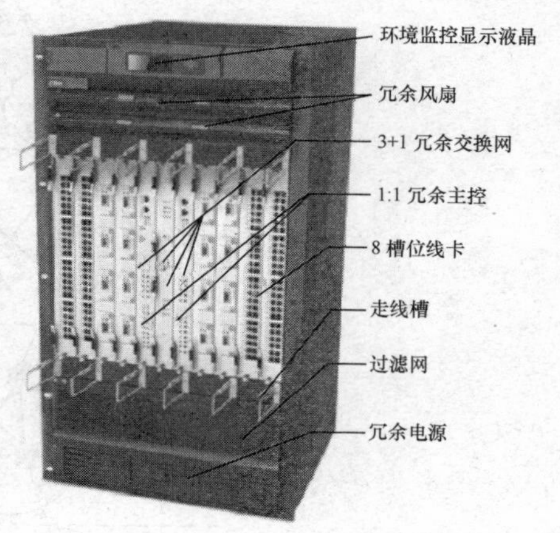

图 5-39　ZXCTN 9008

ZXCTN 9008/9004 共平台通用业务单板包括 4/2/1×10GE 光口线路处理板、48/24×GE 光口/电口线路处理板、24×GE 光口+24×GE 电口线路处理板、24×GE 光口+2×10GE 光口线路处理板、4×/2×业务子卡处理板（母板）、2/1×10GE 业务子卡、1/ATM/POS 业务子卡、24×E1 业务子卡、8×GE/FE 光接口业务子卡、2.5G/622M/155M POS 业务子卡及 8×1000M/100M/10M 电口业务子卡。整机接入能力说明如表 5-26 所示。

表 5-26　ZXCTN 9008/9004 整机接入能力

接　口	接 口 类 型	单板端口密度	9008 整机端口数	9004 整机端口数	业务（净荷）类型
Ethernet	10GE(Optical)	4	32	16	IP/Ethernet
	GE(O/E)	48	384	192	IP/Ethernet
	FE(O/E)	48	384	192	IP/Ethernet
PDH	TDM E1	96	768	384	TDM
	IMA E1	96	768	384	ATM
	ML-PPP E1	96	768	384	IP
STM-*N*	Ch. STM-4	8	64	32	TDM
	Ch. STM-1	16	128	64	TDM
	POS STM-64	2	16	8	IP
	POS STM-16	8	64	32	IP
	POS STM-4/1	16	128	64	IP
	ATM STM-4	8	64	32	ATM
	ATM STM-1	16	128	64	ATM

ZXCTN 9008/9004 还提供了一些辅助接口。管理接口包括 Console 接口、AUX 接口、MGT 接口；辅助接口包括 SD 插槽、USB 接口；GPS 时钟接口包括 BITS 时钟接口。

5.2.3　PTN 的应用

采用真正分组内核的 PTN 设备，为适应 Mobile 在城域传送中对移动 2G/3G 混合 Backhaul 网络的特殊要求，增加了时钟定时、端到端管理、快速保护、多业务承载等功能，保证 2G/3G/LTE 混合阶段的 Backhaul 需求覆盖能力；同时可在城域网兼顾大客户专线、IPTV 等 FMC 网络必需的业务支撑功能，是一个面向 Mobile 和 FMC 特征需求的解决方案型的 Packet 技术。下面以中国移动对 PTN 的应用为例进行简单介绍。

城域网包含城域传送网及城域数据网（即 IP 城域网）。CMCC 城域网现状为，核心层采用 IP over SDH/WDM，汇聚/接入层采用 MSTP/SDH，如图 5-40 所示。CMCC 城域网愿景示意图如图 5-41 所示。

其中，城域传送网以多业务光传送网络为基础，为移动交换局与基站提供电路，为数据网提供多种业务接口，同时为集团客户提供光纤、电路和以太网接口。城域数据网是城域内由路由器、以太网交换机等设备组成的网络，可提供多种业务的城域内互联，以及骨干网（CMNet 和 IP 专网）接入。目前两种城域网的网络规划和建设相互独立，造成了资源利用率低，无法保证网络的平滑演进；另外，现有传送网 IP 化程度不高，不能很好地满足城域数据网的大颗粒传送需求。

城域数据网部分：部分省已建全省范围的城域数据网；从全国范围来看，城域数据网规模较小，是 CMNET 省网的延伸，与省网共自治域；核心层一般采用 L3 IP/MPLS 组网；汇聚/接入层主要采用普通 L2/L3 交换机组网；采用星形、树形拓扑。

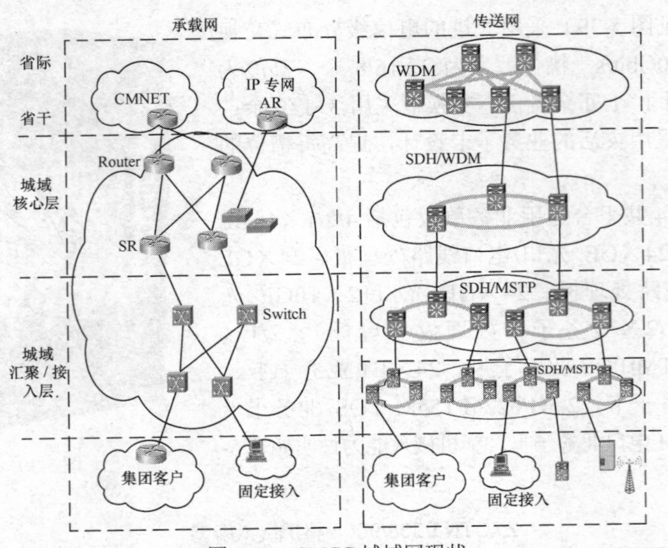

图 5-40　CMCC 城域网现状

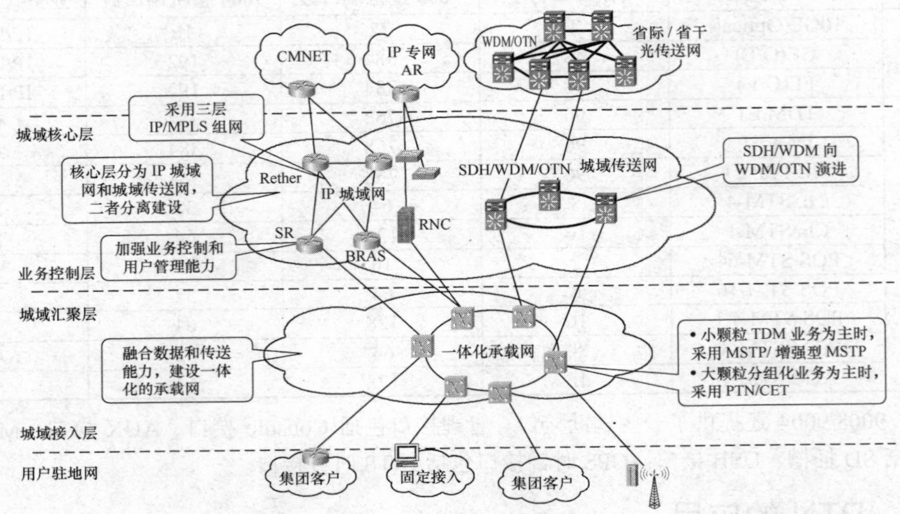

图 5-41　CMCC 城域网愿景示意图

城域传送网部分：核心层一般采用 WDM 和 10G/2.5G 的 SDH 设备组建环网（个别为网状网）；汇聚层以 2.5G 的 SDH 和 MSTP 设备为主，辅以少量 622M/155M 设备组建环网；节点数目一般为 3～6 个，采用复用段保护；接入层主要采用 622M/155M 的 SDH 和 MSTP 设备，辅以 PDH、微波、3.5G 或其他无线接入技术；主要组建环网，根据接入光缆路由也可采用星形、树形或链形结构。

1. MSTP 解决 IP 化基站的问题

网络组网涉及 FE 业务网络级保护的问题、带宽分配问题、VLAN 处理问题，当然 EOS 总是有代价的。如图 5-42 所示，C 类节点业务透明传送，或采用 VLAN 处理不同业务；LAN+WAN→WAN 汇聚，接入环内带宽共享，每个节点分配一个 VLAN；带宽抢占或按业务类型设置优先级。B 类节点一次汇聚，处理管辖的 VLAN，带宽可收敛；具备一定的汇聚比，多个 WAN 口，可设置 QinQ；处理管辖的 VLAN 可进行带宽收敛；带宽可收敛，可设置 QinQ。接入环采用 SDH 保护方式，业务透明传送带宽固定；二层 RSTP 保护，节点带宽共享。

2. PTN 解决 IP 化基站的问题

（1）PTN 在本地传输网中的应用

传输网只处理二层，不处理三层。最简洁的处理是对客户层的业务（以太网帧、IP 包、SDH）不做任何处理，透传或者汇聚即可。3G 业务均为集中型业务，TUNNEL 标签建立了管道，PW 标签对应业务采用 VPWS 建立。对于大客户类型业务，存在介入节点之间的业务调度，可采用 VPLS 的方式来配置，开启广播风暴抑制功能，如图 5-43 所示。

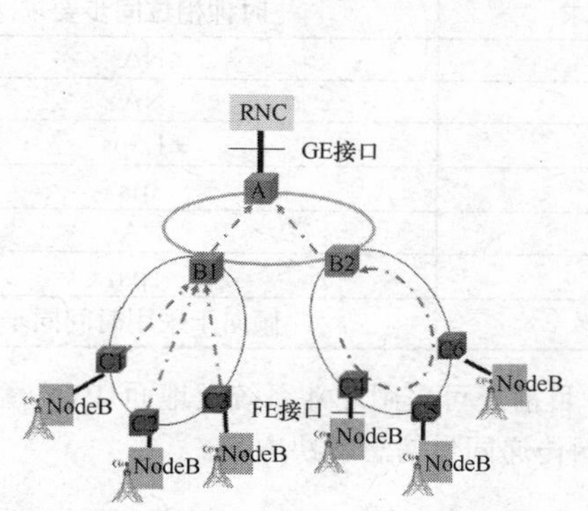

图 5-42　MSTP 解决 IP 化基站示意图

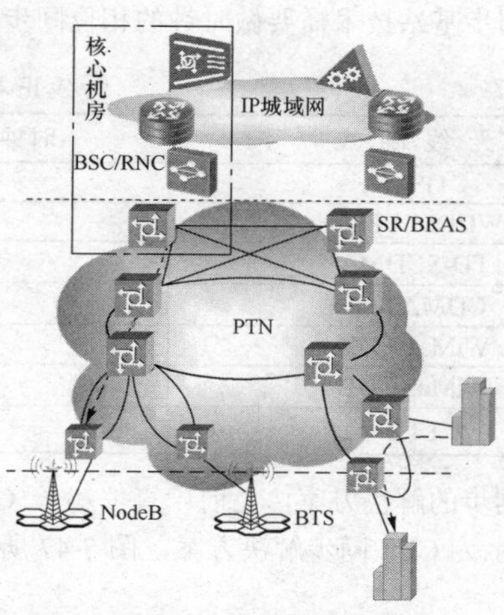

图 5-43　PTN 在本地传输网中的应用

利用 PTN 构建 IP 化 3G 的基站传送网，综合总体成本较低，如图 5-44 所示。1+1 LSP 保护的 RAN 传送组网如图 5-45 所示。

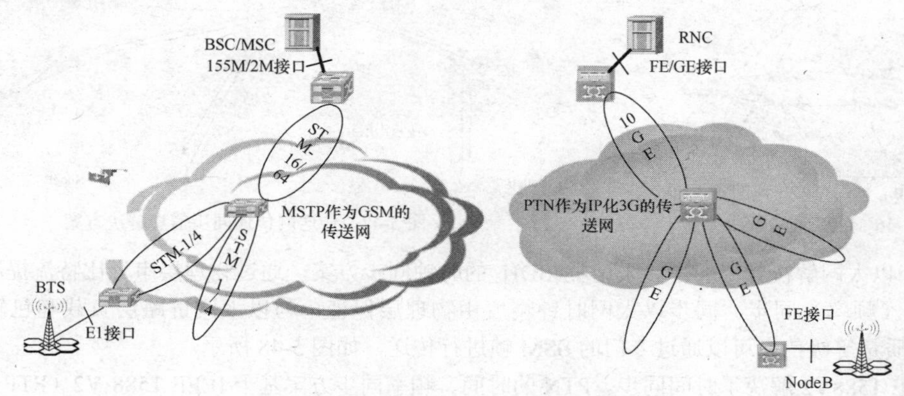

图 5-44　PTN 构建 IP 化 3G 基站传送网

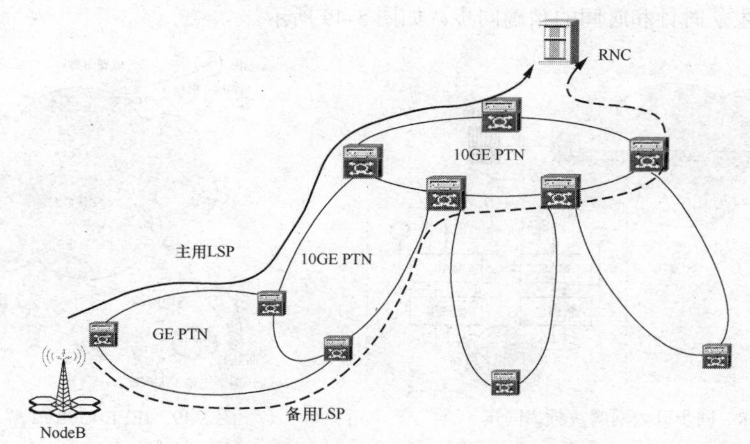

图 5-45　1+1 LSP 保护的 RAN 传送组网示意图

（2）PTN解决3G同步问题

无线IP RAN对同步的需求如表5-27所示。总的来看，以GSM/WCDMA为代表的欧洲标准采用的是异步基站技术，此时只需要做频率同步即可，精度要求为0.05×10^{-6}（或者50×10^{-9}）。而以CDMA800/CDMA2000为代表的同步基站技术需要做时钟的相位同步（也叫时间同步）。

表5-27　无线IP RAN对同步的需求

无线制式	时钟频率精度要求	时钟相位同步要求
GSM	0.05×10^{-6}	NA
WCDMA FDD	0.05×10^{-6}	NA
TD-SCDMA	0.05×10^{-6}	±1.5μs
CDMA2000	0.05×10^{-6}	3μs
WiMax FDD	0.05×10^{-6}	NA
WiMax TDD	0.05×10^{-6}	1μs
LTE	0.05×10^{-6}	倾向于采用时间同步

对于同步的解决方案，之前一直依赖于GPS系统，目前还可采用北斗系统及地面PTN系统进行。图5-46所示为GPS同步解决方案，图5-47所示为传送网传递同步信息解决方案。

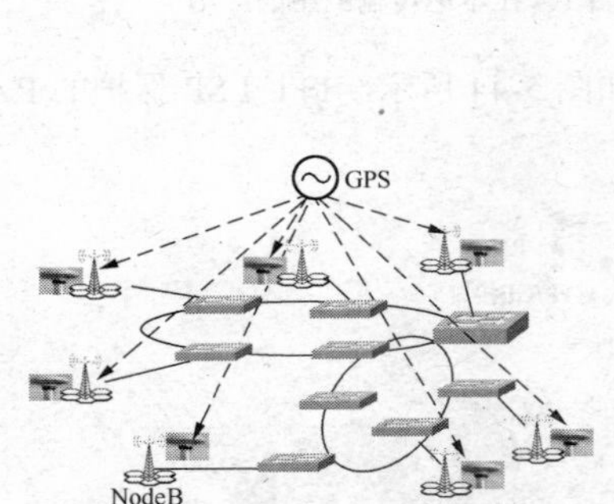

图5-46　GPS同步解决方案

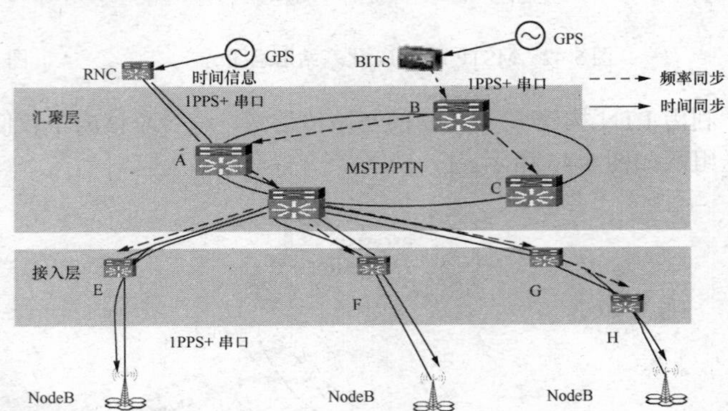

图5-47　传送网传递同步信息解决方案

① 同步以太网解决频率同步。采用类SDH的时钟同步方案，通过物理层串行比特流提取时钟，实现网络时钟（频率）同步。同步以太网时钟精度由物理层保证，与以太网链路层负载和包转发时延无关。时钟的质量等级信息可以通过专门的SSM帧进行传送，如图5-48所示。

② IEEE 1588V2解决了时间同步。PTN的时间、频率同步方案基于IEEE 1588 V2（PTP）协议，在主从设备间消息传递，计算时间和频率偏移以及中间网络设备引入的驻留时间，从而减少定时包受存储转发的影响，实现主从时钟和时间的精确同步，如图5-49所示。

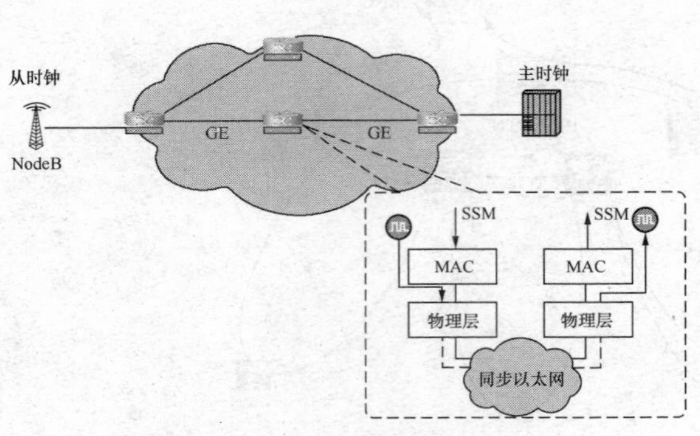

图5-48　同步以太网解决频率同步

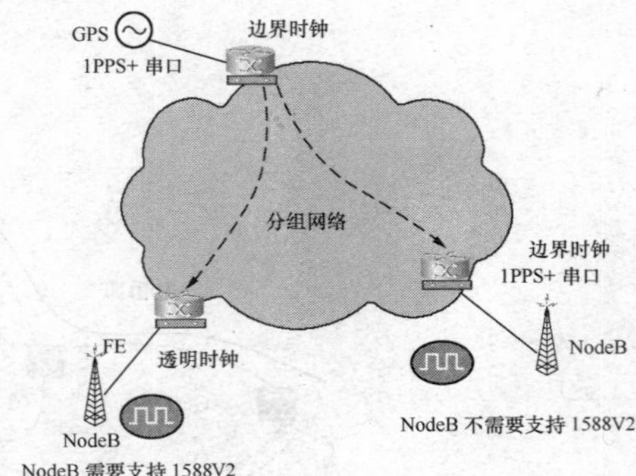

图5-49　IEEE 1588V2解决时间同步

3G系统中，CDMA 2000和TD-SCDMA要求基站间同步工作，每一个移动通信系统的空中接口对时

钟都有明确的要求。在 TD-SCDMA 网络中，基于安全性考虑，考虑用中国自主的北斗同步卫星系统来替代 GPS 或备份 GPS；为降低每个基站中安装卫星的成本和施工难度，考虑对卫星时间源进行收敛集中，通过地面传送网络，利用 1588 V2 协议将卫星时间信息传送给各基站，即采用地面传送网传递同步信息。同步新技术——北斗&1588V2 时钟源替代方案如图 5-50 所示。

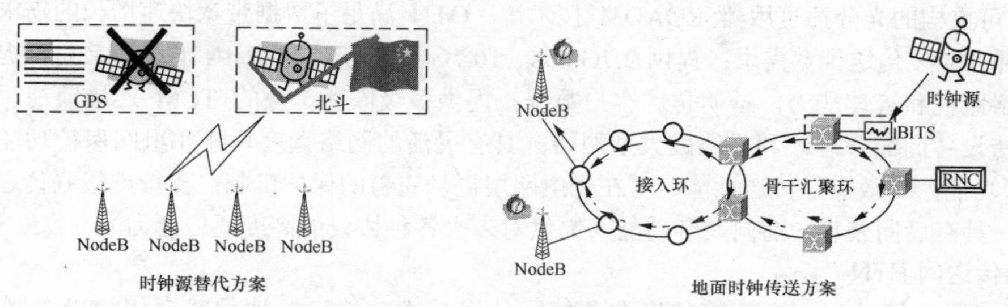

图 5-50　TD-SCDMA 时钟源替代方案示意图

（3）PTN 对多业务的综合传送

PTN 可在同一承载平台传送多种业务，包括无线接入、专线接入、数据接入等。PTN 采用层次化的 QoS 保证多种业务的 QoS，PTN 网络的信道层实现了端到端业务的 QoS 机制，PTN 网络的通道层实现了信道汇集业务的 QoS 保障机制，如图 5-51 所示。

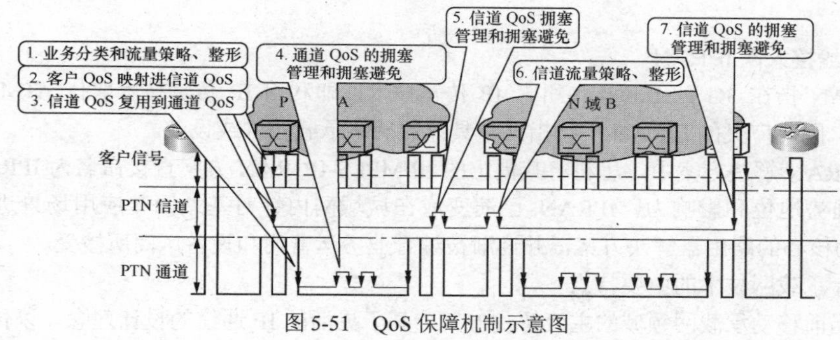

图 5-51　QoS 保障机制示意图

5.3　LTE 的承载网技术

传统的传送网技术，特别是 SDH 技术，是针对窄带 TDM 业务开发的，缺乏对宽带业务、数据业务的支持。为了高效承载 IP 类数据业务，分组传送网 PTN 应运而生并不断发展。如今，IP 网已普遍用作电信基础网络平台，使原来的 IP 承载网形成了在更高层面上融合的大承载网。

1. 多业务传送平台 MSTP

MSTP 基于 SDH 平台，同时实现 TDM 业务、ATM 业务、以太网业务等的接入处理和传送，提供统一网管的多业务节点、基于 SDH 的多业务传送节点。MSTP 除了具有标准 SDH 传送节点所具有的功能外，还具有 TDM 业务、ATM 业务和以太网业务的接入功能、传送功能、保证业务透明传送的点到点传送功能，以及 ATM 业务和以太网业务的带宽统计复用功能、映射到 SDH 虚容器的指配功能等。

MSTP 采用虚级联、通用成帧规程 GFP、链路容量调整机制 LCAS 和智能适配层等关键技术。

2. 波分复用 WDM 技术

WDM 是将两种或多种不同波长的光载波信号在发送端经复用器汇合在一起，耦合到光线路中进行传输的技术，在收端经解复用器将各种波长的光载波分离，由光接收机处理恢复原信号。WDM 专注于业务光层的处理，以高速率、大容量和长距离传输为基本特征，为波长及业务提供低成本传送。通信系统的设计不同，每个波长之间的间隔宽度也有不同。按照信道间隔不同，WDM 可分为稀疏波分复用（CWDM）和密集波分复用（DWDM）。

但随着业务类型向数据变化，大业务量导致了传送带宽产生低效适配问题、维护管理问题和组网能力问题。

3. 光传送网 OTN

OTN 综合了 SDH 和 WDM 的优势，考虑了新需要并提出实现技术，包括 G.709 封装、光传送体系 OTH 技术、可重构的光分插复用器 ROADM 技术等。OTN 满足了数据带宽快速增长的需求；通过波分功能满足单纤 Tbit/s 传送带宽需求；提供 2.7Gbit/s、10.7Gbit/s 乃至 43Gbit/s 的高速接口；提供独立于客户信号的网络监视和管理能力，透明传送客户数据；提供多级嵌套重叠的 TCM 连接监视，实现跨域、跨运营商、跨设备商的管理，利于组成大型网络；具有灵活的网络调度功能和组网保护功能；提供强大的带外 FEC 功能，有效保证传送性能；可在光电两层提供完善的保护机制；支持虚级联传送以完善和优化网络结构；具有后向兼容、前向兼容功能（提供对未来各种协议的高度适应能力）。

4. 分组传送网 PTN

PTN 是基于分组的、面向连接的多业务统一传送技术，能较好地承载电信级以太网业务，且兼顾了传统 TDM 业务。在 3G 无线回传、企事业专线、IPTV 等业务承载领域，具有面向连接的多业务承载、50ms 网络保护、完善的运行管理维护 OAM 机制、全面的 QoS 保障及功能强大的传送网管功能。

PTN 可满足城域业务转型和网络融合需求，用灵活、高效和低成本传送实现多业务统一承载。PTN 有两类实现技术：一类是 IP/MPLS 发展的 MPLS-TP 技术；另一类是从以太网逐步发展的 PBB+PBB-TE 技术。

5. IP 化无线接入网 IPRAN

最初，IPRAN 指在 3G 的 Iub 接口引入 IP 传输技术，即利用 IP 传输技术取代 ATM、SDH 技术的 RAN 解决方案。因此广义的 IPRAN 不特指某种具体的网络承载技术或设备。

在 IP 化的 RAN 解决方案中，思科将其提出的 IP/MPLS-IP RAN 方案直接命名为 IPRAN，由于其数据通信行业的强势地位和影响力，IPRAN 已演变成在城域网内针对基站回传应用场景进行优化定制的 IP/MPLS 技术为核心的路由器解决方案，并逐渐被综合业务运营商和设备厂商所接受。

（1）IPRAN 承载网技术的主要特点

IPRAN 是当前移动承载网领域的主流解决方案，基于灵活的 IP 通信的设计理念，以传统的路由器架构为基础，增强了 OAM 机制、业务保护机制及分组时钟传输能力，其业务转发推荐采用动态控制平面的自动路由机制。以路由器架构为基础的硬件结构具备丰富的三层路由能力，可更好地支持多业务承载，未来的移动通信网络有很多多点对多点的通信场景，如 LTE 网络 X2 接口中多个 eNodeB 间的流量交换及 MME/SAE 池都需要支持多点到多点的连接，这让 IPRAN 平滑支持 LTE 业务变得更易实现。对于实时性要求较高的语音业务，IPRAN 采用网管静态约束路由的方式规划承载路径，采用 TE 隧道技术，结合层次化的 QoS 保障通话质量。相对于传统的城域网络，IPRAN 方案更加关注简化运维，化繁为简，以端到端节省了 OFEX 支出。IPRAN 网络结构如图 5-52 所示。

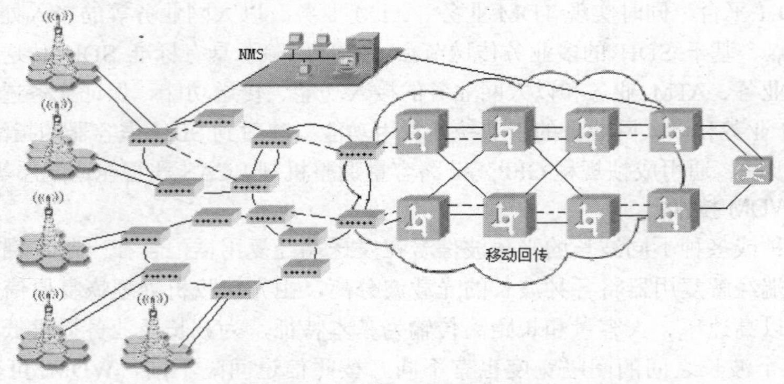

图 5-52　IPRAN 网络结构图

承载网作为 LTE/2G/3G 移动网络的支撑平台，需要扁平化的结构支持多样化的业务，多业务的场景需要承载网引入网络三层能力。承载网要具备高带宽、灵活维护、时钟同步和快速大规模组网等能力。

（2）IPRAN 技术的本质和优势

IPRAN 的技术核心是 IP/MPLS，本质上采用路由器架构，即采用路由协议、信令协议，动态建立路由、转发路径、执行保障检测和保护，并且兼容静态的配置和管理。除了支持 IP/MPLS 的相关协议和功能外，还需支持同步技术和配套增强型的图形化网管，且能互联互通同构及异构型网络，所以 IPRAN 采用定制化的路由器解决方案。

路由协议建立了无连接的控制平面，给网络带来了“智能化”。传统的传输设备依靠网管集中控制，设备无控制层面，不进行拓扑学习，转发路径由网管人工下发；保护路径预先配置，网络异常时收敛速度快，但当没有设置保护路径或保护失效时，业务便无法自动恢复。而 IPRAN 有控制层面，依靠设备间的路由协议报文交互，能自动发现网络拓扑的变化，并将信息传到全网，然后各路由器重新计算路由并更新路由表，达到全网同步。因此，初期虽然要配置路由协议，但在每个设备上的配置工作量并不大，仅需开启某路由协议、建立邻居关系、宣告直连路由即可，后续的全网同步都由协议报文和路由算法自动完成。而当有新增业务路由加入时，仅需在本地路由器上添加少量配置；当有新增设备入网时，也只需在此设备和相邻设备间做少量配置；当某节点或链路失效时，即使没有预先配置保护路径或保护路径失效，全网也能自动计算出新的路由，而无须人工参与，这就是 IPRAN 的“永久 1+1 保护”。

MPLS 技术提供了有连接的转发平面和业务间的隔离。MPLS 利用基于标签转发的 LSP 路径，提供有连接的转发平面，好处在于可提供良好的服务质量，并且 MPLS 通过支持多层标签可实现 VPN、TE 等增值服务。IPRAN 不同于 PTN，可通过 LDP 或 RSVP-TE 协议建立的动态 LSP，也支持手工静态配置 LSP。

对于运营商的高价值、自营业务，通常部署 MPLS VPN 技术将各业务划分不同的 VPN，实现业务系统间的隔离，既提供安全性，也便于部署 QoS。实际上，各类不同的业务所需要的承载方式不同，如 TDM/ATM 基站业务或专线只能采用 PWE3 的 L2 VPN 端到端的仿真，以太网的 3G 基站业务则可采用 L2 VPN 或 L3 VPN 承载，LTE 基站需要端到端的 L3 VPN 或 L2 VPN+L3 VPN 的方式承载，而 IPTV 业务则需要网络提供多播路由采用 Native IP 的方式承载。只有 IPRAN 网络中能同时允许多种承载技术（L2 VPN/L3 VPN/Native IP）并存，且能忽略客户端接入链路的类型（FE/E1/STM-1/ATM）。IPRAN 的控制模块能独立计算各协议的路由，IPRAN 设备的业务单板芯片能自动区分入口业务流量的类型（IPv4/IPv6/MPLS），将业务送到不同的模块处理，并查找各自的转发表。IPRAN 还能很容易地支持 IPv6 技术，实现向未来网络的过渡。

多播技术支持 IPTV 业务的开放和部署。对于少量开展 IPTV 等业务的城域网，IPRAN 可支持基于 IGMP、PIM 多播路由协议的三层多播和基于 IGMP-Snooping 的二层多播，提供完善的 IPTV 解决方案。

IPRAN 可通过 BFD、MPLS-TP OAM 等提供对节点、链路、LSP 隧道和业务级的监控，通过 VRRP、LSP 1 : 1、FRR 技术保证不同层次的物理节点发生故障时提供对隧道、业务的快速切换。而 BFD 联动路由协议可加快协议的收敛速度，BFD 联运保护倒换机制可加快故障的恢复速度。IPRAN 设备通过多种安全机制可有效防范各种基于 IP、MAC、TCP/UDP 等类型的网络攻击、病毒冲击和欺诈，保证网络安全稳定地运行。

同步技术为 3G、LTE 技术提供了低成本、高安全性的网络定时解决方案。IPRAN 借助同步以太时钟、IEEE 1588v2 时间同步机制等，能满足传统 TDM、2G/3G 无线基站间的时钟频率同步需求及 LTE 时代对相位同步的高精度要求，从而节省由于移动接入网络的苛刻需求带来的大量 QoS 开支，使每个终端用户都能享受到优质的业务质量。

QoS 技术为不同的业务并存提供了差异化的服务。针对最核心的移动业务，要求网络能提供根据 3GPP 对不同类型业务的规定，提供严格的 QoS 保证，提升用户体验。而在多业务并存的情况下，不同业务对时延、抖动和分组丢失率的要求差异化越明显。IPRAN 通过提供 Diffserv 模型下的流量分类和标记技术、监控技术、队列调度技术、拥塞避免技术等，能够与不同 SLA 的需求相匹配，利于运营商对管道的运营，并有效促进商业模式的转变。同时，通过多级 QoS 技术，IPRAN 对业务的区分能更加精细化，丰富计费策略。

5.4 传输设备维护基础知识

传输设备作为传输网络中的节点设备，工作的可靠性直接关系到整个通信网络的运行。设备的日常维护非常关键，本节简单介绍传输设备维护的基本知识。

5.4.1 传输网基础

1. 移动网络中的传输网

如图 5-53 所示，传输网为各种专业网提供透明传输通道，位于各设备之间（交换机与交换机、交换机与 BSC、BSC 与 BTS 间）。目前传输网中采用的传输技术主要是光传输，普遍采用的光传输设备主要为 PTN 设备，SDH 设备仍有一定的应用。

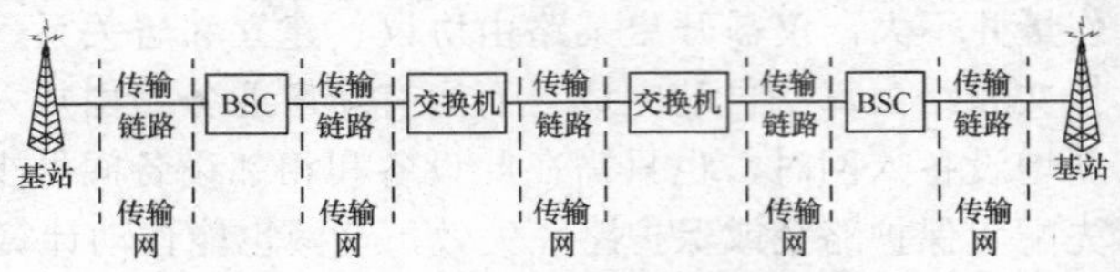

图 5-53 传输网在移动网络中的位置

2. 光数字传输系统

光数字传输系统通常由复用/解复用单元、光发送/接收单元、光纤光缆组成，如图 5-54 所示。

光发送单元的功能：将高速电信号进行线路编码；将编码后的电信号转换成光信号；利用光源（激光器）将光信号耦合进光纤。

光接收单元的功能：将接收到的光信号转换成电信号；放大、整形再生；将电信号进行线路解码，恢复成高速电信号。

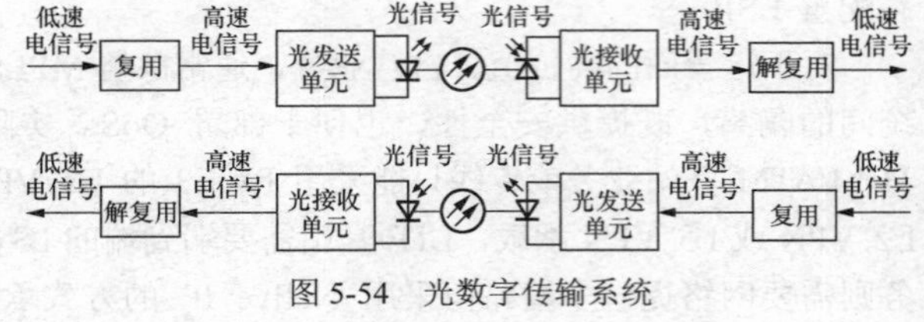

图 5-54 光数字传输系统

2M 数字电路业务是指为用户提供传输速率为 2.048Mbit/s 的链路，它承载于光纤传输网，是由数字方式进行传送信息的全透明电路通道；由传输设备及传输介质两部分组成，它的国际标准电接口为 G.703。2Mbit/s 是数字通信的一个基本速率。

3. 光纤光缆

光纤分为单模光纤和多模光纤。单模光纤的主要参数为衰减和色散。单模光纤有两个低衰减窗口：1.31μm、1.55μm。光缆是对光纤进行保护后在工程上的应用，光缆的芯数就是光缆中光纤的数量。光缆的结构如图 5-55 所示。

在设备端进行光纤（称为跳纤或尾纤）连接时需使用光纤连接器，通常有 FC/PC（俗称圆头尾纤）、SC/PC（俗称方头尾纤）等，如图 5-56 左图所示，右图为各类法兰和固定衰耗器。尾纤的外层保护套常用塑料制成，也可用金属材料。

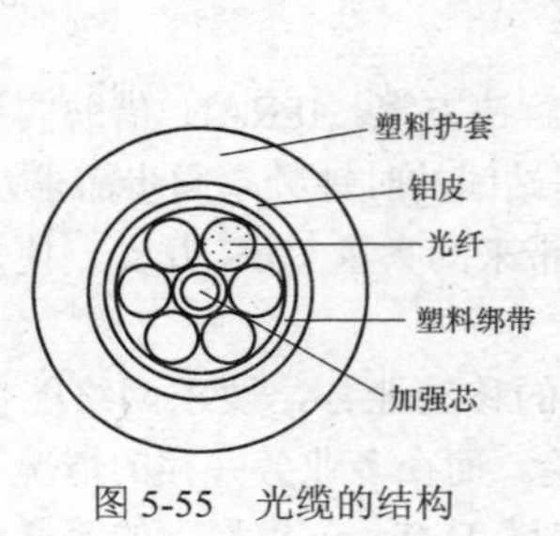

图 5-55 光缆的结构

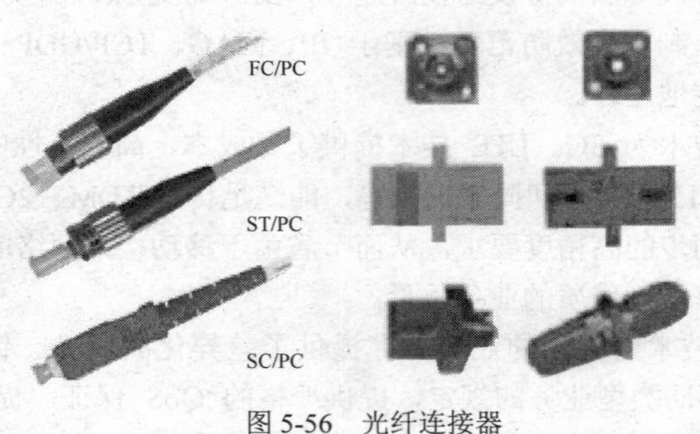

图 5-56 光纤连接器

5.4.2　基站传输节点综合架施工与维护

1. 基站传输节点综合架工程应用和配套设备

（1）综合架结构

基站综合架包括电源分配部分（PDF）、数字配线（DDF）、光纤配线（ODF）、传输设备。

① 电源模块。直流电源采用主备双路输入，每路装有小型断路器 5 个，分别是 1 个 32A 总输入，下分 4 个 10A 负载开关；交流电源采用小型断路器，1 路 32A 总开关输入，下分 5 路 6A。

② DDF。根据阻抗不同，连接器有 75Ω 不平衡式连接器和 120Ω 平衡式连接器，连接器与线缆连接方式：75Ω 采用直焊式，120Ω 采用绕接式。

单元后侧为固定配线、固定跳线和固定转接；单元前侧，当拔掉连接插头和短跳线时，用塞绳插拔即可完成临时跳线和临时转接，操作灵活方便。

③ ODF。光缆的固定与保护、金属加强芯的接地、光纤的熔接配线、尾纤余线的储存均在一个单元内。单元可以在 19 英寸机架上灵活安装。单元体熔接配线框有 24 芯、48 芯（与收容配套），可组合使用。

④ 传输设备。传输设备主用为 PTN 设备，业务量小的基站也可采用 SDH 设备。

在 BTS 与 BSC 间可采用有线传输方式，如 SDH、PTN；也可采用无线传输方式，如微波。

图 5-57 所示为各单元模块在综合架内部摆放的位置，以及传输主设备与交直流电源模块、DDF 模块、ODF 模块之间的连线情况。

（2）综合架电源接线方法

① 整流架具备“永不脱离功能”的情况下，综合架中的一路电源接于永不脱离档，如图 5-58 所示。

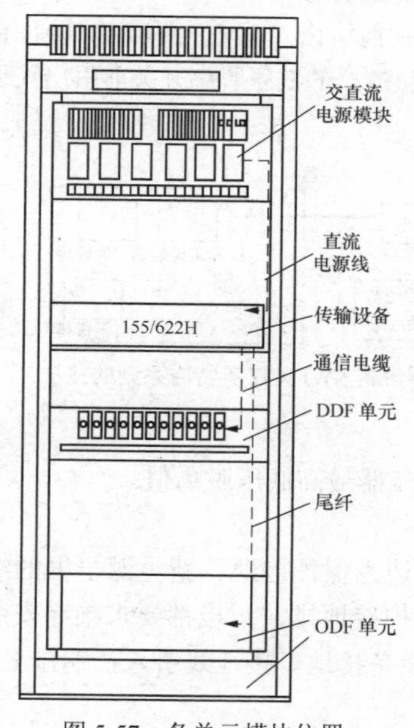

图 5-57　各单元模块位置

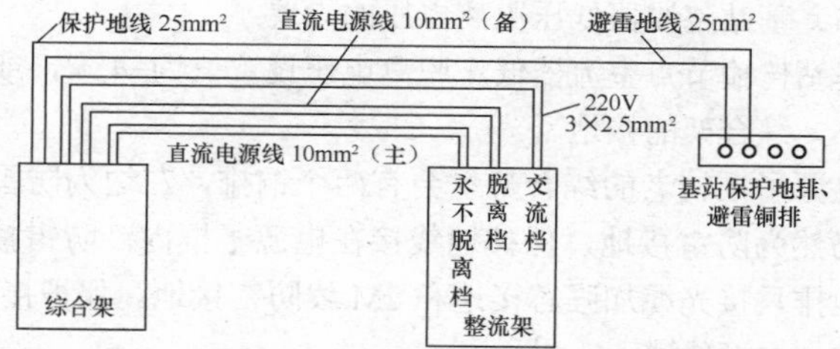

图 5-58　整流架具备永不脱离档的综合架接线方法

② 整流架不具备“永不脱离功能”的情况下，综合架中的一路电源接于整流架电池处，如图 5-59 所示。

基站停电后，电池工作到一定程度时，电压会降低，此时整流架将会实行负载脱离。由于传输设备不仅仅负责本站的传输接入，还连带其他基站的传输，若传输设备停电，将会引起下游节点中断、环路中断，所以要求传输设备处于永不停电的情况，直到电池用完。

2. 基站传输节点综合架施工与维护技术规范

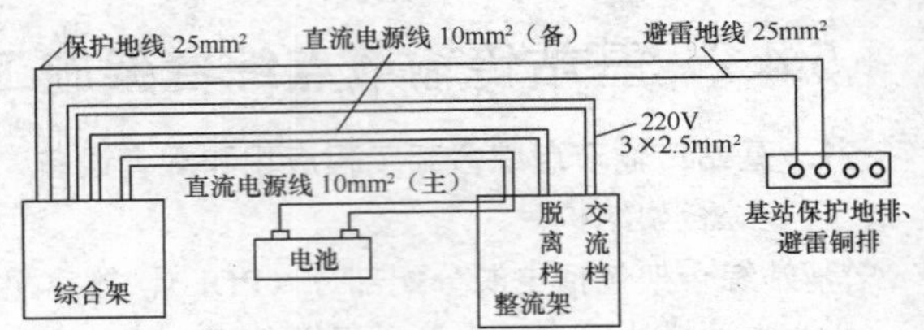

图5-59　整流架不具备永不脱离档的综合架接线方法

本规范对移动传输 2.5G、155M 基站节点的综合线架、电源工程施工及日常维护进行了规定，适用于移动传输 2.5G、155M 基站节点的综合线架、电源工程施工及日常维护。

注：不同的运营企业规定会有所区别。

（1）传输综合架的安装

综合架后部与墙间距不小于 0.6m，前部与墙间距不小于 1m，电源架与机架间距不小于 0.05m。机架固定稳固，用手摇晃机架不晃动，机架水平误差应小于 2mm，垂直误差应小于 3mm。综合架配置：电源单元放至机架顶部；DDF 单元放置电源单元下 10 孔位置；ODF 单元位于机架底部；光缆加强芯固定钢板位于 ODF 单元上 19 孔；挡板底部与加强芯固定钢板空 10 孔位置。

（2）传输设备的安装

PTN、SDH 光端机设备应安装在综合架或者简易架的托盘上方，距托盘 1cm 左右，设备安装牢固；多余光纤盘在盘纤框内（综合架）盘放整齐（简易架）；尾纤弯曲度≥90°。

（3）传输综合架的电源要求

如果基站主设备是−48V 电源供电，则综合架电源为−48V；如果基站主设备是+27V 电源供电，则综合架电源为+27V；边际站、直放站、微蜂窝等无直流供电的基站，设备电源为交流 220V 引入。

（4）传输 2.5G、155M 节点站对直流电源接入的要求

传输综合架的直流电源应从整流器的低压脱离机构之前引入。若采用整流器 SWITCH 系列 3 接法，如图 5-60 所示，从电池到低压脱离接触器之间没有保险丝，整流器负极直接与顶部电池的接入并接，正极从正极排上接入；若采用整流器 SWITCH 英特吉系列接法，如图 5-61 所示，负极从保险丝与低压脱离接触器之间接出，正极从正极排上接出；若新配的整流器低压脱离前配有输出开关，可直接将该处作为传输综合架直流电源的接入点；综合架电源应从整流架的低压脱离开关前引出（无电池站点除外），直流电源接至综合架 32A 熔断器；无综合架时，华为 SDH 设备电源直接从整流器的低压脱离开关前引出（无电池站点除外）。

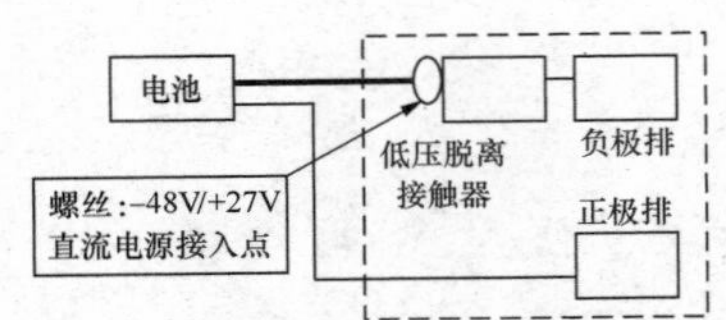

图5-60　整流器 SWITCH 系列3的接法

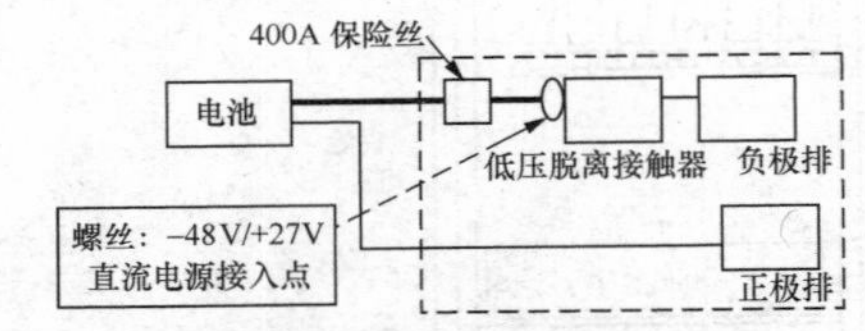

图5-61　整流器 SWITCH 英特吉系列的接法

（5）基站整流器低压脱离电压的设置

基站传输节点整流器低压脱离电压设置值为−45V，或为基站整流器最高低压脱离值。

（6）综合架的接地

电源子框较老的综合架里会有两个铜排，左边为防雷接地，右边为保护接地。新电源子框的综合架左边仍然为防雷接地，保护地线接在电源子框内。防雷接地排、保护接地排、正极都要求绝缘安装；防雷接地排只接光缆加强芯接地和 2M 线防雷接地。保护接地排只接设备接地。接地线引入在铜排上端。

（7）电源线缆

直流电源线为黑色外皮 $6mm^2$ 双芯电缆，蓝色线接负电源，红色线接正排，要求接线牢固，接触良好；接地线线径不小于 $16mm^2$ 的多股铜线，颜色为黄绿色，绿色也可。

（8）布线和标记

走线架上分类走线的顺序从前至后依次为电源线、馈线、传输线，不纠缠扭结；光缆应从综合架左进线孔入，电源线、保护线应从综合架两侧进线孔入；若综合架无两侧进线孔，光缆、电源线、保护线应从后进线孔入。光缆从左侧柜门与横挡之间穿放。光缆加强芯固定在钢板上，光缆应在进机房前、

后，距综合架 50cm 处挂硬牌，光缆开剥处标记软标签，并标明该光缆的去向和纤数；光纤熔接框内应标明光纤的方向和使用情况。

（9）测试电池组容量

观察了解电池组的性能情况及市电的供电情况；检查综合架电源接入情况，不能关掉整流器低压脱离开关；电池放电终了电压为 1.8V。

（10）维护工作内容

① 各种操作：在传输监控、网维监控机房的指挥下，配合进行以上所述各项操作。

② 巡检纪录（维护作业计划执行）：根据传输中心制定的巡检内容，对传输设备进行各项维护操作和处理。

③ 故障处理记录：将故障处理的经过详细记录在案，以便故障管理和经验积累。

④ 如果遇紧急停电或其他事件，应先确保传输节点 2.5G、155M 基站正常供电。

⑤ 日常维护检测时对传输综合架要做全面检查，如检查开关、接线处、螺丝等是否可靠，连接是否牢固，温度是否过高。

5.4.3　传输设备维护基本知识

1. 保养及维护注意事项

① 对于传输设备的维护保养，需注意躲避激光，以免灼伤眼睛。

② 设备接地一定要良好，接触单板要带防静电手环，并保证防静电手环良好接地，不要触摸单板电路板层，不使用时手环要保存在防静电袋内。

③ 风扇要定期清理，光纤弯曲半径不小于 60mm。

④ 光连接器不能污染（不论光口板和尾纤是否在使用，光纤接口一定要用光帽盖住）。

⑤ 光纤头和光口板激光器的光纤接口必须使用棉签蘸无水酒精进行清洁。

2. 传输设备维护人员必须具备的基本技能

① 传输设备的维护人员要熟练掌握网元设备和测试仪表的各种基本操作及设备的安装技能，如插拔机盘操作。

② 掌握光功率计、光源、2M 误码仪的使用；单握群路盘、支路盘的线路环回和设备环回等。

③ 了解整个网络拓扑结构；了解传输（SDH、PDH）的基本原理和相关设备的基本特点；具有全程全网的概念，加强配合，服从网管中心的统一指挥；熟悉基站的整体情况，如设备的摆放情况。

3. 故障定位的原则

（1）故障分析原则

首先根据设备的告警进行判断，通过对告警事件、性能事件、业务流向的分析，初步判断故障点范围，并运用环回、替换、测试等方法进行故障定位。传输部分故障分析一般遵循以下原则。

① 先外部，后传输；如接地、光纤、中继线、BTS、电源问题等。对于光路的中断告警，要先通过网管确定故障段落。对于发生保护倒换的系统，应在确定是线路故障还是设备故障后再通知维修。如果同一段落多个系统同时阻断，或两端现场人员测试线路光功率不正常，可判断为线路故障。对于 2M 端口告警，可通过软件环回和硬件环回配合测试确定故障段落。

② 先单站，后单盘：一般综合网管分析和环回操作可将故障定位至单站，再在网管系统中更改配置，也可采用单板替换、逐段环回、测试等方法将故障定位至单板。

③ 先线路，后支路：根据告警信号流分析，支路板的某些告警常随线路板故障产生，应先解决线路板故障。

④ 先高级，后低级：在故障发生时，要结合网络应用情况分清主次，如复用段远端失效告警可能属于低等级告警，但相对于无业务的 2M 口的 LOS 来说，仍应优先处理。

（2）故障处理要点

根据故障定位原则，故障处理时操作如下：检查光纤、电缆是否接错，看光路和网管是否正常，以

排除设备外的故障；检查各站点的业务是否正常，以排除配置错误的可能性；通过告警、性能分析故障的可能原因；通过逐段环回进行故障的区段分析，将故障最终定位到单站；通过单站自环测试来定位可能的故障盘；通过更换单盘解决故障。

4. 常见故障处理方法

（1）业务中断常见原因

① 外部原因：电源故障（设备掉电、供电电压过低等）；BTS 故障；光纤、电缆故障（光纤性能劣化、损耗过高或光纤中断）；中继电缆损断或接触不良（后者居多）。

② 设备本身的原因：设备本身故障；单盘失效或性能不好。

（2）误码问题常见原因

① 外部原因：光缆性能劣化，损耗过高；光纤接头或连接器不清洁；设备接地不好；设备散热不好，工作温度过高。

② 设备本身的原因：光盘接收信号衰减过大；对端发送模块或本端接收模块故障；时钟同步性能不好；支路盘故障。

（3）数据通道中断常见原因

设备掉电，光纤中断，EMU 盘拨号开关不对（在更换 EMU 时需特别注意），EMU 盘故障，群路盘故障，光路大量误码导致数据通道不畅。

（4）环回判断故障点解决 2M 不通故障

① 环回法。如图 5-62 所示，环回法是 SDH 传输设备定位故障最常用、最有效的一种方法。通常传输设备通信电缆在 DDF 下端（传输侧）成环，用户通信电缆在 DDF 上端成环，中间用“塞子”联通，如图 5-63 所示。

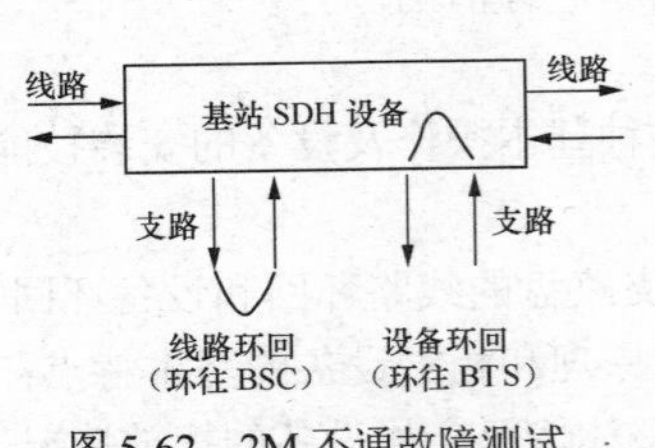

图 5-62　2M 不通故障测试

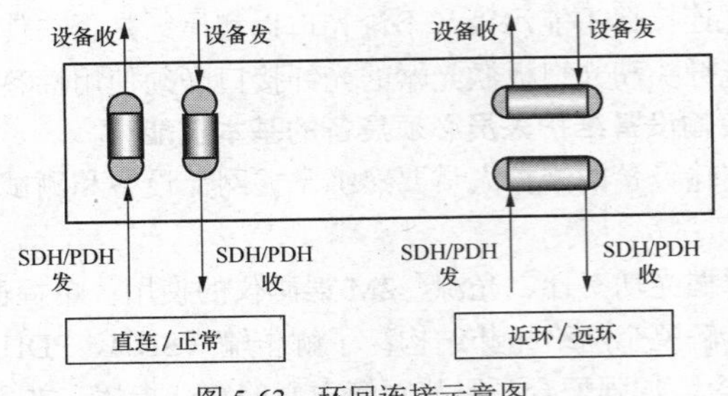

图 5-63　环回连接示意图

相关知识

在图 5-62 中，线路环回把信号环往 BSC，又称为远端环回；把信号环入 SDH 设备，又称为内环回。设备环回把信号环往 BTS，又称为本地环回（近环）；因信号被环入 BTS 设备，又称为外环回。

环回另一种分类为软件环回和硬件环回。软件环回主要通过网管设置；硬件环回就是手工用尾纤、自环电缆对光口、电口进行的环回操作。前述线路环回、设备环回均为硬件环回。

环回法可不依赖对大量告警及性能数据的深入分析，将故障快速定位到单站、单盘，并可分离出是传输设备故障还是基站设备故障。

环回法的缺点在于必然会导致正常业务的中断。所以，一般只有出现业务中断等重大事故时才使用环回法进行故障排除。

重点提示

在进行环回操作后，一定要执行“还原”相应环回的操作。

② 测试分析。例如，从基站 DDF 下端口环回时，若在 BSC 机房测试正常，可判断为 BTS 或 2M 电缆问题。

5. 传输仪表的使用

（1）光功率计

光功率计用来测量光信号强度，如图 5-64 所示。其测试方法如下所述。

第 1 步，按光功率计上的“λ”，选择 1310nm，按“dBm”键，选择屏幕上出现 dBm。

第 2 步，将原接 ⊂← 处（或 ODF 处）的尾纤取下，连接至光功率计，等待光功率稳定后，读出测试值。一般在−25dBm～−10dBm 之间。

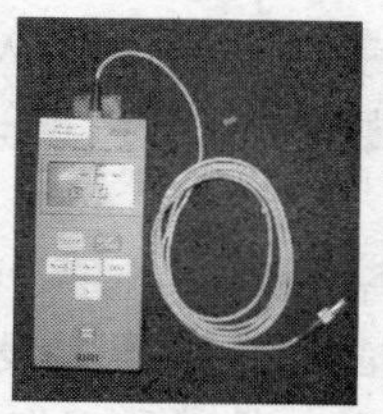

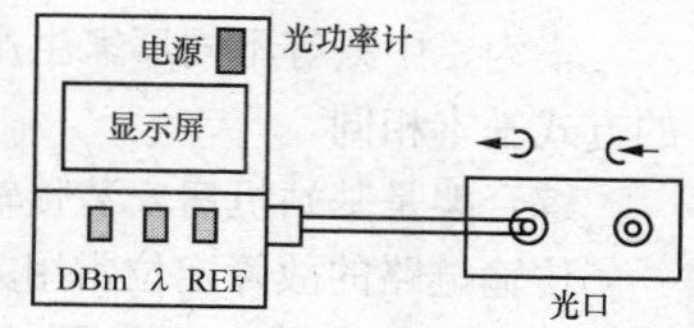

图 5-64　光功率计测试示意图

> 一定要注意光纤的清洁。

（2）2M 误码仪

SUNLITE E1 SS265 2M 误码仪如图 5-65 左图所示，右图所示为其面板 LED 屏。

2M 误码仪用来测试 2M 电路的误码特性。测试方法：先选定一条业务通道两端的传输槽路，然后在一端进行内环回，在另外一端挂表测试误码，如图 5-66 所示。

○ SIGNAL	○ PCM-30	○ PCM-31	○ CRC-4
○ CODE	○ SYNCH	○ BIT	○ ERROR
○ AIS	○ RAI	○ TX	○ RUN

图 5-65　SUNLITE E1 SS265 2M 误码仪

图 5-66　2M 误码仪测试示意图

LED 显示屏各指示灯含义如下。

SIGNAL 灯：绿色，正在接收 El 脉冲信号；红色，当前没有接收脉冲信号。

PCM-30 和 PCM-31 灯：绿色，正在按照预期情况接收成帧；红色，成帧符合预期数据接收，但是尚未收到。

CRC-4 灯：绿色，按照预期情况接收到 CRC-4；红色，CRC-4 符合预期数据接收，但是尚未收到。

CODE 灯：红色，收到编码误码。

SYNCH 灯：绿色，在接收的测试码型完成同步；红色，尚未完成同步。

BIT 灯：红色，收到比特误码。

ERROR 灯：红色，收到编码、比特、比特滑码、CRC-4、E-比特或帧的误码。

AIS 灯：红色，正在接收一个非帧的全 1 信号（告警指示信号）。

RAI 灯：红色，收到远程告警指示。

TX 灯：绿色，正在传送；绿色闪烁，正在以自环模式传送；不发光，当前无传送。

RUN 灯：绿色，正在进行测量。

电源指示灯（位于⏻电源开关右侧）：红色，电池电量低；绿色，测试装置已充满电或插在电源插座上。

小结

SDH 是一套全球通用的光口标准，具有强大的网管能力，采用同步组网方式，上下电路方便。PTN

是新型传输技术，具有类SDH的保护机制，快速、丰富，是从业务接入到网络侧及设备级的完整保护方案；具有类SDH的丰富OAM维护手段、综合的接入能力和完整的时钟/时间同步方案。

华为、中兴等不同厂家生产的传输SDH、PTN设备有不同的类型结构和工作方式，但其使用和维护的方式基本相同。

综合架是基站机房安装传输设备的机架，包括PDF、DDF、ODF、传输设备及机架电源等。

传输链路的故障定位常用方法是环回法，传输设备维护常用仪表有光功率计和2M误码仪。对传输设备的使用和维护必须基于对其结构、性能和工作原理充分了解的基础上，在使用时必须注意日常保养。维护人员必须具备必要的维护知识与技能。

习题

一、填空题

1．SDH的块状帧称为________，其速率为________。

2．SDH中的开销包括________和________两类，其中前者又包括________开销和________开销。

3．STM-1的速率为________，STM-*N*的速率为STM-1的________倍。

4．PTN可简单理解为PTN=________+________，具体体现在其分组特性和传送特性上。

5．要对华为OptiX 155/622H设备告警声切除，可将________开关拨到OFF处，但若告警未排除，则告警声仍会发出。

6．在传输测试中常使用环回法，线路环回指环向________，设备环回指环向________。

7．基站机房中需要采用________接地和________接地两种接地。

8．综合架接线时应保证传输设备处于________的情况，直到电池用完。

二、判断题

1．SDH中STM-*N*的速率为STM-1的*N*倍。（　）

2．SDH上/下电路需逐级复用/解复用。（　）

3．SDH综合架中传输设备的供电电压与基站主设备的电压一致。（　）

4．为传输设备供电的整流器不具备永不脱离档时，综合架直接接蓄电池。（　）

5．在日常维护检测时对传输综合架要做全面的检查，如检查开关、接线、螺丝是否连接牢固，温度是否过高等。（　）

6．华为SDH设备电源滤波板在需要清洁防尘网时可以插拔。（　）

7．告警铃声切除后告警即解除。（　）

8．PTN采用类SDH的保护机制。（　）

9．1588V2利用PTN传送同步时钟信息。（　）

10．环回测试会使业务中断，要慎用。（　）

三、选择题

1．传输主设备安装的时候，应注意使尾纤弯曲度不小于（　）。

A．90°　　B．60°　　C．120°

2．SDH中提供低阶通道层和高阶通道层适配的功能模块为（　）。

A．支路单元　　B．容器　　C．管理单元

3．清洁光纤头和光口板激光器的光纤接口必须使用棉签蘸（　）进行。

A．消毒酒精　　B．水　　C．无水酒精

4．在传输设备维护操作中，拨打公务电话应（　）。

A．先按“TALK”键，听到拨号音后再拨号

B．先拨号，再按“TALK”键

C．先将振铃开关拨至“ON”，再拨叫

5．在进行传输设备的单板操作时，错误的操作是（　　）。

A．带好防静电腕套

B．单板保存在整洁的纸盒内

C．单板拉手条左右扳手的侧槽对准左右卡槽，按住单板拉手条平稳推进

6．MPLS-TP 是基于（　　）技术的演进方式。

A．MSTP　　B．MPLS　　C．PBB

7．设备环回是指把信号环往（　　）设备。

A．BSC　　B．BTS　　C．SDH

8．LTE 采用（　　）承载网技术。

A．SDH　　B．IPRAN　　C．WLAN

四、简答题

1．画出我国使用的 SDH 复用映射结构。

2．简述 PTN 的关键技术。

3．简述华为 PTN 设备如何提供 TPS 保护。

4．烽火 PTN 设备如何提供业务保护能力？

5．简述基站机房中综合架的基本配置模块。

6．什么是环回？环回有哪些类型？分别是如何实现的？画出 DDF 架上正常传输和做环回测试的连接示意图。

7．简述光功率计的作用及使用方法。

8．简述 2M 误码仪的作用、使用方法及各指示灯的含义。

9．简述传输设备保养及维护注意事项。

10．传输设备维护人员必须具备哪些技能？

第6章 通信电源设备

【主要内容】 通信电源是基站设备正常运行的关键。本章主要介绍通信电源的组成，以及交/直流供电系统的基本概念；开关电源的组成、原理与维护；UPS 原理与维护；阀控式铅酸蓄电池的结构、基本原理、维护及使用；柴油机的结构和基本原理；小型发电机、无刷同步发电机组的运行和维护；接地系统的基本概念、分类；通信电源的防雷设备及方式；安全用电的技术措施和组织措施。

【重点难点】 开关电源、蓄电池、发电机组等设备的使用和维护；接地与安全用电基本概念。

【学习任务】 理解通信电源系统的结构、组成；掌握各类电源设备的维护基本知识。

6.1 通信配电

基于通信电源在通信系统中的重要性，要保证通信质量，必须有优良的通信供电系统作为保障。本节主要介绍通信电源的组成，以及交/直流供电系统的基本概念。

1. 电源在通信系统中的地位及组成

（1）电源在通信系统中的地位

通信电源通常被称为通信设备的“心脏”，是整个通信设备的重要组成部分，在通信局（站）中，具有无可比拟的重要地位。网络运行需要不间断、高质量的能源，如果通信电源供电不可靠，会造成通信中断；如果通信电源供电质量不良，就会降低通信质量，甚至无法正常通信，势必不能满足用户信息交换的需要。

（2）通信电源的组成

通信局（站）中的主要电源设备及设施有交流市电引入线路、高低压局内变电站设备、自备油机发电机组、整流设备、蓄电池组、交直流配电设备及 UPS 等。有些局站通常还有 DC/DC 变换器、DC/AC 逆变器及其他如通信电源/环境集中的监控系统等设备和设施（监控部分将在第 7 章中介绍）。

确切地说，通信电源专指对通信设备直接供电的电源。在通信局（站）中，除了对通信设备供电不允许间断的电源外，还包括对允许短时间中断的建筑负荷、机房空调等供电的电源和对允许中断的一般建筑负荷供电的电源。因此，通信电源和通信局（站）电源是两个不同的概念，通信电源是通信局（站）电源的主体和关键组成部分，如图 6-1 所示。

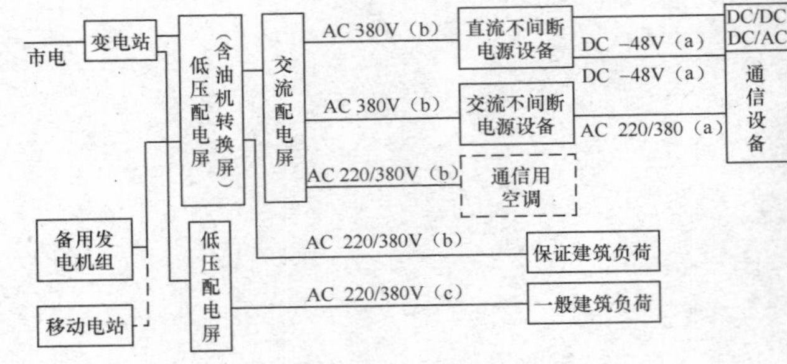

图 6-1 通信局（站）电源

通信设备的供电可分为交流供电和直流供电两种。程控交换、光通信、微波通信、移动通信等设备均属直流供电的设备，而一些无线寻呼、卫星地球站设备则属于交流供电的通信设备，目前直流供电的通信设备占绝大部分。

通信设备所供的电有交流、直流之分，因此通信电源也有交流不间断电源和直流不间断电源两大系统，如图 6-2 所示。两大系统的不间断，都是靠蓄电池的储能来保证的。但交流不间断电源远比直流不间断电源系统要复杂，系统可靠性和效率远比直流不间断电源低，所以目前通信设备的供电电源还是以直流不间断电源为主。

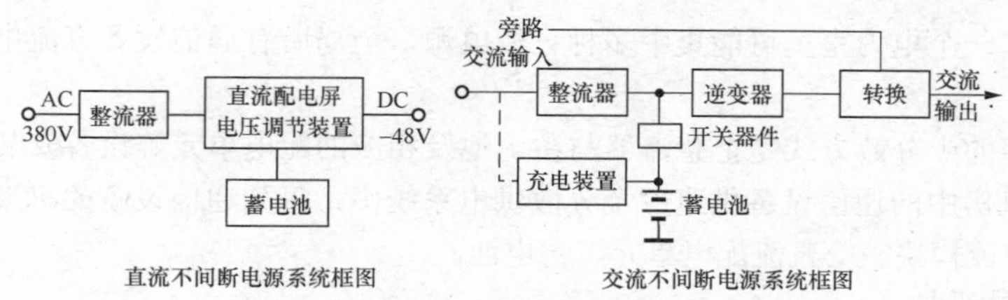

图 6-2　不间断电源系统框图

不管是交流不间断电源系统，还是直流不间断电源系统，都是从交流市电或油机发电机组取得能源的，再变换成不间断的交流或直流电源给通信设备供电。通信设备内部再根据电路需要，通过 DC/DC 变换器、DC/AC 逆变器、AC/DC 整流器转换成多种交/直流电压。因此，从功能及转换层次来看，整个电源系统可划分为 3 个部分：将交流市电和油机发电机组称为第一级电源（Primary Power Supply），这一级保证提供电源，但不保证不间断；前面所讲到的交流不间断电源和直流不间断电源为第二级电源（Secondary Power Supply），主要保证电源不间断；通信设备内部的 DC/DC 变换器、DC/AC 逆变器及 AC/DC 整流器则为第三级电源（Ternary Power Supply），主要提供通信设备内部各种不同的交/直流电压要求，常由插板电源或板上电源提供。上述 3 级电源的划分如图 6-3 所示。

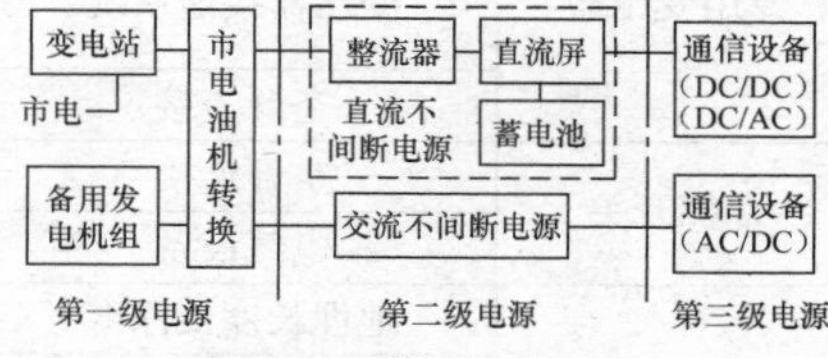

图 6-3　通信电源的分级

为了保证通信生产可靠、准确、安全、迅速，通信设备对通信电源的基本要求是可靠、稳定及小型、智能、高效率。

2. 交流供电系统

交流供电系统包含高压市电进线及分配、低压市电的分配、油机发电机组、交流配电，相当于电源分级的第一级电源，主要作用是保证提供能源。相对于油机发电，市电具有经济、环保的优点。在通信局（站）电源系统的建设中，要求以市电作为主要能源（除个别地区可利用太阳能、风力发电以外）。

在电力网中，通过高压配电，35kV 以上的高压降到 6～10kV 送到企业变电所及高压用电设备，再通过降压变电站降至 380/220V 市电，供给整流设备和照明设备等。变配电设备如图 6-4 所示。

较大容量的通信局（站）设置低压配电房，用来接收与分配低压市电与备用油机发电机电源。低压配电房中安装的电气设备包括低压配电屏、油机发电机组控制屏（一般在油机房）、市电/油机电转换屏等。低压配电屏主要完成受电、计量、控制、功率因数补偿、动力馈电和照明馈电等功能。在低压配电屏内，按一定的线路方案将一次和二次电气设备组装成套，而且每一个主电路方案对应一个或多个辅助电路方案，从而简化了工程设计。

油机发电机组控制屏目前往往随着油机发电机组的购入，由油机发电机组厂商配套提供。由于各厂家的电路不相同，所以须由厂商提供设备的线路图。油机市电转换开关如图 6-5 所示。

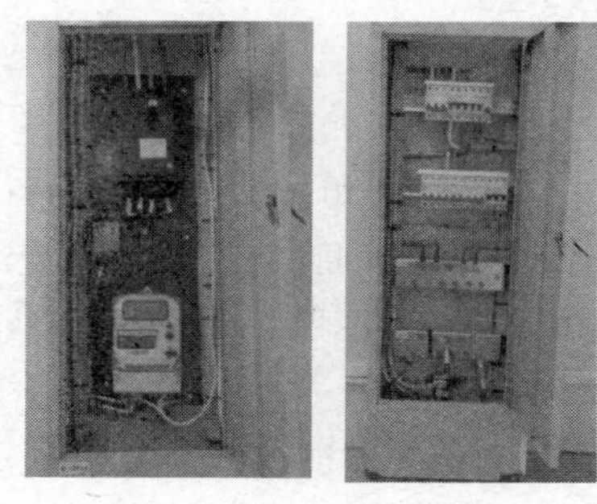

图 6-4　变配电设备

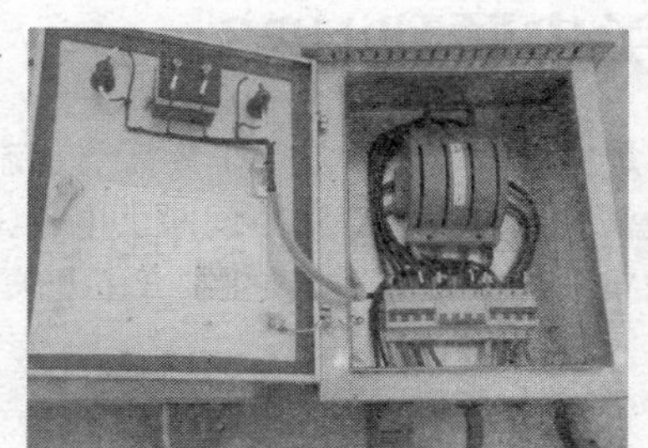

图 6-5　油机市电转换开关

3. 直流供电系统

直流供电系统有集中供电方式和分散供电方式，传统的集中供电方式正逐步被分散供电方式所取代。

集中供电方式是将包括整流器、直流屏、直流变换器和蓄电池组等在内的直流电源设备集中安装在

电力室和电池室。在一个电力室里可能集中多种直流电源，全局所有通信设备直流电源都从电力室的直流配电屏取得。

分散供电方式中的半分散方式是把整流器与蓄电池及相应的配电单元等设备安装在通信机房或邻近房间中，向该通信机房中的通信设备供电；全分散供电系统中，每列通信设备的机架内都装设小型的基本电源系统，包括整流模块、交直流配电单元、蓄电池。

4．变配电系统的维护

目前基站普遍采用的是户外型油式变压器。变压器油的作用是绝缘、散热、灭弧。变配电系统维护要点：先看颜色，新油通常为淡黄色，长期运行后呈深黄色或浅红色；如果油质劣化，颜色就会变暗，并呈现不同的颜色；如果油质发黑，则表明炭化严重，不能使用。另外观察油质的透明度。变配电系统巡视及维护需要注意的事项如表 6-1 所示。

表 6-1　变配电系统巡视及维护注意事项

<table>
<tr><th>检测项目</th><th>检 查 内 容</th><th>检 查 要 求</th></tr>
<tr><td rowspan="3">专用变压器</td><td>油位</td><td>油位高于刻度尺的 1/3</td></tr>
<tr><td>变压器接地系统</td><td>距机房地网边缘 30m 以内时，变压器地网与机房地网或铁塔地网之间应每隔 3～5m 相互焊接联通一次</td></tr>
<tr><td>空开连接</td><td>安装固定可靠，标志醒目，各接线端子电气接触良好</td></tr>
<tr><td rowspan="2">双掷开关</td><td>空开连接</td><td>安装固定可靠，标志醒目，各接线端子电气接触良好</td></tr>
<tr><td>电气设备</td><td>双掷开关容量符合要求</td></tr>
<tr><td rowspan="2">电力电缆</td><td>地埋长度及深度</td><td>埋地长度 30m 以上，钢管埋地深 0.7m</td></tr>
<tr><td>电力避雷系统</td><td>① 地埋进站：环绕机房敷设的直埋钢管，其钢管两端应与基站接地系统就近焊连
② 无条件地埋的情况：架空线路上方设避雷线，电力线应在避雷线的 25°角保护范围内，避雷线应在离机房直线距离 20m 以上、50m 以内的每根电线杆处做一次接地</td></tr>
<tr><td rowspan="3">配电箱</td><td>空开连接</td><td>空开容量符合要求，独立连接，无复接现象</td></tr>
<tr><td>电气设备</td><td>① 配电箱内各种接线连接正确并牢固
② 配电箱内必须加装浪涌保护器</td></tr>
<tr><td>接地系统</td><td>保护接地母线线径必须大于 $70mm^2$</td></tr>
<tr><td rowspan="3">开关电源架</td><td>连接情况</td><td>对于高频开关组合电源配置，应根据不同设备类型对应的电流需求，配置适宜的空气开关或熔断器（32A、63A、100A、125A）</td></tr>
<tr><td>接地系统</td><td>应加装安全防护罩，并可靠接地</td></tr>
<tr><td>整流模块固定情况</td><td>高频开关组合电源架应安装牢固，模块安装正确</td></tr>
</table>

6.2　开关电源和 UPS

开关电源是直流供电系统，用于为需要直流供电的通信设备提供电源。在基站机房中主要使用蓄电池和开关电源为设备提供直流不间断供电。UPS 可以提供交流不间断供电，在使用交流供电的有源设备的室内分布系统中应用。本节主要介绍开关电源和 UPS 的组成、原理，艾默生电源系统的组成及模块功能。

6.2.1　高频开关电源概述

开关电源广义上是由交/直流配电模块、监控模块、整流模块等组成的直流供电系统，这里主要是指整流模块。

1．高频开关电源的组成

高频开关电源的结构框图如图 6-6 所示。

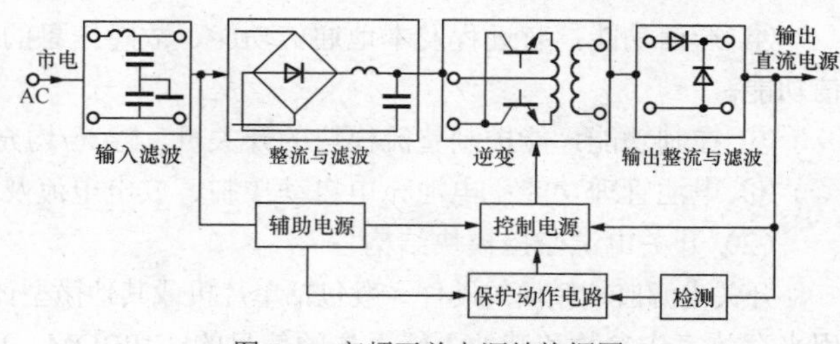

图 6-6　高频开关电源结构框图

（1）主电路

从交流电网输入到直流输出的全过程，包括如下进程。

① 输入滤波：将电网存在的杂波过滤，同时阻碍本机产生的杂音反馈到公共电网。

② 整流与滤波：将电网交流电源直接整流为较平滑的直流电，以供一级变换。

③ 逆变：将整流后的直流电变换为高频交流电，这是高频开关电源的核心部分，频率越高，电源体积、重量与输出功率之比越小。当然并不是频率越高越好，因为还涉及元器件、成本、干扰、功耗等多种因素。

④ 输出整流与滤波：根据负载需要提供稳定、可靠的直流电源。

主电路有功率转换电路、高频功率开关、功率因数校正电路等。

（2）控制电路

一方面，从输出端取样，与设定标准进行比较后去控制逆变器，改变其频率或脉宽，达到输出稳定的要求；另一方面，根据测试电路提供的数据鉴别保护电路，提供控制电路对整机进行各种保护的措施。

（3）检测电路

除了提供保护电路中正在运行的各种参数外，还提供各种显示仪表数据给值班人员观察、记录。

（4）辅助电源

提供所有单一电路、所有不同要求的电源。

2. 高频开关电源的分类

DC/AC 变换电路是开关电源的主要组成部分。根据工作原理不同，开关电源可分为 PWM 型和谐振型。

PWM 型开关电源具有控制简单、稳态直流增益与负载无关等优点，但其开关损耗会随开关频率的提高而增加，故限制了开关电源频率的进一步提高。

谐振型开关电源则可使开关电源在更高的频率下工作，开关损耗却很小，其又可分为串联谐振型、并联谐振型和准谐振型几种，目前应用较为普遍的是准谐振型开关电源。

3. 控制电路

开关电源的控制电路一般应具有的功能：可在较宽范围内预调频率的固定频率振荡器，占空比可调节的脉宽调制功能，死区时间校准，一路或两路具有一定驱动功率的输出，禁止、软启动和电流、电压保护功能等。

目前通常将控制电路和功率放大器驱动电路制成一体化芯片，供驱动功率开关器件使用，频率达几百 kHz，大多用在需要与系统电源隔离的辅助电源上面。

作为大功率开关电源，特别是专用性较强的开关电源，必须具有完善的控制电路，特别需要其保护功能齐全和完善，而任何一种专用芯片都不可能做到这一点。因此，几乎各电源公司推出的大功率开关电源的控制电路都是具有各自特点的自行设计的控制电路。

控制电路正向高频化、智能化、小型化发展。

4. 监控模块

监控模块独立于整流器之外，用于监控及管理整个开关电源各模块的工作情况。

（1）开关电源监控模块功能

开关电源监控模块的主要功能如下所述。

① 信号采集功能：能采集直流输出电压、负载及其主要分路电流、电池充放电电流、交流输入电压、交流电流、交流频率等模拟量，应能采集熔丝断开、电池开关状态、烟雾、门禁等开关量。

② 参数设置功能：能设置直流输出电压等告警上/下限、负载电流等的量程。

③ 历史文件记录：能记录故障历史。

④ 通信功能：有远程及本地通信功能、故障信息的自动上报功能、与各整流模块微处理器的数据通信功能。

⑤ 控制功能：能控制整流模块的开关机、浮充/均充/测试转换、并机均流等。

⑥ 电池管理功能：电池充电自动控制、放电电流及安时数的统计。

（2）开关电源监控模块结构

开关电源监控模块的硬件一般包括单片机或其他微型计算机、程序存储器 EPROM、随机存储器 RAM、用来存放工作参数和其他不能丢失的信息的 E^2PROM、I/O 接口电路、信号调制及 A/D 转换电路、串行通信接口器件、看门狗电路、辅助电源电路、按键及显示器件。

（3）开关电源监控模块工作原理

开关电源监控模块工作原理如下所述。

① 单片机或微型计算机对各模拟量进行 A/D 转换，经标度换算得到模拟量采样结果，若其超过上/下限，则发出告警；若其由超上/下限变为正常，则撤除相应告警，并做历史记录。

② 单片机或微型计算机对各开关量进行采样，判断其变化，发出或撤除相应告警，并记录。

③ 单片机或微型计算机从整流模块相连的通信口获取整流模块的运行信息，判断其变化，发出或撤除相应告警，并记录。

④ 单片机或微型计算机运行电池管理程序，实现电池充电的自动控制和放电电流及安时数的统计。

⑤ 单片机或微型计算机运行与上一级计算机通信的程序，若线路已连接，则向上一级计算机传送相应信息。

5. 故障处理及维护

目前，高频开关电源系统具有一定的智能化，具有智能接口，能与计算机相连以实现集中监控。当系统发生故障时，系统监控单元码能显示故障事件发生的具体部位、时间等。维护人员利用监控单元信息可初步判断故障的性质，再根据故障现象进行分析，进而做出正确的检查、判断并处理。

（1）系统检查维修的基本步骤

① 首先查看系统有无声光告警。开关电源系统各模块均有相应的告警提示，例如整流模块发生故障后，其红色告警指示灯点亮，同时系统蜂鸣器发出告警声。

② 再看具体故障现象或告警信息提示。观察具体故障现象与监控单元告警的提示是否一致，查看有无历史告警信息等，有时可能出现无告警但系统功能不正常的现象。

③ 根据故障现象或告警信息做出正确的分析并形成处理故障的检修方法，即可完成故障检修。

（2）开关电源的故障类型

开关电源的故障有很多类型，应根据系统的配置情况进行判断，如图 6-7 所示。

① 正常告警类故障：发生时，系统配电模块、整流模块会有相应的故障指示，监控单元有相应的告警信息，各监控单元提示的故障信息与实际情况一致。

② 非正常告警类故障：发生时，虽然系统有故障灯亮、告警声响等现象，但实际情况与监控单元的告警信息不一致或监控单元无相应告警信息。

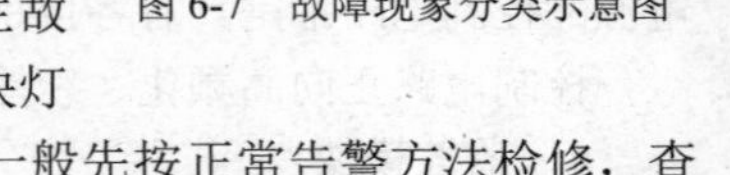

图 6-7 故障现象分类示意图

系统告警类的典型特征是系统对应部位声光告警，如交流配电发生故障，会发生配电故障灯亮，或有蜂鸣器告警；模块发生故障，会出现模块灯亮；监控有当前告警时，监控单元灯亮，或有蜂鸣器告警。在处理时，一般先按正常告警方法检修，查不出故障时再按非正常告警方法检修。

在配电故障中，可依据监控告警信息找出可能发生的故障部位。交流配电故障可分为交流电故障及交流输入回路（后续电路引起的交流输入回路）故障；直流配电故障可分为输出电压故障、电池支路及输出支路故障。

监控通信故障（监控单元告警，其他部位无告警）可在交/直流屏通信中断和模块通信中断等方面去梳理。

模块发生故障时，应依据告警性质的不同（红、黄灯不同）来分析是模块内部故障还是风扇故障。

③ 功能丧失不告警故障：发生故障时，系统的功能发生异常或丧失，但系统无任何告警提示。

④ 性能不良不告警故障：发生故障时，系统检测的参数不符合系统性能指标，会发生检测不准或参数不对等情况。

系统不告警类故障在交流配电系统中的现象表现为指示灯损坏、电路板损坏及交流过压/欠压时的保护等。以各整流模块间均流不正常为例，故障现象表现为模块间的输出电流不均衡，不均流度大于 5%，或某一模块总是偏大或偏小，检修流程如图 6-8 所示。在分析时，可根据不同的故障做出不同的检修流程，综合加以分析判断。

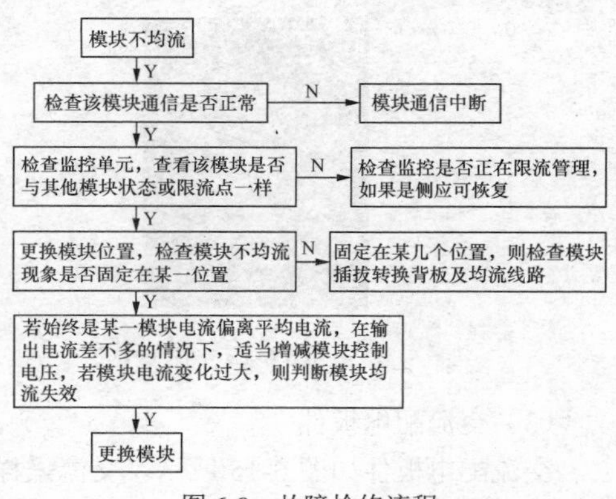

图 6-8　故障检修流程

6.2.2　艾默生电源系统

艾默生电源系统如图 6-9 所示。图 6-10 所示为 PS48400-2C/50 电源设备。

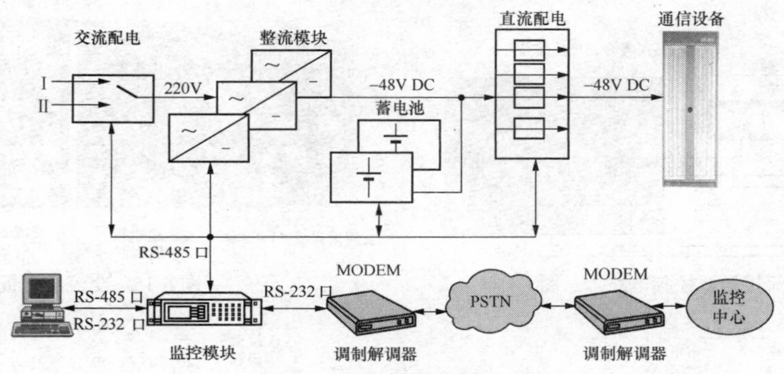

图 6-9　艾默生电源系统示意图

1. 交流配电单元

交流配电单元如图 6-11 所示，系统采用三相或单相供电，模块采用单相供电。市电/油机电切换采用手动，空气开关利用手动机械互锁确保供电安全，仅有一路输入。交流电压输入范围为 120～290V，主要器件包括空气开关、交流接触器、防雷器。

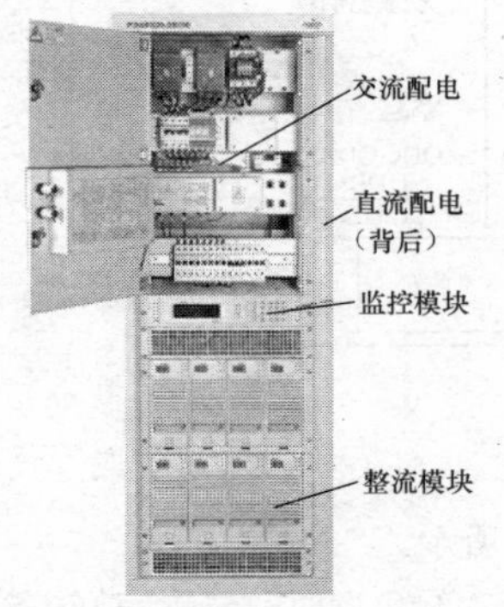

图 6-10　PS48400-2C/50 电源设备

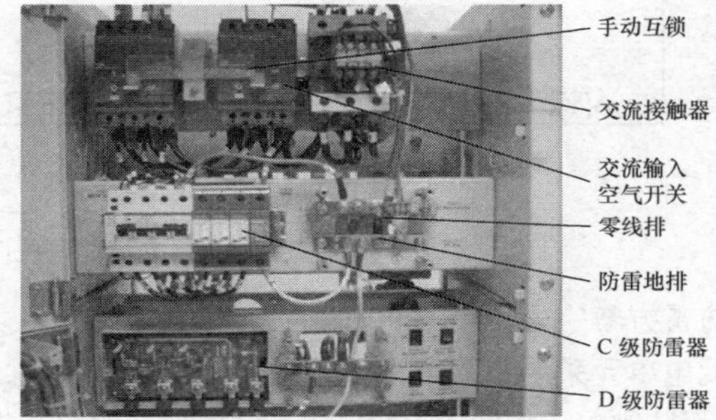

图 6-11　交流配电单元

（1）空气开关

空气开关如图 6-12 所示，三相/单相接线示意如图 6-13 所示。当空气开关处于跳闸位时，排除跳闸原因后，将闸扳至“off”处，才能再合闸。

（2）交流接触器

交流接触器控制电路如图 6-14 所示。

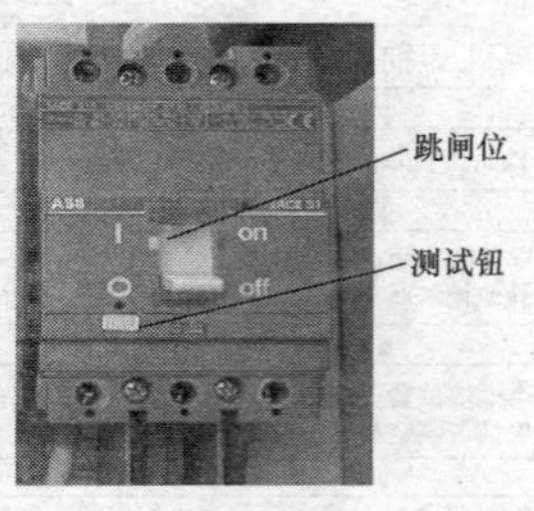

图 6-12　空气开关

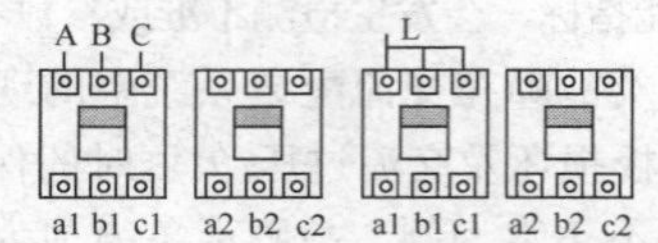

图 6-13　空气开关三相/单相接线示意图

（3）交流配电板件

交流配电板件如图 6-15 所示。交流采样板 A14C3S1 提供两路交流输入采样，经隔离降压后输出两组交流信号，分别供交流保护与交流检测用。交流逻辑板 A4485C2 实现交流过压/欠压保护、缺相保护（可选择），高压启动、低压驱动逻辑判断。交流驱动板 A4485C1 提供交流控制辅助电源及交流接触器高压吸合、低压维持电压。交流配电板件接口如图 6-16 所示。

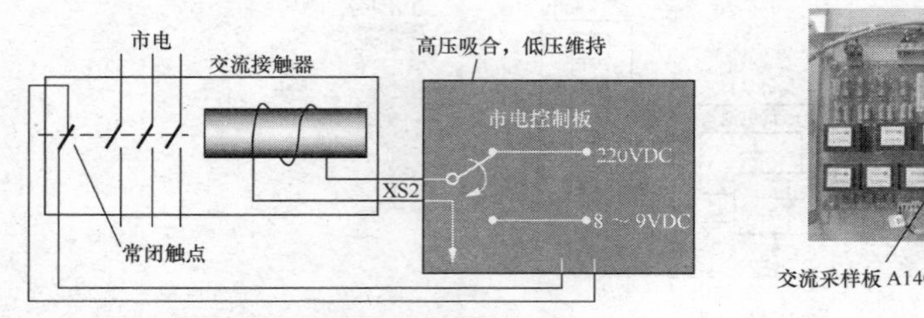

图 6-14　交流接触器控制电路示意图

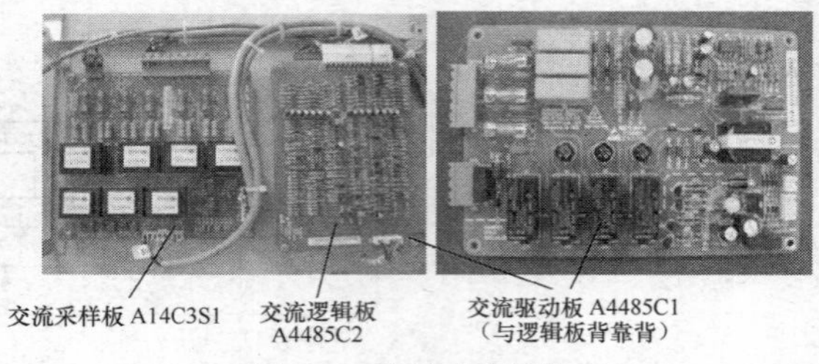

图 6-15　交流配电板件

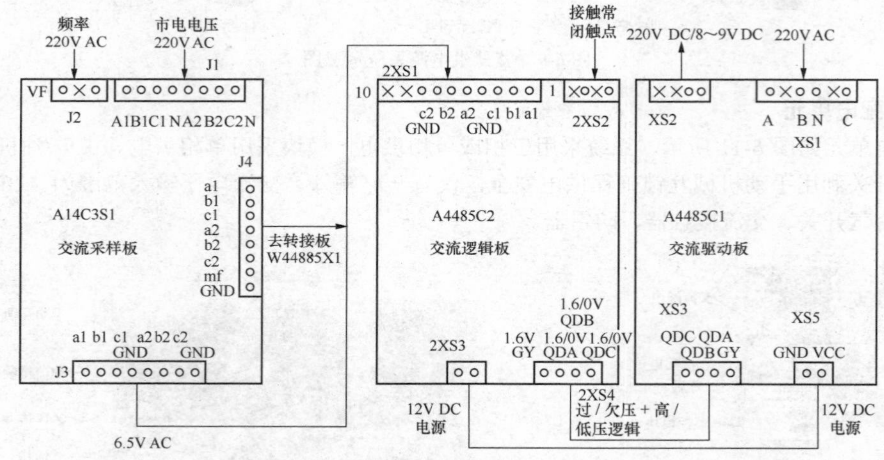

图 6-16　交流配电板件接口示意图

（4）防雷方案

交流配电单元采用 C 级和 D 级防雷方案，接线示意图如图 6-17 所示。

① C 级防雷单元如图 6-18 所示。当 C 级防雷单元指示窗中显示“绿色”时，表示完好；若显示“红色”，则表示损坏。防雷空开的作用是防止出现安全事故，保护设备。

② D 级防雷单元如图 6-19 所示。在 D 级防雷单元上，若“绿灯”亮则表示完好，若“绿灯”灭则表示已损坏。

2. HD4850-2 整流模块

HD4850-2 整流模块（见图 6-20）内置先进的微处理器，采用高可靠的集散式控制系统、独特的散热设计，兼容自然冷和风冷，全面采用软开关技术。

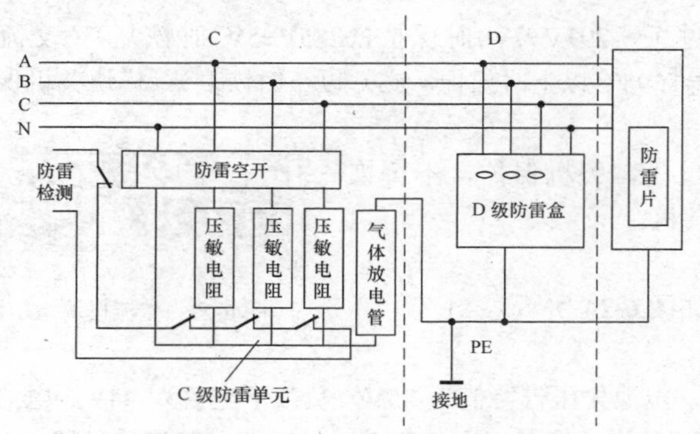

图 6-17　交流配电单元防雷方案示意图

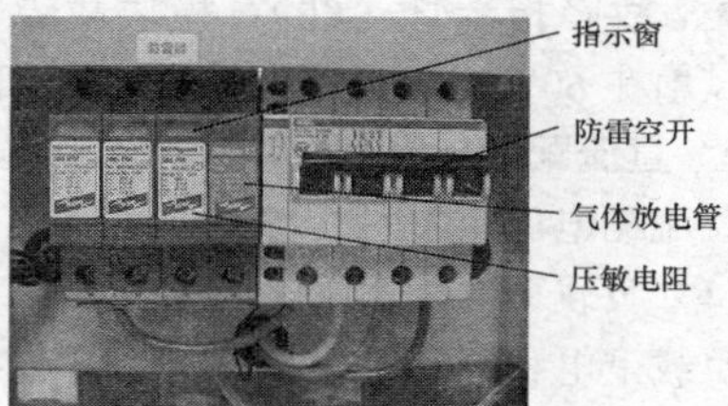

图 6-18　C 级防雷单元

图 6-19　D 级防雷单元

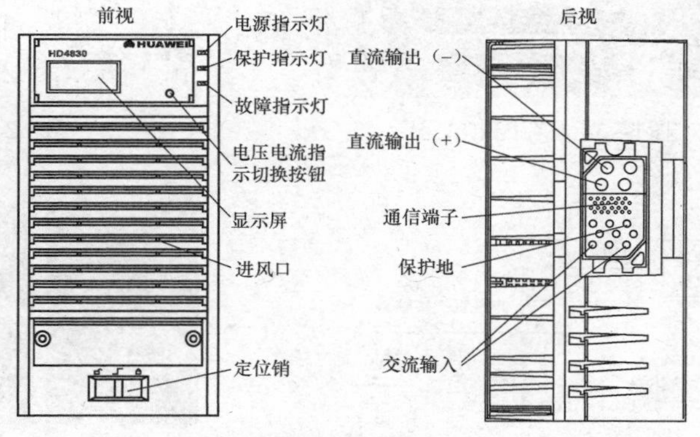

图 6-20　HD4850-2 整流模块

（1）整流模块的主要功能和特点

整流模块的主要功能和特点包括限功率、短路回缩、无损热插拔、保护和告警功能、低差自主均流、无极限流、防尘和风扇控制。

风扇采用温控无极调速，当模块温度低于 60℃时风扇处于停转状态，可最大延长风扇寿命；温度高于 60℃时风扇起转，转速随温度的提升而提高；风扇开路或短路时，模块告警。风扇前面安装可重复使用的防尘网，风扇、防尘网均可直接用手进行拆卸且无须关停模块。风扇更换时间小于或等于 1min，防尘网清洗时间小于或等于 1min。风扇更换如图 6-21 所示。

图 6-21　整流模块的风扇更换

（2）操作维护

模块安装时，需注意三相平衡。使用时，模块长时间轻载会影响寿命。多模块同时工作，主要在市电停电恢复时对蓄电池供电，平时轻载供电，可适当关闭，以减少耗电，提高效率。

根据 HD4850-2 模块上的指示灯和窗口显示信息可判断模块的工作状况。因模块支持热插拔，需更换模块时，可直接更换。整流模块指示灯（见图 6-22）的含义如下。

- 电源指示灯（绿）：交流指示。

● 保护指示灯（黄）：模块保护。交流过压（297V±7V 时保护，285V±5V 时恢复）；交流欠压（115V±5V 时保护，125V±5V 时恢复）；模块过温（95℃以上时保护，85℃以下时恢复）；模块关机保护，保护原因消除后，模块可自动恢复工作。

● 故障指示灯（红）：模块故障。输出过压，关机保护，不可恢复；风扇在 60℃以上会发生故障，风扇故障不关机。

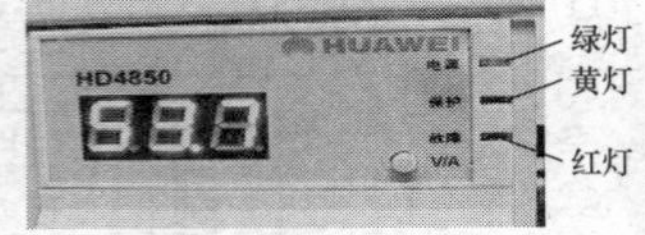

图 6-22 整流模块指示灯

3. 直流配电单元

直流配电单元如图 6-23 所示，其工作原理如图 6-24 所示。

（1）负载下电和电池保护

负载下电和电池保护示意图如图 6-25 所示，电池欠压告警值为 45V，负载下电值为 44V，电池保护值为 43.2V。负载下电和电池保护电路中的重要器件有分流器、空气开关、熔断器、直流接触器。

① 直流输出控制。直流输出控制主要包括短路保护、过流保护，器件有熔断器、空气开关和直流配电控制开关等，如图 6-26 所示。

图 6-23 直流配电单元

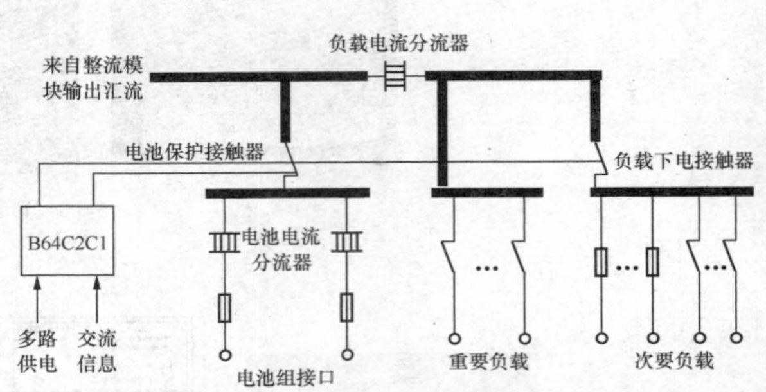

图 6-24 直流配电单元工作原理示意图

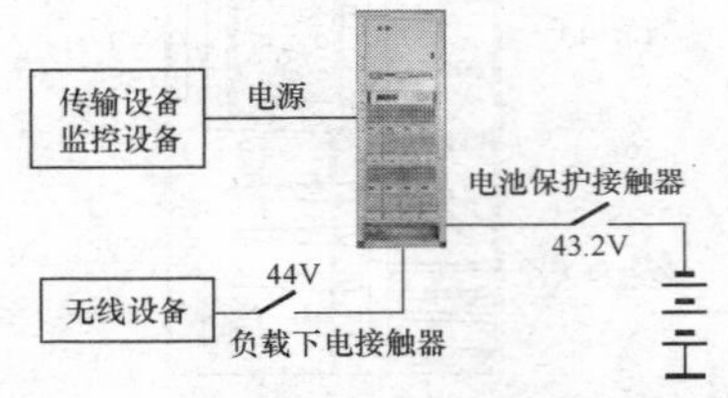

图 6-25 负载下电和电池保护示意图

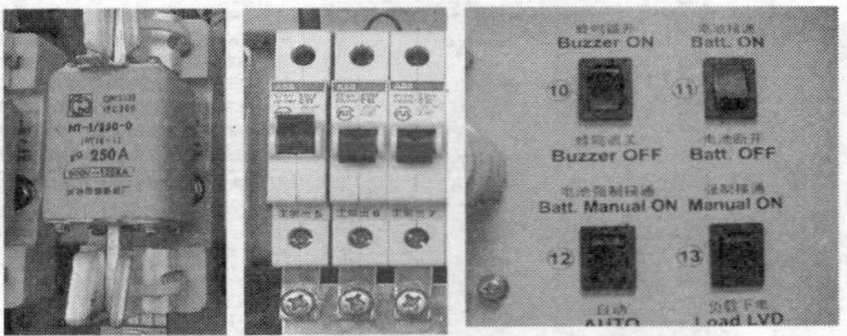

图 6-26 熔断器、空气开关和直流配电控制开关

② 分流器。分流器实质上是精密电阻，用于检测电流。分流器系数用于计算电流。例如，图 6-27 中的分流器系数为 300。若分流器系数设置不对，则在监控模块上不能正确显示电流电压值，起不到相应的监控作用。

③ 直流接触器。直流接触器是电池保护及二次下电的执行器件，常闭型直流接触器如图 6-28 所示。

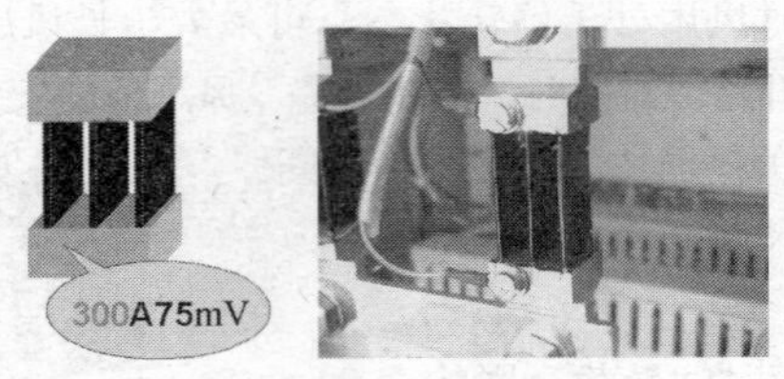

图 6-27 分流器

图 6-28 常闭型直流接触器

相关知识

一次下电：因电池容量有限，市电停电时，对部分影响面较小的设备先断电，以确保有较大影响面的设备的用电。

二次下电：保护电池。

（2）直流板件

直流板件如图 6-29 所示，其连接示意图如图 6-30 所示。直流控制板 B64C2C1 用于电池欠压告警、二次下电、电池保护控制；系统信号转接板 W4485X1 用于完成交/直流配电信号的转接，并上报监控模块。

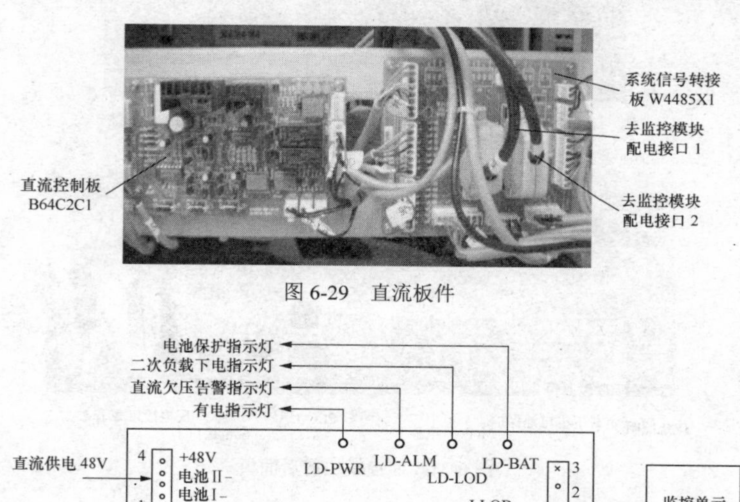

图 6-29　直流板件

图 6-30　直流板件连接示意图

4. 监控模块

监控模块主要用于检测、告警、通信、电池自动管理，主要类型有集中式监控（交/直流单元、整流模块均无自己单独的 CPU，如 PSM-15）、集散式监控（各单元均有独立的 CPU，如 PSM-A）、混合式监控（整流模块有独立的 CPU，交/直流单元没有，如 PSM-A11）。

（1）硬件结构

监控模块前后面板如图 6-31 所示，上图为前面板，下图为后面板。内部板件连接示意图如图 6-32 所示。

（2）菜单结构

在监控模块中必须进行与硬件和系统配套的参数设置，以实现模块的监控功能，确保开关电源的正常运行。例如，PSM-A11 监控模块的主菜单结构如图 6-33 所示，另外还有查询信息菜单、设置信息菜单、电池管理设置菜单等，此处不再一一列举。

5. 日常维护

（1）电池管理关键参数设置

① 浮充转均充条件。

转均充容量比：80%。

转均充参考电流：根据电池确定，如标称值为 50mA/Ah 时，电流为 $0.05C_{10}$。

② 均充转浮充条件。

稳流均充电流：$0.01C_{10}$。

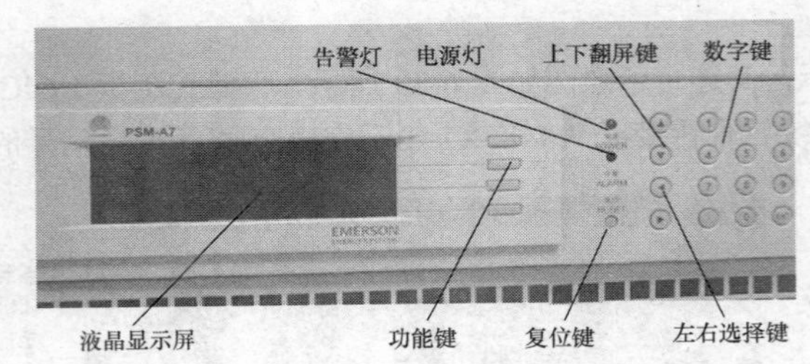

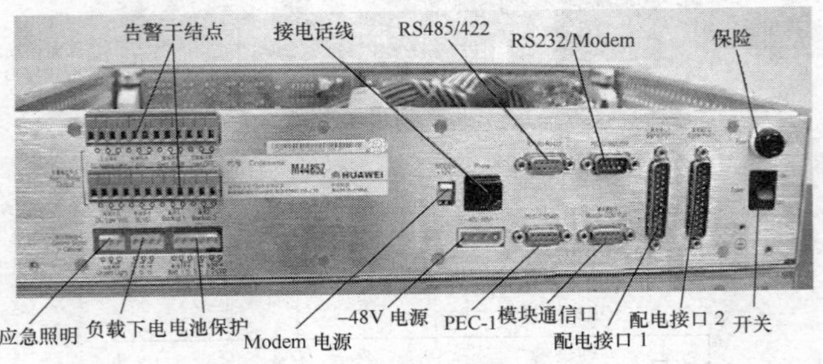

图 6-31　监控模块前后面板

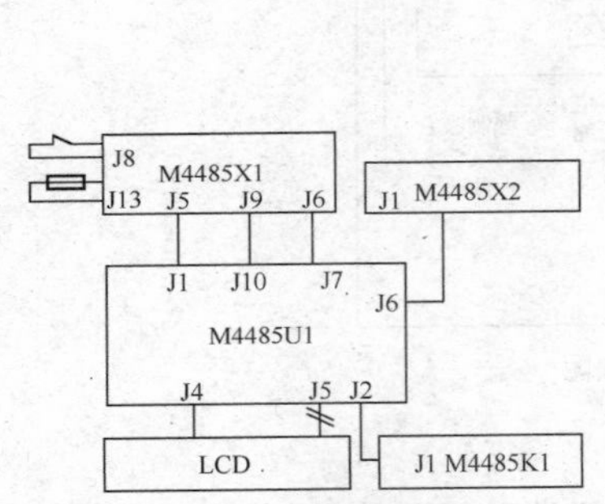

图 6-32　内部板件连接示意图

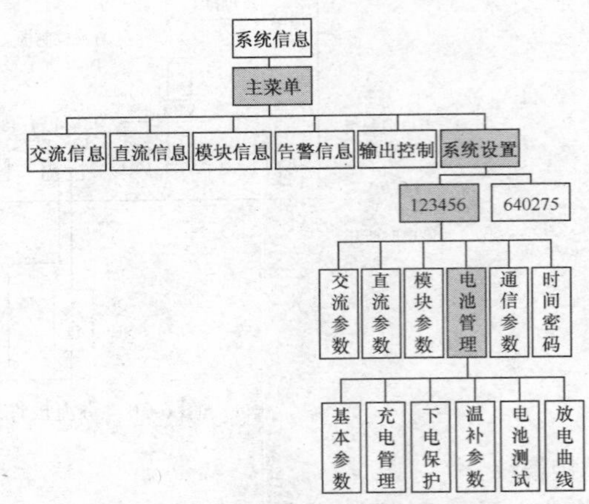

图 6-33　PSM-A11 主菜单结构示意图

稳流均充时间：180min。

充电限流点：0.1～0.25C_{10}。

充电过流点：0.3C_{10}。

电池测试：用于做电池核对性放电实验，终止电压及终止时间可按习惯设定。

（2）常见故障分析

① 故障处理流程：消音→故障信息查询并记录（要全面，包括模块、面板指示灯及各种运行信息等）→故障分析、分类→故障处理（注意安全、注意换板插口顺序、做标记等）→核实。

② 问题处理流程：当出现系统故障时，先查阅监控模块告警参数的当前告警，然后按交流故障、模块故障、直流故障分别处理。

③ 交流故障分析。

- 引发交流故障的原因如下。

交流停电：交流停电将导致模块停止工作，检查实际交流输入是否正常。

交流输入过/欠压：交流输入过/欠压将导致交流接触器断开，出现交流输入过/欠压的告警。

交流输入缺相：根据是否需要设置缺相保护而定，设置缺相保护后，交流接触器将断开交流输入。

交流接触器损坏：交流接触器线包损坏，辅助节点接触不良等。

交流接触器驱动电路损坏：A4485C1 板损坏，逻辑判断 A4485C2 板损坏。

交流空开跳闸：交流空开跳闸同样将导致交流停电，同时监控模块告警。

交流采样板损坏：交流采样板损坏将导致交流输入检测电压不准确，或者交流接触器吸合不上等问题。

- 模块故障表现主要如下。

模块无输出：模块无电流输出，均流不良，模块输出欠压。

模块故障：模块风扇故障、模块输出过压锁死（如果关闭全部模块，故障不消失，说明是监控单元故障，否则逐个开启模块，出现保护则说明最后开启的模块存在故障，予以更换即可）。

模块保护：交流输入欠压、过压，模块过温，模块输出欠压等。

模块通信中断：W14C3X1 板上的 48 V 电源插头、上行地址设置、监控模块地址设置、通信口号设置和通信电缆等存在问题。

④ 直流故障分析。

母排检测电压不准确：出现母排欠压或者过压的告警，测量母排实际电压和检测电压是否一致。

负载电流、电池电流检测不准确：检查分流器系数设置是否正确，一般可以数分流器片数，大部分情况应该根据出厂设定。

负载支路显示断：检查熔断器或者空开是否正常。

电池支路显示断：检查熔断器检测线。

6.2.3　UPS 电源

UPS 电源设备如图 6-34 所示，可以为使用交流供电的设备提供交流不间断供电。使用 UPS 电源，市电停电时不会产生瞬间中断，电压无瞬变，电流波形呈正弦波。

1. UPS 电源构成

UPS 电源由整流模块、逆变器、蓄电池、静态开关等组件构成。其主要功能有两方面：一是市电掉电时，UPS 系统由蓄电池供电，并输出纯净交流电；二是在市电供电时，UPS 系统输出无干扰的工频交流电。

2. UPS 电源的工作原理

UPS 按容量可分为微型（3kVA 以下）、小型（3～10kVA）、中型（10～100kVA）、大型（100kVA 以上）；按输出波形可分为方波及正弦波两种。

中小型 UPS 电源按运行方式可分为后备式和在线式两类，如图 6-35 所示。

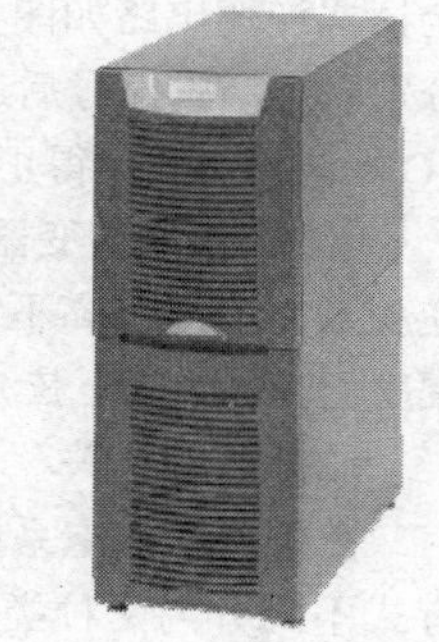

图 6-34　UPS 电源设备

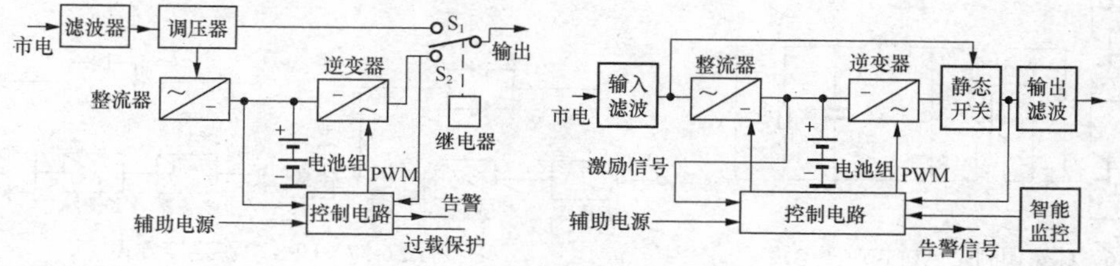

图 6-35　后备式（左）和在线式（右）UPS

（1）后备式 UPS 电源

后备式 UPS 的电源容量在 3kVA 以下。其基本工作原理：当市电供电正常时，工频交流电经滤波器、自动调压器（变压器抽头调压）、继电器触头 S_1 向负载供电；当市电供电中断时，改由蓄电池和逆变器将直流电源变成交流电源，经过继电器触头 S_2 向负载供电；当满负载时，蓄电池放电能力为 15min 左右，其放电容量在市电恢复时由整流器进行充电补足。

控制电路用于控制逆变器输入侧和输出侧电压，并产生调制脉冲，向逆变器的功率开关提供驱动信号，使逆变器输出稳频稳压交流电。

该类 UPS 电源的最大优点是结构简单、价格便宜、噪声低，缺点是只有在蓄电池供电的有限时间内，负载方可达到高质量的交流电压。因在大部分时间内负荷得到的是市电电网电源，工作在这一过程的调压装置仅起限制电网电压波动幅度的作用，而无改善电流波形畸变及稳定市电频率的作用。绝大部分时间内，该类 UPS 电源对负载的供电质量不佳，易受电网电压波动或谐波电流注入电网的影响。

（2）在线式 UPS 电源

在线式 UPS 电源工作原理：当市电正常时，工频交流电源先经整流器变换为直流电源，再经逆变器与滤波电路向负载提供交流电源，在此过程中，蓄电池组与整流器并联，对整流器输出波形有一定的滤波作用，同时又被整流器补足电量；当市电中断时，蓄电池向逆变器提供直流电源，逆变器将其变成交流电源向负载供电，蓄电池丧失的电量在整流器恢复工作后，利用在线充电方式补足；UPS 电源某一部分发生故障时，静态开关会接通旁路系统，让市电直接经过静态开关向负载供电。

该类 UPS 电源的主要优点：在市电正常工作期间，利用整流器实现系统变直流再逆变交流，克服了市电质量对 UPS 电源性能的影响（如市电幅度波动、频率偏移不稳、交流电流波形失真等）；在市电中断时，输出转换时间为零，即负载不会发生电源瞬间中断；蓄电池充电可以在线进行，简化了充电程序，而且蓄电池在浮充时总处于被充足电的状态，提高了 UPS 电源的可靠性。

3. UPS 逆变工作原理及主要电路技术

（1）逆变电路

逆变电路（逆变器）是开关电源和 UPS 电源的核心。不同的 UPS 电源，其相应的逆变电路在结构和原理上也有差别。

① 单相逆变器。单相逆变电路有推挽式、半桥式和全桥式等，用于中小型 UPS 系统。脉宽调制型全桥式逆变电路如图 6-36 所示，其中，功率晶体管由基极驱动电路提供激励信号，VT_1、VT_4、VT_2、VT_3 分别获得激励信号后进入轮流导通或截止状态，从而在变压器初级和次级分别产生交流电压 u_1 和 u_2，经 LC 滤波使负载取得正弦电压。

② 正弦波逆变器。阶梯波逆变器利用不同相位的矩形波叠加得到近似正弦波的阶梯波；多脉冲调制逆变器用一组等高不等宽的矩形脉冲等效正弦波；正弦脉宽调制逆变器通过频率较高的等幅三角波与可调幅度为 50 Hz 的正弦波组合，产生与正弦波等效而脉冲宽度不等的矩形波。

（2）静态开关

在不间断供电系统中，在大功率 UPS 电源供电及切换过程中采用静态开关作为切换元件，依据组合方式不同分为两种类型，即转换型和并机型。一般单机型的 UPS 电源静态开关采用转换型，可并机的 UPS 电源采用并机型静态开关。UPS 电源的连接方式如图 6-37 所示。

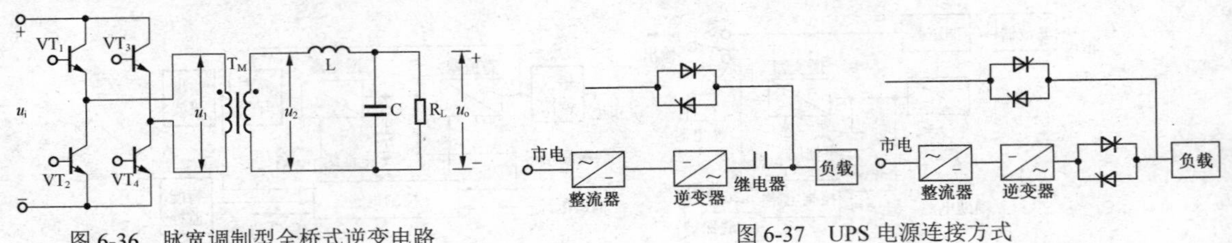

图 6-36　脉宽调制型全桥式逆变电路

图 6-37　UPS 电源连接方式

图 6-37 左图中，继电器作为逆变的切换开关，交流旁路用静态开关作为切换器件。在由交流旁路供电切换为逆变器供电时，先吸合继电器，然后封锁晶闸管的触发信号，此时交流旁路和逆变器并联向负载供电。当晶闸管支路电路为 0 时，晶闸管关断，断开市电供电电路；当由逆变器供电切换为交流旁路供电时，在发出继电器关断信号的同时触发晶闸管导通。由于晶闸管导通时间为μs 级，而继电器释放时间较长，因此也存在同时供电的情况。

图 6-37 右图中，交流旁路与逆变器都采用静态开关作为切换开关。当执行切换时，封锁脉冲并检测流过静态开关的电流，当电流为 0 时触发另一静态开关的晶闸管，实行二者的转换。在采用并联供电的系统中，当电压处于正半周或负半周时，同时触发处于正向阳极电压的两个晶闸管，使之导通。这是由

于晶闸管电流为 0 时关断，能使反向并联的两只晶闸管，切换导通，实现并联负载供电。

当主备电源产生切换时，两电源应保持同步，若频率或相位存在差异或电压不同，会造成负载波形异常，还将会造成环流，严重时会损坏静态开关及主电路中的逆变器，因此需锁相同步电路。事实上，配置了静态开关的 UPS 发生不同步情况时会拒绝执行旁路动作，使输出中断。保证同步切换的方法：直接检测两电源电压相位，作为切换时的一个控制信号；检测两电源的电压差，间接反映相位差，产生切换控制信号；为防止切换时感性负载中出现浪涌而损坏元件，可通过检测主用电源，在稳态电流过零时接通旁路电源，以实现安全切换。

其他切换条件：如果主用电源的电压过高或过低，使旁路电源投入工作，但也需对旁路电源电压检测；如果负载电流超过允许值，电流检测电路切断静态开关信号，中断对负载供电。

（3）锁相电路

锁相电路由鉴相器、低通滤波器和压控振荡器组成。压控振荡器是一个振荡频率受某个控制电压控制的振荡器。鉴相器是一个相位比较器，把输入信号与压控振荡器输出信号的相位比较，输出一个反映相位差的误差电压，经低通滤波器加给压控振荡器，使其输出频率与输入信号相同且锁定。

4. UPS 电源操作

在线式 UPS 电源可处于 3 种运行方式之一：正常运行（所有相关电源开关闭合，UPS 电源带载）；维护旁路（UPS 电源关断，负载通过维护旁路开关连接到旁路电源）；关断（所有电源开关断开，负载断电）。在线式 UPS 电源各操作开关如图 6-38 所示。

另外，不同的 UPS 电源供电系统有不同的配置形式。并机包括冗余和增容，并机不一定冗余，并联才是增容，冗余是为了提高可靠性。UPS 电源的冗余配置有主从机“热备份”供电方式（见图 6-39）、直接并机冗余供电方式、双总线冗余供电方式。不同的 UPS 电源配置方案有不同的优缺点，可根据不同的需要进行选择，在操作的时候也会有所区别。

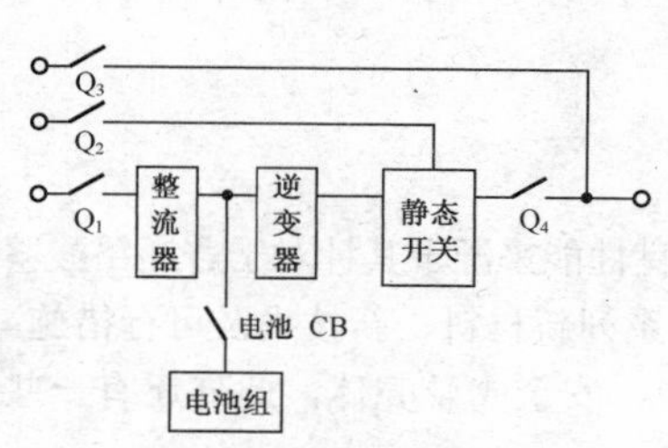

图 6-38　在线式 UPS 电源各操作开关示意图

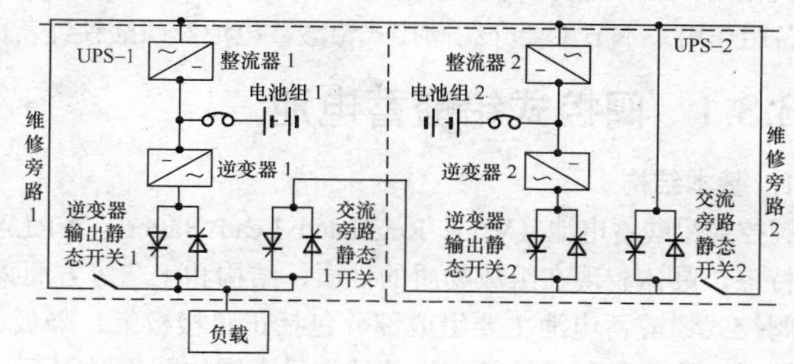

图 6-39　由两台 UPS 电源构成的主从型“热备份”供电方式

（1）UPS 电源开机加载步骤

假设 UPS 电源安装调试完毕，市电已输入 UPS 电源。

在合电池开关前检查直流母线电压，380VAC 系统为 432VDC，400VAC 系统为 446VDC，415VAC 系统为 459VDC。

（2）UPS 电源从正常运行到维护旁路的步骤（维护时用）

① 关断 UPS 逆变器，负载切换到静态旁路，可在主菜单上操作。

② 取下 Q3 手柄锁，闭合 Q3，断开 Q1、Q4、Q2 和电池开关，UPS 关闭，由市电通过维护旁路向负载供电。

（3）UPS 电源在维护旁路状态下的开机步骤

① 合 Q4、Q2。

② 合 Q1，整流器启动并稳定在浮充电压，查看电压是否正常。

③ 合电池开关。

④ 断开 Q3，并上锁。

（4）UPS 电源关机步骤

① 断开电池开关和整流器输入电源开关 Q1。

② 断开 Q4、Q2。

③ 若需与市电隔离，应断开市电向 UPS 的配电开关，使直流母线电压放电。

（5）UPS 电源的复位

操作复位按钮可使整流器、逆变器和静态开关重新正常运行。若是紧急关机，还需手动闭合电池开关。

5. UPS 电源的日常维护

UPS 电源周期维护内容较少，只需保证环境条件和清洁即可，但仍需周期记录以用于检查和预防大故障的发生。按维护周期可分为日检、周检和年检。

日检的主要内容：检查控制面板，确认所有指示正常，所有指示参数正常时，面板上没有报警；检查有无明显的高温，有无异常噪声；确信通风栅无阻塞；调出测量的参数，观察是否与正常值不符等。

周检的主要内容：测量并记录电池充电电压、电池充电电流、UPS 三相输出电压、UPS 输出线电流。若测量值明显不同，应记录新增负荷的大小、种类和位置等，有助于以后发生故障时的分析。

在日常维护中，需重视如 UPS 电源紧急关机故障清除后的复位中需采取的一些手动操作。

另外，设备选位及对环境的要求也很重要，要保证良好的工作运行环境。实现逆变器与旁路电源切换时，要注意操作流程。

6.3 蓄电池

蓄电池是通信电源系统中直流及 UPS 电源供电系统的重要组成部分。在市电正常时，虽然蓄电池不担负向通信设备供电的主要任务，但它与供电主设备整流器并联运行，可以改善整流器的供电质量，起平滑滤波作用；当市电异常或整流器不工作时，则由蓄电池单独供电，担负起为全部负载供电的任务，起到荷电备用作用。本节主要介绍阀控式铅酸蓄电池及磷酸铁锂蓄电池的结构、工作原理和维护基本方法。

6.3.1 阀控式铅酸蓄电池

1. 基本结构

阀控式铅酸蓄电池（Value Regulated Lead Battery，VRLA）的优良性能来源于其针对于普通铅酸蓄电池的特点，具体表现在组成物质的性质、结构和工艺等方面采用的一系列新材料、新技术及可行措施。

阀控式铅酸蓄电池主要组成部分包括正负极板组、隔板、电解液、安全阀及壳体，此外还有一些零件如端子、连接条和极柱等，内部结构示意图如图 6-40 所示。

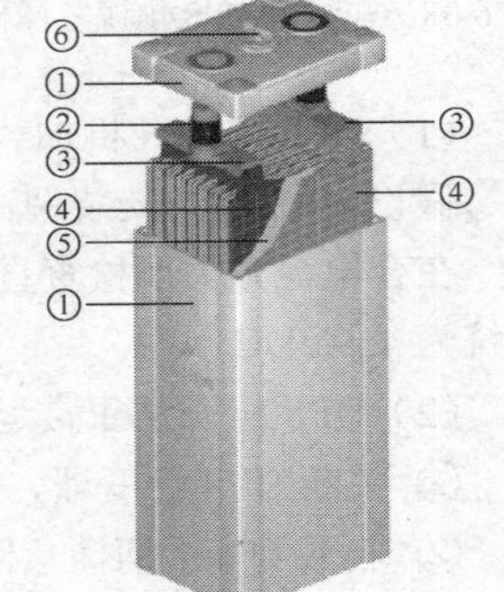

图 6-40　蓄电池内部结构示意图

① 壳体。蓄电池的外面是盛装极板群、隔板和电解液的容器。它的材料应满足耐酸腐蚀、抗氧化、机械强度好、硬度大、水汽蒸发泄漏小、氧气扩散渗透小等要求；一般采用改良型塑料，如 PP、PVC、ABS 等。

② 端极柱。内嵌镀锡紫铜芯，使其电阻最小化；采用三层特殊密封技术，完全避免蓄电池漏液可能。

③ 汇流排。用于防腐蚀、抗氧化，耐大电流冲击。

④ 正负极板组。正极板上的活性物质是二氧化铅（PbO_2），负极板上的活性物质为海绵状纯铅（Pb）。参加电池反应的活性物质铅和二氧化铅是疏松的多孔体，需要固定在载体上。通常，用铅或铅钙多元合金制成的栅栏片状物为载体，称为板栅。板栅使活性物质固定在其中，作用是支撑活性物质并传输电流。VRLA 的极板大多为涂膏式，即在板栅上涂敷由活性物质和添加剂制成的铅膏，再经过固化等工艺过程制成。

⑤ 隔板。VRLA 中的 AGM 电池隔板普遍采用超细玻璃纤维。为了提供氧复合通道，隔板需有 10%左右的孔隙不被电解液占有，即为贫液式。隔板在蓄电池中是一个酸液储存器，电解液大部分被吸附在

其中，并被均匀地迅速分布，而且可以压缩；在湿态和干态条件下都保持着弹性，以保持导电和适当支撑活性物质的作用。为了使电池有良好的工作特性，隔板还必须与极板保持紧密接触。隔板的主要作用为吸收电解液，提供正极析出的氧气向负极扩散的通道，防止正负极短路。

⑥ 安全阀。安全阀是一种自动开启和关闭的排气阀，具有单向性，其内有防酸雾垫，只允许电池内气压超过一定值时释放出多余气体后自动关闭，以保持电池内部压力在最佳范围内。同时不允许空气中的气体进入电池内，以免造成自放电。

除了以上内容之外，还有电解液。铅蓄电池的电解液由纯净的浓硫酸与纯水配置而成，与正极和负极上的活性物质进行反应，实现化学能和电能间的转换。

2. 分类和性能

（1）分类

蓄电池按不同用途和不同外形分为固定式和移动式两大类；按极板结构分为涂膏式（涂浆式）、化成式（形成式）、半化成式（半形成式）、玻璃丝管式（管式）等；按电解液不同分为酸性蓄电池（以酸性水溶液作电解质）、碱性蓄电池（以碱性水溶液作电解质）；按电解液数量可将铅酸蓄电池分为贫液式和富液式，密封式蓄电池一般为贫液式，半密封蓄电池均为富液式。阀控式铅酸蓄电池可分为超细玻璃纤维隔板（AGM）和胶体电池（GEL）。AGM 和 GEL 在结构上的特点：负极容量相对正极容量过剩，使其具有吸附氧气并化合成水的功能，抑制氢、氧气体的产生速率；固定电解液，AGM 采用吸液能力强的材料做隔膜，使较高浓度的电解液全部储存，方便电池的放置；改进了板栅材料，提高抗腐蚀能力，提高析氢过电位；采用提高析氧过电位的添加剂；电池端盖上装设单向节流阀，可泄放残存气体。

（2）性能

① 自放电。电池在不工作时，会由于内部原因而自放电。由于是荷电出厂，在储存期，正极板和负极板上的活性物质小孔内吸满了电解液，可产生多种附加电极反应，进而造成电池容量损耗。

影响自放电速率大小的因素主要有 4 个：一是板栅材料的自放电性能，板栅材料为铅锑合金，锑的存在降低了析氢过电位，故自放电大，若为纯铅、铅钙多元合金，则析氢过电位都较高；二是杂质对自放电的影响，电池活性物质添加剂、隔板、硫酸电解液中的有害杂质含量偏高是使电池自放电高的重要原因；三是温度对自放电速度的影响，蓄电池自放电速度随温度升高而增加，因此宜在较低温度下储存，浮充时温度也不宜太高；四是电解液浓度对自放电的影响，自放电速度随浓度增加而增加，正极板所受影响最大。

② 使用寿命。影响充放电循环的主要因素在于用户的使用条件，主要有过充电、过放电、在恶劣条件下放电、高温长期充电等。过充电会影响极板活性物质使用寿命，增加气阀开启次数，造成水分散失。过放电会降低负极活性物质孔率，难以还原，减少电池使用寿命。低温、大电流放电易生成致密 $PbSO_4$ 结晶层，使电极反应停止，即电极钝化。高温长期充电会使正极析氧加速，加快正极板的腐蚀，影响使用寿命。

3. 基本原理及 VRLA 技术指标

（1）基本工作原理

在蓄电池内部，正极和负极通过电解质构成电池的内电路；在电池外部，接通两极的导线和负载构成电池的外部电路。VRLA 的化学反应原理就是充电时将电能转化成化学能在电池内储存起来，放电时将化学能转化成电能供给外系统。

铅蓄电池工作采用双硫酸化理论。铅蓄电池在放电时，两极活性物质与硫酸溶液发生作用，变成硫酸化合物 $PbSO_4$，由于其导电性能较差，放电后蓄电池内阻增加，而电解液比重下降，电动势逐渐降低，放电终了时蓄电池的端电压下降到 1.8V 左右；充电时，两个电极上的 $PbSO_4$ 又分别恢复为原来的物质铅 Pb 和二氧化铅 PbO_2，同时电解液中水比重逐渐增加，蓄电池的电动势也逐渐增加。充电过程后期，极板上的活性物质大部分已经还原，若再继续大电流充电，充电电流只能起电解水的作用，负极板上将有大量氢气出现，正极板上有大量的氧气出现，蓄电池产生剧烈的冒气现象。这不仅要消耗大量的电能，而且冒气过甚会使极板活性物质因受冲击而脱落，因此应避免充电终期电流过大。

VRLA 充放电的总化学反应方程式如下。

$$\underset{\text{二氧化铅}}{\overset{\text{（正极）}}{PbO_2}} + \underset{\text{硫酸}}{\overset{\text{（电解液）}}{2H_2SO_4}} + \underset{\text{海绵状铅}}{\overset{\text{（负极）}}{Pb}} \underset{\text{充电}}{\overset{\text{放电}}{\rightleftharpoons}} \underset{\text{硫酸铅}}{\overset{\text{（正极）}}{PbSO_4}} + \underset{\text{水}}{\overset{\text{（电解液）}}{2H_2O}} + \underset{\text{硫酸铅}}{\overset{\text{（负极）}}{PbSO_4}}$$

充放电的转化过程是可逆的，这样的放电与充电可循环进行，多次重复，直到铅蓄电池寿命终结为止。

（2）VRLA 的氧循环原理

VRLA 的氧循环原理就是在充电过程中电解水从正极析出氧气，通过电池内循环扩散到负极后被吸收，变为固体氧化铅后又化合成液态的水，经历一次大循环。

VRLA 采用负极活性物质过量设计，正极在充电后期产生的氧气通过隔板空隙扩散到负极，与负极海绵状铅发生反应变成水，使负极处于去极化状态或充电不足状态，达不到析氢过电位，所以负极不会由于充电而析出氢气，电池失水量很小，故使用期间不需加酸或加水。

在 VRLA 中，负极起着双重作用：在充电末期或过充电时，一方面，极板中的海绵状铅与正极产生的氧气反应，生成一氧化铅 PbO；另一方面，极板中的硫酸铅接收外电路传输来的电子后进行还原反应，由硫酸铅反应成海绵状铅。

（3）VRLA 的技术指标

① 容量：电池容量是电池储存电量多少的标志，有理论容量、额定容量和实际容量之分。影响电池容量的主要因素有放电率、放电温度、电解液浓度和终了电压等。

② 最大放电电流：在电池外观无明显变形，导电部件不熔断的条件下，电池所能容忍的最大放电电流。

③ 耐过充电能力：完全充电后的蓄电池能承受过充电的能力。

④ 容量保存率：电池完全充电后静置数十天，由保存前后容量计算出的百分数。

⑤ 密封反应性能：在规定的试验条件下，电池在完全充电状态下每安时放出气体的量（mL）。

⑥ 安全阀动作：为防止因蓄电池内压异常升高损坏电池槽而设定了开阀压；为防止外部气体进入，影响电池循环寿命，设立了闭阀压。

⑦ 防爆性能：在规定试验条件下，遇到蓄电池外部明火时，在电池内部不引爆、不引燃。

⑧ 防酸雾性能：在规定试验条件下，蓄电池充电过程中，内部产生的酸雾被抑制及向外部泄放的性能。

4. 维护、使用及注意事项

（1）使用与维护

安装方式。VRLA 应与通信设备同装一室，可叠放组合或安装在机架上。高形电池浓差极化大，可能会影响电池性能，最好卧式放置；矮形电池可卧可立。安装前，须检查电池型号、规格、数量、包装、附件（检查电池连接条的配置与设计的安装方式是否相符），准备安装工具，开箱检查电池外观。安装时，将金属安装工具用绝缘胶带包裹，进行绝缘处理；电池架/柜固定安装到地面；电池间连接多组并联时，遵循先串联后并联的方式，同时避免短路；为保证较好的散热条件，应保持电池 10mm 左右间距；加防护措施（端子、连接片加绝缘保护盖，接线部位涂防锈剂，电池加盖防尘罩）；测量单个电池开路电压及电池组总电压，以防电池接反或制造过程的反极；电池组与电源连接，加载上电对电池进行充电。

不能将容量、性能和新旧程度不同的电池放在一起用；连接螺丝必须拧紧，但不能损坏极柱嵌铜件；应检查脏污与松散程度，以免引起打火爆炸；100%荷电出厂，需小心操作，忌短路，装卸时应使用绝缘工具，戴绝缘手套，防电击；安装末期和整个电源系统导通前，应认真检测极性和电压；电池要安装在通风良好、装空调的房间，远离热源和易产生火花处，避免阳光直射。

（2）蓄电池的使用

① 使用条件。

并联使用：推荐为3组以内。

多层安装：层间温度差控制在3℃以内。

散热条件：电池间距保持在 5～10mm 之间。

换气通风条件：保证室内氢气浓度小于 0.8%。

关于电池混用：新旧不同、厂家不同的产品不允许混合使用。

浮充使用条件：限流≤0.25C_{10}，电压范围为 2.23～2.28V/cell。

最佳环境温度：20℃～25℃。

当环境温度升高时，电池壳体内的活性物质反应加剧，浮充电流变大，但电池温度高会加速合金腐蚀速度。长期处于这一环境中的电池板栅可因之而穿孔损坏，易使活性物质附着减弱而脱落，最后阻碍电极反应，降低电池容量；其次使电池水份散失，加大了电解液浓度。同样，电池温度偏低也会影响电池的容量。

电池室温度一般要求控制在 25℃，浮充电压为 2.25V，浮充电流在 45mA/100Ah 左右。为了能控制这一电流值，在不同温度时，开关电源应能自动调整浮充电压，即要求开关电源具有输出电压的自动温度补偿功能。环境温度每升高 1℃，单体电池浮充电压降低 3mV；反之，环境温度每降低 1℃，单体电池浮充电压要升高 3mV。需要指出的是，蓄电池浮充电压温度补偿范围为 3℃～38℃，超出这一范围时，浮充电压将不再继续升高或降低。

② 蓄电池的报废及更换标准。根据维护规程规定，当某组电池容量小于额定容量的 80%时，该组电池可以申请报废处理。实际上，进口电池的使用寿命一般为 8～10 年，国产电池在正常使用情况下为 4～8 年，UPS 电源为 3～5 年。为了充分发挥整组电池的经济效益，电池的报废一般按照以下原则进行。

机房电池：当机房电池容量小于 80%的单体数量超过 25%时，整组电池申请报废；否则用相同品牌、相同型号的电池更换容量不足的电池。

基站电池：当基站电池容量小于 60%的单体数量超过 25%时，整组电池申请报废；否则用相同品牌、相同型号的电池更换容量不足的电池。

③ 蓄电池的测试操作。

- 电池电压测试：端电压的测量应该从单体电池极柱的根部用四位半数字电压表来测量。有些品牌的蓄电池在浮充使用时，电压表表笔无法接触极柱根部来测量其端电压，只能在极柱的螺钉上测量，这会带来测量误差。在测量时需要考虑电池的充电电流，如果浮充电流很小，则测量误差可以忽略。

对于若干单体电池组成的蓄电池组，经浮充、均充电工作 3 个月后，各单体电池开路电压最高与最低的差值应不大于 20mV（2V 电池）、50mV（6V 电池）、100mV（12V 电池）。蓄电池处于浮充状态时，各单体电池电压之差应不大于 90mV（2V 电池）、240mV（6V 电池）、480mV（12V 电池）。

电池端电压的均匀性判断参照标准：电池组在浮充状态上，测量各单体电池的端电压，求得一组电池的平均值，每个电池的端电压与平均值之差应小于±50mV。

- 电池连接条压降测试：极柱压降的测量需要使用直流钳形表、四位半数字万用表，必须在相邻两个电池极柱的根部测量，如图 6-41 所示。调低整流器输出电压或关掉整流器交流输入，使电池向负载放电，待电池端电压稳定后测得放电电流及电池连接条的压降，折算成 1h 率的极柱压降后，与指标要求进行比较。

蓄电池按 1h 率电流放电时，整组电池每个连接条压降都应小于 10mV。在实际直流系统中，如果蓄电池的放电电流不满足 1h 率，必须将测得值折算成 1h 率的极柱压降。

- 蓄电池容量测试。影响电池容量的因素有正极板栅腐蚀（过充电）、电池失水（电池电压偏高）、负极板硫酸盐化（小电流放电、深放电、未及时回充）及早期容量损失等。

简单在线容量试验方法：利用 BCSU-60B 系列蓄电池容量监测设备，如图 6-42 所示，只要让电池在线放电 5～10min 后充电，即可知道每个单体的剩余容量，并找出最小落后单体电池，通过软件可显示各种充放电曲线、数据及剩余容量。

离线放电试验法：与传统的放电试验法类似，以 BCSU 代替人工测试、记录、控制，以智能假负载 BDCT 代替传统电阻丝，如图 6-43 所示。

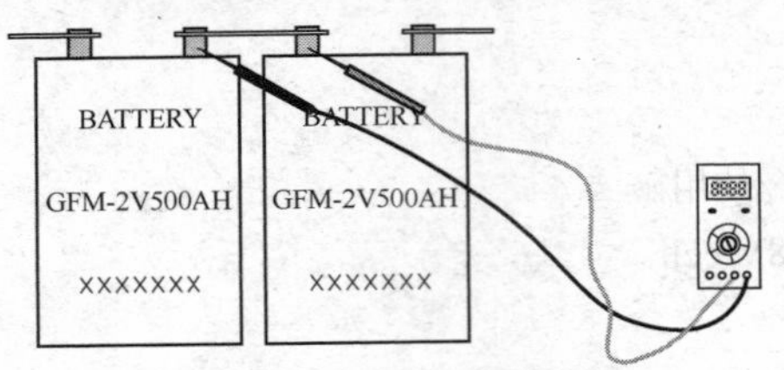

图 6-41　电池连接条压降测试

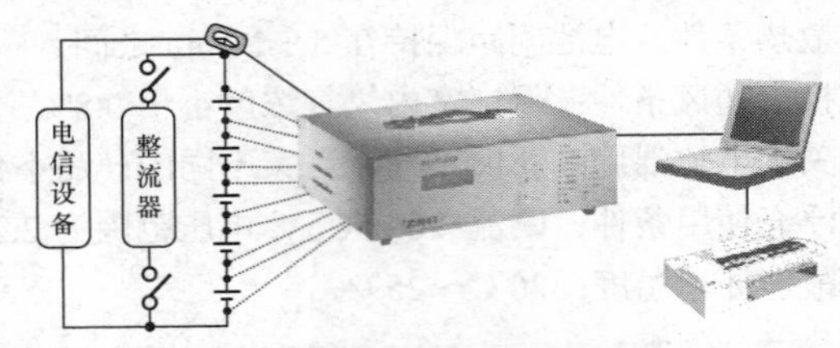

图 6-42　简单在线容量试验方法示意图

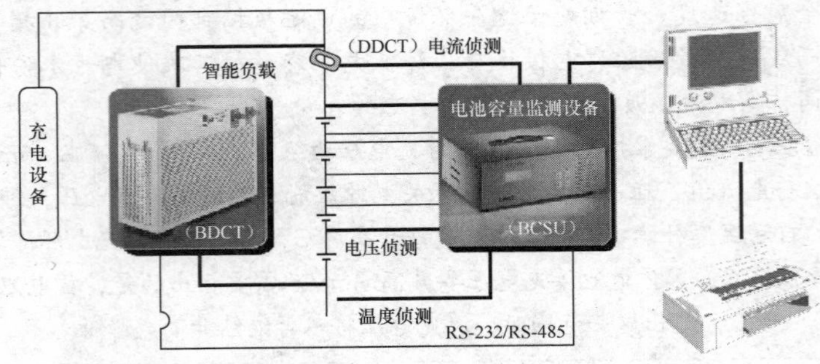

图 6-43　离线放电试验法示意图

④ 蓄电池的维护。

● 清洁：蓄电池需保持外表及工作环境的清洁、干燥。蓄电池清洁应采取避免产生静电的措施，如用湿布清洁等；禁止汽油、酒精等有机溶剂接触蓄电池。

● 注意事项：VRLA 的使用寿命和机房环境、整流器的设置参数及运行状况有关，在使用维护过程中，最好不要使蓄电池过放电；整流器等的参数设置，与蓄电池厂家沟通后确定；不同局站其容量配置有所不同（如机房−48V 通常配置 1～2h）；定期检查单体及电池组浮充电压，外壳和极柱温度，壳盖有无变形和渗液，极柱和安全阀周围是否有渗液和酸雾溢出；定期拧紧连接条，保证连接处的接触电阻不增大；定期考察电池容量，做核对性放电试验；蓄电池放电时应注意检查整组电池的连接条是否拧紧，确定放电记录的时间间隔，对已开通机房用假负载进行单组放电；另一组放电前，对已放电电池进行充电，注意落后电池，以免某个单体过放电。

重点提示

当一组蓄电池的任何一个电池电压降至 1.75 V（1 h 放电率）时，即表示该组蓄电池放电结束。

（3）常见故障分析

① 失水。从 VRLA 中排出氢气、氧气、水蒸气、酸雾，这些都是电池失水的方式和干涸的原因。失水的原因主要为气体再化合效率低、电池壳体渗水、板栅腐蚀消耗水、自放电损失水及安全阀失效或频繁开启。

② 早期容量损失 PCL。在 VRLA 中使用了低锑或无锑的板栅合金，不适宜的循环条件（如连续高速放电、深放电，充电开始时低电流密度）、缺乏特殊添加剂（如 Sb、Sn 等）、低速率放电时高活性物质利用率、电解液过剩、极板过薄、活性物质密度过低及装配压力过低等情况易形成早期容量损失。

③ 热失控。充电电流和电池温度发生累积性相互增强作用，所以大多数电池体系都存在发热问题，在 VRLA 中可能性更大。这是由于氧再化合过程使电池内产生更多热量，排出的气体量小，减少了热量的消散。若 VRLA 工作环境温度过高或充电设备电压失控，则电池内阻升高，充电电流进一步提高，内阻进一步升高。如此反复形成恶性循环，直到热失控使电池壳体严重变形，胀裂。为避免热失控，需采取的措施包括充电设备有温度补偿功能或限流，严格控制安全阀质量以正常排气，放置在通风良好处，并控制温度。

相关知识

VRLA 中，AGM 电池采用贫液紧装配，易热失控；而 GEL 为富液装配，不易热失控。

④ 负极不可逆硫酸盐化。在正常条件下，铅蓄电池在放电时形成硫酸铅结晶，充电时还原为铅。电池使用及维护不当，如经常处于充电不足或过放电状态，负极就会逐渐形成坚硬的、不易溶解的大颗粒硫酸铅（见图 6-44），很难用常规方法转化为活性物质，从而使电池容量下降，甚至使用寿命终止。为防止发生此种情况，需对蓄电池及时充电，不可过放电。

⑤ 板栅腐蚀与伸长。在实际运行过程中，要根据环境温度选择合适的浮充电压。浮充电压过高，可引起快速失水和正极板的加速腐蚀。当合金板发生腐蚀时，产生应力致使极板变形、伸长，从而使极板边缘间或极板与汇流排顶部短路。而且 VRLA 的设计寿命按正极板的腐蚀速率计算，正极板被腐蚀越多，电池的剩余容量就越少，寿命就越短。

⑥ 隔板质量下降。VRLA 为紧密装配，使用一段时间后，电池中的吸附式玻璃纤维棉 AGM 会产生弹性疲劳，使电池极群失去压缩或压缩减小，导致在 AGM 隔板与极板间产生裂纹，电池内阻增大，电池性能下降。

图 6-44　负极汇流排硫酸盐化

⑦ 反极。多个蓄电池串联使用时，如果有某个电池容量降低，甚至完全丧失容量，那么在放电过程中，它就很快放完自己的容量。这时，这个失去容量的蓄电池不但不放电，还会因为它的端电压比其他电池的端电压低而被反充电，以致使它的极板正负极性逆转。发生这种情况的主要原因多是由于过量放电后充电不足或者极板间存在短路故障等。

6.3.2　磷酸铁锂蓄电池

随着基站的大规模建设，阀控式密封铅酸蓄电池在基站应用中的问题逐渐显露，如对基站机房承重要求高、占地面积大、对机房环境温度要求高、对环境的污染等。随之，磷酸铁锂蓄电池在通信行业中日益发展并应用起来。

1. 磷酸铁锂电池的优点

相比于传统的铅酸电池，磷酸铁锂电池有以下优点。

① 寿命长，可循环 2000～3000 次（有待验证）。

② 体积小，重量轻。同等规格容量的磷酸铁锂电池体积是铅酸电池体积的 1/2，重量是其 1/3。

③ 可大电流快速充放电，40min 即可使电池充满，启动电流可达 2C。

④ 耐高温。磷酸铁锂电热峰值范围为 350℃～500℃：工作温度范围宽广（−20℃～75℃）。

⑤ 无记忆效应。可充电池在经常处于充满且不放完电的条件下工作，容量会迅速低于额定容量值，镍氢电池、镍镉电池均存在这种记忆效应。而磷酸铁锂电池无此现象，可随充随用，无须先放完电再充电。

⑥ 绿色环保。磷酸铁锂电池不含任何重金属与稀有金属，无毒，在生产和使用中均无污染，符合欧洲的 ROHS 规定，是绝对的绿色环保电池。而铅酸电池中存在着大量的铅，在废弃后若处理不当，会对环境造成严重污染。

2. 主要结构及基本原理

磷酸铁锂电池一般选择相对锂而言电位大于 3V 且在空气中稳定的嵌锂过渡金属氧化物做正极，如 LiFePO4（磷酸铁锂）；负极材料则选择电位尽可能接近锂电位的可嵌入锂化合物，如各种碳材料（包括天然石墨、合成石墨、碳纤维、中间相小球碳素等）和金属氧化物（包括 SnO、SnO_2、锡复合氧化物 $S_nB_xP_yO_z$）等。

电解质采用 $LiPF_6$ 的乙烯碳酸酯（EC）、丙烯碳酸酯（PC）和低黏度二乙基碳酸脂（DEC）等烷基碳酸脂搭配的混合溶剂体系。

隔膜采用聚烯微多孔膜（如 PE、PP）或它们的复合膜，尤其是 PP/PE/PP 三层隔膜，不仅熔点较低，而且具有较高的抗穿刺强度，可以起到热保险作用。

外壳采用钢或铝材料，盖体组件具有防爆断电的功能。

磷酸铁锂电池的化学反应方程式为 $LiFe(II)PO_4 \longleftrightarrow Fe(III)PO_4+Li^+e^-$(1)。当电池充电时，正极中的锂离子 Li^+通过聚合物隔膜向负极迁移；在放电过程中，负极中的锂离子 Li^+通过隔膜向正极迁移。

3. 在通信系统中应用时产生的问题

（1）电池的均衡性问题

通信电源系统中，开关电源系统的直流输出通常设定有两级输出电压，分别是浮充电压和均衡充电电压，这样既可保证通信负荷的用电，又可确保蓄电池在满负荷状态下的自放电能够得以及时补充，还可用均充电压在电池组放电后对电池充电以保证充满。事实上，通信电源系统多数情况下都处于浮充满电状态。

因此，在兼顾现有通信电源的主要功能和技术参数不变的前提下，如果采用磷酸铁锂电池，磷酸铁锂电池组多数情况下也是处于荷电备用的浮充状态。

铅酸电池在浮充状态下，不仅其内部的电化学特性趋于平衡，其内部极板和电解液也都相对稳定，而且自身的自放电还能得到及时补充。但磷酸铁锂电池在常年外加恒定电压的情况下，其内部活性物质和电解液等是否稳定需进一步考证，需用时间来证明。

对于磷酸铁锂电池，只要保证每个电池不出现过充，电池本身就是安全的；但从浮充角度看，还需确保电池保护方面的均衡及过充检测的有效性。

（2）价格问题

由于针对通信电源系统应用的磷酸铁锂电池还未形成规模生产，所以价格比较昂贵。

6.4 油机发电机组

随着通信技术的发展，各类通信设备不断更新，技术水平不断提高，通信设备要求提供不间断、高质量稳定的交直流电源。油机发电机组是给通信设备提供交流电源的发电设备，对保障通信设备的安全供电和保障通信畅通起着十分重要的作用。在没有市电的地方，油机发电机组可作为通信设备的独立电源；在有市电供给的地方，油机发电机组可作为备用电源，以便在停电期间保证通信设备的用电，确保不间断工作及基本故障处理。本节主要介绍柴油机的结构和基本原理、无刷同步发电机的运行和维护、便携式（小型）油机发电机组的发电流程及维护等。

6.4.1 柴油机

正常情况下，由电力部门提供的市电是设备运行和机房空调的动力来源，但市电有例行检修和事故停电的可能性，在此期间应使用备用电源（如油机发电机组）来完成动力供给。因此，油机发电机组设备是通信设备的重要组成部分，其任务是保证向通信设备、机房空调和其他设备提供优质的交/直流电源。因为汽油机在燃烧时易出现爆震现象，因此大功率内燃机均采用柴油机。

1. 用途

在通信企业中，柴油发电机组主要作为备用交流电源，能在市电停电后迅速提供稳定的、符合要求的交流电源。为保证通信设备和其他设备工作，对机组的要求是随时能启动、及时供电、运行安全可靠、供电电压和频率满足通信设备和其他设备的要求。

2. 总体结构

柴油机包括机体、曲轴连杆机构、配气机构、供油系统、润滑系统、冷却系统和启动系统。

（1）机体

机体由气缸盖、气缸体和曲轴箱组成。

气缸是燃料燃烧的地方，温度可达 1500℃～2000℃；气缸壁为中空，以水套冷却；气缸壁要光滑，减小摩擦损失；与活塞间密封性好。

（2）曲轴连杆机构

曲轴连杆机构由活塞组、连杆组和曲轴飞轮组等组成，作用是将燃料燃烧时产生的化学能转化为机械能，使活塞在气缸内的上下往返直线运动变为曲轴的圆周运动，进而带动其他机械做功。

① 活塞：承受高温、高压力、高速，且惯性大，需有良好的机械强度和导电性能；应较轻，以减小

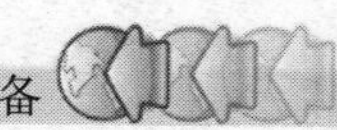

惯性；上部的活塞环防止气缸漏气，防止机油窜入燃烧室。

② 连杆：将活塞与曲轴连接起来，从而将活塞承受压力传给曲轴，并把活塞的往返直线运动变为圆周运动。

③ 曲轴：输出气缸内燃烧气体对活塞所做的功，并驱动附属设备（如风扇、水泵等）。

（3）配气机构

配气机构用于进气和排气，适时打开和关闭进气门和排气门，将可燃气体送入气缸，并及时将燃烧后的废气排出。

（4）供油系统

供油系统由油箱、柴油滤清器、低压油泵、高压油泵和喷油嘴等组成。油机工作时，柴油从油箱中流出，经粗滤器过滤、低压油泵升压，再经细滤器进一步过滤、高压油泵升压后，通过高压油管送到喷油嘴，并在适当时机通过喷油嘴将柴油以雾状喷入气缸压燃。

（5）润滑系统

润滑系统可减轻机件磨损，循环的机油对摩擦表面进行清洗和冷却。机油膜提高了气缸的气密性，还可防止构件生锈，延长使用寿命，一般采用机油润滑。润滑系统通常由机油泵、机油滤清器组成。机油泵通常装在机油盘内，以提高机油压力，将机油送到需要的润滑机件上；机油滤清器（粗滤和细滤）用于滤除机油中的杂质，减轻磨损，延长机油的使用期限。

（6）冷却系统

冷却系统用于保证油机在适当的温度（80℃～90℃）下正常工作，包括水套、散热器、水管、水泵等。冷却水通过水泵加压后进行循环，循环路径为水箱→下水管→水泵→气缸水套→气缸盖水套→节温器→上水管→水箱。节温器可自动调节进入散热器的水量，使油机在最适宜的温度下工作。

水冷油机主要部件包括水套、水泵、节温器、散热器、风扇等；风冷油机主要为小油机，包括风扇和导风罩等。

3. 工作原理

内燃机一个工作循环由 4 个冲程组成，该内燃机亦称为四冲程内燃机，如图 6-45 所示。目前，通信企业中的发电机组均为四冲程柴油机，其工作原理如表 6-2 所示。

表 6-2　四冲程柴油机的工作原理

冲　程	气门状态	活塞运动趋势	目　的
进气冲程	进气门开启 排气门关闭	上→下	吸入新鲜气体为燃烧准备
压缩冲程	进气门关闭 排气门关闭	下→上	① 提高气缸内气体的压力和温度，为燃烧创造条件 ② 为活塞的膨胀做功让出空间 ③ 此末期开始喷油
膨胀（做功）冲程	进气门关闭 排气门关闭	上→下	通过燃烧，气体产生的高压推动活塞运动，再由曲轴输出机械功，完成热功转换
排气冲程	进气门关闭 排气门开启	下→上	排出气缸内的废气，为下一个工作循环做准备

因考虑到进气门和排气门的开启及关闭并非在各自的上下止点，所以都有相应的提前角和延时角，表 6-2 中仅列出了活塞的运动趋势。

四缸四冲程柴油机：4 个单缸用一根共用曲轴连在一起，第 1、4 缸的曲柄处在同一方向，第 2、3 缸的曲柄处在同一方向，两个方向错开 180°；每个气缸按顺序完成各自的工作循环过程，做功次序一般为 1—3—4—2。曲轴每转两圈，各缸内燃烧、做功一次，即曲轴每转半圈就有一个气缸做功，工作比单缸平稳。

6.4.2 无刷同步发电机

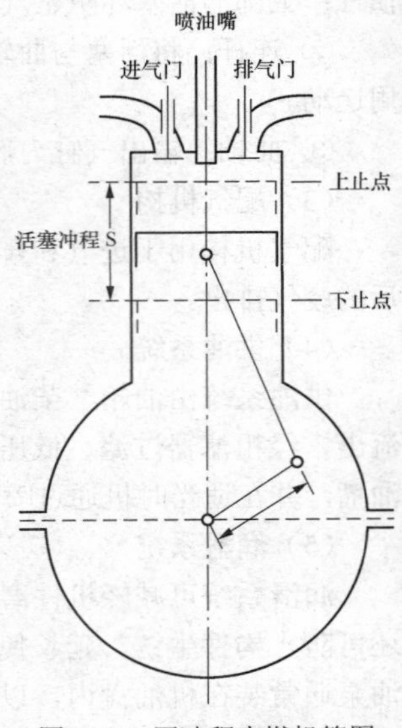

图6-45 四冲程内燃机简图

同步发电机是将机械能转化成交流电能的设备。其存在旋转电枢（或旋转磁极），传统方式要借助炭刷和滑环，工作时易出现故障而使维护量增加，并且存在电磁干扰。现在广泛采用同轴交流无刷励磁和旋转整流器的无刷激励方式。

同步发电机的基本形式为旋转电枢（即三相绕组在转子上）和旋转磁极式两种。旋转磁极式同步发电机的电枢固定，磁极旋转，电枢绕组均匀分布在整个铁芯槽内，按其磁极的形状可分为凸极式和隐极式两种。

目前通信企业自备的柴油发电机组均采用旋转磁极式的发电机，机房用油机采用如CAT、MTU、科勒等。

发电机转子由柴油机（发动机）拖动旋转后，在定子（电枢）和转子（磁极）间的气隙里产生一个旋转磁场，这个旋转磁场是发电机主磁场，又称转子磁场。当主磁场切割定子三相绕组的线圈时，就会产生三相感应电势，接通负载后，负载电流流过电枢绕组后又在发电机的气隙中产生一个旋转的磁场，此磁场称为电枢磁场。同步发电机的所谓“同步”是指电枢磁场和主磁场以同一转速旋转，二者间保持同步。

6.4.3 便携式（小型）油机发电机组

便携式油机发电机组由油机（发动机）、发电机和控制设备等主要部分组成，多为汽油机或柴油机。在工程、移动基站和模块局站等作为小型动力设备的备用电源。

1. 组成

发动机：发电设备的动力装置，包含燃油系统、点火系统、压缩系统、其他附属机构（配气机构、调速机构、机械减压机构、机油油位开关）等。

发电机：多采用单相、旋转磁极式结构的同步发电机。

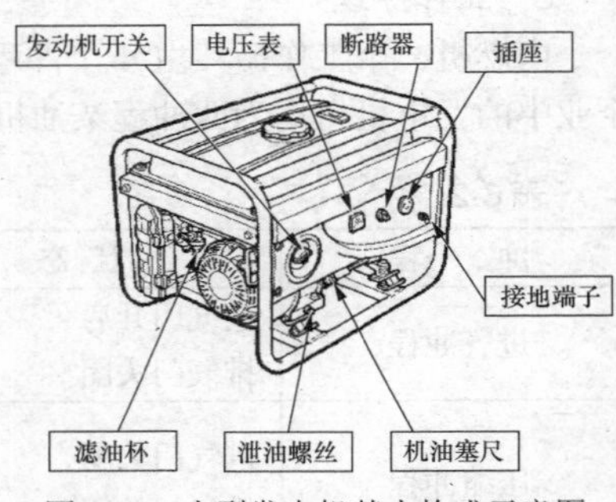

图6-46 小型发电机基本构成示意图

发电机励磁调节装置：根据具体线路制作，安装在控制面板上或放置在发电机附近。

控制面板：用来启动、停止及变换配电，向用电设备供电，同时可呈现机组的运行状态，一般安装有开关、指示灯、插座、显示仪表、熔断器和照明灯等。

小型发电机基本构成中还有燃油箱（油量指示）、蓄电池（电启动）等，如图6-46所示。

2. 运行

（1）准备

① 检查机油箱内的机油是否充足，看油路是否畅通。

打开加油口盖，用干净抹布清洁机油塞尺，将机油塞尺插入加油口，若油位低于机油塞尺下限需加机油，加注机油至机油塞尺上限后装好机油塞尺。

② 检查汽油油位。使用汽车汽油时，最好选择92#以上型号。使用无铅或低铅汽油可减少燃烧室的积炭，不要使用机油和汽油的混合物或不纯正的汽油，避免让污物尘土或水进入油箱。打开油箱盖，检查燃油油位，油位低则加注燃油至燃油滤清器肩部，然后盖好油箱盖。

③ 检查空气滤清器。运行发动机时，不要拆下空气滤清器，否则污物灰尘将通过化油器吸入发动机，会加速发动机磨损。将空气滤清器盖从框架管右边拆下，检查滤芯，确保其干净、完好，如果有必要，清洗或更换滤芯，然后装回空气滤清器，如图6-47所示。

④ 检查控制面板、连接电缆及插座、插头是否良好，导线有无折裂和绝缘破损等。

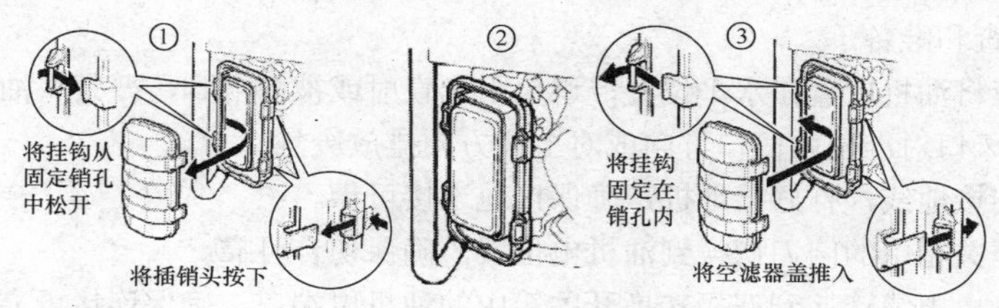

图 6-47　检查空气滤清器

（2）启动

① 拆除负载，断开交流断路器。

② 将燃油阀置于“ON”，打开油门，将阻风门杆扳至关位置，然后关闭阻风门。

当发动机在热机状态下启动时，不能关闭阻风门。

③ 将发动机开关置于“ON”，轻轻拉起抓手，直到感到阻力为止，然后用力拉起（或将启动绳按规定方向绕在轮槽上快速抽拉）；发动机启动后逐步打开阻风门，使发动机升到额定转速；将电压调到 220 V，如图 6-48 所示。

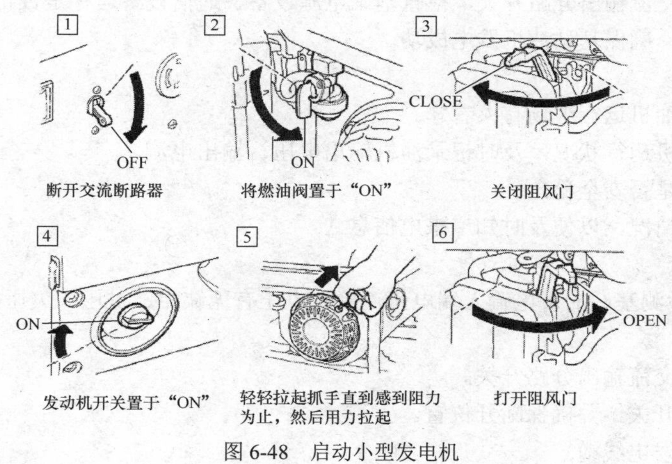

图 6-48　启动小型发电机

④ 检查油门开关和排油塞。油门开关应开，排油塞应关。

（3）供电

① 在机组运转正常、电压稳定后，即可接通供电开关。

② 运转中一定要用空气滤清器，在加注油不安全的条件下，禁止加油。

（4）停机

① 切断电源，关闭油门，按下“停止”按钮。不需紧急停机时，应手控节气门臂，使其低速运行 2～3 min，待化油器内混合油用完后自动停机。

② 做清洗化油器和空气滤清器等维护工作。

3. 发电流程

（1）出发前检查

① 接到发电通知确定发电后，需对油机发电机组做检查（水位、燃油位、机油位、启动电池电压，以及是否存在漏水、漏电、漏油、漏气），以确保到基站后能够正常发电。

② 随车携带必要的工具仪表、防护用品，包括绝缘手套、接地棒、1 × 4 接地线缆、尖嘴钳、电笔、十字起子、一字起子、活动扳手、电工胶布、万用表、双极切换开关钥匙和基站钥匙。

（2）发电前的检查和准备

① 到现场后，应将油机放置在水平位置，避免阳光直射或被雨淋到，严禁将油机放在基站内发电，禁止发电机的进排气风口对准基站门口方向或对上风方向排放废气。

② 连接好油机的接地线，打好接地桩，确保接地连接可靠。

③ 将双极转换开关箱中的闸刀切换到油机电位置，确保切合可靠。

④ 将油机电的输出电缆连接到双极转换开关箱中的油机电端口，确保连接可靠、绝缘措施可靠，并锁好切换转换开关箱门。

⑤ 对于未安装双极转换开关箱的基站，在确保交流输入总开关分断的前提下，拆除基站交流总输入零线，做好绝缘防护；将油机电输出电缆连接到基站交流配电屏的空余输出空开，确保空开容量与油机容量匹配。

⑥ 将油机输出电缆连接到油机输出开关，确保连接可靠、绝缘措施可靠。

⑦ 检查油机输出电缆的连接相位是否正确、连接是否安全可靠，检查线缆布放路由有无安全隐患、线缆有无缠绕。

（3）发电后检查

① 启动油机，空载运行3～5min，检测油机输出电压、频率是否正常，检查油机有无异常声响、异常气味，查看排气烟色是否正常，运行是否稳定。

② 合上油机输出开关，在油机电输入端检测电压、相位、相线/零线连接是否正常。

③ 依次合上基站交流输出分路开关，检查基站电源设备、通信设备运行是否正常。

④ 通报监控中心，确保基站油机发电成功。

（4）发电中的检查

① 发电中应确保油机运行现场有人看守。

② 每小时检测油机运行状况，及时记录油机输出电压、输出电流。

③ 检查油机运行是否安全稳定。

④ 定时观察市电情况，以便及时知道来电信息。

（5）来电后的检查

来电后用万用表检测基站的市电输入端电压，确认电压有无缺相、过压、欠压等情况。

（6）恢复市电

① 依次分断基站交流输出分路开关。

② 分断油机输出开关，并确保断开位置。

③ 拆除油机端的发电线缆。

④ 对于未安装双极转换开关箱的基站，在确保交流输入总开关分断的前提下，连接好基站交流总输入零线，确保连接可靠；再将交流配电屏内的发电线缆拆除。对于已安装双极转换开关箱的基站，先将切换箱中的油机接头拔出，再将双极转换开关箱中的闸刀打至市电侧，锁好切换转换开关箱门。

⑤ 依次将基站内交流配电箱中的总开关、开关电源分路开关、两路空调分路开关合上，检查基站电源设备、通信设备运行是否正常。

⑥ 检查空调相序是否正确，若不正确进行调整。

⑦ 检查开关电源和设备工作情况。

（7）停机并检查

① 待油机空载运行3min后，停止油机工作，拆除油机接地线。

② 检查油机各部件情况，看有无松动、渗漏之处。

③ 把电缆线收好归位。

④ 关闭基站大门，通知网管结束发电。

4. 维护

（1）机油检查和更换

检查频率：每天一次。

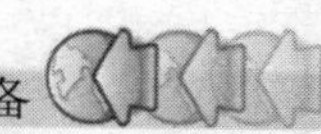

更换频率：100 小时一次（约六个月）。初次更换为 20 小时一次（约一个月）。

机油油位检查方法：将机组放在平坦的地面上，冷机时检查机油油位。

更换机油：打开机油尺，旋开泄油螺丝，排出机油（热机下放油，可放得更快、更彻底）；装好泄油螺丝并旋紧；加注机油到油尺上限，装好机油塞尺。

（2）检查空气滤清器

检查频率：每天一次。

清洗频率：50 小时一次（约三个月）。

滤芯清洁标准：无污物、无堵塞、无撕裂和过多机油。

用煤油、柴油清洗海绵滤芯，清洗干净后，加少量机油并拧干。将滤芯放入壳体内装好。

（3）检查火花塞

卸下火花塞帽与火花塞，清理积炭，装回火花塞及帽后将电极间隙调整为 0.7～0.8mm，如图 6-49 所示。

（4）检查滤油杯

将燃油阀打至"OFF"，逆时针方向旋开滤油杯，取下 O 形环及滤网后进行清洁；用汽油清洗燃油，若无法清洗则需更换，如图 6-50 所示。

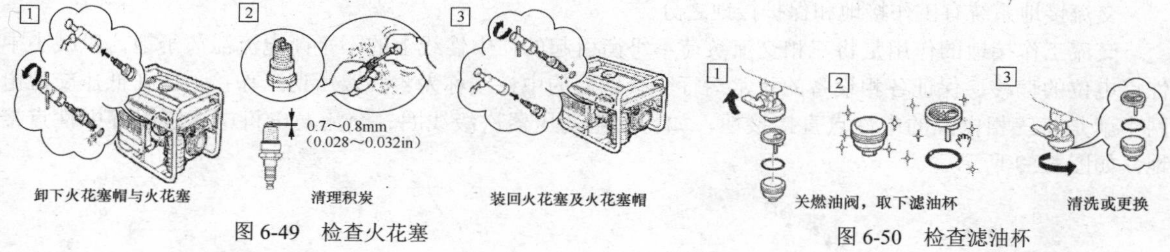

图 6-49　检查火花塞

图 6-50　检查滤油杯

5. 常见故障排除（见表 6-3）

表 6-3　常见故障的排除

故障现象	主要原因	采取措施
不能启动或启动困难	① 油箱缺油 ② 油门开关未开 ③ 油路堵塞或油中有水 ④ 阻风门或排油塞未关 ⑤ 火花塞不洁或气门间隙过小 ⑥ 火花塞绝缘损坏 ⑦ 高压线圈绝缘损坏 ⑧ 电容器不良 ⑨ 启动速度不快	① 加油 ② 打开油门开关 ③ 清洁油门开关、油路和化油器 ④ 关闭阻风门或排油塞 ⑤ 清洁火花塞或调整间隙 ⑥ 更换 ⑦ 更换 ⑧ 更换 ⑨ 快速拉动启动绳
转速不正常	① 发电机电路接触不良 ② 高压线圈局部击穿、漏电 ③ 油平面过低 ④ 调速器零件磨损或不灵活	① 检测、消除接触不良点 ② 检查、更换 ③ 校正油平面 ④ 更换，重新校正
不发电	① 炭刷与滑环接触不良 ② 炭刷刷握不灵活 ③ 电缆插头断线，或接触不良，或插头内碰线 ④ 断路器故障	① 打磨、清洁 ② 清洁、整形 ③ 进行相应处理 ④ 更换

6.5　通信局（站）的防雷接地

在通信局（站）中，接地很重要，不仅关系到设备和维护人员的安全，同时还直接影响着通信质

量。因此，掌握、理解接地的基本知识，正确选择和维护接地设备，都具有很重要的意义。本节主要介绍接地系统的基本概念、分类，以及通信电源系统的防雷设备和方式。

6.5.1 接地系统概述

1. 接地的概念

通信局（站）中接地装置或接地系统中所指的“地”和一般所指的大地的“地”是同一个概念。所谓接地，就是为了工作或保护的目的，将电气设备或通信设备中的接地端子通过接地装置与大地进行良好的电气连接，将该部位的电荷注入大地，达到降低危险电压和防止电磁干扰的目的。

将所有接地体与接地引线组成的装置称为接地装置。把接地装置通过接地线与设备的接地端子连接起来就构成了接地系统，如图6-51所示。

2. 接地的分类和作用

通信电源接地系统按带电性质可分为交流接地系统和直流接地系统两大类，按用途可分为工作接地系统、保护接地系统和防雷接地系统。防雷接地系统又可分为设备防雷系统和建筑防雷系统。

（1）交流接地系统

交流接地系统有工作接地和保护接地之分。

交流工作接地的作用是将三相交流负荷不平衡引起的在中性线上的不平衡电流泄放于地，以减小中性点电位的偏移，保证各相设备的正常运行。接地后的中性线称为零线。所谓工作接地，在低压交流电网中就是将三相电源的中性点直接接地，如将配电变压器次级线圈、交流发电机电枢绕组等中性点接地，如图6-52所示。

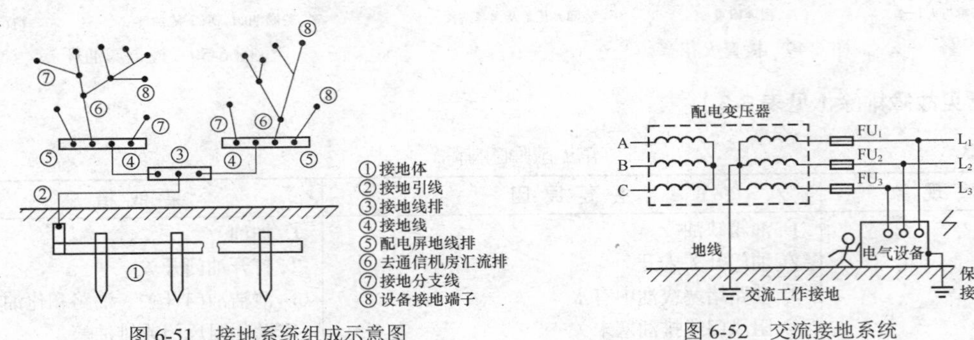

图6-51 接地系统组成示意图

图6-52 交流接地系统

所谓保护接地，是将带电设备在正常情况下与带电部分绝缘的金属外壳部分或接地装置做良好的电气连接，以达到防止设备因绝缘损坏而遭受触电的目的。

（2）防雷接地系统

在通信局（站）中，通常有两种防雷接地：一种是为保护建筑物或天线不受雷击而专设的避雷针防雷接地装置，由建筑部门设计安装；另一种是为了防止雷击过电压对通信设备或电源设备的破坏，需安装避雷器而敷设的防雷接地装置，如高压避雷器的下接线端汇接后接到接地装置。

（3）直流接地系统

按性质和用途的不同，直流接地系统可分为工作接地和保护接地两种。工作接地用于保证通信设备和直流电源设备的正常工作，而保护接地则用于保护人身和设备的安全。

在通信电源的直流供电系统中，为了保证通信设备的正常运行和保障通信质量而设置的电池一极接地称为直流工作接地，如−48V、−24V电源的正极接地等。

直流工作接地的主要作用：利用大地做良好的参考零电位，保证各通信设备间甚至各局（站）间的参考电位没有差异，从而保证通信设备的正常工作；减少用户线路对地绝缘不良时引起的通信回路间的串音；利用大地构成通信信号回路或远距离供电回路。

在通信系统中，将直流设备的金属外壳和电缆金属护套等部分接地叫直流保护接地。其主要作用：

防止直流设备绝缘损坏时发生触电危险，保证维护人员的人身安全；减小设备和线路中的电磁感应，保持一个稳定的电位，达到屏蔽目的，减小杂音干扰，防止静电发生。

通常情况下，直流工作接地和保护接地是合二为一的，但随着通信设备向高频、高速处理的方向发展，对设备的屏蔽、防静电要求越来越高，将会要求将两者分开。

直流接地需连接蓄电池组的一极、通信设备的机架或总配线铁架、通信电缆金属隔离层或通信线路保安器、通信机房防静电地面等。

直流电源通常采用正极接地，原因主要是大规模集成电路所组成的通信设备的元器件的要求，也为了减少由于金属外壳或继电器线圈等绝缘不良对电缆芯线、继电线圈和其他电器造成的电蚀作用。

另外，通信电源的接地系统中还专门设置了用来检查、测试通信设备工作接地而敷设的辅助接地，称为测量接地。它平时与直流工作接地装置并联使用，当需要测量工作接地的接地电阻时，将其引线与地线系统脱离，这时测量接地代替工作接地运行。因此，测量接地的要求与工作接地的要求是一样的。

3. 联合接地系统

通信局（站）明确规定采用联合接地系统。联合接地系统由接地体、接地引入线、接地汇集线、接地线组成，如图 6-53 所示。

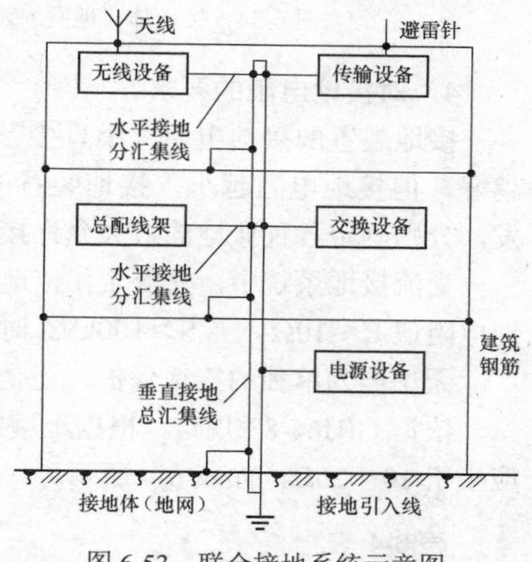

图 6-53　联合接地系统示意图

图 6-53 中的接地体是由数根镀锌钢管或角铁强行环绕后垂直打入土壤构成的垂直接地体；然后用扁钢以水平状与钢管逐一焊接，组成水平电极，两者构成环形电极（称地网）。采用联合接地方式的接地体还包含建筑物基础部分混凝土内的钢筋。

接地汇集线是指通信大楼内分布设置的与各机房接地线相连的接地干线。接地汇集线又分垂直接地总汇集线和水平接地分汇集线，前者是垂直贯穿于建筑体各楼层的接地用主干线，后者是各层通信设备的接地线与就近水平接地进行分汇集的互连线。

接地引入线是接地体与总汇集线间相连的连接线，是各层需要进行接地的设备与水平接地分汇集线间的连线。

采用联合接地方式，可在技术上使整个大楼内的所有接地系统联合组成低接地电阻值的均压网，具有的优点：地电位均衡，同层各地线系统电位大体相等，消除危及设备的电位差；公共接地母线为全局建立了基准零电位点，全局按一点接地原理而用一个接地系统，当发生电位上升时，各处的地电位一起上升，在任何时候，基本不存在电位差；消除了地线系统的干扰，通常依据各种不同电特性设计出的多种地线系统彼此之间存在相互影响，而采用一个接地系统后，地线系统做到了无干扰；电磁兼容性能变好，由于强/弱电、高频及低频电都等电位，又采用分屏蔽设备及分支地线等方法，因此提高了电磁兼容性能。

理想的联合接地系统在外界干扰影响时仍然能处于等电位状态，因此要求地网任意两点间的电位差小到近似为零。

① 接地体（地网）：如图 6-54 所示。接地总汇集线有接地汇集环与汇集排两种形式，前者安装于大楼底层，后者安装于电力室内。接地汇集环与水平环形均压带逐段相互连接，环形接地体又与均压网相连，构成均衡电位的接地体，再加上基础部分混凝土内的钢筋，互相焊接成一个整体，即组成低接地电阻的地网。

接地线网络有树干形接地地线网、多点接地地线网、一点接地地线网。一点接地地线网是由接地电极系统的一点，放射形接到各主干线，再连接各个用电设备系统。

② 接地母线：在联合接地系统中，垂直接地总汇集线贯穿于大楼各层的接地主干线，也可在建筑物底层安装环形汇集线，然后垂直引到各机房水平接地分汇集线上，这种垂直接地总汇集线称为接地母线。

③ 对通信大楼建筑与双层地面的要求：建筑物混凝土内的钢框架与钢筋互连，并连接联合地线，焊接成法拉第“鼠笼罩”状的封闭体，使封闭导体的表面电位变化，形成等位面（其内部场强为零）。各层接地点电位同时进行升高或降低的变化，不会产生层间电位差，也避免了内部电磁场强度的变化，如图 6-55 所示。

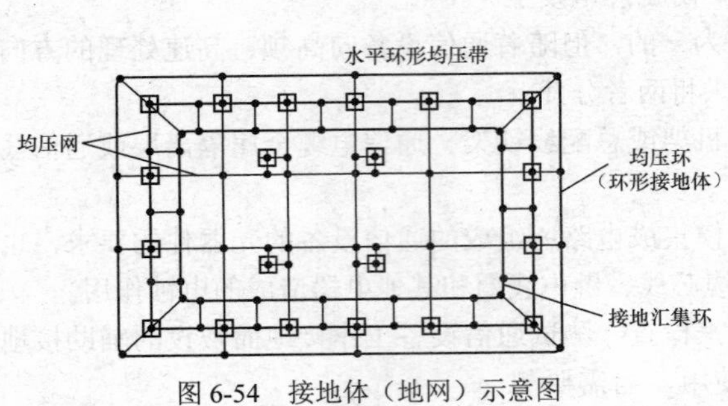

图 6-54　接地体（地网）示意图

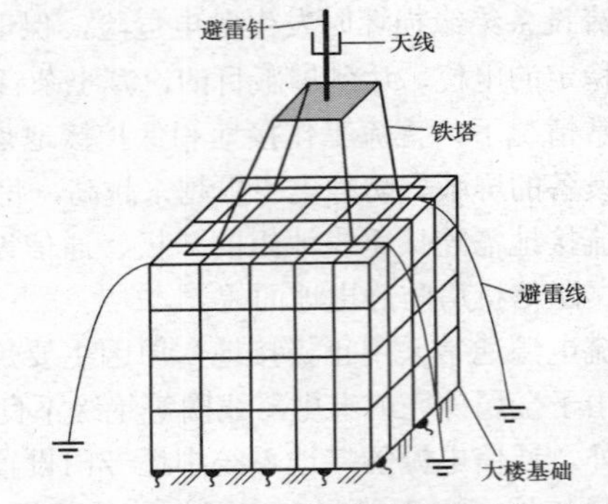

图 6-55　通信大楼钢架与联合地线焊成“鼠笼罩”

4. 对接地电阻的要求

接地装置的接地电阻大小直接影响着通信质量的好坏及设备、人身安全。一般来说，接地电阻越小越好，但接地电阻越小，接地装置的造价就越高。因此，要从保证设备正常运行和保障安全的要求出发，分别确定各种接地的最大允许接地电阻值。

交流接地系统中，交流工作接地的电阻值大小主要根据配电变压器容量决定。当 S≤100kVA 时，接地电阻值 R≤10Ω；当 S＞100kVA 时，接地电阻值 R≤4Ω。

无论作为单独的接地保护，还是与零线进行重复接地保护，其接地电阻体都不应大于 10Ω。

依据 GBJ64-83 规定，根据土壤电阻率的不同，电力电缆与架空电力线接口处防雷接地的接地电阻值应小于 10～20Ω，如表 6-4 所示。

表 6-4　　防雷接地电阻值

土壤电阻率（Ωm）	接地电阻（Ω）
＜100	＜10
101～500	＜15
500～1000	＜20

6.5.2 通信电源系统的防雷

随着电力电子技术的发展，电子电源设备对浪涌高脉冲的承受能力和耐噪声能力不断下降，电力线路或电源设备受雷电过电压冲击的事故常有发生，所以开展防雷技术研讨十分重要。

1. 雷电流及其影响

雷击分为两种形式，即感应雷与直击雷。感应雷指附近发生雷击时设备或线路产生静电感应或电磁感应所产生的雷击；直击雷是雷电直接击中电气设备或线路，造成强大的雷电流，通过击中的物体泄放入地。直击雷峰值电流在 75kA 以上，所以破坏性很大。大部分雷击为感应雷，其峰值电流较小，一般在 15kA 以内。

（1）雷电流的危害

雷电流在放电瞬间的浪涌电流范围为 1～100kA，其上升时间短，能量巨大，可损坏建筑物，中断通信，危害人身安全等。其间接危害包括产生强大的感应电流或高压，直击雷浪涌电流能使天线带电，从而产生强大的电磁场，使附近线路和导电设备出现闪电的特征，这种电磁辐射破坏性很严重；地面雷浪涌电流会使地电位上升，依据地面电阻率与地面电流强度的不同，地面电位上升程度不一，但地面过电位的不断扩散会对周围电子系统中的设备造成干扰，甚至被过压损坏；静电场增加，带电云团处周围的静电场强度可升至 50kV/m，置于这种环境的空中线路，电势会骤增，而空气中的放电火花会产生高速电磁脉冲，造成对电子设备的干扰。

现在微电子设备的应用已十分普遍，由于雷浪涌电流的影响而使设备耐过压、耐过电流水平下降，并已在某些场合造成了雷电灾害。

（2）雷电流干扰

① 直击雷对通信大楼的环境影响。现代通信大楼已采用钢框架及钢筋互连结构，同时也采用常规防雷措施，如在大楼顶上设有天线铁塔时，在铁塔上安装避雷针，引线与接地装置互连，同时还在大楼顶层安装避雷带和避雷网，又用连线与地相连。因此，现代通信大楼已几乎不会再发生直接雷击。但是环境恶劣的移动通信基站、交换模块局、无人值守的网路终端单元仍有可能遭受到直击雷。

钢框架及钢筋互连结构的通信大楼遭到直击雷时，其雷浪涌电流也不可低估。这种电流从雷击点侵入，流到大楼的墙、柱、梁、地面的钢框架及钢筋中，而经避雷针流入的电流不多，绝大部分电流集中从外墙流入（也有少量从立柱中流入）。另外，大楼内的雷浪涌电流几乎都从纵向立柱侵入，而通过横梁侵入的电流十分少。若大楼外墙为混凝土钢筋结构，由雷浪涌电流产生的楼层间电位差会很小，如峰值为200kA、波长为 12μs 的浪涌电流层间电位差仅为 0.8kV；若在相同条件下大楼外墙无钢筋结构，层间电位差可达 8.2kV。此外，雷浪涌电流入侵柱子附近时还存在着很强的磁场，但柱子与柱子间的磁场有所削弱。当大楼的钢框架或钢筋侵入雷浪涌电流时，设在同一大楼内的各种电气设备间会产生电位差，同时还会出现很强的磁场，可引起地电位上升，所以会对大楼内的通信装置或电源设备及其馈线路造成很大干扰。

② 雷击对电力电缆的影响。直击雷的冲击波作用于电力电缆附近的大地时，雷电流会使雷击点周围的土壤电离，并产生电弧。电弧形成的热效应、机械效应及磁效应等综合作用会使电缆压扁，进而导致电缆的内外金属粘连，从而短路。另外，雷击电缆附近的树木时，雷电流又可经树根向电缆附近的土壤放电，也可使电缆损坏。

感应雷可在电缆表层与内部的导体间产生过电压，也会使电缆内部遭受破坏。因为雷电流在电缆附近放电入地时，电缆周围位置将形成很强的磁场，进而使电缆的内外产生很大的感应电压，造成电缆外层击穿和周围绝缘层烧坏。

2. 防雷器

防雷主要采用“抗”和“泄”的方法。“抗”指各种电器设备应具有一定的绝缘水平，以提高其抵抗雷电破坏的能力；“泄”指使用足够的避雷元器件，将雷电引向自身从而泄入大地，以削弱雷电的破坏力。实际的防雷措施往往是两者结合，从而有效地减小雷电造成的危害。

常见的防雷器件有接闪器、消雷器和避雷器 3 类。其中，接闪器是专门用来接收直击雷的金属物体。接闪的金属杆称为避雷针，接闪的金属线称为避雷线，接闪的金属带或金属网称为避雷带或避雷网。所有接闪器必须接有接地引入线，与接地装置良好连接，一般用于建筑防雷。

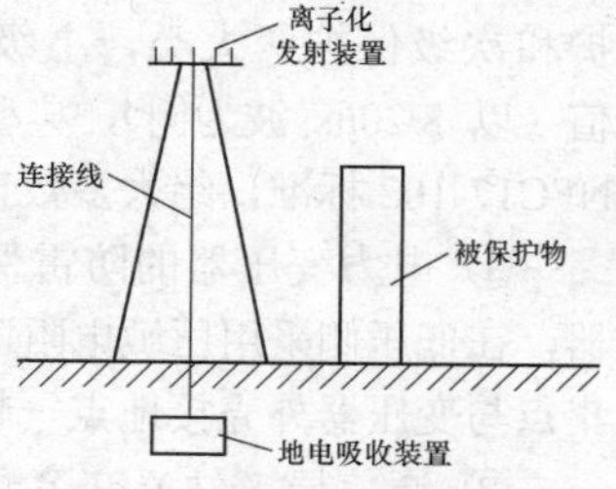

图 6-56　消雷器结构示意图

消雷器是一种新型的主动抗雷设备，由离子化发射装置、地电吸收装置及连接线组成，如图 6-56 所示。其工作原理是金属针状电极的尖端放电原理。当雷云出现在被保护物上方时，将在被保护物周围的大地中感应出大量的与雷云带电极性相反的异性电荷，地电吸收装置会将这些异性电荷收集起来，通过连接线引向针状电极（离子化装置）而发射出去。这些异性电荷向雷云方向运动并与其所带电荷中和，使雷电场减弱，从而起到防雷的效果。实践证明，消雷器可有效地防止雷害的发生，并有取代普通避雷针的趋势。

避雷器常指防止雷电过电压沿线路入侵并损害被保护设备的防雷元件，与被保护设备输入端并联，如图 6-57 所示。常见的避雷器有阀式避雷器、排气式避雷器和金属氧化锌避雷器（见图 6-58）等。

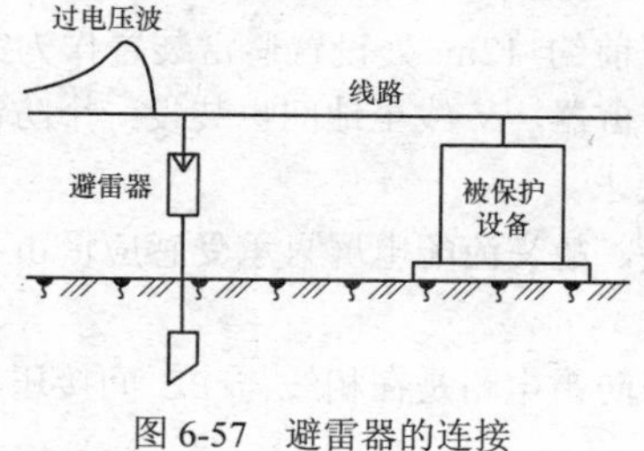

图 6-57　避雷器的连接

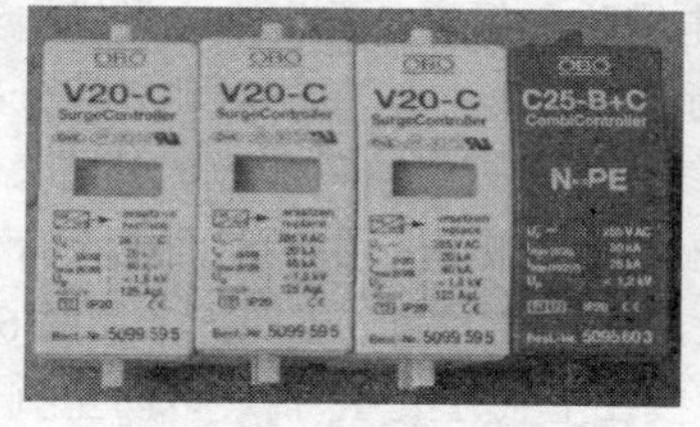

图 6-58　金属氧化锌避雷器

3. 防雷的保护方式

（1）防雷区 LPZ

由于防护环境遭受直击雷或感应雷破坏的严重程度不同，应分别采取相应的措施进行防护。防雷区是依据电磁场环境有明显改变的交界处划分的，可实现 LPZ0A、LPZ0B、LPZ1、LPZ2 等电位分区保护。

① LPZ0A 区：本区内的各物体都可能遭受直接雷击和导走全部雷电流，本区的雷电电磁场没有衰减。

② LPZ0B 区：本区内的各物体不可能遭受直接雷击，但本区内的雷电电磁场的量级与 LPZ0A 区一样。

③ LPZ1 区：本区内的各物体不可能遭受直接雷击，流经各导体的电流比 LPZ0B 区更小，本区内的雷电电磁场可能衰减（雷电电磁场与 LPZ0A 区、LPZ0B 区可能不一致），这取决于屏蔽措施。

④ LPZ2 区（后级防雷区等）：当需要进一步减小雷电流和电磁场时，应引入 LPZ2 区，并按照需保护系统所要求的环境选择 LPZ2 区的要求条件。

在两个防雷区的界面上，应将所有通过界面的金属物进行电位连接，并采用屏蔽措施。

（2）防雷器的安装与配合原则

依据 IEC1312-3 1996 文件规定，将建筑物内外的电力配电系统和电子设备运行系统划分成 12 个防雷区，将几个区的设备一起连到等电位连接带上。由于雷电的损坏程度不一样，因此对各区所安装的防雷器数量和分断能力要求也不同，且各局（站）防雷保护装置需合理选择且彼此间能很好配合。配合原则：借助于限压型防雷器具有的稳压限流特性，不加任何去耦元件（如电感 L）；采用电感或电阻作为去耦元件（可分立或采用防雷区设备间的电缆具有的电阻或电感），电感用于电源系统，电阻用于通信系统。

在通信局（站）中，防雷保护系统的防雷器配合方案为，前续防雷器具有不连续电流/电压特性，后续防雷器具有限压特性。前级放电间隙出现火花放电，使后续防雷浪涌电流波形改变，因此后级防雷器的放电只存在残压放电。

浪涌保护器的使用应建立在联合接地、均压等电位分区保护的基础上。不能直接接地的导体（如电力线）穿越不同防雷区时，可通过浪涌保护器使导体与地相连。

（3）防雷保护

直击雷的浪涌最大电流在 75～80kA，所以将防雷器最大放电电流定为 80kA。间接保护又分主级保护和次级保护两大类，主级保护采用防雷器经受一次雷击而不遭受破坏时所能承受的最大放电电流值（以 8/20μs 波为例），典型值为 40kA；次级防雷器为主级防雷器的后续防雷器，典型值为 10kA。依据 NFC17-102 标准，绝大多数直接雷击的放电电流幅度低于 50kA，所以 40kA 分断一级防雷器是合适的。

① 电力变压器的防雷保护：电力变压器高低压侧都应装防雷器，在低压侧采用压敏电阻避雷器，两者均为 Y 形接续，它们的汇集点与变压器外壳接地点一起组合，就近接地，如图 6-59 所示。

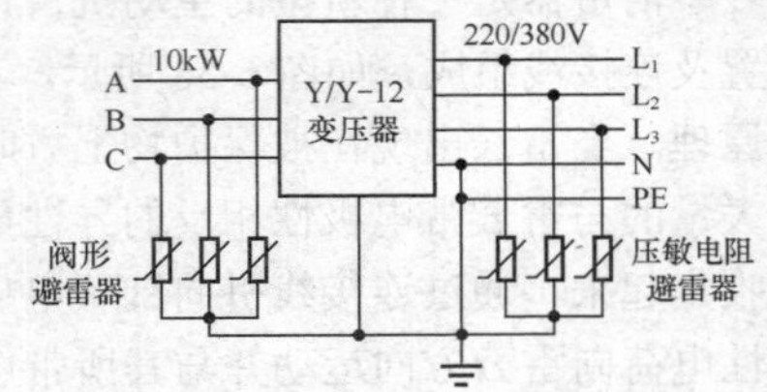

图 6-59　电力变压器的防雷保护

② 通信局（站）交流配电系统的防雷保护：为消除直击雷浪涌电流与电网电压的大波动影响，依据负荷的性质采用分级衰减雷击残压或能量的方法来抑制雷电的侵犯。

出入局电力电缆两端的芯线应加氧化锌避雷器，变压器高低压相线也应分别加氧化锌避雷器。因此，通信电源交流系统低压电缆进线进行第一级防雷，交流配电屏进行第二级防雷，整流器输入端口进行第三级防雷，如图 6-60 所示。

③ 电力电缆防雷保护：在电力电缆馈电至交流配电屏前约 12m 处设置避雷装置作为第一级保护，如图 6-61 所示。L_1、L_2、L_3 每相对地之间分别装设一个防雷器，N 线至地间也装设一个防雷器，防雷器公共点和 PE 线相连。这级防雷器应达到防直击雷的电气要求。

④ 交流配电屏内防雷：由于前面已设有一级防雷电路，故交流配电屏只承受感应雷击相应的通流量及残压的侵入，这一级为第二级保护，如图 6-62 所示。

防雷器件接在空气开关 K 前，以防空气开关受雷击。防雷电路是在相线与 PE 间接压敏电阻，同时

在中性线与地间也接压敏电阻，以防止雷电可能从中性线侵入。

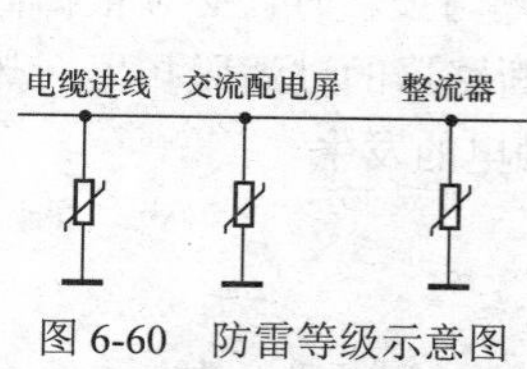

图 6-60　防雷等级示意图

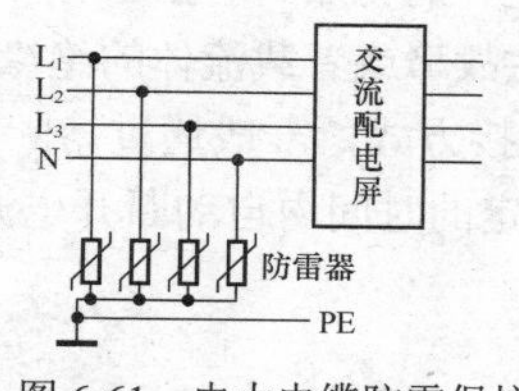

图 6-61　电力电缆防雷保护

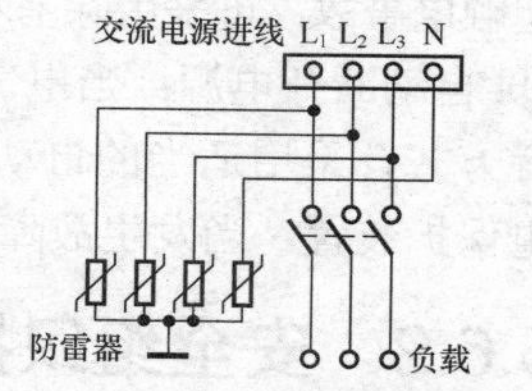

图 6-62　交流配电屏内防雷保护

⑤ 整流器防雷：在整流器的输入端设置的防雷器为第三级防雷保护，防雷器装置在交流输入断路器前，每级通流量小于配电屏防雷通流量，承受残压也较小。

有些整流器在输出滤波电路前接有压敏电阻，或在直流输出端接有电压抑制二极管。它们除了作为第四级防雷保护外，还可抑制直流输出端有时会出现的操作过电压。

前文所述主要为机房防雷。对于基站防雷，由于所处环境和地理位置有一定的特殊性，防雷要求更高。

基站按位置不同，SPD 通流量要求也有所不同。

6.6　安全用电

安全用电是电信部门首先考虑的事情，加强用电安全管理，确保用电安全，防止事故发生是十分重要的。电气安全一方面涉及人身安全，另一方面涉及设备安全，这两个方面都是不能疏忽的。本节主要介绍安全用电的技术措施和组织措施。

6.6.1　安全用电的技术措施

安全用电对于人身安全而言，最要紧的是防止触电事故的发生。触电有直接接触触电和间接接触触电两种情况。针对这两种情况，应采用不同的防护措施。

1. 直接接触防护措施

为了防止直接触及带电体，常采用绝缘、屏护、间距等最基本的技术措施。

① 绝缘：用绝缘材料把带电体封闭起来，以隔离带电体或不同电位的导体，使电流能按一定的路径流通。常用的绝缘材料有瓷、玻璃、云母、橡胶、木材、胶木、布、纸、矿物油等。

② 屏护：当配电线路和电气设备的带电部分不便于包以绝缘体或绝缘体不足以保证安全时，就应采用屏护装置。常用遮拦、护罩、护盖、箱盒等方式将带电体与外界隔绝，以防止人体触及或接近带电体而引起触电、电弧短路或电弧伤人。

③ 间距：为防止人体触及或接近带电体，防止车辆及其他物体碰撞或过分接近带电体，防止火灾、过压放电和短路事故的发生，带电体与地面、带电体与带电体、带电体与其他设备间均应保持一定的间隔和距离，间距大小决定于电压高低、设备类型及安装方式等。

④ 用漏电保护装置做补充防护：为防止人体触及带电体而造成伤亡事故，有必要在分支线路中采用高灵敏度（额定漏电动作电流不超过 30mA）快速（最大分断时间不大于 0.25s）型漏电保护装置。在正常运行中可用作其他触电防护措施失效或使用者疏忽时的直接补充防护，但不能作为唯一直接接触防护。

2. 间接接触防护措施

对于间接触电，通常采用接地、接零等各种防护措施。

① 接地、接零保护：采用本措施后，当电气设备发生故障时，线路上的保护装置会迅速动作而切除故障，从而防止间接触电事故发生。

② 双重绝缘：为防止电气设备或线路因基本绝缘损坏或失效使人体易接近部分出现危险的对地电压而引起触电事故，可采用除基本绝缘层之外的另加一层独立的附加绝缘（如在橡胶软线外再加绝缘套管）。

③ 自动断开电源：当电气设备发生故障或者载流体的绝缘老化、受潮与损坏时，必须根据低压电网的运行方式，采用适当的自动元件和连接方式，一般通过熔断器、低压断路器的过滤脱扣器、热继电器及漏电保护装置，当发生故障时能在规定的时间内自动断开电源，防止触电的发生。

6.6.2 安全组织措施

安全管理工作必须贯彻“安全第一，预防为主”的方针，建立和健全安全管理机构，专人负责，统一管理。安全部门应做好人员的培训考核、安全用电宣传教育及安全检查等组织管理工作，协同制定各项安全规程，并检查执行情况。

电气安全操作规程是电气安全管理的重要内容之一，是确保电气设备正常运行和保护工作人员安全的有效措施，是工作人员长期实践的经验总结，必须严格遵守，切实执行。安全操作规程一般包括以下内容。

1. 倒闸操作

倒闸操作指合上或断开开关、闸刀和熔断器及与此有关的操作，如交/直流回路的合上或断开、熔断体的更换、市电/油机转换操作、相序校核、携带型临时接地线的装拆等。倒闸操作应按规定的操作顺序由电力机务员进行，复杂的倒闸操作应一人监护，一人操作。倒闸操作的基本程序：切断电源时，先断开分路负荷，再操作主闸刀，防止带负荷拉闸；合上电源时，为防止带负荷合闸，应先合上闸刀，后合上分路负荷开关。

2. 移动电具的使用

移动电具是指无固定装置地点、无固定操作人员的生产设备及电动工具，如电焊机、电钻、电锤、电风扇及电烙铁等。移动电具应有专人保管，定期检查，使用过程中如需搬运，应停止工作，断开电源后操作。金属外壳的移动电具必须有明显的接地螺母和可靠的接地线。单机 220 V 的电具应用三芯线，三相 380 V 的电具应用四芯线，其中，绿、黄双色线为专用接地线。移动电具的引线、插头和开关应完整无损，使用前应用验电笔检查外壳是否漏电。根据现行低压电气装置规程，移动电具的绝缘电阻应不低于 2 MΩ。

3. 不停电工作的安全规程

不停电工作的安全规程指交/直流电源设备在日常维护中，工程割接时，工作人员必须带电工作时的安全操作规程。一般规则：严格执行监护制度，由经过训练的熟练工作人员操作，专人监护。工作中，工具的金属裸露部分必须包扎绝缘物。带电割接必须事先向有关部门书面报告，报告内容包括带电割接的缘由、时间、步骤（必须包括相应的安全措施）、人员等内容，获取有关部门批准后方能实施。

小结

通信电源专指对通信设备直接供电的电源，常称为通信设备的“心脏”，是整个通信设备的重要组成部分，其供电质量直接关系到通信系统能否正常工作。通信电源主要包括交/直流两个供电系统。

开关电源是由交/直流配电模块、监控模块、整流模块等组成的直流供电系统，主要是指整流模块。UPS 电源是一种交流不间断供电系统，在市电掉电时由蓄电池供电，并输出纯净交流电；在市电供电时，UPS 电源系统输出无干扰的工频交流电。

蓄电池在市电正常时与供电主设备整流器并联运行，改善整流器的供电质量，起平滑滤波作用；在市电异常或整流器不工作的情况下，则由蓄电池单独供电，担负起全部负载供电的任务，起到荷电备用作用。化学反应原理就是充电时将电能转化成化学能在电池内储存起来，放电时将化学能转化成电能供给外系统。充放电的转化过程是可逆的。

油机发电机组作为备用交流电源存在，可在市电停电后迅速提供稳定的、符合要求的交流电源给通信设备供电。

通信局（站）中是否采用可靠的接地方式，直接关系到设备和维护人员的安全，并影响着通信质

量。防雷接地可保护建筑物或天线不受雷击，并可防止雷击过电压对通信设备或电源设备的破坏。

安全用电关系到人身和设备的安全，必须严格采取措施，认真执行。

习题

一、填空题

1．通信电源中的接地系统，按用途可分________、________、________。

2．接闪器是专门用来接收直击雷的金属物体，有________、________、________、避雷带。

3．给交换供电分布系统有源设备提供不间断供电的是________。

4．电源系统接地应采取________，分别引入接地________的原则。

二、判断题

1．直流工作接地采用正极接地的原因是防电蚀和通信设备元器件的需要。（　　）

2．为更好地保护线路以及设备安全，最好在零线上加装熔断或空开保护。（　　）

3．MOA 如果显示窗为绿色，则表明其已经烧毁，需要马上更换。（　　）

4．出现熔丝熔断告警后，应立即更换新的熔断器。（　　）

5．移动通信基站应按均压、等电位的原则，将工作地、保护地和防雷地组成一个联合接地网。（　　）

三、选择题

1．室内接地铜排和室外接地铜排在基站地网上的引接点宜相距（　　）以上。

A．4m　　B．5m　　C．6m　　D．7m

2．以下（　　）是联合接地的优点。

A．防止搭壳触电　　B．地电位均衡　　C．供电损耗及压降减小

3．由于接触电压等原因，要求设备接地时距离接地体（　　）。

A．近一些　　B．远一些　　C．没有关系

4．当市电正常时，整流器一方面向负荷供电，另一方面给蓄电池以一定的补充电流，用于补充其自放电的损失，此时，整流器输出的电压称为（　　）。

A．均衡电压　　B．浮充电压　　C．强充电压　　D．终止电压

5．以下交流供电原则的描述中，（　　）是错的。

A．动力电与照明电分开　　B．市电作为主要能源

C．尽量采用三相四线，并有保护地

6．整流模块冗余并机的目的是（　　）。

A．可靠　　B．增容　　C．减小市电对模块的影响

7．整流模块输入端设置的防雷器属于第（　　）级防雷。

A．一　　B．二　　C．三　　D．四

8．熔丝的作用是（　　）保护。

A．过压　　B．过流　　C．短路　　D．过流和短路

四、简答题

1．通信电源系统由哪几个部分组成？

2．简述开关电源的组成及各部分功能。

3．简述联合接地系统的结构。

4．雷电流会对通信系统产生哪些干扰？

5．通信局（站）的电力系统如何进行防雷保护？

6．简述安全用电的技术措施。

第 7 章 空调和动力环境监控系统

【主要内容】空调是确保机房温湿度环境满足设备运行条件的关键，网络运行需要安全的环境。基站作为无人值守机房，其电源提供状况和设备运行状况如何，需要由动力和环境监测系统提供给网络操作维护中心。本章主要介绍空调的基本组成、基本工作原理、使用和维护等基本内容，以及监控系统的结构与设备、使用和维护方法。

【重点难点】空调的基本工作原理；空调的使用和维护基本内容；动力环境监控设备的使用和维护。

【学习任务】理解空调的结构及工作原理；掌握空调的使用和维护基本方法；掌握动力环境监控系统的监控内容；掌握动力环境监控设备的维护方法。

7.1 空调

空调是保证通信局（站）机房正常环境的必备设备，是保证通信设备正常运行的条件。集成电路、电子器件的运行需要适当、稳定的温度，否则可能会影响半导体元件的特性，例如空气湿度较高，板件就会结露、短路；湿度较低，板件易产生静电；为防止热量积聚，需要空气流动，灰尘多的空气流经板件，易在板件上积灰，造成散热不良，因此需要室内空气的温度、湿度、清洁度、气流速度达到所需要的要求。大型通信局（站）机房中使用的是机房专用空调，在基站中一般使用普通空调。本节主要介绍基站用普通空调的组成、基本工作原理、基本维护知识。

7.1.1 空调简介

空调是“空气调节”的简称，即用控制技术使室内空气的温度、湿度、清洁度、气流速度和噪声达到所需要求，目的是改善环境条件以满足生活舒适和工艺设备要求，主要功能有制冷、制热、加湿、除湿、温度控制等。

1. 空调的组成

空调一般由四大部分组成。

① 制冷系统：指空调中用于制冷降温的部分，是由制冷压缩机、冷凝器、毛细管、蒸发器、电磁换向阀、过滤器及制冷剂等组成的一个密封的制冷循环系统。

② 风路系统：促使房间空气流动和加快热交换，由离心风机、轴流风机等设备组成。

③ 电气系统：是空调内促使压缩机、风机安全运行来实现温度控制的部分，由电动机、温控器、继电器、电容器、加热器等组成。

④ 箱体与面板：包括空调的框架、各组成部件的支撑座和气流的导向部分，由箱体、面板和百叶栅等组成。

2. 普通空调的类型

基站用空调一般为普通空调，而非机房专用空调。普通空调主要有以下几种类型。

（1）单冷型空调

单冷型空调只吹冷风，用于夏季室内降温，兼有除湿功能，可为房间提供适宜的温度和湿度。其结

构简单，可靠性好，价格便宜，使用环境为 18℃～43℃，有窗式和分体式。

（2）冷热型空调

冷热型空调在夏季可用于吹冷风，冬季可用于吹热风。制热有热泵制热和电加热两种方式，两种制热方式兼用时称为热泵辅助电热型空调。

① 热泵型空调：在制冷系统中通过两个换热器（即蒸发器和冷凝器）的功能转换实现冷热两用。在单冷型空调器上装上电磁四通换向阀后，可使制冷剂流向改变。原来在室内侧的蒸发器变为冷凝器，来自压缩机的高温高压气体在此冷凝放热，向室内供热；而室外侧的冷凝器变为蒸发器，制冷剂在此蒸发，吸收外界热量。由于环境温度的影响，室外换热器无自动除霜装置的热泵型空调器，只能用于 5℃以上的室外环境，否则室外换热器会因结霜堵塞空气通路，导致制热效果极差。有自动除霜功能的可在−5℃～43℃环境下工作。低于−5℃时必须用电热型空调制热。

② 电热型空调：在制热工况下，空调靠电加热器对空气加热，可在寒冷环境下使用，工作的环境温度小于等于 43℃。

③ 热泵辅助电热型空调：在制热工况下，利用热泵和电加热共同制热，制热功率大，较节省电，但结构复杂，价格稍贵。室外机组中增加了一个电加热器，在低温下对吸入的冷风先加热，提高了制热效果。冬季用电量比夏季时大一倍，可能会超过电表容量。

3. 空调的工作环境与性能指标

普通空调根据制冷量来划分系列，窗式空调制冷量一般为 1800～5000W，分体式空调一般制冷量为 1800～12000W，在以上范围内又根据制冷量的不同划分成若干个型号，构成系列。

（1）普通空调的使用条件

① 环境温度：普通空调通常工作的环境温度如表 7-1 所示。

表 7-1 空调工作的环境温度

型　式	代　号	使用的环境温度（℃）
单冷型	L	18～43
热泵型	R	−5～43
电热型	D	<43
热泵辅助电热型	Rd	−5～43

由表可知，空调最高工作温度为 43℃，热泵型空调最低工作温度为−5℃。因为空调器的压缩机和电动机封闭在同一壳体内，所以电动机的绝缘等级决定了对压缩机最高温度的限制。若环境温度过高，压缩机工作时冷凝温度会随之提高，使压缩机排气温度过热，造成压缩机超负荷工作，可能使过载保护器切断电源而停机。另外，电动机的绝缘可能会因承受不了过高温度而遭破坏，甚至电动机烧毁。对于热泵型空调，若环境温度过低，其蒸发器里的制冷剂得不到充分的蒸发而被吸入压缩机，会产生液击事故，并导致机件磨损老化。对于电热型空调器，冬季工况下压缩机不工作，只有电热器工作，因此对最低温度无严格限制。对于热泵型和热泵辅助电热型空调，若不带除霜装置，其使用的最低环境温度为 5℃，否则室外蒸发器就要结霜，使气流受阻而不能正常工作；有除霜装置，其使用的最低环境温度为−5℃。

当外界气温高于 43℃时，大多数空调器不能工作，压缩机上的热保护器会自动将电源切断，使压缩机停止工作。

空调器的温度调节依靠温控器自动进行，温控器一般把房间温度控制在 16℃～30℃，并能在调定值±2℃范围内自动工作。

② 电源：国家标准规定电源额定频率为 50Hz，单相交流电额定电压为 220V 或三相交流电额定电压为 380V，使用电源电压值允许误差为±10%。

一些工作电源额定功率为 60Hz 的空调可在 60Hz、197～253V 电压下运行，也可运行在 50Hz、180～220V 电压下。在 60Hz 下运行的电动机转速为 3500r/min，在 50Hz 下的转速降为 2900r/min，随着电源频率下降，空调制冷量同时减小，噪声随之降低。

工作电源为 50Hz 的空调不能用于电源为 60Hz 的地区，否则电动机会被烧坏。

（2）空调的性能指标（在名义工况下得到）

① 名义工况（按国标 GB7725-87 规定）如表 7-2 所示。

表 7-2　名义工况

工 况 名 称	室内空气状态		室外空气状态	
	干球温度（℃）	湿球温度（℃）	干球温度（℃）	湿球温度（℃）
名义制冷工况	27	19.5	35	24
名义热泵制热工况	21	—	7	6
名义电热制热工况	21	—	—	—

② 性能指标。

名义制冷量：在名义工况下的制冷量（W）。

名义制热量：冷热型空调在名义工况下的制热量（W）。

室内送风量：室内循环风量（m^3/h）。

额定电流：名义工况下的总电流（A）。

风机功率：电动机配用功率（W）。

噪音：名义工况下的机组噪音（dB）。

制冷剂种类及充注量：例如 R22、kg。

使用电源：单相 220V、50Hz 或三相 380V、50 Hz。

制冷量：单位时间所吸收的热量，与空调铭牌上的名义制冷量的关系为 1kW=860kcal/h 或 1000kcal/h=1.16kW。

国家标准规定名义制冷量的测试条件为名义制冷工况，即室内干球温度为 27℃，湿球温度为 19.5℃；室外干球温度为 35℃，湿球温度为 24℃。标准允许空调的实际制冷量比名义值低 8%。

（3）空调的性能系数

性能系数即能效比或制冷系数 EER，即能量与制冷效率的比率，含义是空调在规定工况下制冷量与总的输入功率之比（W/W），即每消耗 1W 电能产生的冷量数。用铭牌上的值计算的性能系数值比实际运行的值大，实际值一般只有铭牌值的 92%左右。

（4）空调的噪声指标

一般要求低于 60dB。

（5）空调的输入功率

一般以 W 或 kW 为单位，匹与 W 的关系为一匹（马力）=735W。

7.1.2　空调的基本工作原理

使用空调的主要目的是进行冷热交换。

1. 空调的制冷系统

空调系统中的制冷系统是一个关键的部分，其正常工作才能提供一个良好的机房环境。

（1）制冷工作原理

制冷系统是一个完整的密封循环系统，主要组成部件是制冷压缩机、冷凝器、节流装置（膨胀阀或毛细管）、蒸发器等。各个部件之间用管道连接起来，形成一个封闭的循环系统，系统中的制冷剂实现了制冷降温。

空调制冷降温是把一个完整的制冷系统装在空调器中，再配装上风机和一些控制器来实现的。制冷基本原理按照制冷循环系统的组成部件和作用分为 4 个过程（见图 7-1）。

① 压缩过程：从压缩机开始，制冷剂气体在低温低压状态下进入压缩机，在压缩机中被压缩，提高气体的压力和温度后排入冷凝器。

② 冷凝过程：从压缩机中排出来的高压高温气体进入冷凝器，将热量传递给外界空气或冷却水后，凝结为液态制冷剂，流向节流装置。

③ 节流过程：又称膨胀过程，冷凝器中凝结后的液体制冷剂，在高压下流向膨胀阀。由于膨胀阀能进行减压节流，从而使通过膨胀阀后进来的液体制冷剂压力下降。

④ 蒸发过程：从膨胀阀出来的液体压力是低压，这种低压液体流向蒸发器中，吸收外界的热量而蒸发为气体，从而使外界环境温度降低。

蒸发后的低温气体又被压缩机吸回，进行再压缩、冷凝、膨胀、蒸发，不断循环。

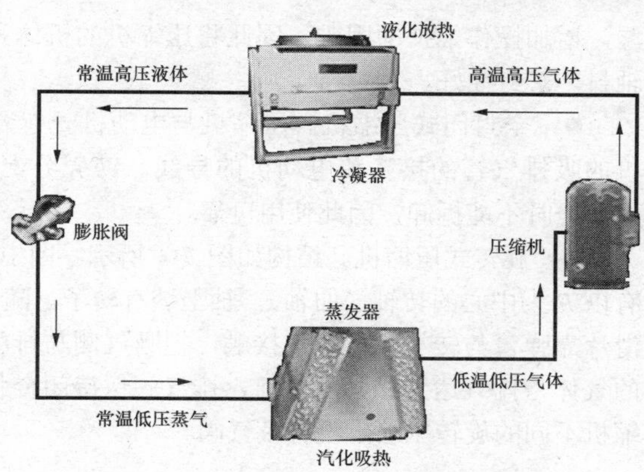

图 7-1　制冷工作原理示意图

空调压力分为高压侧和低压侧。高压侧为从压缩机出口到膨胀阀，压缩机压缩空气后，温度升高，高热气体经室外空气冷却后在冷凝器（散热器）中冷凝为液态回流，放出热量。低压侧为从膨胀阀至压缩机入口，液态制冷剂由膨胀阀降压后，降低至低于室内温度，在蒸发器中被室内空气加热后沸腾，吸收热量。

家用空调没有膨胀阀，由毛细管代替。

相关知识

电热型空调在室内蒸发器与离心风扇间安装了电热器，夏季使用时，将冷热转换开关拨向冷风位置，其工作状态与单冷型空调相同。冬季使用时，将冷热转换开关置于热风位置，此时，只有电风扇和电热器工作，压缩机不工作。

冷热两用热泵型空调的室内制冷或制热是通过电磁四通换向阀改变制冷剂流向实现的。在压缩机的吸/排气管和冷凝器、蒸发器间增设电磁四通换向阀。夏季提供冷风时，室内热交换器为蒸发器，室外热交换器为冷凝器；冬季制热时，通过电磁四通换向阀，室内热交换器为冷凝器，室外热交换器为蒸发器，使室内吹热风。如图 7-2 所示，左图为制冷过程示意图，右图为制热过程示意图。

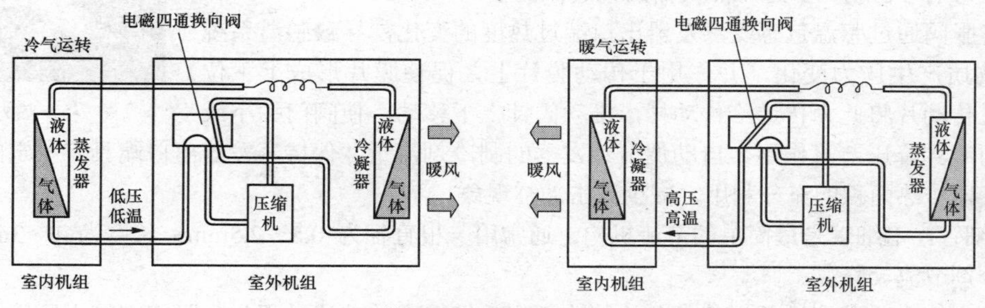

图 7-2　热泵型空调制冷/制热运行状态

（2）制冷系统的主要部件

① 制冷压缩机。制冷压缩机（见图 7-3）有开启式压缩机、半封闭式压缩机、全封闭式压缩机、旋转式压缩机等。不同的压缩机有不同的工作过程、结构特点，但基本作用是一致的，就是用于将低温低压的制冷气体压缩成高温高压的气体。

- 开启式压缩机。压缩机曲轴的功率输入端伸出曲轴箱外，通过联轴器或皮带轮和电动轮相连接，在曲轴伸出的部分必须装置轴封，以免制冷剂向外泄漏。
- 半封闭式压缩机。由于开启式压缩机轴封的密封面磨损后会造成泄

图 7-3　制冷压缩机

漏，增加操作维护的困难，因此将压缩机的机体和电动机的外壳连成一体，构成密封机壳。特点是不需轴封，密封性好。

● 全封闭式压缩机。压缩机与电动机一起装在一个密闭的铁壳内，形成一个整体，外表只有压缩机的吸排气管的接头和电动机的导线。铁壳分上、下两部分，压缩机和电动机装入后，用电焊接成一体，平时不能拆卸，因此使用可靠。

● 旋转式压缩机。结构如图 7-4 所示。图中的 O 为气缸中心，在与气缸中心保持偏心 r 的 P 处，有以 P 为中心的转轴（曲轴），轴上装有转子。随曲轴的旋转，制冷剂气体从吸气口被连续送往排气口。滑片靠弹簧与转子保持经常接触，把吸气侧与排气侧分开，使被压缩的气体不能返回吸气侧。在气缸内的气体与排气达到相同压力前，排气阀保持闭合状态，以防止排气倒流。旋转式压缩机采用与往复式压缩机不同的旋转压缩，没有吸气阀。

图 7-4 旋转式压缩机

旋转式压缩机的特征：由于连续压缩，性能优越，且因没有往复质量，几乎能完全消除平衡方面的问题，振动小；由于没有把旋转变为往复的设置，零件个数少，且旋转轴位于中心，圆形构成，体积小，重量轻；在结构上，可把余隙容积做得非常小，无膨胀气体干扰；由于没有吸气阀，流动阻力小，容积效率、制冷系数高；由于间隙均匀，若压缩气体漏入低压侧，会使性能降低；由于靠运行部件间隔中的润滑油进行密封，因此要从排气中分离出油，机壳内需做成高压，因易过热，需采取特殊措施；需要非常高的加工精度。

② 热力膨胀阀。热力膨胀阀又称感温调节阀或自动膨胀阀（见图 7-5），是目前氟利昂制冷系统中使用最广泛的节流机构，能根据流出蒸发器的制冷剂温度和压力信号自动调节进入蒸发器的氟利昂流量。

图 7-5 热力膨胀阀

热力膨胀阀通过感温包感受蒸发器出口端过热度的变化，导致感温系统内的充注物质产生压力变化，并作用于传动膜片上，促使膜片形成上下位移，再通过传动片将此力传递给传动杆，推动阀针上下移动，使阀门关小或开大，进而起到降压节流作用，自动调节蒸发器的制冷剂流量并保持蒸发器出口端具有一定的过热度，以保证蒸发器传热面积的充分利用，减少液击冲缸现象。

③ 毛细管。毛细管是最简单的节流机构，通常用一根直径为 0.5～2.5mm、长度为 1～3m 的紫铜管就能使制冷剂节流、降温。

制冷剂在管内的节流过程极其复杂。制冷剂在毛细管中的节流过程与膨胀阀有较大区别。在毛细管中，节流过程是在毛细管总长的流动过程中完成的。在正常情况下，毛细管中通过的制冷剂量主要取决于它的内径、长度和冷凝压力，长度过短或直径过大，会使阻力过小，液体流量过大，冷凝器不能供给足够的制冷剂液体，会降低压缩机的制冷能力；反之，则阻力过大，易使制冷剂液体积存在冷凝器中，造成高压过高，同时也使蒸发器因缺少制冷剂而造成低压过低。流入毛细管的液体制冷剂受到冷凝压力的不同而影响其在管内流量的大小，冷凝压力越高，液体制冷剂流量增大，反之则减小。

④ 电磁四通换向阀。热泵空调是通过电磁四通换向阀改变制冷剂流向的，使其夏季能制冷，冬季能制热。当低压制冷剂进入室内侧换热器时，空调向室内供冷气；当高温高压制冷剂进入室内侧换热器时，空调向室内供暖气。

电磁四通换向阀主要由控制阀和换向阀两部分组成，通过控制阀上电磁线圈及弹簧的作用力打开和

关闭其上毛细管的通道，以使换向阀进行换向。

⑤ 干燥过滤器。过滤器在冷凝器与毛细管间用来清除从冷凝器中排出的液体制冷剂中的杂质，避免毛细管被阻塞，造成制冷剂的流通被中断，从而使制冷工作停顿。

窗式空调的过滤器结构简单，即在铜管中设置两层铜丝网，用来阻挡液体制冷剂中的杂物流过。对设有干燥功能的过滤器，在器件中还装有分子筛（4A 分子筛），用来吸附水分。如果有水分存在，毛细管出口或蒸发器进口的管壁内可能结冰，使制冷剂流动困难，甚至阻塞，无法实现制冷。

空调使用一段时间后，由于安装不妥等原因而产生震动使系统管道中产生一些微小的泄漏。外界空气渗入是制冷系统中水分的主要来源。

（3）制冷剂、冷媒、冷冻油

① 制冷剂。制冷剂又称“制冷工质”，是制冷循环中的工作介质，如在蒸汽压缩机制冷循环中，利用制冷剂的相变传递热量，即制冷剂蒸发时吸热，凝结时放热。制冷剂应具备的特征：易凝结，冷凝压力不要太高，蒸发压力不要太低，单位容积制冷量大，蒸发潜热大，比容小；不爆炸、无毒、不燃烧、无腐蚀、价格低等。常见的制冷剂有 R12、R22、R134a 等。

② 冷媒。冷媒又称“载冷剂”，是制冷系统中间接传递热量的液体介质。它在蒸发器中被制冷剂冷却后送至制冷设备中，吸收被冷却物体的热量，再返回蒸发器将吸收的热量释放给制冷剂后重新被冷却，如此循环即可达到连续制冷的目的。常用的载冷剂有水、盐水及有机溶液，对载冷剂的要求是比热大、导热系数大、黏度小、凝固点低、腐蚀性小、不易燃烧、无毒、化学稳定性好、价格低及易购买。

③ 冷冻油。冷冻油即冷冻机使用的润滑油。基本性能：将润滑部分的摩擦降到最小，防止机构部件磨损；维持制冷循环内高低压部分给定的气体压差，即油的密封性；通过机壳或散热片将热量放出。在选择冷冻油时，必须注意压缩机内部冷冻油所处的状态（排气温度、压力、电动机温度等），概括表示为：溶于制冷剂时，也要能保持一定的油膜黏度；与制冷剂、有机材料和金属等高温或低温物体接触不应起反应，其热力及化学性能稳定；在制冷循环的最低温度部分不应有结晶状石蜡分离、析出或凝固，保持较低的流动点；含水量极少；在压缩机排气阀附近的高温部分不产生积炭、氧化，具有较高的热稳定性；不使电动机线圈、接线柱等的绝缘性能降低，且有较高的耐绝缘性。

2. 空调的风路系统

风路系统是空调的又一个重要的组成部分。

空调中风路系统包括离心风机、轴流风机、风道和电动机等。

空调中采用的离心风机与室内换热器组合，促使冷空气在房间内流动，进行冷热空气的交换，以达到空调房间的均匀降温。

空调中采用的轴流风机与室外换热器组合，促使冷凝器热交换中所产生的热量往大气中流动，以使制冷剂气体凝结为液体。

轴流风机的结构比较简单，一般采用 ABS 塑料注塑成型，有的采用铝材压制成型，叶片数一般为 4～8 片。小型窗式空调中的轴流风机叶片顶端带有轮圈，与叶片一起一次注塑成型。轮圈的作用：将蒸发器流来的凝露水带起，利用叶片的风力吹到冷凝器上，提高冷凝器的热交换效果；增加叶轮的刚性，保证叶片的扭角。轴流风机中空气轴向流动，噪声小，风压小，风量大，价格便宜，因此，冷凝器的散热就选这种风量大的风机。

轴流风机在维修和调整时，应注意轮圈与隔板洞孔间的间隙尺寸。间隙过大，会产生气流的短路，过小则可能产生碰撞。对叶片上没有轮圈的风机，叶片顶端与机壳内表间的空隙距离一般要求不大于叶片长度的 1%，越小越好，过大会影响风机的效率和风压，增大噪声。

风量不足、风压不够时，可调整叶片的角度。因叶片角度不同，风压、风量和消耗功率也不同。同样，调整转速，也能获取不同的风压、风量，消耗功率也不同。

7.1.3　空调设备维护简介

常用的空调设备很多，在此简单介绍大金品牌空调的使用、维护和常见故障的处理。

1. 大金空调使用简介

为了保护空调机，应接通电源 12h 后再开机。为确保空调机启动顺利，使用季节内勿关闭电源。

使用时需按使用说明选择运转状态，设定合适的温度、风速风向。

① 如果在运转中主电源被关闭，电源恢复后会自动重新启动。

② “送风”运转中的温度设定无法使用。

③ 制热运转停止后，大约会有 1min 的送风运转。

④ 风速可以根据室温自动变换。在某些情况下风扇还会停止（不是故障）。

⑤ 停机后不要立即关闭电源，至少等 5min 再断电，否则会漏水或发生故障。

⑥ 在室内、外温、湿度不满足运转条件时，运转会使安全装置动作，而阻止运转，或室内机组可能发生凝露。

⑦ 为高效制冷，风向调节时使挡板略微上翘；为高效制热，使挡板略微下垂。若上挡板、下挡板和联动挡板碰在一起时运转，会引起露水下滴。因此务必使三挡板朝向同一个方向。

2. 故障检修

（1）异常处理

空调在出现异常时，若继续使用可能会损坏，需采取相应措施进行处理，并联系厂家，具体如表 7-3 所示。

表 7-3　空调异常时采取的措施

现　　象	采取措施
安全装置（如保险丝、断路器、漏电断路器等）多次动作，或者运转开关工作不正常	关闭电源
空调机漏水	停止运转
控制盘上的运转指示灯亮起和检验显示闪烁，并显示故障码	把控制盘上显示的内容通知厂家

（2）维修前检查

在要求维修前应先检查，具体内容如表 7-4 所示。

表 7-4　维修请求前检查

现　　象	可能原因	措　　施
机器不运转	保险丝烧断或断路器断开	更换保险丝或合上断路器
	停电	不需处理，来电后会自动运转
机器运转随即停止	室内或室外机组的进气口或出气口阻塞	清除障碍
	空气过滤器堵塞	清洁空气过滤器
制冷或制热工作不正常	室内或室外机组的进气口或出气口堵塞	清除障碍
	空气过滤器堵塞	清洁空气过滤器
	温度设置不当	重新设置
	风速设定过低	重新设置
	风向不正确	重新调整
	窗或门打开	关闭门窗
[制冷]	太阳直晒	挂窗帘或百叶窗

（3）故障实例

① 故障现象：制冷效果不好，出现故障码“F3”。

可能原因：制冷剂不足；管路堵塞；压缩机压缩不良；系统中混入不凝性气体。

检修要点：测定系统运转压力和运转电流；检测压缩机排气管温度；观察高压压力表读数是否不稳

定；观察管路中是否存在结霜或迅速降温现象；检查压缩机用的接触器是否正常。

② 故障现象：制冷效果不良，室内热交换器结霜。

可能原因：室内机风量不足；气流短路；制冷剂不足；系统堵塞。

检修要点：检查安装位置，判断是否气流短路；检查过滤网和热交换器是否脏污或堵塞；检测运转压力和电流；检查室内机风扇的风量控制是否正常；观察管路中是否存在结霜或迅速降温现象。

③ 故障现象：嵌入型室内机出现“A3”故障码。

可能原因：排水异常；浮子开关异常；排水泵控制异常。

检修要点：检查冷凝水盘中水位是否偏高；测量排水泵电机是否正常；检查浮子开关是否正常；检查排水管路是否堵塞；排水管是否正确安装。

④ 故障现象：开机后，断路保护动作。

可能原因：断路器容量不足；电源接线错误；绝缘不良；压缩机堵转或启动不良。

检修要点：检查电源线路，判断是否存在错误接线或断路器选择错误；检查各主要电器部件是否绝缘不良；测定压缩机启动电流；压缩机空载运转，检查是否启动不良。

⑤ 故障现象：制冷运转一段时间后自动停止工作，无任何异常显示。

可能原因：温度控制异常或温控设定不当；过负载保护；室内防止冻结保护；温度传感器脱落或反馈数据异常；气流短路。

检修要点：检查安装位置是否存在气流短路；检查温度设定和温度控制是否正常；测定运转压力，判断是否过负载；检查室内热交换器是否结霜；检查各温度传感器是否正常。

⑥ 空调告警总结，如表 7-5 所示。

表 7-5　　空调告警原因

告　警	可 能 原 因
高压保护	冷凝器散热不良
低压保护	制冷剂不足
湿度过高或过低	湿度检测电路故障或缺水
过滤网堵塞	空调检测到过滤网两侧压力相差太大，认为过滤网堵塞
温度过高	热负荷过大，或机房密封不严
气流损失	主风机损坏或皮带松、过滤网堵塞

3. 维护和保养

保养只能由专业维修人员进行，接触装置前必须切断所有电源。只有在停机关掉电源后才能清洗空调机，否则可能遭触电，清洗空调机时不能用水洗。

（1）日常保养

① 清洗空气过滤器。不清洗时不要拆卸空气过滤器，否则可能导致故障。空调器运转一段时间后，应清洗空气过滤器。在空调机的使用环境灰尘较多时，应多次清洗。

清洗前先打开吸入格栅，拆下空气过滤器，再进行清洗。

清洗时不能用 50℃以上的热水清洗，以免掉色或变形，也不能在火上烤干。清洗可用真空吸尘器或用水。当尘土过多时，可用软毛刷加中性洗涤剂清洗。洗完后，把水甩干，在阴凉处晾干即可。

清洗后，装回空气过滤器，关闭吸入格栅。

② 清洗出气口、吸入格栅、外壳。清洗时不能用汽油、苯、稀释料、磨光粉或液体杀虫剂，也不能用 50℃以上的热水，以免掉色或变形；可用柔软的干布擦拭，若灰尘除不掉，可加水或用中性洗涤剂。

（2）使用季节开始和结束时的保养

① 季节开始。检查室内和室外机组的进气口和出气口是否阻塞，检查接地线及其连接是否完好。

由专业人员清洗空气过滤器及外壳。打开电源（控制盘显示器上有文字出现）。为保护空调，接通电源 12h 后再开机。

② 季节结束。天气晴朗时进行半天送风运转，使机器内部干燥。关闭电源。请专业人员清洗空气过滤器及外壳。

7.2 动力、环境监控系统

对通信电源、机房空调实施集中监控管理是对分布的各个独立的电源系统和系统内的各个设备进行遥测、遥信、遥调、遥控，监视系统和设备的运行状态，记录和处理相关数据，及时侦测故障，通知人员处理，从而实现通信局（站）的少人或无人值守，以及电源、空调的集中监控维护管理，提高供电系统的可靠性和通信设备的安全性。另外，机房需要防雨水、防火灾、防门盗，即需要水浸监控、早期烟雾监控和门碰红外告警等，如图 7-6 所示。本节主要介绍动力环境监控的基本内容、监控系统的网络与设备、监控系统的使用和维护。

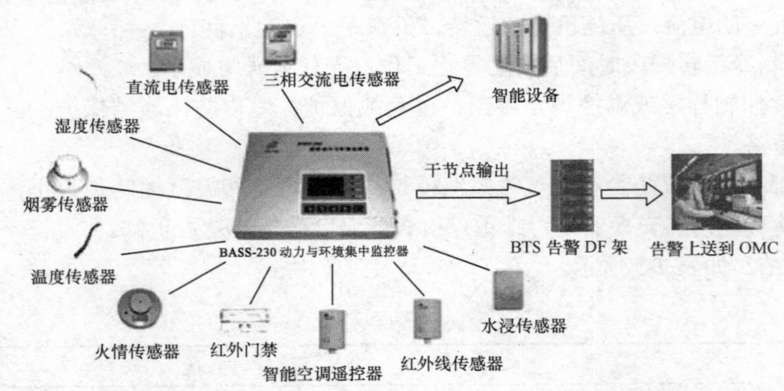

图 7-6　BASS-230 基站动力与环境监控器解决方案

7.2.1 动力环境监控系统简介

1. 动力环境监控设备的分类

根据监控需要，可将动力环境设备分为下述 3 类。

① 电源设备：高压配电设备、低压配电设备、柴油发电机组、UPS、逆变器、整流配电设备、DC-DC 变换器及蓄电池组等。

② 空调设备：局部空调设备、集中空调设备。

③ 环境：烟雾/火警、门禁、水浸、温度、湿度及雷击等。

2. 集中监控的功能

图 7-7 所示是监控系统工作过程示意图。监控的工作过程是双向的，被监控的设备和环境信息需经过采集并转换成便于传输和计算机识别的数据形式，再经网络传输到远端的监控计算机进行处理和维护，最后通过人机交互界面和维护人员交流。维护人员可通过交互界面发出控制命令，经计算机处理后传输至现场，经控制命令执行机构使设备和环境完成相应动作。

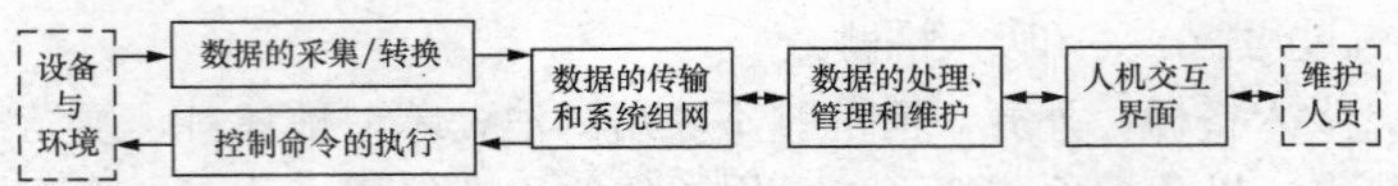

图 7-7　监控系统工作过程示意图

集中监控管理系统功能可分为监控功能、交互功能、管理功能、智能分析功能及帮助功能等。

（1）监控功能

监控功能是监控系统最基本的功能，即监视和控制两部分功能，包括实时监测环境和动力设备的运

行参数及工作状态。通过遥测、遥信、遥像，可实时、准确、直观地获取设备运行的原始数据，掌握设备运行状况，查找告警原因，及时处理故障。通过遥控和遥调，可实时、准确地执行控制命令，实行预期动作，或进行参数调整。

（2）交互功能

交互功能是监控系统与维护人员间对话的功能，包括图形界面、多样化的数据显示方式、声像监控界面几种界面形式。

（3）管理功能

管理功能是监控系统最重要和最核心的功能，包括对实时数据、历史数据、告警、配置、人员及档案资料的一系列管理和维护，即包括数据管理功能、告警管理功能（显示、屏蔽、过滤、确认、呼叫）、配置管理功能、安全管理功能、自我管理功能及档案管理功能等。

（4）智能分析功能

智能分析功能是采用专家系统、模糊控制和神经网络等的人工智能技术，在系统运行中对设备的实时运行数据和历史数据进行分析、归纳，以便不断优化系统性能，提高维护质量人员决策水平的各项功能，具体包括告警分析、故障预测、运行优化等功能。

（5）帮助功能

帮助功能中最常见的是系统帮助，是集系统组成、结构、功能描述、操作方法、维护要点及疑难解答于一体的超文本，可为用户提供目录和索引等多种查询方式，还可为用户提供演示和程序。

3. 常见监控硬件

（1）传感器

传感器是监控系统前端测量中的重要器件，负责将被测信号检出，测量并转换成前端计算机能处理的数据信息。传感器常将被测的非电量转换为一定大小的电量输出，主要类型有温度传感器、湿度传感器、感烟探测器、红外传感器、液位传感器等，如图 7-8 所示。

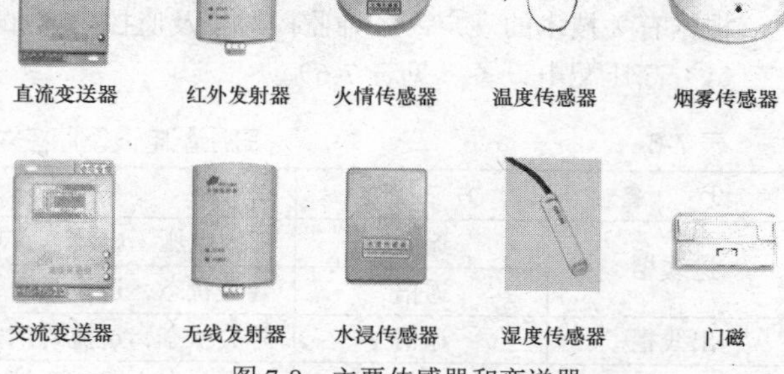

图 7-8　主要传感器和变送器

（2）变送器

变送器将各种形式输入的被测电量（电压、电流等）按一定规律进行调制，变换成可传送的标准电量信号。

（3）协议转换器

已存在的大量智能设备的通信协议与标准通信协议有不一致的情况，一般采用协议转换器转换成标准协议，再与监控中心主机通信。

（4）数据采集器

数据采集器用于对各种模拟量以及开关量进行采集，具有数据分析、存储和上报功能。

4. 监控系统的数据采集

（1）数据采集与控制系统的组成

针对于动力设备的监控量有数字量、模拟量和开关量。关于数字量的采集，其输入简单，数字脉冲可直接作为计数输入、测试输入、I/O 口输入或中断源输入，进行事件计数、定时计数，实现脉冲的频率、周期、相位和计数测量。对模拟量的采集，须通过 A/D 变换后送入总线、I/O 或扩展 I/O；对模拟量的控制需通过 D/A 变换后送入相应控制设备。数据采集与控制系统如图 7-9 所示。

（2）串行接口与现场监控总线

串行通信是 CPU 与外部通信的基本方式之一，在监控系统中采用串行异步通信方式，一般设定为 2400～9600 bit/s。监控系统常用的串行接口有 RS-232、RS-422、RS-485 等。动力监控现场总线一般采用 RS-422 或 RS-485，由多个单片机构成主从分布式大规模测控系统，具有 RS-422 或 RS-485 接口的智能设备可直接接入，具有 RS-232 接口的智能设备需将接口转换后接入；各种高低配实时数据和环境监控

量、电池信号通信采集器接入现场控制总线，送到端局监控主机，然后上报中心。图 7-10 所示为端局现场监控系统示意图。

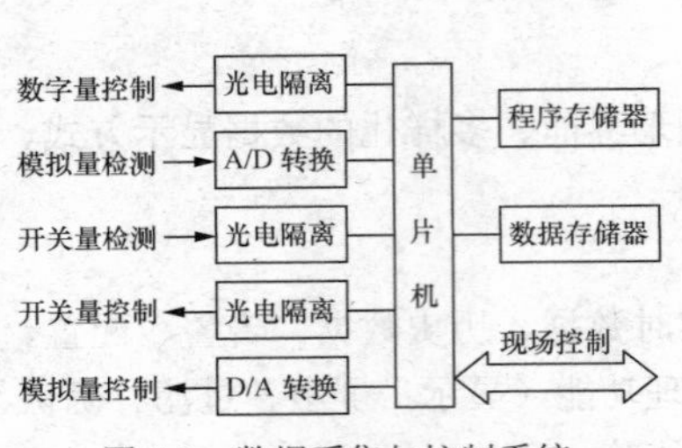

图 7-9　数据采集与控制系统

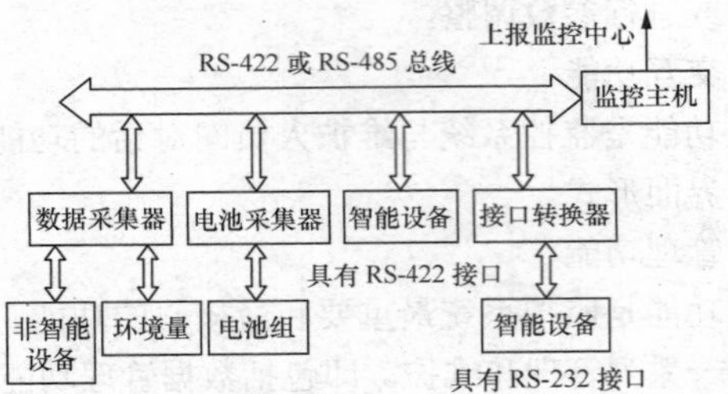

图 7-10　端局现场监控示意图

5．监控内容

集中监控系统的作用就是对通信电源、机房空调、环境条件实施集中监控管理，实时监视运行状态，记录和处理相关数据，侦测故障并通知人员处理。监控项目简称为“三遥”，即遥测、遥信（遥像归入遥信）、遥控（遥调归入遥控）。

遥测的对象都是模拟量，包括电压、电流、功率等各种电量，以及温度、压力、液位等各种非电量。

遥信的内容一般包括设备运行状态和状态告警信息两种。

遥控量的值通常是开关量，表示为“开”“关”或“运行”“停机”等信息，也有采用多值的状态量，使设备能在几种不同状态间切换动作。

遥调是指监控系统远程改变设备运行参数的过程，一般为数字量。

遥像是指监控系统远程显示电源机房现场的实时图像信息的过程。

在确定监控项目时应注意，必须设置足够的遥测、遥信监控点；监控项目力求精简；不同监控对象的监控项目要有简有繁；监控项目应以遥测、遥信为主，以遥控、遥调及遥像为辅。

根据有关技术的规定，各种监控对象及监控内容如下所示。

（1）高压配电设备（见表 7-6）

表 7-6　高压配电设备监控对象及内容

设　备	方　法	内　容
进线柜	遥测	三相电压、电流，有功、无功电度
	遥信	开关状态，过流跳闸、速断跳闸、接地跳闸告警
出线柜	遥信	开关状态，过流跳闸、速断跳闸、接地跳闸、失压跳闸告警
母联柜	遥信	开关状态，过流跳闸、速断跳闸告警
直流操作电源柜	遥测	储能电压、控制电压
	遥信	开关状态、储能电压高/低、控制电压高/低、操作柜充电机故障告警
变压器	遥信	变压器过温告警、瓦斯告警
	遥测	温度

（2）低压配电设备（见表 7-7）

表 7-7　低压配电设备监控对象及内容

设备	方法	内　容
进线柜	遥测	三相输入电压、电流，功率因数，频率，有功电度
	遥信	开关状态，缺相、过压、欠压告警
	遥控	开关分合闸
主要配电柜	遥信	开关状态
	遥控	开关分合闸

续表

设备	方法	内　容
稳压器	遥测	三相输入电压、三相输入电流、三相输出电压、三相输出电流
	遥信	稳压器工作状态（正常/故障、工作/旁路）、输入欠压、输入缺相、输入过流
	遥调	输出电压
柴油发电机组	遥测	三相输出电压、三相输出电流、输出频率/转速、水温（水冷）、润滑油油压、润滑油油温、启动电池电压、输出功率、油箱（油库）液位
	遥信	工作状态（运行/停机）、工作方式（自动/手动）、主备用机组、自动转换开关（ATS）状态、过压、欠压、过流、频率/转速高、水温高（水冷）、润滑油油温高、润滑油油压低、启动失败、过载、启动电池电压高/低、紧急停车、市电故障、充电器故障
	遥控	开/关机、紧急停车、选择主备用机组
	遥调	输出电压、频率
UPS 电源	遥测	三相输入电压，直流输入电压，三相输出电压、电流，输出频率，标示蓄电池电压，标示蓄电池温度
	遥信	同步/不同步状态、UPS/旁路供电、蓄电池放电电压低、市电故障、整流器故障、逆变器故障、旁路故障
逆变器	遥测	直流输入电压、电流，交流输出电压，交流输出电流，输出频率
	遥信	输出电压过压/欠压、输出过流、输出频率过高/过低

（3）整流配电设备（见表 7-8）

表 7-8　　整流配电设备监控对象及内容

设备	方法	内　容
交流配电单元（屏）	遥测	三相输入电压、三相输入电流、输入频率、有功电度
	遥信	开关状态、故障告警
整流器	遥测	整流器输出总电压、输出总电流、单个整流模块输出电流
	遥信	每个整流模块工作状态（开/关机、均充/浮充测试、限流/不限流）、监控模块故障
	遥控	开关机、均充/浮充、测试
	遥调	均充/浮充电压设置、限流设置
直流配电单元（屏）	遥测	直流输出总电压、总电流、主要分路电流、蓄电池充/放电电流
	遥信	直流输出电压过压/欠压、蓄电池熔丝状态、主要分路熔丝/开关故障、低电压隔离开关状态
DC-DC 变换器	遥测	输出电压、输出电流
	遥信	输出过压/欠压、输出过流
蓄电池组	遥测	总电压/电流、蓄电池单体电压、标示电池温度、每组充/放电电流
	遥信	总电压高低、单体蓄电池电压高低、标示电池温度过高、充电电流过高

（4）空调（见表 7-9）

表 7-9　　空调监控对象及内容

设备	方法	内　容
专用空调设备	遥测	三相交流输入电压、三相交流输入电流、送风温度、送风湿度、回风温度、回风湿度、压缩机累计工作时间
	遥信	三相交流输入电压过高/过低、三相交流输入电流过流、工作电压过高/过低、工作电流过流、回风温度过高/过低、回风湿度过高/过低、送风温度过高/过低、送风湿度过高/过低、压缩机故障告警、空调开/关机状态、压缩机运行/不运行状态、加热/不加热状态、制冷/不制冷状态、风机工作状态
	遥控	空调开/关机、升温、降温
	遥调	回风温度、回风湿度、温度范围调整、湿度范围调整
分体空调	遥测	送风温度、回风温度
	遥信	工作状态（制冷/制热/送风、停机/工作）、故障告警

（5）其他（见表7-10）

表7-10　其他监控对象及内容

设备	方法	内　容
环境	遥测	温度、湿度
	遥信	烟感、火警、水浸、红外、玻璃破碎、门窗告警、门开/关
	遥控	门开/关、照明灯开/关
防雷系统	遥信	雷击告警信号

7.2.2　监控系统网络与硬件

1. 系统的分层结构

整个监控系统可以划分成3层，分别为集中监控中心（CSC）、区域监控中心（LSC）、现场监控单元（FSU），结构如图7-11所示。

2. 独立监控子系统

（1）独立监控子系统的常见组网硬件

LSC的组网如图7-12所示，FSU的组网如图7-13所示。

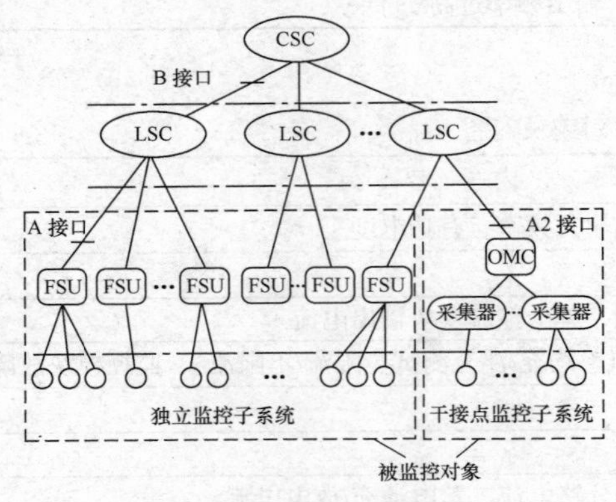

图7-11　监控系统组网示意图

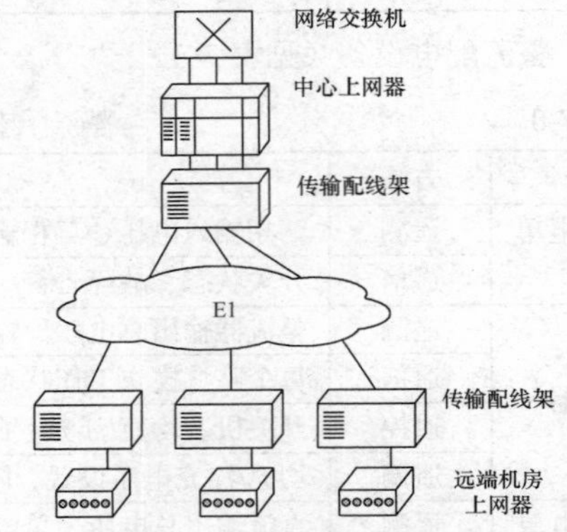

图7-12　LSC组网示意图

关键部件介绍如下。

- 智能数据采集器。智能数据采集器是用于移动通信的通信机房/基站动力环境监控的一种智能数据采集器，可对各种模拟量以及开关量进行采集，也可级联各种智能监测设备，具有数据分析、存储和上报功能，主要功能单元有主控电路、隔离电路、信号调理板、电源电路、数据采集等。
- 智能协议转换器。智能协议转换器是将各种智能设备的通信协议转换为网络RS-485总线协议的一种智能设备，具有数据分析、存储和上报功能，主要功能单元有主控电路、隔离电路、RS-232/RS-485驱动电路、电源电路等。

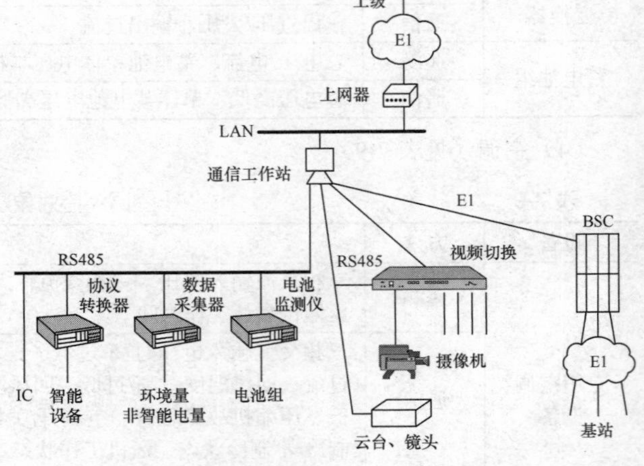

图7-13　FSU组网示意图

- 智能电池监测仪。智能电池监测仪是用于监测蓄电池组的智能设备，可以在线实时检测电池组的总电压，充放电电流、单体电池电压及标示温度，主要功能单元有主控电路、隔离电路、取样电路、电源电路等。

（2）独立监控子系统软件功能

① 遥信、遥测、遥控和遥调功能。LSC、CSC 在正常情况下应正确显示其监控范围内的全部被监控对象的工作状态、运行参数，并进行相应的操作。对于具备智能化接口的被监控设备，应采用这些设备所提供的接口，并实现其软件提供的功能。

系统对被监控设备应具有时序逻辑控制功能，对于某些被监控设备，可以根据参数按时序发出一系列的控制命令。

② 系统管理功能。

● 告警管理功能。告警等级分为严重告警、主要告警和一般告警。严重告警指已经或即将危及设备和通信安全，必须立即处理的告警。主要告警指可能影响设备及通信安全，需要安排时间处理的告警。一般告警指系统中发生了不影响设备及通信安全但应注意的事件。

告警功能要求：无论监控系统控制台处于任何界面，均应及时自动提示告警，显示并打印告警信息，所有告警一律采用可视、可闻声光告警信号；不同等级的告警信号应采用不同的显示颜色和告警声响，严重告警标识为红色标识闪烁，主要告警为橙色标识闪烁，一般告警为蓝色标识闪烁；发生告警时，应由维护人员进行告警确认，如果在规定时间内（根据通信线路情况确定）未确认，可根据设定条件自动通过电话等通知相关人员；具有多地点、多事件的并发告警功能，不应丢失告警信息，告警准确率为 100%；系统应能对不需要做出反应的告警进行屏蔽、过滤；系统应能根据需要对各种历史告警的信息进行查询、统计和打印，各种告警信息不能在任何地方进行更改；系统本身的故障应能自诊断并发出告警，能直观地显示故障内容；系统是否根据用户的要求，方便、快捷地进行告警查询和处理功能；告警设定时，告警条件、告警等级及告警门限值可根据现场情况由系统管理员设置和修改。

● 配置管理功能。配置管理用于监控对象、监控系统自身的增加、修改和删除的管理。配置管理要求操作简单、方便、扩容性好，可进行在线配置，不中断系统正常运行。

监控系统应具有远程监控管理功能，可在中心或远程进行现场参数的配置及修改。

配置信息呈现从全网的角度反映了整个网络的拓扑结构，为用户进行日常的操作维护（如告警监视）提供基础。配置信息采用图形和文本相结合的手段。拓扑视图允许用户根据管理的需要灵活地定义和修改，其定义和修改要有严格的安全控制机制。

● 安全管理功能。监控系统应具有系统操作权限的划分和配置功能，当操作人员取得相应权限时，可进行相应操作。监控系统应有设备操作记录，设备操作记录包括操作人员工号、被操作设备名称、操作内容、操作时间等。监控系统应有操作人员登录及退出时间记录。监控系统应具有容错能力，不因用户误操作等原因使系统出错、退出或死机。监控系统应具有对本身硬件故障、各监控级间的通信故障、软件运行故障的自诊断功能，并给出告警提示。系统应具有来电自启动功能以及系统数据备份和恢复功能。

● 报表管理功能。用户可利用监控系统提供的工具软件生成并打印出各种统计资料、交接班日志、派修工单、机历卡及曲线图等。

● 通信管理功能。监控系统能直观地显示各级之间的通信状态，能记录各点发生的通信故障，能自动记录通信线路的启动、停止和切换时间。

● 图像基本功能（可选）。系统可同时观察多幅彩色图像并进行切换，可对远端机房/基站的云台和镜头进行控制和调整；具备告警图像联动功能，当某些告警信号产生时，能自动进行视频切换，供监视或存储；可对图像信息进行单路或多路的存储及回放。

● 显示功能。采用图形交互方式进行显示；采用简体中文界面；年份采用四位数字表示；可在指定的现场运行流程图上进行逐层扩展，最后将故障定位在监控对象上。

● 打印功能。出现告警立即打印；根据管理需要定时打印；打印信息在显示屏幕上应有所提示；屏幕复制打印。

③ 分级管理的功能。

● FSU 的功能。实时采集被监控设备及机房环境的运行参数和工作状态；接收并实现来自上级监控中心的控制命令；收集故障告警信息，告警优先主动上报；能进行基本的数据处理、存储，具备接入计算机进行现场维护操作的功能；具有保存告警信息及监测数据的统计值至少一天的能力；应具有本地控制优先的功能，可屏蔽监控中心发出的遥控命令，并以适当方式通知监控中心此时所处的控制状态。对于包含蓄电池组监控的 FSU，当蓄电池组运行状态变化时（浮充（或均充）转放电和放电转浮充（或均充）），蓄电池组运行参数单体蓄电池电压（已对单体蓄电池进行监测）记录间隔时间不超过 30s，且记录充放电全过程。有一定数量的 RS-232/RS-485 接口。

● LSC 的功能。LSC 具备监控系统的基本功能，包括遥信、遥测、遥控和遥调功能、告警功能、配置功能、安全管理功能、报表功能、通信管理功能、显示功能和打印功能。LSC 能实时监控辖区内各个 FSU 的工作状态，通过 FSU 对区域内的设备进行监控，并动态地表现监控对象的状态和参数。LSC 可根据要求设立图像监控功能。LSC 的告警数据、操作数据和监测数据等能保存三个月以上。LSC 向 CSC 提供开放的数据接口 B，并提供服务：向 CSC 提供监控代理服务，CSC 通过 LSC 实现“四遥”功能；实时向 CSC 发告警等信息，接收 CSC 下发的时钟校准命令。LSC 向 LM-NMS 提供数据接口 C。LSC 具备远程接入功能。LSC 具备 WWW 服务功能，LSC 提供的基本功能可以通过 Web 方式进行实现。LSC 具备提供 CSC 用户的增加、删除、修改的功能。LSC 提供 CSC 告警、实时数据、历史数据服务时，各种数据的服务应具备优先级别。

● CSC 的功能。CSC 具备监控系统的基本功能，包括遥信、遥测、遥控和遥调功能、告警功能、配置功能、安全管理功能、报表功能、通信管理功能、显示功能和打印功能。CSC 通过规范定义的开放数据接口 B 接入多个 LSC，能在同一操作平台上、同一界面上实现多个 LSC 的全部功能。CSC 可通过 LSC 实现对设备的监控，实时监视所辖 LSC 的工作状态；可手动/定时（每 24h）向 LSC 下发时钟校准命令；向本地网管（LMNMC）提供数据接口 C；具备远程接入的功能；具有提供 Web 服务的功能；CSC 具有与 LSC 的数据同步的功能；CSC 上保留所辖各个 LSC 的用户表，并进行加密处理。

④ 数字时隙分插复用的实现方案。采用独立监控系统的基站除了独立传输方式接入监控网络外，还可以通过数字时隙分插复用方式接入监控网络。

方案一：在 BTS 至 BSC 间的 2M PCM 传输电路中成对串接时隙抽取设备。BTS 侧的时隙抽取设备将 Abis 接口 2M 电路中的一个或多个 64K 空闲时隙抽取出来接至 FSU，其余时隙仍接入 BTS。BSC 侧的时隙抽取设备完成类似功能，将 Abis 接口 2M 电路中对应的一个或多个 64K 空闲时隙抽取出来送入 LSC，其余时隙的 2M PCM 电路仍接入 BSC，如图 7-14、图 7-15 所示。

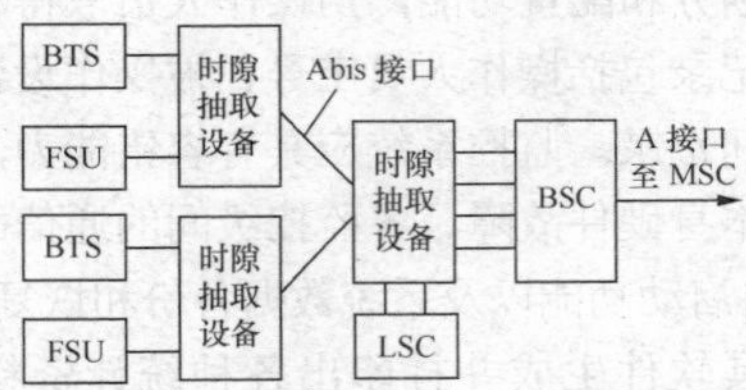

图 7-14 在 BTS 与 BSC 间抽取时隙

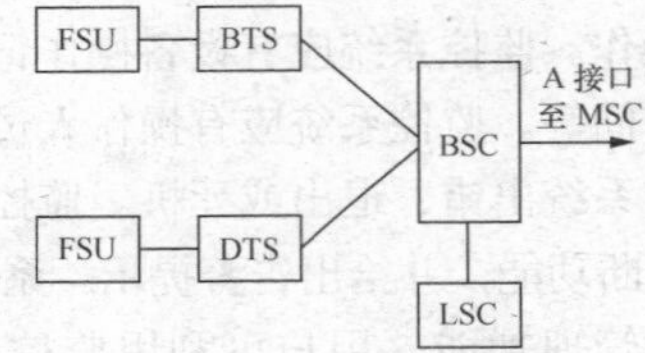

图 7-15 在 BTS 后抽取时隙

方案二：利用 BTS 可以菊花链串行连接的能力，在 BTS 设备之后接入 FSU，将空闲时隙接入 FSU。在 BSC 侧做半永久连接的局数据配置，将各 FSU 占用的时隙半永久连接到一个 2M PCM 端口，并将该端口接至 LSC。

两种方案各有优缺点，方案一的优点是对 BSC 和 BTS 设备均无特殊要求，只要 Abis 接口上有空闲时隙就可实现，时隙提取的方式也较灵活，可以提取一个 64K 时隙，也可以将时隙分成 48K+16K 等其他形式以方便应用。该方案明显的缺点就是它是串行接在 Abis 接口上的，因此增加了 BSC 至基站传输故障点，对移动网的正常运行带来了潜在的危险。对时隙提取设备的要求是工作要稳定可靠，在本身发生故障时应具备直通能力，不影响基站正常工作；对 Abis 接口的 PCM 传输有足够的同步能力和稳定度，避免造成 PCM 传输误码。

方案二的优点是克服了方案一可能会影响移动网正常通信的缺点，对 Abis 接口不会有不良影响；缺点是对 BSC 和 BTS 均有一定的特殊要求，对 BTS 的要求是具备菊花链连接的能力，对 BSC 的要求是有

足够数量的半永久连接能力。

3. 干节点监控子系统

（1）干节点监控子系统的组网结构

干节点监控子系统组网结构如图 7-16 所示，站点上的交流电压、直流电压、环境温度、整流器告警输出水浸情况、烟雾情况、门开关状态、火情及空调告警情况通过取样部件、变换部件或直接接入采集器。采集器通过对输入的这些开关量和模拟量的判断，控制输出继电器的状态，继电器的输出端子或开路或短接，告诉主设备站点现场发生的事件。而这些事件是在主设备的数据库中人为预先定义的。

现在的采集器还具备一些前端处理功能，如按周期轮换空调等。

（2）监控系统施工界面示意图（见图 7-17）

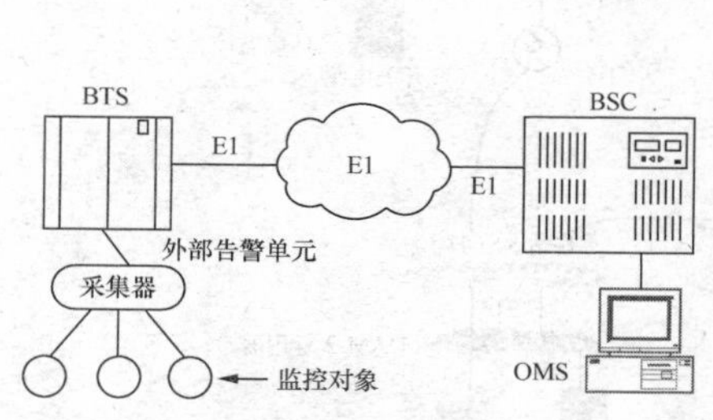

图 7-16　干节点监控子系统的组网示意图

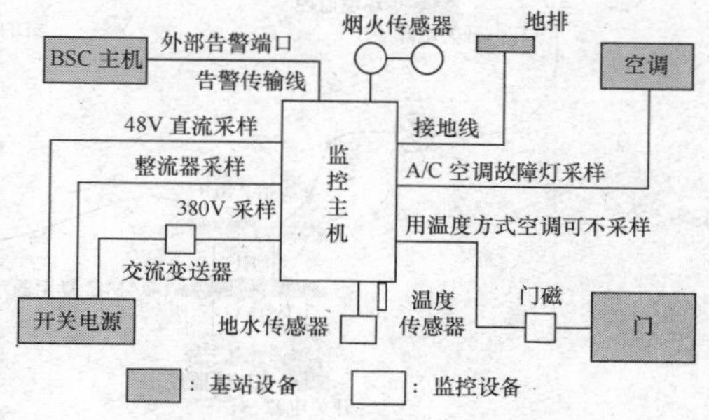

图 7-17　监控系统施工界面示意图

4. 模拟量监控系统

由于数字量监控系统在应用中具有较大的局限性，目前越来越多地开始进行模拟量监控系统的应用。模拟量监控系统采用一种新颖的、基于 E1 通道及 IP 路由分级复用的集中监控数据传输复用技术，通过分级复用和接入路由信息节省投资，不用在中心配置昂贵的集中解复设备。系统可将多达 60 路监控数据复用到一个 E1 上，不再需要在很多个传输业务数据的 E1 通道上插入监控数据，便于监控数据与业务数据的分离，有利于基站动力环境等设备的管理部门对监控数据的独立管理。该系统是一种全新的 2M 传输组网理念，创造性地提出了 2M 总线环的基站监控数据传输组网解决方案。

（1）系统组成

基站监控传输组网系统由基站端接入设备 DAM2160、中心端接入设备 BASS281 及传输网管系统组成。

基站端接入设备又可称为时隙插入复用器，每台复用器配置有 8 路 RS-232 接口，用于与被监控设备的数据交互；每台复用器配置有 2 路 E1 接口，用于连接 E1 传输通道，形成数据传输链路。

中心端设备置于监控中心，能同时与多达 720 个节点进行监控数据交互；能将复用器插入 E1 通道的 RS-232 数据转换成 IP 包，传输到管理服务器；同时能将从管理服务器发出的 IP 包信息解析，并提取出控制信息，插入 E1 通道中，传输到被监控设备，实现对被监控设备的控制。中心端设备可以对基站端复用器进行配置及监控。

中心端设备和基站端复用器配套使用，可构成链状或自愈环状集中监控系统传输网络。

DAM-2160 2M 数据接入复用器如图 7-18 所示，采用大规模专用集成电路设计，基于 E1 传输，从 E1 电路中提取部分时隙实现多个异步串口的复用传输；可提供 4～8 个异步串口，适合应用于各种数据采集监控系统。

图 7-18　DAM-2160 2M 数据接入复用器

（2）组网方案

监控系统独立的 2M 组网可采用总线环组网（见图 7-19）、链形组网（见图 7-20）方式。

模拟量监控网络利用 SDH 环构建 2M 总线环路独立传输，不再从 BTS 的 2M 传输上抽取时隙，实现了业务与承载的彻底分离；每个基站占用 1～4 个时隙用于监控数据传输，类似于 SDH 传输环路的自愈功能，具有 2M 传输链路自愈保护功能。

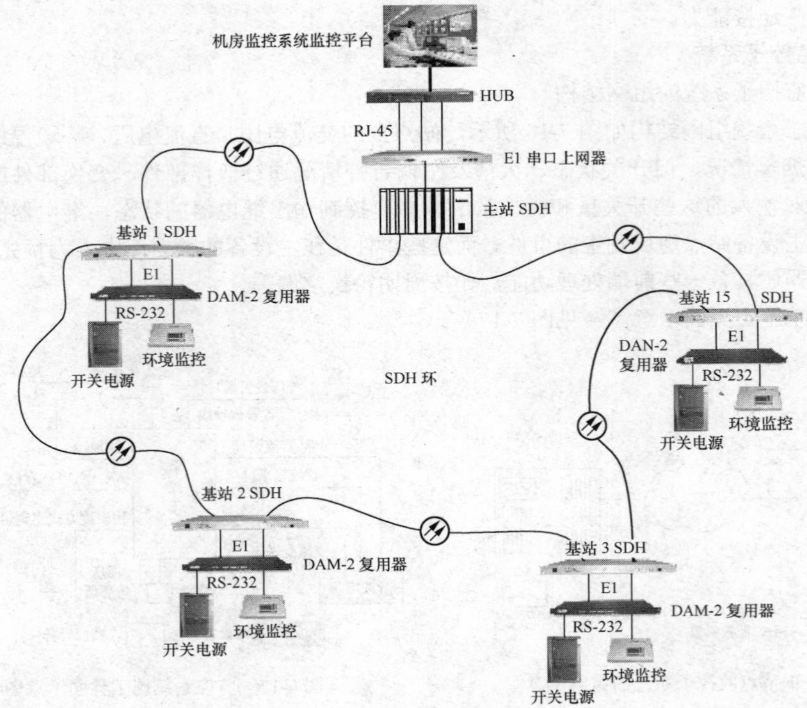

图 7-19　总线环组网

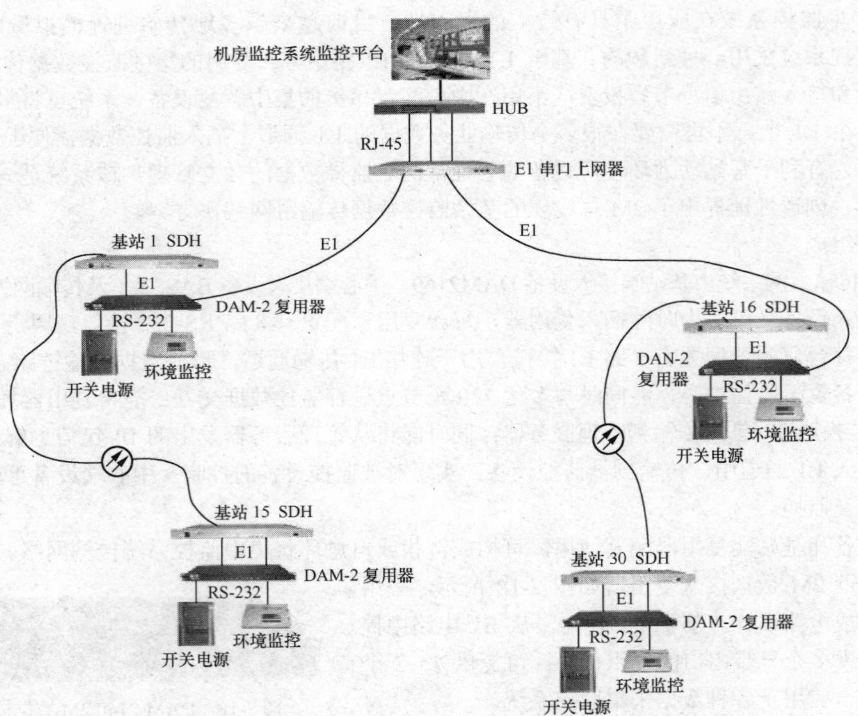

图 7-20　链形组网

基站端数据接入通过一台具有东西两个方向 E1 接口的 2M 复用设备（DAM-2160）提供多个 RS-232 接口，并通过这些接口，将基站端的多个智能设备（开关电源、动力环境监控采集器、智能门禁等）统一接入，加上路由信息后再复用到 2M 电路上。

通过中心网管系统，可以设定 DAM-2160 RS-232 接口速率，并根据接口使用情况手动设定时隙占用数量。每台 DAM-2160 均有唯一的 16 位编码 ID 地址，且该 ID 号可以与基站编号进行绑定，便于设备管理。

每两路 RS-232 数据占用 1 个 64K 时隙。E1 中的 TS0 时隙用于链路帧同步，TS16 时隙用于传输设备配置等信息，所以实际可以使用的时隙数量为 30 个。按照基站智能设备接入数量，一个 2M 环最多可以接入 15 个基站。基站集中监控组网如图 7-21 所示。

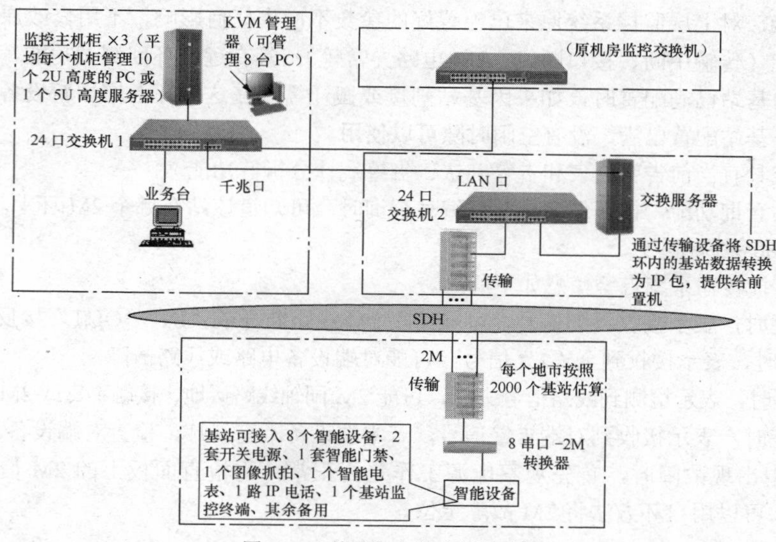

图 7-21　基站集中监控组网示例

系统具有故障或断电直通的安全保护机制，节点上的某台或多台设备故障不会影响其他节点数据的传输。2M 总线环上某个节点的 2M 传输中断时，可瞬时自动切换到备份路由，数据传输不受影响。SDH 环网自愈如图 7-22 所示。

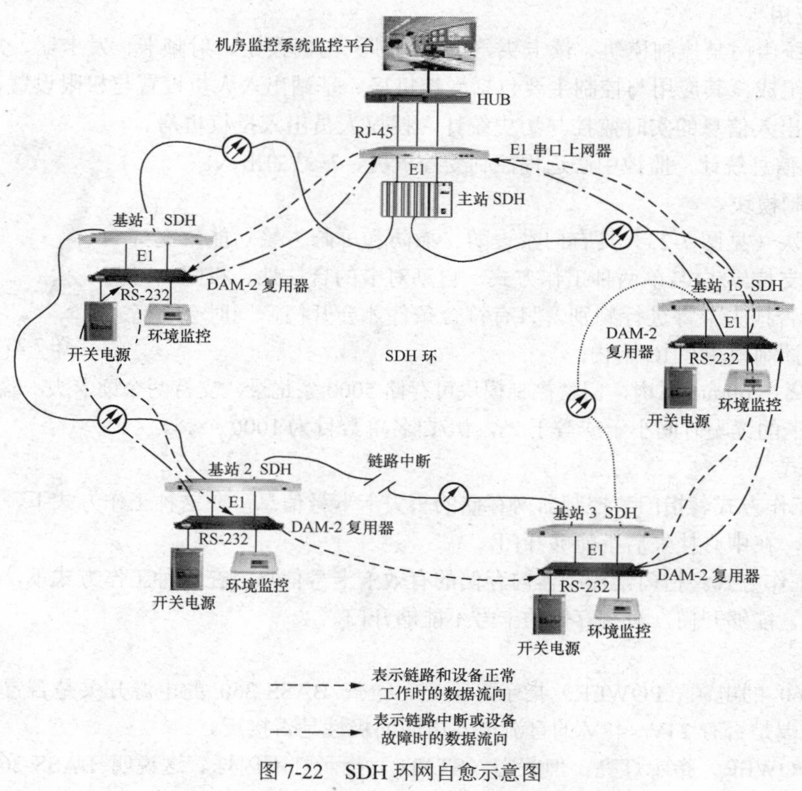

图 7-22　SDH 环网自愈示意图

与现有的监控系统组网最大的不同就是，模拟量监控系统具有完备的传输网管功能，可以实时监测 2M 传输网上各节点设备和传输链路正常与否；可以手动为 2M 环上的各节点复用设备分配时隙；能自动生成各个 2M 环路的物理连接拓扑图。

中心端可以远程配置底端的每一个 RS-232 端口，并能监测每一个串口的工作状态；底端基站的传输割接后（割接到其他 2M，或割接到其他 155M），中心端会及时告警，并能方便地对底端通信端口进行修改配置。

基站传输割接，对上层监控系统原来已配置好的参数不产生任何影响，不用修改原有配置资料。具有完善的告警功能（传输中断、接口断线、2M 电路异常等）；具有远端环回测试功能，便于故障定位分析。当 2M 环上的基站已满配置时，如果因基站割接或搬迁需要在这个环上增加新设备，系统会给出告警信息，提示该环基站配置已满，没有空闲时隙可以使用。

集中网管系统具有当前告警列表和告警确认、告警统计分析等功能。

系统具有基站查询功能，按基站名或基站编号查询时，可知道该站在哪个 2M 环上。

（3）DAM-2160 系统维护

DAM-2160 监控传输系统告警信息如下所述。

无码：红灯亮时，表示接收不到信号，可能接收 2M 线路断开或“IN”“OUT”接反。

AIS：黄灯亮时，表示接收到全“1”信号，可能对端设备电路或线路故障。

失步：红灯亮时，表示检测到线路信号失步，可能 2M 同轴线路接地、接触不良或 2M 同轴线路过长。

对告：黄灯亮时，表示接收到对端告警信号，若本端设备不亮红灯，检查对端设备。

系统运行当中出现故障时，首先观察电源工作是否正常，再检查面板上的 2M 信号告警灯是否正常。如果不正常，可以用自环方法将 2M 故障定位。

7.2.3 智能门禁系统

智能门禁系统是通过电子化手段，以预授权和远程监控等方式对受控区出入人员、出入时间进行监测与控制的安全系统。

1. 组成与应用

智能门禁系统由门禁控制模块、读卡头、电动门锁、出门按钮、射频卡、发卡器、短信模块及系统中心管理软件等组成，其应用与控制主要包括受控机房、基站出入人员设置与权限设置、更改与删除，受控机房、基站出入信息的实时监控与历史统计，授权人员出入授权机房、基站的实时/历史信息统计，监控中心远程控制受控机房、基站的出入。

（1）门禁控制模块

门禁控制模块（见图 7-23）具有门禁设防、撤防和屏蔽告警功能，支持各种电控门锁，支持黑/白名单两种工作方式。自动对卡的合法性、权限、时段、有效期及是否挂失卡等进行判别，只有符合条件才会开门，同时会将考勤记录写到门禁控制模块和 IC 卡内。

图 7-23　门禁控制模块

读卡感应距离在 60mm 以内，门禁控制模块可存储 5000 条记录，支持两个读卡头，鉴权耗时小于或等于 0.5s，中心对卡的读写时间小于或等于 2s，黑/白名单数目为 1000 个。

（2）工作方式

① 黑名单工作方式。指门禁控制器内存储的丢失卡卡号信息，在这种工作方式下，控制器内存有卡号的均为丢失卡，在中心挂失后不能够开门。

② 白名单工作方式。指门禁控制器内存储的有效卡卡号信息，在这种工作方式下，控制器内存有卡号的均为有效卡，能够开门，没有存储的卡号不能够开门。

2. 维护

① BASS-260 的电源（POWER）指示灯不亮。检查 BASS-260 的电源开关是否置于“开”的位置上、其电源输入端是否有 24V/−48V 的直流电、电源的极性是否接反。

② 电源（POWER）指示灯亮，但状态（STATE）指示灯不闪烁。这说明 BASS-260 不是处于工作

状态，正常的情况下，状态指示灯应该一直闪烁。应该检查电源输入端的电压是否在 DC14～63V 之间，如果电源电压超过这个范围，BASS-260 可能无法正常工作。

③ 电磁锁无法工作。可以按 BASS-260 的开门按钮（电源开关的旁边）和出门按钮，看电磁锁是否动作。如果无法动作，则检查电磁锁的接线是否正确及供电电压是否达到电磁锁的要求（一般要求达到 DC12V）、电源的输出电流是否足够，尤其是使用脉冲锁时，其开锁电流达到 3A 左右，所以要求供电的电源要有 3A 以上的输出电流。如果电磁锁所需要的电压范围超出了 DC9～15V，则 BASS-260 和电磁锁就需要使用不同的电源分别供电。

④ 刷卡无法开门。

- 如果刷卡时读卡头的读卡（双色）指示灯为红色闪烁状态，说明 BASS-260 检测到有卡，但判断这是无效卡，所以不开门。这有两种可能：一是 BASS-260 的参数（包括区号、站号、机内时间等）还未设好；另一种可能是该卡不是本系统卡，或者没有进这个站的权限，或者该时段不可以进入，或者属于黑名单卡，或者不在有效期内。如果用有效的卡刷卡，但读卡指示灯没反应，则需交回厂家检测。
- 在正常的情况下，用合法的卡刷卡，读卡指示灯会发绿光并闪烁一下。对于需要将读卡头埋在墙内的情况，读卡指示灯会安装在 BASS-260 内部，打开其外壳即可看到。

⑤ 刷卡有时能开门，有时不能开门。用开关电源的基站检查开关电源 12 V 输出是否正常和开锁瞬间电压的变化，不能低于 11V。电压太低、电流太小会导致刷卡时开不了门或是偶尔才能开门的情况出现。

⑥ 刷卡时读卡头没有亮灯。如果刷卡开不了门且读卡头的灯不闪，首先检查读卡头与门禁机连接是否牢固，如果线连接正常，就是智能门禁机读卡模块坏的原因，需更换门禁机。

⑦ 刷卡后读卡头灯正常但无法开门。如果刷卡时读卡头闪绿灯，而在电控锁上测量不到电压（要先把电控锁电源线拆除），用万用表测量 BASS-260 的继电器输出端 COM 与 NC 在按开门按钮时继电器有没有导通。如果没有则主机继电器坏，请更换主机。

对于脉冲门锁要检查 BASS-260 继电器吸合时间，若继电器吸合时间设得很短，测试开门会误认为开不了，可以连续按开门按钮来测试门锁，这样可以让门锁长时间通电。另外要注意，有的玻璃门锁是断电才开的，电源线要接在 BASS-260 继电器输出端 COM 和 NC 上。

7.2.4　集中监控系统日常使用和维护

实施集中监控的根本目的是提高通信设备运行的可靠性，同时提高管理水平，提高工作效率，降低维护成本和运行成本。这些必须在合理使用和维护的情况下才能实现。

1. 监控系统的使用

监控系统最基本的功能：对电源设备及环境的实时监视和实时控制；分析电源系统运行数据，协助故障诊断，做好故障预防；辅助设备测试；实现维护工作的管理与监督等。

2. 监控系统的维护体系

维护管理体系可分为监控值班人员、技术维护人员和应急抢修人员。

监控值班人员是各种故障的第一发现人和责任人，也是系统的直接操作者和使用者。其主要职责：坚守岗位，监测系统及设备的运行情况，及时发现和处理各种告警；进行数据分析，按要求生成统计报表，提供运行分析报告；协助进行监控系统的测试工作；负责监控中心部分设备的日常维护和一般性故障处理。

技术维护人员是在值班人员发现故障告警后进行现场处理的人员。其主要职责：对系统和设备进行例行维护和检查，包括对电源和空调设备、监控设备、网络线路和软件等进行检查、维护、测试、维修等，建立系统维护档案。

应急抢修人员主要在发生紧急故障时进行紧急修复，并配合技术支撑维护人员承担一定的工程日常维护工作。

3. 告警排除及步骤

通过监控告警信息发现市电停电等；通过分析监控数据发现直流电压抖动但没有告警等；观察监控系统运行情况异常，发现监控系统误告警等；进行设备例行维护时发现熔断器过热等。

告警信息按其重要性和紧急程度划分为一般告警、重要告警和紧急告警。值班人员在发现告警时应立即确认，并进行分析判断和相应处理。机房集中监控系统周期性维护检测项目如表 7-11 所示。

表 7-11　　机房集中监控系统周期性维护检测项目表

项目	维护检测内容	维护检测要求	周期	责　任　人
监控系统	监控主机、业务台、图像控制台、IP 浏览台的运行状况	端局数据上报是否正常，监控系统的常用功能模块、告警模块、图像功能及联动功能等是否正常	日	中心值班人员
	系统记录	查看监控系统的用户登录记录、操作记录、操作系统和数据库日志，检查是否有违章操作和运行错误	日	系统管理员
	本地区所有机房浏览	浏览监控区内所有机房，查看设备的运行状况是否正常	日	中心值班人员
	监控系统病毒检查	每星期杀毒一次	周	中心值班人员
	检查系统主机的运行性能和磁盘容量	检查业务台、前置机和服务器的设置及机器运行的稳定性，检查各系统和数据库的磁盘容量	月	系统管理员
	资料管理	监控系统软件、操作系统软件管理，报表管理	月	系统管理员
	采集器、变送器、传感器	和监控中心核对端局采集的数据，确定采集器、变送器、传感器是否正常工作	月	中心值班人员及端局监控责任人
	端局图像硬件系统	中心配合端局人员对摄像头、云台、PLD、画面分割器、视频线和接插件进行检查	月	中心值班人员及端局监控责任人
	广播和语音告警	检查音箱和话筒，测试广播和语音告警	月	中心值班人员及端局监控责任人
	端局前端设备现场管理	检查监控区域内所有端局设备和采集器等的布设、安装连接状况，线缆线标等是否准确	月	端局监控责任人
	监控系统设备清洁	对 IDA 监控机架等进行清洁	月	端局监控责任人
数据量	低压柜	检查三相电压是否平衡，看市电频率是否波动频繁	季	中心值班人员及端局监控责任人
	ATS	开关状态，油机自启动功能检查	季	中心值班人员及端局监控责任人
	油机	启动电池电压不低于额定电压，观察油机运行的各项参数（尤其是油位、油压和频率）	季	中心值班人员及端局监控责任人
	开关电源	检查整流器模块的输出电流是否均流、直流输出电流和输出电压及蓄电池总电压是否正常	季	中心值班人员及端局监控责任人
	UPS	检查 UPS 输出的三相电压是否平衡、三相电流是否均衡，检查 UPS 的工作参数是否正确	季	中心值班人员及端局监控责任人
	交直流屏	检查三相电压是否平衡、市电频率是否波动频繁、负载电流是否稳定正常	季	中心值班人员及端局监控责任人
	机房空调	观察空调温度、湿度设置是否合理，检查是否符合机房环境要求，检查风机及压缩机工作是否正常	季	中心值班人员及端局监控责任人
环境量	空调、地湿及水浸	检查传感器是否正常运行	季	中心值班人员及端局监控责任人
	各机房温度	检查传感器是否正常运行，精度是否达到要求	季	中心值班人员及端局监控责任人
	门禁系统	检查门管理、卡管理和卡授权是否正确	季	中心值班人员及端局监控责任人
	红外告警	检查红外传感器是否准确告警	季	中心值班人员及端局监控责任人
其他	剩余非重要项目检测	按软/硬件功能测试对剩余非重要项目进行测试	年	中心值班人员及端局监控责任人

机房集中监控系统告警处理流程如图 7-24 所示。

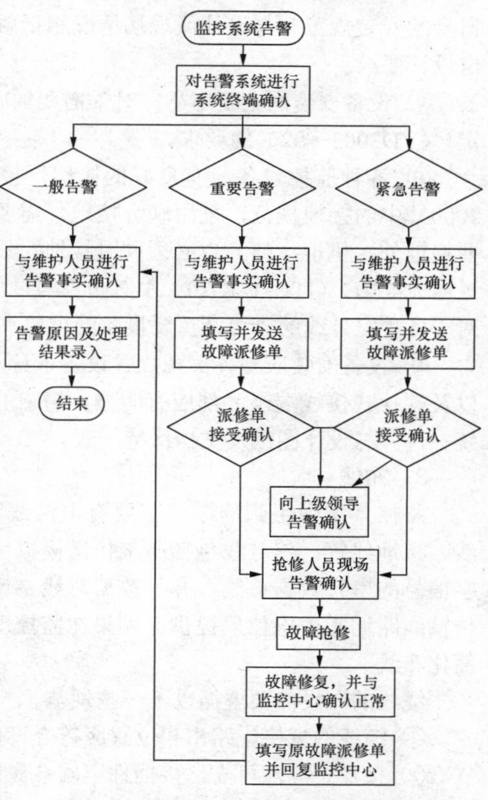

图 7-24　机房集中监控系统告警处理流程

7.2.5　监控系统的工程施工及调测

1. 工程施工的基本原则

由于工程施工是工程设计的实现过程，所以进行工程施工时除了需遵守国家有关的法律法规和施工规范外，还需遵循一个原则，即必须严格按照设计方案、设计图纸进行施工。当然，在设计工程中难免出现由于对现场条件不熟、考虑不周以及施工过程中现场条件的变化，使得原设计方案不能适应现场实际情况，这时就必须对设计方案做一定的调整和修改，以适应新的需要。

工程施工过程中还需尽量不影响通信电源系统的正常供电，不能由于施工的不合理或误操作而使电源设备不能正常工作，进而影响到通信设备，造成通信事故。施工过程中确实需要切断交流电源或停止供电设备运行的，需事先征得用户同意，并做好充分的准备工作，尽量将需断电进行的施工项目集中进行，每次断电操作的时间不宜超过 1h。

此外，施工过程中还有必要由用户方代表对工程进行随工检验，即随时检查各部件的安装位置是否符合要求，是否会影响电源设备本身的正常运行。对于不符合要求的应立即要求施工人员予以改正，厂商施工人员也应派专人对工程进行随工校验。

2. 设备安装

监控系统中的硬件设备可以分为 4 类，即前端采集设备、网络传输及接口设备、计算机及其外围设备、附属及配套设备。其中，前端采集设备包括传感器、变送器、通用采集器等；网络传输及接口设备包括集线器、路由器、调制解调器、接口转换器等；计算机及其外围设备包括服务器、工作站、工控机、打印机等；附属及配套设备包括电源、大屏幕显示器、机柜（架）等。设备安装需要遵循以下一些规范。

① 设备安装应符合安全可靠、便于维护、不破坏原环境的协调的基本要求。

② 前端采集设备中的传感器和变送器的安装位置应能真实地反映被测量的值，不受其他因素的影响；应符合就近安装、隐蔽安装、最少改动 3 个原则。其中，就近安装是指传感器和变送器的安装应尽量靠近原始测量点，以减少干扰，提高可靠性和安全性；隐蔽安装是指器件应尽量利用用户设备的屏柜进行安装，不能因安装而影响用户设备的正常工作和维护；最少改动是指器件安装时尽量不改动用户设备，除非按监控要求必须改动用户设备。

③ 前端局站的采集器、计算机设备及网络传输设备应利用机柜（架）集中安放，要求布局合理，利于设备散热及检修维护。对于不适合于集中安放的采集器（如蓄电池监测仪），可以在被监控设备附近以落地式或壁挂式箱体的方式就近安装。有条件的局站也可以将计算机设备安放在专用工作台（桌）上，以利于维护。

④ 在局站通信电源设备机房内安装监控设备机柜、数据采集箱等，应不影响通信电源设备正常的操作、维护，不应占用维护、安全通道以及电源设备的远期预留位置。

⑤ 监控中心的网络传输及接口设备通常采用机柜（架）集中安放；计算机及其外围设备通常采用专用工作台（桌）分散安装，以利于操作和维护。监控中心的 UPS 等电源设备尽量放置在远离计算机设备的地方，以防止干扰。大屏幕显示器、电视墙等设备一般采用立架或墙体安装。

⑥ 各种设备的安装应按照设备生产厂家的说明书或同类设备统一的安装规范进行操作，若所选设备

自身的安装规范有与设计或现场情况相抵触的，应及时更换设备，以保证设备正常工作，使系统达到预定设计要求。

⑦ 设备安装固定要牢靠。对于需要加固的设备，其加固方式应满足《通信设备安装抗震设计暂行规定》（YD2003—92）的要求。

⑧ 各种监控设备应有良好的接地，接地符合《通信局（站）电源系统总技术要求》（YD/T1051—2000）中的接地规范，采用联合接地。需要注意的是，当采用机柜（架）集中安放设备时，除了设备需要接地外，机柜（架）也必须同时接地。设备还应有防雷措施，防雷应符合《电信交换设备耐过电压和过电流能力》（ITU-T K.20）中对防雷与过压、过流保护能力的要求，这一点在选用设备时应特别注意。对于各种室外线的接口及重要设备的接口，一定要加装防雷保护器件。

⑨ 设备安装应整齐美观，各设备本身及其接口（尽量便捷、可靠的插拔式、卡接式或压接式接口，以及螺栓式接线端子）都应有明显、清晰的标牌或标签，标牌（标签）样式、格式及命名、编号方法应统一，并与设计图纸及文档保持一致。

3. 布线

监控系统中用到的缆线主要有电源线和信号线两大类，电源线包括交流电力线、直流低电压电源线、接地线等；信号线包括用来传送模拟信号的视频电缆、模拟传感器（变送器）信号线，用来传送数字信号的串行数据总线、并行数据总线、计算机网络线，以及用来进行远距离传输的电话线、专线等。传输线路通常由电信局提供。如果在监控现场采用现场总线技术，则可以将电源线和信号线合二为一，简化布线。

缆线的布设需要遵循以下一些规范。

① 缆线的规格、路由和位置应符合设计规定，缆线排列必须整齐美观，外皮无损伤。

② 接点、焊点可靠，接插件牢固，保证信号的有效传输。尽量采用整段的线材，避免在中间接头；若实际需要长度比缆线总长度长，则应保证多段缆线间接续牢固可靠。

③ 缆线应有统一编号，缆线头上的标注应做到正确齐全、字迹清晰，不易擦除。编号应与图纸保持一致，按编号应能从图纸上查出缆线的名称、规格和始终点。

④ 布线应充分利用局方的地沟、桥架和管道，简化布线。不提倡布明线，若不得不布明线的，应注意隐蔽、美观，应给原有空间留出最大位置，以利于以后安装其他设备；墙上走线最好选用 PVC 装饰线槽，地面或设备附近走线应使用合适的线槽或线管，保证安全可靠。

⑤ 布设于地沟、桥架的缆线必须绑扎，绑扎后的电缆应相互紧密靠拢，外观平直整齐，线扣间距均匀、松紧适当，尽量与原走线的风格保持一致；布设于活动地板下和顶棚上的线应采用阻燃材料的槽（管）安放，尽量顺直，少交叉。

⑥ 监控系统所采用的线料均应使用阻燃材料；应根据现场环境条件选用绝缘性能、抗干扰性能、抗腐蚀性能等均符合要求的缆线；对于易受电磁干扰的信号线应采用屏蔽线，安装时要注意屏蔽层的正确接地。

⑦ 信号线、电源线应分离布放。信号线应尽量远离易产生电磁干扰的设备或缆线。

⑧ 室外架空线应在设备端采取必需的防雷措施，在加装避雷器时一定要保证接地良好。

4. 系统供电

正如通信电源是通信系统的心脏一样，监控系统供电也是监控系统的动力源泉。由于监控系统设备种类繁多，各种设备对电源的要求各不相同，所以整个系统的供电有着多样化的特点。通常监控系统中常用的供电电压有 220VAC、−48VDC、12VDC、24VDC 等。根据监控系统可靠性的要求，其系统供电应符合如下要求。

① 符合供电及电力安全标准，符合电力部门安装标准；市电停电时系统能够正常运行；交/直流分开，分路可控，便于维护与操作。

② 当监控设备集中供电时应有专用配电设备，其中应有多分路端子维护开关、保护回路，该设备应易于安装、外形美观。

5. 系统调测

系统调测包括调试和测试两个不同的步骤。调试是通过对已安装设备的工作状态、工作参数的调整和配置，使系统各组成部分本身及各部分间能协调工作，以达到系统设计要求。测试是对已安装设备及整个系统是否能够正常工作、是否符合设计指标要求的一种验证。调测工作贯穿于整个施工过程，从元器件的选用、设备的安装、缆线的布设到系统成型，每个环节都应进行必要的调测工作。工程施工结束后，还需进行整个系统的综合调测，方能宣告竣工。对于系统的调试，各系统开发厂商有着各自的一套方法和流程；对于系统的测试，则执行统一的标准和方法。

由于监控系统是一个复杂的系统，并且直接关系到通信电源系统的正常工作及其维护，因此运营方应派专人跟随整个施工及调测过程，随时了解工程进展情况，及时询问各种疑点，详细记录施工过程中遇到的各种障碍及解决办法，严格进行随工检验。这样有利于尽快熟悉和掌握系统，为今后的使用和维护做好准备。

小结

空调主要由制冷系统、风路系统、电气系统及箱体与面板等部分组成。空调中通过液态制冷剂汽化、气态制冷剂冷凝过程吸收和释放热量，起到循环制冷的作用。

空调制冷通过压缩、冷凝、节流、蒸发过程实现。空调的风路系统用于实现机房内空气流动，以均匀降温。

不同厂家、不同类型的空调有不同的使用方法和故障排除方法，在使用中要注意日常的保养。

基站动力与环境监测系统用于实时监视通信系统和设备的运行状态，记录和处理相关数据，及时侦测故障，并通知人员处理，从而实现通信局（站）的少人或无人值守，提高通信系统的可靠性和通信设备的安全性。

监控系统以“三遥”实现对动力设备和机房环境进行监测和控制的功能。系统可采用数字量监控，也可采用模拟量监控；可采用独立子系统组网，也可采用干节点子系统简易监控。

监控系统必须严格按规定进行日常的使用和维护，并及时排除故障。

习题

一、填空题

1．制冷系统工作时，制冷剂在冷凝器中________，________热量，在蒸发器________，________热量。

2．空调一般由四大部件组成：________、________、________、________，另外还有各种风机和控制装置。

3．空调中的电磁换向阀也称________，由它改变________的方向，从而实现制冷和制热的变换。

4．监控系统是采用________技术、________技术和________技术，以有效提高通信电源、机房空调维护质量的先进手段。

5．根据监控需要，动力环境设备分为________、________、________3 类。

6．采样器件中，门禁、水浸探头接线是________极性的，直流采样接线是________极性的。

二、判断题

1．基站壁挂式空调室内机允许安装在基站设备上方。（　　）

2．空调漏水的一般原因是水管堵塞，接水盘损坏。（　　）

3．开关电源系统的机架上方不允许安装任何灯具、烟感等悬挂式顶置器件。（　　）

4．日常基站维护工作中，可用打火机来检查火灾探测器的工作是否正常。（　　）

5．水浸探头必须固定，并选择在地势较高处。（　　）

6．门禁系统电压太低可能导致刷卡无法开门。（　　）

7．基站监控系统的信号线可以与交、直流电源线捆扎在一起。（ ）

8．环境温度传感器应避免受到空调的直接影响，避免安装在空气不流通的死角。（ ）

9．模拟量监控系统传输电路是从BTS上的2M传输上抽取时隙的。（ ）

10．类似于SDH传输环路，模拟量监控系统具有2M传输链路自愈保护功能。（ ）

三、选择题

1．蒸发器表面结霜的原因可能是（ ）。

A．蒸发压力过低　B．蒸发压力过高　C．与压力无关

2．制冷系统脏堵常发生在（ ）。

A．冷凝器　B．干燥过滤器　C．蒸发器

3．监控设备信号地与机壳隔离的目的是（ ）。

A．防信号干扰　B．防雷　C．防触电

4．门禁属于（ ）。

A．遥控　B．遥信　C．遥测

5．监控液晶屏无显示，“电源”指示灯不亮的原因可能是（ ）。

A．电源线未连接正确　B．电源未开　C．电源线保险烧断　D．以上均是

6．以下（ ）采集的是数字量。

A．整流告警　B．温度告警　C．水浸告警　D．门禁告警

四、简答题

1．简述空调的组成及各部分的作用。

2．简述空调制冷系统的工作原理。

3．简述空调维护保养的内容。

4．简述集中监控系统的作用及监控内容。

5．模拟量监控系统如何实现传输？

第 8 章 基站建设维护规范

【主要内容】 基站维护是确保移动通信畅通的必要环节，必须了解相关的建设规范。本章主要介绍基站勘测设计基础，基站施工中的基站布局、设备安装规范；攀登铁塔的安全规范；基站维护的内容、实施、主要项目及要求、安全规范；基站设备的安装、维护规范。

【重点难点】 基站维护的主要项目及要求、安全规范；基站设备的安装、维护规范。

【学习任务】 了解基站勘测设计基础知识，掌握基站建设、维护规范及安全操作常识。

8.1 基站建设基础

在基站的日常维护中，维护人员了解基站建设施工规范有利于维护工作的进行。本节主要介绍基站勘测设计基本知识及基站建设施工技术规范。

8.1.1 基站勘测设计基础

基站勘测主要包括基站选址和详细勘测两大部分。基站勘测人员需要了解无线传播理论的基础知识、基站设备的技术性能、天馈系统知识等。

1. 基站选址

基站选址是勘测中比较关键的步骤。规划人员根据网络建设的要求到所覆盖的区域进行调查研究，收集数据，包括地形特点、用户分布、经济状况、交通情况、城市规划等。在这一阶段，根据覆盖和容量规划的综合要求，兼顾整体性和长期性的原则，在地图上选择理想基站位置。在确认理想站址后，就要和基站所处位置的房东或土地所有者联系，确认是否能购买或租借到理想站址空间。

基站选址原则如下。

① 首先保证重要区域和用户密集区的覆盖。

② 在不影响基站布局的情况下，考虑原有设施的利用。

③ 城市市区或郊区海拔很高的山峰一般不考虑作为站址。

④ 新建基站应建在交通方便、市电可用、环境安全的地方，避免建在大功率无线电发射台、雷达站或其他干扰源附近，应远离树林处以避开接收信号的衰落。

⑤ 将基站站址选择在离反射物尽可能近的地方或将基站选在离反射物较远的位置时，将定向天线背向反射物。

⑥ 在市区楼群中选址时，可利用建筑物的高度，实现网络层次结构的划分。

⑦ 避免将小区边缘设置在用户密集区。

⑧ 考虑长期建设需要，如果是网络扩容，还要注意和现有网络基站的配合。

基站选址强制要求：站址应有安全环境；站址应选在地形平坦、地质良好的地段；站址不应选择在易受洪水淹灌的地区；当基站需要设置在飞机场附近时，其天线高度应符合机场净空高度要求。

在租用机房时还要考虑房龄、房屋完好程度、机房空间、机房荷载能力、楼面承重（设备与天馈）能力等方面要求。

2. 基站勘测

详细勘测是设计过程中一项非常重要的工作。勘测的细致与否、记录的完整与否直接关系到设计能否指导工程的实施，能否正确反映工程的投资。在做概算时，如果没有勘测的数据或数据不全不准，设计与实际的偏差就会较大，就必然导致再次勘测，增加工作量和成本。

基站勘测流程就是在规划的基础上明确最终站址、配置、天线等参数，勘测设计的结果又反馈到规划中进行局部调整。

无线侧基站相关勘测内容：基站机房的本身情况，包括大小、位置、结构等；基站机房外的环境情况，市电供电和接地情况；基站无线设备、基站电源设备、天馈线系统及相关电缆的布放路由。

设计单位提供各基站的铁塔或桅杆工艺要求，铁塔或桅杆的设计、安装、接地及改造由相关铁塔设计单位或厂家负责；基站的土建、机房改造及机房接地系统均由建设单位负责实施、解决。

基站勘测前需做好相应的准备工作，如工具、前期规划方案、勘测计划、本期工程设备的基本特性（包括基站、天馈、电源、蓄电池等设备的物理特性和基本配置）及已有机房的图纸等。

（1）机房内勘测

机房内勘测内容：确定所选站址建筑物的地址信息；记录建筑物的总层数、机房所在楼层（机房相对整体建筑的位置）；记录机房的物理尺寸，包括机房长、宽、高（梁下净高），门、窗、立柱和主梁等的位置和尺寸及其他障碍物位置、尺寸；判断机房建筑结构、主梁位置、承重情况（BTS 机柜承重要求大于或等于 600kg/m^2，一般的民房承重在 200～400kg/m^2，不足的情况下需采取措施增加承重），并向建设单位陪同人员和业主索取有关信息；确定机房内设备区的情况，机房内已有设备的位置、设备尺寸、设备生产厂家、设备型号；确定机房内走线架、馈线窗的位置和高度；了解机房内市电容量及市电引入、接地的情况；了解机房内直流供电的情况；了解机房内蓄电池、UPS、空调情况；了解基站传输情况；了解机房接地情况；拍照存档。

机房内勘测步骤如下所述。

① 进入机房前，在勘察表格上记录所选站址建筑物的地址信息。

② 进入机房，在勘察表格上记录建筑物的总层数、机房所在楼层；并结合室外天面草图画出建筑内机房所在位置的侧视图。

③ 在机房草图中标注机房的指北方向；机房长、宽、高（梁下净高）；门、窗、立柱和主梁等的位置和尺寸；其他障碍物的位置、尺寸。

④ 机房内设备区查勘：根据机房内现有设备的摆放图、走线图，在草图上标注原有设备、本期新建设备（含蓄电池）的摆放位置；机房内部是否需要加固需经有关土建部门核实。

⑤ 确定机房内走线架、馈线窗的位置和高度：在机房草图上标注馈线窗位置尺寸、馈线孔使用情况；在机房草图上标注原有、新建走线架的离地高度以及走线架的路由；统计需新增或利旧走线架长度。

⑥ 了解机房内市电容量及市电引入的情况：对于新建站需明确市电容量和引入位置，并根据典型基站的电源容量判断是否需要市电增容，在草图上标注引入点的位置和引入长度。

⑦ 了解机房内交/直流供电的情况：对于已有机房，在勘察表格中记录开关电源整流模块、空开、熔丝等使用情况，判断是否需要新增，做好标记，并现场拍照存档。

⑧ 了解机房内蓄电池、UPS、空调、通风系统情况：对于已有机房，在勘察表格中记录机房内蓄电池、UPS、空调、通风系统的一些参数；判断是否需要新增或替换，并现场拍照存档。

⑨ 了解传输系统情况：对于已有基站，需了解的传输情况，包括传输的方式、容量、路由和 DDF 端子板使用情况等。

⑩ 确定机房接地情况：对于租用机房，尽可能了解接地点的信息，在机房草图上标注室内接地铜排安装位置、接地母线的接地位置、接地母线的长度。

勘测中还应从不同角度拍摄机房照片，必要时对局部特别情况（馈线窗、封洞板、室内接地铜排、走线架、馈线路由、原有设备和预安装设备位置）拍摄照片记录。

（2）机房外勘测

机房外勘测内容：基站经纬度与方位；塔桅勘测；天面勘察内容、拍照存档；绘制天馈安装草图；记录并拍摄室外接地铜排情况；拍摄基站所在地全貌。

重点提示

对楼顶塔桅勘测的内容：天面结构；本期天馈的安装位置、高度、方位角，下倾角；室外走线架路由；馈线方案；室外防雷接地情况。

对落地塔勘测的内容：落地塔的位置；本期天馈的安装位置、高度、方位角、下倾角；室外走线架路由等。

① 落地塔的勘测步骤。

第 1 步，记录基本信息，包括勘察时间、基站编号、名称、站型、经纬度、海拔、共址情况及区域类型等。

第 2 步，记录塔桅信息，包括新建铁塔塔形、各安装平台的高度，并在天馈草图中标注铁塔与机房的相对位置和馈线路由（室外走线架及爬梯）。

第 3 步，准确记录天馈信息，包括本期工程天线（包括微波等）的安装位置、高度、方位、下倾角等参数；如果是利旧塔桅，需记录原有塔桅类型、归属、已用与可用平台高度、支架高度与方位角，并在天馈草图中标注利旧塔桅与机房的相对位置和馈线路由（室外走线架及爬梯）。

第 4 步，绘制草图，绘制室外天馈草图，包括铁塔与机房位置、馈线路由（室外走线架及爬梯）、主要障碍物及共址塔桅的相对位置等。

② 楼顶塔桅的勘测步骤。

第 1 步，记录基本信息，包括勘察时间、基站编号、名称、站型、经纬度、海拔、共址情况及区域类型等基本信息。

第 2 步，记录塔桅信息，包括新建塔桅类型、高度，并在天馈草图中准确标注塔桅与机房的相对位置；如果是利旧塔桅，需要记录原有塔桅类型、归属、已用与可用平台高度、可用支架高度与方位角，并在天馈草图中标注利旧塔桅与机房的相对位置。

第 3 步，记录天馈信息，包括本期工程所有天线（如含有 GPS 天线，还需要记录 GPS 天线）的安装位置、安装高度、方位角和下倾角。

第 4 步，记录馈线信息，包括馈线的数量与长度、室外走线架的长度，并在天馈草图中标注室外走线架路由及馈线爬梯位置、馈线走线路由、馈线下走线与机房馈线入口洞的相对位置。

第 5 步，记录大楼地网。

第 6 步，绘制草图。依照要求绘制室外天馈草图，包括塔桅位置、馈线路由（室外走线架及爬梯）、共址塔桅、主要障碍物等，如屋顶的楼梯间、水箱、太阳能热水器、女儿墙等的位置及尺寸（含高度信息），梁或承重墙的位置，机房的相对位置等，尺寸应尽可能详细。

勘测中还应自正北方向起每隔 30°～60°拍摄基站周边环境照一张，不少于 6 张，应尽可能真实记录基站周围环境，以备日后所需。还应拍摄新建塔桅、机房的位置和主要障碍物的照片。如果是利旧塔桅，需要从不同角度拍摄利旧塔桅及已安装天线的照片。

（3）输出报告要求

基站勘察时需将勘察得到的信息记录在规范的表格中。所附表格基本上涵盖了基站查勘时需记录的全部信息。由于运营商和每期工程的要求不同，项目组可根据工程情况对表格内容进行调整和简化，在查勘前加以统一规范并报相关领导及部门批准和备案。

为了节省勘察时间，明确勘察重点，基站勘察表可分为两种格式：一种是不共址基站勘察表格，主要用于新建基站的勘察，包括自建、新建、租用机房，在这些机房内无任何运营商的基站设备；另一种是共址基站勘察表格，主要用于原有基站机房的勘察，包括对原有基站扩容、增加基站机柜、改动天馈、新上另一套通信系统设备等。

现场草图绘制要求至少记录或设计两张草图，包括机房平面图和天馈安装示意图。若仍无法说明基站总体情况，可增加馈线走线图、建筑物立面图、周围环境示意图。草图应画得工整，信息越详细越好。

3. 基站设计

根据基站勘测结果进行基站设计。基站设计包括天馈系统的设计（如天线选型、馈线路由等）、基站主设备的设计（如设备选型、配置等）、配套设备的设计（如电源系统、传输系统、塔桅等）等工作，最终须给出设计图并提出安装要求。此处不做详细介绍。

图 8-1 所示为机房平面图示例，上为设备平面布置图，下为走线架布置图。图 8-2 所示为天馈安装图示例，上为正视图，下为顶视图。

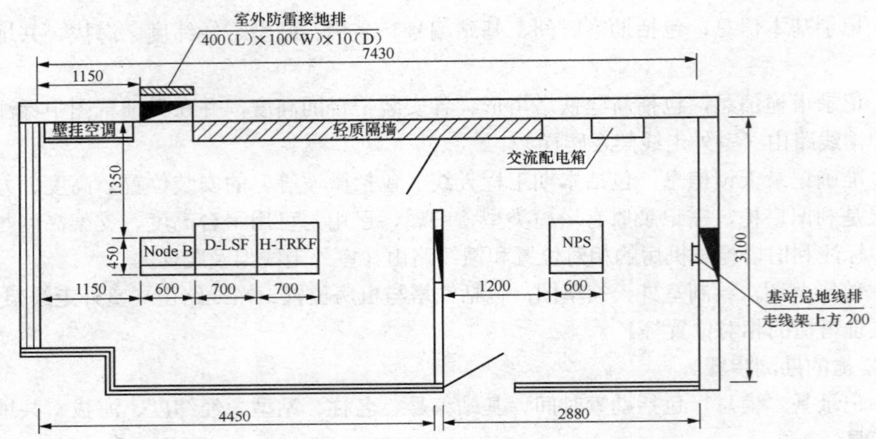

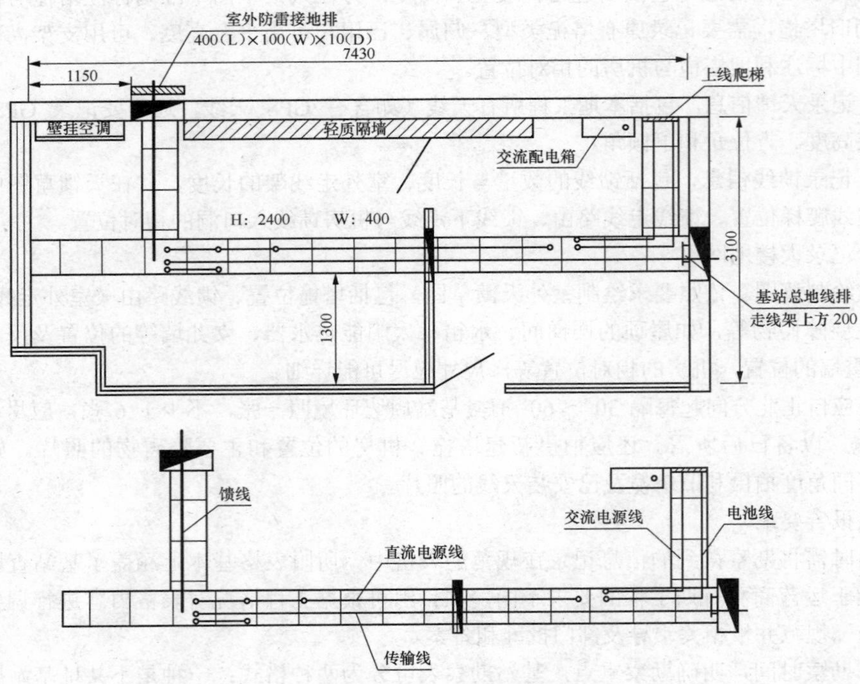

图 8-1 机房平面图示例

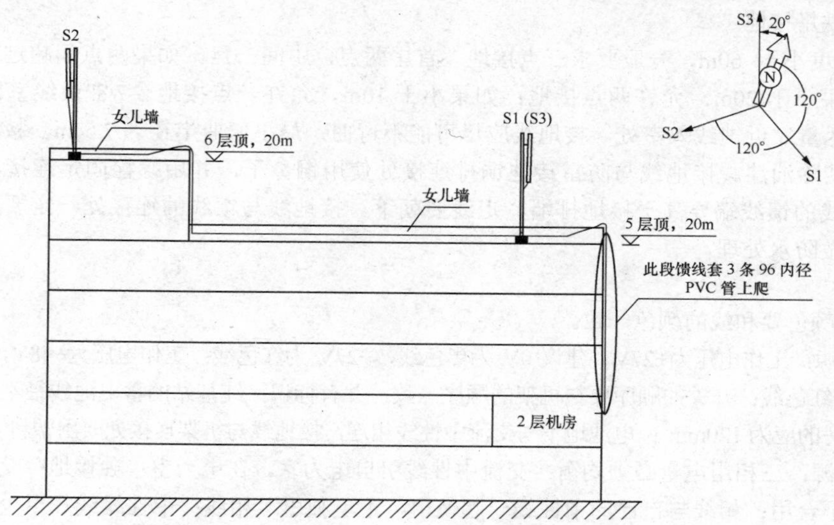

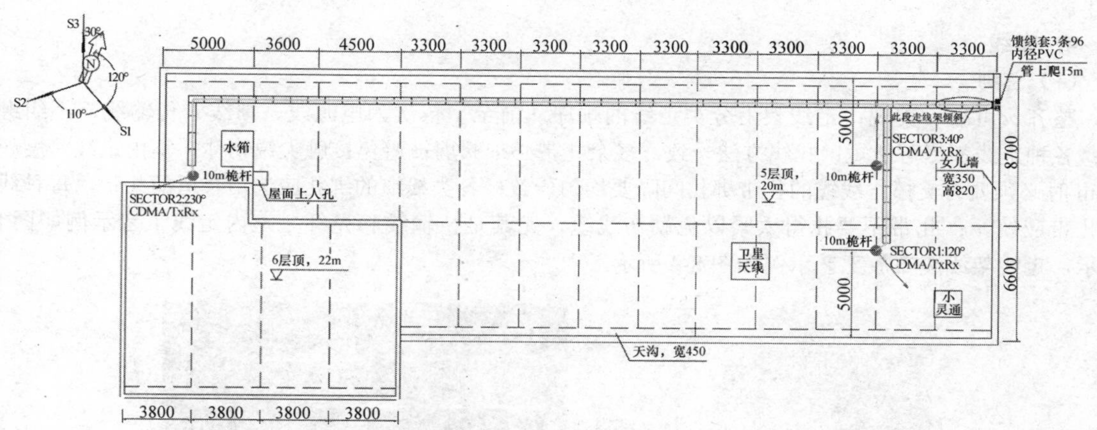

图 8-2　天馈安装图示例

8.1.2　基站设备安装规范

机架放置应按设计图施工，若遇特殊情况，应与工程负责人、设计部门协商，做适当的修改，并做好书面记录。

1．机架安装

机架由 4 个螺钉固定在地基上；机架固定要稳定，用手摇晃机架，机架不晃动；机架水平误差应小于 2mm，垂直误差应小于 3mm。

2．接地

基站内部接地线连到室内主接地排，室内主接地排连到外部接地系统，主要包括机架保护地、工作地、天线/铁塔接地。其中工作地可参见电源部分。

（1）机架保护地

机架独立接地分别连接到室内主接地排；接地线建议使用线径不小于 16mm^2 的多股铜线；接地线的颜色建议为黄绿色；接地线的铜接头（铜鼻子）要用胶带或热缩套管封紧；电源架到室内主接地排的连线应为线径不小于 70mm^2 多股铜导线；基站外部接地体到基站内主接地排的连线线径不小于 70mm^2；接地线与接地排的连接必须除去漆或氧化层，并紧固连接，保持接地良好；接地线不与交流中性线相连；接地线不能复接。

（2）天线/铁塔接地

7/8"馈线长度小于 60m，一般要求三点接地：首尾两点，中间一点。如果两点间超过60m，必须增加接地点；如果小于20m，允许两点接地；如果小于10m，允许一点接地。7/8"馈线室内端加装避雷器，避雷器应尽量靠近馈线入室处。接地线应尽可能不弯曲，最小弯曲半径为7.5cm。接地排和接地线连接处要事先清除油漆。接地线与防雷接地铜排连接处使用铜鼻子，并用螺栓固定连接，同时做防氧化处理。接地线的馈线端要高于接地排端，走线要朝下。接地线与馈线的连接处一定要用防水胶和防水胶布密封，做防水处理。

3. 电源

① 胶带的颜色要和线的颜色一致。

② 直流电源：工作电压为+27V，建议0V为黑色线，+27V为红色线；工作电压为−48V，建议0V为黑色线，−48V 为红色线；开关的顺序要与机架的顺序一致，并有标识；纯基站的蓄电池线径不小于 95mm^2，与BSC合用机房的应为120mm^2；电池地不与交流中性线相连，接地线与机架连接处要用塑料套。

③ 交流电源：三相用电量必须均衡；交流中性线引自电力室，在电力室单独接地；交流中性线与保护地不接触，不合用；相线与自己的中性线一起使用，不单独引入相线；中性线线径至少为相线线径的一半。

4. 布线

（1）总则

整齐、可靠、美观；走线架上分类走线的顺序从前至后依次为电源线、馈线、传输线，不纠缠扭结；各种走线都尽可能短；扎线方法一致，多余扎带必须修剪；避免接触尖锐物体；室内走线跨度超过0.6m时必须要有支撑；线缆的扎带绑扎间隔要均匀一致；各类线缆的绑扎应选用合适的扎带，每种线缆的扎带应统一；扎带不要扎得太紧以免勒伤线缆，尤其是传输线和光纤。室内走线工艺示例如图8-3所示，走线架线缆布放工艺示例如图8-4所示。

图8-3 室内走线工艺示例

图8-4 走线架线缆布放工艺示例

室内走线用白色扎带捆扎，朝向一致。扎带扣方向一致，剪齐不留尖，拐弯处半径≥100 mm。布放下跳线时要求平直、美观、有层次感。

电源线、地线、信号线缆的走线路应符合设计文件要求。

各种电缆分开布放，电缆的走向须清晰、顺直，相互间不要交叉，捆扎牢固，松紧适度。在走线架内，电源线和其他非屏蔽电缆平行走线的间距为150 mm。传输线拐弯时应均匀、圆滑、一致，弯曲半径≥60 mm。

线缆固定在走线架横铁上，扎带间距应均匀、美观，确保线缆不松动，间距与走线架间隔一致。

（2）室外馈线

符合总则要求；室外绑扎一定要选用室外专用扎带；所有馈线要在两端贴标签；馈线接头处要尽可能有活动余量；7/8"馈线要求参见天馈线 7/8"馈线部分；1/2"馈线要求参见天馈线 1/2"馈线部分。室外馈线走线示例如图8-5所示。

馈线卡的安装要均匀，平均每隔 800mm 固定一次，特殊情况下最大飞线距离不得超过 1500mm。

在开始布放时就要考虑到馈线在进出整个路由中尽量不要扭曲和交叉。在馈线弯曲处不能用馈线卡固定，以免因外导体变形增加馈线回波反射。

在用黑扎带固定馈线时，扎带不能齐根剪断，必须留 3 个扣。

馈线在直接与尖锐硬物接触时，必须有保护。

线缆布放转弯时，应符合曲率半径要求（集束线缆曲率半径要求≥300mm）。

（3）2M 线

2M 线应符合总则要求。传输线与设备机顶的连接工艺示例如图 8-6 所示，传输线与电源线到机顶的下走线示例如图 8-7 所示。

图 8-5　室外馈线走线示例

图 8-6　传输线与机顶连接示例

传输线与机顶连接要留有余量，拐弯时应均匀圆滑、一致，弯曲半径≥60mm。剩余端口需用保护套保护起来。

电源线与传输线走线应顺直，与电源线保持 150mm 以上的间距，避免和电源线交叉，避免穿越、靠近电源柜，以免产生电磁干扰，影响传输信号的质量。

（4）光纤线

光纤线应符合总则要求；光纤线应有标号，主备框光纤线缆标号应有明确区别；架间光纤线应走柜顶走线槽，由于光纤很长，应卷好、扎好，并置于柜内合适位置。

（5）电源线

电源线应符合总则要求；颜色同电源部分；电源线到走线架需通过走线架并固定。接地线工艺示例如图 8-8 所示。

图 8-7　传输线与电源线到机顶的下走线示例

图 8-8　接地线工艺示例

接地线应遵循就近、取短的原则。接地线要求不留余量，不能缠绕、卷曲、打环。基站的直流工作地、保护地应接入同一地线排，地线系统采用联合接地方式。地线两头的铜鼻子应用绝缘胶带或热缩套管缠绕裸露部分，并且压接牢固。接地线不能与其他接地点复接。

5. 天线/馈线

（1）天线安装要求

在无线网络规划指定范围内，天线安装准确度要求：俯仰角≤±1°；水平方位角≤±5°；高度≤±2m。天线安装水平和垂直隔离距离、分集距离等应符合设计和无线网络规划要求；天线应在避雷装置的设计保护范围之内。

（2）天线的尾线

禁止使用非室外的馈线（例如室内用1/2"馈线）作为尾线；尾线的最小弯曲半径为0.2m；尾线应与桅杆或悬臂固定绑扎。

（3）7/8"馈线

接地参见接地部分。7/8"馈线必须用专用的馈线卡固定，室外间距不大于0.8m，室内间距不大于 0.6m；馈线入室端应有回水弯；馈线入室口必须用封洞板，并用护套密封；馈线走线分层排列，应整齐、有序。

（4）1/2"跳线

该跳线要用扎带绑扎整齐，下垂部分尽量短。

（5）电调天线的特殊工艺要求

控制线必须安装避雷器，每个避雷器必须独立接地，用线径为8mm的黄绿色接地线。避雷器的安装尽量靠近窗口。建议走线每0.5m用扎带固定一次。

6. 标记

（1）强制要求

设备及线缆标识方法必须统一，设备及线缆标识应清晰明了。

为区别 WCDMA 单系统、GSM 单系统、WCDMA/GSM 共系统设备标识，在设备及线缆标识前应标注系统标识："U-XX…"表示 WCDMA 单系统设备或线缆；"G-XX…"表示 GSM单系统设备或线缆；"D-XX…"表示WCDMA/GSM共系统设备或线缆。

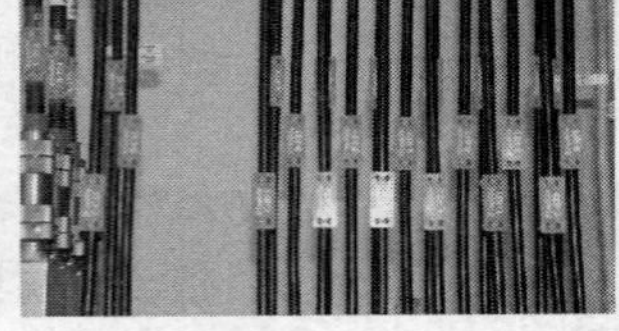

图8-9 线缆标签工艺示例

（2）天馈线标识标准

7/8"馈线标牌必须使用省公司统一制定的标牌，固定于两端明显处，标牌内容包括对应天线方向、收发等；1/2"馈线两端用统一标牌或黄色标记粘纸，标签内容对应于7/8"馈线，示例如图2-68、图2-69和图8-9所示。

重点提示

电源线、地线、传输线、综合控制线缆绑扎标签齐全，标签距离机架顶处250 mm。线缆布放应避免交叉，且按连接次序理顺，垂直接入机架顶部。

（3）电源线标识标准

采用统一的、规定颜色的永久标签。电源架输出端子和电源线上应标出所至机架的机架号。

（4）传输标识标准

① ODF配线单元上应做标识，内容应包括纤芯终端、开放情况。参考标签形式如表8-1所示。

表8-1 ODF配线单元参考标签形式

纤芯 方向	1	2	3	4	5
营业厅1-6			SDH支路至营业厅（发）	SDH支路至营业厅（收）	…
信用社1-6	光收发器至信用社（发）	光收发器至信用社（收）			
文东1-4 太阳5-8	SDH西至文东（发）	SDH西至文东（收）			
XX路1-12	SDH东至XX路（发）	SDH东至XX路（收）			

② 尾纤标签。ODF侧示例如下。

From：SDH155M-OI2D-1 OUT To：No.1子框-A-1 椒江C4环—白云菜场方向	From：SDH155M-OI2D-1 OUT To：No.1子框-A-1 椒江C4环—白云菜场方向

设备侧示例如下。

From：烽火 XMT To：光终端盒-2 应家方向	From：烽火 XMT To：光终端盒-2 应家方向

③ 传输配线单元上应标记用户名并注明收发，上行为收用 RX，下行为发用 TX。参考标签形式如下。

1 电路通达方向 A 站 No.1	2 电路通达方向 A 站 No.2	3 … …

（5）机架标识标准

从左到右扩容的机架：从左到右为 C0、C1、C2……

从右到左扩容机架：从右到左为 C0、C1、C2……

架号应与电源架输出端子的标志相对应。

（6）电池标记方法

要求标明容量和开始使用日期。

7. 其他

各阶段要做好清场工作，尤其是屋顶、架顶等。注意遵守房主/房屋管理部门的规章制度；严禁吸烟，注意防火；注意用电安全；离开时关好门窗。

8.1.3　基站建设安全防护

为保障工作人员作业时的安全，需要严格采取安全防护措施。基站建设中的安全问题主要体现为用电安全和登高安全（用电安全在第 6 章中已有介绍）。安全第一，预防为主，为预防高空作业可能出现的高空坠落及高空坠物打击事故造成损伤，应使用安全网、安全带、安全帽这 3 种防护工具。下面简单介绍个体防护用品的作用，以及安全带和安全帽的使用。

1. 个体防护用品的作用

个体防护用品是保护劳动者在劳动过程中的安全和健康所必需的预防性装备。个体防护用品又称劳动防护用品，是为了预防作业中可能造成的工伤，保证社会生产的顺利进行，改善劳动条件，防止伤亡事故所采取的措施之一。个体防护用品即使作为预防性的辅助措施，在劳动过程中，仍是必不可少的生产性装备，不能因此而被忽视。

防护用品必须严格保证质量，务必安全可靠，而且穿戴要舒适方便，不影响工效，还应经济耐用。工作中要正确合理地使用个体防护用品。天馈、铁塔维护中的主要个体防护用品为安全帽和安全带，如图 8-10 所示。

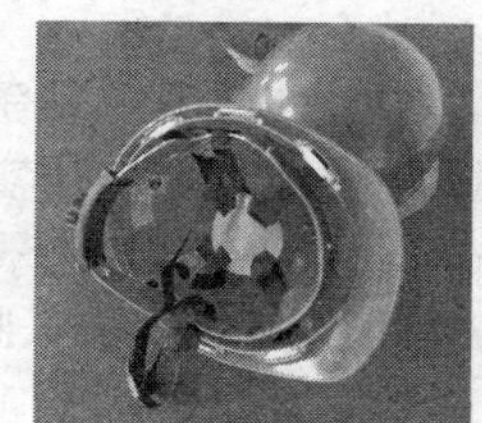

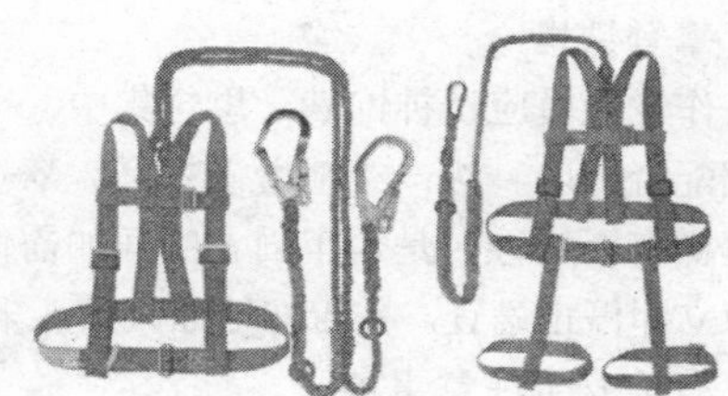

图 8-10　安全帽（注意相关标志）与安全带

2. 安全帽的使用与维护

在使用安全帽时，如果戴法不对，在使用过程中其防护性能会降低，也就有可能在受到冲击的情况下起不到防护的作用，因此要正确地使用和维护。

① 缓冲衬垫的松紧由带子调节，人的头顶和帽体内顶部的空间至少要有 32mm 才能使用。这样在遭受冲击时，不仅帽体有足够的空间可供变形，还有利于头和帽体间的通风。

② 使用时，不要把安全帽歪戴在脑后，否则会降低安全帽对于冲击的防护作用。

③ 使用时，安全帽要系结实，否则就可能在物体坠落时，由于安全帽掉落而起不到防护作用，尤其是装卸时更应该注意这类情况。另外，如果安全帽不系牢，即使帽体与头顶间有足够空间，也不能充分发挥防护作用，而且当头前后摆动时，安全帽容易脱落。

④ 帽体顶部内部安装了帽衬，不要为了透气而随便开孔，以免使帽体强度显著降低。

⑤ 帽子在使用过程中要定期进行检查，仔细检查有无龟裂、下凹、裂痕和磨损等情况，不要用有缺陷的帽子。另外，因为帽体材料具有逐渐硬化、变脆的性质，所以要注意不能长时间在阳光下直接曝晒，否则由于汗水浸湿，安全帽的帽衬易损坏。如果发现损坏要立即更换新帽。

安全帽要按不同的防护目的来选用，一定要选择符合我国颁发的有关国家标准的产品。安全帽必须要有合格证、生产许可证和安全标志，如图8-10所示。

3. 安全带的使用和维护

安全带使用不当时就会增加冲击负荷，直接威胁人的生命安全。所以在使用时应特别注意，关于安全带的使用和维护注意事项如下。

① 高挂低用。将安全带的绳挂在高处，人在下面作业，这是一种较安全的挂绳法，可使实际冲距减少，若高挂距离远，可另接一长绳。绳挂在低处、人在上面作业的低挂高用的形式则很不安全，因为实际冲击距离大，人和绳都要受较大的冲击负荷。

除挂绳外，还要特别注意保护绳上的保护套，以防保护绳被磨损。若发现保护套丢失，需要加上后再用。

② 安全带使用后，要注意维护和保管，要经常检查安全带的缝制部分和挂钩部分，必须详细检查捻线是否发生断裂和磨损，要保证安全带经常处于完好状态。

4. 攀登铁塔的条件与登塔前的准备

（1）登高作业的基本条件

凡在距地面2m以上的地点进行工作，都应视作高空作业，高空作业人员必须持有登高安全操作证。高空作业人员必须身体健康，经医生鉴定患有精神病、癫痫病、高血压、心脏病等病症的人员，不宜从事高空作业。凡发现作业人员有饮酒、瞌睡、情绪不稳、精神不振的情况时，应暂时禁止其进行高空作业。气温超过40℃或低于−10℃、六级以上大风及暴雨、打雷、大雾等恶劣天气应停止高空作业。

（2）登塔前的准备

应按照劳动保护要求穿戴好工作服、工作手套、工作鞋等。严禁穿皮鞋、拖鞋等登塔。对所用安全用具（如安全帽、安全带、梯子等）进行检查，应符合要求，试验合格并不得有缺损，严禁使用不合格的安全用具。对梯子和安全带还必须在地面进行冲击试验检查。登塔前应对所登铁塔的基础进行检查，不得有底部主材严重锈蚀、缺损及基本冲刷等现象，否则应采取相应的措施后再行登塔。应明确工作铁塔的名称并核对无误。应明确工作任务并准备好必需的工具、材料等。

（3）攀登铁塔

登塔作业人员应精神饱满、思想集中，牢记安全第一、预防为主的方针。登塔时应沿爬梯攀登，手脚必须协调配合，应一级一级地慢慢攀登。攀登过程中脚踩爬梯横档，两手应抓在主材上。应一边攀登，一边检查爬梯有否锈蚀，是否牢固。中间如需休息，必须正确系好安全带。如在攀登过程中发生头晕等不适症状，应立即停止攀登，并告知地面人员，采取措施后返回地面。登高作业应做到一人作业、一人监护。

（4）有关安全注意事项

安全带应系在牢固的构件上，应防止从顶部脱出或被锋利物损坏，禁止挂在移动或不牢固的物体上。系好安全带后必须检查扣环是否扣牢。塔上作业转位时不得失去安全带的保护。

在作业过程中，安全带所系位置必须高于人体，即做到高挂低用，以防万一滑落而造成冲击伤害。

离开爬梯到达作业点时，两手必须抓在较大的主材上，以免抓住未固定的浮铁。

应避免上下同时登塔或作业，必须同时进行时，应做好必要的安全措施。

塔上及上层作业人员应防止掉东西，个体防护用具应正确安全佩戴。使用的工具、材料应用绳索传递，不得抛扔。

8.2　基站维护内容及实施

基站维护是确保移动通信畅通的必要环节，进行基站维护前必须了解相关的建设、施工等规范。随着技术的进步和管理的完善，规范也在不断更新，不同的运营商或企业也会有自己的规范，但主要目标一致，都是为了确保系统的正常运行和最大收益。本节主要介绍基站维护的基本内容和工作的基本实施过程、基站维护基本项目和要求、维护部门配备的仪表工具以及维护安全规范。

8.2.1　基站维护工作的实施

1．基站维护的内容

基站维护的主要内容：基站环境及安全巡查；工程、整改和其他维护工作，包括铁塔（桅杆）与天馈系统、空调和电源等；铁塔（桅杆）与天馈系统包括铁塔（桅杆）、天线部分、馈线系统、接地系统，对其进行故障抢修和按需维护等；主辅设备（包括基站主设备、传输设备、集中监控系统）的周期检测及维护工作；基站存在问题的整改；外部告警与设备故障处理；移动油机发电；防台抗洪；其他工作。

2．基站维护工作的实施

基站维护工作主要包括日常巡检、告警/故障处理、维护人员的随工、问题整改等。

（1）日常巡检

① 维护部门制订计划（月工作计划、巡检计划、检测计划、抽查计划），计划填写要符合规范，计划要有延续性、未完成情况说明、明确的执行时间和责任人；抽查计划要注明本月的抽查与整改情况、考核情况和下月抽查计划。

② 巡检人员严格按巡检计划和检测计划开展基站巡检和设备周期检测工作，认真分析测试数据，准确记录巡检和测试结果。发现问题要及时处理，对无法处理的安全问题、设备故障和测试数据表明的可能存在安全隐患的设备，要及时填写“基站异常情况报告”，并在今后的巡检工作中继续跟踪处理，直至问题最终解决。

③ 巡检人员进出机房要严格填写“基站出入记录”，注明进出日期、时间、人员和工作内容。

④ 基站监控系统的日常维护和告警处理按基站监控系统告警处理制度的要求实施。

⑤ 每月对各种工单进行汇总、统计和分析，填好各类报表。

（2）告警/故障处理

① 网络维护中心管理人员通过基站动力、环境监控系统和操作终端得知某基站出现外部告警或配套/传输/基站主设备故障时，填写“基站故障通知单”发到维护部门，明确告知基站名、告警/故障类别、故障发生时间、故障现象等。

② 维护部门收到通知单后，填写“收单时间”与“收单人”，反馈确认。

③ 在规定的时限内处理故障后，维护部门要将故障处理的详细经过、更换的材料和遗留的问题等详细记录在通知单内，并填写“回单时间”与“回单人”，并将通知单在当天反馈维护管理人员。

④ 维护管理人员通过随后几天的观察对本次故障处理的及时性、维修质量、维修态度、复修率和通知单的填写规范性做出考核，并记录在案。

（3）基站维护人员的随工

① 维护部门应选派技术满足要求、责任心强的维护人员作为随工代表，做好随工工作。

② 随工人员要自始至终陪同巡检人员做好基站工程、整改和其他维护工作涉及的工程规范、巡检测试项目和耗材的核对与签字认证，对不符合工程规范、巡检测试结果有疑义或耗材不清的项目要及时提出，要求整改、重测和重新记录等。

③ 遵守基站维护的相关规章制度，对违反操作维护规程与安全规定的要予以制止。

④ 随工人员完成工作后要认真、详细、如实填写“随工工作单”，经随工人员与巡检人员双方签字后反馈至维护管理员。

⑤ 随工人员无特殊情况不得擅离现场。

⑥ 随工人员要与巡检人员加强合作，相互配合，共同完成基站工程、整改和其他维护巡检任务。

⑦ 若出现因随工工作疏忽而造成的基站安全事故和设备故障，或严重影响被随工工作的质量，视情况按章程处理。

（4）存在问题的整改

基站机房现场管理结合机房安全开展，需在整改原则的基础上结合自身机房的实际状况，提出切合实际的详细方案。基站外部涉及的主要内容有市电引入系统及其他，铁塔、桅杆、天馈线，接地系统。基站内部涉及的主要内容有基站环境、工程建设规范、基站配置和管理。

基站中常用的表单包括月工作计划表、月检测计划表、月计划变更申请表、基站告警/故障通知单、基站整改通知单、基站随工工作单、基站出入记录表、基站异常情况报告单等。

8.2.2 基站维护主要项目与基本要求

1. 基站环境和安全巡查

（1）维护周期及要求

维护周期：VIP基站每月两次，其他基站每月一次。

维护要求：基站整洁，无安全隐患，符合工程规范。

（2）维护项目

清理：清理机房内外、楼顶及工程结束后的杂物；清理室外环境，并检查室外环境是否存在安全隐患。

清洁：打扫地面和墙面，抹净门窗；用吸尘器吸去各设备内外灰尘，若有必要，要先用吹风机吹出死角灰尘，再使用吸尘器；抹净各设备表面，设备包括铁皮柜、走线架、主设备、电源设备、空调、蓄电池、传输设备、灭火器及环境监控设备等；整理卫生器具。

清洁时不能影响设备的正常运行，特别是机柜。

检查机房环境：检查机房楼面、墙体是否开裂；机房内各处是否有漏水；照明系统、空调排水、水龙头排水是否正常；各门窗的密封、破损、防盗、遮光情况；馈线孔、空调进线孔是否密封；室内环境是否存在电和火方面的隐患；室内温度和湿度。

检查辅助设备：灭火器是否有效及其数量；辅助设备（交直流配电屏、开关电源和蓄电池等）运行是否正常；基站环境监控设备是否正常；室内走线是否规范；空调、传输设备运行是否正常。

检查主设备：检查主设备运行正常与否。

处理异常情况：对上述检查中发现的问题进行处理，对安全隐患进行整改。处理原则为对一般问题当场处理，对较严重问题采取预防监控措施并报告，确认后及时处理。

2. 工程、整改与其他维护工作的随工

① 工程随工范围：基站扩容、调整和搬迁时的随工。

② 整改随工范围：防盗门窗安装、机房维修及其他安全问题整改项目的随工。

③ 维护随工范围：其他维护工作（包括铁塔、桅杆与天馈系统；空调和电源维护）和其他维护工作的随工。

3. 主辅设备周期检测及维护项目

整体维护要求：按时保质保量完成各项维护检测任务，确保机房及设备运行稳定、安全、可靠，工程安装符合规范要求。

维护项目：检查、记录基站交/直流供电情况，蓄电池维护项目，整流电源维护项目，变配电设备的维护，接地系统（包括室内接地和室外接地）的维护，空调系统的维护，移动式油机和基站内固定式油机发电机组的维护，基站主设备周期检测（见表8-2），传输设备的日常巡检（内容为公务机呼叫与设备清洁，周期为月），环境监控设备的日常巡检（检查监控设备是否正常运作，有无异常情况）。

表 8-2　　华为 BTS3900 基站主设备周期检测

周　期	维护项目
月	电源和接地系统维护项目： 检查各电源线连接是否安全、可靠 检查电源接线是否老化，连接点是否腐蚀
月	BTS3900 例行硬件维护项目： 万用表测量电源电压是否在标准电压允许范围内 检查保护地线、机房保护地线连接处是否安全、接地排连接是否安全可靠、连接处有无腐蚀检查保护地线有无老化、机房接地排有无腐蚀、防腐蚀是否处理得当
月	机柜维护项目： 检查风扇是否存在异常。风扇应运转良好，无异常声音（如叶片接触到箱体的声音；如果风扇盒表面及内部灰尘过多，则应清除风扇盒灰尘 检查机柜内部各单板的指示灯是否正常，各部件指示灯的状态请参见对应单板的硬件描述 检查机柜防尘网，防尘网上若灰尘过多，则应清洗防尘网 检查机柜外表是否有凹痕、裂缝、孔洞、腐蚀等损坏痕迹，看机柜标识是否清晰 检查机柜锁和门，机柜锁是否正常，门是否开关自如 检查机柜清洁度，机柜表面应清洁，机框内部灰尘不得过多
年	用频率计进行时钟校准（不同厂家设备要求不同）
年	用天馈线测试仪测量天馈线的驻波比，检查是否符合要求，记录测试频段内最大的驻波比和所在频率，对不符合要求的天馈线进行处理
年	用功率计根据网优提供数据检查与调整基站发射功率
按需	基站故障修复后用测试手机进行拨打测试，没有掉话、串音、回声、单通情况为正常

8.2.3　VIP 基站的标准、建设要求、维护要求

有着特殊地位的基站简称为 VIP 基站，这些基站具有较高的建设和维护要求。

1. VIP 基站标准

每小区忙时话务量在 15Erl 以上的基站；覆盖重要场所的基站，如机场、车站码头、广场、政府机关、会展中心、三星级以上宾馆、大型商场、重要风景区、中央商务区、大型居民区、大型影剧院及移动营业厅等；高速公路、国道、铁路沿线的骨干基站；覆盖重要乡镇的基站；覆盖大型厂矿企业、高等院校的基站；覆盖对抗洪救灾有重要作用的区域的基站。

符合上述任何一个条件的基站即可称为 VIP 基站。要求 VIP 基站的数量至少占总基站数的 30%，其中要求交通干线、乡镇 VIP 基站总数至少占 VIP 基站总数的 50%。

2. 建设要求

对于 VIP 基站，首先从基站建设（机房条件、设备、电力、传输及空调等）方面保障 VIP 基站稳定、可靠运行，保证 VIP 基站设备的稳定运行、电力供应稳定、传输稳定、工作环境良好。

3. 维护要求

加强 VIP 基站的监控管理，要求 OMCR 值班人员每天对 VIP 基站进行工作状态扫描并专项记录，扫描内容包括、基站用户占用情况是否正常、基站状态是否正常、基站话务统计有无拥塞和掉话情况、基站设备有无故障告警及环境监控是否存在告警。按维护规程要求，对 VIP 基站进行周期性、预防性维护；对于 VIP 基站的工程搬迁、主设备巡检或其他需停站进行的工作要求在非忙时进行，并采取保证移动用户正常通信的过渡方案；加强 VIP 基站的维护测试工作，在月度 CQT 测试工作中优选 VIP 基站覆盖点进行周期 CQT 测试；VIP 基站故障时，需优先在维护人员、车辆方面提供保障，维护人员优先进行处理；对于 VIP 基站，在频率规划、容量配置上实行优先保障，为用户的优质通话和高速上网提供良好的基础。

对 VIP 基站与普通基站的维护考核要求如表 8-3 所示。

表 8-3　　　　维护考核要求

	故障分类	VIP 基站（h）	普通基站（h）	备　注
基站中断	基站软/硬件故障	2	4	
	传输故障	2	4	需电信配合除外
	电源故障	1	2	需厂家配合除外
	市电停电	2	8	
	天馈线故障	3	6	
质量问题	用户质量投诉	4	8	
	列入最坏小区	24	48	
一般故障	时钟故障	4	8	
	连接线故障	4	8	
	载频故障	24	48	OMCR 先进行预处理
	射频单元故障	24	48	OMCR 先进行预处理
	整流电源模块故障	24	48	
	蓄电池故障	视情况而定	视情况而定	

8.2.4　基站维护部门仪器仪表和工具的配备

基站维护部门必须配备的仪器仪表和工具清单如表 8-4 所示，部分仪表如图 8-11 所示。

表 8-4　　　　基站维护部门配备的仪器仪表和工具清单

类　型	名　称	规格程式	数　量
仪表	交/直流钳形表	0～600A/3 位半	每组一只
	数字万用表	4 位半	每组一只
	接地电阻测试仪		每组一只
	红外线测温仪		每组一只
	天馈线测试仪		每地区一只
	功率计		每地区一只
	经纬仪		每地区一只
	高度测试仪		每组一只
	垂直度测试仪		每组一只
	俯仰角测试仪		每组一只
	厚度测试仪		每组一只
	罗盘		每地区一只
	扭力测试仪		每组一只
	蓄电池容量测试仪		每地区至少一套
	检漏仪		每组一只
	压力计		每组一只
工具	绝缘靴	绝缘电压 25kV	每人一双
	低压试电笔	500V	每组一只
	电烙铁	220V/75W	每组一只
	活动扳手、套筒扳手、固定扳手		每组一套
	开线钳、裁线钳		每组一套
	各种起子		每组一套
	钢丝钳、斜口钳、尖嘴钳		每组一套
	油压钳（做铜鼻子）		每组一只
	手提式应急灯		每组一只

续表

类　型	名　称	规 格 程 式	数　量
工具	吸尘器	600～1000W	每组一只
	馈线专用钳		每组一只
	切割机		每组一只
	氟利昂瓶		每组一只

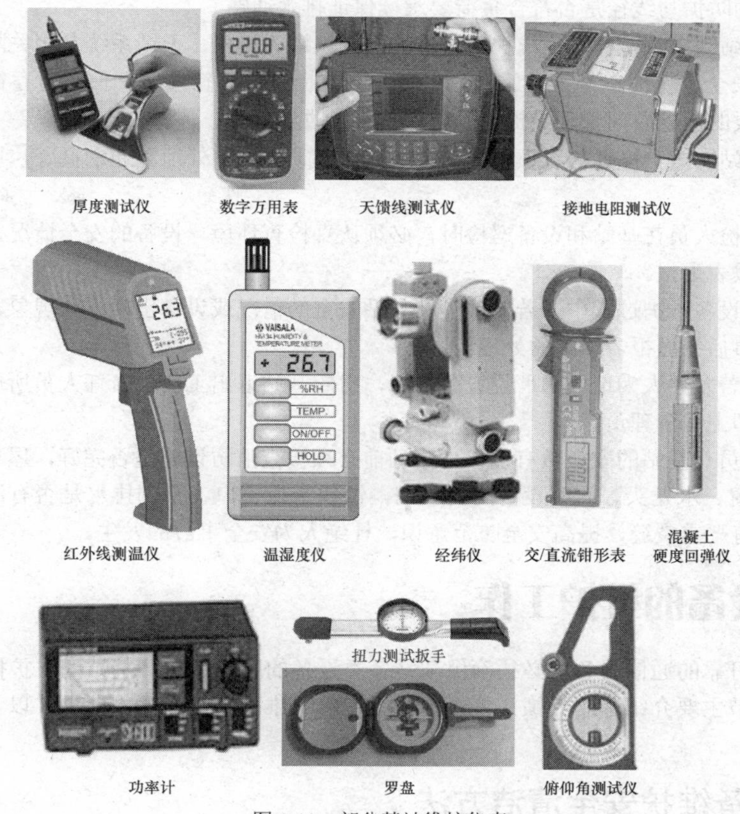

图 8-11　部分基站维护仪表

8.2.5　基站维护安全规范

为了进一步规范基站维护、铁塔（桅杆）与天馈系统维护、空调维护等管理工作，提高基站和维护设备的安全性，确保人身、基站和网络设备的安全，特制定本规范。

① 维护人员必须持有相应的资格证书和上岗证方可参与相应设备的维护工作。

② 维护人员必须掌握所维护设备的性能与测试方法，并熟悉维护管理办法和安全规范。

③ 维护人员必须自觉遵守各级岗位责任制、制定的安全制度，正确、如实填写进站记录，不准在内吸烟、闲聊、开玩笑与携带外来无关人员进入，不准进行与工作内容无关的活动，确保基站各项安全工作。

④ 维护人员必须严格按有关维护规程、相关项目的测试要求与操作方法进行相应设备的维护工作。

⑤ 维护人员必须严格按设备的检测周期认真完成所规定的环境安全检查与防雷接地测试等工作，并做好记录。

⑥ 维护人员应注意区分交/直流工作地、设备保护地、防雷接地等地气的连接情况，避免误操作引起设备的接地悬空而遭雷击。

⑦ 维护人员应按工作范围和职责进行维护，对不熟悉设备的问题及时报告管理人员。

⑧ 维护人员在工作过程中，认为自身的行为可能危及自身和设备的安全时，需在经请示后确认安全

的情况下开展工作。

⑨ 维护人员需登高作业时（如安装空调室外管、铁塔、桅杆室外维护等）必须持有登高证，应确保自身安全，作业时需有两人以上在场。

⑩ 电源设备巡检人员在交/直流配电屏、整流设备等测试过程中要严防三相电触电及电气短路对设备造成的危害，严禁违反维护规程、安全规定，避免发生通信故障和事故。

⑪ 从事移动基站空调设备维护的人员必须确保室外机的安全固定，严防被大风刮倒摔下，造成人员伤亡，检查电源线的防护与线径是否符合负荷要求，保证排水通畅。

⑫ 从事移动基站铁塔、桅杆设施维护的人员需确保铁塔、桅杆、天馈系统及相关附件（如过桥、爬梯、拉线等设施）安全，保证室外天馈线接地与防雷接地良好，进行安全评估，对存在的问题进行及时整改，不能立即整改的问题要向管理员提出，以便得到及时的处理。

⑬ 从事移动基站铁塔、桅杆与天馈系统的维护人员必须确保室外地漏通水良好，以免漏水对基站环境造成危害。

⑭ 基站维护巡检人员在基站和设备巡检时，必须认真检查环境、设备的安全情况，发现安全问题要及时处理，并做好报表上报。

⑮ 维护人员在设备维护过程中，若发现危及基站安全的情况或设备出现异常现象，应立即处理，并马上通知管理员，事后书面报告详细的处理经过。

⑯ 巡检过程中若发生人为造成的严重设备故障，引起基站退出工作，责任人员所属的维护公司应立即组织抢修，并立即上报管理员。

⑰ 基站维护人员对基站的安全负有责任，离站前必须检查消防设施是否完好，屋顶、卫生间及层内地漏是否通畅，门窗、水龙头、照明设备是否关闭，馈线密封窗口、空调排水是否有漏水迹象，基站内部大梁、墙面是否有严重裂缝，提高安全防范意识，杜绝人为安全事故的发生。

8.3 基站设备的维护工作

要使基站提供可靠的通信服务，必须确保基站各类设备的正常运作，基站的维护操作以天馈系统和电源系统最多。本节主要介绍基站天馈系统、电源系统等的维护工作的基本要求，以及相关的安全保密管理基本规范。

8.3.1 设备维护安全清洁方法

设备的清洁是维护中的一项基本工作，安全清洁方法如下。

① 维护人员在工作中必须明白自己的行为可能给设备或自身安全造成的损害或伤害，在维护工作中必须清楚水及挥发性溶剂（如酒精）可能给设备及人员造成的损害和伤害。在工作中严禁有水珠接触到模块或集成电路的内部或表面。严禁使用无绝缘防范的仪表。

② 清洁基站主设备时，机架顶暴露部分、各模块表面可用吸尘器或绝缘刷子进行清洁；不易清除的污迹可用酒精谨慎清洁，机架门的内外表面可用拧干的湿布清洁，但必须注意各模块的连线、开关与RESET开关（特别注意开启关闭机架门时）要保持原状。特别要注意2M传输接口，严防因误动作而脱落，以免造成基站通信中断。

③ 清洁电源架时，风扇及模块部分用吸尘器或绝缘刷子清洁，外表面可用拧干的湿布清洁。对于不易清除的污迹，可用酒精谨慎清洁。

④ 清洁传输设备时，用吸尘器或绝缘刷子清洁，但必须注意光纤尾纤各接口、接点、连线及模块表面开关的安全，严防因误动作而脱落，造成基站通信中断。

⑤ 清洁蓄电池时，需小心用吸尘器或绝缘刷子清洁，然后用拧干的湿布清洁，严防直流短路。发现蓄电池连接线（头）有腐蚀现象时，应清除锈迹，然后涂上牛油。

⑥ 清洁空调时，应先关闭电源，然后才能清洁滤网及进行其他清洁工作，严防被风扇击伤与触电。

⑦ 清洁三相电力配电箱时，底面只能用吸尘器或绝缘刷子清洁，表面只能用干燥的抹布清洁。

8.3.2　铁塔（桅杆）与天馈系统的安装维护规范

1. 按需工程

铁塔（桅杆）维护按需工程如表 8-5 所示。

表 8-5　　铁塔（桅杆）维护按需工程

序号	项 目 名 称	工 作 内 容
1	故障抢修	更换天线、馈线和相关部件后，要求进行相关的天线方位角、仰俯角调整和测试驻波比等
2	铁塔安全评估	对铁塔的安全性能进行评估，出具评估报告，并提出切实可行的整改方案
3	新建或拆除铁塔（桅杆）	按设计方案建设铁塔或桅杆，工程规范和质量应符合要求，资料齐全，工程通过验收
4	旧铁塔（桅杆）改造	按设计方案拆除多余部分，安装新增部分，对材料进行重新镀锌等处理，符合工程规范和质量要求，并通过验收
5	铁塔上增补天线支架	按要求增装天线支架，符合工程规范和质量要求
6	调整天线方位	按要求调整并测量天线水平方位角或垂直俯仰角
7	升天线平台	拆除原天线和馈线，装箱搬运、裁量；重放馈线，重装天线，并做好馈线接头，安装小跳线和接地线，调整天线方位角、仰俯角，测试驻波比等
8	降天线平台	拆除原天线，对原馈线进行整理，并对天线重新进行安装，做馈线接头，安装地线，调整角度，测试驻波比
9	拆除天馈系统	拆除天线、馈线，收集馈线接头、跳线及其他附属材料
10	安装天馈系统	开箱检验，裁量馈线，清洁搬运，起吊安装，调整角度，固定馈线，做地线，测试驻波比等，需符合网优要求
11	接地网的安装	装箱搬运材料，测量定位，下料加工，开挖、焊接并将地网材料打入地下，制作地网汇集线并与地网连接良好（焊接或用铜鼻子），测试接地电阻，应符合要求
12	安装接地引入线和汇集线	在基站室内适当位置和室外封洞板附近安装接地汇集线，测量定位，布放和固定室内接地引入线，做好铜鼻子，与汇集线连接良好
13	安装馈线密封窗	打洞安装，封玻璃胶，拆除部分馈线并重新安装馈线，做防水弯，截短馈线，安装馈线接头并测试驻波比
14	安装桅杆	立桅杆，固定铁塔，支撑、安装小避雷针
15	安装走线架	安装走线架并整理架上的馈线，安装馈线卡子，做接地线
16	零星工程	整理室内布线，整理室外馈线，拆除或重做馈线接头并测试驻波比，安装接地汇接铜排

铁塔（桅杆）与天馈系统维护项目及要求如表 8-6 所示。

表 8-6　　铁塔（桅杆）与天馈系统维护项目及要求

维护检测项目		质 量 要 求	周　期
铁塔（桅杆）	塔体（桅杆）总高度现场实测校对	同原高度相符	台风季节前常规维护一次
	拉线及部件检查	无断股、锈蚀、松动现象	台风季节前常规维护一次，台风季节后巡检一次
	塔（杆）基、塔脚与支架、杆检查	塔基、杆基无裂缝，塔脚包封良好、无锈蚀现象，支架、支杆无附挂物	
	垂直检查	铁塔中心垂直倾斜度≤1/1500	
		各方位钢构件整体弯曲≤1/1500	
		塔身每段上下层平面中心线偏差≤层间高/1500	
	塔身（桅杆）紧固件紧固	无松动现象	
	塔体（桅杆支架）防腐、防锈处理	无锈蚀现象	台风季节前常规维护一次

续表

维护检测项目		质 量 要 求	周 期
铁塔（桅杆）	螺栓型号及紧固度检查	螺栓型号正确，无松动，外露丝扣应为3～5扣螺纹长；螺栓紧固，扭距应符合设计图纸要求	台风季节前常规维护一次
		无锈蚀的螺栓	
	塔体（杆体）镀锌检查	无锈蚀、附着性好；镀锌层厚度≥86μm（镀锌件厚度≥5mm）；镀锌层厚度≥65μm（镀锌件厚度≤5mm）	
	走线架与爬梯检查	从桅杆到封洞板的走线架连续；室外所有走线必须有走线架；高于4m的桅杆有爬梯或角钢；室外走线架宽度不小于0.4m，横挡间距不大于0.8m，横挡宽度不小于50mm，横挡厚度不小于5mm；室外爬梯牢固可靠，进行除锈、防锈处理，有预防攀爬装置	
	塔灯检修	电源电缆固定，两端铁护套接地良好，塔灯正常	台风季节前常规维护一次，台风季节后巡检一次
	天线避雷检查	天线处于避雷针45°保护角内	
	房顶塔、拉线塔屋面防漏修补	屋面无开裂、渗漏	
	周围环境检查	周围无不安全因素；拉线地锚及附近的地形土质无变化	
	清理平台、场地	平台上无遗留物、场地干净，屋内排水沟、地漏通畅	
天馈系统	检查并记录天线水平方位角、垂直俯仰角，并按要求进行校准	与要求的角度一致（方位角安装误差小于5°，同扇区方位角不小于1°，俯仰角安装误差小于1°），并记录到统一的数据库中	台风季节前常规维护一次，台风季节后巡检一次
	天线支架、抱箍检查	牢固、清洁、无锈蚀现象，天线上下抱箍中心偏差≤0.5cm	
	天线检查	无损坏、漏水现象，且较为干净；天线正前方无建筑物遮挡	
	尾线、馈线接头的检查	无松动、漏水现象	
	馈线接头的检查	接触密封良好，无积水现象	
	扎带的检查	整洁、牢固	
	馈线外形检查	无变形、扭曲现象，发现问题，及时上报，并做进一步的处理	
	小跳线的检查	馈线接头处的小跳线有活动余量，接头附近10cm保持笔直。小跳线的最小弯曲半径大于10cm（连续弯曲大于20cm）；小跳线固定捆扎在桅杆或悬壁上	
	避雷针、避雷针引下线的连接检查	牢固、可靠、无锈蚀；楼顶铁塔避雷针应和建筑物防雷地就近焊接不少于两处，并与地网连接	
天馈系统	避雷器的检查	7/8"馈线及电调天线需安装避雷器，且工作正常	全年一次
	接地电阻测试	小于10Ω	
	数据库的建立完善	至少应包含的项目有铁塔、天线、馈线和接地系统的基本数据，如塔高、塔型、馈线型号、馈线长度、天线型号、天线方位角、天线俯仰角、天线水平间隔、天线垂直间隔和接地电阻测量值等	
天馈系统	螺栓、螺母检查	牢固、无锈蚀现象	台风季节前常规维护一次
	馈线编号标注	正确、清晰	
	馈线测量登记	数据正确，并记录到统一的数据库中	
	馈线卡的检查	无松动、跌落现象；室外间距小于0.8m，室内小于0.6m	
	馈线整理	馈线分层排列，做到整洁、紧密、均匀、安全、可靠；馈线应防止被金属或坚硬物碰撞，以免发生变形或损坏表面橡胶馈线的最小半径为12cm（连续弯曲大于36cm），入室处有回水弯，且有封洞板，封洞板上的孔洞应密封	
	驻波比的检查	天馈线驻波比小于1.4	

续表

维护检测项目		质 量 要 求	周　　期
天馈系统	馈线接地检查	小于 10m，允许一点接地；小于 20m，允许两点接地；小于 60m，三点接地；超过 60m，必须增加接地点，每 20m 增加一点接地。接地牢固、可靠、无锈蚀；接地线头做好铜鼻子，用螺栓紧固在接地汇集线（最后点接地）或走线架上	台风季节前常规维护一次
	地网和接地汇集线/排检查	地网和接地汇集线（接地排）无损坏，固定牢固，室外接地汇集线固定在封洞板边	
	接地引入线和接地线检查	接地引入线和接地线连接牢固、可靠；螺栓无锈蚀；标签齐备，清晰；线径符合要求（引入线为 95mm^2），走线整齐，固定和绑扎符合要求；接地线不得复接	
	铁塔（桅杆）与天馈系统故障和异常情况的处理	故障抢修时限为 24h	按需
	网络调整和优化时的零星工程	—	

2. 铁塔（桅杆）安装维护技术规范

确定安装维护技术规范的目的是要明确铁塔（桅杆）的施工维护质量要求。

（1）质量标准

① 铁塔（桅杆）牢固接地，直接接入地网或直接就近接入接地环，接地点不少于两处。

② 高度超过 3m 必须有专门的加固拉线或三脚架。

③ 加固拉线或三脚架必须与天线距离 3～5 个工作波长。

④ 天线正前方不能有拉线或角架。

⑤ 桅杆底部要用水泥浇铸。

⑥ 高度超过 3m 的桅杆必须有维护用的爬梯。

⑦ 镀锌层大件≥86μm，小件≥65μm。电镀应采用热镀锌，表面用防锈漆覆盖。

⑧ 铁塔（桅杆）需坚固，且可靠固定。铁塔（桅杆）上每米应有一个固定馈线的角铁。

⑨ 铁塔（桅杆）顶部若有避雷针，则应直接就近接入地网。

⑩ 桅杆低于 3m 的部分建议用 80mm 钢管，高于 3m 的部分建议用 50mm 钢管。钢管的管壁厚度应满足相应的国家标准。

（2）除锈、防锈技术规范

确定除锈、防锈技术规范的目的是保证铁塔（桅杆）系统的质量。技术规范如下所述。

① 走线架等固定金属物的除锈、防锈。

清除表面锈斑：用钢刷清除表面锈层；用去锈剂清洗表面锈痕；用汽油清洗前一步骤部位（有明火或其他危险设施处不能用）；用干净的棉布擦干。

防锈处理：仔细用毛刷或其他工具将防锈漆均匀地涂在保护部位，不能留有暴露在空气中的金属部分。

② 接地线的除锈、防锈。

清除表面氧化层和锈斑：将螺钉分离开；用打磨机将接触部分打磨去锈；用去锈剂去锈；用汽油清洗前一步骤部位（有明火或其他危险设施处不能用）；用干净的棉布擦干。

防锈处理：涂上导电胶；安装固定；表面涂银粉漆。

③ 需要的工具及材料。

所需工具及材料有钢刷、打磨机、防锈漆、汽油、干棉布、导电胶、银粉漆及除锈剂。

④ 锈痕严重的部件需更换。

3. 接地和避雷系统安装维护技术规范

确定接地和避雷系统的安装维护技术规范的目的是提高接地避雷的质量，防止雷击对设备造成损伤。主要技术名词含义如下。

① 接地装置：接地体和接地线的总和。

② 防雷装置：接闪器、引下线、接地装置、过电压保护器及其他连接导体的总和。

③ 雷电感应：雷电放电时，在附近导体上产生的静电感应和电磁感应，可能使金属部件间产生火花。

④ 电磁感应：由于雷电迅速变化，其周围空间产生的瞬变的强电磁场可以使附近导体感应出很高的电动势。

⑤ 雷电波侵入：由于雷电对架空线路或金属管道的作用，雷电波可能沿着这些管线侵入屋内，危及人身安全或损坏设备。

接地和避雷系统的安装维护质量标准如下。

① 雷电侵入波可以沿低压线路或空金属管道进入室内，所以室内接地必须与室外接地分开。

② 接地体尽量用较短的引线，避免产生接触电压，长引线需加接地环。

③ 联合接地指避雷针的接地装置、天馈线的接地装置、室内接地装置连接在一起。

④ 避雷针的接地引线不能与天馈线的引线直接相连。

⑤ 避雷接地的地阻远小于馈线管的直流电阻，可以使接地路由最短，接地连接引线可以变通、连接在一起。

⑥ 基站设备的接地不能与供电电源的接地连在一起。

⑦ 在楼顶的铁塔（桅杆），避雷地线接入楼顶建筑物的接地网。

⑧ 被避雷器保护的设备的接地引线应与避雷接地引线分开。接入地网时，与避雷接地的连接线间的距离 $S_d \geqslant 0.1h_e$（h_e：天线有效高度）。

⑨ 机房屋顶若没有避雷带，机房周围最好埋设闭合接地环，使机房的地电位均衡分布和缩短接地引线。

⑩ 单独接地，可延长避雷器的使用寿命。

⑪ 避雷针应热镀锌或涂漆。

⑫ 馈线的接地必须连接到防雷电感应接地装置上。

⑬ 避雷针保护的区域范围如表 8-7 所示。

表 8-7　避雷针保护的区域范围

防　雷	避雷针高度（m）/ 保护角（°）/ 滚球半径（m）	20	30	45	60
I	20	25	*	*	*
II	30	35	*	*	*
III	45	45	35	25	*
IV	60	55	45	35	25

注：表中“*”表示在这些情况下要采用避雷网。

⑭ 雷击时，接地引线在拐弯处会产生很强的电磁推力，所以避雷针与被保护天线应保持一定空间距离，以免避雷针上落雷时造成对天线的反击。空间距离 $S_k \geqslant 0.3R_{ch}+0.1h$。$R_{ch}$ 为冲击接地电阻，h 为天线的有效高度。空间距离小于 5m 时取 5m。

⑮ 避雷针与避雷接地引线的接触长度不短于其直径的 10 倍。

⑯ 每根桅杆接地应就近接至楼顶避雷带。

⑰ 落地塔时，其铁塔地网与机房地网间应每隔 3～5m 相应焊接连通一次，连接点不少于两点。其地网面积应延伸到塔基四角 1.5m 以外的范围，网格尺寸应不大于 3m*3m，其周边为封闭式。

⑱ 7/8"馈线第一接地铜排位置在沿主馈线走线方向距桅杆 1m 处。

⑲ 馈线的接地应避免在拐弯处，应顺走线方向。馈线一般要求 3 点接地（最好做在垂直部分），首尾两点，中间一点。如果两点间超过 60m，必须增加接地点；如果小于 20m，允许两点接地；如果小于 10m，允许一点接地。接地排和接地线连接处要事先清除油漆。接地线与防雷接地铜排连接处要使用铜鼻子，并用螺栓固定连接，并进行防氧化处理。接地线与馈线的连接处一定要用防水胶和防水胶带密封，进行防水处理。馈线水平走线，接地线必须有回水弯，可以适当考虑美观，减少弯度。馈线垂直走线，接地线可以不要回水弯。接地线不得从封洞孔内穿过。

⑳ 接地铜牌的材料建议采用紫铜。

㉑ 接地电阻必须小于 10Ω。

㉒ 楼顶铁塔避雷和建筑物钢筋分别就近焊接。

4. 馈线防水胶带缠绕标准

馈线防水胶带缠绕标准的确定可有效防止接头及馈线接地处进水，具体如下。

① 接头防水分下述 3 个层次。

- 接头紧固后用绝缘胶带将接头金属全部包裹，缠绕来回 3 层，每层向外扩展约 10mm。
- 用烂泥胶将胶带部分紧密包裹缠绕，来回 3 层，每层向外扩展约 10mm。
- 用宽胶带紧密缠绕，来回 3 层，每层向外扩展约 10mm，最外层胶带必须从下向上包裹，缠绕结束后，两边超过接头部分至少 10cm。

② 馈线的接地防水分下述 3 个层次。

- 先用绝缘胶带缠绕接地夹及馈线外露金属部分。
- 再剪几块烂泥胶，在接地引线接馈线端顶头包裹一层均匀的烂泥胶，相对应的馈线处也包裹一层烂泥胶；紧压接地引线，使两处的烂泥胶融合在一起；在接地引线有金属凸处先包裹一层烂泥胶。来回缠绕 3 层。
- 整个部位连续包裹 3 层烂泥胶，超出两端 10cm。
- 用宽胶带紧密缠绕，最外层胶带必须从下向上包裹。

③ 包裹好的防水部位不可靠近尖锐金属体。

④ 使用烂泥胶、胶带不能在低于−18℃时进行。

5. 馈线接头制作技术规范

本规范用于明确馈线接头的制作要求，可减少馈线驻波，提高系统运行质量，内容如下。

① 认真阅读每个接头的制作说明。

② 按说明书上的要求准备各种工具，最好使用制作接头的专用工具。

③ 严格按说明要求步骤逐步检查。

④ 安装接头前必须将接头部件馈线顺直约 1m，以保证接头与馈线导体结合紧密。

⑤ 锯截馈线时必须将锯截处向下倾斜，以免锯屑滑入导管。

⑥ 锯截等刀具必须保持在最佳工作状况，一般做 2～3 个接头就要更换刀具。

⑦ 每次锯截馈线都必须清除截口处毛刺，以防损伤接头和导致接触不良。例如 HUNER+SUHNER-CH9100 避雷器接头，内导管伸出截口平面 6mm，外导管喇叭口与接头接触需平滑、紧密，紧固时要保持接头前端不动，旋转后半部紧固。再例如 ANDREW-L45Z 接头，紧固时分两次，第一次紧固后需拧开接头，将喇叭口毛刺清除干净，然后方可进行最终紧固。

⑧ 紧固工具最好用力矩扳手，力矩大小每次都要满足说明书要求。

⑨ 接头的防水要严格按要求进行。

若用胶带防水，按胶带防水的步骤进行；若用冷缩管，则按该产品的要求进行。

6. 馈线走线技术规范

馈线走线技术规范的实施可提高走线质量，有助于减少馈线对天馈系统的不利因素，内容如下。

① 馈线走线原则：馈线走线必须整齐有序，简洁，尽量避免拐弯；接地必须可靠；入室必须有回水弯；接地必须有严格的防水措施。

② 馈线的接地：馈线的接地一般是 3 点接地，首尾两点，中间一点。如果馈线总长超过 60m，必须增加接地点；如果小于 20m，允许两点接地；如果小于 10m，允许一点接地。第一接地点的位置应在沿主馈线走线方向距桅杆或抱杆 1m 处，最后接地点的位置在馈线入室前端的走线架上。接地点不要选在馈线弯曲变形压力较大的地方，例如弯曲点不应选为接地点。接地线尽可能不弯曲，顺馈线走线。接地线的馈线端要高于接地排端。接地线与接地排的接触要有两点。接地线不得从封洞孔内穿过。接地处的接地电阻必须满足要求。馈线接地与馈线连接处一定要用防水胶和防水胶带密封或进行其他可靠的防水处理。馈线水平走线，接地线要有回水弯；馈线垂直走线，可以不要回水弯。

③ 馈线的固定：馈线必须连续固定；用专用馈线卡固定，两固定点间的距离不大于 0.8m；馈线卡必须固定在牢固、合格的走线架上，馈线卡需整齐，同一组馈线卡尽量一致；不同组的馈线卡的间距应一致。

④ 馈线走线：应满足表 8-8 所示要求。馈线的弯曲角度应不小于 90°，最好大于 120°；且拐弯后，要立即固定；拐弯要舒缓、流畅。馈线施工时，需有专用施工工具吊线；不能直接在地面上拖动。馈线应防止被金属或坚硬物碰撞，以免发生变形或损坏表面橡胶。

表 8-8　不同种类馈线的弯曲半径

馈 线 种 类	最小曲率半径（重复弯曲）（mm）	最小曲率半径（单次弯曲）（mm）
1/2"	200	100
7/8"	360	120
15/8"	800	400

⑤ 馈线的回水弯。

馈线入室处必须有回水弯，回水弯的底部与入室端口的水平高度要低于 10cm，回水弯的弧度要流畅。同组馈线的回水弯要互相固定。馈线入室必须要用密封圈防水，入室后必须有较好的固定。

⑥ 馈线首尾必须悬挂与天线对应的天线标牌。

7. 天线安装维护技术规范

明确天线安装维护技术规范是为了提高馈线走线质量，减少馈线对天馈系统的不利因素，内容如下。

① 天线安装俯仰角在天线网络规划指定的角度内，精度为±1°；ALLGON 天线按要求自然调整到 3°。

② 天线的最小隔离度是与该天线垂直方向最近的天线的距离。测量时，用卷尺或测绳。特殊情况可用目测，精确到米，但必须注明是“目测”。天线间的最小隔离度为 1.1m。

③ 天线水平隔离度：与该天线水平方向最近的天线的距离。测量时，用卷尺或测绳。特殊情况可用目测，精确到米，但必须注明是“目测”。分集接收天线水平间距取决于天线高度，近似公式为 $d \approx 0.11 \times h_e$，$h_e$指天线的有效高度。

④ 天线安装相对高度为楼高与铁塔或平台高度总和，若相同小区的天线处于不同高度，要在报告中注明。

⑤ 天线应安装在天线网络规划指定高度内，准确度为±2m。

⑥ 天线组装必须按说明书严格执行。

⑦ 天线安装牢固：可用手摇晃测试其安装强度。用扳手对附件逐一校准，再用手摇晃，无松动即可。

⑧ 检测天线平面是否变形，调整天线俯仰角时，必须先将上、下两组紧固螺栓旋松，尤其应注意 ALLGON 天线。用水平仪取天线上、中、下 3 点测量确认。

⑨ 天线接地：Deltec 天线特有的，用于天线调整控制线的接地。

⑩ 天线的避雷：应严格按天馈系统的避雷标准执行。

⑪ 天线极性与馈线标号的对应关系：一个扇区的 1、3 号馈线接于垂直极化或+45° 极化端口；将 2、4 号馈线接于水平极化或−45° 极化端口。

⑫ 天线的挂牌标志对应关系：a—b—c。其中，a 指扇区，b 指天线顺序，c 指天线极化方向。这些都与相应的馈线对应。

⑬ 电调天线的特殊工艺要求：控制线必须安装避雷器，每个避雷器必须有独立的接地，用绿色（线径 2mm）的接地线。避雷器的安装尽量靠近窗口，接地引线尽可能短。避雷器的接地引线要每 0.5m 有一个扎带固定。

⑭ 天线的位置要求：天线要求离开导体距离大于 0.6m，全向天线的距离要大一些；靠近全向天线的圆柱形导体最好用微波吸收材料包裹。

⑮ 天线接头的防水：天线接头与尾线接头要接触紧密，用防水胶带包裹，包裹方法按标准执行。

⑯ 天线性能要求：安装的天线要有合格证；安装的天线要能提供完整的参数，如驻波比（天线输入端口的驻波比）、方向图（同一型号的方向图）、极化特性、频带响应（天线的工作频率带宽度）。定向天线驻波比应小于 1.3，全向天线驻波比应小于 1.4。

- 方位角的定义：正北为零度，顺时针方向为正，不取负值，用指南针测量。根据实际情况划为 3

个扇区。一般根据当地的频点规划设计制定。

- 俯仰角的定义：电调俯仰角为 Deltec 天线的专有参数，须用专用工具测量，精确到小数后一位。（未装控制线的天线用螺杆手动进行调试）。机械俯仰角为天线的轴向与竖直方向之间的夹角。

合计俯仰角为电调俯仰角（包括内置角度）与机械俯仰角之和，也就是天线的俯仰角。

8. 天线尾线安装维护技术规范

天线尾线的安装维护规范用于规范对天线尾线的维护，内容如下。

① 尾线的物理特性：尾线的阻抗为 50Ω；长度建议不大于 2m，塔上不大于 3m；最小弯曲半径为 0.2m。尾线必须是专用的室外线。

② 尾线的防水：至少有 3 层；防水胶带最外层必须是宽胶带；绕法按标准缠绕。

③ 尾线的固定：至少有两点固定。尾线与桅杆或悬臂固定绑扎：3m 桅杆用扎带绑扎；6m 桅杆若有固定角铁，则用馈线卡固定；6m 桅杆若无固定角铁，则用桅杆卡固定。尾线固定不要直接与铁体相接触（防止桅杆或角铁上的毛刺损坏尾线）；尾线要留有一定余量，以方便维护；尾线在与天线底部 3 个工作波长内的距离要整齐，与天线底部垂直。

④ 尾线的驻波比：尾线与馈线处的接头驻波比应小于 1.3。

8.3.3 电源、空调系统的维护规程

1. 设备管理

（1）电源设备的分类

电源设备主要包括交流高/低压变配电设备、直流配电设备、交流稳压器、整流器、DC-DC 变换器、逆变器、蓄电池及发电机组等。

空调设备包括集中式（中央）空调设备、专用空调和其他空调设备等。

（2）设备的管理原则

设备管理的基本原则是要经常保持所有电源、空调设备处于完好状态。判定标准：机械性能良好；电气特性符合标准要求；空调设备的制冷系统、空气处理系统正常；运行稳定、可靠；技术资料、原始记录齐全。

设备管理的目标是努力实现无人值守，保持设备和机房具备无人值守的条件，即设备稳定可靠，具有较完善的自动功能、实施故障诊断及保护功能。在监控管理中心能监视电源设备和系统的运行状态，并能对备用设备进行开/关及转换。安装在无人站的主要设备应具备工作和故障的遥信功能。机房应密封，温/湿度自动控制，当温/湿度达到告警设定值时发出告警信号。建立严格的机房维护管理制度。塔灯、烟雾、门开关等告警装置可靠。维护中心应有抢修障碍的交通、联络工具和必要的工具、仪表及足够的备品备件。

设备的调拨、转让、报废、拆除等均应遵照有关固定资产管理办法执行。

新装或大修后的设备均应组织相关部门进行工程验收，验收合格办理交接手续后，方可投入试运行。如果在试运行 3 个月期间出现问题，由工程主管部门负责协调处理，试运行合格后方可正式投产使用。

现用、备用或停用的设备均应保持机件、部件和技术资料完整，不准任意更改设备的结构、电路或拆用部件。

设备的结构、电路性能等需要更改时，应拟订方案，经主管领导同意后上报省公司审批。未经批准，不得更改。设备的结构、性能变更后，应经过试运行，由主管部门组织技术鉴定，合格后方可投入使用。图纸资料应及时记入机历簿。

在机房进行扩建、更新或大修工程时，维护部门应实时监护，确保安全供电。

割接电源设备时应制订周密的割接方案和应急措施，在主管部门领导下，相关的工程、维护人员配合实施。

设备更新宜与扩容或改造工程同时进行。更新设备的选型应由省级运行维护部门管理。交流高/低压变配电设备、直流配电设备、整流器、UPS、发电机组及空调设备应具有标准的通信接口，提供通信协议，以方便对电源、空调设备的集中监控和管理。

设备和主要仪表应建立机历簿，调拨时应随机转移。设备的结构、性能需要更改时，其图纸、资料应记入机历簿。技术主管部门要经常检查设备的使用和维护情况。

（3）设备的更新周期

设备因使用年久或其他原因经维修达不到质量要求时可提出更新计划。设备更新周期：油机发电机组累计运行小时数超过大修或使用 10 年以上；全浮充供电方式的阀控式密封蓄电池使用 8 年以上或容量低于 80%额定容量；高频开关整流变换设备使用 12 年；交/直流配电设备使用 15 年；太阳能电池使用 20 年；集中式（中央）空调使用 12 年；专用空调使用 8 年；基站柜式空调使用 8 年。

未到规定使用年限，但设备损坏严重的情况下，若要更新，应经过技术鉴定，专题报批。

对已到更新时间的设备，经过检测性能仍良好者，需经主管部门批准，方可继续使用。

2. 供电质量标准

直流电源电压变动范围、杂音电压和全程最大允许压降应符合表 8-9 所示要求。

表 8-9　　直流电源电压变动范围、杂音电压和全程最大允许压降要求

标准电压（V）	电信设备受电端子上电压变动范围（V）	杂音电压（mV）①			供电回路全程
		衡重杂音	峰一杂音	宽频杂音（有效值）	最大允许压降（V）
−48	−40～−57	≤2	400mV 0～300Hz	<100mV 3.4～150kHz <30mV 150kHz～30MHz	3
−24	−21.6～−26.4②	≤2			1.8
−24	−19～−29	≤2			2.6
+ 24	+19～+29	≤2			2.6

注①：−48V 电压的离散频率杂音电压允许值：（有效值）

- 3.4～150kHz，≤5mV 有效值；
- 150～200kHz，≤3mV 有效值；
- 200～500kHz，≤2mV 有效值；
- 500kHz～30MHz，≤1mV 有效值。

注②：此项针对以前带尾电池的−24V 电源供电系统而言。

直流供电回路接头压降（直流配电屏以外的接头）应符合以下要求，或温升不超过允许值。

1000A 以上，每百安培≤3mV；1000A 以下，每百安培≤5mV。

交流市电电源供电标准应符合表 8-10 所示要求。

表 8-10　　交流市电电源供电标准

标称电压（V）	受电端子上电压变动范围（V）	频率标称值（Hz）	频率变动范围（Hz）	功率因数	
				100kVA 以下	100kVA 以上
220	187～242	50	±2	≥0.85	≥0.90
380	323～418	50	±2	≥0.85	≥0.90

交流油机电源供电标准应符合表 8-11 所示要求。

表 8-11　　交流油机电源供电标准

标称电压（V）	受电端子上电压变动范围（V）	频率标称值（Hz）	频率变动范围（Hz）	功率因数
220	209～231	50	±1	≥0.8
380	361～399	50	±1	≥0.8

三相供电电压不平衡度不大于 4%。电压波形正弦畸变率不大于 5%。

各类通信局（站）联合接地装置的接地电阻值应符合表 8-12 所示要求。

表 8-12　　通信局（站）联合接地装置的接地电阻值要求

通信局（站）名称	接地电阻值（Ω）
综合楼、国际局、汇接局、万门以上程控交换局、2000 线以上长话局	<1
2000 门以上 1 万门以下的程控交换局、2000 线以下长话局	<3

续表

通信局（站）名称	接地电阻值（Ω）
2000 门以下程控交换局、光缆端站、载波增音站、卫星地球站、微波枢纽站	<5
微波中继站、光缆中继站、移动通信基站	<10
微波无源中继站	<20（当土壤电阻率大时，可到 30）
电力电缆与架空电力线接口处防雷接地	<10（大地电阻率小于 100Ω · m）
电力电缆与架空电力线接口处防雷接地	<15（大地电阻率为 100～500Ω · m）
电力电缆与架空电力线接口处防雷接地	<20（大地电阻率为 501～1000Ω · m）

供电质量、接地电阻值达不到规定要求或不能保证通信质量和设备安全时应查明原因，并采取有效措施予以解决。

3. 蓄电池的维护

（1）蓄电池室的要求

阀控式密封蓄电池（简称密封电池）宜放置在有空调的机房（房间有定期通风装置），机房温度不宜超过 30℃，不宜低于 5℃。一般不专设电池室，蓄电池与通信设备同室安装。

（2）蓄电池的一般维护

每组至少选两只标示电池，作为了解全组工作情况的参考。

不同规格、不同年限的电池禁止在同一直流供电系统中使用。

（3）蓄电池的充放电

密封电池在使用前不需初充电，但应补充充电。补充充电应采取恒压限流充电方式，充电电压应符合说明书规定。一般情况下，环境温度在 25℃时补充充电的电压和充电时间如表 8-13 所示，环境温度降低，则充电时间应延长；环境温度升高，则充电时间可缩短。

表 8-13　　补充充电的电压和充电时间（25℃）

单体电池电压（V）	充电时间（h）
2.3	24
2.35	12

密封电池组浮充电压有两只以上低于 2.18V，或者搁置不用时间超过 3 个月时需充电。

蓄电池充电终止的判断依据：蓄电池的充电量一般不小于放出电量的 1.2 倍，当充电电流保持在 1mA/AH 左右不再下降时，视为充电终止。

蓄电池的容量测试及放电测试：蓄电池组经过一段时间的使用后，常因活性物质脱落变质、正极栅格腐蚀或硫化等原因，容量逐渐减低。为了掌握蓄电池的工作状况，确认市电停电后蓄电池的保证放电时间，必须进行容量测试及放电测试。每年应以实际负荷做一次核对性放电试验，放出额定容量的 30%～40%。每三年应做一次容量试验，使用六年后宜每年一次。蓄电池放电期间，应使用在线测试装置适时记录测试数据，或每小时测量并记录一次端电压和放电电流。

（4）蓄电池的浮充运行

全浮充制供电方式：蓄电池平时处于浮充状态；蓄电池的电压（25℃时）（密封电池按说明书规定）浮充时全组各电池端电压的最大差值不大于 0.05V。

4. 维护周期

蓄电池维护周期如表 8-14 所示。

表 8-14　　蓄电池维护周期表

周　期	交换局及其他局（站）	基站及光缆无人站
月	全面清洁	
	测量各电池端电压和环境温度	
	检查连接处有无松动、腐蚀现象	

续表

周　　期	交换局及其他局（站）	基站及光缆无人站
月	检查电池壳体有无渗漏和变形	
	检查极柱、安全阀周围是否有酸雾、酸液逸出	
季	充电	测量各电池端电压和环境温度
		充电
半年		全面清洁
年	测量馈电母线、电缆及软连接接头压降	
	核对性放电试验	核对性放电试验（两年一次）
	校正仪表	
	容量试验（三年一次）	

5. 变流设备的维护

变流设备包括相控整流器、开关整流器、UPS、变换器和逆变器。

变流设备应安装在干燥、通风良好、无腐蚀性气体的房间，室内温度应不超过30℃。高频开关型变流电源设备宜放置在有空调的机房，机房温度不宜超过28℃。

变流设备维护一般要求：输入电压的变化范围应在允许工作电压变动范围之内；工作电流不应超过额定值，各种自动、告警和保护功能均应正常；宜在稳压并机均分负荷的方式下运行；要保持布线整齐，各种开关、熔断器、插接件、接线端子等部位应接触良好、无电蚀；机壳应有良好的接地；备用电路板、备用模块应每年试验一次，保持性能良好。

开关整流器的维护周期如表8-15所示。

表8-15　　开关整流器维护周期表

周　　期	交换局及其他局（站）	基站及光缆无人站
月	检查告警指示、显示功能	
	接地保护检查	
	检查继电器、断路器、风扇是否正常	
月	测量直流熔断器压降或温升	
	负载均分性能	
	清洁设备	
季	检查直流输出限流保护	
	检查防雷保护	
	检查接线端子的接触是否良好	
	检查开关、接触器件接触是否良好	
半年	测试中性线电流	检查自动功能和三遥功能
		测量直流熔断器压降或温升
		清洁设备
年	测试杂音电压	
	启动冲击电流试验	

6. 变配电设备的维护

（1）基本要求

① 高压室禁止无关人员进入，危险处应设防护栏，并设明显告警牌“高压危险，不得靠近”。各门窗、地槽、线管、孔洞应做到无孔隙，严防水及小动物进入。

② 为安全供电，专用高压输电线和电力变压器不得让外单位搭接负荷。

③ 高压维护人员必须持有高压操作证，无证者不准进行操作。高压防护用具（绝缘鞋、手套等）必须专用。高压验电器、高压拉杆应符合规定要求。配电屏四周的维护走道净宽应保持规定的距离，各走道均应铺上绝缘胶垫。

④ 变配电室需要停电检修时，应报主管部门同意并通知用户后再进行。停电检修时，应先停低压，后停高压，先断负荷开关，后断隔离开关；送电顺序则相反。切断电源后，三相线上均应接地线。

⑤ 继电保护和告警信号应保持正常，严禁切断警铃和信号灯。

⑥ 自动断路器跳闸或熔断器烧断时，应查明原因再恢复使用，必要时允许试送电一次。熔断器应有备用的，不应使用额定电流不明或不合规定的熔断器。直流熔断器额定电流值应不大于最大负载电流的两倍；专业机房熔断器的额定电流值应不大于最大负载电流的 1.5 倍。对于交流熔断器的额定电流值；照明回路按实际负荷配置，其他回路要求不大于最大负荷电流的两倍。

⑦ 引入通信局（站），尤其微波站的变配电设备及交流高压电力线，应采取高/低压多级避雷，每年检测一次接地引线和接地电阻，其电阻值应不大于规定值。

⑧ 交流供电应采用三相五线制，零线禁止安装熔断器。在零线上除电力变压器近端接地外，用电设备和机房近端不许接地。交流用电设备采用三相四线制引入时，零线不准安装熔断器。在零线上除电力变压器近端接地外，用电设备和机房近端应重复接地。

⑨ 电力变压器、调压器安装在室外时，其绝缘油每年检测一次；安装在室内时，其绝缘油每两年检测一次。

（2）低压配电设备的维护

① 低压配电设备包括交流 380V/220V 配电设备和直流配电设备。人工倒换备用电源设备时，需遵守有关技术规定，严防人为差错。定期试验信号继电器的动作和指示灯是否正常。

② 加强对配电设备的巡视、检查，主要内容包括检查继电器开关的动作是否正常及其接触是否良好、熔断器的温升是否低于 80℃、螺丝有无松动、电表指示是否正常。

低压配电设备的维护项目及周期如表 8-16 所示。

表 8-16　低压配电设备的维护项目及周期

周　期	项　目
月	检查接触器、开关接触是否良好
	检查信号指示、告警是否正常
	测量熔断器的温升或压降
月	检查功率补偿屏的工作是否正常
	检查充放电电路是否正常
	清洁设备
年	测量直流供电系统的脉动电压
	检查避雷器是否良好
	测量地线电阻（干季）
	校正仪表

7. 油机发电机组的维护

（1）基本要求

① 机组应保持清洁，无漏油、漏水、漏气、漏电（简称四漏）现象。机组上的部件应完好无损，接线牢靠，仪表齐全，指示准确，无螺丝松动。

② 根据各地气候及季节变化，应选用适当标号的燃油和机油，其机油质量应符合要求。

③ 保持机油、燃油及其容器的清洁，定时清洗和更换（机油、燃油和空气）滤清器。油机外部运转件要定期补加润滑油。

④ 启动电池应经常处于稳压浮充状态，每月检查一次充电电压及电解液液位。

⑤ 市电停电后 15min 内正常启动并供电、需延时启动供电的，应报上级主管部门审批。

⑥ 新装或大修后的机组应先试运行，性能指标都合格后才能投入使用。

（2）移动式油机发电机组的维护

移动式油机发电机组（电站）包括便携式汽油机、拖车式电站和车载式电站。

移动式发电机组不用时，应每个月做一次试机和试车。每个月给启动电池充一次电，保证汽车和油机的启动电池容量充足。检查润滑油和燃油箱的油量，不满的及时补充。每次使用后，注意补充（车和机组）润滑油和燃油，并检查冷却水箱的液位情况。拖车式电站和车载式电站应设有专用车库。作为备用发电的小型汽油机，在运转供电时，要有专人在场，燃油不足时，停机后方可添加燃油。

8. 交流稳压器

根据不同的使用环境，交流稳压器的维护周期有较大的差异，基站和光缆无人站每3个月做一次维护，交换局及其他站每个月做一次维护。

① 使用过程中应定期清扫交流稳压器各部分（清扫时转旁路），特别是炭刷、滑动导轨以及变速传动部件，必须用四氯化碳配合棉布擦干净。机械传动部分及电机减速齿轮箱应定期加油，保持润滑。

② 已磨损严重的炭刷或滚轮需更换。

③ 检查交流稳压器的自动转旁路性能，检查工作和故障指示灯是否正常，若发现有故障或损坏的元器件应及时修理或更换。

④ 交流稳压器在使用一段时间后（2～3月），应适当调整链条的松紧。

9. 机房环境质量标准

（1）电信机房工作条件

电信机房工作条件如表8-17所示。

表8-17　　电信机房工作条件

机房名称	温度（℃）	相对湿度（%）	机房洁净度
程控交换机房	≥B级（18～28）	B级（20～80）（温度30℃）	B级①
一般电信机房②	C级（10～35）	C级（10～90）（温度≤25℃）	B级

注①：机房洁净度B级为直径大于0.5μm的灰尘粒子，浓度≤3500粒/升，直径大于5μm的灰尘粒子，浓度≤30粒/升。灰尘粒子不能是导电的、铁磁性的或腐蚀性的。

注②：一般电信机房是指传输、PCM等机房。

采用空调的电信机房室内在任何情况下均不得出现结露状态。直接放置在程控或计算机等机房的局部空调设备应有地湿报警装置，并在加湿进水管侧的地板上设置地漏。

（2）电源机房环境要求

温湿度要求如表8-18所示。

表8-18　　温湿度要求

机房名称	温度（℃）	相对湿度（%）
油机室	5℃～40℃	≤85%
电力室	10℃～30℃	30%～75%
电池室	5℃～35℃①	≤85%

注①：阀控式密封蓄电池对室温要求较高，宜放在空调机房，温度不宜超过30℃。

环境噪声的要求如表8-19所示。

表8-19　　环境噪声的要求

类别	区域	白天（dB）	夜间（dB）
0	疗养区、高级别墅和宾馆区	50	40
1	居住、文教机关区	55	45
2	居住、商业、工业混杂区	60	50
3	工业区	65	55
4	交通干线道路两侧区	70	55

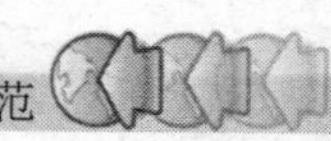

测量点选在距任一建筑物的距离不小于 1m，传声器距地面的垂直距离不小于 1.2m 处。

另外，电源机房防火应符合“一类民用建筑设计防火规定”。重要的信局（站）和无人值守的电源机房应备好消防设施，保证火灾自动检测和告警装置及配备的灭火装置始终完好、正常。

机房内应无爆炸、导电的物体，无电磁和尘埃，无腐蚀金属、破坏绝缘的气体。

变电站和其他电源机房门窗、地槽、孔洞及线管等所采取的防小动物进入室内的措施完好。

在地震区的通信局（站），应保证电源设备安装所采取的抗震加固措施完好。

10. 空调设备的维护

（1）机房空调技术要求

① 电信空调机房一般要求：电信机房环境要求房间密封良好（门窗密闭防尘，封堵漏气孔道等）、气流组织合理、保持正压和足够的进风量；为节约能源，冬天机房温度尽可能靠近温度下限，夏季尽可能靠近温度上限；安装空调设备的机房不准堆放杂物，应环境整洁，设备周围应留有足够的维护空间。

② 空调技术要求：设备应有专用的供电线路，电压波动不应超过额定电压的−10%～+10%，三相电压不平衡度不超过电压，波动大时应安装自动调压或稳压装置；设备应有良好的保护接地，与局（站）联合接地可靠连接。使用的润滑油应符合要求，使用前应在室温下静置 24 h 以上；加油器具应洁净，不同规格的润滑油不能混用；空调系统应能按要求自动调节室内温湿度，并能长期稳定工作，有可靠的报警和自动保护功能；集中监控系统应能正确及时反映设备的工作状况和报警信息，具有分级别控制的功能。

（2）普通空调设备的维护

基站内安装的普通空调设备应能够满足长时间运转的要求，并具备停电保存温度设置、来电自动启动功能。使用普通空调应注意以下内容。

① 勿受压，空调器外壳是塑料件，受压范围有限。若受压，面板变形，影响冷暖气通过，严重时更会损坏内部重要元件。

② 换季不用时清扫滤清器，以免灰尘堆积影响下次使用；拔掉电源插头，以防意外损坏；干燥机体，以保持机内干燥。室外机置上保护罩，以免风吹、日晒、雨淋。

③ 重新使用时检查滤清器是否清洁，并确认已装上；取下室外保护罩，移走遮挡物体；冲洗室外机散热片；试机检查运行是否正常。每月进行一次来电自启动功能试验。

11. 防雷与接地

① 通信局（站）应考虑防雷设施和接地，接地电阻值应满足要求。接地系统均应采取联合接地。

② 交流供电系统的高压引入线、高压配电柜、低压配电柜、调压器、UPS、油机控制屏设备均应安装避雷器，一个交流供电系统中应考虑多级避雷措施。

③ 基站内应在交流引入侧安装浪涌抑制器，其雷击告警应通过转换接点纳入集中监控系统。

④ 直流供电系统的整流器、控制器应安装浪涌抑制器。集中监控系统设备本身也应采用防雷装置。

⑤ 维护人员应通过集中监控系统注意浪涌抑制器的告警状态。对于浪涌抑制器没有纳入集中监控系统的局（站），维护人员下站维护时，应注意观察浪涌抑制器的雷击告警指示灯状态。若发现有雷击告警，应及时更换该局（站）的浪涌抑制器。

⑥ 局（站）内各种电源设备及铁件均应接地。

⑦ 每年测量一次接地电阻值并记录，接地电阻值应满足要求，否则应增设新的接地装置。新增的接地装置电阻值应满足要求，并与原有的接地系统相连接。

⑧ 地线系统使用 20 年以上的局（站），即使接地电阻值满足要求，也应增设新的接地装置。新增的接地装置电阻值应满足要求，并与原有的接地系统相连接。

⑨ 对遭受雷击的局（站）应迅速查明原因，并采取相应措施解决。

12. 监控系统的维护

（1）基本要求

对通信电源、机房空调实施集中监控管理是对分布的各个独立的电源系统和系统内的各个设备进行遥测、遥信、遥控，实时监视系统和设备的运行状态，记录和处理相关数据，及时侦测故障，通知人员处理，从而实现通信局（站）的少人或无人值守，以及电源、空调的集中监控维护管理，提高供电系统的可靠性和通信设备的安全性。

监控系统是采用数据采集技术、计算机技术和网络技术以有效提高通信电源、机房空调维护质量的先进手段。

监控系统所涉及的电源设备的维护可参照第 6、7 章所述内容执行。监控系统所监控设备的遥信、遥控、遥测项目按《通信电源、机房空调集中监控管理系统暂行规定》内容执行。

（2）监控系统安全管理

① 安全机制。系统应从主机配置或网络配置上得到双机热备份或各主机之间互为备份的功能，使监控中心系统运行安全。监控系统应有自诊断功能，维护人员应随时了解系统内各部分的运行情况，做到对故障及时反应。非专线方式，通过拨号进入监控主机用的号码资源不对外公开。

② 用户权限。为保证监控系统的正常运行，在区域监控中心（LSC）和集中监控中心（CSC）分别对维护人员按照工作性质分为一般用户、操作管理员和系统管理员，赋予不同的操作权限，并有完善的密码管理功能，以保证系统及数据的安全。

一般用户指能完成正常例行业务的用户，能够登录系统，实现一般的查询和检索，定时打印所需报表，响应和处理一般告警；操作管理员除具有一般用户的权限外，还能通过自己的账号与口令登录系统，实现对具体设备的遥控功能；系统管理员除拥有操作管理员的权利外，还具有配置系统参数、用户管理的职能。系统参数是保障系统正常运行的关键数据，必须由专人设置和管理；用户管理功能实现对一般用户和操作管理员的账号、口令和权限的分配与管理。

所有登录口令均作为机密处理，维护人员之间不许相互打听。系统管理员有必要时可以更改某账号的口令。不同操作人员应有不同的口令，所有系统登录和遥控操作数据必须保存在不可修改的数据库内，并定期打印，作为安全记录。

对于设备的遥控权，下级监控单位具有获得遥控的优先权。对关键设备进行遥控时，应该确认现场无人维修或调试设备；有人员在现场操作设备时，应该通知上级监控单位在监控主机上设置禁止远端遥控的功能，在人员撤离时，通知恢复。

系统所有技术手册、安装手册、软件等资料实行机密保管。

（3）监控系统维护

监控系统设备包括各级监控中心主机和配套设备、计算机监控网络、监控模块及前端采集设备。

① 基本要求。

- 监控中心主机和配套设备应安装在干燥、通风良好、无腐蚀性气体的房间，室内应有防静电措施及空调。
- 监控中心主机和配套设备应由不间断电源供电，交流电压的变化范围应在额定值的−15%～+10%范围内；直流电压的变化范围应在额定值的−15%～+20%范围内。
- 监控中心主机和配套设备应有良好的接地。
- 应保持监控中心主机和配套设备的整齐和清洁。
- 监控系统作为通信电源的高级维护手段，其自身应有例行的常规巡检、维护操作和定期对系统功能与性能指标的测试。
- 监控中心应实行 24 小时值班，日常值班人员应对系统终端发出的各种声光告警立即做出反应。对于一般告警，可以记录下来，进一步观察；对于紧急告警，应通知维护人员处理，若涉及设备停止运行或其他严重故障，影响了网络正常运行，应立即通知维护人员抢修，并通知主管领导。

② 对监控系统做好巡检记录（每月）。

● 监控中心内的服务器、业务台、打印机、音箱和大型显示设备等的运行是否正常；查看系统操作记录、操作系统和数据库日志，是否有违章操作和错误发生。

● 前端采集设备的数据采集、处理及上报数据是否正常。

● 监控中心局域网和整个传输网络工作是否稳定和正常。

● 监控系统的功能和性能指标每季度抽查一次，每半年检测一次，抽查检测过程以不影响供电系统的正常工作为原则。

③ 数据的管理与维护。

● 监控中心每季将数据库内保存的历史数据导入外存后，贴上标签妥善保管，三年后删除。

● 系统配置参数发生改变时，自身配置数据要备份，出现意外时用来恢复系统。

● 系统操作记录数据每季度备份一次，备查。

● 集中监控中心和区域监控中心主机的系统软件有正规授权，应用软件有自主版权，系统软件应有安装盘，在系统出现意外情况下可以重新安装恢复。应具备完善的安装手册、用户手册与技术手册，且整套软件和文档由专人保管。

● 每日、每月、每季和每年打印出的报表装订成册，妥善保管。

13. 无人值守局（站）电源设备的维护

无人值守局（站）是现场不需要有人值班，但要定期巡视检查的通信局（站）。无人值守局（站）绝不是无须对设备和系统进行维护的局站。

（1）电信电源设备实现无人值守的条件

无人值守站应具备的条件：设备稳定可靠，具有较完善的自动功能、实施故障诊断及保护的功能；在监控管理中心能监视电源设备和系统的运行状态，并能对备用设备进行开/关及转换；安装在无人局（站）的主要设备应具备工作和故障的遥信功能；机房应密封，温湿度自动控制，当温湿度达到告警规定值时发出告警信号；建立了严格的机房和维护管理制度；塔灯、烟雾、门禁开关等告警装置可靠运行；维护中心应有抢修障碍的交通工具、联络工具和必要的操作工具、检测仪表。

（2）移动通信基站电源设备的维护

应每季度检查开关电源的工作状况，测量每个蓄电池的端电压。半年检查一次接地系统的状况并记录。按需清洁设备和机房。

8.3.4　机房安全管理

1. 机房管理和安全保密的一般要求

（1）机房管理

对于机房的管理，应设置兼职安全员岗位；应设置灭火装置，各种灭火器材应定位放置，定期更换，随时有效，人人会使用；保持设备排列正规，布线整齐；应配备仪表柜、备品备件柜、工具柜和资料文件柜等，各类物品应定位存放；门内外、通道、路口、设备前后和窗户附近不得堆放物品和杂物，以免妨碍通行和工作；认真做好防火、防雷、防冻、防鼠害工作；无人值守机房必须安装环境监视告警装置，并可将告警信号送到监控管理中心；维护人员应严格执行机房管理细则。

（2）安全保密

维护人员应严格遵守技术安全和通信保密规定，图纸、资料不准擅自带出机房。非本单位人员进入机房，需经主管部门同意，并持保卫部门的证明文件办理登记手续。维护人员值班时要思想集中，操作正确，确保安全。定期检测专用工具和防护用品。运转机械或带电的裸露部位应装防护罩。检修运行的电源设备时，应防止口袋内或工具袋内的金属材料和工具碰到带电部位。检修设备时不能穿宽大外衣，女职工应戴工作帽。禁止使用金属梯子，不准用电钻在带电的母线上钻孔。高压检修时，应遵守停电—验电—放电—接地—挂牌—检修的程序。清洁带电的设备时，不准采用金属或易产生静电的工具。重要负荷应采用专用保险。

2. 机房和设备的运行安全管理

① 任何可能影响机房安全运行或在机房内实施的各种工程和建设项目，建设方在开工前必须与运建

部门就工程设计或建设方案进行会审，在双方达成书面一致意见后方可开工。运建部门应就此指派相关人员对工程施工进行随工。

② 机房内的各项设备必须严格按照设计要求和运建部门的相关规定进行布置和安装，未经运建部门的书面许可，任何部门和个人都不得在机房内添加、放置和拆卸任何设备、设施或其他装置，不得对设备及其附属设施的安装位置进行调整。

③ 无网络部门的书面入网许可，任何设备不许与现网设备进行连接或联调联测。

④ 机房内的各系统和设备应具备完善的安全技术保障措施和安全防范措施，关键的系统和资料应设置足够可靠的备份和冗余。

⑤ 各机房应建立完善的值班和交接班管理制度，严禁值班人员在机房内从事与工作无关的其他事务。

⑥ 未设置机房动力环境集中监控系统的机房、监控中心、网管中心，未设置自动投合装置的双路高压配电房，不具备无人值守条件的机房和消控中心机房等，必须实行 24h 值班；自动化柴油发电机组运行时，必须有专人定时巡视；应急或临时保障运行的非自动化柴油发电机组、移动发电机组时，必须有专人看护。具备无值守条件的机房必须有人定期巡视。

⑦ 各级安全管理机构应定期对机房和全网进行安全方面的专项检查，对各项安全措施进行定期的性能测试和验证。特别是在重大活动、节假日和恶劣气候到来前，应对机房和网络安全做特别的检查，并加大安全巡视力度，确保各项设备的安全可靠运行。

⑧ 运建部门应指导和组织各相关机房建立完善的系统口令和操作权限管理制度，定期进行口令更新，严禁越权操作。

3. 机房设备的安全操作管理

① 机房内的各项现网设备应有专人负责管理，未经机房主管人员许可，他人不得进行随意操作。

② 任何单位和部门需要在机房现网设备上进行各种查询、开发、调测、升版升级、割接扩容等操作时，必须事先向网络部提交书面申请，并与运建部门签订相应的安全操作责任书，明确各项操作流程和相关责任。现场进行的各项操作必须有运建部门指派的相关人员在场监督方可实施。

③ 各机房应建立完善的安全操作规程和应急操作流程，并在机房醒目位置上墙。对于系统和设备的割接、扩容、升版等操作，应事先制订完善的实施方案和操作流程，并有专人对整个操作过程的每一步骤进行监护。

④ 对在线电源设备的带电检修或维护有可能危及网络运行安全时，应经地市公司运建部门领导批准后方可进行，否则应经机房主管批准；关闭通信设备时，应经运建部门领导书面审批。

4. 机房设备的安全维护管理

① 各机房应建立完善的系统和设备维护责任制度，系统及各项设备都应有专人负责维护。

② 各机房维护人员应严格按照维护规程的要求制订详细的周期性维护检测计划，按时保质保量地完成各项维护检测任务；对系统和设备进行的各项维护、检测操作应严格遵守相关的安全操作规程，杜绝因维护不当而造成通信和人身事故。

③ 对通信系统进行在线查障、维修、检测、更换等维护操作，应严格按照维护规程的有关要求进行，并使用防静电腕套等；更换、存放、搬运各种电路板、计费带、后备带、软盘等，应有完善的防磁、防静电保护设施。

④ 各机房应指定专人定期对系统和设备的各项安全防护措施进行维护和性能检测，确保各项安全防护措施的有效性和可靠性。

⑤ 各机房应针对自身系统和设备制定完善、可靠的故障处理流程，建立规范、系统的故障和隐患管理制度，及时对发现的故障和隐患进行处理和监控，定期组织进行统计、分析，严格执行“三不放过”的故障和隐患管理原则。

⑥ 对机房内的各项设备应配置足够的备品备件，并设立专用的备品备件存放仓库，建立完善的备品备件管理办法，设专人进行管理。

⑦ 各机房应根据日常维护检测需求配置足够的仪表、工具和安全防护用具，建立完善的仪表、工具管理办法，并设专人进行管理。

⑧ 公司应根据自身的网络和维护状况，制定完善、可靠的应急保障措施和制度，并配置足够的应急保障设备；应定期对各项应急保障措施进行演练，定期对各项应急保障设备进行维护检测，确保应急性能的有效、可靠。

⑨ 各机房应建立完整齐全的记录、资料和文档，有专人定期进行系统的整理、汇总和完善保存；对机房内的各种记录、资料、文件、工具、仪表等，未经机房主管的允许不得擅自出借和带出机房，获准使用后应及时归还原处。

5. 机房监控系统的安全管理

① 机房监控系统应设置专人担任系统管理员，具有系统的最高权限，负责对整个监控系统和网络的管理和维护。

② 运建部门应按照对监控系统的不同的处理和管理职能，为每个机房监控的维护人员赋予不同的操作权限和登录口令，并实行严格管理。

③ 监控中心机房应实行 24h 值班制；值班人员应按照交接班制度的有关规定准时交接班，值班期间严禁脱岗，严禁从事与工作无关的其他事务。

④ 值班人员对系统终端发出的各种告警，应根据告警处理流程立即查明原因并做出相关反应。对于涉及设备停止运行、危及全网安全或出现严重事故的告警，应立即组织相关人员抢修并报告主管领导。

⑤ 监控中心值班人员应根据系统数据管理的有关规定，定期对系统的各种检测、统计数据、报表等进行维护，确保系统历史数据的完整性和有效性。

⑥ 监控中心应根据系统维护要求制订周期性维护检测计划，定期对监控系统及安全保障措施进行常规巡检、维护操作和功能、性能测试；计划应落实到每个维护人员。

⑦ 对于监控系统的遥控操作，监控中心应设置严格的权限和口令进行限制，且下级监控单位具有获得遥控的优先权。对关键设备进行遥控操作时，应确认现场无人维修或调试；有人员在现场操作时，应通知上级监控单位在监控主机上设置禁止远端遥控的功能，当人员撤离时，通知恢复。

⑧ 监控系统中的所有计算机均不得安装和使用与监控系统无关的软件，系统使用的所有磁盘、光盘、磁带必须保证无病毒。

⑨ 监控系统不得与其他无关的网络互联，对系统预留的各类互联接口和远程登录接口，应设置专门的登录权限和口令，并定期更换，确保各接口有效受控。

⑩ 监控中心和监控站主机的系统软件应有正规授权，应用软件有自主版权，操作系统和监控软件的安装盘、系统配置参数备份及其安装手册、用户手册与技术手册等应有专人进行管理，整套软件和系统的所有文档应作为机密保管，确保在系统出现意外的情况下能够重新安装恢复。

6. 机房的运行环境要求

机房应保持整齐、清洁，室内照明应能满足设备的维护检修要求，室内温湿度应符合本规程的要求。

① 运建部门应建立完善的机房现场管理制度，对机房的生产现场、安全保障、外来人员进出等进行严格控制。

② 机房内严禁堆放各种易燃易爆物品和其他与生产工作无关的杂物；在工程期间，机房现场应每天清理，设备包装等易燃物应严禁在机房过夜；工程阶段结束后，所有工程余料应及时清理，恢复机房环境整洁。

③ 机房环境应有完善的防静电措施和防尘措施。正常运行时应密闭门窗，机房入口处应设立防尘缓冲带和换鞋区，并备有工作服、工作鞋或鞋套，进入机房必须换鞋或使用鞋套。

④ 机房照明应能满足设备的维护检修要求，并设有可靠的、足够照明亮度的应急照明系统；机房温湿度符合维护技术指标要求。无人值守机房应封闭运行，现场应闭灯或少开灯，并定期对照明设施进行检查，严禁照明系统 24h 运行。

⑤ 机房值班室、备品仓库等应与机房隔离，严禁混处一室；值班室内应配备仪表柜、工具柜和文件资料柜等，各类物品应定位存放；各种相关规章制度、操作流程等应整齐上墙。

⑥ 各机房值班人员应坚守值班岗位，严禁在机房或值班室会客；非机房工作人员非因工作原因不得

随意进出机房，严禁串岗。

⑦ 各机房应在门口设置规范统一的指示标志牌；配电房、变压器房、油机房、油库等特殊的、不允许随意靠近的地方，应设置醒目的警示标志。

7. 机房的安全防范要求

① 机房应配备高灵敏度、高可靠性的感烟、感温系统和安全可靠的气体灭火系统，应配置足够的手动灭火器材和消防应急器材，并有专人定期维护，确保其随时有效；定期组织消防教育和演习，确保维护人员能熟练地使用各种消防设施。

② 机房应确保密闭良好，配电房等特殊机房应在各窗户加装防小动物的格栅，门口应设有防小动物的挡板。各机房的上线孔、空调管道孔、馈线孔等应封堵严密，防止老鼠等小动物进入机房。

③ 机房内应严格做好“四防”以及防雷、防漏、防潮等各项安全防范工作，加强日常巡视力度，并定期进行全面检查。

④ 认真执行机房用电的有关安全规范。属于生产设备专用的 UPS 系统，严禁其他用电设备随意搭接，所有插线板等用电设备应按要求固定安装在墙壁、桌面等醒目位置，严禁随意放置在地板上，严禁在地板下、地槽内、走线架、走线井等隐蔽处随意挂接插线板和其他设备；严禁他人随意触碰和操作的设备，应在醒目位置设置警示标志。

⑤ 未经机房主管人员许可，机房内严禁使用各种电热装置。临时性使用电烙铁等电热装置时，应确保现场受控，人员离开现场时应关闭电源，并放置到安全的地方冷却后方可离开。

⑥ 没有特殊需求，机房内严禁使用明火。经运建部门领导批准，并采取严密的防范措施后，方可在有限的受控范围内动用明火；使用完毕后，应及时扑灭火源，清理现场。

⑦ 机房内应严格执行消防安全规定，所有门窗、地板、窗帘、饰物、桌椅及柜子等都应采用防火材料，柴油机房、油库、电池室等场所的照明系统应采用防爆灯，各类消防设施应齐全，并确保随时有效。

⑧ 各机房应严格执行机房安全保卫制度，外来人员不得随意进入机房。因公原因进入机房，应经运建部门领导的同意，办理相应的登记手续后方可进入。

⑨ 各机房应同时具备移动电话和固定电话两种应急通信手段，确保紧急情况下能与外界保持正常的联系。

⑩ 各机房应在运建部门的统一领导下，建立完善的应急保障制度。机房应模拟各种紧急故障状况，制定有效的应急处理流程，明确相关人员职责，并定期组织机房维护人员进行演练，确保人员都能熟练应对。

8. 机房的保密要求

① 严格遵守通信纪律，增强保密观念，保守通信秘密，不随意增删、泄露相关资料。

② 不准携带秘密文件进入公共场所，不得以任何方式泄露秘密文件。

③ 各种涉及企业机密的图纸、文件等资料应该严格管理，认真履行使用登记手续。

④ 未经机房主管许可，任何人不得在机房内摄影、摄像。

⑤ 所有维护和管理人员，均应熟悉并严格执行安全保密规定。各级领导必须经常对维护人员进行安全保密教育，并定期检查，发现问题及时整改。

小结

基站建设包括规划、勘测、设计、施工等环节。基站勘测需要详尽细致，基站设计要满足覆盖性能要求，基站施工要符合工程建设规范。

基站维护是确保通信畅通的必要程序。基站维护人员应当掌握基站维护的基本内容和工作的基本实施过程、基站维护的基本项目和要求，以及维护安全规范。

基站维护人员在施工前期、施工中都应根据需要参与相关的工作，必须了解工程的相关规定和要求。

基站维护人员在维护和工程随工中都必须注意安全防护。

习题

一、填空题

1．从事塔桅维护等登高作业时，操作人员必须戴好________，扣好帽带，系好________。在作业过程中，安全带应系在________上，作业时应思想集中，服从统一指挥，文明施工。

2．馈线垂直部分长度在 20～60m 以内需三点接地，三点分别在________、馈线中部和________。

3．进行登高作业的维护人员必须持有________证。

4．基站室外安装的供电变压器，应确保________固定，并在醒目位置悬挂“________、________”等警示标志。

5．维护人员应注意区分________、________、防雷接地等的连接情况，避免误操作引起设备的接地悬空而遭雷击。

6．清洁或插拔模块设备时，必须带上________。

二、判断题

1．自建基站的屋顶塔/塔中基站，铁塔的 4 个脚（垂直接地体）和避雷引下线应与塔中基站机房的垂直基础外侧主钢筋在地下焊接。（　）

2．在登高作业中，安全带所系位置需高于人体自身，以防万一滑落时造成冲击伤害。（　）

3．直流钳形电流表是用于测试设备电阻的。（　）

4．基站内部环境的要求：基站内部环境整洁、照明系统正常、用品用具摆放整齐、各种设备内部无明显灰尘，电池组无漏液现象等。（　）

5．开关电源模块表面的污垢不易清除时，可用酒精谨慎清洁。（　）

6．为保持基站通风顺畅，门窗可打开一条缝隙。（　）

7．在工作过程中，维护人员认为自身行为可能危及人身和设备的安全时，需经请示，在确认安全的情况下方可继续工作。（　）

8．强电作业时，测试人员必须有两人以上，一人操作测试，一人监护检查。（　）

9．基站勘测主要包括基站选址和详细勘测两大部分。（　）

10．勘测中应自正南方向起每隔 60°～90°拍摄基站周边环境照一张，不少于 4 张。（　）

三、选择题

1．检测开关电源直流电压和电池电压，使用的万用表精度显示位数必须为（　　）。

A．4 位半　　B．3 位半　　C．5 位　　D．4 位

2．月度巡检时对灭火器的（　　）进行检查。

A．压力　　B．重量　　C．使用期限　　D．喷嘴和软管

3．基站接地系统采用（　　）方式。

A．防雷接地　　B．保护接地　　C．联合接地　　D．工作接地

4．基站内日光灯不宜安装在（　　）。

A．天花板上　　B．天花板与墙之间的墙角

C．设备正上方　　D．工具柜上方

5．基站开关量监控告警输出线端子接至（　　）。

A．BTS　　B．开关电源　　C．蓄电池　　D．BSC

四、简答题

1．基站维护的主要内容有哪些？

2．简述基站维护安全规范。

3．简述基站设备的维护方法。

4．说明基站中如何标识线缆和设备。

5．登塔安全防护措施有哪些？在工作中应用注意哪些问题？

附录 1　驻波比和反射损耗的换算关系

衡量天馈系统匹配情况的两个常用参数：驻波比（Voltage Standing Wave Ratio，VSWR）/回波损耗（Return Loss，RL）。它们之间可相互进行换算：RL=20×lg[(VSWR+1)/(VSWR−1)]。

换算表格如附表 1。

附表 1　驻波比和反射损耗的换算

驻波比	反射损耗（dB）	驻波比	反射损耗（dB）	驻波比	反射损耗（dB）
1.00	0.00	1.10	26.4	1.20	20.8
1.01	46.1	1.11	25.7	1.25	19.1
1.02	40.1	1.12	24.9	1.3	17.7
1.03	36.6	1.13	24.3	1.4	15.6
1.04	34.2	1.14	23.7	1.50	14.0
1.05	32.3	1.15	23.1	1.60	12.7
1.06	30.7	1.16	22.6	1.70	11.7
1.07	29.4	1.17	22.1	1.80	10.9
1.08	28.3	1.18	21.7	1.90	10.2
1.09	27.3	1.19	21.2	2.00	9.5

附录 2　建议开设的实训项目

根据各章的学习任务，建议在各章学习过程中根据设备配备情况开设以下实训项目。

第 1 章　移动通信系统概述

实训项目：基站机房的认知。学习任务：认识基站机房中的各类设备；掌握基站机房中设备的基本配置。

第 2 章　天馈系统

实训项目一：天馈、塔桅系统的认知。学习任务：认识天馈系统的各组成部分；掌握塔桅的类型和结构。

实训项目二：天馈系统的安装。学习任务：掌握天馈系统的安装规范；掌握天线安装方法；掌握馈线安装方法（包括馈线头制作、接地夹安装、防水制作、防雷保护器安装、馈线固定及回水弯制作等）。

实训项目三：天馈系统的维护。学习任务：掌握天线工程参数的测试与调整方法；掌握天馈驻波比测试及故障定位测试方法；掌握天馈系统的日常维护保养方法。

实训项目四：塔桅的维护。学习任务：掌握塔桅维护仪表、工具的使用方法（包括经纬仪、镀层厚度测试仪、接地电阻测试仪等）。

第 3 章　基站主设备

实训项目一：基站主设备的认知。学习任务：认识基站主设备；掌握基站主设备的结构；掌握基站

主设备指示灯的含义及面板接口功能。

实训项目二：基站主设备的安装与调测。学习任务：掌握基站主设备的安装方法；掌握基站主设备模块配置知识；掌握基站主设备各类线缆连接方法；掌握基站主设备数据配置方法；掌握基站主设备上下电方法。

实训项目三：基站主设备的维护。学习任务：掌握基站主设备维护终端的使用方法；掌握基站主设备告警基本处理方法。

第 4 章　分布系统

实训项目一：分布系统的认知。学习任务：认识分布系统各组成部分；掌握分布系统结构；理解分布系统的设计基本方法。

实训项目二：分布系统的安装。学习任务：掌握分布系统安装方法。

实训项目三：分布系统的维护。学习任务：掌握设备告警基本处理方法。

实训项目四：分布系统性能的测试。学习任务：掌握频谱分析仪测试设备的基本用法；掌握分布系统覆盖性能测试（包括 CQT、DT 测试）方法。

第 5 章　传输设备

实训项目一：传输设备的认知。学习任务：认识基站机房中的传输设备；掌握基站机房综合架结构及组成。

实训项目二：SDH 设备的维护。学习任务：掌握 SDH 基本数据配置方法；掌握常用仪表的使用方法（如光功率计、2M 误码仪等）。

实训项目三：PTN 设备的维护。学习任务：掌握 PTN 基本配置方法；掌握 PTN 设备的基本维护方法。

第 6 章　通信电源设备

实训项目一：电源设备的认知。学习任务：认识基站机房中的各类电源设备；掌握各类设备的作用及相互连接关系；理解各类接地及方法。

实训项目二：开关电源的维护。学习任务：认识开关电源组成结构；掌握开关电源的日常检查基本操作（包括日常检查、检测、整流器参数查看、模块更换等）。

实训项目三：蓄电池的维护与测试。学习任务：认识蓄电池及其组成部分；掌握蓄电池日常检查基本操作（包括日常检查、检测、参数检查及设置、浮充电压检查等）。

实训项目四：油机的维护与发电。学习任务：认识油机及其组成部分；掌握油机发电方法；掌握油机日常维护基本方法（包括各类油液检查；各类过滤器件清洗等）。

实训项目五：UPS 的维护。学习任务：认识 UPS 组成及结构；掌握 UPS 日常检查维护基本操作（包括日常检查、检测、进网测试等）。

第 7 章　空调和动力环境监控系统

实训项目一：空调的维护。学习任务：认识空调各组成部分；掌握空调日常保养方法。

实训项目二：监控系统的维护。学习任务：认识监控系统的各组成部分；掌握监控系统传输通道的维护方法。

第 8 章　基站建设维护规范

实训项目一：基站勘测。学习任务：理解基站勘测各个环节的工作任务及要求。

实训项目二：安全防护。学习任务：掌握个人安全防护用品（安全帽、安全带）的使用方法和登高操作安全注意事项。

参 考 文 献

[1] 张雷霆．通信电源（第 3 版）[M]．北京：人民邮电出版社，2014.

[2] 赵东风，彭家和，等．SDH 光传输技术与设备 [M]．北京：北京邮电大学出版社，2012.

[3] 何一心．光传输网络技术——SDH 与 DWDM（第 2 版）[M]．北京：人民邮电出版社，2013.

[4] 魏红．移动通信技术（第 3 版）[M]．北京：人民邮电出版社，2015.

[5] 周峰，高峰，等．移动通信天线技术与工程应用 [M]．北京：人民邮电出版社，2015.

[6] 吴为．无线室内分布系统实战必读 [M]．北京：机械工业出版社，2012.